U0100854

《小逻辑》评注

庄振华 著

上海人民出版社

本书受国家社会科学基金一般项目"黑格尔逻辑学视域下现代理性的自我调适研究"（立项号：20BZX090）、国家社会科学基金重大项目"阿多诺哲学文献的翻译与研究"（立项号：20&ZD034）资助

目　　录

第一部分　逻辑学

前　言

　　黑格尔的《逻辑学》①在其全部哲学著作中居于最根本与最核心的地位,这一点在黑格尔研究界久已得到广泛认可,应无疑义。而在两种《逻辑学》中,《小逻辑》原本是一部由黑格尔编定(三版"序言"、"导论"、"绪论"、各节正文及相应的"说明")和学生记录(各节"附释")的课堂讲义,正式出版也是为了方便听众上课。②该书的重点在于接引后学从事"哲学科学",而不在于向其他学者进行精详的学术论证。

　　然而由于《逻辑学》体大思深,黑格尔针对同时代人所做的"通俗化"工作,到了我们这个时代却成为需要穿过重重历史迷雾与层层思想密林方才有望抵达的"藏宝地"。本书正是因应这一状况,为初步接引青年学生把握黑格尔哲学的精义而撰写的。

　　对于黑格尔的《逻辑学》,国内外学界素有以《大逻辑》为中心展开研究的传统,对于《小逻辑》往往仅作旁涉。专门针对《小逻辑》的研究著作较为罕见。德国学者拉克布林克(B. Lakebrink)在 20 世纪 70—80 年代之交所著两卷本《黑格尔百科全书版逻辑学评注》③堪称其中典型。而德国学者德里罗(K. Drilo)等人于近年主编的《黑格尔百科全书体系中的思辨与表象》④中仅有少数文章与《小

---

　　①　以下遵从国内惯例,分别称单行本《逻辑学》(1812—1816 年首版,1831 年修订)和作为《哲学科学百科全书》第一部分的《逻辑学》为"《大逻辑》"与"《小逻辑》";在不细分两种著作的时候,以"《逻辑学》"泛指二者。

　　②　当然,黑格尔生前发表的三版《哲学科学百科全书》(含《小逻辑》)不包括学生记录(各节"附释")。这些记录最早被编入《哲学科学百科全书》也是 1840 年"逝者友人版"的事情。

　　③　B. Lakebrink, *Kommentar zu Hegels Logik in seiner Enzyklopädie von 1830. Band I: Sein und Wesen*, Verlag Karl Alber, Freiburg/München 1979; B. Lakebrink, *Kommentar zu Hegels Logik in seiner Enzyklopädie von 1830. Band II: Begriff*, Verlag Karl Alber, Freiburg/München 1985.

　　④　K. Drilo und A. Hutter(Hrsg.), *Spekulation und Vorstellung in Hegels enzyklopädischem System*, Mohr Siebeck, Tübingen 2015.

逻辑》相关。①在国内,贺麟先生所译《小逻辑》在那个哲学书籍匮乏的年代产生了长期而广泛的影响,曾磨砺整整几代前辈学者的心灵。已故的老一辈黑格尔研究专家张世英所著的《黑格尔〈小逻辑〉绎注》②、老一辈学者姜丕之的《黑格尔〈小逻辑〉浅释》③和中年学者卿文光的《黑格尔〈小逻辑〉解说》(第一卷)④也是学者们耳熟能详的。若论本书与学界以往的这些著作相比有何"新意",或可冒昧列出如下几点:(1)以明确的"知性—辩证的否定性理性—思辨的肯定性理性"的三分架构看待全书各层面的"三一结构"⑤,尤其关注在世界与事物的各层面上二元设定⑥的潜在、实现与突破问题;(2)在西方宇宙秩序传统或形式感发展演变⑦的背景下,看待全书各核心范畴⑧的地位;(3)以黑格尔思辨理性眼光下所见的现代性存续与转进问题为核心关切,考察一些关键范畴对于这一问题的意义。

"前言"概要讨论与《逻辑学》全局相关的几个问题,并针对本书体例略作说明,为后文针对《小逻辑》的评注扫清一些"障碍"。

一、为何研读《逻辑学》

在 19 世纪中叶以来的反形而上学潮流冲击之下,《逻辑学》如今远未受到

---

① 英语学界或有相关专门研究文献,尚不为笔者所知。

② 张世英:《黑格尔〈小逻辑〉绎注》,长春:吉林人民出版社 1982 年版。后来作者也出版过另一部综合研究大、小《逻辑学》的研究著作,见张世英:《论黑格尔的逻辑学》,北京:中国人民大学出版社 2010 年版。

③ 姜丕之:《黑格尔〈小逻辑〉浅释》,上海:上海人民出版社 1980 年版。

④ 卿文光:《黑格尔〈小逻辑〉解说》(第一卷),北京:人民日报出版社 2017 年版。

⑤ 这合乎黑格尔本人的要求。参见黑格尔:《哲学科学百科全书 I:逻辑学》,先刚译,北京:人民出版社 2023 年版,第 79—82 节。

⑥ 对于二元设定现象,黑格尔本人的称呼通常是"对比关系"(Verhältnis)。对于二元设定的内涵与局限,阐发最充分者莫过于《逻辑学》的现象论(本质论的"现象"二级层面)。

⑦ 参见庄振华:《从形式问题看西方哲学的深度研究》,载《中国社会科学评价》2022 年第 1 期。

⑧ 我们用"范畴"或"核心范畴"指《逻辑学》中各层面的主题性范畴,具体来说就是《大逻辑》目录中以"A""B""C"标示的那些标题以及更高的各层级标题。比如存在论之下的第一篇的标题(规定性[质])、该篇之下的第一章的标题(存在)、该章之下的三节标题("存在""无""转变"),均为范畴,而第三节("转变")之下的三个节("存在和无的统一体""转变的环节""转变的扬弃")则是具体解释"转变"范畴的,本身不是独立的范畴。另外,我们在列述《小逻辑》目录标题时,为方便读者参照,也常附带上同一标题在《大逻辑》目录中的写法。

它应得的关注,往往被认为是一座尚有些许"可回收物"的陈旧库房,甚至被认为早就过时了。这两种态度都是历史进步论的。而历史进步论本身却并非不容商榷。

我们研读《逻辑学》,从正面来看是出于时代的需要,从反面来看是为了消除层层相因的若干误解,正本清源。先说时代需要。在黑格尔去世后200多年以来,人类对于技术和主观理性①一类现代②"特色"的推崇有增无减,甚至本着一种"胜者为王"的心态加以膜拜,可是往往没有看到,这两者被盲目推崇之后容易陷入一种"求而不得"的悖论之中。

这个悖论与中世纪信仰困境非常相似。在《论自由意志》中,奥古斯丁展示出基督徒的一个特有的生存困境,即如果以人的欲求方式追求上帝,反而会南辕北辙,只有"反身而诚"式的"向内而后向上"的道路才是可行的。③也就是说,人若是对自身的根本缺陷与行事方式毫无反思,本着粗朴的欲望之心追求上帝,往往越求越得不到。

如果说这个困境在中世纪信徒那里还只是偶然出现的局部现象,到了近代就演变成一个普遍现象,乃至成为现代理性的一个结构性困境:理性看似在世界上到处征伐,到处收割果实,但实际上只能收割到它以为的"果实",可是那又未必是真正意义上的果实。④这未尝不是一种现代版的"求而不得"。④若是放在文艺复兴以来的历史中看,上述悖论已反复重演过多次了。比如马克思笔下的资本便是很明显的一例:富裕、自由、平等的理想沦为巩固异化局面的手段,而背后的资本机制虽然完全是涉身其中的这些人(资本家、工人、土地所有者、农民)合力造就的,却不因任何个人或群体的意志而消失。诸如此类的吊诡局面既有许多"先驱",也有许多"后裔",绝非孤例。

我们不妨细看这两者的情形。就技术而言,一部分人认为人工智能、大数据

---

①　在《逻辑学》中,"主观理性"不仅仅指个人主观念头,而主要指陷入二元设定的人类知性思维。而黑格尔《逻辑学》中正面意义上的理性被称为"客观思维""客观思想"。两种理性分别参见黑格尔:《哲学科学百科全书 I:逻辑学》,第9—12节,第20节"附释",第24节。

②　本书对于近代、现代、近现代这些词汇的用法如下:在大部分情况下,近代与现代大致以黑格尔去世为分界点,近现代则涵括近代与现代;但也有一些特例,比如与"前现代"对举时,"现代"指近现代,如"现代人"便统称近代与近代之后的人,又比如"现代生活"同样涵括了通常意义上的近、现代。

③　参见奥古斯丁:《论自由意志:奥古斯丁对话录二篇》,成官泯译,上海:上海人民出版社2010年版,第88—90、129—136页。

④　参见庄振华:《黑格尔论理性的困境与出路》,载《德国观念论》2021年第1期(总第2辑)。

这些很"牛",另一部分人认为它们是毁灭人类的"洪水猛兽"。其实我们如果看问题更深一些,会发现它们既没有那么万能,也没有那么可怕。技术之所以能在现代世界攻城略地,大有成为"科学""幸福""自由"代名词之势,那是因为现代社会给它提供了一个合适的土壤,即人们以既自大却又封闭的"求而不得"作为基本生存方式。从相机、摄像机、电视、电脑、基因编辑、人工智能到元宇宙,这些现象出现时,社会上神化与恐惧并行的两极化反应一再重演。这背后其实有着从近代科学架构方式在其早期时代奠定以来便已埋下的深层机理在起作用,那才是我们真正应该关心的问题。

主观理性的问题在当今依然延续着,即便现代哲学强调非理性因素,也并不妨碍这一点。现代哲学一方面高举实践、潜意识、原初境域等大旗,另一方面在其对立面放上被妖魔化的干瘪"理性"(尼采所谓的"必要的虚构")。而后者在德国古典哲学中大都被称为"知性",并非最高意义上的、思辨性的理性。其实如果反过来从黑格尔的眼光看来,现代哲学开展出的这些新主题固然发前人所未发,大多是历史上从未被人系统研究过的,有一些干脆就是当代生活中才产生的新现象,但它们的运行方式往往掉入《逻辑学》本质论揭示的困境而不自知,那困境就是近代主观理性陷入二元设定的封闭、自大而不自知。在这种情况下,就会产生一种吊诡的局面:如果我们对主观理性缺乏彻底反思,掉入黑格尔所谓的"辩证的否定性理性"之中,那么无论热烈称颂这些新主题的观点,还是反过来主张复兴传统哲学的"理性"资源并与这些主题进行"对话"的观点,其实本质上都是在重演《逻辑学》本质论的某些层面,只不过戴上了新时代的假面而已。在这个意义上,黑格尔对理性的现代悖论的揭示依然是有效的。

而借助《逻辑学》的眼光来看,这种悖论的发生与出路是非常清楚的。它的部分症结在《逻辑学》存在论中有所揭示(即存在的量化),但其主要症结则要到本质论的二元设定中去寻找。

除此之外,我们研读《逻辑学》,还有从反面消除误解的考虑。以往人们对《逻辑学》的研究可能属于"太人性的"(尼采语),即习惯于用一种历史主义的眼光将其编织到某个片面的叙事中去。面对《逻辑学》,人们往往产生两派观点,一派认为在现代哲学探讨的诸多"新"问题面前,它早就过时了,另一派则无限崇拜它,即在发现它的某些精妙与深刻之处时盲目称颂它,贬低现代哲学。第二种态度是对第一种态度的"反动",但两者在"太人性的"这一点上其实是一致的。

这两种态度对于《逻辑学》研究都是有害的，因为它们都会让人认为，《逻辑学》在当代社会是没有根基的，只是在少数批判者和崇拜者之间轮转的一部古怪著作。其实只有揭示黑格尔讨论的问题在当代生活中依然广泛存在且极为关键，才能使《逻辑学》研究引起人们的兴趣。我们后面进入《小逻辑》细部，将尽可能地揭示一些关键范畴的历史渊源与当代表现。我们有时之所以感觉《逻辑学》思想密度太大，主要是因为这些历史渊源与当代表现在历史上一层层叠加起来，让我们一时无所适从。其实只要抓住一个总原则，那就是从生活出发去理解《逻辑学》范畴，这样无论它的思想密度有多大，也不容易走偏，不会陷入就理论谈理论、就范畴谈范畴的"空对空"之境。

二、如何研读《逻辑学》

关于如何研读《逻辑学》，有三个要点需要留意。（1）首先要破除历史主义和释义学的一些迷思，将经典原本具有的历史穿透力还给经典。

历史主义既包括进步论，也包括浪漫派，还包括以当前生发为历史重心的派别。历史主义不在于历史意义的具体编织方式，而在于它只在历史的内部看待秩序的生成，而不是历史服从于秩序。历史服从于秩序是到中世纪晚期为止西方文化（包括基督教救赎史）的主要构造方式，但现代逐渐将这个局面"倒转"过来，使秩序在历史中生成。一切意义都成为"价值"，而价值往往生成于历史，也毁灭于历史，这就是标准的历史主义。换用一对古希腊的词来说，历史主义认为人类沉陷其中的质料状态生成形式，而不是形式引导质料状态。[①]我在完成博士论文之后好长时间里都坚定地认为黑格尔是一个历史主义者，后来发现不能简单这么看。黑格尔的确有他历史主义的一面，他也相当强调历史对人乃至相当一部分形式与秩序的决定作用；可是他还有更古典的一面，就是主张形式和秩序更有超出历史或者至少不完全受制于历史的成分。[②]

---

① 沃格林的《秩序与历史》涉及这方面的一些问题，值得一读。但他毕竟是思想史家而非哲学家的做派，过于依赖某种模式去解释历史，在"秩序""灵知主义"等概念的辨析与运用上未免泛泛。
② 是否有这种古典的主张，恰好构成近代哲学和现代哲学的分野。

至于释义学，我们通常认为释义学有个很大的好处。狄尔泰、海德格尔和伽达默尔的哲学释义学让我们不要陷入到"作者怎么想"的执念中去，把关注的焦点放在意义的历史变迁上。而作者本人的想法并不重要，因为作品一旦生成，它的命运就不归作者支配了。西方学者对于这种思路陆陆续续开始有些反思了。这种思路预设了历史的连贯性和单一性。它主张历史有一条连贯的河，一个文本、一个传统、一个习惯或一套规范在历史长河中只要产生作用，都有其历史意义。释义学容易产生一种迷思，它喜欢把各种现象编织到历史当中去，安到历史的某一块当中去，这样它的意义就受制于它前面和后面的东西的意义。比如我们对黑格尔《逻辑学》的解释和我们的下一代人对它的解释不一样，我们当下对它的解释和我们五年、十年之后对它的解释也不一样，但这些都要加以尊重。这个话确实很好听，但这就使得人们无法与历史越久远、沉积物越多的著作对话了。换言之，释义学看似增强了历史连贯性，实际上陷入了斯宾诺莎意义上的"自类相限"，削弱了一些真正有穿透力的思想的力度。

《逻辑学》作为古典哲学的作品，其实具有穿透历史的力度。我们不要光认为它是 19 世纪的一部作品，受到那个时代的影响，然后翻山越岭才到我们这儿，于是它在这中间经历的变迁成为它自身不可分割的一部分。我们不妨多看看它直指人心的和直指我们时代症结的思想，而不要去想 200 多年之后我们现在的科技有多发达，我们与它有多隔膜。后面这种想法看似"严谨"，实际上是偷懒，拒绝看到深层次的东西，宁愿拥抱一种抽象的历史主义，终究是为自己图个安稳。

（2）在具体研读方式上要留意三个方面。第一方面是要防止"死—活"之分的"拿来主义"做法。所谓"死—活"之分，指的是克罗齐写过的一本叫《黑格尔哲学中的活东西和死东西》①的小册子中的做法。克罗齐用当代人的眼光，把黑格尔的哲学遗产划分为有用的和没用的东西。美国很有名的丕平（R. Pippin）写过一部《逻辑学》研究著作。②英国的黑格尔专家霍尔盖特（S. Houlgate）对这个著作就不以为然，认为这书是用取一瓢饮似的方式在进行研究。③这类研究会

---

① 克罗齐：《黑格尔哲学中的活东西和死东西》，王衍孔译，北京：商务印书馆 1959 年版。

② R. B. Pippin, *Hegel's Idealism：The Satisfactions of Self-Consciousness*, Cambridge University Press, Cambridge, 1989.

③ 霍尔盖特：《黑格尔〈逻辑学〉开篇：从存在到无限性》，刘一译，北京：中国人民大学出版社 2021 年版，第 164—170 页。

导致很明显的一个毛病,即片面而非整体地看待黑格尔,比如有意撇开他的形而上学和绝对精神,似乎这些东西落伍了,连说出来都让人丢脸似的。在众人"拿来"的时候,大家争当那个显得"正确"的人。他们把黑格尔本人最看重的绝对精神以及他的形而上学整体架构扔下不管,取出他的主奴关系、伦理学说、承认斗争这些东西"为我所用"。这种做法是不可取的,大家往后会看到他的形而上学整体架构根本没过时,反而能相当尖锐、相当深刻地应对现代问题。而且这一点越到现代性的毛病充分展开的当代,越是明显。

　　第二方面是在理解黑格尔时要防止小聪明的武侠小说式"乱斗"。在不了解《逻辑学》整体架构与义理,尤其不了解它对现代生活中许多问题的针对性的情况下,一群人抱着"挑战西方哲学的一座高峰"或"挑战智力极限"这种非常功利的好胜心去读它,就容易演变成智力的比拼和面子的维护。大家相互争论黑格尔笔下的"概念故事线"是怎样进展的,甚至不惜编造出一套说法来维护自己在他人面前的"行家"形象。比如一些读者抓住"正题—反题—合题"这样一个从费希特等人那里取来的框架,往黑格尔的所有三一结构上硬套,殊不知黑格尔虽然有时也将其作为一个方便说法来描述三一结构,但其实另有一套:他在根本上遵循的实际上是"僵硬区分的知性—辩证的否定性理性—思辨的肯定性理性"这种模式,用以阐述自己的三一结构。① 但有些读者并不愿意反思这种人云亦云的模式是否与黑格尔的三一结构合套,反而像做拼图游戏一样,一定要把"正题—反题—合题"这个模式"圆"上。在同好面前,谁能够把《逻辑学》的这种"故事线"捋顺了,大家就都佩服他。把黑格尔的《逻辑学》当成是概念与概念之间"乱斗"的一个战场,这种做法最后达到的效果只是满足了自以为是的小聪明。在"拿下它"的焦躁之心支配下,为了平复心情而画出"故事线"或"思维导图",往往是"饮鸩止渴",虽然暂时像是满足了愿望,长远来看却是有害的,因为这会使一种错误模式越来越固化,让人与《逻辑学》本身越来越隔膜而不自知。往后我们会发现,黑格尔的种种三一结构虽然对于接引外行("自然思维"或常识)而言似乎需要一个比较普遍的模式(即前文中说到的第二种模式),但其实每一个三一结构与另一个都不同(尤其在所处层面与旨趣方面上更是如此),这

---

① 参见黑格尔:《哲学科学百科全书 I:逻辑学》,第 79—82 节。黑格尔:《逻辑学 I》,先刚译,北京:人民出版社 2019 年版,第 6 页。

是由世界本身的情形决定的。在黑格尔那里根本不存在按照一个固定模式硬套到所有三一结构上去这回事，更不可能在没有深刻把握生活的实情之前"设计"出一个个三一结构。

第三方面是要将每一个范畴都做两种还原。一是还原到生活中。《逻辑学》的范畴在生活中都是有所本的，是扎根于我们生活中的，大家应该在自己的生活当中去体会到他所揭示的困境与出路。二是还原到西方文化史和问题史中去，看看西方人的文化结构，以及他们看待问题的方式是什么样的，如何在一个相当长的历史时段中凝结为黑格尔的某一个学说。我们在后面的讲解中也会做这两种还原，努力让大家看到这些范畴既在西方思想史上有所本，又是我们生活中的问题，即所谓的当代问题，往往并不过时。

做这两种还原不是为了肢解《逻辑学》，而是为了深化对它的理解。所谓"肢解"指的是：别看《逻辑学》那么严整，我们不妨以"能力有限"或"细致入微"为借口，要点小聪明，把他的某个范畴取出来加以发挥，或者对其进行历史的梳理，看看黑格尔以前、以后都有谁重点用过这个范畴，或者说他同时代的谁也说过，做点比较的工作。而这个范畴在《逻辑学》全书中的意义、地位与局限一类问题则被上述做法替代了。

另外，我们所讲的"还原"是有针对性的，针对的是那种空对空地在概念与概念之间勾画"路线图"的做法。这种画图的做法大都没有多大意义。表面上看，黑格尔本人似乎也只在做概念推演，实际上反映的是历史的困境：西方人的生活走到那个层面了，形势所迫，若不在生活的根本逻辑上寻求转进，便没有出路。因此我们所讲的"还原"意味着，既然黑格尔将若干活生生的生活与历史浓缩为范畴，那么我们就需要做一个反向充实的工作。而这样做的依据是，只要文明在延续，黑格尔所见的一些历史情形背后的机理，经过改头换面之后也在延续。

（3）最后还要注意，在个人阅读效果上不必追求当时就改变对整个西方哲学史的看法。总是追求尽快抹掉自己心目中的哲学史图景上的那些"奇点"，这其实是求真意志和理智上的好胜心在作怪，使得人容不下丝毫不确定性。其实经典的受用首先是在个人教化上呈现出来的，也就是说我们读它首先是为了弄清楚自己是否处在某些现代陷阱当中，这些陷阱是如何形成的，以及如何走出这些陷阱，而不是为了记住什么知识，平复自己理智上的不确定性。我们脑子里面的哲学史图景用作自己"爬楼"的"梯子"是可以的,它也需要时不时修正一下,但是不要太在意这个事情。要懂得克制一种思维习惯,即总是寻求在理智上征服哲学史的对象。鉴于这种征服既无必要,亦无可能,那么当我们感觉自己完成了征服时,那很可能只代表我们被自己虚构的一套说法迷住了心眼。

三、《逻辑学》所为何事

《逻辑学》是做什么的?黑格尔的《逻辑学》是西方人生活方式和西方历史的结晶,因而是破解西方文明核心问题的"密码本"。下面分三个步骤,初步展示这是何种结晶和"密码本"。首先我们用历史上的两个学说演示类似的学说其来有自,接着探讨一下为什么《逻辑学》的范畴几乎总是三个一组,最后看看《逻辑学》是如何结晶的。

先看历史上的两个学说:"思有同一"和"知性为自然立法"。我们知道这两个说法分别与巴门尼德和康德这两个名字有关。①"思有同一"并不像我们通常以为的那样,仅仅指人的所思所想与外部存在的东西相一致。"思有同一"在本质上是思(思想、思维)和有(存在)二者在形式上或在结构上是同一的,或者说人的思维抓住的事物形式与事物客观呈现的方式是同一的。这个学说堪称西方最核心也最可宝贵的思想。西方人从古希腊以来就有极强的形式感,他们考察事物时习惯的做法就是抓住使得事物能够成为该事物的根本形式,而这形式实际上既构成认知的根据,也构成存在的根据。换句话说,在西方这种形式感下,事物被思维的方式与事物存在的方式必然是同一个方式。也可以说,形式既是主观的,也是客观的。形式未必能在绝对的意义上穷尽事物的存在,比如三维空间就不一定能穷尽一切可能的空间方式。但人无论走到哪里,人的视觉都会自动将一切事物"降解"成三维的。人只能见到人类特有的一套形式下的存在,事物也只可能在这套形式下向人显现。巴门尼德的"思有同一"说、柏拉图的理念论,以及亚里士多德的实体与形式学说、奥古斯丁的三一论,其实都是这一思想

---

① 巴门尼德虽然是不经意地顺带提出"思有同一"的说法,但这不妨碍这个说法在历史上更深入地展现其内涵。同样,康德在何种意义上提出"知性为自然立法",这固然需要严格的辨析,但这不妨碍我们将它作为西方文化的许多同类现象的一个典型代表。

传统的变体形式。

相比之下，我们更熟悉的康德先验哲学只是这个传统在晚近时代的一种体现。康德讲"知性为自然立法"，我们很容易想当然地将这话理解成：自然界已经存在好了，知性去立法就是要让自然界服从人头脑制定的东西。这种理解一上来就错了。康德说的是什么意思？人一上手接触自然界，他接触的方式与被接触到的东西向他呈现的方式就是同一的。这样一来，表面看来是人摸索到客观成型的存在，但实际上存在的方式总是与人的认知方式合拍的。比如物理学上的种种"常量"表面上看是在客观世界中"发现"的，完全是客观的，但实际上它是由人在大量测量数据的基础上，抹掉误差之后认定下来的数值。而这个数值将来可能会被"修正"，更别说代表事物在绝对意义上的情形了。从此以后，至少在更精确的测量推翻这个常量之前，知性都认定它是事物的客观呈现方式。所以康德才会那么大胆地主张，我们就是在我们的理性内部发现了世界的奥秘。①实际上这个说法源自文艺复兴时代一个常见的口号，就是要重构世界或要阅读自然之书。我们看一看那个时代的伽利略、达·芬奇等人，读一读他们的书就会发现，他们早就认为人们不是直面自然界，将那里的"客观"情形照抄下来，"客观"世界倒反而是我们通过一套数学化的知识认定下来的。整个近代科学都以这种方式为主导，我们常见的物理学、数学公式都是这样认定下来的。它们既不是纯主观的，也不是纯客观的，而是主客观同一的。这种同一用康德的话来说就是"知性为自然立法"。而《逻辑学》在将形而上学改造为逻辑学、以范畴为主客同一性的体现等方面又深彻推进了康德的先验逻辑，在这个意义上甚至可以说是后者的思想后裔。

接下来我们考察一下《逻辑学》范畴的三一结构。我们翻翻《逻辑学》的目录就很容易发现，每一个范畴都是以三元的方式展开的。这种三一结构从历史上说，当然有基督教经世三一学说中"求而不得"的心性结构的影响，在近世则有康德与费希特的影响。但黑格尔又对这些历史资源进行改造，赋予它们更加凝敛与深刻的内涵。鉴于"二战"之后，西方学界对于康德、费希特、黑格尔三人这方面思想已有持久而详备的比较研究，这里我们不再复述，仅仅简说一下经世三一学说中上述心性结构的影响，以及黑格尔改造后的三一结构该如何理解。

---

① 康德：《纯粹理性批判》，邓晓芒译，杨祖陶校，北京：人民出版社 2004 年版，第 14、16、19 页。

正像数学家认为数学公式才是最简洁、最美观地展示复杂事物的方式，黑格尔采用三一结构也不是因为他要做什么概念游戏，而是因为他真正看到每一个范畴都自己展开为三个步骤，或者说因为他看到事物本身的演进过程用最简洁的方式来表达就是一个三一结构。三一结构实际上是一种时间性结构。时间性表面看来是过去、现在、未来三维，但它的核心是我们前面说过的"求而不得"，而三维只不过是"求而不得"的一种展现形式罢了。这种"求而不得"正如前文中简述的来自基督教心性结构，但到了近代之后不但没有消失，反而以史无前例的深度和广度展现出来：人类在各门科学与日常生活各领域中自己给自己搭了一个个外壳（幸福、理想、成功、自由，乃至可完善性），把自己封闭起来，又非常狂傲，洋洋自得。一方面看，人类的事业越做越大，越来越确信自身的能力，但另一方面看，人类如果任由这种状况无反思地扩展，那未尝不是把自己封闭起来。而这种现象的根底和核心就是"求而不得"，是"求"与"不得"的相互强化，最后将"不得"做成一种"得"的样子，以致遗忘了"不得"这一事实。

现代意义上的"求而不得"最集中地表述在《逻辑学》的本质论中。本质论给我们呈现的是，人越是要到事物中去抓一个本质就越是抓不着，人只能抓到自己构造出来的本质（即自认为的"本质"）。个中原因在于，事物本身恰恰是不能用本质论的方式（可概括为"二元设定"）去看的。这就告诉我们，如果带着我们固有的一套"本质—现象"架构去裁剪世界，把世界折腾一番，我们得到的实际上是一个很可笑的局面。别人在黑格尔那儿看到的可能是一些很振奋人心的东西，一个个层面不断推进，但我反而比较留意黑格尔冷峻笔触下描绘的一些张力和困境，因为只有充分理解困境，方知出路之可贵。——相比之下，存在论可以看作本质论的前史，概念论可以看作它的出路。这样的"三论"构成了《逻辑学》的整体。而存在论与概念论中各层面上的三一结构又分别是"前史"形态和"出路"形态下的时间性。从这个角度入手解析《逻辑学》，我们会有不同于以往的深刻收获。

最后我们看看传统思想在《逻辑学》中的结晶方式。在《逻辑学》中沉淀了哪些思想家的思想？巴门尼德、柏拉图、亚里士多德、新柏拉图主义思想家、奥古斯丁、德国神秘主义思想家、笛卡尔，还有德国古典哲学家，他们的思想直接或间接地在《逻辑学》中轮番登场，有的还不止一次登场，黑格尔对这些思想都不吝赞誉。至于斯宾诺莎和莱布尼茨的情况，就相对复杂一些。如果没有把握到中世纪与近代,以及古代与近代的深层次关联,单纯只从德国古典哲学的角度回望的话,你会觉得他们极其重要,会发现康德、费希特、谢林、黑格尔的很多问题在斯宾诺莎和莱布尼茨那儿埋下了伏笔。的确是这样,他们的重要性的确在这一点上体现出来。但是当你把眼光放大,深刻了解古代和中世纪思想之后,你会发现他们两位的过渡性角色更强一些。换句话说,黑格尔正如谢林一样,并不一定按照斯宾诺莎和莱布尼茨的路数来探讨宇宙秩序,或者说拒绝单纯在古代与中世纪思想于近代形成的"流传物"中了解这些思想,而是与这些思想展开深层次对话,独立探讨在近代重振它们的可能性。简言之,泛泛地说谢林、黑格尔推崇并发扬斯宾诺莎、莱布尼茨思想,这固然不错,但他们是在比后两者更合乎近代生活实情的意义上,因而是在更务实也更深刻的意义上这样做的。

当然,结晶不是照搬,而是消化之后的重组。黑格尔对于这些思想全都有他自己的反思。关于黑格尔的反思,我依然推荐大家重点读他的本质论,那里有他对几乎整个西方思想史的诊断,非常精彩。当然,要结合绪论中"思想对待客观性的三种态度"来读,本质论精彩的地方才能显现出来。

四、《逻辑学》的思想任务

如果允许借用卡尔纳普的一个书名而不沿袭其本来含义,那么《逻辑学》的思想任务可以说是"世界的逻辑构造"。黑格尔讲世界的逻辑构造,首先面对的是从近代早期"自然之书"思想①发展到康德的"知性为自然立法"的这个科学传统。我们如果深入到文艺复兴时期的科学思想中去,比如看看开普勒、伽利略、达芬奇、皮科、阿尔伯蒂等人的科学思想,就会发现他们实有"开近代风气之先"的大功绩。②西方文化发生大爆发的时候,往往都是因为对接上"思有同一"传统才能"发力",因为西方文化最擅长也最有力的本事就是对形式的直观,而这个形式不是跟人无关的一个形式,而是主体认知与客体显现背后的同一个深层次结构。而文艺复兴科学思想正是在当时亚里士多德主义趋于末流的萎靡处

---

① "自然之书"思想源自中世纪,但在文艺复兴时代才开始成为科学的普遍模式。

② 李华:《康德"哥白尼式革命"的文艺复兴前史辨正——以卡西尔的论述为中心》,载《哲学动态》2020年第12期。

境下,在科学层面上再次复兴形式感,从而振拔西方文化的一次努力。

但这个科学思想经过几百年的科学实践与思想澄清,发展到康德这里,已经暴露出很深的危机。近代早期以来的"自然之书"思想认为人实际上不是直接在经验中获取知识,而是在识读"自然之书"这部知识之书的过程中,在各领域建立起"从知识到知识"的庞大公理演绎系统,由此才产生各门科学。人们只要总结出事物规则性地向人呈现的方式(规律),尤其是将其改写为数学公式,就被认为找到了事物之谜的答案。既然规律、公式是由人在大量观测数据的基础上设定的,那么他找到的那个答案好像就是他以前埋下的一笔财宝,是理性感到相当亲近的"自家的东西"。黑格尔在《精神现象学》"理性"章就谈过,人到世界中来本是准备战斗一番的,但是一伸手,不用去摘,那个果子就自动掉到他手上了。[1]西方人的形式感注定了他们在每一次文化大爆发时都会产生这样的惊喜。这类大爆发,古希腊有一次,奥古斯丁代表的教父时代有一次,大阿尔伯特、阿奎那代表的经院哲学是一次,文艺复兴时代是一次,德国古典哲学又是一次。

可是这种模式既是西方文化有力的地方,也是西方文化到达边界的地方,或者说是它无力的地方。原因何在? 人在这个世界上除了去找到这个合乎理性的东西之外,就做不了别的事情。问题的关键完全取决于如何界定理性,或者说取决于时代是如何看待理性的。如果理性像在古代或者中世纪时那样保持对绝对者的开放性,充当人自我反省的克己工具,那么人的世界就是开放的。但如果理性像近代以来的科学架构这般狂妄,成为权力意志或求真意志,那么人的世界看似开放,实则封闭。别看人大张旗鼓地在各门自然科学、社会科学、人文科学开疆拓土,可是事情终究有走向虚无的那一天。这个虚无不是指存在的东西消失了,而是人发现自己在世界上忙忙活活,最后只抓住了一堆理性构造物,或者说只抓住了理性本身。

回到黑格尔这里,他要完成的历史任务首先是要反思"知性为自然立法"的整个活动。"知性为自然立法"所代表的近代科学传统,实际上远不止涉及各门科学,还涉及哲学、政治、经济、道德、法律与日常生活的方方面面。在根本上,黑格尔要对抗的是世界的封闭化。近代科学虽然扎根于"思有同一"的形式直观传统,但它由于并未对自身走向封闭化的危险加以反思,因此有失去这一传统之

---

① 　庄振华:《黑格尔与近代理性》,载《云南大学学报》(社会科学版)2016 年第 6 期。

本色的危险,而黑格尔实际上是要恢复这一传统的本来高度。由此看来,黑格尔做的是西方文化自救的工作。

我们分四个方面来看这个问题。第一,从形而上学史来看,希腊与基督教双方的遗产在近代内在化理性的基础上深度融合,这构成《逻辑学》思想任务固有的一个内涵。首先要说明的是黑格尔的理性有其与众不同之处。不容否认,黑格尔的思辨概念和思辨思维,其实也是近代理性的一种表现形式,或者准确说,是近代内在化理性的一种"自救"的形式。这种经过深刻反思的理性与未经彻底反思的启蒙理性不可同日而语。后者往往认为,这个世界内部就有一套真、善、美的客观标准,或者说真理就在世界内部,而人的任务就是要去寻找真理,即带着近代科学的全副武装去寻找。于是就有了数学—物理学、统计学、解释学、联想与共情等各种方法。但启蒙理性的这幅一往无前的正面形象实际上从一开始就有人质疑和反思,包括布鲁诺、笛卡尔、维柯都先后反思过,只不过正像黑格尔的"哲学是密涅瓦的猫头鹰"一说表明的,科学本身的各种意蕴与弊端若是没有充分展开,对它的哲学反思也不深刻。而在这一点上德国古典哲学(尤其是黑格尔哲学)占据了"天时"的优势。

而黑格尔的反思凭借的其实是更古老的思想资源。这一点我们后续会逐渐讲清楚,目前只能比较抽象地说一下黑格尔面临的希腊与基督教两方面思想遗产。希腊思想当然是重形式的,而且这种形式是向善的理念、元一开放的,这以柏拉图主义为代表,而亚里士多德哲学与新柏拉图主义则可以视作柏拉图主义的变体形式。那么基督教的遗产是什么?基督教虽然也注重理性和形式,但它崇尚的是一种开放的理性。而基督教三一论(尤其是奥古斯丁以来阐发的经世三一论)在理性问题上的一大发明,是突出或开辟了前文中说过的理性"求而不得"的时间性。这两方面的遗产在中世纪一直在发生融合,而黑格尔只是不满于近代科学架构的一些"自我设限"的做法,在对这一架构进行反思的过程中主动汲取了这两笔思想遗产。但这里所谓的"汲取"绝非"狐假虎威"式的"拉一个,打一个",而是经过黑格尔改造之后的消化、吸收。

第二,从近代范围来看,《逻辑学》是近代理性通过自我批判而转进的一个集大成式的成果,它是近代理性最深刻的自我反思之一。具体而言,黑格尔批判的是封闭化的世界观。封闭化跟主体化是有区别的,尽管它往往表现为主体化。封闭化世界观的来路如何?人既然看到主客同一性是主客体双方面的共同条件,自然容易生出一种以主体为中心看待世界,乃至以主体代替世界的愿望,殊不知这样得到的不是世界,而是人感到满意的一副世界形象,或者说是主体本身。——这样一来,人以貌似尊重世界、面对世界开放的姿态行事,最后却得到封闭化的结果。而被康德总结为"知性为自然立法"的整个近代科学架构恐怕恰恰落入了这个窠臼,这正是黑格尔批判的锋芒所向。但黑格尔并不"反理性",他的本意是要让理性适得其所。

第三,从德国古典哲学内部来看,《逻辑学》延续了谢林自然哲学所打开的事情本身的视野,将康德先验逻辑的遗产拯救出主体性的禁锢之外。谢林在《精神现象学》之前早就完成了自然哲学,先于黑格尔打开了事情本身的视野。所谓事情本身的视野,针对的就是上述封闭化世界观。然而康德的先验逻辑所开启的将形而上学改造为逻辑学、从主客同一性出发构造世界的做法,却有意无意地开启了德国唯心论的大门,后者经过谢林、黑格尔的实质性开拓,具有了真正冲破封闭化世界观的潜力。

第四,从个人思想发展史来看,《逻辑学》在《精神现象学》打开的视域内为哲学科学本身奠基。《精神现象学》打开了什么样的视域? 大家细看《精神现象学》的"绝对知识"章,以及《大逻辑》的序言、导论这些部分,看看他对科学体系的预告,就会发现一个特点:科学开始的一个标志就是,概念和事情本身是一体的。《逻辑学》以及《自然哲学》《精神哲学》的所有概念说的都是事情本身,事情本身也必须通过概念才能得到恰当的言说,概念和事情本身在科学体系中从始至终都是合一的。而所谓《逻辑学》为哲学科学奠基,具体来说就是为《自然哲学》《精神哲学》以及后期的各种讲演录(历史哲学、法哲学、美学、宗教哲学、哲学史等几种讲演录)奠基。一部《逻辑学》,凭什么能进行如此广大的奠基?

文艺复兴科学思想开启的近代科学架构虽然以"自然之书"层面上的"思有同一"为爆破点,做的事很广很大,但深度不足,这一次爆破的有力之处同时也是它的边界,那就是将规律化、数学公式化的知识写在宇宙的角角落落。数学公式表示的是什么? 各门学科的规律、公式一改以往的知识架构,将人彻底变成了世界的"看客",并以此模式为科学的"正宗"和追求真理的"正道":我们不再像亚里士多德那样关注事物本身(一切此类关心均被斥为"隐秘的质"),我们关注的是所有这些要素在我们人的观测手段看来,对于人类理性所呈现的相互关系(科学公式的本质就是比例关系)。比如对物质本身的奥秘的关心让位于对物质运动的关心。我们犹如隔岸观火，我们并不知道那火是怎么烧起来的，会烧多久，我们只关心在什么条件下火就烧上了，以便盘算着如何控制下一场火，使其为人所用。这样一来，人类只要能总结出事物的规律，就会产生一种幻觉，即事物的运行"尽在我手"，甚至还会产生一种更深的误会，即事物的本性与奥秘亦在我手（人是世界的主人）。

由此反观《逻辑学》，才会发现它对近代科学架构非常"对症"。首先，本质论将近代科学规律思维①兴起、深化、扩大、碰壁与寻找出路的所有层面都描述了一遍。其次，概念论在此基础上指出的思辨出路也才不会仅仅被当作玄妙而不实用的主观遐想，才会引起人们重视，它在现代处境下重建以往传统中最深的一些脉络（形式感与宇宙秩序）的良苦用心才会显现出来。——这便是所谓的"为哲学科学奠基"的真正内涵。这样我们才领悟到《逻辑学》的真正可贵之处。

五、《逻辑学》的内容

《逻辑学》内部分为"三论"，即存在论、本质论和概念论。这"三论"的关系该如何理解？"三论"之中最根本的归宿当然是概念论，但对于刚开始反思近代科学架构与现代性问题的读者而言，最重要的莫过于本质论，因为这是真正击中近代科学架构的要害的地方，也是我们能进入黑格尔学问之堂奥，学到真本事的地方。而在游历本质论这个堂奥（尤其是现象论）之后，我们会发现"现实性"这个二级层面揭示出：我们的世界看似松散，但其内部有某种绝对性，而且世界的这种绝对性不是像斯宾诺莎那样直接断定下来的，而是人类逐层穿透现实的迷误之后方可通达。但这样的觉悟在存在论以及本质论前此为止的所有部分中都还没有达到。而本质论之后的概念论，也以这个认识为起点。所以"现实性"二级层面不仅是本质论的枢纽，甚至可以视作整部《逻辑学》的枢纽。——当然，从"终局"来看，绝对理念作为概念论中具体普遍性的顶点或概念的思辨性运动的终点，构成全书的顶点。

---

① 规律思维不等于规律。在人类生活中，对规律的研究不仅有必要，还成就斐然，值得赞叹。规律思维则是以规律为真理的一种封闭性思维。

《逻辑学》作为西方文明的逻辑结晶，讲的其实是西方文明的各个不同层面；很多人可能终生掉到其中某个层面上，出不来了。《小逻辑》的绪论实际上包含了一部小型哲学史，黑格尔在其中对整个西方哲学史的判定特别严厉：在他看来，除了柏拉图和亚里士多德等大思想家的个别断言具有思辨的特征之外，到他自己为止的整个西方哲学史大体上都运行在本质论当中，没有一个以体系的、系统的方式达到甚至展开概念论的。①这个判定的确够严厉，由此我们也不难看出，在黑格尔眼里概念本身的思辨性运动有多么可贵。局限于存在论与本质论这两个一级层面上的人，往往在生活中对概念的运动"日用而不知"，也就是说他只是被动地接受概念运动的"成果"或浅层次表现，但对这一运动本身不明就里，甚至压根都不承认有这样一种运动。但只有经历过本质论代表的近代科学架构的"大淘洗"与"大锤炼"之后，才会理解什么是"概念"，以及概念的思辨性运动何以就在一草一木、一言一行这些寻常事物中进行，最终也才会明白何谓绝对理念。

另外"三论"都有其"切口"。"三论"虽然都"致广大而尽精微"，铺展开去汪洋恣意，让人难得要领。但各自都有一套在内部大致相同的运作模式：一曰过渡，一曰反映，一曰发展。②而"三论"中比较精要地体现这三种运作模式，在阅读时对各自所在的那个一级层面具有提纲挈领功效的三个范畴，我以为是"存在""反映"和"推论"。"存在"范畴分为存在、无、转变，"反映"范畴分为进行设定的反映、外在的反映和进行规定的反映，"推论"范畴则分为定在推论、反映推论和必然性推论。我们掌握这三个范畴的结构，就等于掌握了"三论"各自的一个微缩样本。掌握微缩样本当然不代表掌握了"三论"的全体，但对于这个微缩样本之外的部分具有示范作用。③

六、《逻辑学》的特色

我们找来四个"镜鉴"，在对比中看看《逻辑学》的特色。首先，与基督教神学相比，《逻辑学》由于并不处在以充沛信仰为底色的时代，而是处在由近代科

---

①　参见庄振华：《黑格尔论理性的困境与出路》。

②　黑格尔：《哲学科学百科全书Ⅰ：逻辑学》，第 165 节。

③　参见庄振华：《黑格尔〈逻辑学〉研究路径刍议》，载《现代哲学》2020 年第 5 期。

学架构所奠定的时代,因而缺乏前一个时代那种向宇宙秩序的开放性。简单说,它在根本之处并不将自身大胆交付给一个超越性的绝对者,而是依靠对主观理性的不断突破,在突破中保持一种相对的开放性,但它的立足点始终是"可理解性",即在每一个层面都立足于该层面上可理解的思辨性形式,最终立足于可理解的宇宙秩序。①中世纪神学家对于人类有限性的敏感是深入骨髓的。否定神学早就看到,人类即便赞美上帝,也是将上帝人化和尘世化了,说严重点是亵渎上帝。鉴于此,无论我们的思维、能力、生活达到了什么层次,我们对上帝的描述、推尊和向往,最多也只是对上帝的一种猜测。其实这种情绪远不仅仅是否定神学专有的,它作为一种基本认知弥漫于整个中世纪神学中,只不过否定神学将它作为一个鲜明的主题铺展开来详细讨论而已。比如奥古斯丁的《论三位一体》就有三卷涉及这个问题。那里透露出来的想法是,虽然三一论已经非常强调人、神之间的张力,已经相当贬抑尘世中人们直接接触并当作"现实"的这些东西,但三一论本身也只是一种猜测,也只是人对于上帝的一种极高妙的猜测,跟上帝本身还是有距离的。②可是到了近代,哲学家们对上帝的描述就类似于与绝对者的"无缝对接"。它会认为推崇和敬仰绝对者,做好人类的"克己"功夫,这就够"对得起"上帝了。我们看到,中世纪那种猜想性消失了。这当然也是黑格尔跟基督教神学对比时最显眼的一个区别。但黑格尔本人并不认为这是什么缺憾。——当然这种猜想性的消失是"优点"还是"缺陷",这是一个聚讼纷纭的问题,不是我们在这里可以确定的。

第二个对比点是启蒙。启蒙的核心成就就是近代科学架构及其在科学、经济、政治等领域引起的变革。因此在这一点上我们实质上是与近代科学架构相比。《逻辑学》的优势在于,它不仅在存在论中看到这架构的雏形,还在本质论中全面展开并穿透了这种科学的各层面(本质论的三个二级层面分别包含:抽象二元设定;规律思维及其拱立起来的"现象世界";抽象否定有限规定的斯宾诺莎实体学说及其克服),还在概念论中展示该架构的思辨性出路。《逻辑学》也经历了"求而不得"的各层面,但它同时对"求而不得"这一困境的来源、限度

---

① 谢林批评这种可理解性为"否定哲学",但这里黑格尔依然有足以与谢林相抗诘的论据,此处暂不展开。详见本书对概念论的解析。

② 奥古斯丁:《论三位一体》(第8—10卷),周伟驰译,上海:上海人民出版社2005年版,第215—280页。

与出路都有清楚的反思,可是启蒙以及它背后的科学架构却对这些无所反思,因而往往陷溺于某个层面,自我辩护、自我强化、自我封闭而不自知。

第三个对比点是康德和费希特。康德和费希特虽然对主客同一性已经有了比较透彻的把握,但在整个德国古典哲学中相对而言是偏于主体化与意识哲学的。在主张回到事情本身这一点上,黑格尔与谢林是一致的。这个世界虽然与人具有结构或形式上的同一性,可是我们不能完全从人的角度看世界。而康德与费希特的批判哲学往往认为人只能从人的角度看问题。正如我们不能以"口腔期"婴儿的行为为依据,说人类只能以"是否能尝味"为标准来判分世界万物,我们也不能因为人只能通过感官与世界直接接触,就像经验论者那样认为感官印象是衡量世界万物的标准。问题的关键在于,"口腔期"婴儿与经验论者看问题的出发点虽然分别是味觉与感官印象,但出发点毕竟不等于落脚点,他们的行为只能代表他们看世界的方式,不能代表世界本身情形,也不能代表我们不能落脚于世界本身看待世界。而康德和费希特在出发点和落脚点的区分上还是有欠严密。这个短处就被谢林和黑格尔抓住了。

第四个对比点是中晚期谢林。此期的谢林看到了黑格尔的《逻辑学》本身的边界(黑格尔的理性依然是一种内在化的理性),并以此为依据判定黑格尔逻辑科学是"否定哲学"。[①]目前我们对这一评价暂时不予评判,留待概念论部分再择机进行。但目前可以挑明的一点是,问题其实还没有谢林以为的那么简单,逻辑科学还不是齐刷刷的简单的"否定哲学",而是在理性"内侧"突破理性自我封闭化的趋势,因而熔肯定哲学与否定哲学于一炉的一种特殊的形态。但要讲明白这一点,又需要在《逻辑学》中推进到一定程度方可,即至少需要读完整个本质论,并对概念论的"主观概念"有比较精准的把握。这个问题不是我们在这里简单争论"是"或"不是"能解决的,因此我们将它留到后文再说。

七、说明与致谢

一、本书由讲座录音整理、改写而成。笔者从 2020 年夏末至 2022 年 9 月开设系列讲座(每周一次,每次 2 课时),为学生疏解《小逻辑》文字义理与深层旨

---

① 谢林:《近代哲学史》,先刚译,北京:北京大学出版社 2016 年版,第 151—197 页。

趣。讲座开设整100次之后,因家事缠身而中辍。所幸彼时讲座已推进至原文第214节,于是笔者将这些讲座的录音整理成文后,手写出针对余下30节的评注,并补缀"前言"中若干部分(小引与"凡例"),终成此书。因此,尽管本书尽可能地依学术语言整理而成,行文中还是不可避免会带有一些"口语化"的痕迹,其中有一些甚至是笔者为了保持生动性而有意保留的。

另外,与本书由讲座录音整理而成的做法不同,笔者还针对《大逻辑》撰有评注性专著《〈逻辑学〉发微》,将于近年完成并发表。读者若对一些核心范畴的阐释与证明有更深入的兴趣,届时可参见该书。

二、由于现场讲座与出版成书的方式与体例不同,本书在讲座录音稿的基础上做过较大修改。首先是原先的讲座序号不再保留,仍旧沿用《小逻辑》原书章节标题。其次是因应这一变化,原先在每一讲之前为接引学生进入讲座内容而演说的长篇"导引"(通常占据半个课时以上时间,整理成文字约为5000字以上)就要大大压缩。①还有一些"导引",在当时看来对于纠正误解与突出各次讲座的思想主旨很有必要,但整合成书之后显得离题或重复,甚至影响读者的连贯阅读。这类"导引"就直接删掉了。笔者只保留了对于更大范围的读者有益的一些"导引"(见本书中的仿宋体文字)。最后,录音中笔者针对黑格尔原文的讲解,整理时也进行了大篇幅删改,详见下一条。

三、本书分为三种字体,各有职能。(1)"导引"文字为仿宋体。其作用如前所述。"导引"文字在全书靠前的部分相对比较密集,因为那时需要做更多的接引工作,在靠后部分则相对较少。如果读者注重紧贴黑格尔原文进行连贯的理解,会认为"导引"文字有所妨碍,此时可将"导引"文字径直跳过不读。

(2)针对黑格尔原文(每节正文、"说明"、"附释")所作的概述为楷体。

这里要说明两点:首先,所有概述文字皆为笔者的理解,并非照录黑格尔原文。笔者当然希望它们尽可能地切合黑格尔的原意,但这其实是不可能做到的,因而概述文字必定含有笔者主观解释的成分,甚至必定含有许多笔者自己的表述方式。其次,黑格尔原文的分段方式与我们的概述的分段方式或有出入。黑格尔原文若分成几个自然段(以下简称为"段"),这几段的语义若有不同,我们的概述也相应地分成几段分别讲解;原文语义若是相近,我们的概述可能合并为

---

① 由于讲座进行至第100讲之后停止,那之后(针对原文第215节起)也就不再有"导引"文字了。

一段来讲解。原文若是一段,但语义繁杂,我们依据行文的需要,可能会分成几段来分别讲解。

(3)概述文字之后,对于黑格尔原文的解析为宋体。解析主要由概述引申发散而来,并非针对黑格尔原文的逐字逐句解释。

最后需要说明的是,从黑格尔原文到我们的概述,从概述到解析,都不是若合符节般逐字逐句对应进行的,因为那既不可能,也不必要。我们往往只针对黑格尔原文中那些对于理解全书思想进程不可或缺的重点表述,以及那些对于读者而言可能难以理解的表述,展开解析。至于读者结合前文不难理解的一些说法,以及黑格尔列举的一些常见例子,我们往往略过,不作解释,因为这类表述本就是黑格尔用来启悟当时读者的一些通俗化手法。①

四、为了行文简洁,本书常将《逻辑学》存在论、本质论、概念论合称"三论",而"三论"中每一"论"下的三个二级层面又依次称作小的三"论":存在论分为"质论""量论""度论";本质论分为"(狭义)本质论""现象论""现实论";概念论分为"主观论""客观论""理念论"。

五、本书工作依据的德文原著与参照的中译本分别为:G. W. F. Hegel, *Enzyklopädie der philosophischen Wissenschaften im Grundrisse 1830. Erster Teil. Die Wissenschaft der Logik. Mit den mündlichen Zusätzen*, in ders., *Werke 8*(TWA 8), Suhrkamp Verlag, Frankfurt am Main 1970;黑格尔:《哲学科学百科全书 I:逻辑学》,先刚译,北京:人民出版社 2023 年版。

六、本书默认上述版本中的所有文字(三版序言、每节正文,以及每节正文之后相应的"说明""附释")皆代表黑格尔本人的观点。序言、正文、"说明"皆为黑格尔本人写就,这自然没有争议。但由于该版本("理论版")中的"附释"是根据学生笔记整理而成的,其权威性难免受到一些学者的质疑。学界围绕某些卷次(比如《法哲学原理》)发生的这方面争议甚至相当大。笔者的考虑是,既然"理论版"《小逻辑》中的"附释"并未在学界引起类似的广泛争议,加上许多"附释"对于梳理原文与"说明"又相当有价值,我们如果像历史批判版②所做的那样

---

① 为了与针对原文每节正文的概括文字相区别,本书在"导引""说明""附释"之前均以方括号形式注以显眼的相应字样,读者当不难辨别。

② G. W. F. Hegel, *Enzyklopädie der philosophischen Wissenschaften im Grundrisse*(1830), unter Mitarbeit von U. Rameil, herausgegeben von W. Bonsiepen und H.-C. Lucas, in ders., *Gesammelte Werke 20*, Felix Meiner Verlag, Hamburg 1992.该历史批判版另有 1817、1827 年两版《哲学科学百科全书》,此处不具列。

将其全盘舍弃,似乎是不明智的。

本书的出版离不开上海人民出版社于力平先生的精心编校与辛苦协助。本书依据的录音稿由我的两位硕士研究生杨云超、张维从讲座录音转写而成。我将录音稿加以整理,做出成型的书稿之后,我的另两位硕士研究生张昊、孙婧协助校对了第137节之前的书稿文字。在此笔者谨向上述各位致以谢意。

笔者无论在黑格尔逻辑科学方面,还是在德国古典哲学方面,皆学力浅薄。本书必定有不少大而无当、言之无物的文字,错谬之处亦在所难免,尚祈学界前辈与同仁不吝赐正。

庄振华

2022 年 11 月 22 日于西安

第 一 版 序 言

[导引]正式解析《小逻辑》开篇所附《哲学科学百科全书》的三版序言之前，首先要说明的是，黑格尔的"概念"不是常识理解的概念。黑格尔的概念，实际上在某种程度上代表近代版本的"思有同一"。我们知道，康德在他的《纯粹理性批判》"第二版序"中说到，他在形而上学领域要做的事情与文艺复兴时代的科学家（培根、伽利略、哥白尼等）在自然科学领域所做的工作是相似的。[①]概括来说就是，正像康德本人要求对象合乎知识，文艺复兴科学家把整个世界比喻成"自然之书"，世界这部书居然是用我们努努力就读得懂的文字写成的。这个比喻意味着自然科学家并不是直接到自然界中发现知识，经验其实不是知识的源头，它们只不过是激发人们在观察中设定新知识的一个契机，但是知识终究而言是从原初的设定或其他知识来的，科学也完全是"从知识到知识"的，比如从一个公理演绎系统中生发出来。换言之，科学不是从经验来的，也不是我们拍脑袋主观遐想出来的。这样得来的科学不仅不受经验杂多的束缚，不受观察结果误差的直接影响，反而成为客观世界的标尺，使得我们看到客观世界是"合乎科学"和"合乎理性"的。这个道理在形而上学上讲出来，就是康德所谓的"对象依照我们的知识"[②]，或知性为自然立法。在经过谢林同一性哲学激励的黑格尔看来，这个道理不仅仅意味着对象与"我"的关系如何，还意味着在形式或结构上而言，"事情"（Sache）与"概念"（Begriff）是同一的。——换句谢林的话说，就是实在东西（das Reale/Reelle）与观念东西（das Ideale）是同一的。

我们读第一、二版序言的时候，会明显感受到黑格尔的严肃。他提醒人们不要指望凭着直觉、幻想就制造出一门科学来，科学需要艰难跋涉。但另一方面他又给人"打气"，说科学很崇高、很神圣，一旦掌握它也就意味人自己的提升。黑

---

① 康德:《纯粹理性批判》,第13—18页。
② 同上书,第15页。

格尔认为纯粹思维的科学,即概念的科学,需要一步一步地走到位,而世界也是分层次的,不同层次的东西不能够混淆。他经常强调,浪漫派讲的直觉,雅可比所说的直接知识,还有宗教神秘主义者所感觉到的神秘"绝对者",实际上都是在很晚才出现的,它们应该被看作结果,而不应该成为起点。黑格尔还在第二版序言的最后那个注释里批评巴德尔(F. v. Baader)。巴德尔是黑格尔同时代的一个德国神秘主义哲学家。黑格尔引述巴德尔的话说道,物质是从上帝产生的。紧接着黑格尔马上以加括号的形式补充说,这根本就不是他所使用的范畴,因为它只是形象的表达,而不是什么范畴。应该说"物质从上帝中产生"的想法是任何一个基督徒都会有的。黑格尔认为关于"产生"的这类"鸡生蛋、蛋生鸡"式的想象在哲学上没有多大意义,甚至根本不正确。要理解物质、人类跟绝对者的关系,在逻辑科学上有漫长的路要走,至少要到本质论的最后一个二级层面"现实性"那里才开始具备理解的条件。相形之下,我们在常识意义上说的"物质从上帝产生",往往只是在存在论的"转变"范畴下讲的。而这种理解方式根本不足以把握上帝与万物之间关系的深层意蕴。

所以话说回来,黑格尔的概念既不是主观概念,也不是对经验的复制或总结,而是主客体的同一性结构。我们这里所说的"同一性"既不仅仅是他在家庭教师时代在荷尔德林与谢林的启发下常提的"同一与差别的同一",也不是他在《精神现象学》里抨击谢林那里"黑夜见牛牛皆黑"时加以妖魔化的谢林同一性哲学,而是在西方哲学史上贯彻始终的"思有同一"传统的意义上说的。黑格尔甚至不认为是他这样的哲学家在那里推动概念,他认为概念已经在世界上,而且概念作为世界的核心,其自身就在运动。所以我们听到他讲"概念"的时候,毋宁可以依照语境的不同,将其置换成貌似更"实在"的一些词,比如存在、现实、世界乃至绝对者。这样我们会发现,置换之后黑格尔的意思就豁然开朗了。

那么他说到概念自身的进展,又是什么意思呢?我们往往一听到这个说法就容易想得玄乎其玄的,理解成概念与概念之间武侠小说式的争斗。这种"空对空"的理解是不得要领的。我们要从世界本身或生活本身的需要去理解。概念的运动往往是由片面到全面、由浅入深、由僵硬知性到辩证法再到思辨思想的运动。而作为运动起点的"片面"既是认识的片面,也是事情本身的片面,或者更准确地说,是事件本身暂时被思维把握得很片面。而这样片面的局面终究是维持不下去的(除非我们人为地固执于片面),那么认识与事情本身就要同步往前推进了。——这就是所谓的概念进展。如果我们脚踏实地从生活本身来想，会发现这部书越学越有劲，因为它讲的其实就是我们的生活在各层面的困境与出路。我们也是本着这样一个原则来展开评注的。

第一版序言谈的是《哲学科学百科全书》如何进行概念的过渡，以及这本书所为何事。在黑格尔的两种《逻辑学》中，《小逻辑》是一个提纲挈领的讲义，结论与义理的直接呈现居多，详细论证偏少。——在详细论证上，《大逻辑》偏胜。黑格尔认为自己采取这样的形式有两方面的原因：一方面是为了简明扼要地把整体呈现出来，而在每一个范畴上并不追求详细论证；另一方面他也给自己辩护说，证明其实是有的，只不过很多详细证明体现在课堂口授时在表象与经验方面结合生活实例进行的演示，而现在呈现在读者手头的文本则并未呈现出课堂口授时的证明。

解释了这本书的体例之后，第一版序言紧接着对内容进行解释。黑格尔说人们容易在两方面误会这本书。有人在进行哲学探讨的时候太过随意，话虽然很多，思想却很浅薄。还有一种干脆是思想的贫乏，这种贫乏以怀疑主义和批判主义自我标榜，却不敢往深处推进。随意与贫乏这两种习惯在黑格尔看来都是思想肤浅的表现，而思想的肤浅必定妨碍对《哲学科学百科全书》这种书的阅读。前一种毛病勉强可以原谅，因为这种人或许属于可造之材，可以引导。但是思想贫乏的毛病就很讨厌，因为它很不真诚地用批判主义或怀疑主义有意把自己封闭住，还反过来以自己所见的那点狭隘的东西替代乃至攻击事情本身。

讲完这两种态度之后，黑格尔说与它们相反的是心中真正升起对高级知识（der höheren Erkenntnis）的热爱。高级知识指的是，不仅要像康德那样看到"知性为自然立法"，还看到事物依照主客同一性结构向人显现，也就是不仅仅从人的角度去看事物，还懂得从事物本身的角度看待知识的生产。如果懂得看到这两个方面了，就会生出一种更高级的兴趣。这种兴趣看到，人和事物本身固然具有同一性结构（黑格尔很干脆地把这个结构就叫作概念），可是这个概念有个生成的过程，而且这个生成过程是人人都必须经历的。倘若不经历，就会说出"物质从上帝产生"这种在黑格尔看来"是可忍孰不可忍"的话来，就会用浅层面的概念去言说更高层面的关系（人与上帝、物质与上帝之间的关系）。

即便没有犯前面两种毛病,有了对高级知识的热爱之后,人也可能产生两种态度,即一种好的态度和一种坏的态度。坏的态度是直接投入直觉、灵感、情感的怀抱,这是雅可比的态度。这种态度在黑格尔看来犯了颠倒次序的错误。雅可比认为不经过长期的艰苦劳作,不经过概念发展(概念的发展同时就意味着事情本身的发展、世界的发展、存在的发展)的整个过程,便可宣称自己直接感受到了绝对者。雅可比绕过整个概念发展过程,当然并非任意胡来,他有他自己的一套说法。我们在后面绪论里"思维对待客观性的三种态度"(尤其是第三种态度)会看到,雅可比是从对康德的批判哲学及其虚无主义后果的反思出发拒斥有限规定的。雅可比拒绝一切有限知识,认为只要有限知识就是人的知识,就在人脑子设想的那片小天地里打转,是没有出路的。他主张抛弃有限知识,要直面上帝。黑格尔当然对雅可比所批评的康德那些毛病了然于胸,可是他绝不同意雅可比把有限知识全盘抛弃、直面上帝的做法,他认为这是一种狂妄的要求,上帝不能由着人如此这般"直面"。雅可比之所以反对有限知识,是因为他对知识的理解太过于肤浅和狭窄,他认为只要谈概念就必定像康德那样陷入主观化和虚无主义。可见他不理解黑格尔意义上的概念,后者一上来就突破了"知性为自然立法"的格局,是世界本身的变化机理和进展过程。

那么好的态度是什么?好的态度是通过艰难的理性劳作的过程认识到真理,这当然是黑格尔自己主张的态度。《小逻辑》全书都是这种艰难的理性劳作,此处不赘。

第 二 版 序 言

[导引]第二版序言表面看起来拉拉杂杂,涉及知性及其局限、宗教、善恶等主题,但又没有集中于这三个主题中的任何一个,所以不太容易看出黑格尔的意图是什么。这里需要稍作接引。

如何理解知性和理性?通常容易把它们分别理解成两种思维技巧,只不过知性比较低级,理性技艺高超。这种理解一上来就有毛病。因为它关心的问题不过是,我怎样在主观思维中设想或摆弄一个东西或一个问题,怎样把它弄得更透明一些,怎样征服它。其实这里根本就不是主观思维的事情。或者说黑格尔讲的思维压根就不是我们脑子里的主观思维,他的概念也不是这样的,它们首先是客观思维①、客观概念。

其实正如我们前文中说过的,如果放到历史的长河中看,可以不夸张地说,黑格尔哲学是西方文明的一个自救运动。为什么要自救?文艺复兴科学思想在自然科学层面,康德在形而上学层面,都不约而同地对世界采取了一种沉浸式的态度。他们认为人在眼下这个世界上(康德的现象世界)碰见的都是他熟悉的、能够理解的东西,人需要做的事情只不过是将这种熟悉和理解用最简洁也最系统的科学化语言(规律、公式、先验逻辑)表达出来。所谓沉浸式的态度,就是在自然之书、先验逻辑内部看世界,或者说从知识内部看世界,对知识完全采取接受和辩护的态度。——至少在现象世界的范围内是如此。那么黑格尔与康德的区别是什么?通常认为黑格尔反对康德的主体主义,这个说法其实并不准确。康德并不是什么主体主义。他虽然让对象取决于知识,但这话不能在常识的意义上去理解。他的"知识"不是人的主观念头,而是建立在主客同一性(统觉的本源综合统一)基础上的知识。所以单纯用"主体主义"界定康德的做法并不严密。康德给《纯粹理性批判》设定的任务,是要为数学和自然科学奠定基础。然

---

① 参见本书第19—25节。

而问题在于，他没有看到，近代人之所以能发现"知性为自然立法""人与世界具有同一个可理解的结构"，这本身也是有条件的。因为他沉浸在这个可理解性当中，所以他不承认它有什么条件。黑格尔的学术活动始于《纯粹理性批判》发表的几十年之后，有了这几十年的时间间距，他这样敏锐的思想家看出了很多问题。一方面希腊和中世纪的许多思想遗产可以经常拿来当作镜鉴，另一方面他也看到自己那个时代的理性渐趋自大与自欺，蕴藏着很大的危险。黑格尔在《精神现象学》"理性"章中就看到，在推崇而不反思理性的情况下，不管人对世界采取什么态度，无论自大还是自谦，甚至包括狂热献身的态度，都是有毛病的。黑格尔认为沉浸于世界的可理解性结构之中的态度已经"不灵"了，因为它必然走向以"世界的逻辑构造"中的一个或一些层面代替整个构造，并且遗忘整个构造的来源与出路的封闭化做法。在他看来这种作茧自缚的做法经过旧形而上学、经验论、批判哲学、直接性哲学的强化，已经达到了很惊人的程度。他1807年出版《精神现象学》，那时他对知性与否定性理性的认识虽然已经很深刻，但毕竟没有像《逻辑学》这样分层次彻底展开。那时他主要是从"意识的形态"与历史的发展这两个角度把握知性局限的，形成从"知性"章到"精神"章里对知性的诸多精妙论述，但毕竟还不够系统。相比之下，《精神现象学》对知性主要是采取怀疑和否定的态度；如今黑格尔则认识到，所谓的知性就是客观思维对世界的可理解性结构采取沉浸而不加反思的态度，所以知性本身是逻辑科学必不可少的环节，也说不上是什么主体主义。

我们所谓的西方文化的自救，本身就是在辩证的意义上说的。知性作茧自缚的现象在某种意义上可以说是西方文明以及由其塑造的全球现代文明的一种命运。如今全球人类不管出身于哪种文明，都必须接受这种生活方式，它是生活的一个常态，而不是可以立马纠正或忽略掉的一个错误，这不是简单的正误问题。现代人如果不首先采取知性的、沉浸式的态度，在某种程度上就没法活。无论老百姓还是哲学家的日用生活，都得这样进行。那么在这一点上，古典的思维的确对人富有教益。古典的思维考虑的是，人在世间忙忙碌碌，其实往往不知道自己在干什么，因为他越投入、越沉浸，越容易忘了自己的本分。其实历史上每一种古典文化只要达到一定的高度，几乎都努力教人意识到这一点，即教人意识到必须对这个世界采取一种辩证的态度，不能完全被现世的利益、名誉与权力迷惑。换言之，人对这个世界既不能不"当真"（否则容易玩世不恭），也不能完全

"当真"（不然就会作茧自缚）。

黑格尔同样主张对世界采取这种辩证的态度，但他的辩证态度与我们通常以为的辩证态度还不太一样。在沉浸于世界中的时候，我们也能学会一些貌似很辩证的态度，比如我们经常讲的看问题要全面，不要片面，又比如康德说的，人心中怀有道德律的同时，还要仰望星空。但在黑格尔看来，这只是"辩证的否定性理性"，还不是"思辨的肯定性理性"，只有落实到对待世界及其根本秩序的上述双重态度上，才算是"究竟"的辩证。关于《逻辑学》"三论"中最重要的概念论，如果我们抱着沉浸式态度去读的话，是不能真正读懂的，因为我们多多少少会站在人的立场上，反过来把它当成一种为人所用的思维技巧。而概念论实际上是教人区分不"究竟"的辩证与"究竟"的辩证，教人在沉浸的同时不要彻底沉浸，但又不是要人脱离世界去追求某种玄虚之境。

《哲学科学百科全书》的第二版与第一版时隔整整十年，在这十年当中人们多少会对这书有所评论，其中有一些误解，包括来自官方的或者教会界的一些误解，便需要澄清。但是这个工作不能放在正文中去做，否则一方面如果集中澄清，便容易打乱正文结构，另一方面如果散见于正文各处，读者也不容易留意到。所以在序言中澄清是比较合适的。因此这一版序言中的话题带有很大的偶然性，我们不必刻意到其中整理出什么"中心思想"和"主干结构"。该版序言可以划分成七个要点。

一、黑格尔首先谈到，知性虽然在近代很多问题——比如宗教问题、法的问题、国家问题——上，扮演了很重要的角色，但知性的缺陷终究会暴露出来，因此我们要让范畴与事情本身内在地融合，而不应强使事情本身依附于范畴。而且黑格尔主张不仅要二者内在地融合，还要提升到概念乃至理念的层面。黑格尔讲的范畴跟事情的内在融合，实际上是让人放下常识坚守的一些貌似"水火不容"般的区分。通常人们总认为一个范畴的标志就是与感性经验截然不同。常识甚至认为，科学的起步就是要制造概念和经验的分离。然而这不过是一种偏见，殊不知当我们在经验什么的时候，概念已经在起作用了。可见事情原本就是与范畴一体的，科学只是向我们揭示这一点，而不是反过来将二者分离开来。黑格尔对待知性的方式是给知性"抄底"，或者说指引知性回到它的本原之处，而不是等知性闹翻天了之后再收拾残局。以往我们之所以老是将理性当成比知性更"高级"的思维能力,就是因为我们总是在主体给知性收拾残局的意义上理解理性。

黑格尔还提醒人们,不能因为对有限的范畴失望,就否定客观知识的可能性。有限的范畴虽然有知性分离的毛病,但并非一无是处。这正体现出黑格尔对知性的态度的复杂之处。他虽然看到知性有"太人性的"毛病,但他从不主张人采取"上帝之眼"的视角,直接取消知性,反而主张在承认知性的基础上突破知性的局限。他具体的做法就是穿透知性的各层面,而这穿透的力量并不来自哲学家本人,而是来自事情本身,因为知性在各层面的局限性被哲学家指出后,事情本身便会推动思维走向更高层面,虽然思维也可以"负隅顽抗",拒绝走向更高层面。

由此不难看出,攻击黑格尔哲学"抽象""脱离现实"或"只讲整体,忽视部分"的那类看法,其实是对黑格尔的妖魔化,根本没有触及他的真实想法。

二、下一个要点依然讨论知性问题:知性总是把理念当成与自身分离的东西,认为第一步的事情应该是定义,但在这两点上都走偏了,因为理念不是分离的,而是已经蕴含在起点里了,而定义也不是自明的前提,反而要在发展过程中表明自身。换言之,知性把原本蕴含于起点中的东西(理念)仅仅当成结果,又把那应当在结果中得以显明的东西(定义)当成自明的起点了。

说理念蕴含于起点中,这倒不是说最高的东西我们一开始就有了。当人没有看到世界中一些根本性的统一时,我们会发现这个世界是人与人之间、人与物之间相互满足对方需求的一个场所。我们以为生活就是相互满足需求的,比如你造的鞋子卖给我穿,我写的书卖给你读,如此等等。然而生活方式实际如此,并不代表它本该如此。这样的生活方式虽然"互利",却也在深层次上"互害",因为它会使得人人都局限在让自己感到满意的一种世界图景之中不可自拔,而这样的世界图景必然自我封闭,遗忘世界的根本真理,或者干脆自造一个真理,即以其自身的实现与巩固为真理。而恢复世界本应有的真理(这里叫作"理念")的本原地位,让其自身表明为世界的根基,这虽然是我们一开始做不到的,但却可以通过突破世界图景的上述自我封闭而达到。所以黑格尔说理念一开始是潜在地蕴含于起点中,这倒不是要求我们一开始就对理念有什么认识,而是要求我们不要轻易满足于种种低劣的世界图景,这样的心态是从事科学的人必须具备的。

定义应该是发展的结果,这一点倒是黑格尔在这里重点强调的。一开始我们其实并不需要什么一锤定音的坚固定义,而只需要对发展方向的一个指引。而事物的本性究竟如何定义,这其实只能在发展的最后阶段表明。相反,一旦开始时就给出一个僵死不变的定义,后面的事情就不是对这个定义的修正,而是对它的验证和巩固。我们探究事物,不是为了一步到位地"抓住"某个固定的本质,而是要对事物的根据保持开放。一旦本着去"抓"什么的想法做事,最后抓到的往往只是这个人自己对本质的某种设想,换言之,最后抓住的其实是这个人自己。当然,在其他各门具体学科中,开始的时候对整个学科给出一些基础性定义,这是绝对必需的,这与逻辑科学的情形有所不同。

在这个要点之下那些批判同一性哲学的话,明显是针对谢林的。黑格尔有一个著名的说法叫"具体的普遍性",而谢林在黑格尔看来似乎反对把理念当成具体事物当中含有的普遍性,而是当成是一种消弭一切差别的同一性。由此我们马上能联想到黑格尔在《精神现象学》"序言"中批评谢林的那句"黑夜见牛牛皆黑"。可见黑格尔一直都没改变对同一性的这个印象,他对谢林这个思想明显缺乏同情的了解。①目前由于我们研读的是《小逻辑》,所以暂时将他与谢林的争执撇开,我们只需留意黑格尔本人借此要表达的思想。黑格尔这里要把理念当作蕴含于起点中的东西。换句话说,我们眼下直接触及的事物不仅是特殊的,也是普遍的。这话其实也不难明白。其实我们根本不可能一上来就把眼下某个事物理解成一个纯粹特殊的东西,我们从来都是把它理解成既特殊又普遍的(否则连关注它和称呼它都做不到),问题仅仅在于我们是否看清并承认这一点。打个比方,如果彻底只以眼前这朵花独一无二的一面去理解它,我们既不知道这是"一朵花",也不知道它带有的那个让人看了眼前一亮的特质叫"颜色",也不知道它的呼吸、气孔、营养运输机制各自都是些什么……简言之,关于它我们什么都不知道,因为能设想、能道说的全都是普遍的共相。

---

① 不能不说,黑格尔的评判其实也是相当抽象、片面的。主要是基于谢林前期的几次学问自述(如1801 年的《对我的哲学体系的阐述》、1802 年的《来自哲学体系的进一步阐述》),明显代表不了谢林各时期的全部哲学。而且即便就这几次自述来看,如果对谢林有更同情更深入的理解,也不至于仅仅得出黑格尔这种刻板的印象。Siehe F. W. J. v. Schelling, *Darstellung meines Systems der Philosophie*, in ders., *Sämtliche Werke*, Band IV, Stuttgart und Augsburg 1859, S. 105—212; F. W. J. v. Schelling, *Fernere Darstellungen aus dem System der Philosophie*, in ders., *Sämtliche Werke*, Band IV, S. 333—510.

三、接下来一个要点是批评以善恶为假象的推论,最终针对的还是知性。他以斯宾诺莎为例来演示这一点。他认为斯宾诺莎只知实体,不知主体,斯宾诺莎那种抽象的统一才抹杀了善恶。

黑格尔对斯宾诺莎有两个具体的批评。其一是说,斯宾诺莎对善恶的统一缺乏清楚的认识。黑格尔主张善恶的实质性统一是善,而恶出自分裂。这里要联系柏拉图以来西方的一个古老思想来理解,即世界的本质是善的理念,也就是说世界的统一性本身就是善。这里的善恶不是小善小恶,不是说谁对另一个人好就是善,对他不好就是恶,而是说整个世界及其万物各自都具有根本统一性(或曰宇宙秩序),这一点本身就是最大的善("好")。反之恶就是那种固执于分裂的态度,在黑格尔看来那当然是知性的态度。知性因为看不到世界的根本统一性,才认为世界本身就是分裂的,这是前述沉浸式的生活挥之不去的态度。

二是斯宾诺莎虽然间接承认善恶之别,也谈及恶的独特用途,但当我们执著于区分固定的善和恶的时候,就沉浸到关于善和恶的知识中去,而作为统一性本身的那种根本性的善就消失了。根本性的善绝非像深渊一样泯灭了具体的善和恶,绝非"好坏一个样",而是具体善恶的基础,是"具体的普遍性"。此处关键的分疏在于我们是沉浸在善恶之分的知识里,还是看到这个善恶之分本身的根据。——关于黑格尔对斯宾诺莎的具体看法,参见本质论"现实性"层面(尤其是其中的"绝对者"与"绝对的对比关系"这两个三级层面[①]),以及我们对这个层面的解析。

四、接下来黑格尔借批评布鲁克尔(J. J. Brucker)的哲学史,指出将来的哲学史应该有更高的标准,不能将理念的某一个环节(比如同一性)冒充为总体。在同一段的结尾,他还附带批评了雅可比的直接知识。布鲁克尔的错误具体而言有两方面:一是把现代的很多想象附会到古代哲学上,二是按自己的方式随意编排古代哲学。

五、接下来谈的是宗教问题,尤其是宗教与哲学的关系。表面看来宗教似乎可以不讲哲学,但那样的宗教在黑格尔看来是不完满的,因为哲学是对宗教真理的明确自觉或主题化,是宗教的成全,不能像宗教那样仅仅满足于表象或情感。这里的情感主要是指宗教中的纯粹情感。我们不管是害怕、敬仰、喜欢还是

---

① 章节标题依照《大逻辑》目录。

讨厌一种神秘力量,只要仅仅停留在情感层面,黑格尔认为那都是动物式的。人有情感,当然好过麻木不仁,因为这已经是非之分的一个发端了。然而发端也仅仅是发端,如果把它看得过于重要,认为它就像一个母体一样,能够生出种种理智的区别来,那就是本末倒置了。

这里有三个小问题需要留意。首先,宗教也是追求真理的,但在黑格尔看来,对真理的最适当的追求方式不是宗教,而是哲学。这就是说,哲学与宗教异曲同工,它们的目的或实质内容是一样的。黑格尔的这个看法非常值得重视。现代人沉浸式地相信知识的力量,相信世界的可理解性,因此上述看法其来有自。而在前现代,人们不像现代这样沉浸在思维与世界的同一性的种种结果之中而不问其根源,在那种情况下,中世纪人认为信仰高于理性自有其道理。但那个语境下的"信仰"和"理性"与现代的"哲学"和"宗教"已各不相同,因此不宜照搬到现代。所以黑格尔在宗教与哲学的关系方面的思想是有时代性的,最适用于现代——尽管黑格尔本人未必意识到了这一点。

其次,现代宗教往往受缚于知性思维,因而容易排斥哲学。黑格尔之所以对宗教有所保留,根本原因在于现代宗教在追求真理上不"究竟"。大家细看一下黑格尔《精神现象学》"精神"章对宗教信仰在近代理性质疑之下进退失据的情形的生动描述[①]就明白了。他对现代宗教缺陷的判断,不是说信徒的思维方式有问题,而是说现代宗教的存在方式就是知性的。

再次,精神的再生在于通过教化摆脱自然,信仰客观真理,从而摆脱知性的那种依恋多神论与泛神论的狭隘眼界,不再反对哲学与神学知识。这里的关键在于,人类理性作为一种精神,要通过教化摆脱自然的情感状态,又不能够像知性那样把理念作为"应当"远远摆在那里,而是要认识到绝对者就在世界当中。反过来看,知性对绝对者的认识很局狭,认为绝对者跟世界是格格不入的。接下来它自然追求将绝对者与世界"结合"起来,硬是把双方合在一块,这就造成了多神论和泛神论。

六、下一个是对巴德尔的评价。黑格尔对巴德尔大体上是同意的,只不过认为他做得还不够好。他称赞巴德尔的地方在于,宗教需要科学的自由研究,以

---

① 黑格尔:《精神现象学》,先刚译,北京:人民出版社2013年版,第334—354页。另外可参见庄振华:《黑格尔论神性生活的现代处境》,载《哲学门》2018年第2辑。

及这种研究带来的尊重,否则虔诚是不可靠的。信仰需要知识,心灵需要头脑。德国神秘主义并不神秘,一向是强调知识的。它之所以叫作神秘主义,是由于它所追求的那种人类心灵与上帝的合一不容易被常识理解,在常识看来太神秘了。实际上他们借助知识,把问题推进到极深之处,只不过那是普通常识所达不到的一种思辨知识。换句话说,德国神秘主义是德国思辨哲学的一个先驱。他们最反对稀里糊涂地否定知识,然后沉浸在幻想中去感受、虔信。他们反过来主张在开展科学的自由研究的前提下对神产生一种真正的尊重。然而神秘主义毕竟有一间未达:它所主张的神秘合一在黑格尔看来的确承认了绝对者并以绝对者为前提,可惜它依然拒绝《逻辑学》意义上的思辨概念,所以依然存在着他们自身所批评的依赖直觉的毛病。

七、最后一个要点是启示的内容如何交付给思维。只有概念能够评判概念,也只有科学能够评判科学,比它们低的东西是评判不来它们的。黑格尔所谓的"高低"不是思维技巧的高低,而全看人们是沉浸在一种自得自满的知识体系当中,还是承认这个自得自满的知识体系有局限。

第 三 版 序 言

[**导引**]第三版序言依然在澄清同时代的一些常见的误解(尤其是哲学与宗教的关系方面的误解)。而后面的导论、绪论则是黑格尔针对当时的德国读者,就逻辑科学所作的一些技术性极强的预备性说明。

但我们中国读者首先对于存在、本质、概念这三个最大的主题就比较陌生。我们要进入《小逻辑》,其实在此之前还需要做一个在黑格尔看来可能比较"外围"的澄清:就《小逻辑》的整体结构而言,作为全书基本架构的"三论"究竟是什么?因此我们在此先说明两个问题,一是"三论"在生活中的意义,一是我本人的黑格尔研究的三个特点,然后才正面讲解第三版序言。

存在论、本质论和概念论究竟所为何事?我们举个手边的例子。比如路边的植物,存在论关心的是它都"有"些什么:有树根,有树干,有树皮,有叶子,然后这些相互之间又是按怎样的比例搭配的。总而言之,存在论讲的就是有这有那,人在这里像是被动接受一般,不干涉也不参与。本质论讲的是什么?人开始发心起念,动心思琢磨:究竟为什么有这有那?我们看到的林林总总这么混乱,一定不会是问题的真相,植物的生长是不是以内部组织液的流动为根本?或者更深刻一些,连那种流动都不是根本,只有一种叫作"生长规律"的深层次力量才是根本?表面看来这是在追寻事物的"客观"根据,但正是随着这种追寻的目光和步伐的推进,深度也才首次出现了,而在存在论的层面,这种深度无论如何也不会出现。换言之,这既是人对事物的深度干涉,也是事物自行显示出其深度。一旦我们干涉进去,一旦我们执拗地要让它的本质呈现出来,这个事情就没完没了,永远没有结束的那一天。因为本质背后永远还有更深的本质,除非我们开始领悟到,本质其实是随着追求本质的行动而出现的,而"本质—现象"的二元架构本身只是那样一种东西的呈现方式,对于那种东西,我们不可再追问其本身根据为何——这便是绝对者。我们平时的生活主要运行在本质论的层面,由本质论为我们提供各种事物与行动的真理、确定性、正当性、合法性、根据、本质等等。包括我们看待自己，往往也是用本质论的方式看待的。这是一个自己为自己提供辩护的，貌似繁荣、充实，实际上封闭且很难有出路的场域。

但黑格尔却"不走寻常路"，他要在我们尝尽本质论的"甜头"与"苦头"、"荣景"与"悲哀"之后，才给我们指一个出路。这个出路是什么呢？它很特殊，是一种越追求反而越求不到，反而会堵塞掉的出路。这就像维特根斯坦说的，哲学就是要把苍蝇从捕蝇瓶里引出来。可问题在于，瓶子已经塞上了，苍蝇硬飞也飞不出来，如何能引得出来？维特根斯坦其实是故意用这个反差鲜明的例子，迫使大家领悟到问题的"解决"恰恰不能靠平时惯用的那些"解决方式"。惯用的那些指引苍蝇的方式，总是已经预设了瓶子的存在，但这样的预设其实无法给自身提供必要性或合法性，它并不能证明它自身是应该的或必需的。我们一旦预设了瓶子，我们的出路也就被限制了，在目前这个例子中就是出路消失了。

概念论实际上就是在更深或更高的层面让我们看到，为什么我们那么执著于干涉事物，却又为何导致自己与事物渐行渐远。黑格尔让我们回过头来审视自己先前的举动，让我们看到那些举动的原因是我们遗忘了有更深的东西（概念、理念、真理等），也让我们看到，其实那些举动最终说来也没有跳出这个更深的东西，是这个更深的东西的一种扭曲的表现。黑格尔显然是把绝对者或宇宙秩序当作现代人的出路。当然我们也要看到，黑格尔的这个出路在谢林看来也有它的狭隘、局限之处。在黑格尔那里，精神越回到自身就越自由。可是在谢林看来，精神一开始就有选择的自由，而且在整个过程中都葆有自由，而不是像黑格尔说的那样在起点没有自由，到了终点才有自由。①目前还远不是澄清黑格尔与谢林孰是孰非的时候，因为我们还根本不知道黑格尔的概念论，以及它的"主观概念""客体"和"理念"（依照《大逻辑》分别为"主观性""客观性"和"理念"）三个二级层面的内涵。等到后文中我们正面考察概念论时，我们会尝试回答黑格尔是否有可以为自己辩护并回击谢林的地方。目前我们只能提醒读者，不要"偏听偏信"，将问题简单看成武侠小说中"争夺武林盟主"的场面。

这里不妨附带说一下我的黑格尔研究的三个特点。首先我强调张力乃至断

---

① 但我们也可以反过来为黑格尔辩护说，黑格尔的那个起点是就思维理解事情本身而言的起点，同时也是事情本身向思维呈现的起点，唯独不是谢林意义上"就事情本身而言的事情本身"的起点。从这个意义上说，起点之处精神没有达到自由不仅是正常的，而且是必须如此。

裂。这不仅是指在黑格尔的文本中看出他所批评的对象，更是要看出那个对象在我们生活当中体现得有多深，看出我们自己就处在由此造成的张力中。其实呈现现代人生活中的深层次张力，这本就是黑格尔的一个思想宗旨。很多读者认为他的思想太过"平滑"，总是以一种"正说反说都是理"的所谓"辩证"的方式"胜利前进"，与我们的现实生活有距离。其实这完全是后人的一种误解，尤其是19世纪中期以来的反形而上学浪潮对他妖魔化之后所构拟的一幅形象。这种想法对辩证法的刻画，以及对逻辑科学的演进方式的想象，都是不正确的。前面我们已经提过辩证法与"思辨的肯定性理性"的区别（详见下文中我们对第79—82节的解析），此处暂且按下不表。这里我们要强调的只是，逻辑科学绝非顺风顺水地不断前进，而是充满张力的，有些地方甚至完全有陷入停顿乃至断裂的危险（如果思维执著于某种不适当图景的话），它所提供的思辨出路与其说是压服一切的专制手腕，不如说是暴风雨之后的幸存。即便如此，人们也未必会听从他关于出路的柏拉图主义式指引，反而更喜欢执著于相反的方向，因此思辨的出路根本不代表实然的情形。——黑格尔指点的出路其实极少被人接受，并在生活中得到实现。

我强调的第二点是层次差异。很多人混淆了他的"三论"的不同层次，那往往是因为他们没有充分领会本质论展示的现代社会深层次危机，没有理解本质论在我们生活当中探究与涵摄的问题有多深和多广，或者说我们自己在多大程度上拘禁于本质论中又找不到出路。他们既然没有理解这一点，当然也就把握不到本质论和概念论在层次上的不同。另外，任何一个核心范畴之下的三一结构之中，也有类似的层次区别，这种区别的要害也在于辩证的否定性理性与思辨的肯定性理性的区别，即每个三一结构中第二环节与第三环节之间的区别。若体会不到第二环节展现的问题有多么紧迫，便无法明白第三环节的必要性和可贵之处，以及它何以与第二环节有层次之别。

最后，我比较重视一种特殊意义上的历史感。我说的"历史感"，不是要把黑格尔思想当成一笔四分五裂的遗产，仿佛我们可以基于当代各学派的立场对其采取"拿来主义"的态度，当然更不是基于学派的偏见，将黑格尔当作一条死狗。我是反过来强调，黑格尔对于我们当下的历史具有某种涵摄性，他的思想不会因为来自现代哲学的一波波猛烈攻击就轻易失效。他对当代哲学长期以来讳莫如深的形而上学、精神、绝对者这些主题的关注，既没必要回避，也不可能回避,反而是现代生活为避免下坠或封闭化而应当参照的镜鉴。实际上这也不是我一个中国人孤陋寡闻之下的突发奇想,现今在德国与法国通过反思反形而上学浪潮而形成的一些成果,比如思辨实在论或新实在论,就很能打破禁忌,值得关注。

从康德《纯粹理性批判》第一版面世时算起,德国古典哲学已经过了近60年的发展,如下信念在哲学界已经深入人心:思辨知识具有突破现代启蒙理性与先验哲学的狭隘格局并上达绝对理念的崇高地位,反之一切崇高的东西也都必须借助思辨知识方得建立。《哲学科学百科全书》第三版序言写于1830年,次年黑格尔死于霍乱。这一版序言看起来比前两版更有自信,但这不是盲目的自信,而是有一套义理在背后作为支撑。我们逐个自然段地从前往后看,尝试初步澄清这些义理。

第1段重申第一版序言里就说过的一个问题,即《哲学科学百科全书》是一部纲要,不能只看这本书,还必须听他的口头演讲,才能够通透掌握。当然,对于只能读其书而不能听课的读者,他应该也不是强求他们都去听他的课,他可能是让读者在发现论证不充分的地方,考虑到这个客观情况而谅解他。

第2段说的是,缺乏哲学的必要知识和其他学科的健全人类知性的人反对哲学时,所反对的不是哲学本身,而是被妖魔化之后的哲学形象。这种事情很常见。一般人不会容忍生活中出现一个真空地带,不会允许自己不理解的东西(哲学)威胁自己的思维习惯与生活习惯。这就像是一种思想上和生活方式上的"排异反应",而这种排异反应往往会导致自欺。黑格尔认为哲学就是这时被妖魔化的。他认为不理解哲学的人分成两类,一类是虽然颇有理解力,却十分狭隘不了解哲学,还有一类干脆就缺乏健全的人类知性(gesunder Menschenverstand)。健全的人类知性是当时很流行的说法,相当于各领域的一般常识,比如在一个强调养生的时代,人们就会突出健康的重要性,在一个强调奋斗的时代,人们就会推崇志气。当时的社会环境下,人们已经像后世的意识形态一般,强调大家要接受一些普遍的思想前提,比如说启蒙与法国大革命推崇的理性、自由等便属于此类。当然,健全的人类知性虽然卑之无甚高论,却也并非不必要。不难看出,上述两类人所反对的实际上是人云亦云地因袭来的一个妖魔化的哲学形象。这样一来,哲学与对它的攻击根本就没有交叉点,仿佛"鸡同鸭讲",就显得很可笑。黑格尔还引用了西塞罗的话,说凡人虽然没有资格评判哲学,却很乐于看见哲学被抛弃。西塞罗说的这个道理类似于"武大郎开店",是一种逆淘汰。黑格尔当然反对这种倾向,他对自己的工作是很自信的。

第3段中,黑格尔通过讨论两个派别,介入宗教话题:基于对现世人格的虔信以及基于博闻强识的宗教态度只是主观确定性,还没有得到圣灵(精神、真理),而后者需要通过理性才能达到。虔信态度的对象当然指耶稣。这一派人觉得就应该崇信活生生的人。黑格尔所批评的这一派的要害是,以肉身存在的耶稣还不是基督的全部。上帝在当时的情境下的确有必要道成肉身,可是我们如果单纯从现世人格的角度崇信他,反过来排斥一切理性推论的话,这也是成问题的(会将一些感性的特质误当作绝对者)。还有一派几乎是虔信态度的反面,即博闻强识的自由理性派。这一派以知性启蒙的眼光看待宗教。我们记得,《精神现象学》"精神"章在讨论中世纪教化与近代启蒙中启蒙与信仰之间的争执时就已经点明了,信仰和启蒙实际上相互渗透,而且主要是知性启蒙的思维方式渗透了宗教,使得宗教人士居然企图以论敌的思维方式来反击论敌,而且对此还不自知。[①]目前提到的第二派,本着博闻强识的态度行事,只知道一些零零碎碎的、抽象的知识。在黑格尔看来,这两派都只具有主观的确定性,还远未达到圣灵的层次(后者至少要到《逻辑学》概念论中的"目的论"才能达到)。

目前我们还不必急着进入黑格尔的思路,我们首先要弄明白,现代宗教在黑格尔看来为什么必须在哲学中才得到成全? 我们刚才说到,德国古典哲学的一个思想成果就是一切崇高的东西都必须借助理性得到阐明。这个成果不是个别哲学家的主张,而是德国古典哲学在回应近代科学架构的过程中获得的。在文艺复兴科学家的启发下,无论在自然科学、政治学、国民经济学、法学还是哲学中,崇尚"科学"的近代人普遍认为看得见、摸得着的东西并不是真理,相反世界倒是以公理演绎系统支配下的一套知识为核心的。这种架构可以详尽无遗地覆盖整个世界,但它本身的性质却是"从知识到知识",它一方面与感性印象、经验观察是有距离的,另一方面又绝非纯主观的胡思乱想。我们在世界上的任何角落,触及的自然就是我们的知识。知识本身是一个动态的过程,它虽然可以受到经验的触发而扩展或修正自身,但这扩展或修正的力量在本质上一定源自它自

---

① 参见黑格尔:《精神现象学》,第334—354页。

身。知识由此才具有在世界上横冲直撞、杀伐决断而屡试不爽的权力,但另一方面,这也埋下了它封闭化的种子。黑格尔面对近代科学架构,一则以喜,一则以忧:所喜者在于科学使人脱离主观的偶然感受与神秘玄想,走上了一条阳关大道;所忧者在于,正如康德的批判哲学表明的,近代科学本质上依然以人的视角为中心,并未像它自己以为的那样以事情本身为中心。——这一点至少要到《逻辑学》本质论的"本质性对比关系"部分才能真正辨明。

在黑格尔看来,宗教如果不经过理性的淬炼,顶多就是一种主观的狂热信念,或是一些零零碎碎的表象性知识。而这两者的毛病都是主观化:感性信念与知性知识一样都是狭隘的,二者都有一种自我辩护、自我封闭化的功能。黑格尔《逻辑学》的思想任务,主要就是防止西方文明走向自我封闭。他提出只有理性才能成全宗教,也是由这一思想任务决定的。他这里所讲的理性还不是常识意义上的理性,而是涵括了一切崇高伟大的东西。他在这一版序言的后文中还指出,崇高伟大的东西之所以崇高伟大,凭借的是理念,而理念又必须通过哲学才能得到把握。他心目中的理性是唯一有资格把握理念的能力。而要把握理念,关键就在于突破封闭性,使人能够合乎人尊严地活着。德国古典哲学能够教人最深刻地把握现代生活的局限性。

宗教负有接引人趋向绝对者的神圣任务,它不是设计一座桥梁、摊一个煎饼这种凭借知性就可以圆满完成的事情,它必定涉及理念,因为它关乎世界的统一性与归宿。比如这样一些问题就是典型的宗教问题:我们这个世界是不是善意地创造出来的? 这个世界有没有虚空? 恶会否支配世界? 这都跟黑格尔说到的理念息息相关,而理念又必须通过德国古典哲学意义上的"升级版"理性才能把握到。虽然文艺复兴时代以来的科学理性很难把握到理念,但黑格尔他们的"升级版"理性却可以做到。相形之下,前述两种宗教态度显然是不够的。

第4段讲的是,争论的两派(虔诚信仰派和知性启蒙派或抽象反思派)都缺乏科学与精神,两派分别凭借空洞的口头禅与形式化的抽象思维,挖空宗教的一切内容,两派都缺乏可供探讨的共同材料:知性启蒙派只知道任意的自由,不明白自由的真正内容规定和规律,而且缺乏教义和信条的纽带;虔诚信仰派则拒斥理性的工作。这一段实际上是对前一段的展开与深化。对于这两派,黑格尔的批判都很严厉。他认为它们挖空了宗教的一切内容。那么宗教本来的内容是什么呢? 宗教应当关心人在宇宙中的地位,知性启蒙派和虔诚信仰派不关心这个问题,却只是人云亦云地说一些空洞教条,念一些抽象的口头禅。类似的事情在中世纪历史上发生太多次了,它的结果是西方人有目共睹的,那就是宗教的贬值,即人们对宗教视而不见,遗忘了它的本意,随之整个社会风气也会废坠,这是很要命的。——这里似乎可以间接看出,黑格尔是抱着一种"扭转乾坤"的态度在做学问。当然黑格尔这种使命感也是基于他的深刻见识,二者是相互匹配的。

这一段后面部分提到了自由,真正的自由和任意妄为是不一样的。黑格尔提到知性启蒙有个缺陷,就是不顾基督教既有的那些合理的教义和信条,肆意摧毁它们。但实际上那些教义和信条对于基督徒而言是塑造其生活的一些可贵的方式,就像讲究尊老爱幼是塑造我们中国人的生活方式一样。再比如说婚姻这种大事情,还有人生中其他一些重要节点,都是需要通过一些礼仪来完成的,这些礼仪关乎人的尊严、志气、威仪,不可不慎,更不可以"创造新天新地"这种抽象的名义全盘推翻。

第5段认为,哲学应该跳出上述争论,否则会弄巧成拙。知性启蒙派和虔诚信仰派的眼界都很有限,而且是在不同的层面,"鸡同鸭讲",双方根本就比不到一个赛道上去。在这两派中,你同情谁、支持谁都不行,因为你反对任何一方,他们都会把你妖魔化。

第6段表明,上述两派都排斥哲学,沉溺于狭隘的主观需要。但哲学是自由的需求,它由更深刻更强烈的内在必然性驱动,无需外在的鼓励,只适合于少数人,而且不强迫其他人,哲学需要严肃认真的态度和专注沉默的长期艰苦劳作。两派都出于自己的需要制造出一套封闭化的话语,而这又是为了固守封闭的生活方式。两种宗教观念都是形式化的推理,都是为了给自己辩护,而没有真正讨论问题。比如虔诚信仰派一开始就认定某种虔诚信念是天经地义的,是毋庸置疑的金字招牌。那么接下来的辩论看似在客观说理,实际上是在不断地自我巩固,这就是黑格尔说的形式化推理。相形之下,哲学虽然需要严肃认真的态度和长期的艰苦劳作,但只对愿意吃苦的人开启它的宝藏,而不会强迫人来从事它,甚至不屑于以某种甜头将人吸引过来。

最后一段没有什么新内容,用六个字概括就是"销量好,有盼头"。但黑格尔似乎不是出于私心这样说的,他是为真理打动人而感到高兴。

导　　论

[导引] 与前面的三版序言类似，导论针对的同样是《哲学科学百科全书》，但导论中讨论的许多问题对于理解《逻辑学》至关重要，绝不可小视。另外，导论不是为了澄清宗教界与大众对哲学体系的误解，而是黑格尔对课堂上的学生所做的一个接引，也就是将学生的理解接引到《小逻辑》的思路上来。就具体任务而言，这个导论是要让大家从常识的思维转变到逻辑科学所需要的思维。

整个导论共分18节。从内容来看，这18节可以划分为6个部分。(1)第1节提出"逻辑学的开端是什么？"这个问题。我们知道，《大逻辑》存在论开篇也有单独的一节叫作"科学必须以什么作为开端？"，可见这个问题相当重要。(2)第2至6节谈的是思维方式的变革。(3)第7至12节讨论省察(Nachdenken)①和经验性知识的局限与克服。省察和经验性知识相辅相成，因为经验性知识就是在单纯省察的停留过程中才会发生的。(4)第13到16节探讨哲学的外在历史和体系的关系，也就是哲学史和哲学的关系。(5)第17节讲哲学的开端是主观的假定，即尚待发展的思维。(6)第18节说的是整个体系(《哲学科学百科全书》)的布局。

我们主要看看前两个部分，即开端与思维方式变革的问题。这里要说的是，思维本身是分层次的，但我们平时的思考与言说往往将不同层次的东西掺杂在一起，就使得我们意识不到哪些成分是最粗浅、最初步的(开端)，哪些是更高层面的，而要弄明白不同层次的东西各自属于哪些层次，就需要来一场思维方式的变革。因此要明白"导论"的前两个部分，首先需要明白我们平时的思维中是如何将不同层次混杂起来的。

---

① 该词字面上有事后回味思考的意思，故而译作"省察"。学界尚有"追思"(先刚)、"反思"(梁志学)等译法，前者似易与对故人往事的追思混淆，后者未能区分 Nachdenken 与 Reflexion，故不取。

举个黑格尔自己的例子。黑格尔在第 3 节"说明"中提到,像"这片树叶是绿的"这样一句再平常不过的话,就包含了两个不同层次的范畴,即存在("是")和个别性("这片")。这两个范畴分别属于存在论与概念论。当我说这片树叶"是绿的"时,我们仅仅表示这一片树叶"有"绿这种颜色。我不知道这片树叶是凭借什么机理具有绿色的,我只知道"有"一片树叶,"有"一种绿色,也"有"这树叶和这绿色的合一。这就是存在论的层面,完全只关注最表层的"有"的问题。而"这片"则不同。我们说"这片"树叶时,我们想到的是一个严整的、自成一体的有深度之物。"有深度"是指它有自己固定不移的某种本质,使得即便它的周围环境,乃至它自身的一些外部特质(颜色、大小等)可能发生变化,也不影响它的本质。而且还不止于此,如果我们仅仅认定它有固定不移的本质,那还只达到本质论的层面,而我们说"这片"时还别有意味:它自成一体,是一个个别的实体,虽然表面看来是绿色、圆形、片状等性质的,却自有其不可为人直接察觉,甚至不可被人类规律思维把握到的普遍生命贯注其中。这番意味已经达到了概念论这个极高的层面,它虽然不是我们在说那句话时必须想到的,却是那句话客观上蕴含着的。

所以首先《逻辑学》里那么多范畴,是要让大家知道思维中的各种成分,以及随之显现的世上万物的存在,都是有严谨的层次之分的。我们以前强调"层次感",就是对不同层次的敏感性。而我们平时说话往往不讲究这些。

§1

哲学不像其他科学那样预设一种现成的对象和方法。哲学与宗教在对象(真理)与研究领域(有限事物及其与上帝的关系)上相一致。哲学当然预设了对对象的表象性熟知,但没有预设对该表象的概念性真知。

哲学的对象和方法只能是哲学自身发展出来的一个结果,而不能是哲学一上来就预设的一套现成的东西。在《精神现象学》的"序言"中,黑格尔其实也表达过类似的思想。[①]哲学不可能像其他学科那样,一上来就给出一整套对于自己的对象和方法的描述,因为它们本身也要在哲学中产生出来。这里大家尤其要留意的是,连方法都是最后的结果,而不是像康德说的那样,先通过批判考察理

---

① 黑格尔:《精神现象学》,第1—4页。

性的本事,提供一套方法,然后才直接运用这方法。

宗教和哲学在追求真理上异曲同工,只不过宗教是通过表象的方式,而哲学则通过概念的方式在追求。①真理是什么? 如果用通俗的话来表达,而且在自古以来的悠久传统中,而不仅仅局限在技术时代常见的以"正确"替代"真理"的做法中来看,那么真理可以说是对世界秩序的成全。哲学往往要通过限制现世生活及其表象来达到这种成全,即从看得见、摸得着的那些表面看来很"实在"的利益回转,回向真正支撑并引导现世生活的绝对者。但真正要完成这一工作,单靠宗教往往还不够,还需要哲学出场。宗教不可避免地带有太多属人的想象,这对于凡人而言可以作为一种切身的接引之道,但其实并不符合绝对者的本性。这里需要哲学辨明绝对者究竟处在什么高度,究竟是不是可以用这些表象性的熟知去通达的。哲学有能力淬炼出真正的、该保留的方向。所以真理是哲学在守护的一个方向,它不是任何现成的东西。

哲学其实不是一个特殊的"学科",它在西方历史和西方文化中往往是最忠实、最有力地保守着西方文明精粹的守护者。西方文明的精粹是对一套核心形式的坚守。核心形式在古代体现为宇宙秩序,在中世纪表现为上帝的恩典。到了近代,核心形式固然是知识化、理性化的,可是近代人依然保有对崇高秩序的敬意。西方思想自古以来就有直观这种形式的传统。②黑格尔当时面对作为基督徒的课堂听众和欧洲读者,需要强调哲学的重要性。哲学不像宗教那样倚重一些直观的想象,它直接致力于保守核心形式。哲学虽然看似抽象,但对于保守西方的核心形式而言却是最"直来直去"的。在这个意义上说,唯独哲学是无预设的,它可以冲着任何领域去保守那个领域的形式。

第三点讲的其实是"熟知非真知"。学哲学当然需要熟悉各种事物,但黑格尔认为这只是表象性的熟知。表象性熟知的实质是形象化的理解。比如说到天使,我们马上想到文艺复兴时代油画呈现的天使形象。甚至听到像"善"这样的

---

①　第二点其实与第一点直接相关,因为只有说清楚哲学的旨趣,才能明白它为什么是无预设的。详见下文。

②　相比之下,我们中国古人往往并不直接关注这个形式,而是更关心未显形之前的某种均衡态势的保持——相较于这种态势,形式仅仅属于某个极端的显形状态。比如在人的事情上,中国古人强调的不是什么样的人对应什么样的形式(比如古代不同的理论任务或实践任务,中世纪创世与救赎格局下人的地位,以及近代以来科层制下的职业与旨趣),而是在家庭、社区、天下各层面上大家共同成全的一种和而不同的关系状态。我们中国人坐在一块儿,往往强调"和"与"敬",这都是一种态势,而不是形式。

抽象概念时，我们也马上联想到慈眉善目的长者，或者雷锋做好事的场景。当然正如康德先验逻辑的图式论告诉我们的，哪怕我们在做最抽象的概念思考时，我们也得借助于形象。但在黑格尔看来，这种表象性的熟知虽然可以让人快速上手去接近概念，可是它的短板是容易让人陷入表象并依赖它，天长日久便固化为一种假的认知，妨碍我们达到真知。而达到概念性真知则是哲学的任务。我们通常说的"人人都有一套世界观，所以人人都有哲学"，这话倘若只是在人人都有表象性熟知的意义上说，倒是不错的；但如果据此认定人人都有真正的哲学，那就经不起推敲了。

熟知往往并没有把握对象的必然性，也就是没有证明对象的存在与规定性，所以并非真知，没有资格做假定和保证。开端必须是直接的东西。

很多事情我们虽然"熟知"，却是一笔糊涂账，并不符合黑格尔对"直接的东西"的要求。我们往往不知道各种事物的必然性，即不知道它们为什么存在，有什么规定性，处在哪个层面。比如我们翻开化学教材，虽然可以将化学元素周期表背下来，貌似"掌握"它了，但凭此我们并不知道这个周期表在整个化学知识中处于什么地位。即便我们掌握了它在整个化学知识序列中的位置，这也不能使我们掌握周期表以及整个化学是如何对待和表述事物的存在的，掌握它们在整个人类活动中的深度与高度。所以"熟知"往往就像一个箩筐里装满蔬菜、水果、佐料，人与知识的关系仅仅是"具有"或"存在"这种最肤浅的关系。简单来说，熟知只是独断，而没有为自身提供必然性证明。只要这种关系不改变，这种知识装得越多，反而越堵塞真理之路，因为装得越多，人就越以为自己"无所不知"，仿佛真理在握了。

真正的开端既是可以直接"上手"的东西，又必须为我们通往真理提供机会。熟知的东西由于熟悉，看似很直接，但鉴于熟知实际上构成了真理之路上的障碍，所以并非黑格尔意义上的"直接的东西"。所以这里还有一个如何界定"直接的东西"，为整个逻辑学廓清场地的问题。直接的东西究竟是什么？这个问题要留到存在论的开篇才得到回答。

§2

人固然凭借普通思维（表现为情感、直观、表象）才成其为人，但哲学是进行概念性把握的思维，是作为形式的思维，所以不等于普通思维。

　　理解正文这一段的难点在于区分普通思维①跟哲学思维。人们喜欢普通思维，习惯于情感、直观、表象，反过来将哲学思考妖魔化，说哲学就是干枯的概念，远离生命，没有平时生活当中的情感、直观、表象来得生动，即便事实证明貌似干枯的哲学思维能最迅速地抓住事情的实质，人们也不为所动。其实这种选择背后不便说出口的理由是，情感、直观、表象可以最便捷地使我们待在思维的舒适区，哪怕这舒适区充满了偏见。但说到底，这种做法对事物本身是不尊重的。而哲学的思维就是要求人们直面事物本身的形式，保有和成全这形式。但这种直面事情本身形式的哲学思维对于习惯待在舒适区的人而言却是极大的挑战。

　　［说明］应该重提人凭借思维而不同于动物这一点，以防止当今流行的将情感（尤其宗教情感）隔绝于思维之外的做法。

　　把情感隔绝于思维之外，指的是以思维"抽象"为名，一味地沉溺于情感之中，将人封闭起来。这样做实质上是躲在人的舒适区中，逃避正在做的事情。其实事情跟人原本并不是隔绝的，人的生存总是已经沉浸在事情中了，然而从主观好恶来看，人却往往忘记了这一点，更喜欢躲在自己的情感之中。比如有的人到山里去走一趟，碰到一个道士或隐士，跟人家聊天的过程中往往不断寻找能强化原先偏见的所谓"证据"或"迹象"。这就是典型的将情感隔绝于思维之外的做法。这不就成了康德所说的"哲学的丑闻"吗？

　　面对这种习惯做法，我们应该重提人凭着思维才不同于动物。后面我们研读绪论时会知道，黑格尔说的"思维"大都是客观思维②，即看似要凭借人的主观想法，但本质上是事物的形式规定及其相互关系，因此不能被当作单纯的主观活动。人需要凭借这样的思维了解事物的形式，而不是用情感、直观、表象这些主观活动把自己封闭起来。不仅如此，思维不仅不会损害情感，还会反过来成全情感。黑格尔举例说真正的宗教情感还是被宗教所追求的那个真理形式支配的。那我们摆脱情感、表象的束缚，直接追求这个形式不就好了吗？所以宗教是受缚于表象，而哲学则是直接追求形式，因此哲学不是离开了宗教，而是成全了宗教。

　　强行分离宗教与思维的做法是由于错误的省察造成的。正确的省察应该洞

---

　　①　大致可以理解成常识或知性思维。
　　②　参见本书第19—25节。

察到情感与表象本身就浸透了思维。但这样的省察仍然需要从反思和形式化推理的阶段更进一步,才能达到哲学。

正确的省察和错误的省察,它们的关键区别在于是"往前走"还是"往回走"。往前走,就是要明白事物的形式,依照该形式去成全事物。比如儿童的教育不是出于其他外部考虑,而就是为了按照身心健全、品德与知识增长的方向成全儿童。往回走,就是落入形式化推理①和外部反思中去。比如一个宗教信徒的信仰,究竟是由于对世界根本秩序的信赖,还是仅仅在知识上争论一个针尖上能够站几个天使,这是有根本区别的。后者属于形式化推理,并非出于事物本身的形式在做事。

纯知识性的错误省察还不能达到对永恒东西与真东西的"保真",正如对上帝存在的形而上学证明以及对食物的知识不等于实际的信仰和饮食一样。以抽象知识形式做事情还不如无知,抽象知识固然有一定实用价值,但不可上升到绝对地位。

抽象知识是什么? 比如说懂得区分各种蔬菜,以及区分好菜与烂菜,对于我们买菜特别有用。但这都是抽象知识,它也不能算是"对得起"那蔬菜,因为人只是在那里"取一瓢饮",把对人有用的一些最外在特征掌握了,拿这知识当工具,去利用蔬菜。但当今时代不仅需要大量抽象知识,而且往往以此来界定何谓"成功"与"价值"。现代是一个工业化时代,依照功能和效率组织一切,它首先不是就事物的存在本身去看待它们。比如在资本主义社会,一切事物的"价值"都取决于它们在资本运作的大机器上发挥的功能。倘若误认为这些东西就是真理,那就太可悲了。

可见抽象知识就是纯知识性的错误省察,这也是普通思维的局限所在。这一节正文中有个很醒目的说法,即哲学思维是从事概念性把握的思维,以思想的形式出现,而不是作为形式的思维。这话说的是,哲学追求事物真正的形式,这形式可以用思想、概念表达出来,但哲学不是空洞的形式化推理。对于古典哲学而言,形式是事物的要害,绝不是什么无关紧要的外在表现。相较而言,形式化推理中那种把事物分成本质和外在表现的做法本身是到了近代才不加反思地被

---

① "形式化推理"中的"形式"指常识意义上的形式,即外部的、肤浅的表现。形式化推理则指表面化的推论。

普遍推广的,是一种企图通过规律去控制事物本质的做法,它与规律思维相互助长。——关于规律思维,详见本质论中的现象论。

§3

意识的内容不变,但在不同形式的对象性中,形式和规定性渗入到内容,使得内容似乎有区别了。

这里谈的还是表象思维和哲学思维的关系。像情感、直观、想象这类表象思维虽然看似生动、广泛又具体,但未必能切中事物的要害。我们可以用五种感官与同一个对象打交道,会产生五个方面的印象。但这不意味着有五个对象,也不一定意味着我们终生必须为五个方面的印象如何统一起来而烦恼。如果五种感官是我们无法脱离的立足点,我们的确会一辈子为上述问题烦恼。然而关键在于,事物的统一性是明明白白的、我们必须接受与预设的事实,我们不能单纯从人的被分离开的五种感官出发看问题。这就是说,事物的统一性虽然是我们的经验无法证明的,但却是必须预设下来的。再比如当代哲学中很热门的主体间性,以及莱布尼茨意义上的前定和谐,其实都属于需要预设而无法"证明"的一类东西。古典哲学的任务不是从支离破碎的感官经验出发去"证明"形式,而是在现实中显示出形式的支配性作用,令人返回到形式上去,并坚守形式而不遗忘。所以黑格尔在这里表现出一种不同于经验论的古典思维。黑格尔像其他古典哲学家一样,认为形式和规定性应该被设定下来,并规定表象内容,而非反之。

[说明]概念深于表象,但仍然不能代替表象。哲学之所以难懂,一个原因是人们没有能力作抽象思维,以混杂表象与思想的方式进行形式化推理和反思。另一个原因是渴求依靠熟知的表象躲避概念,因为后者使人无所适从。

人们习惯的是自己脑子里面构造的那些熟悉且舒适的想象(表象),所以容易以表象带动甚或代替概念。实际上表象与概念深浅有别,二者都不能代表对方。人们认为哲学难懂,一是因为"不能",二是因为"不为"。两者分别指人们没有能力与不愿意作抽象的思维,宁愿沉浸在熟悉的表象中。

学了《逻辑学》之后,我们会发现平时讲的"每个事物都分成本质和现象",以及"科学就是要研究事物的原因或事物与事物之间的关系",其实分别涉及本质、现象、因果性、比例关系等范畴。更隐蔽难知的事实是,这些做法看似客观、公正、科学,其实往往是在利用这些本身有局限的范畴营造某种思维舒适区,即营造出一种"真理在握"的氛围,甚至拒绝反思自身。我们能学会黑格尔"毒辣"的眼光,看出营造舒适区这一事实,前提当然是把他的存在论、本质论都学通透。这恐怕是其他任何哲学著作难以提供的思想养分,至少不如《逻辑学》这般系统而透彻。

黑格尔这里将在此起作用的情感、直观、欲望、意志全都概括为表象,而表象则与思想、范畴、概念对照起来才能理解。表象听起来像是某人对事物一厢情愿的想象和描摹,好像只是个人的事情。其实表象的范围比这要广得多:一旦客观思维的某个范畴被人当作无往而不利地编织事物形象的利器和保护壳,它也极易转化成整个群体或整个时代的表象了。因此表象作为一种思维方式,有其更深广也更值得警惕的一面。当然这里的文本是在通常的意义上说表象的,指的是个人表象。——黑格尔的整篇"导论"都是要接引读者从表象进入哲学思维,我们还是依从这条主线来理解。

§4

哲学与普通意识的关系,以及哲学与宗教的关系。

这里讲了两个意思,一个是说普通人没有想到要进行什么哲学认识,所以首先要唤醒的不是哲学认识,而是对哲学认识的需求。由此延伸出去,黑格尔还重申前文中提过的另一个意思,即宗教想做的事(追求真理),哲学也能做,而且能以概念的方式直面事情本身,因而比宗教做得更好。两个意思的要害都在于表象与概念的区别:表象虽然舒适,却不如概念直击要害,而概念虽然精准,却令人望而生畏。我们读《精神现象学》"宗教"章和"绝对知识"章就不难发现,宗教是表象性思维,哲学是概念性思维。宗教始终离不开对绝对者以及各种教义的形象化想象,这类想象虽然有助于接引普通人,增强他们的宗教信念,却也无法摆脱这类想象必然带来的质疑。但是哲学可以穿透表象,直面事情本身。这倒不是说哲学不需要形象,哲学举例和说理的时候也是要借助形象的,但哲学只是利用形象,而不是反过来受形象支配。

§5

意识的内容在思想转化为思想形式时并不丢失,省察可以将情感、表象转化为思想。

正文这一段意在提醒人们，不要害怕研究思想的形式使我们走向抽象化，丢失了意识的生动内容。思想转化为思想形式，指的是我们将关注的焦点从生动却杂多的内容转向统领这些内容的形式上，这也是前面我们所谓"往前走"的正确省察所做的事情；而"往回走"则是退回到表象构成的舒适区中去。这里问题的关键在于改变通常习惯的用表象、形象代替对思想形式的哲学思考的做法。表象是有内容的，但内容不但不精确，还容易泛滥无归，妨碍我们对形式的界定与提升。

[说明]普通人容易反过来认为哲学唾手可得（"直接知识"说是最近出现的这类观点的直接推动者），是因为他们误认为这种表象性思维可以代替甚至支配哲学。

"直接知识"是雅可比的主张，是一种直接信奉与坚守某种看似高迈超群的知识的姿态，其实质仍然是表象性思维，是对某种美好想象的固执。而普通人之所以觉得哲学唾手可得，是因为他们误认为可以便捷地用这种看似很高级的表象性思维代替哲学，从而随意涂抹哲学。

§6

哲学的内涵自行产生于精神领域，这内涵成为意识的内部世界和外部世界。应该懂得区分现象与现实。认识到哲学与现实的一致，才能够达到哲学的真理，有了这个认识，便是具备了自觉的与现存的理性，这是科学的最高目的。

黑格尔说哲学的内涵自行产生且形成意识的内部与外部世界，指的是哲学所研究的那些形式规定和塑造着人的内部和外部世界。人在内部自行教化，知识也越来越发达，丰富着自己的内部世界。而外部世界则是社会中的法律、道德、政治这类"精神文明建设"。这内、外两个世界都离不开形式规定，而《逻辑学》是直奔着所有核心性的形式规定（范畴）去的。

黑格尔接着说要区分现象和现实，目的是为了强调哲学要为所有现象"背书"。《逻辑学》本质论分为本质论、现象论和现实论三部分。现实性处在本质论的最高之处，指的是思维对现实的把握达到极深极高的程度，能穿透世界上种种偶然的现象，看到现实内部含有绝对实体，能显示出世界的绝对必然性。而现象论则是看到什么对人类有利的东西就承认什么，虽然也设定了现象背后有一种本质，但那种设定恰恰是为了反过来巩固现象，这种态度是现实论所不取的。

当然,结合下面的"说明"来看,黑格尔这里并不一定是要在《逻辑学》的严格意义上区分现象与现实,他是要强调定在、现象、实存中具有不够格被称作"现实性"的相当大一部分偶然的因素,是为了防止我们一股脑地将这些都当作现实的。

黑格尔在这一节的最后居然谈到"科学的最高目的",这种"重量级"的表述必须引起重视。黑格尔要做一个"前无古人"的为哲学"正名"的工作:他一方面的确继承了古希腊以来重视理念的传统,但另一方面他又要在批判的基础上接续现代的一种态度,那就是在现实内部建立理性,而不是脱离现实。他认为完成这一工作,哲学才算是达到了最高目的,换言之,哲学才算是没白在现代走一遭。具体而言,黑格尔对近代自然科学和经验论采取的是"去粗取精"的扬弃态度,而绝不是直接抛弃的态度。虽然《精神现象学》做了一个极为峻急的、层层否定的工作,看似对近代理性很不以为然,但那主要是鉴于启蒙理性流行于世,成为一种看似牢不可破的意识形态,而做了一个开辟哲学舞台的工作,所以看似"破"多于"立";但到了《逻辑学》中,他对近代理性继承与深化的一面才逐渐显露出来。

[说明]现实不同于实存、定在和现象,后三者只是现实的表现。

鉴于人们往往对"现实"概念误解极深,黑格尔回顾《法哲学原理》序言中的一句话:"凡是合乎理性的东西都是现实的,凡是现实的东西都是合乎理性的。"这句名言的前半句是为了制止妄想,即为了防止人们把理性、哲学当作抽象而不切实际的东西——无论当作抽象的身外之物,即玄而又玄的天外之物,还是当作抽象的主观念头。这是黑格尔为哲学"正名"的工作的题中应有之义。那些单纯否定或逃避现实的哲学家与学派,比如斯宾诺莎、雅可比、浪漫派,黑格尔认为单就他们对现实的态度而言,是不可取的。前文说过,黑格尔心目中哲学的最高目的就是把握到哲学和现实的一致,这自然就表现为对现实的接受与扬弃,而不是直接脱离现实,构想一个遥远的天国。

而这句名言的后半句则是为了给人信心。但黑格尔马上提醒我们,这不等于全盘接受我们直接碰到的一切,更不意味着哲学要为实存的全部现象背书。我们直接接触到的其实还算不上现实,而是现象。当然,现象与现实的关系也不是将现象中纯偶然的那部分撇开就剩下了纯现实。其实二者是不同层面的东西。现象与本质一道构成一个自我辩护的二元结构;而现实则有一个前提,即思维在实存的事物中看出绝对者的体现,或者说看出世界的绝对必然性。"现实性"范畴的核心含义就是绝对性并不在我们眼前的各种事物之外,而就在它内部。如果一定要将现象与现实"串起来"说,那就可以说现象是现实的表现。原文中定在、实存、现象的意思相近,它们都是现实的表现。

那么我们怎样处理现象和现实的关系?这里一定要注意,不是"透过现象看本质"。黑格尔的一个很重要的洞见在于,常识以为透过现象就能看到本质,其实透过现象看到的还是现象,只不过背后的那个更深的"现象"其实是人对现象的总结性描述,名曰"本质"或"规律"。如果我们以为透过现象看本质就算是对得住现象,发现了现象背后的真理,那就大错特错了。因为那个被设定为"本质"的东西只不过是用来巩固表面现象的,只能促使我们信赖现象,并依靠这种信赖过活,除此之外别无用途。①这都是《逻辑学》本质论的教诲,我们学到那里自然会明白。

[导引]近代自然科学与近代哲学实际上是同源的,具有大致相同的机理结构。只不过哲学更高远、更深刻,科学则更枝繁叶茂一些,与我们的经验更近一些。大家如果忽视甚至排斥这种同源性,就容易落入对技术采取浪漫排拒态度的误区中去,并将哲学与科学技术分别视为高级的人文关怀和低级的冰冷东西。二者同源性的关键就在于它们的构造方式的一致性。其实近代科学与哲学一样基于主客同一性。常识可能认为,原本有一个与科学无关的世界,然后科学硬要构造出一套脱离这个世界的知识体系。实际情况可能恰恰相反,在科学家看来并不存在一个撇开科学而独立自存的世界,世界从来都是依照科学知识、科学规律才井然有序地存在的,那种撇开科学的世界图景恰恰是对这一事实的扭曲。这件事情从哲学上看,视野会开阔一些:只有理性以主客同一的方式去构造世界,世界才能显现出来。

康德在形而上学领域发起的哥白尼式革命,是在哲学上把近代科学早已运行于其上的那套规则挑明了,也是把近代世界的构造与显现方式挑明了。②康德和胡塞尔都明确意识到,近代以来的西方文明的精华与有力之处都在于以这种

---

① 参见庄振华:《黑格尔论规律》,载《哲学动态》2017 年第 2 期。
② 李华:《康德"哥白尼式革命"的文艺复兴前史辨正——以卡西尔的论述为中心》。

方式行事的理性。在黑格尔看来,问题要更复杂一些:理性的巨大力量固然不言而喻,它欣喜若狂地发现世界上为它准备好了果实,等着它享用,它只要一伸手,果实就落到手上来,可是这也是它的毛病所在。①

　　黑格尔知晓近代科学的这个根基,而他所谓的"思辨的思维"也必须要在同一个根基往下深挖,或者说也必须与近代科学相对照,才能得到理解。他对经验科学不是简单的排斥,而是认为它一方面为思辨的思维提供了材料,另一方面也达到了一定的普遍性和深度,只是还没有达到世界的实体性与绝对性,同时有着自我封闭的危险罢了。而思辨的思维正是在汲取经验科学优长的前提上,通过达到世界的实体性与绝对性而消除上述危险的一整套逻辑科学。思辨的思维与近代科学的思维有一个共同点:人跟世界有一种"同根生"的关系,而这两种思维则是人进入到一个主客体同一的动态发生结构中,发现那个结构既规定着人的思维,也规定着客观事物的存在。由近代科学在相对较低的层面实行,又由康德在他的先验逻辑中予以总结的这种同一性构想,黑格尔不但没有放弃,反而予以扬弃和提升。——其实往远了看,整个中世纪以及古希腊也有一个不断传承的"思有同一"传统,与近代意义上的主客同一性传统具有"家族相似性"。

§7

　　近代的省察沉浸于现象中寻求规律。省察虽然包含哲学的本原,但不像在古代那般抽象,而是在内与外、自然与精神中寻求规律作为自己的内容。

　　正如前文中解析过的,黑格尔对省察的态度是中性的,或者说他对抽象意义上的省察并没有什么"态度",在他看来省察之"好坏"端赖于它往前走还是往回走。省察包含了哲学的本原,含有可以发展为思辨哲学的一些萌芽,但也可能陷溺于常识或知性思维。

　　说省察不像在古代那般抽象,指的是它没有像在古代那样直接冲着宇宙的本原去。这里"抽象"一词的使用带有黑格尔一定的偏见。黑格尔说古代的省察(实际上代表它背后的宇宙秩序)是抽象的,这是站在已经有了长足进展的近代科学的基础上,作为一个近代人很骄傲地说出的话;相比而言,他会认为近代

---

① 参见庄振华:《黑格尔与近代理性》。

以来的省察大不一样,这种省察既不惧怕,也不排斥经验中千千万万的杂多事物,因而不抽象。这里的"抽象"是相对于感性世界与经验而言的,而他后来批评知性抽象,则是相对于思辨的具体性而言的,同一个词在不同地方不是一个意思,不宜混同。——但我们也不可认为黑格尔反对古代宇宙秩序观。他虽然认为后者抽象,但后者包含的思辨要素,即世界的绝对必然性一面与普遍性形式一面,却是黑格尔思想的最终旨归,只不过他要先穿透现代生活的重重迷雾,才能承接古代这一宝贵遗产。

近代以来,省察发生在人的内部和外部,分别针对内心和外部世界。在自然界和精神领域(或曰人文领域)中,省察到处寻找规律,作为自己的内容,同时遗忘了宇宙秩序。而寻找规律的做法在黑格尔看来始终是不通透的,因为正如前文分析过的,规律思维看似"透过现象看本质",却永远是在从现象出发,到它背后寻找更深的现象。规律思维做的事情实际上是自我封闭。因为规律思维的材料、操作手法,以及它由此得到的整体图景,都是知识化的,或者说全都是以人的理解为中心的,是人在自己知识的能力和范围里面营造出来的舒适区。表面上我们觉得科学是最客观的,一点人文关怀都没有,是喜爱艺术的人最排斥的。但实际上在远离事物本身,以知识的方式营造舒适区这一点上,艺术和科学很可能是"一母所生",只不过前者显得很有"人文关怀",后者显得"客观"而不近人情。

这背后其实有黑格尔看出来并试图纠正的现代社会的一个普遍缺陷在起作用。如果没有把这一点理解透彻,那么黑格尔所谓"思辨的思维"顶多只会被当成一种很玄幻的主观思维方式,黑格尔真正深刻和有力的地方也不会被人理解。思辨的思维绝不是哲学家或少数聪明人专享的一种玄妙的思维游戏,它关乎西方文明究竟还要不要继续走封闭化这条路。

19世纪中叶开始,西方学界诞生了很多非理性主义思想,针对科学实证主义也兴起了精神科学(人文科学),针对理性主义继续不断产生浪漫派新浪潮。这些新潮流的宗旨如果仅仅局限在"反对科学客观主义,拯救人的切近体验"这样的眼界内,那么它们还在《逻辑学》本质论的"射程"之内。因为这些都是与近代科学同根生的,比如理性主义和浪漫派、启蒙与神话表面来看是相互反对的,像死敌一样,但在客观上而言,在共同巩固本质论与二元设定的生活方式这一点上,它们是相互"帮腔"的。——一个多世纪后,霍克海默与阿多诺的《启蒙辩证法》也发现启蒙和神话是相互"帮腔"的。

这样看来,《逻辑学》的深度可能远远超出我们以往用上述种种新潮流的眼光去反对黑格尔时的那种理解。

[说明] 经验是人对自身的确定性(不仅在自我意识的层面上,而且在意识与理性的层面上都是如此,连雅可比也属于此列)。经验科学是关于现成事物的规律的科学,人们将其混同于哲学,却不知道哲学原本是思辨意义上的思维(黑格尔逻辑学意义上的思维)。牛顿和格劳秀斯的例子。英国人的仪器与政治经济学的例子。

经过《精神现象学》的锤炼,我们已经牢牢确立了意识、自我意识和理性这三个位于精神之前的主要层面。就三者各自的特征而言,必须把它们分开来看,不能囫囵吞枣"一把抓";但相对于精神而言,就要把三者合起来看,它们三者都具有意识进入事情本身(精神)之前会沾染的一个共同特征,那就是营造舒适区,换言之,就是人对自身的确定性。所以我们从章节标题就可以明显发现,黑格尔在意识、自我意识和理性三个大的层面上都是从各自的"确定性"进展到各自的"真理"的。"意识经验的科学"在这三个大的层面都是从该层面上对自身感到确定的状态走向这个层面本身的根据:在"意识"层面,是从对直接对象的确定走向突破规律思维确定的无限性,表明无限性是对象固有的存在方式;在"自我意识"层面,是从确信自己直接就自由独立,走向尘世与天国的整体合理性这一深层根基;在"理性"层面,则是从人凭借理性直接支配世界的确信,走向理性立法的自我消解,从而走向对作为生活根据的事情本身(世界本身)的承认。

本节的"说明"中涉及牛顿、格劳秀斯这些人,并提到英国人的两个例子,意在表明经验的科学其实只是对现存事物规律的总结,但人们把它混同于哲学,这就模糊了哲学的真正面貌。德国哲学家说出这样的话,往往既有思想的使命感,也有文化的自负,后者有时由于信息传递的不畅通与各民族间难以避免的误解,甚至有加剧乃至夸大的趋势。但我们作为哲学著作的读者,首先要做的其实还不是澄清这里可能存在的误解,而是了解哲学家通过这样的话要传达的哲学思想。因为各民族相互之间的想象"俱往矣",除了作为一种历史现象之外,现今已无研究价值,但哲学家通过评论某种他心目中的负面形象要表达的哲学观点却是我们不可忽视的,有时它甚至对于理解著作中其他思想至关重要。让黑格尔觉得怒不可遏的是,常识的这种思维适合从事经验科学,但若称为"哲学",则会误导民众,事实上会伤害哲学的名誉。

§8

自由、精神、上帝等不能在经验知识中找到,不是因为它们没有被体验到(在思维的意义上它们被体验到了),而是因为它们的内容是无限的。

经验、经验论和经验科学实际上都对自己有一个误会,即认为自己是直接在接触事物。但在黑格尔看来经验并没有直接接触事物,人有某种内部和外部的体验,并不意味着真的跟事物本身接触了。其实从一开始,经验的要素、方法、结论或世界图景都是被构造的。经验论经常把唯理论当作一个靶子,认为后者把人的概念涂抹到事物身上,与事物本身隔绝了。其实在德国古典哲学家看来,经验论的这个批评正好可以用在它自己身上,因为严格说来,如果人完全停留在感性印象上,那么他只会得到纯粹的杂多,根本得不到统一的经验,那样接触到的"对象"也根本算不得什么事物本身;相反,唯理论眼中的"天赋观念"倒是事物本身该是的样子,根本不是把主观的东西涂抹到客观事物上去。在这个意义上,黑格尔才会在上一节的"说明"中说经验是人对自身的确定性。

黑格尔认为经验就是人通过形象来了解事物。一切都可以纳入体验的范围。对于自由、精神、上帝,我们有没有体验呢?肯定是有体验的,没有体验就没有理解,无论多么抽象的东西,人对它都是有体验的。但是体验不能代表一切。对于抽象东西,比如对于上帝,绝大部分信徒在他们的想象中都有一个形象的勾画,尽管不同地区、不同教派的基督徒各自想到的上帝不一样。对于自由、精神,同样如此。黑格尔是先帮着体验说话,然后回过来说它的局限。

这类体验的局限何在? 自由、精神、上帝的内容是无限的,这就注定了无论感官知觉还是形象想象都无法把握它们。那么该如何把握它们呢? 黑格尔的答案并不是跳出世界之外,他的答案依然是在世界中把握,只不过要在无限性的意义上看待世界。在无限性的意义上看待世界就相当于斯宾诺莎说的"在永恒的形态下"(sub specie aeterni)看待事物。我们的日常生活失落到支离破碎的状态太久了,我们也习惯用支离破碎的眼光看待生活,但生活本身不仅仅是支离破碎的,吃饭不仅仅是吃饭,走路不仅仅是走路,朋友也不仅仅是眼下见到的这个人或者我们与他的"人际关系"。如果我们仅仅用经验的、自然科学的、常识的、确定性的眼光做事情,我们就永远陷溺其中。反之,黑格尔有一句话说,人用理性的眼光去看待世界,世界才对人呈现为一副理性的面貌。①

下文第 11 节正文的第一句告诉我们,人类精神开动不同的机能,比如感觉、想象或意志,世界给人类呈现的对象就各不一样,比如感觉的对象是感性事物,想象的对象是形象,意志的对象就是目的,事物对意志无非呈现为合乎目的的和不合乎目的的这两种。照此看来,人在经验中单凭体验做事,那么他即使跑遍全世界,也只能碰到体验的对象。虽然体验也可以无限细化、奥妙无穷,但不同的人(比如美食家、化学家、建筑家等)本质上都是将自己的一套体验结构(无论本能还是知识)套用到万物头上,这就在客观上造成了"世界以人为中心"的局面。既然我们通常说"人是万物之灵",仿佛世界以人为中心也没什么大问题,但这里的要害其实还不是人的地位,不是要从以人为中心转向以动物或无机物为中心,退回到一种笨拙的生机论或万物有灵论。问题的关键是这种局面的局限性,如果人的生活局限于体验,那么他无论与什么打交道,都只能局限在他的体验范围内,超出这个范围的东西对他既不存在,也不可想象。所以从经验出发是无法把握到自由、精神和上帝这些无限东西的。

[说明]思维的一切内容固然要通过形象来了解,但更重要的是一切感性事物的根据都在思维中。在广义上说,心灵与精神是世界的原因;在狭义上说,法律、伦理、宗教等方面情感的根据在思维中。

一切感性事物的根据都在思维中,这是这段话总的意思。后面谈到的广义和狭义则是对总的意思的进一步解释。我们不要贸贸然地把感性和思维仅仅当成两种主观活动。黑格尔这里说的思维不是什么主观思维,而是他后文中常说的客观思维、客观思想,即事情本身的概念,或思辨的思维。它当然需要而且必须通过人的主观思维才能被理解和被人总结,但它首先与事情本身有关,而不是与人的主观活动有关。思辨的思维就是《逻辑学》意义上的世界的逻各斯,也就是世界的逻辑构造。感性是我们了解事物必须要走的路,经验论的这个主张有其合理之处。我们人类的确是通过感性这扇门才能做更深一步的事情,但是更深一步的事情跟这扇门之间的关系却不像经验论所认为的那样,即这扇门似乎决定了后面的一切事情。人类活动的出发点是感性,但它的根据却并不因此也

---

① G. W. F. Hegel, *Vorlesungsmanuskripte II*(*1816—1831*). Hrsg. von Walter Jaeschke, in ders., *Gesammelte Werke. Band 18*, Felix Meiner Verlag, Hamburg 1995, S. 143.

是感性,而是主客同一的客观思维。具体来说,我们体验中的一切,我们通过形象去把握的一切,它的根据其实都要通过思辨的思维才能把握到。

这是西方哲学史上一个古老而主干性的问题。古代人关心理念和感性事物的关系,即宇宙秩序和感性事物的关系。这种关切落实到我们的生活中去看,其实也不难理解。举一个亚里士多德实体学说奠定以来就很常见的例子。我们很熟悉的一个现象是,世上所有的苹果树也没有开过会,却全都从苹果种子出发,不约而同地按照苹果树的生长轨迹成长,直至开花结果。为什么它们都整齐划一地走这么一条路,为什么苹果树结不出桃子来? 这个看似寻常的现象其实就属于亚里士多德《形而上学》第一卷中所说的大可惊异之事。而我们这些现代文明下的人之所以对这一点无感,是因为我们觉得世界万物都遵循规律,都被科学掌握得透透的,没有什么好惊奇的,世界就是我们的理性去享用或者去搏斗的一个对象。相形之下,规律思维何其封闭、顽固、肤浅,哲学上的惊奇感又是何其重要!

黑格尔的思路实际上是这种惊奇感的一个后裔。黑格尔早就看到①,人在感性状态中只知道跟事物搏斗,是抓不住要领的,永远也找不到这类现象的根据,甚至压根就意识不到这类现象值得惊奇。其实这类现象的根据在形式与客观思维中,或者说在思辨的思维中。人不能仅仅局限于看得见、摸得着的这一层,而必须反思,或者说退回去看,才会发现树有成其为树的根本形式,这种形式支配着从种子开始的苹果树整个生长过程。尽管作为人,我们只能看到这种形式的外在表现,从而预设这种形式,再不能往更深处看了,因为我们无法探究这背后是否有哪个力量或上帝在操纵一切,以及如何操纵一切——那不是我们人类理解范围之内的事情了。但是人类的神性或高贵性就在于念念不忘这种虽然看不见、摸不着,但却比看得见、摸得着的东西更实在的形式,在于人在天地之间,处处能洞察到各个物种的这类秩序,从而依照这种秩序的高度来调谐和引导自己的生命。

我们由此回到文本来看,"说明"中提到的广、狭二义也就比较清楚了。广义上说,黑格尔说心灵和精神是世界的原因,这里当然有基督教的因素在,但是追求世界秩序这一点则是古希腊以来古典思想的通则。狭义上说,法律、伦理、

---

① 《精神现象学》"感性"章是比较典型的,在家庭教师时代、耶拿时代也有这方面的一些零散表述。

宗教这类情感内容的根据还得通过思维去把握,否则便会沦为自我封闭的、最终甚至自我怀疑的主观感觉。只有思维,具体来说只有善于把握世界秩序的思辨思维才能把人保持在正道,否则单纯从感情出发做事便迟早会有意无意落入一个舒适区当中去,把自己封闭起来。

[**导引**]经验科学是《逻辑学》的一个主要对话者。黑格尔深知经验科学是现代人的立身之本,甚至归宿。经验科学绝不是爱用"乱斗"的模式理解黑格尔的读者想当然地认为的那样,用一种更高级的思辨就可以超越的。因为这种"以高级思维超越经验科学"的想法本身就落入经验科学的窠臼了:人只要从旁观者立场出发设想谁战胜谁,就会在客观上强化经验科学赖以为生的"本质—现象"二元架构与规律思维,就会给经验科学留下改头换面重新再来的余地,只不过当它重新再来时,支配世界的本质不叫科学规律,而叫思辨真理罢了——那当然不是真正意义上的思辨真理。经验科学之所以很难加以反思,是因为反思本身往往就是以它的方式进行的。文艺复兴科学观兴起以来,我们的世界观和生活都成了经验科学式的,现代科学的各种基本要素,比如物质、力、规律,都成了我们的生活与思维方式须臾不可离的东西。现代科学的架构方式,即"从知识到知识"的公理演绎系统,塑造了我们周围的一切,所以无论我们周围的对象(康德称之为"现象"),还是我们的行事方式,都是知识性的。可以夸张一点说,我们用的、吃的、想念的、追求的东西其实都是合乎知识的,甚至包括事物看似非知识性的一面,即完全只属于该事物独有的那些特质,我们也都只能用实存(Existenz)、物(Ding)这类概念来设想。明白了这一点之后,我们不难发现问题的关键根本不在于谁战胜谁,而在于我们的生活与想象运行在事物本身的哪个层面上。而只有在这个关键点上,经验科学才会真正暴露出其局限所在。总而言之,我们不体会到经验科学以及更广泛意义上的知识在我们生活中渗透的广度与深度,就很难理解《逻辑学》在做一个什么工作。

§9

主观理性中普遍东西(规律)与特殊东西(个例)相分离;这种理性的要件(经验知识)都是直接的、零散的假设。思辨的思维才真正满足必然的形式,其独特之处在于它是普遍概念。

这一节转而剖析经验科学本身。正如我们在本质论的"现象"部分将会看到的,经验科学作为《逻辑学》探讨的一个对象,落于本质论层面。相对于概念论层面而言,经验科学基本上服从于主观理性。那么主观理性有什么缺陷?黑格尔讲了两点:一方面,在主观理性与经验科学中,普遍东西与特殊东西是分离的;另一方面,这种理性的要件也是一些直接而零散的假设。

普遍东西与特殊东西相分离,就是尼采所谓的求真意志抓住规律,将其当作个例的本质与基底,使二者处在截然不同的两个层次上。求真意志抓住了规律,就像提纲挈领,反过来可以控制我们眼下的万千事物(个例)了,这必然会导致对眼下万千事物的普遍鄙视,因为它们相较于规律(本质)而言,被认为是虚假的或不重要的现象。我们碰到个例上的任何干扰,都会求助于掌握相应规律的人。比如我们自己生病了,我们就把身体交给掌握身体规律的医生,任由其摆布。又比如喜欢购物的人,便惯于以"商品"眼光对待身边的事物。这人最享受的是看见展示区商品琳琅满目的样子,以及买到手后产生"拥有"感的那一刻,而这种片刻即逝的"价值"感一旦成为过去,商品往往就开始蒙尘,等着被淘换掉。我们眼下这些最现实的东西,往往被人最漫不经心地对待,因为它们只不过是本质和规律的体现。这就是尼采抨击过,在我们生活中也体现得淋漓尽致的那种柏拉图主义,是人跟自身生命本源相隔离的一种可悲的状态。我们主动把自己跟世界隔开,习惯于包裹在貌似客观、科学、公正,实际上相当主观的一套知识当中。这里问题的要害在于我们对世界采取的隔离态度。——当然黑格尔讲普遍东西与特殊东西相分离,还有本质论甚至概念论这两个层面上更系统的考虑在背后,不像我们这里说的这样粗线条。

规律的各要素也是分离的。我们虽然知道,磁体的南极与北极及其磁力,电场的正电与负电及其强度,以及大雁南飞涉及的身体构造、季节变换、天候地貌等要素,虽然都会按固定的比例同时出现,但所有要素相互之间是分离的,没有本质关联的,只不过我们发现它们总是按照我们观察到的那套规则的方式凑在一块儿出现,仅此而已。

黑格尔接着说,思辨的思维才真正能够满足必然的形式,而这种思维的普遍形式就是概念。思辨的思维做什么?如果说主观理性会造就上述种种分离,那么思辨的思维也不是反过来将分离的东西合上,否则它依然是主观理性。思辨的思维不是我们调整思维的结果,也不是我们修整世界的结果。思辨的思维固然是人可以理解和设想的,但本质上它的主体并不是人,而是世界本身。思辨的思维所做的工作,并不是人为做出的什么修正、调理,它首先做的不是什么"加法",而是"减法",即消除人为的"鼓捣"和封闭。这样它才可以让这个世界本身的逻各斯(客观思维)、运行方式显露出来。当然,思辨的思维一方面是世界本身的运行方式,另一方面是我们在更深的意义上与世界打交道。所谓在更根本的意义上与世界打交道,它的前提是人们放下"鼓捣"这个世界的种种态度(既包括规划和改变世界,也包括厌恶与逃避世界),在此前提下才能洞察到世界上超出本质论二元设定之上的思辨概念。

[说明]思辨科学(思辨逻辑学)承认并充实经验科学的范畴。

承认和充实经验科学的范畴,实质上是将其重新定位,看到其封闭化的危险。经验科学中常用的核心范畴,比如比例关系、规律、本质,其含义与地位在《逻辑学》中都得到充分认可。而充实则是对经验科学本身日用而不知(不知其权限范围)的范畴加以澄清、正位,尤其是要看到它们封闭化的危险。所谓封闭化,就像我们前文分析过的,是一个整体格局,而不是单个范畴就能做成的事情,而且天长日久会形成一种强迫症,即人们不将自己周围的世界封闭起来,就不罢休,因为那意味着缺乏确定性和安全感。往后我们会看到,这种安全感本质上是虚假的自欺。

由于流俗意义上的"概念"无法把握无限者,于是人们形成一种偏见,认为无限者不可把握。

流俗的见解之所以认为无限者不可把握,是因为它对无限者作了一种不适当的理解,认为无限者一定是与世界上种种有限东西不同的某种特别怪异的东西。它一上来就把无限者推开了,反之对于任何可能的描述方式,它都认为只适用于描绘有限的东西。这就像《精神现象学》"自我意识"章描述的哀怨意识一样。每当这种意识感觉在内心中离上帝近了一些,它马上就自动做一种"思想审查",把自己好不容易取得的这种对上帝的亲近感怀疑掉:原因在于它会觉得这种亲近感以及建立在这种亲近感之上的种种想象沾染了自己天然具有的有限性和尘世特征,最终必定还是不适合于感受和描绘上帝的。[1]流俗的见解认为无限者不可把握,实际上并没有在严肃的意义上讨论无限者怎么不可把握,而是一

---

① 黑格尔:《精神现象学》,第133—144页。

种很单纯的固执心态,即对自身的不信任和对无限者的拒斥。换句话说,这种见解并无扎实的依据。

　　然而对于立足于有限者的人而言,有限者首先给予他的并不是什么束缚感或屈辱感,而是一种确定性和安全感。反之无限者无论与有限者的关系如何(包括黑格尔揭示的那种内在融合的"具体普遍性"模式),无限者对于仰赖有限者过活的人来说,首先构成某种不确定性和不安全感,是他急于拒斥乃至消灭的对象。所以这里问题的关键在于要劝导人们放弃对于确定性与安全感的执念,学会打开一扇从事情本身出发看问题的门。这样的做法首先还不涉及如何从正面描述无限者,它首先是一种"否定哲学",即否定偏执与封闭,为更广大也更真实的境界留出地盘。——但这也不意味着黑格尔要采取"上帝之眼"的看法,黑格尔所讲的绝对者、无限者始终是就这个世界而言的绝对者、无限者,或者说绝对者、无限者对于这个世界的必要性,而不是一个脱离这个世界的绝对者、无限者本身。

§ 10

　　思辨的思维需要在客观必然性和主观能力两方面得到理解,哲学认识只能在哲学内部进行。莱茵霍尔德对批判哲学进行补救时提出的那些暂时的解释,允许相互对立的偶然主张共存。

　　思辨的思维只有哲学的认识才能达到,在其他各学科中是达不到的,因为它们都有自己的局限,且无法靠自身突破这种局限。当然各学科也有自身的进展,可是这种进展相对于上述局限以及局限之外的东西而言,只是量的意义上的进展,不是质的意义上的进展。

　　思辨的思维为什么具有客观必然性? 这里的客观必然性指的不是客观规律,也不是指客观现象。规律和现象是主观思维或主观理性所能达到的成果,而客观必然性超出这类成果之上。思辨的思维是事情本身的思维,它能在任何一个事物身上发现思辨意义上的客观必然性。这个必然性是相对于偶然性而言的,而后者其实囊括了我们说的科学规律式必然性。为什么说科学规律式必然性是一种偶然性? 科学规律由于有力且无可回避,会让我们觉得它是必然的。其实它本质上是偶然的。世上各种事物之间的因果关联、比例关系这类被知性设定为"规律"的关系,何以如此这般便成了规律,这对于知性而言完全是偶然的。思辨的思维是真正在哲学上探究事物本身的必然性（客观必然性），它已经突破了主观理性所坚守的那种看似必然、实则偶然的规律。——就《逻辑学》的布局而言，思辨的思维揭示的这种客观必然性要到本质论的"现实性"层面的"绝对必然性"范畴中才开始浮现出来，此处暂且不表。

那么与思辨思维相应的主观能力何在？这要求我们放下在事物中寻找规律的那种执拗的心态。如果我们把思辨思维当成一种能找出比规律更"高级"的什么东西的"高级"能力，那么我们越是寻找，便越是找不到黑格尔所说的这种思维。我们会觉得黑格尔式的理性是自相矛盾的，最多只会像康德那样将这种矛盾当作难以避免而必须容忍的不得已之事（二律背反）。所谓"人类一思考，上帝就发笑"，说的就是人很多时候应该做"减法"，而不是做"加法"。

除了康德所谓的二律背反之外，那时的哲学家面对思辨思维的要求，还作出了另一种类似的反应。莱茵霍尔德在补救批判哲学的时候提出一些暂时性的假设，允许相互对立的偶然主张。表面上看，莱茵霍尔德在重视提出假设这一点上与现代科学同气相求，似乎无伤大雅。在黑格尔这里，纯粹存在作为哲学的开端，作为逻辑科学的开端，固然是一种被设定的无内容状态，可是纯粹存在跟莱茵霍尔德想到的假设根本不是一回事。莱茵霍尔德试图在世界上抓住某个东西作为假设，然而他假设的这个起点，其前提性在黑格尔看来是太牵强了，根本没有资格作为开端。这一点参见后文中对本节"说明"以及全书第一个范畴"纯粹存在"的解析。

[说明]批评批判哲学先考察认识工具，再进行认识的做法。因为对认识工具的考察只能在认识中进行。

换言之，对认识工具的考察已经是认识了。反过来看，以割裂的方式考察过的工具，即便在正式的认识活动中，也还是以割裂的方式运行的工具。在这种模式下，认识工具、认识活动与认识对象都是相互外在的。由这种认识得到的成果（规律、公式等）也只能是外在的总结，只能是偶然的凑集，而不可能是具有客观必然性的思辨性认识。

思辨性认识是形而上学的命脉，亚里士多德在《形而上学》开篇所谓的"哲学始于惊异"[1]便属于此类。哲学的惊异，不是由于在世界上找到了一个长毛

---

① 亚里士多德：《形而上学》（982b14—16），吴寿彭译，北京：商务印书馆1959年版，第5页。

怪,而恰恰是对最平常东西中那种被人"见怪不怪"的形式的洞察。比如苹果树为什么不结桃子,水的分子为什么总是含有两份氢元素、一份氧元素,而且举世皆同,绝无偏差? ——相比之下,我们平时拿"这就是规律"去搪塞,实际上是在逃避问题,或者说得更极端一些,是在阻拦追问。

莱茵霍尔德从假设性的哲学思维开始进展到他所谓的原初的真东西的做法,仍然没有改变通常从经验基础上出发进行分析的做法。

黑格尔表面上似乎认可了莱茵霍尔德承认开端具有假设性的做法。因为黑格尔自己也承认科学的开端应该是一个假设的东西。但是如果细究假设的内容,他跟莱茵霍尔德的看法就截然不同了。莱茵霍尔德在根本程序和根本立场上与康德是一般无二的,他们在根本上是站在经验知识的立场去做一些形而上学的工作。但是这个立场决定了他们无法真正达到思辨的哲学认识。——关于康德的经验立场,在绪论里黑格尔花了大量篇幅加以考察。黑格尔让大家看到,经验论和批判哲学在根本立足点上是一致的。

[导引]有个问题需要再解释一下:黑格尔为什么将经验科学对应于主观理性?"主观理性"(die subjektive Vernunft)这个词在原文中看似是贸贸然提出来的,但黑格尔笔下的力道是很足的,绝非随便提出又随便弃之不顾的一个说法。通常我们当然把经验科学当作客观的,而且当作是对客观世界再客观不过的反映和复现。但当我们把黑格尔学得足够透彻后,我们便明白他为什么把它叫作主观理性,而且那种主观理性比通常我们当作主观的东西还主观。何以如此?通常我们说到"主观",指的就是人的一套出自私己念头的想法或做法。黑格尔说近代科学架构是主观理性,当然不是在这个意义上,而是在更深刻的另一种意义上说的。近代科学中的理性,无论是在《精神现象学》"理性"章中,还是在《逻辑学》本质论中,黑格尔都有透辟精当的分析。我们看看他在 1829 年所作的"上帝存在证明讲座"(后来以《上帝存在证明讲演录》为名收入理论版《黑格尔著作集》①)。那个时候黑格尔已经精力不济,不太能一学期开好几门课了。他在 1829 年之后专心做两件事情,一是修改《大逻辑》,二是做这个讲座。这个讲

---

① G. W. F. Hegel, *Vorlesungen über die Beweise vom Dasein Gottes*, in ders., *Werke 17*(TWA 17), Suhrkamp Verlag, Frankfurt am Main 1969, S. 345—535.

座现在收到理论版《黑格尔著作集》里面的只有 16 讲,后来就中断了。由此我们对他的思想关切点可见一斑:至少从《精神现象学》开始写作一直到去世为止,他关注的总焦点其实就是克服主观理性的封闭性。这一点对于我们当今时代的人依然非常有效,黑格尔去世至今 200 余年,哲学虽然经历了翻天覆地的变化,但人类心性的变化其实并不大。比如在西方这种以形式为核心的文化传统下,现代人在黑格尔死后依然习惯于构造一些人类自己需要的形式,来代替事情本身。所谓构造人类自己需要的形式,就是我们常说的营造舒适区,同时构造一套跟舒适区相适应的"价值"标准,把自己牢牢地搁到里头。这样的舒适区远不仅仅是个人生活习惯,还普遍见诸社会、经济、政治、法律、人文、教育等方方面面。

所谓经验科学对应主观理性,这里说的不是直接的、个人意义上的主观,而是间接的、人类意义上的主观,不是指私人念头以及这种念头的执行。科学研究体大思深,在哪个具体领域都有一套比较稳定的、不以个人意志为转移的标准和操作手法。因此谁都不会认为经验科学在私人意义上是主观的,然而它在人类意义上是主观的。这里的"主观",是指它在根本上是服从于人类,而不是服从于事物本身的。然而西方从古代到近代为止的大哲学家往往都看到,事物本身恰恰是有秩序的,而且这秩序不是我们在经验科学意义上想到的"规律"。我们在第 11 节又看到黑格尔说,精神因应人的需求产生种种变形:人在想象的时候,他的精神对象就是形象,人在意愿的时候,对象就是目的。所以人以什么手法去寻找或去构造,那么看似客观的构造对象就注定了与这构造方式相配套。在这一方面人类显得很厉害,在另一方面人类又显得挺可怜的。因为人在鼓捣来鼓捣去的过程中,可能压根儿就没跟事物本身打过交道。那可就太可悲了!西方思想史上许多古典哲学家(柏拉图、亚里士多德、奥古斯丁、大阿尔伯特、阿奎那、斯宾诺莎、莱布尼茨、康德、黑格尔以至部分意义上的维特根斯坦)教导人的是留意事物的合秩序性,而不是像近代经验科学这样喜爱抓"规律"。所谓的合秩序性,往往是在不经意间呈现出来,人一旦要抓取它,甚至编排它的时候,它就"躲"了。当然这也不是要人无所用心,只是要人放下找规律的那种急切的控制欲,保持亚里士多德所说的惊异感。

接下来黑格尔开始讨论哲学如何对待主观理性和经验知识。

§11

精神在不同层面上与其对象共同变形,在最高层面以思维本身为对象。精神回到其自身,但在此过程中容易陷入矛盾和非同一性,被其反面束缚,左右摇摆。精神的更高需求是在并不离开思维自身(个人的具体思维)的情况下解决其矛盾,克服其独立性的丧失。

对于精神,我们不要设想出一个什么形象(比如一个透明的、轻飘飘的、具有渗透力的幽灵之类),不要从正面想象它。人在世界上只能够直观或思考到事物的合秩序性,但不能够把秩序本身当成一个对象去描述。也就是说,人类能洞察到经验性事物的合秩序性,但不能把这背后的秩序本身当作一个像我们身边的事物一样的东西去设想。那不是人力所能及的,但人的幸运之处在于能反思到事物的合秩序性。

精神作为感觉与直观,以感性事物为对象。人如果把自己与世界的接触都聚焦在五官与直觉上,那就只能碰见感性事物。在这种情况下,人在世界上寻寻觅觅,无论如何也只能碰见感性对象,不可能有别的对象。比感性更高的其他层面精神的状况,可依此类推。那么最高层面的精神是什么?就事情本身而言,它是宇宙万物被人所理解的合秩序性;就主体能力而言,它是能把握事物合秩序性的人类理性。对于较低的那些层面,要体会到它们虽然都有其必要,但也都有其局限,随之这里就有一个“最高层面为何”的问题。如果我们面对事物时能放下寻找规律、因果、功用之类急切的想法,如果还有更大的耐心深入下去,就有希望体会到事物本身的合秩序性。而这合秩序性不是事物现存的任何面貌与特征,它是一个只能以理念来表达的东西,我们只好说它就是思维本身。无论从作为对象的合秩序性而言,还是从把握合秩序性的能力而言,都只能这样说。

所谓“精神回到其自身”,指的就是它在最高层面以思维为对象。这在主观方面是体察事物本身的合秩序性,在客观方面则是事物合秩序性的显露。但在这个过程中精神容易陷入矛盾与非同一性,原因在于我们在世界上只能发现合秩序性,不能“抓住”秩序本身。换言之,我们与世界万物应该是“若即若离”的关系:我们不能彻底抛弃世界万物,否则合秩序性根本无从谈起;但我们也不能太沉浸于世界万物,否则便无法以合秩序性为导向,反而陷入一些奇奇怪怪的有限规定中去,这就是黑格尔说的矛盾与非同一性。当然,矛盾和非同一性都是思维在知性状态下才见到的，而这种状态在《逻辑学》的每一个核心范畴之下的三元结构中或多或少都有所体现，并不是在哪个范畴就能一劳永逸地终结的。①

黑格尔接着又强调，精神并不离开个人的思维活动，否则便会失去立足点，那样的话，解决矛盾与克服独立性的丧失也无从谈起。在平时生活中，精神的独立性看起来像是丧失在具体事物中了。尤其当我们只见树木不见森林，拘泥于某一种具体规定时，更会有这种感觉。但是精神的更高需求只有在人收回"寻找"与"掌控"事物的态度的前提下，才能得以实现。那种态度只是主观理性的伸张罢了。换句话说，人固然需要思维，但在思维过程中要警惕主观理性过于强盛，此时便需要一定的"省察"，在省察中才能发现事物的合秩序性。

[说明]不能因为思维没有走出知性之外就厌恶逻辑和理论，逃入所谓的直接知识之中。

拒斥逻辑和理论的做法，其实在西方源远流长，人们为了躲避理论，甚至不惜将它污名化。其实在亚里士多德那里，实践与理论并不像我们片面突出他的"实践哲学"时以为的那么分离，理论也不像我们通常以为的那样只是"解释世界"而不"改变世界"。但根本性的理论是用来把握事物合秩序性的能力，而不像被污名化的理论那样干瘪、抽象。无论人们如何将理论污名化，也无法否认西方人在根本上是用理论与理性的方式把握形式、秩序。这也是西方文明无法抛弃的一个根基，因为抛弃理论和理性就意味着抛弃形式、秩序。

逃入所谓"直接知识"当中，当然是雅可比的做法。而黑格尔提醒人们不要厌恶理论时，他并不是不知道理论在被知性抽象化时有不够生动的毛病，也不是不知道实践活动的必要与具体生命的美好，但问题是，个体的具体状态（歌德所谓的"生命之树常青"）若是完全离开了理论，便既不可设想，也不可言说。可见黑格尔的思辨辩证法在根本上与苏格拉底、柏拉图走了同一条路，即人类坚守宇宙秩序而不松坠的道路。这是我们得出的一个总结论。

§12

哲学也以经验（直接的、形式推理的意识）为出发点。哲学从思维自身与经

---

① 我们平时说的"矛盾是事物前进的动力"，其实也只能反映思维在某一个层面的状态，并不能代表黑格尔全部的意思。这一点我们在后文中涉及相应的范畴时再详说。

验科学两方面先提升到抽象的必然性。这样既汲取了经验的内容又赋予该内容以必然性形态。

第 12 节正文谈了三个意思。第一个意思是说，哲学跟凡人所做的事情，不管是科学还是日常生活，在出发点上并没有什么不一样。换句话说，哲学并不是"架空"生活后高悬在某处，将那里作为起点。哪怕是《逻辑学》的起点(纯粹存在)，其本身虽然并不是经验性的，而是概念性的，但同样是生活的一部分，是从经验出发的。这与前文中说到的"要洞察到事物的合秩序性，而非抓住秩序本身"是差不多的意思。我们是不可能脱离世界上的事事物物去寻找什么合秩序性的，可是我们又不能够局限于平时那种寻找规律和本质的控制模式，因为那种模式看起来是对客观事物感兴趣，是在追求客观真理，实际上不过是主观的理性。简而言之，哲学也以经验为出发点，但它在对待经验的时候，并不采取其他科学那种主观理性的方式。

第二个意思讲的是哲学如何提升到抽象的必然性。我们大可不必一上来就只把思维自身当成是"主观"，相反地把经验科学当成"客观"。其实按黑格尔的标准来看，这两方面都有"主观"的毛病。思维自身指人的思维。经验科学则是他前面说的主观理性所得到的那些成果。而抽象必然性大致对应《逻辑学》概念论的"主观概念"(《大逻辑》中名为"主观性")二级层面。但我们学到概念论时就会发现，这里的"主观"不是指人的主观，而是指抽象意义上谈论的事情本身，亦即就概念而论的概念，或者说尚未以"客观性"形态在世界上实现(更遑论达到"理念"层面)的概念。

我们借用康德《实践理性批判》序言的一个注释中的两个词①(当然康德自己也是从中世纪借来的)来讲，《逻辑学》的进展模式(尤其在三个一级层面上，其实如果细究的话，在每一个核心范畴内部都是如此)是从"认识根据"(ratio cognoscendi)走向"存在根据"(ratio essendi)。大家看概念论的开篇。在"现实性"这个二级层面达到"现实事物都具有必然性"这一认识之后，我们算是有了概念性认识。但这个时候人只有认知根据，即这个认识还不透彻：此时人心目中想到的绝对者和人见到的花草树木、动物、人、空气、河水这些东西还是两码事。人只是坚信世界内部有绝对者，但是对于绝对者如何在这些具体事物当中存在

---

① 参见康德：《实践理性批判》，邓晓芒译，北京：人民出版社 2003 年版，第 2 页。

和体现①,还一无所知。而在具体事物中逐步达到这样的认识,那就达到了"理念"的层面,这才完成了概念论中从认识根据到存在根据的发展。

但黑格尔目前说的是,最紧迫的任务还不是从概念向理念的进展,而是首先要达到概念,即他所谓的"提升到抽象必然性"。这实际上意味着突破主观理性,发现事物本身是有讲究的,是有内在必然性的(见"绝对必然性"范畴),而不仅仅是具有规律思维所发现的那种外在必然性。为什么说主观理性、规律思维只能发现外在必然性? 因为规律只不过是理性从事物身上揭下来的一张使理性自身感到满意的"皮",是理性以旁观者的姿态总结出来的事物规则性地向外部呈现的方式,但终归只是在总结现象,而不知何以有这般现象。②要突破规律思维本身(而不仅仅是这个或那个具体规律),才能够达到黑格尔这里说的抽象必然性,进入事物本身。这意味着,如果我们抱着追求规律、本质这种很强的有求之心,恰恰是无法进入事物本身的。人如果不知道像《逻辑学》这样不断反思自身与世界打交道的方式,活在世上就会很尴尬,总是陷入"求而不得"的窘境。

抽象必然性相对于主观理性而言虽然大有突破,但相对于理念而言它毕竟还是抽象的,还没有达到"具体普遍性"。这是概念论的事情了,此处暂且按下不表。

第三个意思谈的是哲学对待经验内容的方式。相对于本质论层面的操作方式,达到抽象必然性的哲学有什么优势呢? 一方面它汲取了经验的内容,所以概念并不脱离现实生活。正如黑格尔的《上帝存在证明讲演录》反复为安瑟尔谟辩护时说到的,安瑟尔谟讲有上帝概念就有上帝存在,是因为他那个意义上的上帝概念已经达到了概念论层面,它本就包含了存在。③安瑟尔谟绝不像流俗的理解所认为的那样,是在宣扬人的脑子里主观想象一个上帝形象,上帝就存在了。安瑟尔谟意义上的上帝概念,是人发现世界万物是合秩序的,发现世界上有上帝在起作用,基于这样的认识之上才得到的上帝概念。这样的上帝概念本身就是存在经过漫长演变后的一个高级形态。这就像《逻辑学》的概念论和本质论根

---

① 本质论"现实性"二级层面上的"绝对的对比关系"三级层面描述的只是绝对者客观上表现出来的三种方式(实体性对比关系、因果性对比关系、交互作用),还不是绝对者在具体的个别事物中思辨地呈现的方式(具体普遍性)。

② 参见庄振华:《黑格尔论规律》。

③ 参见庄振华:《黑格尔的上帝存在证明及其历史意义》,载《世界宗教文化》2021 年第 3 期。

本不是把存在"扔"了之后另外寻找到的什么东西,本质和概念只是存在的更高的形态,因此它们本身就包含了存在。黑格尔也是在这个意义上说达到抽象必然性的哲学是汲取了经验内容的。我们不要过于敏感,一听到"抽象"二字就认为那是远离经验的。

另一方面哲学又赋予该经验内容以必然性形态。这就是说对于经验科学上的那些东西,哲学虽然是接受的,但不会像经验科学那样实打实地认为发现规律就等于抓住了本质,就掌控住了事物,也就万事大吉了。经验科学的东西虽然在一定范围内很有价值,但也是有局限的。而哲学的任务就是要让这些东西各归其位,不要自居为绝对真理。

[说明]直接性需要通过间接性才能达成,但是由此上帝并没有丧失直接性和独立性。

从事情本身的角度来看,上帝、至善、真理这些第一位的东西,是一种直接性,但这个意义上的直接性恰恰不是人直接能抓得着的。因为人在不加反思的情况下,必定是带着人的预设框架去行动和解释的,这一点分析哲学与解释学已多有研究。只不过分析哲学和解释学似乎止步于此了,仅仅忙于研究那个预设框架有些什么特质,而没有研究该框架的来源和出路。可是黑格尔似乎还有更高的要求,他一方面认为现代人"求而不得"之下不必自暴自弃,另一方面认为不应轻易将前现代形而上学中对宇宙秩序的坚守作为"独断论"抛掉。他这里说直接性要通过间接性去达成,意思就是不必脱离经验去直接设想一个我们中意的东西,因为那样实质上还是在营造舒适区,还是封闭化。

思维需要借助经验科学才能克服抽象普遍性,经验科学借此给思维提供材料,也才能克服普遍规律与特殊东西的二分,进而进入具体规定。由此才既有思维自由这种必然性的可靠证明,又使经验成为思维活动的表现。

这里首先涉及《逻辑学》概念论中的"具体普遍性"问题。普遍性和特殊性不像一般科学中那样对立起来,而是在个别事物中成为一体,这就是具体的普遍性。这里所说的抽象普遍性是跟抽象特殊性相对而言的,它不等于前文中说的概念和抽象必然性,因为前两者都是在概念论内部说事,而后两者则是相对于本质论中的外在必然性而言的。普遍性与特殊性如若不相互从对方中来看,就都是抽象的,都具体不起来,我们不要误以为特殊的就一定是具体的,其实脱离普遍性而言的特殊性也是抽象的,在现实中根本不存在。事物都不可能是完全特殊的,也不可能是完全普遍的,而总是具体的、个别的,而且是含有普遍性在内的具体东西。

接着黑格尔说,哲学才赋予经验内容以思维自由,而且这种自由是**必然性**的证明。如果在斯宾诺莎的语境下,就没有自由,只有**必然性**。但是在黑格尔这里,真正的自由居然是必然性的可靠证明。这个思想其实是非常传统的。比如古代哲学在字面上并不强调自由(我们在柏拉图和亚里士多德那里甚至找不到"自由"这个字眼),但是它强调秩序,并以秩序的好好实现为"善"。其实这种好好实现或善就可以看成古典意义上的"自由"观(虽然未必会在口头上说出"自由"这个词)。就人而言,一个人想干什么就干什么还不是真正的自由,一个人想做好人而做成好人才是真正的自由。黑格尔接着还提到,这样一来就使得经验成为思维活动的表现。这当然不是说,经验不再是到处乱糟糟的,而成了规律思维的宰制对象,或者说成了规律的一个载体。这里的思维活动不是个人的思维,而是事情本身的那个"道理",或者说是事情本身的思维。当然,这里似乎也容许另外一种可能的解释方式,那就是硬把思维活动理解成人的思维活动,那么接下来就必须相应地把经验解释成人的经验活动。但我并不主张那种解释。总而言之,这里是说我们对经验的探究在承认了经验内容的基础上,又体察到它的合秩序性,从而反过来使经验各归其位。

[导引] 导论的第13至16节讲的是哲学的外在历史与体系的关系。就哲学而言,如果以黑格尔那种横贯古今的大视野来看,它的体系就是它的内部历史,反过来说它的外在历史就是它的体系的实现。可是历史上谁提出什么哲学观点,这难道这不是相当偶然的吗?另外,即便照黑格尔的观点来看,存在范畴先于转变范畴,可是分别阐扬这两个范畴的巴门尼德、赫拉克利特二人在历史上出现的顺序其实与黑格尔《哲学史讲演录》中的顺序是相反的,这又是为何?

要回答这些问题,首先要弄清黑格尔眼中的历史是怎么回事。黑格尔其实秉持一种古典型的历史观。正如黑格尔前文中就现实与理性问题说过"凡是合乎理性的东西都是现实的,凡是现实的东西都是合乎理性的",针对历史他也不是将过去发生的一切都照单全收。黑格尔眼中的历史实际上是精神史或者理念史:他心心念念的是西方文明的精粹部分如何得以保存与发扬光大的一部历史。现实历史当然不一定按照《逻辑学》范畴序列往前走。但只要人类能够省察到前人做的很多事情都是局限在某个我们本不该受其限制的层面上所做的一些虽然看似带来表面利益,实则封闭且无谓的举动,能够超越出去,达到更具思辨性的层次,即成为人类自我教化提升的一个教训或条件,那么前人的工作就足以构成这部历史上的一个要件。在客观上而言,哪怕人类在某一个层面停滞了千百年,甚或暂时倒退了,也不妨碍整个历史有一个理念和精神的运动史的面向。如果缺乏这样一个眼光,那么我们所见的历史就仅仅是人类利益史,而不是理念史和精神史。

我们通常所谓的进步、衰退或停滞,往往是在一个特定框架和尺度的比照之下所见的进步、衰退或停滞。对于这个框架和尺度本身,我们却不加反思,只将其现成接受下来。但在黑格尔看来,框架不仅不由人任意设定和推进,而且有它本身的逻辑。这种古典型的历史观在今人听起来可能莫名其妙,但却构成了历史上相当长时间内一流哲学家和神学家的观点。在他们看来,人在尘世间走一遭,本身就有超出利益考量之上、指向宇宙秩序的一种自我提升的使命。他们不是不知道现实历史相当程度上是偶然的,也不是不知道现实历史总有下坠的可能性。但正因此,才需要把人拔擢到一个很高的标准上去。

§13

外在历史中只能见到理念的各种偶然的和离散的表现。有唯一的活生生的精神意识到各层面的本质,并因此自我提升。历史中其实只有一种哲学、一个整体,真正的哲学是最全面、最丰富、最具体的哲学。

目前我们需要尽可能同情地了解黑格尔心中历史的关键是什么,至于如何评价他的想法,那是第二步的事情。我们更熟悉的其实是实证意义上的历史概念。一碰到黑格尔这类古典的历史观,我们为了消除陌生感,或者为了求得某种"心安",就说它是"不成熟"的历史观,相比之下只有实证的历史观才是科学的。但问题在于,在这样做的时候,某种真正重要的东西可能也被我们扔掉了。比如商人合法挣钱、警察维持治安、工程师设计大型机件,这些都必须采取依照规律"整"事物的方式,才能高效达成任务,即依照现有条件设计目标,并推进目标的实现。然而如果全世界所有事情都按照这种方式进行,就陷溺于《逻辑学》本质论的层面出不来了。黑格尔要求我们以概念论为基准来衡量本质论。"整"的方式,只是人在世界上生活的必要方式之一,但始终不是事情的全部。希罗多德的《历史》、修昔底德的《伯罗奔尼撒战争史》，甚至晚近托尔斯泰的《战争与和平》，这些作品里面经常会留出一些神意运作的空间。我们当代人在阅读时容易把它当成"必要的虚构"，即当成仅仅服务于人类主观目的的实现。可是古典历史学家们很可能认为历史就是以这些无法参透的部分为枢纽的。黑格尔所看重的精神史、理念史，其实很难说是"高阶版"的人类史，这就像黑格尔那里思辨的思维不是比知性更高级的一种人类思维方式而已。如果把理念史、精神史仅仅理解成人类史，那就等于把它们消解了。

而在我们通常所谓的"历史"，即他所谓的外在历史中，只能见到理念的各种偶然的、离散的表现。他不是不知道现实历史是由偶然现象组成的，但他更能在其中看出一以贯之、直击本质的一部精神史。这部精神史在他看来是一个不断自我省察并自我提升的过程。然而同情和支持黑格尔的人士在这个问题上容易将黑格尔"捧杀"：他们通常把黑格尔笔下各个层面设想得过于平顺，似乎每一个层面上都有两股势力在那儿"打架"，两股势力握手言和之后，自动升级到更高层面，在那个层面上又有了新的花样，即新的两股势力"打架"、握手言和并升级……这样一幅图景与现实生活何干？何其无聊之至！在黑格尔那里，省察和提升根本就不是这种轻飘飘的"神仙打架"。黑格尔那里的确有不同的层面，但每一个层面都足够人们去生活和奋斗一辈子的，在每一个层面上人们都认为自己的生活是完整的、充实的，并无欠缺。黑格尔认为问题恰恰出在这里：每一个层面都有自我辩护的机制，突破这个层面根本就不是陷溺于该层面的任何一股势力所能完成的任务，唯有宇宙秩序才能带来真正提升与健动不息的机会。

黑格尔最后还说到历史与哲学的关系。所谓历史中唯一真正的哲学是最全面、最丰富、最具体的，指的并不是我们脑子里设想出一种莫名其妙的强大精神，它自己越长越壮，把什么东西都吞进去。这种想象其实就是规律思维的放纵。然而对于一个个具体事物，我们总结出来的任何生物学规律、化学规律、物理学规律，以及其他各门科学的规律，都属于本质论的层次，都还没有达到黑格尔所说的精神。因为它们总不过是人对规则性地向人呈现的"现象"的总结，还没有承认事物本身的秩序。黑格尔之所以说真正的哲学最全面、最丰富、最具体，就是为了强调这种秩序"致广大而尽精微"地决定与渗透一切。——其实这三"最"也只是对事物合秩序性的赞叹，算不得对秩序本身的正面描述。正如前文说过的，哲学家并不能知晓宇宙秩序本身是什么，只能看到事物本身不由人支配却秩序井然的一面。哲学家不同于凡人的地方在于他懂得引领人们去尊重这合秩序性。

[说明]普遍的哲学不是与特殊的哲学并列的,而是在这些特殊哲学中发展着的"一"。

普遍的哲学和特殊的哲学的关系,是真正的哲学和不成熟的哲学的关系,前者是在后者当中发展起来的。在哲学史上很少有像黑格尔这样,不厌其烦地通过哲学史、艺术史、宗教史、世界历史的叙述,把这个关联贯彻到底的。这个所谓的发展着的"一",不是后现代思想所见的那种"必要的虚构"。后现代思想攻击形而上学的一个最主要的理由就是它不符合我们的生活体验,认为我们达不到那么高,因此高出的东西都是抽象的、虚构的。我们如果只知道盯着自己切己的、有限的、片段性的感受在那里悲悲苦苦地摸索,当然达不到那么高了。其实我们完全可以问一个问题:黑格尔就完全达到了发展着的"一"吗? 他作为一个凡人,不能完全说达到了,很可能他也不认为自己做到了,但是这个方向他是一定要坚持的,他绝会不承认那是"必要的虚构"。历史纷纷扰扰不断变化,充斥着各种偶然的生活方式与生活态度,但是哲学必须从中看出"一"来,这有点我们中国人说的"万法归宗"的味道。在根本旨趣上,他的哲学跟柏拉图的又有多大的区别呢? 的确,他是一个基督徒,接受了基督徒的救赎史观,他又是一个近代人,处处都坚持以事物对于人而言的可理解性为出发点,这些都不同于柏拉图。但在坚守"一"这一点上,他依然是柏拉图的思想传人。

§14

哲学的历史摆脱外在性,以思维的形式存在,因此是精神史和理念史。思想是具体的,是理念或绝对。理念的科学是"仅仅在自身之内展开自身"的体系,是事物本身思辨意义上的真相。

黑格尔心目中的体系并非隔绝于世界万物之外的一个神秘体系,而是世界本身思辨意义上的真相。其实西方思想中柏拉图主义的一脉向来如此,只不过不同时代说话的方式各不相同。柏拉图虽然主张"理念的世界",但我认为那是针对智者派"矫枉过正"后的说法,在根本上看,还是在世界内部说事。当然这个"世界内部"指的不是我们前面说过的沉浸式全盘接受乃至美化的态度,而是指"在世界中敬重世界秩序",或者说是在"世界边缘"。柏拉图主义一系的思想家,除了看出事物及其意义有被人类知识固化与美化的一面之外,总是能看出它们还有启发人尊重更深秩序的一面。从我们无法直面该秩序这一点来看,世界对人依然是个谜,但这却不是一个彻底将人蒙蔽的谜,而是一个有限度地启悟人的谜。人尽管知道自己身在谜中,还是能自觉地追求提升,那才是最难得的。在这个问题上,我们不能对这一系思想家所谓的理念采取旁观的态度,不能自外于事情本身,而是要参与进去,乃至像宋明道学家所说的那样"变化气质"。在这个意义上说,人是一条"纵贯线",他可以纵贯黑格尔在世界上揭示出的各个层面。但每一个层面都需要人有所醒悟、有所省察之后才能向更高层面提升,每一个层面都存在着"人役于物"还是自我提升的问题。这个过程当然不是人抽象遐想,不断做思维游戏就能完成的,因为这些层面实际上经过文明的"层累"作用,已经体现为世界上不同的事物与领域,人在省察和提升时不是无所依凭的。

黑格尔说理念的科学是仅仅在自身内展开自身的体系,这话呈现出体系的两个要点:一是"从知识到知识",二是统一性。正如前文解释过的,"从知识到知识"其实是近代科学架构的普遍特征,因为科学知识的基本要求是既不从经验中直接得来,也不是人主观随意遐想的产物。这个特征在中国人看来比较"唯心主义",实际上在对近代科学的实质稍有了解的人士看来都近乎"常识"。自视为科学,乃至最高科学的黑格尔哲学体系的生长动力与趋归方向自然也是由该体系内部提供的,而不取决于感性经验、其他学科以及个人意志。这一点目前不必赘述,需要留待后文的具体范畴来展示。至于统一性,德国古典哲学家认为哲学科学应该是一个体系,这不是什么偏见,这首先是因为他们洞察到世界本身是一个体系。在黑格尔看来,世界的合秩序性及其统一性使得我们走上了哲学科学的道路之后,会发现它就像画卷一样自行徐徐展开。人需要做的是把这个充满张力的展开过程描绘出来,这就是"理念的科学在自身内展开自身"的意思。

那么反面的情形(理念的科学落于自身之外)会是什么样? 如果人的知性对这个过程横加干涉,将许多人为想象和解释掺杂进去,就会歪曲这个过程。这里所谓的"自身"其实不是什么脱离世界的一个很玄乎的东西,它其实包括了宇宙万物。在这个世界上,万事万物的存在的合秩序性,一开始我们不容易接受,觉得陌生,甚至很外在。尤其当我们习惯了用一般科学追寻的自然规律代替合秩序性后,我们便只接受在"杂多"的世界表面寻找一些规则性现象的做法,拒绝任何深层次的省察。这只达到了黑格尔眼中本质论的层次（严格来说只达到本质论的"现象世界"二级层面，连本质论的"现实性"二级层面都没有达到），或者说被拘于这个层次而不自知。

[说明]科学为什么必须是体系？原因有三：非体系性的东西是主观的偶然看法；内容只有置于整体中才有根据，否则只是主观的信念；哲学体系并非古怪而自成一体的孤立东西，而是将一切特殊原则都包含在内。

前两点都非常显眼地突出了主观性危险。在黑格尔看来，我们平时生活中的这些事情，包括看起来很客观的科学研究，其实都挺主观的。当然这是在思辨哲学眼见《逻辑学》本质层面的二元设定会导致人类作茧自缚的意义上说的"主观"，而不是在个人心理活动意义上说的"主观"。相比之下，我们通常说到的客观、公正、科学，只是相对意义的客观，即思维在事情本身的本质论层面上设定下来的所谓客观，因而只被黑格尔视作"主观理性"和"外在必然性"（见前文中对第9、10、12节的解析），它并不具有"现实性"层面所说的绝对必然性。

黑格尔说内容只有置于整体中才有根据，这意味着任何一个内容本身并不是孤立的，而不是我们一定要把它置于一个跟它无关的整体当中。任何事物在思辨的意义上看，都处在更大的整体秩序当中。我们通常以为石头是石头，粉笔是粉笔，地砖是地砖，空气是空气，这其实只是本质论所固执的一种假象。比如当我们追究空气的时候，这种活动本身就有一种很强的冲动，要把气体的种类弄得一清二楚，并且一上来就设定不同种类的气体是相互独立的，并反过来认为所有化合态都是一种混杂乃至污染。这就是说，我们在研究事物的时候，经常不自觉地带着一种近乎于强迫症的冲动，一上来就把事物割裂开来看待。在这种冲动下，我们见到的世界必定是杂多东西的偶然堆积。所以这里的关键其实在于人是否愿意受制于在背后不显眼地支配我们的那些设定和冲动，愿不愿意打破由它们造成的封闭状态。反过来说，如果我们固守封闭状态，一听到黑格尔说体系，我们就容易心生反感，就觉得他在做思维游戏，违反我们的生活常识，把我们生活中五颜六色的东西都抹成了同一种颜色。这其实是对体系的一种极大的误解。

§15

哲学的每一个部分都是理念围绕其特殊的体现形式形成的圆圈。各个圆圈与其他圆圈构成一个整体。

这里要解释一下黑格尔为什么说圆圈。圆圈是处于张力中的"一"的几何形象,它本身既有一定的容量,又具有相对的完整性。然而人若身处圆圈中时,反而不容易看到这种相对完整性。

希腊哲学家并未将圆圈作为一个普遍的哲学隐喻来使用,大都局限于天文学等具体领域来谈圆圈。黑格尔意义上的圆圈意象其实是经由中世纪基督教塑造而成的。正如黑格尔自己在《精神现象学》"自我意识"章很形象地用"哀怨意识"称呼的,基督教世界图景下信徒生活的基本特征是"求而不得"。而且那不是因为得不到才去"求",而是因为"求"了才产生"不得"乃至"不见"的窘境,并陷入其中不可自拔。正是因为这种时间性生存模式,所以才有了将"一"解读成圆圈的做法。圆圈的意象对于黑格尔极为重要:它基本上涉及黑格尔体系中所有的三元结构。①

比照奥古斯丁三一论来看,黑格尔这些三元结构其实不难理解。这些结构都是有起点(第一个环节)、有目标(第三个环节)的,但重点都在于中间的那个环节,这个中项承载着事情的主要张力。这个中项的行事方式若是系统展开,便是整个本质论;若是细化到《逻辑学》所有三元结构内部去看,便是三元之中的第二环节,即"辩证的否定性理性"的各种体现形式。它的总特征是思维在二元设定中试图设定并抓住事物的"本质",同时又尚未意识到该本质的设定性,因此极容易形成一个"手铐"般越挣扎越束缚的自我封闭的怪圈。而第三个环节便是对这个怪圈的突破,是对第一个环节背后原本存在着,却因为第二个环节的人为设定活动而不为人所知的宇宙秩序的确认,或者说在更高或更深层面上向第一个环节的"回归"。这样的三元结构其实是我们生活当中的常态,是从中世纪到现代一路贯穿下来的一种主导性生活模式,而且在近代以来的各门科学的"加持"之下,显得具有了某种近乎"天经地义"的合法性。

初步理解三元结构的机理之后再来看"圆圈"问题,就不难找到头绪了。圆圈实际上是黑格尔为了方便读者理解,为上述三元结构找到的一个形象化比喻。它描绘的是第一个环节在逐步走向对立(偏离原点)的过程中,通过内部固有的张力,又在更高层面上回到原点的过程。

---

① 《逻辑学》与《自然哲学》中的个别四元结构其实是三元结构的变体形式。

至于各圆圈何以构成一个整体,这又回到了前文中我们说过的合秩序性及其统一性的问题上,此处不赘。

§16

《哲学科学百科全书》仅限于阐明特殊科学的开端与基本概念,并不越俎代庖,也就是说并不代替特殊科学。

比如说,生物学自认为是研究生命的。但是现在生物学走的大抵是分解的路子,那就是研究细胞、分子、基因,一层一层分解下去——即便基于分解的那些反向操作(合成),也是分解的一种表现形式,不可能得到真正的统一性。这种分解的路子很难说看到了真正的生命所在。生物即便局限在它身体内部去看,也不仅仅限于细胞和基因的问题。从一个分割的态度出发,比如说,就无法真正回答为什么猴子的基因图谱是这个样子,而不是别的样子。它只能将目前这个样子作为现成的前提,然后在这个前提下对这个样子作出越来越细化的描述。

特殊科学与哲学科学在研究的外延方面没有区别,但二者各有不同思路,并不重复。特殊科学仅仅是就特殊东西之为特殊东西而言,进行现成的描述。而哲学科学走的不是"分"的路子,而是"合"的路子,它研究的是事物本身以及事物与事物之间何以构成一个整体,而这个问题自然会将它更进一步引导到一个更深刻的问题,即宇宙秩序的问题上。

[说明]哲学可以接受各种特殊科学作为它的部分,并统摄它们。哲学百科全书不同于堆积型的百科全书,哲学百科全书排除堆积、偶然和实定三种模式,而保留各门科学的理性部分,恢复了哲学作为科学的身份。

黑格尔当然不是说像拼图游戏一般,将具体科学直接拼起来就成了哲学。哲学不会越俎代庖,代行各门特殊科学的职能。哲学只关心各门特殊科学深层次的一些没有为这些科学本身所留意到的秩序,以这些秩序的整体来统摄各门科学。

黑格尔在这里想到的参照物恐怕是狄德罗等人编的《百科全书》。那部《百科全书》在历史上是有显著贡献的。但用德国哲学的"高标准"来"严要求"的话,它就成了知识的外在堆积。由于我们这里不是在做实证的历史研究,因此黑格尔的评判在多大程度上符合历史实情,又在多大程度上偏离这一实情的问题还不是我们关注的焦点。我们毋宁要将这话当作黑格尔的自陈心迹,或者说给他自家的哲学体系定下的一个目标。《哲学科学百科全书》看似把各门科学都涵括在内,但是又剔除了很多东西,剩下的就是黑格尔眼中所看到的所谓的理性部分。黑格尔实际上是要恢复哲学作为"科学的科学"这个古老的身份。

具体看看上述三种关系。"堆积"是指外在的相互关联,这很好理解。"偶然"是指科学探讨的主题、材料的选取,以及它们之间的相互关系,是很偶然的。黑格尔举了纹章学的例子。比如指戒图案、家族徽章这些都是纹章。纹章的主题是偶然的。

至于实定性,我们看看它在其他科学中的几种表现。一是将普遍的、理性的东西降格为经验的个别东西与偶然东西。这是其他科学很难觉察到的一种误用。二是不知道知性范畴的有限性,所以得不到提升。比如基因生物学可能会固执于基因结构(及其背后隐含的对生命、本质等范畴的有限理解),把它的功能无限扩展,将它打造成看待一切生命现象的普遍模式,看不到它的有限性。三是有一些科学的认识根据是有限的,也就是以情感、权威等为根据。黑格尔举的是莱茵霍尔德哲学的例子,说它立足于人类学、意识事实、内部直观或外部经验。莱茵霍尔德分析我们意识中固有的一些表象方式,然后把它们全盘接受下来。这种态度在黑格尔看来是"不靠谱"的。第四种表现是误将经验科学的表达当作概念的内在秩序,以这些概念的相互制衡来克服其偶然性。比如我们研究历史的流派有编年史学,还有分析史学,以及其他一些方式。我们把能够想到的各种史学类型搁一块儿,然后使它们相互制衡。比如编年史学太琐碎,那就用某种思辨的史学来制衡它;思辨的史学不具体,那就再找一种具体一些的史学来制衡它,如此等等。这样表面看来似乎穷尽了各种史学,得到了一个整体,实际上不过是个大杂烩。这样最终会失去历史研究的根本,比如使人们不是对历史本身以及历史中的生活产生某种崇高感和信心,反而将它变成一种无聊的学术游戏。这不就成了《大逻辑》第一版序言里说的"一座在其他方面装饰得金碧辉煌的庙宇里,竟然没有至圣的神"吗?①

[导引] 第 17 节涉及哲学科学的开端问题,第 18 节谈论哲学科学的划分或

---

① 黑格尔:《逻辑学》I,先刚译,北京:人民出版社 2019 年版,第 4 页。

整体布局问题,第19节作为《小逻辑》"绪论"的第1节,谈的是逻辑科学的主题与内容。这三节都涉及一个非常关键的问题,那就是黑格尔的哲学科学究竟所为何事。

黑格尔认为他的哲学科学是讲述事情本身的,但这个事情本身毕竟是近代哲学家眼中的事情本身,也就是与可理解性合一并同步显现的事情本身,或者说跟人的理解合一并同步推进的事情本身。放在整个西方思想的纵贯线上看,西方自古以来的传统跟黑格尔的这种与知识合一的事情本身有什么关联和区别呢?关联在于关心事物的合秩序性是西方思想一以贯之的主线,毋论古今;区别在于古代哲学和中世纪哲学看起来也是在追求形式、追求秩序,但并不寻求知识的这种无远弗届的征服,换句话说,它们并不追求事物详尽无遗的可理解性。如果有所遗漏,现代人一定要想办法消除这种不确定性。用什么消除呢?用知识消除。古代和中世纪同样关注事物的合秩序性,而且把合秩序性当作一种无需通过消除一切不确定性去"证明"的设定。有了这个信念和底气之后,人就放心地跟事物打交道,哪怕事物当下对我呈现为很"偶然"的,呈现为厄运(如《约伯记》里的那种厄运),那也不能动摇我对上帝之善意的信心。事物就像一条抛物线,它的起点和终点我们是明了的,中间部分却看不透,但人也不去刻意追求看透。所以古代人和中世纪人尽管在世界上时时碰到各种偶然性,他们反而对偶然性中的必然性(合秩序性)更有信心;相比之下,习惯于寻求确定性的现代人尽管想尽各种办法(技术、制度、契约等)建立一些人为的"必然性",却正因此而使偶然性越发显眼地如潮水般奔涌而来。这种"求而不得"的焦虑状态,不知是否也体现出某种"古今之变"?

那么与古代的层级宇宙观(比如柏拉图、新柏拉图主义或基督教的层级宇宙观)不同,黑格尔要做的一件主要的事情是将现代这种既要通过理解寻求合秩序性,又处处遭遇否定与对抗的"求而不得"的处境的所有层面、所有情形都详尽无遗地呈现出来。明眼人一看就会发现,《逻辑学》的一级层面(存在论、本质论、概念论),以及往下形成的各个二级层面、三级层面、四级层面,至少四个级别的层面内部,都是一些"三一结构",而这每一个三一结构都含有一种特定的"求而不得"状态及其克服。尤其是每个三一结构中的第二个环节最能表现出"求而不得",而第三个环节往往是发现"越求越不得"之后的一种醒悟,即对这种"求"的状态及其预设的一种反思与超克。

　　相比之下,古代的层级宇宙观不是以知识难题为中心的,它措意的问题不是人的知识是否会导致封闭,以及如何解除这种封闭。在古代层级宇宙观中,核心的问题不是什么"求而不得",因此它的整个架构也不是围绕"求而不得"状态的条件、出现与克服这三个问题展开的。①至于究竟分为几个层级,那都在未定之天,并没有什么固定格式。只要不同的思想家能用他的层级结构展示出事物本身的形式架构,有益于世人了解宇宙与人生,对人产生一种振拔之力,这就达到了它的教化目的。而黑格尔三一结构是以知识难题为中心的,这个知识难题具体来说就是要避免人及其知识的自我封闭,回到事物本身的合秩序性上来,或者说回到宇宙秩序上来。——后面我们会发现,本质论是最集中展现人的主动作为并凭此进行自我封闭的一个层面,可以说是人类事功与自我封闭之"集大成"。而概念论则可以视作对这种自我封闭的系统克服。当然,这只是宏观层面的情形,其实在微观层面的每一个三一结构中,也存在着相应的封闭化与克服封闭化的问题。

　　这里需要注意的还有,从存在论到概念论的"三论"都没有脱离可理解性,都是在人类理解能力的范围内叙述事情本身,或者说都是在叙述事情本身向人的呈现方式:存在论讲述直接的"有"这一最表面的状态,本质论呈现人与事物深度交涉所出现的局面,概念论则是对本质论层面的封闭化局面的突破。用谢林的一个术语来讲,在谢林看来,整个《逻辑学》可能是"太人性的",总是局限在理性内部说事。作为黑格尔的同窗好友与多年的思想同道,谢林知道黑格尔要做什么事情,尽管在具体细节上两个人的理解不一定全都一致。因此谢林对黑格尔的批判是值得高度重视的。但对于我们而言,目前谈论两人如何相互批判的问题还为时过早。

§17

　　哲学的开端看似一个主观的假定,把思维作为开端。思维自己创造自己的对象,而开端还必须成为结果,完成圆圈。圆圈从何处开始,这取决于主体,但真正重要的事情(概念)则是科学本身来把握的,科学的目标在于达到它的"概念

---

① 中世纪早、中期基督教神学(尤其是基督教三一论)虽然揭示了"求而不得"的困境,但却以信仰的提升为归宿,并未像唯名论兴起以来(尤其是近代早期以来)以知识难题为中心。

的概念"。

哲学的开端看起来是一个主观的假定,但这只是人们通常的印象,并不符合哲学的实情。《逻辑学》的确研究思维,但这种思维不是个人主观的思维,而是事情本身的思维,黑格尔常称之为"客观思维"。这个意思前文中已经说过,此处不赘。

接下来涉及圆圈的问题。圆圈的起点和终点似乎是"重合"的,这是它不同于开放线(无论直线还是曲线)的地方。那么这个既是起点又是终点的点在哪里? 它既不能固定为圆周上的任何一个点,也可以说是圆周上的任何一个点。也就是说《逻辑学》这本书以及黑格尔的整个哲学体系,以哪一点作为起点来写或读,其实都是可以的,关键要看读者的资质,看他的生存状态与视野达到了书中的哪个层次。这是由《逻辑学》与哲学体系"概念与事情本身合一"这一特质决定了的。读者在哪个层次上观照世界,世界便以哪种方式向他呈现;那么接下来的任务便是承接这种方式,教化读者,打开他的视野,使之继续往上攀升。所以这个圆圈从哪个点出发,这看似偶然,实际上有"因材施教"的意谓,对于具体的读者而言其实绝非偶然。

这是起点问题,那么终点何以与起点重合呢? 这个"重合"只是一个比喻的说法,它只表示哲学科学能教化提升读者,而绝不表示原样重复。具体而言,圆圈的教化与提升过程无论看似多么艰险,多么与起点不相干,其实都是针对将任何一个点作为起点并由此出发的读者在视野和格局方面的缺陷而来的,对于这个缺陷一定有相应的补救,有相应的"回护"和"交待",而不是跳跃到另一个无关的地方去了。既然教化与提升了,就不可能原样重复。综合"重合"的这两方面内涵(回护与提升)来看,我们称《逻辑学》与整个哲学科学为"教化之学"是完全适当的。

至于具体如何教化与提升,这就涉及黑格尔说到的"概念的概念"了,即涉及各核心范畴的实质与范围了。这个问题尚待《小逻辑》正文来展开。

§18

科学的整体与划分都取决于理念,所以划分只能是暂时的预想。思维的活动方式使科学划分为三个部分。自然和精神是同一个理念的不同表现。要动态地并有层次地看待各门具体科学。

哲学科学的整体与划分都取决于理念,这指的是二者都取决于上一节意义上的那个圆圈本身的形制。其实按照古典哲学的构想,所谓的"整体"(包括世界本身的整体、总体性)并不是我们依靠经验,到世界上与一个个东西去"碰",然后将这些东西相加所得到的结果。整体本身是一个从作为宇宙秩序的绝对者出发衍生世界,进而从世界回到绝对者的圆圈运动,对整体及其划分的理解都取决于这一理念。从这个意义上说,整体是很明确、很确定的。然而从另一方面来看,划分也不是完全脱离生活便可以先天地完成的,在科学展开之前的划分只能算作对展开之后情形的一种模模糊糊的预期,一种大致的勾勒。黑格尔的意思是说,只有科学的进展本身才能给出具体的划分。那种预先就给出规划然后去执行的做法,是其他科学的做法,对于哲学不适用。

思维的活动方式使科学划分为三个部分,那就是逻辑学、自然哲学和精神哲学。而所谓思维的三种活动方式,指的是逻辑学考察思维在其自身中的活动,自然哲学是思维的他在(Anderssein)中的活动,精神哲学则是思维在他在中回到自身——当然,这三种活动方式也分别是作为存在方式的逻辑、自然和精神。但我们不可由此出发,想当然地认为逻辑、自然和精神是三个不同的领域,其实从外延和涉及的事情来看,三者是一致的。这三种哲学的外延,都是我们生活的这个尘世。

为了强化这个意思,黑格尔甚至说到自然和精神是同一个理念的不同存在形态:自然是处在外化形式中的理念,而精神不过是为其自身而存在着的理念。

另外,在黑格尔的体系中,哲学思辨本身与其他个别科学有一种统摄与被统摄的关系。个别科学可以在这个体系中找到自己的容身之所,因为哲学思辨本身就从个别科学那里有所借鉴,它的开展其实也离不开那些科学提供的间接激发;二者的关系有如个别科学与经验之间的关系,虽然前者的发展本质上源自于内部的动力,因为它总是"从知识到知识"的,而不是"从经验到知识"的,但经验中的需求与缺陷毕竟间接启发了个别科学自我成长的方向。黑格尔在后文第19节中启发我们,《逻辑学》既复杂又平实。复杂在于它需要高超的思辨能力,但它又很平实,因为它研究的范畴都是我们日常用的,只不过黑格尔对它们进行了一番改造,使之具有《逻辑学》要表达的精确意涵。个别科学和哲学思辨之间就是这样一种"若即若离"的关系:表面看来个别科学的研究方式、研究手段、研究对象跟哲学思辨都不一样,但实际上这些科学最核心的范畴所在的位置就决定了这门科学的位置。有的科学其实是四分五裂的,但它自己不明白这一点。因为它把很多不同层次的范畴凑一块儿,而且一直很焦虑地伪装出某种"科学性"。从这个意义上说,哲学(至少黑格尔意义上的逻辑科学)是当得起"科学之科学"这个荣誉的。

第一部分

逻辑学

绪　　论

§19

逻辑学是纯粹理念的科学,也就是研究存在于纯粹思维要素中的理念的科学。

这种思维本质上是事情本身的思维,即事情本身运行过程的概念化展示,尽管它并未脱离近代科学架构的自我反思这一范围,不能脱离近代语境来看,因而并不具有超越一切时代的普遍适用性。简言之,它是近代可理解性框架或近代知识框架下所见的"事情本身的思维"。依照这种框架看来,事情本身的思维也可以叫概念的思维。

什么是事情本身的思维? 这个问题的详尽解答要留待下面的"说明"与3个"附释",这里只作一个最简单的回答。要理解事情本身的思维,最好找个参照对象,就是形式思维。黑格尔笔下的"形式思维"涵括范围极广,既包括形式逻辑,也包括康德先验逻辑。形式逻辑的根本特征在于从人的角度出发来勘定和利用事情,而不是从事情本身出发看问题。这种形式逻辑完全可能以"客观""科学""公正"的面貌出现,因而通常人们不会对它进行太深的反思,因为它好像天然就"正确"一样。举个比较极端的例子,康德的先验逻辑也属于黑格尔意义上的形式思维,而且它还反过来固化了它关于有限者和无限者一定要截然区分的看法。①最后导致的一个吊诡的局面,那就是本应追求真理的哲学,却事先就断定真理是追求不到的。

然而我们读一读《精神现象学》中关于近代理性、中世纪教化与道德世界观的分析,会发现这种两分实际上不仅仅是康德这位哲学家个人的观点,它也是现代人普遍的生活方式。相比之下,黑格尔说事情本身的思维,实际上就是对事物

---

①　康德对上帝存在本体论证明的批判其实是直接断定了概念和存在、有限者和无限者的区别,但它并没有证明这一区别。参见庄振华:《黑格尔的上帝存在证明及其历史意义》。

的合秩序性(纯粹理念)的系统描述。用通俗的话来说,人在世界上的种种探求、征伐、反思之所以成为可能,都必须基于世界本身的合秩序性。人在世界上"整"来"整"去,其实都无法真正如其所愿地进入事物之"中",都只能把握住事物向人呈现的"规律"。因此规律取得一种近乎神圣的地位,让人误认为它就是事物的本质,就是事情本身的核心。实际上这种"规律思维"(而不是规律本身)恰恰阻挡了人们接近事情本身,它是对进一步探究的终止。实际上规律思维的终点恰恰应该成为事情本身的思维或者概念思维的起点。在康德止步的地方,黑格尔要起步了。

[说明]"绪论"适用于全部的哲学。逻辑学的对象是作为逻辑理念体现者的思维,而不是形式思维,它是思维的各种规定与规律的自身发展的总体。逻辑学难在需要思辨的能力,易在可以从我们自己的思维按图索骥。逻辑学的用途除了思维训练之外还包括获得与现实利益不同的最卓越、最自由和最独立的东西。

习惯于靠人去"整"的那种思维,之所以容易遗忘事物本身,是因为它将古典哲学中的理念、秩序、真理也都当作人"整"出来的东西("必要的虚构")。而且认为,这些东西有生必有灭,既然可以在一定时代条件下被人提出来,也可能在时代条件变迁后被人抛弃,两种做法同样"合理",或者说两种做法都没有什么超出人的尘世需求之外的更高"合理性",即同样不合理。这种论调看起来好像很符合历史的实情,但实际上是一种小聪明,它以为古典哲学也都像它一样是从人出发的。但古典哲学并不单纯是从人出发的。它虽然也考虑到人的因素,但在根本上往往是从西方人讲的宇宙秩序或我们中国人讲的天道出发来看问题的。而人本身在它看来是一种需要自我教化、自我提升的存在者,他是不定型的:他既可能自我教化到极其崇高的层次,又最擅长躲避问题和自我辩护,可能走到极其可悲的地步。

所以黑格尔反过来强调说,《逻辑学》可以获得最卓越、最自由、最独立的东西。这三个"最"字,逻辑学是当得的。我们经常会遇到"哲学有用没用?"的问题。这个问题可能出现在很低层次,即追问哲学是否可以赚钱或培养情怀;但它也可能问得很高,即涉及"人世间还有没有新的东西"这个极其严肃崇高的问题。就像接下来"附释1"的第二段中彼拉多和所罗门问到的那样。所谓卓越、自由和独立,绝不是通常意义上人际关系中或人与物的关系中卓尔不群、自由不羁、特立独行的状态,但也绝不是跳出"世间法"之外去修道修仙,而是指对于人在世界上各种行为的逻辑限度产生根本反思与教化提升,从而不再受那个限度束缚。

[附释1]逻辑学的对象是真理,它既反对封闭式的自谦,也反对将真理当成现成财富的那种青年式自负,更反对以各门科学为生活手段。对于真理的另一种谦逊态度是贵族式的,它以尘世的忙碌为虚幻,却又找不到出路。畏难的情绪将超出日常表象的哲学研究妖魔化,认为那是魔窟和凶险的海洋,最终满足于日常的外在知识。

所谓封闭式的自谦,指的是像康德那样,认为真理达不到,因此放弃真理,最多只追求对于真理的遥望和渐近。这种貌似谦虚的态度在黑格尔看来等于是人为堵塞了前行的道路,将自己局限起来,因此是一种自我封闭。而将真理当成现成的财富,则有点像很多大学生的一个想法,即排斥进入社会,因为据说象牙塔中的生活是纯真的生活,进入社会之后就会把棱角磨平,进入了一种虚假的人生状态。这实际上是说不通的,因为这里所谓的"纯真"实际上是一个缺乏实质规定的否定性的说法,即预先构想出一个"肮脏"的社会,以及其中许多无原则地任意妥协的现象,以此反衬出一种虚构的"青葱岁月"有多么纯真。实际上这些都是主观的想象。另外,有的人把真理当成现成的财富之后,甚至以各门科学为他的生活手段,这是黑格尔觉得更不可取的。

对于真理的另一种谦逊态度是贵族式的,它对于尘世忙碌的实质有一种高贵的自觉,却又迷茫无归。彼拉多以贵族身份(总督)问:"真理是什么呢?"(《约翰福音》19:37)彼拉多在这里可不是简单的玩世不恭或不敬神,所以黑格尔把他的话跟所罗门做先知时说的那句名言并列。黑格尔听出两人话语的共同意味:世间不同阶层的人忙忙碌碌地生活,不过就像海浪在不停翻滚,各人热衷求取的利益、名誉也不过尔尔,这个世界上很难说有什么真理、新鲜事。但是正如《逻辑学》后文表明的,人世间不只是这些,也并非"太阳底下无新事",这是后话。

黑格尔接着提出,畏难的情绪会使人认为哲学太深奥,超出了日常生活与日常话语中的理解和想象。所以这些人既然没有能力研究哲学,为了平衡心态,就只好反过来把哲学研究妖魔化。这实际上是为了维持人们以往的舒适区,跟"武大郎开店"也差不多了。所以这样的人满足于日常的外在知识。但是黑格尔眼中并非一团漆黑,他还是寄希望于青年人,说青年人不会满足于这种状态。

最后有一点要附带解释一下。黑格尔说只有思想才能把握真理,很多人误解这话,容易将马克思那里"解释世界"和"改造世界"的两分套用过来,以此为"文本依据"来"证明"黑格尔是一个抽象思辨的狂人。他们会问:为什么一定要说思想才能把握真理,难道行动中就不能把握真理了?殊不知黑格尔所说的思想早已超出了理论和实践的二分,根本不意味着脱离实际生活而耽于主观空想。他说思想才能把握真理,这是一句非常崇高的话。这一方面与近代科学架构"从知识到知识"这一背景性常识有关,另一方面更重要的是承袭了柏拉图主义以理念为真理的传统。因为西方人自古以来就习惯于从形式入手把握事物,认为事物最真的状态就是它的本真形式(理念),而这形式表达出来就是思想。所以黑格尔说思想才能把握真理。

[附释2]思想不仅是单纯的主观思维,而且是能把握永恒东西和自在自为存在着的东西的最高方式和唯一方式,而感觉则由于其形式的局限而妨碍对其内容的把握。以往的逻辑学只是使人熟悉形式思维,虽然让人不同于动物,却不足以让人了解至高无上的东西,真正的逻辑学考察思辨性思维的活动和产物,以超感性世界为内容,因而逻辑学有更高的价值。

思想不同于人的主观念头与感觉。前一点已多次重复,此处不赘。而感觉的局限则需要稍作解释。黑格尔认为很多时候感觉的内容可能很崇高,很值得肯定,但是它的形式往往妨碍了人们对崇高内容的把握。比如黑格尔对良知、良心这些东西是持保留态度的,他认为人若是永远在内心等待灵感的召唤,那就耽误事儿了,这不仅是因为等待的做法迟滞乃至否定了行动,而且是因为那样等来的灵感召唤带有太多偶然的、主观的成分,太过驳杂,本身就不可靠。与其如此,我们还不如好好想一想那召唤打动我们的究竟是什么内容。我们直面那个内容,岂不更好?可见黑格尔并不是要摧毁感觉,他只是想更好地成全感觉。

形式思维虽然让人在世界上有了言说、思考和行动的利器,使人不同于动物了,但这还不够。真正的逻辑学(黑格尔式的逻辑科学)可以使人挣脱形式思维那种将人紧紧捆绑在尘世间有限规定之上的局面,因此可以让我们了解至高无上的东西。另外,黑格尔这里谈到的超感性世界似乎是在呼应柏拉图的层级宇宙观。在后者那里感性事物、数学对象、一般理念、理念数、善的理念由低到高构成宇宙不同的层级,最高的学问也是既超出一般感性事物,也超出数学对象的。

[附释3] 宗教、政治、法律、伦理需要更深刻地理解逻辑学：过去的思维并没有认识上帝、自然和精神的本质，并没有认识真理，反而把国家和宗教这些实定的东西损害了，因而急需考察思维的本质和权限。

这个"附释"的意思是，《逻辑学》实际上也是在应对现实的需求，因为现实生活中许多方面都需要人们了解各种范畴的逻辑地位、局限与相互关系。而《逻辑学》正是做这方面澄清工作的。在过去历史上，政治家对于哲学家是很防范的，认为他们会败坏青年，因为哲学让人具备自由思考的能力后，似乎会使人特立独行，导致共同体的涣散。思维是不是真的会损害国家和宗教？在黑格尔看来，损害国家和宗教的其实都是一些主观的思维，而主观思维恰恰是《逻辑学》要加以克服的。而《逻辑学》追求的是一种依从于宇宙秩序的思维，他不光要成全国家和宗教，还要恢复宇宙秩序在现代社会的名誉。他实际上是要把整个西方文明史上的思维、范畴与生活方式清点和盘查一遍，使之归于正道。往大了说，他是要在封闭化与虚无化日渐迫近的时代情境下挽狂澜于既倒，救拔西方文明。

[导引] 在当今这个由科学统领一切的时代，黑格尔发现受到科学架构方式支配的哲学"不争气"，其中流行的是知性的、主观的思维或者有限的思维。黑格尔以其雄健的眼力和笔力，帮助我们系统地穿透有限思维的迷雾，这不能不说是西方哲学史上的幸事。针对经验科学的主观性，他提出思想应当是客观的，真理通过这种客观思维才能够了解。客观思维的关键不在于人去怎么"想"或者怎么"做"，即不在于人挖空心思寻找一套什么想法或做法，无论那想法或做法显得多么客观。如果那样理解，那么思维永远都是主观的，只不过这种主观有时显得更"主观"，有时显得更"客观"罢了。那么客观思维除了与主观思维相对照，除了在"主观—客观"这个圈子里打转，还能如何去理解呢？所以这其实是一个迷雾重重的问题。

第20至23节谈论历史上与现实中常见的四种对思维的看法（思维的四种普通规定），黑格尔对它们一一分析之后借力打力，以综合与扬弃的方式顺势推进到客观思维。所以这几节构成一个接引，既适合于我们的思维"上手"，又对思维有一个"拔高"的效果。我们要接受它的接引，至少得有资格充当它所批判与拔高的对象。这意味着我们不能仅仅依赖思维惯性，停留在这四种看法中的某一种上,不愿意前行。绪论做完这几节的接引工作之后,就在第24和25节正面交待了他自己对客观思维的看法,接下来方可基于这一看法来判定西方哲学史上对于客观性的三种态度的得失。

§20

思维的普通规定之一:能动的精神活动或机能,其产物是普遍东西、抽象东西,因而思维本身就是自行从事的普遍东西。

通常我们对思维的规定首先就是普遍性,因为人通过思维可以把握普遍的东西,而不仅仅局限于眼下的个别东西,这使得人不同于动物。而动物则无法跳出个别的环境、单个的行为,达到普遍性概念,因为那是事物内部更深层次的东西。动物最多只能受本能和记忆的驱使,趋利避害。

普遍性相对于个别东西而言虽然具有抽象性,但这是正面意义上的"抽象",它不代表对具体性的排斥,反而是在更高层次上对具体性的成全;因此我们不能在通常的那个意义上(即在主观化、缺乏现实性乃至不食人间烟火的意义上)说思维是"抽象的",只能在目前界定的这个正面意义上来说。

[说明]这里思维的各个规定是历史上的实情,而不是黑格尔本人的看法。

思想与感性东西和表象的区别:感性东西是个别的、相互外在的;表象将感性东西或思维材料加以普遍化之后置入自我之中,但因为各种表象内容都是直接并置的,所以它们都是个别的、相互外在的;哲学则将表象转化为思想。

感性东西是个别的、相互外在的,这不难理解。感性东西是不会有什么普遍因素的,人在感性东西中只是被动接受当下这一次的状况,因此它无法突破这一次的状况(故而是个别的),更不可能对这一次的状况和下一次的状况做什么比较、总结和反思,只能任由一次次的状况七零八落依次出现。

与感性不同,表象开始以普遍化方式构想事物了。比如我们现在想象铅笔和圆珠笔的区别,此时想象就不局限于任何一支具体的铅笔和圆珠笔,而是在构想一个带有普遍性的形象。可见表象虽然离不开时空,只能设想处在时空中的形象,但不再局限于任何一个具体的时空及其内部的某个具体对象。但表象依然带有个别性和外在性,只不过它的对象是一种普遍化的个别东西罢了。黑格尔在这里还对表象和知性做了一个总结:表象与知性处于同一层次。它们的不同之处仅仅在于前者直接将各种内容并列而不加改变,后者设定了"普遍东西与特殊东西""原因与作用"这类有深度的二元关系。这里涉及一个非常深刻的问题:知性设定的种种二元关系为什么居然也是个别的、外在的? 为什么它比起表象来居然并无长进? 这些问题的答案要等到本质论部分才揭晓。

感性东西的个别性规定其实也是思想和普遍的东西。意谓的东西用语言无法表达,因为语言是普遍的。

这个思想在《精神现象学》"感性确定性"章已经展示过。①和那里一样,黑格尔这里也用"这一个"和"我"代表了所有个别的东西。其实仅仅从语言分析上弄明白"这一个"和"我"是共相,这对于了解目前这一段而言还不够"究竟"。更"究竟"的理解是,对象在本性上就既是个别的,也是普遍的,但从来不是纯粹个别的;只不过我们有时人为撇开普遍性,将对象设定为彻底个别的而已。其实对于任何一个我们原以为彻底"个别"的东西,我们都只能用普遍性的知识跟它打交道,我们真正直接接触的都不是这个所谓"纯粹个别"的东西本身,而是普遍性的知识。比如说我手头拿着一支中性笔,我们无论关注它的任何部分(笔帽、笔壳、笔芯、钢珠等),还是关注它的任何特质(重量、大小、颜色、气味等),我们都只是在与这些概念(笔帽、笔壳、笔芯、钢珠,以及重量、大小、颜色、气味等)以及它在我们生活世界中代表的普遍意象打交道,或者说只是通过这些概念在与它们背后那不可能与我们直接接触的"纯粹个别的笔"接触。我们在"这支笔"上找不出任何一个不被我们普遍化的要素。换言之,只要人跟对象打交道,就只能以普遍的方式来进行,或者说我们只是在跟普遍的东西(我们的知识)打交道:这个笔浑身都是知识。知识构成我们与事物之间接触的前沿和表皮。

最后要注意的是,黑格尔在这里并不是要摧毁个别性,他只是将个别性建立在普遍性的基础上,否则个别性根本没法存在。

[附释]单纯将思维当成特殊对象研究的形式逻辑,长期没有实质性进展,但形式逻辑不能研究其自诩的那种卓越的东西。真正的卓越东西是实体性的,是最重要的,也是最有用的,只能通过真正的思维去研究。

结合前文来看,黑格尔说的真正的卓越东西其实就是西方古典哲学向来重视的那类形式和秩序。而他说的思维也显然是适合于研究这卓越东西的客观思维,而不是感性东西、表象和知性。我们通常以为知性呈现出事物的本质和现

---

① 黑格尔:《精神现象学》,第 61—70 页。

象、普遍东西和特殊东西这些不同层面,显得极为客观,这就算是对事物有了很好的思考。但是黑格尔认为这类思考其实是主观的。

§21

思维的普通规定之二:通过省察达到本质的、内在的和真实的东西。

[说明]只有省察才可能达到本质性东西,不能单纯依靠直接的感知。

我们将第二个普通规定与"说明"结合起来讲解。这个普通规定就是事后省察与普遍化,而不能够停留于直接感知。直接感知是个别的、外在的,也即有限的、被动的,因而单纯的感知并没有什么可宝贵之处,它只有在普遍性的规定之下才真正成其为"具体"与"丰富"。与此相应,这里也不应该把省察当作一个破坏具体生动性的东西,一个扭曲"真实"的东西。其实事实恰好相反,只有省察与直接感知相结合,才能产生所谓的"真实"。

[附释]在儿童用词、目的—手段关系、道德关系、自然现象的观察(类属、规律等)、对人类行为领域中力量的认识中,均由省察把握本质的东西和真理。

儿童在没有省察的情况下是不会区分特殊性和普遍性的,更不会有普遍性在思维中的主动运行这回事。比如他本以为只有红色辣椒才叫辣椒,黄色的是另外一个物种。我们一个个地教给他红色辣椒、黄色辣椒、绿色辣椒,引导他反思"辣椒"并不一定局限于某个固定颜色上,这才慢慢建立起普遍性来。这里在我们引导之下,需要儿童练习主动省察,否则他的思维还是停留在一种单纯的外在并列与事例扩大上,即原先只知道辣椒是红色的,现在扩大为红、黄、绿三色,但还是没有掌握作为普遍概念的"辣椒",那就不行。

"附释"第 1 段要强调的是,真理是逐步被思维活动建立和设定起来的,而不是像感性活动中那样被动接受过来的杂多堆积。这当然不是说真理是任由哪个人随便认定的,而是说真理必须经过一个破除主观性的艰难过程。在黑格尔看来,说感性的东西就是最真的,那简直是对人类理智和对哲学的侮辱。省察不是对什么本真东西的扭曲,它恰恰是去伪存真、返本归真的过程。

被设定起来的类属、规律、普遍东西、绝对者,只对精神和思想而言才存在。

第 2 段实际上是对上一段的强化,说的是这四类更真、更普遍的东西只有思想才能把握住,单纯的感受是达不到它们的。

§22

思维的普通规定之三：省察改变感受、直观与表象的方式，因此才意识到对象的真正本性。

省察要破除表面性，但这也容易让人误认为它是一个附加的乃至扭曲的东西。如果尽量往好了说，结合前文与这里的表述来说，省察可以破除感受、直观、表象乃至知性的表面性与主观性，因此我们可以将省察的内涵放得很宽，使它包含哲学思辨的层次。

但通常人们理解的省察就是把表面东西看透，看到更深的东西。和黑格尔精微的层次划分相比，这种理解其实比较混乱。但这不能怪黑格尔，因为正如第20节"说明"的第一段申明的，那并不是黑格尔个人的看法，黑格尔只是在描述历史的实情。

[附释]在前现代，人们必须改变直接性的东西才能达到实体性的东西，但近代哲学（尤其是批判哲学）认为思维和事物本身必定是有区别的，这种偏见导致人们因为觉察到"无法突破主观东西"这一点而感到绝望。哲学只是通过思维达到客观真理，并不额外提供什么东西。

因为觉察到知性规定的有限性与主观性，以及知性自身无法突破这一局限，而对理性本身产生绝望，这实际上是德国古典哲学内部的争论，具体来说就是雅可比对康德哲学的批评。黑格尔认为批判哲学将思维和事物本身强行区别开来的看法其实是一种偏见。人在特定的层面上区别思维和事物本身当然是必要的，但如果认为这个区别是绝对的、不可动摇的，那就错了。

在黑格尔看来，在如何对待事物本身这个问题上，我们应该借鉴一下前现代的立场，即认为思维和事物本身并无绝对区别这一立场。前现代思想固然有不太注重现实事物的毛病，但它的智慧之处在于极力呈现客观真理（而非在事物可被人掌握的显现方式中设定出一种貌似客观、实则主观的真理），也就是说并不额外附加什么东西。

黑格尔这个观点实际上是要突破近代科学架构，即在文艺复兴时代以来的自然科学中（在数学领域中则更早）早就被实际操作起来、在康德的批判哲学中才得到哲学上的总结的那种由人类理性设定一个知识结构去笼罩事物，乃至代替宇宙秩序的做法。所以黑格尔面对的可不是康德和费希特两个人而已，他面对的是整个近代科学架构方式，以及它所代表的整个现代生活方式。

§23

思维的普通规定之四：事物的真实本性是思维主体（我）的自由的产物。

第四个规定是历史上对思维最深刻的规定之一。这种自由当然远不是通常理解的"自由自在"（那不过是任性罢了）。只要我们看看它的反面（知性思维的主观性和自我封闭），就明白这个自由实际上是对事物本身的恢复，而不是人从主观上支配事物本身（那恰恰是知性思维的习惯做法）。

那么从正面来看这个说法，正如前文分析过的，它不仅仅涉及近代科学架构带给黑格尔的"从知识到知识"这种方式，还涉及更古老的传统，即柏拉图、亚里士多德以来以可理解的理念、形式来概括事物真实本性的做法。在真正深刻的西方哲学家看来，只有思维的操练才能把握乃至产生事物的真实本性，这毋庸讳言。这里也不用害怕人们扣上什么"主观唯心主义"的帽子，因为这里思维、自由、事物这些概念的含义都不是"主观唯心主义"之说所能理解的。黑格尔这一思想与那些人的想法之间的距离堪比霄壤。

[说明]思维的题中应有之意就是自由，思维的谦卑与尊严都在于摆脱自我的特殊性，只涉及普遍东西。

这是一种前现代式的智慧。黑格尔经常批判的主观思维（如近代科学架构方式、康德与费希特的批判哲学），恐怕都没有摆脱自我的特殊性。何出此言？看看下文的哲学史梳理中呈现的思维对待客观性的三种态度，我们就会发现他这里说的自我的特殊性不是个人胡思乱想时的或者个人脾气、秉性方面的特殊性，而是知性思维的主观性或封闭性。

§24

思想是客观的，凭借这种客观思想，逻辑学就与形而上学汇合了。逻辑学与形而上学的区别并非主观与客观的区别，也不是方法的先行考察与正式行事的区别，而是抽象与具体、义理及其应用的区别。

这里的形而上学指的是自然哲学和精神哲学，在耶拿时代开始的黑格尔那里它还有另外一个称呼，即实在哲学。①其实《逻辑学》涉及的问题，它举的例子，

---

① 关于《逻辑学》与形而上学的关系，黑格尔还有另一个说法："客观逻辑（即存在论与本质论——引者按）毋宁说是取代了从前的形而上学，……客观逻辑首先直接取代了**本体论**，……也把形而上学的其余部分包揽在自身内"。见黑格尔：《逻辑学》I，第41页。

也都是我们这个世界上可以理解的例子。只不过这些问题或例子都是为了说明逻辑学范畴何以通行于世，而不是为了展现自然或精神领域中的具体事情。因此逻辑学与形而上学说到底都是在讲我们人类的世界，只不过讲的方式或方面不一样罢了。二者的关系绝不是黑格尔讽刺康德时常说的岸上学习游泳与下水游泳之间的关系，更不是主观与客观的区别，因为两者都既有主观的一面，又有客观的一面。

[**说明**]澄清客观思想的含义：不要将思想当成主观的，将事物当成非精神性的，普遍东西、知性、理性就存在于世界当中。

有一种非常朴素的唯物论，将头脑里想到的东西，甚至把法律、经济这些经过人的思维加工的东西，全都当成主观的；把这些东西撇开之后，再将剩下的山河、大地这些据说与思维"无关"的东西当成是非精神性的。这种做法是对西方"思有同一"传统的背离，有时它甚至还打着马克思的旗号招摇过市，但马克思的思想当然没有这么浅薄。

应该说黑格尔的"客观思想"有广、狭二义：狭义的或最严格意义上的客观思想指的是《逻辑学》概念论意义上的思想及其应用，此时与它形成对照的是包括本质论层面思想在内的一切主观思想或有限思想；但当黑格尔并不十分强调客观思想对于有限思想或主观思想的突破，而仅仅强调它具有客观的对象，具有客观适用性时，这就是广义的客观思想，它除了概念论层面的思想，也包括本质论层面的知性思维，此时与它形成对照的是人的主观念头。

[**附释1**]在自然界，客观思想如果被称为思维规定，更能避免误解，其含义实为事物中的普遍性，也就是古代的形式、秩序思想在近代的变体形式。没有普遍性，个别的东西就无法言说，前者是后者持久的内在本质。

我们通常在自然界中看见什么现象，就把看见的现象当作绝对个别意义上的那个东西本身，其实并非如此。正如我们在第20节"说明"部分第3段的讲解中举过的那个笔的例子表明的，我们看见的其实是作为知识或知识的例子向我们呈现的一次次"大雁南飞""秋风扫落叶"，而并非绝对个别意义上的那些大雁、秋风、落叶本身①。如果我们作为动物学家来观察，我们会直接关注大雁的

---

①　其实稍作分析不难发现，即便"绝对个别意义上的那些大雁、秋风、落叶"也不过是个不得已的方便说法。这个说法其实是自相矛盾的：既然是绝对个别意义上的，就叫不上大雁、秋风、落叶这些名称，因为这些名称全都是共相。

翅膀震动频率、毛色、体型等更加细致、更加知识化的现象。此时我做的工作实际上是用我过往已有的关于大雁的知识来衡量我当下看到的现象。此时只有过往的知识是标准，我当下看到的现象反而只是一个"正常"或"反常"的例子——虽然当下的现象积累多了也可以反过来推动过往知识的修正，但"知识决定现象"这个等级次第是不变的。此时流转于我的观察与大雁本身之间的关键东西其实是普遍性。所以如果没有普遍性，个别东西既无法言说，也无法设想。当然这还只是在关联到现代规律思维时我举的一个例子，其实黑格尔心目中更高的、真正的普遍性还远不只是规律思维所关注的这种普遍性，而是作为古代形式、秩序的近代变体形式的那种普遍性（详见概念论）。

在精神性事物中，思维同样是普遍实体，不是通常以为的与直观、表象、意志并列的机能。人与动物的不同在于能主动意识到并成全普遍的东西，因而不被局限于个别事物上。自我貌似特殊的个人，实际上是一种普遍的、有深度的存在，它恰恰使人能通达普遍东西，因为自我就是思维，是作为思维者的思维，它不是抽象普遍性，而是潜藏着一切事物的普遍性。

这段话的难点在于自我的实质是客观思维：黑格尔所谓的自我就是思维，是作为思维者的思维，说的是自我实质上是以思维者的面貌，即以人的面貌出现的客观思维。这样的自我当然不是脱离具体事物的抽象普遍性，而是潜藏一切事物在内的普遍性。

对于自我，不要想象得太神秘。德国古典哲学家们在各自不同的意义上重视自我，但自我这个源发之点都是承接笛卡尔而来的。笛卡尔要从人的角度出发去界定世界，所以他强调自我，这也成了近代哲学的基本底色：既不满足于被动接受世界，也不设定宇宙秩序，而是一切以人类理性能严密设定的知识为尺度和限度。近代哲学一旦采取这个姿态，它就既打开了一个巨大的宝藏，带来无穷的成就，也给自己挖开了一个最深的"坑"，埋下了主观思维或有限思维自我封闭的隐患。

自我当然有能力达到极高的普遍性和极大的深度，但那要用思辨的方式才能达到。自我作为客观思维的"代理人"，它的"本职工作"其实是客观思维的事情。接着这个意思，黑格尔说自我潜藏着一切事物。这话当然要在黑格尔的那个思辨的意义上去理解，不是指自我什么都不用做，光是回到脑子里去想，就能把一切都想出来。这当然是一种误解，它把黑格尔的观点变成了一种愚蠢的主观主义。他说的其实是,自我作为客观思维,是可以通达一切事物的形式和秩序的。

具体事物在内容上是感性的,通过思想的形式将这内容作为普遍东西提出来。上帝的内容是纯粹思想,但其形式仍然是感性的。

这里利用具体事物与上帝的对比来谈问题。我们先看表面的意思。这里有个背景问题。中国人对于以西方宇宙秩序观为背景的基督教思想比较缺乏同情的了解,因此不太容易理解上帝为什么内容是思想的,形式是感性的。利玛窦等早期来华耶稣会士为了适应中国文化背景,取来"上帝"和"天主"对译 Deus 这个拉丁词,后来沿用下来,就对译其他更晚近的西文词(Gott,God 等)。这个译名直接引起"上天之帝""上天之主"等形象化的想象,那都是把上帝当成黑格尔意义上的具体事物了。其实要理解上帝,必须先达到《逻辑学》的概念论,或者至少达到本质论的"现实性"层面,亦即将他理解成宇宙秩序意义上的绝对必然性。在此基础上才能接着谈论上帝如何存在的问题。上帝不受任何具体存在方式局限,他是存在的极致。什么叫存在的极致? 这既表示无处不在,更表示任何对立性的范畴(大—小、好—坏、善—恶,甚至本质—现象、原因—作用)都不足以辖制或削弱他。

接下来看看我们熟悉的具体事物。具体事物的内容是感性的,这一点不难理解。最感性的东西,我们往往觉得它内容很充实,因为它能充斥我们的感官印象,有时甚至让我们的感官应接不暇。但这种状态被康德称作"杂多",这意味着它既不稳固,又杂乱无序。此时思想的形式能以普遍性统摄并提升这一内容,或者说让我们明白普遍性是本来就存在的事实。

那么黑格尔为什么说上帝的内容是思想,形式是感性的? 在西方传统基督徒看来,上帝是所有存在与特质的极致,而且那不是量的意义上的,而是思辨意义上的极致,比如说上帝是全在、全能、全善。上帝首先要在概念论的意义上理解为极致,这样的极致本身只能说是思想,因为它在尘世间是找不到的,它本身也只能通过思想去理解了。说上帝的形式是感性的,指的是我们不能光靠思想去理解上帝,也要靠一些形象去想象上帝,而一切形象自然都具有感性特征。这指的是宗教、艺术、日常冥想等领域对上帝的想象。黑格尔并不反对形象化的想象,但在他那里,对上帝内容(概念)的把握恐怕还是第一位的事情。

[**导引**] 借用《黑客帝国》的一句台词，可以说阅读《逻辑学》实际上就是"来到真实世界"。我们在读《逻辑学》时，全程都要颠覆我们日常的一些观念。常识以为"真实"的生活，其实在相当程度上是主观的、有限的，即反以主观为客观。反过来看，常识以为很"主观"的概念若是在其适当的意义上（在概念论意义上）理解，反而是很客观的。这里在阅读中需要一种直接的颠倒，这必定会造成强大的冲击。

目前我们所处的第24节，与接下来的第25节，都是为后文讲述思维对待客观性的三种态度所作的一种预备。我们不妨也对此稍作"预热"。为什么客观性问题如此重要，值得黑格尔用去《小逻辑》"绪论"的大部分篇幅？思维对待客观性的三种态度，实际上是考验历史上所有思想达到的高度与深度的一个试金石。

大家翻翻两部《逻辑学》的目录，会看到"客观性"处在概念论中，是它的第二个二级层面。概念论中的"主观"和"客观"，不是对于人而言的主观和客观，而是相对于绝对者而言的主观和客观，或者说分别表示抽象意义上的、观念意义上的和具体意义上的、实在意义上的绝对者——虽然二者都要通过人的主观理解活动（常识意义上的"主观"）才能呈现出来，都不意味着黑格尔采取了"上帝之眼"的立场。而"客观性"出现在概念论层次，这就意味着人如果没有真正突破本质论层面的主观思维、有限思维，就不可能理解真正意义上的客观性。换句话说，真正意义上的客观性，我们在日常生活与常见的各门科学中，总而言之，在现代人能够去"整"的范围内（包括理论和实践），都是很难达到的。

黑格尔讲思维对待客观性的三种态度，实际上讲述了一部小型的西方哲学史。黑格尔实际上要表明，除了柏拉图、亚里士多德、安瑟尔谟以及德国神秘主义的一些零星出现的思辨性观点之外，他之前的整个哲学史基本都处在本质论层面上。

[**附释2**] 逻辑学研究纯粹思想，是精神自己规定自己，因而最自由。

这句话在我们常识看来是说不通的。常识容易误解所谓纯粹思想，把它想象成两种模式：一种是主观念头，也就是把现实世界中所有成分都撤开之后剩下的纯主观的东西，尤其是一小部分很高明的、思想很深邃的人的纯主观想法；还有一种是撤开尘世间一切有限的东西（无论主观的还是客观的）之后剩下的上帝思维。这两种意思都不符合黑格尔笔下纯粹思想的内涵。《逻辑学》所谓的纯粹思想其实是就客观思想本身的内涵而论客观思想,还客观思想于客观思想——这在黑格尔看来,就是精神自己在规定自己。

但这里要防止以人格化的方式理解"精神自己规定自己"。这话不是说精神具有某种人格性的意志,靠这种意志驱动自己去做什么事情。这种理解是人类主观化的理解。而黑格尔毋宁是在否定的意义上说这话的:精神不受有限事物、有限规定以及有限思维、有限思想束缚。换言之,我们不要用有限思维去设想精神,精神只能在精神自身的层面上去理解。至于精神究竟如何规定自己,这可以到概念论的层面上索解。

由此看来,逻辑学研究才最自由。这涉及西方的一个古典思想传统,即人只有在宇宙秩序中最大程度上体察并且成全这秩序,才能得到最大的自由,而局限于私意反而不像表面看来的那么"自由"。黑格尔接上了这个传统。

逻辑学是赋予生机的精神,自然哲学与精神哲学是应用逻辑学。逻辑学的各个范畴固然是我们熟知的,但我们并不真知它们。

逻辑学并非与现实世界脱钩的神秘东西,它讲的不过就是现实世界自身的秩序——当然这是理性化的秩序,跟古代和中世纪不太一样了。为什么说它赋予生机? 一个东西有生机的关键就在于它有秩序,而不在于它有规律,这是前现代思想当中的一个常识。比如说,我们经常看见枯枝败叶从树上落下来。直到彻底腐烂之前,它之所以还有一线生机,是因为它从母体借过来的一点生机,母体的生命才是最关键的。而母体生命的关键就在于有一种根本秩序维持其存在,相比之下,规律只是该秩序示之于人、示之于现代科学的外在表现而已。黑格尔强调逻辑学赋予生机,是为了提醒人们:如果不了解逻辑学探究与成全宇宙秩序这一根本旨趣,就找不到自然与精神领域一切生机的根源。反过来说,自然哲学和精神哲学都是对逻辑学的一个展示("应用逻辑学")。

我们对于逻辑学的各个范畴何以熟知而不真知? 黑格尔举了"存在"和"绝对者"两个例子。我们通常说起这两个范畴时就会产生一种固定的想象和成见,我们甚至认为它们太常见、太好理解了,根本不需要解释! 但我们经常用它们,不意味着我们真的知道它们,尤其是真的知道它们的逻辑学意义和逻辑学地位。黑格尔这里当然是要鼓励大家探索它们这方面的意义和地位。

　　与常识所以为的相反,逻辑思想并非单纯的形式,而是事物自在自为的根据,其他内容与之相比才是单纯形式的东西。思维规定并非在外部或意识内部直接捡来的,而应该自在自为地在其自身的体系中得到规定,即让这些规定自行发展,为自身提供尺度。真理可以视为内容与其自身的符合,因而不真的东西就是不好的,惟有上帝才真正是概念与实在的符合,一切有限事物都不够真,因而必定灭亡,动物在其类属的持存中才具有其概念。

　　逻辑思想不是单纯的形式,而是他心目中的纯粹思想,而这种表面上名为"纯粹"的思想其实才真正具有客观适用性,才是真正客观的,因为它突破了人的主观有限性。这个意思我们已经反复申论,此处不赘。黑格尔就此补充的一个"新"意思是,其他内容与之相比才是单纯形式的东西。这话需要稍作解释。我们日常生活当中那些千差万别、意蕴丰富的内容,看似极为具体。但正如《精神现象学》"感性"章就感性确定性与共相的关系问题表明的那样,所有这些内容跟逻辑学相比,反而不如后者具体;而常识往往认为逻辑学是纯形式,是从概念到概念的"空对空"飞跃,根本没有生活中的内容那么具体。所以黑格尔这里的意思正好将常识颠倒过来了。前面说过,通常我们跟现实事物打交道,其实都是在跟知识打交道。那些知识实际上是抽象知识,以本质论的二元设定类知识为主。《逻辑学》(尤其是概念论)之所以能超出日常思维的主观性、有限性,其根本原因在于它与常识的旨趣不同。实际上常识作为一种思维,它的要求特别低,它所在的逻辑学层次也特别低:它的要求无非是求得一种能够消除生活中的不确定性的知识,哪怕这种知识是在"糊弄"人,但只要它在当时能给人提供"安全感"就行。这样的知识,的确是很抽象、很形式的。而黑格尔讲的客观思维恰恰就是"对治"这个毛病的。——当然目前我们听到这样的解释,不免大为惊骇,因为这样的解释会动摇我们一直赖以生存的一些根本信念。通常的知识究竟如何抽象、形式,这一点要到本质论层面才能真正看明白。

　　接下来黑格尔说,这些思维规定不是我们从内部或外部直接取来的,它们都是在科学中自行生长出来的,而这个生长过程不以我们一时一地的内部与外部经验为转移。思维规定自行发展和给自己提供尺度,这一过程在黑格尔笔下有着极为严格的规定。《小逻辑》第161节的正文和"附释"揭示出"三论"分别遵从过渡、映现和发展三种演进模式。比如在存在论层面,无论事物与事物之间,还是范畴与范畴之间,都是直接"过渡"(Übergehen)的关系,即从一个直接跳到另一个。原因在于,这个层面本就是最为浅表的一个层面,我们对于任何事物除了断定它的"有"或"无"之外,再也无法进行任何更深的描述了。彼"有"与此"有"的区别不可能是深度与独立性上的,只可能是精细化与次序化上的;从某种"有"到下一种"有"的演进也只会是从较无序者向更有序者的直接转变。而在本质论层面,由于有了"本质—现象"的二元深度格局,演进便是从浅表事物向其深处根据的"映现"(Scheinen)或"反映"(Reflektieren);概念论层面的演进更突破了"有"(存在论)与"根本"(本质论)这两方面的较量,措意于独立自主性或普遍性方面的提升,这种提升被黑格尔称作"发展"(Entwickeln)。当然,要真正要理解"自行发展",需要具体进入这三种演进方式之后才能明白。这里格外需要注意的是,逻辑学演进的动力是由事情本身提供的,它的演进方向也是由事情本身规定的,不以个人意志(包括黑格尔的意志)与经验中个别情形为转移。如果我们不关注事物本身的演进次第,只想着依照人当下的意志突破某个层面,那就很可笑。坊间对黑格尔《逻辑学》经常有一种错误的想象,认为《逻辑学》展示的就是哲学家不断寻找越来越"牛"的思维方式的过程,那就将《逻辑学》降低到武侠小说的层次了。换个不太恰当的说法,这里是事情本身在扩展自身、掉入陷阱,然后为自身寻找出路,而不是我们人在"想辙",更不是人想突破哪个层面就能突破的。

接下来黑格尔谈到真理和有限事物、无限者的关系。黑格尔怀有一个很古典的思想:真理就是善。而真、善就是"内容与其自身符合"的极致。这里首先要辨析的是,内容与自身的符合不同于通常意义上的符合论。通常的符合论指的不过是人的主观想法与客观东西的符合与不符合。这在黑格尔看来很可笑,因为这种比较说到底其实不是主观和客观的符合,而是一种主观和另一种主观的符合。原因在于,那种貌似与主观"无关"而独立的"客观",其实本质上还是一种主观性知识或主观性规律。但黑格尔讲的内容与其自身的符合则是事物本身与其概念的符合,说到底追究的是事物的某种状态是否合乎宇宙秩序。这个道理在《精神现象学》当中有所展示,但是说得还不够透彻。至于《逻辑学》是如何论述这个问题的,我们依然要埋下一个伏笔,留待以后详说。

回到真与善的问题上来。古典意义上的善要从好的角度去理解,而不是仅仅从道德善恶的角度去理解。那么什么是好,什么是坏?合乎秩序的就是好,否则就是坏,所以万物都有善和不善的区别。真也属于这个意义上的"好":人了解到事物的合秩序性，并切切实实去成全它、实现它。上帝在这方面本事最大，而人作为所有有限事物当中最高的物种，才有幸得窥一点真理的光，但依然不能直视，所以人不能直接看见秩序，只能体察事物的合秩序性。黑格尔这里说的有限事物当然包括人，但主要还不是指人。他说的是世界上种种有限事物都不够真，不够符合其秩序，所以必定灭亡。但这里我们要防止把有限者和无限者对立起来。不要觉得有限者在一边，无限者在另外一边，有限的死绝了，然后只剩下无限的了。其实相对于人所理解和生活于其中的这个世界而言，如何能抽象地设想分离的无限者？无限者又何尝不是只能通过有限者才显现出来？黑格尔说有限事物必定走向灭亡，恐怕是提醒我们不要局限在封闭的、有限的视角下去看问题，否则没有出路。

动物在其类属的持存中才有其概念。动物虽然比无机物和植物高级一些，可以通过繁殖产生独立活动的个体，但这种独立性其实是个假象，因为一切动物个体都只有通过符合它所属的类的普遍活动方式，才能生存，它不可能像人这样通过反思达到人人皆不同的独立性。

逻辑学的真正兴趣是考察思维规定的真理或无限者与有限者各自的形式。一切迷误都在于按有限规定去思维或行动。

这一段把逻辑学的主题或任务说得再明白不过了。其实逻辑学不是只关注无限者的，人也不可能只关注无限者，而必须通过一步步突破有限思维的局限，才能达到对无限者的理解。不要把无限者和有限者理解成两种东西，各自有一个领域：有限者就在我们尘世上，无限者就在天国。这样理解一开始就把重要的问题错过了。无限者虽然是无限者，但我们不要把它理解成一个有身量、有大小的或比较虚幻的东西。总而言之，不要用存在论和本质论中那种有限的方式理解无限者。

一切迷误都在于按有限规定去思维或行动，换句话说，我们日常生活如果拘泥于有限规定，那么它整个就在迷误当中。这个迷误的实质是封闭性：人自以为直接跟事物本身在打交道，实际上却封闭在自己的理解和想象中。当然迷误也不是没有意义的。我们后面会发现，这种迷误构成现代生活方式的一个本质性成分或本质性层面；然而我们也不能因此便"一误再误"。

[附释3]经验与理念这二者当中，前者有局限，后者在现实事物内部。歌德式直观透视与反思认识虽然敏锐，但都不如纯粹思维形式那般适合于表达真理

和自由。哲学的一般主张是"思维是绝对的,真理是自在自为的",古代怀疑论应用于有限形式有助于认识的推进,但如果应用于理性形式,就会将有限的东西偷运进去。

这一段涉及两个具体的例证,即歌德和古代怀疑论,也涉及一个核心的问题,即哲学一般主张"思维是绝对的,真理是自在自为的"。先看经验和理念。前者的有限性在黑格尔先前谈论经验知识和经验科学的有限性时,已经比较明显了,这里不重复。后者在现实的事物内部,这一点可以分两步来理解。第一步是泛泛而论。黑格尔意义上的概念、理念、精神,都是不脱离这个世界的。第二步是具体进入概念论内部看概念与理念的区别。概念可以是抽象意义上谈论绝对者、具体普遍性,但理念一定得是在现实事物当中实现过的概念。所以黑格尔对理念的规定的题中应有之义就是"在现实事物内部"。

谈到歌德式直观透视与反思的认识,黑格尔对这两者既表示有限的欣赏,也有所不满。歌德作为狂飙突进运动的代表,与后起的浪漫派保持了一定距离。可是他身上多多少少是有一些浪漫派特质的。他也讲究直观,这个直观当然没有达到黑格尔的要求,也没有达到谢林理智直观的深度。歌德是作为一个艺术家,凭着直觉提出了很多有闪光点的思想,但这对于黑格尔这种职业哲学家而言显然是不令人满意的,因为这些思想零散且缺乏深入证明,不如纯粹的思维形式那般适合于表达真理和自由。至于反思的认识为何让黑格尔不满,那还是因为它的主观性。这个意思我们前文中多次解释过。

针对自然科学、经验知识这些常见的知识形态,黑格尔旗帜鲜明地指出,哲学的一般主张是"思维是绝对的,真理是自在自为的"。经验知识是主观的,唯有哲学能突破这种主观性,以"绝对"与"真理"自任。由此黑格尔想到了古代怀疑论对哲学的冲击。黑格尔对古代怀疑论的评价要比对近代怀疑论的评价更高,因为以笛卡尔为代表的近代怀疑论不会怀疑自我,但是古代怀疑论什么都敢于怀疑。我们在日常生活中喜欢抓住有限规定,然后将它无限地扩大,误把主观当客观,有限当无限。此时古代式的怀疑论就可以拿另一个有限规定来批评我们抱持的这一个有限规定。日常生活本身就有许多漏洞,使得这种怀疑论可以"钻空子"。但我们不要误认为这种怀疑论会像我们一样抱着那另一个有限规定不放,实际上它认为一切规定都是可疑的,包括它暂时用来支撑自己论点的那些规定。但在黑格尔看来,在古代怀疑论拆毁我们常识偏爱的种种确定性时,争执的双方都是在有限思维的范围内做事情,都不涉及"思维是绝对的,真理是自在自为的"这一哲学的一般主张,它们共同犯了一个错误。

各民族关于"堕落"的神话认为反思性认识与哲学认识打破了天然直接的统一及其认识,是一切恶行的起源。

这里涉及各民族关于"堕落"的神话。将这类神话看得太绝对的人们会认为人的原初状态是最纯真的状态,认识与科学意味着堕落。黑格尔作为德国神秘主义的思想传人与德国唯心论的代表,是不会接受这种想法的。比如埃克哈特的弟子苏索就认为,一块石头原先在上帝当中的状态不如它受造后在尘世上存在的状态。①德国神秘主义一向坚持的这个观点,到了黑格尔和谢林这里有增无减。当然黑格尔有他的一套道理,我们接着往下读就明白了。

精神生活是自为存在的,打破了自然生活的直接状态,它要靠自己的力量回到统一。原始神话的正确之处在于人不可安于事物现成的分裂状态;错误之处在于以直接的自然统一为真理。神对人的惩罚是对分裂的克服,在此过程中能打破有限性的那种真正的认识被《圣经》说成是神圣的东西,是"人成为上帝肖像"这一原始使命的实现,而不是坏东西。

通常人们对伊甸园故事的理解是,人变坏了,好的状态一去不复返了。这就单方面把人的知识和成长当成是一件很绝望的事情。黑格尔认为这种想法是片面的,把知识想得太糟糕了。其实原始神话的用意是对后世人类有一个期待,希望他们不要丢失了本应达到的高度,不要失去人之为人本应有的高贵性。这种期待本质上是指向将来的,不是为了让我们回望过去的伊甸园状态叹息不止,乃至彻底否定人的存在。原始的纯真状态好是好,但它既充斥着后世人们的许多抽象的想象,作为抽象的想象,其本身恐怕也无法长久保持,因为人性毕竟是脆弱的、本能地倾向于堕落的。但这不意味着人是没救的。而且客观上就人类的整个教化过程而言,走出原始的统一未必不是一种进展。

那么从原始神话的本意(让人类不忘初心,在将来达到其本应有的高度)来看,要教化提升人类,还得借助知识,不能抛弃知识。尽管我们在日常生活中往往被有限思维利用,做出一些很可笑的固步自封之事,但如果抛弃知识这种人的

---

① 参见李华:《神秘合一与个体自由的实现——论苏索对德国神秘主义的澄清与拓展》,载《世界宗教文化》2021 年第 6 期。

有意识的努力,那就连通过省察达到更高的概念论层次的机会也没有了。从这个意义上看,知识其实是神圣的东西。可以说在黑格尔看来,概念论意义上的知识才能使人真正成为上帝的肖像。所以这里的关键是在什么意义上界定"知识",而不是抽象地论断知识的善恶。另外,这里我们也无意涉足《圣经》解经学,只想提醒读者留意一点:黑格尔意在通过客观意义上乃至神圣意义上的知识打破寻常知识的那种有限、封闭的状态。

深刻的原罪说的性恶论是精神概念的题中应有之义。现代启蒙的性善论坚守分裂的立场,是思维与意志的全部有限性的渊薮,在这种情况下表面上看到的双重恶(精神上反自然、自然上顺从欲求从而坚守自然)实为同一种恶,即主观性。

在黑格尔看来,抽象意义上的性善论和性恶论都不对。但是与其像现代启蒙思想家那样,为了打倒权威,让人有自信,便高调地宣称人是性善的,还不如更谨慎一些,相信原罪说中的性恶论。黑格尔当然是从一种精神自身发展的角度,即概念自身发展的角度(这不等于通常说的"历史发展的角度"),看到人性不是固定不变的,而是有一个历练成长的过程,鉴于此而不要把人自己当作是性善的。启蒙理性鼓吹人性善,无非是看到以往的宗教权威把人性设想得太"阴暗"、太"绝望",所以反过来把人想得光明些,好给人带来希望与动力。这种性善论就像我们常见的那些鸡汤一样,会把人的眼界牢牢绑在有限性和主观性上,即绑在经验科学、经验知识上。在黑格尔看来启蒙的这个思路注定会行之不远。相比之下,原罪说的性恶论倒是指向将来的,它并不是要把人一辈子绑在"性恶"的耻辱柱上。所以用精神教化的眼光去看原罪说的话,它是更可取的。

[导引]黑格尔为什么选择客观性问题作为考察各种哲学态度的试金石?其实是因为在这个问题上,西方哲学史,尤其是整个近代哲学史的一个核心面向显露出来了:真理对于人的认识而言是否可能?或者换个说法,对事物本身的认识是否可能?

绪论对三种态度的考察既是一部小型的哲学史,也像一般著作的导论一样,把他人的一些态度摆在前面,一一考订其得失,为作者自己的态度开道。首先要留意的是,黑格尔考察的三种态度,即前现代形而上学的相当大一部分,以及经验论、批判哲学与直接性哲学,其实都共同承袭了中世纪向内转的心性结构。所谓向内转的心性结构,最典型地表现在奥古斯丁的一系列著作(《论自由意志》《忏悔录》《论三位一体》)中。奥古斯丁洞察到人世间的忙忙碌碌并无"究竟"意义,必须向内转,寻找自我,进而向上跳跃,即投入绝对者的怀抱,那才是人生的"究竟"归宿。这种想法如今听起来像是"老古董",却不可轻易放过,因为这种"向内而后向上"的心性结构塑造了此后的整个西方思想。我们可以在奠定近代哲学基本架构的笛卡尔那里发现与奥古斯丁"向内而后向上"的做法比较相似的怀疑与探寻历程。

与笛卡尔相似,近代早期各领域的那些经典思想家,包括马基雅维利、霍布斯、开普勒、伽利略、达芬奇等,以及德国神秘主义思想家,都有一个与奥古斯丁相当类似的工作:人在世界上忙忙碌碌,只不过是收取了一些人所认可的"形象"到心中,同时又凭着这些形象在世界上摸爬滚打,在这个模式的前提下,人一旦将视线内转,以自身为基点审视这些形象得以构造的全过程,便可绘出世界万物的详尽图谱,便有了一种"世界在我手"的掌控感。①在我看来,近代哲学家在世界的可构造的"合理性"这一点上基本是一致的。由此可见近代哲学与中世纪内转心性结构之间的承续关系。

康德的一个关键洞见是,只要我们沿用上述生活方式,那么人在世界上貌似直接与事物打交道时抓住的其实全都是这样的"形象"(现象),这等于是人顶着知识的"金钟罩"在世界上摸爬滚打而不自知。这是康德的深刻之处,可是反过来看这也构成他的局限:他坚守经验的实在性,拒绝通过理性通达宇宙秩序的可能性,虽然他在《判断力批判》与系列历史哲学著作(中译见《历史理性批判文集》)中对于宇宙秩序似乎也有比较清晰的预感。

康德的批判哲学构成下文中讨论的三种态度的一个"基准点"。其他态度与之相比,有的"低"一些(即旧形而上学,它还没有达到康德的一些关键洞见),有的"平级"(即经验论,它在一些基本预设上与批判哲学类似),有的试图"超越"(即直接性哲学,至于它的超越是否"成功"则另作别论)。所以我们先抓住批判哲学的这个关键洞见的来源与内容,对于理解下文是有益的。至于这些态度有没有达到奥古斯丁内转之后向上跳跃的更进一步要求,这个问题也极为关

---

① 在这一点上维科的"真理=创造"与笛卡尔的普遍数学其实异曲同工。

键,但那是黑格尔在考察过它们之后才会面临,尤其是在本质论的"现实性"二级层面才会具体讨论的问题。

§25

真理是哲学(客观思维)当下的对象,而不是遥远的目标。如果思维局限在本质论层面,就是主观的、有限的,并且与客观事物和绝对者相对立,不能把握真理。思维对待客观性的态度,是测试各种思想的性质的试金石,有助于澄清《逻辑学》的立场。

知性思维处在本质论层面,在日常生活与科学研究中它就像我们通常说的那种与人的本质能力直接相关的"对象化"一样,是绝对必要的。黑格尔不是没有看到这一点,然而他强调的是,如果我们拘泥于这种思维之下,以其所见所得者为"真理",那样恰恰会把我们自己与真理隔开,让真理不能成为当下的对象,最多只能像批判哲学那样把它当作一个永远达不到的遥远目标。可见用对象化的态度对待普通事物是可以的,然而一旦拿它对待绝对者、真理,就行不通了。此时必须对对象化固有的二元设定行事方式有一个深切反思,达到概念论层面,那才是可行的。

这一节中黑格尔是在预告,接下来要在客观性问题这个试金石下,让以往的几种主要的哲学派别暴露出它们的立场。与本质论部分的文本对勘之后,我们甚至可以发现这些立场大致处在本质论内部的哪个二级或三级层面。①

[说明]哲学知识虽然以意识的各种形态为前提,但却直接关注内容的发展,这种发展在意识背后进行,不是意识的主观努力能够达到的。另外,"绪论"对三种态度的考察还局限于历史与形式化推理,未能完全就逻辑而言逻辑。

这里第一个要点涉及《逻辑学》和《精神现象学》的关系,第二个要点是一个自谦的说法,让读者不要误将他对三种态度的评判当作逻辑学本身的演进了。我们重点解释第一个要点。《精神现象学》有自己的任务,和《逻辑学》的路径不一样,这二者不可相互替代。其实《精神现象学》中也不乏对深具二元设定特质的许多现象的批判性探讨(如"知性""理性"两章),但与两部《逻辑学》相比,那还远远算不上系统而全面的本质论。《精神现象学》中意识的各形

---

① 详见庄振华:《黑格尔论理性的困境与出路》。

态，一直到理性（第五章）为止，都是外在于事情本身的。那么到了"精神"章又如何？"精神"章实际上是人承认事情本身，而且立足于事情本身而生活。但毕竟还没有达到《逻辑学》中通篇运行的"概念与事情本身合一"的演进方式。因而总的来说，《精神现象学》的任何一章都还没有达到《逻辑学》的深度，最多只是对后者的一个预备。随着《精神现象学》这个舞台上一幕幕戏的推展，其实后台也已经有一些范畴在演进了，只不过作为主角的那个意识完全不了解那个演进及其机理。

那么反过来看，《逻辑学》有没有意识的作用？《逻辑学》的主角已经不是意识了，而是思维、思想或逻各斯，它们是客观意义上的。但如果没有人的意识活动去理解和推动，其实客观意义上的思维和思想也是无从谈起的；但此时思维已经是以事情本身的立场去做事情，它甚至不是《精神现象学》"精神"章开始的三章中那个立足于事情本身的意识可以比拟的。简言之，《逻辑学》关注的是内容的发展，即逻辑学核心范畴的发展，意识作为这一发展的领会者和执行者，已经是相当外在的因素了。

A 思想对待客观性的第一种态度 形而上学

§26

第一种态度是旧形而上学的朴素态度，它相信人的省察可以直接认识到真理，相信客体直接向意识呈现，以感觉和直观的内容为思想内容或真理。

这种朴素的态度是一种主观的信念，坚信自己直接接触与描述的就是事物本身。这种态度虽然没有像康德那样警惕人的认识产生的自我遮蔽，但对于世界上的事物是信赖的，对于宇宙秩序是尊崇的。朴素的态度看到美的东西就赞美它，遇到产生神圣崇高感的东西，比如站到科隆大教堂前，便虔诚推崇。这种态度虽然朴素、真诚，但由于对所接触的"事物"的设定性、主观性无所警惕，便容易落入自欺的境地。

这种态度一方面把客体直接等同于它向人的呈现，另一方面自然也将人内部直接具有的东西（"感觉和直观的内容"）当作具有思想价值、具有真理的东西。这无疑是一种不自觉的自欺，迟早会犯下康德笔下那种僭越的错误。后文中黑格尔还展示了旧形而上学对上帝、世界和灵魂这三个主要对象的看法。

§27

　　将第一种态度的外延限定于有限思维,把柏拉图、亚里士多德等人的思辨思维排除在外。这种思维虽然以近代唯理论为典型,却既有历史的渊源又有现实的体现。

　　黑格尔对于第一种态度的判定,其实适用于康德和经验论之前的整个西方哲学史上的大部分思想。但黑格尔在这里并不是要做一个思想史的"判官"。从谋篇布局来看,描述几种态度当然是为了给从存在论开始的他自己的态度作铺垫;但从思想旨趣来看,他做这件事情恐怕更多是出于对西方文明的一种责任心。说白了,他甘冒天下之大不韪,把如此之多的思想划归第一种态度之下,无非是要提醒人们警惕主观思维的封闭性。

　　[导引]从第28节开始的这几节是对旧形而上学的三个批评。这三个批评的意思差不多:无论黑格尔把旧形而上学称作独断的,还是说它对思维规定的性质认识不清,还是指责它没有清楚区分表象和理性、思维,那都是黑格尔从不同的方面在讲同一个毛病。

　　严格来说,我并不认为这一批评适用于经验论和批判哲学之前的整个西方哲学史,即便排除了黑格尔在第27节单独拈出来的柏拉图、亚里士多德等人的那些思辨思想之后,也不能说完全适用于这一段哲学史。原因在于黑格尔对近代理性化或内在化世界观与古代和中世纪的差异了解得还不够充分。大体上他认为理性化世界观还是要维护的,至少作为现代人的我们必须如此。仅就这一点而言,他可以算作启蒙的思想后裔。这个说法固然不错,但它容易"扩大化"为另一种观点:理性化世界观是最优的,或者说一切时代的思想都应以此为标杆,乃至以此为追求目标。秉持这样的观点回望,黑格尔会认为古代和中世纪的思想形态是不成熟的。古代思想没有踏出"内心化"这一关键步伐,并非通过回转到自由意志去上达绝对者。而中世纪思想又过于拔高,以一个掺杂了人的太多主观想象的超越性上帝为指向,这就做不到像现代生活一样紧贴现实事物的内在机理,经过艰难跋涉之后通达绝对者。简言之,中世纪思想缺乏现代生活必不可少的现实性、主观性与科学性。所以这笔"账"要算起来很复杂,他所指责的旧形而上学的毛病不宜一股脑地放到经验论和批判哲学之前的整个哲学史上。黑格尔的批评其实最适用于近代以来的世界理性化和内在化世界观,尤其适用于经验论和批判哲学之外的早期近代哲学。但在评注中,我们先依从黑格尔自己的思路说下去。

黑格尔批评旧形而上学,突出的要害就是判断不能够表达思辨的思想与真理,只有推论才能表达。大体说来,判断在构造上是主、谓词"二元"的,在思想上最适合于进行本质论层面的种种二元设定;推论在构造上是大、小前提与结论"三元"的,在思想上适合于展现能克服二元设定的自我封闭性的"具体普遍性"。①我们先看看"二元"的特质与缺陷。我们以"原因—结果"(简称"因果性")为例。因果性其实是服务于站在"原因"现象或"结果"现象这两端的任何一端上的人的生活,服务于有限东西的存在的。因果性与因果现象不同,前者是原因与结果之间的必然性关联,后者则是分别为设定为"原因"与"结果"的我们身边的两类具体现象。其实人跳脱不出现象世界之外,人只能见到概率非常大的"诸现象总是如此这般连续出现"。这概率如果大到迄今为止人类从来没有见过其反例的程度,我们就设定这些现象为因果现象,同时设定这两者之间牢不可破的因果性。其实任何人也没有能力绝对严密地、一环扣一环地完备描述因果现象。比如康德经常说的例子"太阳晒,石头热",其实只是一个相当泛泛的描述,因为任何人都不可能说清楚太阳的多少热量和哪些热量如何穿透一个个分子,然后如何引起各分子内部的原子剧烈震动,又如何一环一环地将热能与运动传到石头分子中去,更毋论说清楚这样"环环相扣"的必然性何在。这样做既没必要,也没有可能。我们设定"太阳晒,石头必定热"这种因果性,反而可以一劳永逸地便利我们将来的生活,省去了一次次说服别人这样的麻烦事,也可以打着"这是科学结论"的旗号来拒斥质疑。其实这里"科学结论"的意思大致相当于"这是真理,无需质疑"。换言之,通过判断达到的这类设定其实是为了建立人的确定性,它的目的是有限的、主观的。因为它跟事物本身无关,根本不关心事物本身何以如此,而只关心我们对现象进行何种设定可以便利生活。这种设定常以"科学规律"的"客观"面貌示人,实际上是在事物的表面"取一瓢饮"。然而遗憾的是,旧形而上学虽然有认识事物本身的抱负(这在黑格尔看来是一个

---

① 参见概念论的"主观概念"(《大逻辑》中名为"主观性")二级层面的判断学说与推论学说。

很大的优点），却没有锻造出完成这一事业的工具，它的工具是独断的信念，这就在实际上导致它经常误以主观看法为事物本身的真理。这样看来，"二元"的毛病就是有限、主观和自欺。它下的那些判断只是将主词与谓词径直关联起来，这反映出认识者径直信赖自己的主观信念为客观真理的习惯。——简言之，只要单纯依赖判断，人就不可能达到思辨的真理。

"三元"则是通过推论的方式，以三个判断前后相续地先进行二元设定，然后凸显出这设定本身的局限，最后才给出思辨的真理。这整个过程及其结论可以简称为"具体普遍性"。推论实质上是让我们既要警惕以判断为典型操作方式的二元设定的局限性，同时也不是直接抛弃有限事物，到它们之外设定一个玄妙高超的东西（因为那样恰恰又落回到二元设定之中了）。现代人珍视现实、主观与有限，那么由此产生的自我封闭化的风险就必须在现实、主观与有限内部经历千辛万苦的探寻之后才能克服；反过来看，直接弃之不顾的做法并不能"逃出生天"，反而只是主观性的另一个变体形式。

"三元"只是就演进方式（推论）而言的，它并不是三个不同的东西。"三元"其实是思辨意义上、推论意义上的"一元"（概念、普遍性、绝对者等）。对人而言，这个"三元"实际上要求一种克己的生活态度。我们平时往往看到人的力量无所不在，甚至在我们身边的事事物物当中，在经验、现实事物和科学中以"探寻真理"和"改造世界"的面貌出现，其背后的实质往往就是我们上述的"二元"。从外延来讲，"二元"可以说已经支配了全部的事物。"三元"则是看到二元的不足，在克己的同时投入事物本身、宇宙秩序。

§28

旧形而上学认为事物自身被认识了，这一点是可取的。但是它的第一个缺点是对思维规定未加批判，对知性规定和判断的局限没有警惕。

既然在黑格尔的考察顺序上，旧形而上学在前，康德在后，我们在理解这里的"事物自身"时就应当慎重一些，即不要轻易将其全盘等同于康德意义上的"自在之物"。这个"事物自身"还不仅仅是就适用于经验领域的知性认识能否触及而言，而且是就对象是否合秩序而言的。旧形而上学认为事物的合秩序性是可以而且必须被设定的，这正是它的可取之处。而康德之后德国古典哲学经历长期的思想跋涉，终于得到的一个教训是：事物本身的合秩序性必须被设定，否则一定会陷入有限规定自我强化、自我封闭的窘境中去。——当然,这不意味着德国唯心论落回到康德意义上的"独断论"中去了,像一些学者大而化之判定的那样。

黑格尔对旧形而上学的第一个批评,主要涉及我们刚解释过的"二元"的局限。人只要直接下一个判断,说什么东西好或坏、有或无、多或少,就必定是二元的,最终只会巩固我们生活中已经习惯的某种有限的思维方式或行为方式。这里的"二元",还不是说人拿两个东西对立起来,而是说本质论层面的所有核心范畴,其本身需要另一个相应的范畴与之对峙,才能成立,因此对这些成对的范畴中任何一方的设定都是对整个二元设定格局的巩固。我们熟悉的"本质—现象""根据—被奠基者""实体—属性""原因—结果"皆属此类,更不必说"有—无""多—少"这些存在论层面中取来的二元设定了。

[**说明**]重申用知性规定(有限—无限、简单—复合、单一—整体等)与判断来表达真理是可疑的,但旧形而上学对其没有警惕。

这里所说的"没有警惕",当然是以黑格尔《逻辑学》的"高标准"衡量之下得到的结论,说的是旧形而上学缺少对它们全面、系统的反思,而不是断定旧形而上学对它们连零星的反思都没有。奥古斯丁的《论三位一体》中,具备思辨性的"三元"雏形比比皆是,而且相当多的论述还以教化人,促使人"变化气质",打破人作茧自缚的有限思维为宗旨。

[**附释**]旧形而上学与批判哲学在是否能认识事物本身这个问题上是对立的,后者是拿糟糠充饥。

黑格尔这里借机讽刺康德的批判哲学,认为它拿不能当食品的东西充饥,显得很可笑。黑格尔揭示的问题是,康德仅仅基于经验的实在性这一狭窄立场,断定事物本身不能认识,这未免操之过急。黑格尔本人则认为,认识其实不仅仅是由先验要素支撑起来的经验,也必须包括更广泛的一些设定,尤其是对事物合秩序性的设定。但正如康德看到的,那种设定不是知性的认识,而是对宇宙秩序的思辨性接受。

康德引领德国唯心论诸家看到知性的有限性与主观性,但他认为人应该止步于此,这一点就不为后学所接受了。宇宙秩序这笔传统思想的资源是他们不忍抛下的。我们作为读者要注意的一点是,切莫将他们在这方面探索得到的本原行动、理智直观、绝对者、概念论、绝对理念等要素理解成比知性思维更高明的一种主观思维能力！因为那些本就是用来对治知性思维的主观性的，若是被理解成主观的东西，那就正好掉入它们一开始就要极力避免的窠臼了。

旧形而上学未超出知性的思维，但必须区分有限的知性思维与无限的理性思维。无限思维超出有限思维、有限东西的方式不是知性式的"跨越界限"，而是思辨性地回到宇宙秩序本身，这在思维者的思维活动中表现为以思维本身而非外物为对象。

《形而上学》第12卷第7章里有一段话①极为黑格尔所看重，说的是最高的思维就是对思维本身的思维。黑格尔在《精神哲学》结尾这一整个哲学体系的顶峰之处逐字逐句引用了这段话，足见其对黑格尔自身思想的重要性。思维以思维本身为对象，当然不是个人对自己念头、情绪的反复琢磨的意思。至于这话的真正意涵为何，我们要从头说起。

黑格尔说旧形而上学未超出知性的思维，未免令人大为讶异，因为它容易给人造成"一竿子打翻一船人"的印象。结合"附释"的下面一段来看，其实黑格尔要说的是，旧形而上学即便在描述一些无限者（上帝、世界和灵魂）的时候，也仅仅满足于把一些很高妙的规定加到三者的头上，但这恰恰是一种知性的思维。黑格尔后面还说，这不过是将人主观上想象出来的某种形象强加给三者罢了，此时思维沉溺于思维之外的东西（形象），必定落入本质论的二元设定之中，不可能真正关注那只能通过思辨思维本身通达的宇宙秩序。

无限思维超出有限思维、有限东西不是凭借知性惯于想象的那种"跨界"的方式。无限思维不是一种能对抗甚至摧毁知性思维的更高级思维方式。如果这样理解，就犯了两个错误：首先是将无限思维理解成人的主观能力了；其次，由于"对抗"与"摧毁"只是同一个层面上的力量较量，必定落入二元设定乃至量的比较模式，因而这种理解本身就拘泥于本质论层面乃至更低的存在论层面了。这就是说，不要用"跨越界限"这种凭着人去"整"的方式想象上帝，而是要回到德国唯心论一向重视的可理解的合秩序性这个关键问题上来。

回到宇宙秩序本身，这在思维者的思维活动中就表现为以思维本身而不是思维之外的东西为对象。这话其实也不难理解。我们解释过的"三元"思辨思维看似依然以世界上这些东西为对象，整个概念论中举的例子也都是这个世界

① 参见亚里士多德：《形而上学》（1072b18—30），第248页。

上的事物。但这只是表现形式，实质上思辨思维真正关注的并不是这些东西，而是唯有概念或无限思维才能通达的合秩序性。这一点连同属"绝对精神"的艺术、宗教都不能完全做到，唯有哲学才能做到。在这个意义上说，无限思维的确是以思维本身为对象的。

以过往对上帝是否具有定在、世界是否有限、灵魂是否单纯的争论为例，表明那是以知性把握真理的不成功的尝试。

上帝是否具有定在（Dasein），这追问的是上帝是否确定地、实实在在地存在。上帝、世界、灵魂是传统形而上学最关注的三个对象。在黑格尔看来，判断这种方式本就不适合思辨的思维。这里暂且撇开言说者主观愿望是否虔诚的问题，单看言说方式是否会阻碍言说达到其愿望：只要言说局限于判断这种方式，哪怕是将一切美好的特质推到极致（"全在""全善""全能"等），然后判定给上帝，以突出他独异于一切有限东西，这种方式也同样是二元设定的，说白了就是属人的，终究难免服务于人巩固舒适区的欲念。从另一个角度来看同一个问题，黑格尔还明确指出"定在"（属于存在论层面）这个范畴太低级，根本配不上上帝。

关于灵魂是否单纯，也有两派主张。可是在黑格尔看来，这种争论一开始就是徒劳无益的，因为它试图拿单纯、复合这些根本没有达到灵魂所在层次的概念来描述它，一上来就强行使无限者有限化了。

旧形而上学试图反思谓词的局限性，但不成功。谓词外在附加到事物上，而不是事物自己规定自己，这就会导致谓词无法穷尽对象，谓词无限繁多，但知性只能认识有限事物的性质，比如法官判定偷窃，或以因果、力与其外化等规定有限事物。

说旧形而上学反思谓词的局限性，这可能指否定神学一类。根据否定神学的反思，我们用来赞美上帝的那些称呼其实沾染了人类固有的局限性，到最后不仅达不到赞美的目的，实质上反而形成某种贬损。但在黑格尔看来，否定神学的反思也不算成功，因为它做的事情还是下判断，只不过下的是一些否定的判断，即断定以往那些肯定的判断达不到目的。这其实并不等于对判断本身局限的反思。

我们若是按照旧形而上学的做法，只会陷入不断寻找"新词"加到上帝、灵魂、世界这些对象上去的窠臼。这就是黑格尔说的"谓词无法穷尽对象，谓词无限繁多"的意思。但这样做其实于事无补。因为通过谓词的累加没有改变用判断把谓词加到主词上这一做法的性质。所以知性的这种做法只能认识有限事物的性质。这类性质在我们生活中大量出现，因此知性和判断也有其用武之地。所以像法官的判定，以及力与其外化这类描述，就必须"法不容情""一清二楚"。否则正常的生活就无法继续了。但这些毕竟只是人对事物本身所作的一种暂时的断定，是人为了方便自己的生活所作的施设而已，并未真正关心事物本身。

§29

旧形而上学中无限者（上帝、自然界、精神）的谓词是外来的，而且互不相关。

我们仅以上帝与自然界这两个无限理念为例来谈一谈。表面上看，黑格尔谈的是无限者与其特质的关系，实际上说的是人外在地将一个个他以为合适的谓词加到上帝头上的做法完全是外在的、不相干的。人为了称颂上帝，出于虔敬之心，把"全善""全能""全在"这些极其高贵的谓词加到上帝头上。但是我们后面会看到，这其实是一件很笨的事情，因为这种朴素的做法根本没有看到这些谓词是有限的、主观的。

作为理念、无限者的自然界同样如此。在康德看来，我们通过反思判断力发现自然界中超出主、客观事物（现象界）之外好像有一种整体上的合目的性，于是由此生出很多的想象，比如见崇山峻岭便想起"鬼斧神工"，看云蒸霞蔚想起"万马奔腾"，如此等等。但正如康德就合目的性提醒人们的，这些只是人的猜想、悬设。在康德看来，在提醒人们谨防越界之后，我们还是可以凭着这种悬设在主观（审美）与客观（目的论）两方面有所成就的。

可是在黑格尔看来不是这样的。他认为包括康德在内的这些前人根本上是陷入本质论层面的二元设定了。比如康德所以为的"主观"和"客观"终究是以人为中心，没有意识到概念论意义上真正以事情本身为中心的那种主观性和客观性。问题的关键并不在于是否有人无法以科学手段触及的一种隐秘安排在暗地里以不可捉摸的方式起支配作用，以及人应该如何对待它；关键在于从宇宙秩序的角度来看，万事万物其实都是特殊性和普遍性相互"中介"的一个战场，而且普遍性最终会表明自己是这个战场的主角。如果我们的思维不打开这样一个维度,就只会拘泥于人与对象相对峙的模式,换着花样地把各种貌似普遍或特殊的谓词轮流安放到眼下事物的头上。

[说明]东方人用谓词补救谓词,只会导致谓词无限增多。

这里无疑体现出黑格尔对东方人(尤其是对中国人)的偏见。但作为经典原著的研读,我们恐怕还是要先把注意力放在黑格尔的评判要表达什么逻辑学思想这个问题上,至于如何评判他对东方人的态度,那属于另一项系统工作的范畴。

这里涉及的实际上是他在当时中西方交流还很有限的情况下,经过传教士的多道"转手"后听来的东方人称呼绝对者的一些名称,可能包括中国人讲的"昊天上帝",印度人讲的"梵天",以及一系列描述绝对者如何如何高妙的说法。这在他看来就好像是东方人在躲躲闪闪,试探性地加给绝对者一个称呼(谓词),然后再用另一个谓词来补救这个谓词的不足……如此这般无限进展。——这显然是黑格尔站在东方文化的外部产生的一种离奇的想象。他认为这最后只会导致谓词无限增多,对于探究事情本身不但无益,反而可能有害。

言外之意,这个问题的澄清需要有他的这样一部《逻辑学》,来界定各类谓词的层次、局限与出路。

§30

旧形而上学的第二个缺点是,它的对象(灵魂、世界和上帝)是总体性,属于理性的对象,但旧形而上学只从表象中取来这些对象,并将知性的规定应用到它们之上。

"总体性"(Totalitäten)指的其实是黑格尔意义上的"具体普遍性",后者在他看来只有达到概念论层面的理性才能触及。而知性只知道对象化、表象性对待方式,根本触及不到这些总体性。

我们知道,沃尔夫将旧形而上学的根本对象归结为上帝、灵魂和世界。康德接过这个话题,在"先验辩证论"中提出,人对这三个对象不可能形成知识,因为只有对经验中实在的对象才能形成知识。康德并未像黑格尔这样在思辨意义上从正面描述它们。中世纪的上帝创世格局造就了灵魂、世界和上帝的三分格局。其实这三者都是总体性,都要从"大全"的意义上去理解,都不能被当作一个可以立在我们面前的个体。灵魂、世界和上帝在根本上都关乎同一个宇宙秩序,只不过它们分别是在理解(灵魂)、实存(世界)和创造并维持(上帝)的意义上呈现这个宇宙秩序。

大体说来,黑格尔认为传统形而上学在这个问题上也犯了错误,即犯了用有限的方式理解无限者的错误。具体而言就是从表象中取来某个形象,用它代替这些对象,然后将知性的种种规定用到它们头上去。

§31

表象似乎能给思维提供坚固的据点,实则不然,对上述三个对象的表象掺杂了主观性质。应该通过谓词规定主词。

这当然不是通常意义上说的"用谓词规定主词",也就是将一个外来的谓词加到一个固定不变的主词头上,而是要在主词内部催生从个别性走向普遍性的运动。日常的判断,往往用这种"贴标签"式的一次性外在关联,这就使得事物本身含有的"个别性—特殊性—普遍性"三元运动(见概念论的"主观概念"二级层面对概念三环节的描述)停滞了。它的实质是用属人的谓词从事物身上取来一幅看似客观,实则主观的形象,或者说以一幅主观的形象代替了客观事物。而黑格尔则主张"通过谓词规定主词",即展现出主词自自然然向更具普遍性的谓词过渡的过程。

[说明]判断的形式不足以表达具体的和思辨的东西。

这是对判断这种形式的缺陷的一个重申,联系前文的讲解来看,不难理解。①

[附释]旧形而上学并非自由而客观的思维,并没有使客体自己规定自己,而是主观妄断客体。具体而言古代人淳朴、自由(曾经接触过纯粹思维),经院哲学不自由,"我们"需要再度自由。

关于前一个意思,我们前面已经作过比较充分的解释,此处不赘。这里重点解析后一个意思。

希腊哲学家挣脱远古的神话、宗教,也不曾受到基督教式神学与教义的束缚,曾经接触过纯粹思维,并以其作为宇宙秩序的表现与自身生活的宗旨。虽然在黑格尔看来这种纯粹思维还比较零散而不成规模,尤其是比较缺乏"具体普

---

① "说明"的逻辑学根据详见概念论"主观概念"层面的"判断"三级层面。

遍性"。他说古代人的思辨思维使他们有一种淳朴的自由,也不是说所有古代人都自由了(只有部分人如此)。他只是为了让读者回想起西方人曾经有过的自由,提醒人们不要丢失这笔宝贵遗产;而这笔遗产实际上还需要现代人加以扩充与深化。相比之下,"经院哲学不自由"的意思是指这种哲学不曾反思思想的内容有何特质与局限,反而陷入抽象名相的无谓争论中去。而近代人则需要避免中世纪式的现成接受思维内容而不加反思的做法,恢复并扩充古代人的自由。

[导引]第32节讲旧形而上学的第三个毛病,随后第33—36节的每一节谈论旧形而上学的一个部分。这四个部分就是沃尔夫所总结的本体论①、理性心理学、宇宙论和理性神学。本体论是关于存在者的一些最普遍的规定。理性心理学、宇宙论和理性神学分别是针对灵魂、宇宙和上帝的。而康德的先验辩证论和黑格尔的《小逻辑》绪论接过了这个划分模式。实际上我们对照这两个文本对旧形而上学的批评来看,也非常有意思。

黑格尔所批评的要害在何处? 而他开的"药方"又是什么? 简单来说,要害在于旧形而上学陷入有限规定,尤其是本质论层面的有限规定,"药方"则是"具体普遍性"(或曰"具体的普遍东西"),这是黑格尔的一个特有的术语。实际上我们在后文中会看到,黑格尔在绪论中批评的三种态度都没有达到具体普遍性,因而也没有真正把握到黑格尔眼中真正意义上的客观性。何谓"具体普遍性"? 我们不要望文生义,觉得它指的是一个既具体又普遍的东西,比如我们在眼下这块石头中设想一个像幽灵一样的"普遍东西"——可惜这恰恰是人们对"具体普遍性"的通常理解。黑格尔的"具体普遍性"有极强的针对性,即针对我们平时那种直接去"整"的理论活动与实践活动必然会陷入的二元设定困境。当理论或实践的眼光指向一个东西时,这个东西必然对它显现为一个片面的格局,与此同时必然需要另外一个与之对应的片面与这个片面构成一个整体,来一同为这个理论或实践活动背书。比如,法律在惩罚一个人(罚款、徒刑乃至死刑)时,围观者对于犯人受苦或许于心不忍,但一想到司法判决中对此人种种恶行的鉴定,

---

① 本书将沃尔夫总结的 Ontologie 译作"本体论",将黑格尔的 Lehre vom Sein 译作"存在论",后者是将关于存在的传统论说重新锻造而成的新型存在学说,不同于沃尔夫本体论。

此人有一种由司法程序认定的"凶恶本性"，围观者内心也就平复了。这就说，表面上的惩罚与背后对于此人"本性"的认定构成了一个二元设定整体，保证事情顺利进行。但所谓"本性"，难道不就是以他已犯下的罪行为依据所作的一种贸贸然的设定吗？难道有谁真的绕到他背后去，亲眼见过这个"本性"是什么吗？所谓"本性"，原本只是为人表面上的行动（司法鉴定）服务的一种思维设定，除此之外无他。我们还进一步将通过惩罚恢复秩序的这整个现象称为"正义"，这又是一重设定，给这件事情又加了一道"保险"。——这里我们当然不是在批评这种司法程序，只是以此为例，表明我们通常以为客观、科学、公正的种种规律、法则、生活方式不过是这样一"表"一"里"的二元设定罢了。

二元设定无法理解具体普遍性，具体普遍性必须通过三元思辨才可达到。所谓"三元思辨"，并不是抛弃二元设定，而是首先要经历二元设定并看到其有限性。我们在本质论的"现实性"二级层面以及概念论的"主观概念"二级层面上会看到，只有发现二元设定的有限性，才能看到世界的"绝对必然性"，进而才具备洞察普遍性如何内在于个别性的条件。人固然只能跟个别东西的特殊规定或有限规定打交道，这个东西本有的普遍性（"具体普遍性"）是不能直接触及的，必须通过反思、思辨等步骤的艰难跋涉，才能间接达到。这个艰难跋涉的过程，其实就是黑格尔所谓的"思维的运动"或"概念的运动"。这种运动根本不像一些企图"捧杀"或"棒杀"黑格尔的人有意无意设想的那么神秘，在黑格尔看来是我们现代生活的必需。

§32

旧形而上学的第三个缺点是以有限的规定、命题的方式运行，因而无论它的主张为真或假，皆为独断。

比如旧形而上学说上帝是全善的，因为如果上帝不是全善的，我们这个世界都不存在了。在西方思想看来，上帝是全善的，万物才有其形式，有其凝敛成形的方向，否则一切都归于消散了。这话听起来似乎没什么问题。

可是旧形而上学直接说上帝是全善的，大体上还是将"至善"当成超出一切有限善的某种极致状态，献给上帝。这样就陷入"有限之人如何能理解和想象极致之善"的吊诡难题之中。这样的"全善"，在黑格尔看来并不是无限规定，而是与它据说超出了的那些有限规定并列的另一个有限规定，只不过这后一个有限规定显得比较"无限"而已。黑格尔借用康德的一个术语,称这样的形而上学为"独断论"。这当然不是康德意义上的独断论,即与批判哲学相对而言的独断论,因为康德的批判哲学在黑格尔看来不过是以作为有限规定的时空、范畴这些要素裁断传统资源。而黑格尔所谓的"独断论",其要害则在于跟事物本身擦肩而过。

[附释]广义独断论的对手是怀疑论。古代怀疑论因为反对一切明确的学理,甚至怀疑真正的思辨哲学。狭义独断论坚持片面的知性规定。真实的、思辨的东西是包含许多规定并将它们统一起来的。总体性不是与片面性并列的另一种片面性,而片面的东西凭借其自身根本无法持存,必须在整体和总体性之中作为自行否定着的运动环节才有效。唯心论与知性规定是对立的,理性可以克服知性造就的鸿沟。

黑格尔看到,对于独断论的毛病,前人也不是没有看到,只是反思得还不够。指摘这些毛病的学说就是怀疑论。需要说明的是,"广义独断论"不是黑格尔本人的说法,但能显明他的意思。这里描绘的事情是,凡有所创建,有所肯定,对对象有任何正面论述的学说,都会被古代那种彻底的怀疑论当作是独断的。因为后者认为压根儿就不该有断定,一断定就得怀疑。因此广义独断论除了黑格尔批评的旧形而上学知性思维之外,还包括他所欣赏的历史上那些思辨的思想,比如柏拉图、亚里士多德、安瑟尔谟的那些思辨思想,因为那些思想也是有所肯定的。

黑格尔固然不主张像古代怀疑论那样怀疑一切,但他认为也不能彻底否定怀疑论,因为怀疑论所批评的一部分学问,即他自己也批评的那部分独断论(狭义独断论),是有毛病的:它坚持片面的知性规定。比如这种独断论把一些"好"的规定加到好的对象上,把一些"坏"的规定加到坏的对象上,但是又没有看到这只不过是一个主观的行为,是一种二元设定。当然这里所谓的"主观",是人类意义上的主观,不是个人意义上的主观。

黑格尔还说,思辨的东西是有限规定的真正的统一性,思辨意义上的总体性也不是将各种片面规定集合起来而已。集合意义上的总体性只不过是另一种片面性而已。黑格尔眼中真正的总体性是那样的东西,若是没有它,任何片面东西都无法存在,就像根、干、枝、叶没有了树的整体生命就没法存在一样。如果我们执著于根、干、枝、叶这些眼下可见的个别东西,便越"研究"越远离具体普遍性。

　　另外,黑格尔说的"唯心论"是黑格尔自己的这种绝对唯心论,它不是普通知性理解的那种与唯物论对立的片面唯心论,而是理性的学问。

§ 33

　　旧形而上学的第一部分是本体论或关于本质的抽象规定的学说。其缺陷在于偶然性,缺乏一个本原所支撑起来的必然性,只能依赖于偶然列举的方式和从表象、保证、词源中得来的内容。

　　黑格尔批评沃尔夫式本体论的偶然性太大。这种本体论像古董收藏家一样,把历史上哲学家们关于一般意义上的存在者的一些基本规定搜罗过来,并加以整理、排列。至于这些规定为什么有资格被选中,它们之间是什么关系,这些问题并没有得到令人信服的回答。这些规定如果没有一个类似于柏拉图的"善的理念"这样的本原支撑起来,各自表明其在这个本原支撑之下的**必然性**,那终究是不合乎西方柏拉图主义根本要求的。这样的学问是不"究竟"的。

　　那种依赖于偶然列举的学问方式,只好从个人或集体的想象、貌似有信心的保证,以及词源的考证中取来这些规定的内容。这些其实也无可厚非,因为学问的内容来自这些地方并不可耻,也是学术生长的常态。但问题在于,旧形而上学将这些内容拿来就用,直接断定本体具有这些到处拿来的规定,这就落入"判断"的窠臼了。

　　[说明]单个判断无法达到真理,判断只与是否矛盾相关。但真正的概念本身及其规定性是具体的普遍性,是各种规定的统一体。因而相比之下希望通过在判断内部寻求非矛盾性的做法达到概念,这种做法本身就是无效的。

　　这个"说明"涉及一个关键的问题,那就是矛盾。通常我们认为,黑格尔既然是辩证法大师,而辩证法的"精髓"就在于承认矛盾是事物前进的动力,那么黑格尔一定是研究如何通过矛盾推动事物前进的大行家。但黑格尔是不会这么简单化看问题的。黑格尔当然也谈矛盾,但他对矛盾的理解比我们一般以为的深刻得多。当我们说到"矛盾是事物前进的动力"的时候,我们所想到的无非是:我们直接看到的种种,只是事物的表面现象,在这现象的背后有一正一反两股力量,它们通过妥协或者斗争,推动着事物表面现象的变化。此时无论仅仅站在两股矛盾力量的某一方去看问题,还是想象自己超拔出来,超越这两股力量,"客观"看待它们的斗争或和解,这都是很不"究竟"的做法,都还是局限在人怎么去"整"的意义上在看待矛盾,没有达到黑格尔的"三元"思辨的含义。当黑格尔说判断只关心矛盾,人们习惯于通过判断寻求并维持非矛盾性,他就是在批评对待矛盾的这种普通的态度。只不过我们说的是人们利用矛盾做事,而黑格尔讲的是维持表象上的非矛盾性。后一种情形刻意回避事物固有的矛盾性、运动性,前一种情形则接受这种矛盾性、运动性,但却过于强调人对它们的利用。这两种情形都运行在矛盾双方之间以及"矛盾本身—表面现象"之间的二元设定内部,但又对该设定无所省察。

那么,黑格尔所主张的"三元"思辨的态度又是如何呢?它既不回避事物固有的矛盾性,又不强使矛盾的运动合乎人的表象。我们要把万物本身就当成是一个运动的战场,但这不是求取功利或事业的战场,而是突破判断局限的战场:我们给事物加的判断是可以松动的,它们虽然具有局部的和暂时的意义,但也是需要警惕的,我们不能因为它们而掉入二元设定的窠臼。这样的战场是比人去"整"的表象更深刻意义上的矛盾。

[导引] 第34—36节讨论旧形而上学的后三个部分。这里有个"古今之别"的问题需要留意:由于将自身的眼光加到前人身上,黑格尔对旧形而上学的批评,有在理的地方,也有不在理的地方。不在理的地方主要是过于强硬地把"知性"这个标签贴到前人头上。我们可以设想一个场景:黑格尔去中世纪跟奥古斯丁和安瑟尔谟对峙,说他们的思维除了一些思辨的成分之外,大体上是知性的、有限的、主观的,即把人的东西加到世界、灵魂和上帝头上,因此在根本上是不合适的。奥古斯丁他们不会接受这样的批评,因为在那个时代,对宇宙秩序和上帝的信念是充沛而实在的,固然缺乏我们现在由知识构建的世界图景,看起来好像是挺质朴的,有许多主观臆想的成分,并不严整。但是你要问中世纪思想家是否需要那样的世界图景,他们不一定要。在上述信念丰沛的那些时代,虽然也并非人人都意识到宇宙秩序的问题,但大体说来,现代人认为属于知性思维的那种做法,也就是将主观的、有限的规定加到无限者头上的做法,在他们看来可能很好、很合适。这些有限的规定,他们未尝不知道其有限的一面。但当时的人一心只想着在一个由永恒秩序笼罩的世界上,事事物物都是含有永恒秩序的,所以当他们把那些美好的形容词加给无限者时,其实只是表明他们的欣喜之情。这样做就够了,从根本上说,这种做法并不追求什么知识上的增长,也无需提防着

是否会落入封闭化陷阱之中,因为无限者被理性与人类舒适区囊括,实非那时的人们所想。他们的做法只是一种教化上的巩固手段,即时时提醒自己"勿忘初心",不要掉入个人的欲望和执念中去。可是到了现代,当对宇宙秩序和上帝的信念"大河"干涸了,只剩下知识这样一个可怜的"河床"辅助我们的生存,此时我们再去简单重复他们对无限者的那些赞叹之辞,就有了极强的主观化风险。在警醒后人不要原样重复前人话语的意义上,黑格尔的批评当然是对的。但黑格尔在批评的时候的的确确有一部分是针对古人而非今人的,这里有没有在历史上进行"反向投射"的错误呢? 我以为那是不可避免的。

§ 34

旧形而上学的第二部分是理性心理学,研究灵魂作为物性对象是什么。

说到"物"(Ding),我们首先会想到某个形体;至于像灵魂这种既没有形体又被当作物的东西,我们也至少会想到它的存在和一些特质(连续性、活动性等)。黑格尔把理性心理学描述成这般,未免让人觉得是贴上了错误的标签。但从接下来的"说明"来看,黑格尔并不是空穴来风。

[说明] 理性心理学在空间、时间、质、量的意义上研究灵魂不朽。

此处的要害在于,作为物的灵魂失去了理性的根本特点——对宇宙秩序的反思。理性心理学试图以抽象的思维规定来界定灵魂的形上本性,这种界定方式却会遮蔽一个根本要点,即灵魂本应向宇宙秩序开放。

以《逻辑学》范畴结构来衡量,这些思维规定显然是不足以界定灵魂的。理性心理学的确有当受黑格尔批判的成分。灵魂是我们看不见、摸不着的,我们只能从它的表现与效应入手去反观它的能力。这在前述信念充沛的时代乃是通达无限者的必由之路。但黑格尔对传统形而上学家反戈一击,说他们固然没有拘泥于这些表现与效应本身,看到了现象背后还有更深的宇宙秩序,这固然很可贵,但既没有清楚划分无限者与现象所处的层面,也没有足够系统地反思不同层面各自要求哪种不同的人类理性来理解。——"否定神学"固然有这方面的一些反思,但总的来说还是相当零星。

但反过来看,黑格尔的批评不够重视古人以"随机点化"与"振拔人心"的教化功能为先的初衷。以奥古斯丁为典型代表的中世纪思想家发现人固然可以在自己的能力范围内尽可能地成全宇宙秩序,但自由意志就像一个有弹性的东西,是双向运动的,它可能成全,也可能堕落。研究灵魂不朽的道理也在这里。人们描述灵魂的运动与末世审判,当然不是为了做什么"科学"的考察(包括黑格尔意义上的逻辑科学),而是为了激励人在这个世界的生活,随机点化人们的教化提升。这在当时是很常见的做法,到了近现代却失灵了。现代人无论批评前人对灵魂与天国的描述"不科学",还是像黑格尔这样指责他们不够重视思维方式的反思,掉入知性思维与二元设定之中,或者将灵魂作为一个物性的对象,丢失了灵魂最可贵的东西,我们作为读者当然要看到这类批评背后有益于我们自身的一些忧虑,但同时也要承认这些批评有对于前人不够"同情"的一面。

[附释]理性心理学试图以抽象的思维规定灵魂的形上本性。

传统形而上学当然在辨别灵魂的高度与深度方面做了很多尝试,但在黑格尔看来,这些尝试不成功。原因在于,它使用我们平时直接用的这些思维规定叙说灵魂不朽。人只要直接规定什么东西,对于用来规定的范畴、概念不加反思,几乎就必定会掉入二元设定,必定营造一个具有自我辩护功能的"本质—现象"结构(详见本质论的前两个二级层面)之中,因为那些范畴、概念往往是人用来应付尘世生活的。

把灵魂作为物时,讨论它的居所、复合性与简单性是无益的,无法触及灵魂的本质。

居所是空间性的,无论我们说灵魂的"居所"大还是小,都是预设了灵魂具有广延性,而这一点恰恰是极端可疑的。复合性与简单性则涉及"一"和"多"的问题。"一"和"多"这对概念在现代哲学中不再具有柏拉图那里本有的崇高功能,也就是将直接存在的东西提升到善的理念的功能。在黑格尔这里,它们落于存在论层面,当然远不足以触及灵魂的本质。

理性心理学超出经验心理学的地方是不再局限于知觉,而从思维规定出发,将灵魂作为普遍东西了。其不足之处是分割了精神的内与外,不将精神的表现当作受到其内在性规定的。

后文第36节提到旧形而上学的一个特点,就是开始把普遍东西当作事物的本质。这里讲的"从思维规定出发"与那里的描述异曲同工。稍稍了解《逻辑学》特点的人就知道,在逻辑科学中思维指的主要是客观思维,而客观思维其实和事物本身是一体的。《逻辑学》中的每一个范畴都既是客观思维,又是事物本身。旧形而上学用思维来表达事物的本质,超出了"拿直接印象说事"这一常识的做法。它觉察到,与跟事物接触时得到的那些零零碎碎的"印象""感觉"相比,普遍的东西才是重要的。换言之,黑格尔非常赞赏旧形而上学承认宇宙秩序的做法。

理性心理学分割精神的内与外,不以内在性规定精神,这一点也需要深入解释一下。这里说的当然不是旧形而上学把灵魂当作泥土、空气、房子这类东西来描述。它极为敬重灵魂不朽,将它当作人的救赎的一条必由之路。可是它没有意识到,它加给灵魂的那些高超、华丽的词汇,正因为是直接扣上的规定,反而是一些有限的规定。比如古人常说的"身体是灵魂的坟墓",固然是将灵魂与人的自私想法分开了,有使灵魂摆脱尘世污染、回归圣洁家园的意图。这样貌似很方便地找到了一些与我们熟悉的规定相反的规定来说明灵魂。但无论是描述经验性事物的规定,还是与之相反的规定,其实都是有限的规定。

黑格尔其实也并不反对从有限规定入手去思考灵魂,因为人只能从有限规定入手。他担心的是人们止步于此,"好心办坏事",看到人们小心翼翼地剥除经验性成分之后,剩下一些貌似很圣洁的规定,留给灵魂,但却没有意识到这些规定的有限性。我们不能仅仅满足于一些美好的规定,还要反思并突破这些规定的局限,在概念论的意义上思考灵魂。比如我们以往习惯赋予灵魂一个比身体更高的位置或来源,以使其摆脱尘世的污染。这种将灵魂"供起来"的做法实际上是将它拘禁和贬低了。这会带来一个危险:脱离与现实的关联而将灵魂神秘化,失去在现实中细腻而深刻地了解灵魂的机会。神秘化在黑格尔看来根本不是"还灵魂于灵魂"的正途,它不过是人对灵魂的主观化。

§35

旧形而上学的第三部分是宇宙论,研究世界的有限存在及其规律,以及人的自由和恶。

希腊宇宙论更多是就宇宙论宇宙。而中世纪宇宙论除此之外还会关心:世界是否纯粹是机械物理的,是否有人的道德自我提升的空间？ 这与希腊宇宙生成论或宇宙演化论已有所不同,它不是就物谈物,就宇宙谈宇宙,而在宇宙中争取人类的自由,换句话说,在宇宙中为人留取独特的容身之地与上升通道。

[说明]宇宙论关注偶然和必然、因果性和目的、本质和现象、形式和质料、自由和必然、幸福和痛苦、善和恶等一系列二元设定。

这就是从刚才说的人在宇宙中的地位这个议题衍生出来的一系列对比关系。后面我们会发现，这些二元设定无一例外都落于本质论层面。而这个层面正如我们揭示过的那样，展示的是一些貌似客观、公正、理性，实际上却主观、自闭的二元设定。黑格尔暗示宇宙论没有超出这些二元设定的纠缠之外，显然带有浓重的批判意味。这种批判无疑带有我们说过的"在历史上反向投射"的缺陷，但其背后掩饰不住的是黑格尔对西方文明落入自闭状态而欲振乏力的深深担忧。

正如《精神现象学》"理性"章展示的，不管在理论还是实践中，人只要直接上手去"整"这个世界，那么"整"来的貌似极为科学的种种说法（如黑格尔列举的这些）其实都是人自己的东西。人只有既利用这些范畴，又破除这些范畴自带的迷执，才能看到万物合乎宇宙秩序的一面，达到宇宙论本该达到而且曾经部分达到的深度。

[附释] 传统宇宙论没有达到以具体的整体看待自然界事物与精神事物的程度，只以抽象的规定考察它们。它致力于制定普遍的宇宙规律，比如自然界里没有飞跃。

像"自然界里没有飞跃"这样的宇宙规律实际上是很深刻的，它指的是万物都要满足实体性、连续性的条件，因此我们世界上显现出来的东西其实都表现出深厚的宇宙秩序。但这里黑格尔关心的是，如果单是就规律论规律，就物质论物质，我们会与宇宙秩序擦肩而过。而要真正不遗忘宇宙秩序，就必须具备"具体的整体"（含义类似于"具体的普遍东西"）。宇宙学规律只能代表宇宙秩序很低的一个层面。发现自然界里没有飞跃固然很了不起，可是如果单是发现这一点便止步不前，这也不能带来提升，也不能反思到宇宙秩序以及人在其中的生活方式的高贵性，最多只能不断强化"没有发现过飞跃"这一点。

宇宙论也探讨人的自由和恶的起源，但局限于抽象知性规定。比如将自然与精神分别理解为必然的和自由的，并使二者抽象对立。这就使二者都从属于有限规定。其实自由同时也是必然的。反过来说，必然如果是内在的，便也是自由的。又如善恶对立固然有其现实的必要性，但恶不是独立的存在，只是善的缺乏。

这里主要的意思前文已经讲过，这里只简单说一下。传统宇宙论左手抓住宇宙问题，右手关注人在宇宙中的地位，但往往把左右手分开，使自然和精神对立起来，双双陷入有限规定编织而成的有限世界。问题的麻烦之处在于，这样的有限规定、有限世界在根本上看是主观的，而非客观的。其实在思辨的意义上看，自由不应该被设想成绝对非物质的、非现实的"不管不顾"，必然也不应该被设想成冷冰冰的规律，两者实际上是相互渗透、互为规定的。——这一点在本质论的"现实性"二级层面会真相大白。

黑格尔还说到善恶的问题。恶是善的缺乏，不是独立的实体，这是西方形而上学的一个长期被主张的观点。与自由和必然的关系类似，善与恶也不应被抽象对立起来，而要在思辨的意义上被考察。

[导引] 接下来的第36节涉及上帝存在证明。对于黑格尔的观点，神学界和哲学界可能都会有人提出反驳，说他对于中世纪的和近代的上帝存在证明不够"同情"。黑格尔是否有"反向投射"的地方，这当然是可以商榷的。但这个商榷并不减损黑格尔的讨论的意义。——别的不说，我们这些读者上手去理解前现代思想的时候，几乎都会犯黑格尔批评的那些毛病。

另外，这个讨论尤其体现出一个极为重要的事实。黑格尔实际上首次系统尝试了西方哲学史上一直应该解决而又没有解决的一个问题，那就是"把话说清楚"，澄清西方思想须臾不可离的全部核心范畴的内涵、层面与局限。[①]在黑格尔看来，对这些范畴"日用而不知"的前人往往不知道自己在讲什么，或者说他们用这些范畴想讲的意思与这些范畴实际能讲出的内涵往往是错位的。这在客观上就导致他们往往做不成他们主观上以为能做成的事情。

§36

旧形而上学第四部分是理性神学，致力于证明上帝存在及其属性。

传统的上帝存在证明，无论从人内心关于上帝的观念出发，还是从尘世间合秩序的种种现象出发，反过来展示必有一个真实的上帝为这些观念和现象"背书"，实际上都是把我们理解的一些相对比较美妙的尘世属性推到极致，做出一个"加强版"，然后加在上帝头上。所以，传统理性神学的实质是展示世界是与

----

① 在这个意义上，可以说黑格尔是第一个彻底体现了分析哲学真精神的人。真正的分析哲学家读到《逻辑学》时也会深感受益的。

神性相融贯的,或者说是展示世界自被创造以来所必需预设的神性。这实际上是基督教的一个一贯的主题,因为整个尘世的存在其实就是为了与神性相融贯的。然而这里的问题在于,表面上我们是用一些极致的词汇赞美上帝,但在黑格尔看来这些证明不知道自己在讲什么,没有意识到其使用的范畴带着固有的局限。

黑格尔当然不是像一些启蒙人士那样在用一种抽象的理性抨击基督教神学,他是从文明存续的高度出发,指出理性神学对于范畴的使用没有足够的自觉。这样做虽然不能改变教内人士的生存方式(实际上那种方式很可能也无需黑格尔去改变),在相当程度上也只是作为近代人的黑格尔的一家之言,但从西方文明自我反思的角度来看是极有意义的。

[说明]由于将表象中的上帝等同于上帝本身,最后人们发现一切规定都自我否定,最后上帝成为无规定的抽象物,如启蒙思想所表明的那样。有限思维证明上帝存在,必然陷入对定在的有限性或主体规定的依赖,也就是必然被规定为需要受有限者中介的"无限者"或与主体对峙的客体,而无法成为真正的无限者。上帝的属性因为取自于有限世界而是有限的,但又应该成为无限的,这一矛盾只能通过增补属性数量的方式解决,这就抵消了上帝的属性。

一旦人意识到自己的赞美是将有限规定加到上帝头上,必然会反过来思考这些规定是否合适,进而抛弃这些规定,这个必然进程便是黑格尔所说的"一切规定都自我否定"。《精神现象学》"自我意识"章的"哀怨意识"与"精神"章从中世纪教化一直延续到近代的二重化世界观都展示过类似的困境。人一旦陷入这种二重化世界观之中,"求而不得"就是必然的结果。因为与被设定为至高至善的另一个境界相比,即便人对它的赞美也是不洁的。

黑格尔从中看到的是,有限思维证明上帝存在的做法本身就是一种二重化,因为它本身就使上帝的存在一方面依赖于尘世属性,另一方面依赖于进行规定的主体。总而言之,这种证明是对本质论层面进行二元设定的知性思维的依赖。这实际上就把无限者有限化了。当人的反思意识到"无限者有限化"这一可怕的事实后,会意识到先前将那些属性加在上帝头上是对上帝的一种不敬。然而此时依然要维持上帝的无限性,所以必须再用另一个规定来消除先前这个规定的不敬;俟后又意识到第二个规定的不敬,再用第三个貌似更完善的规定来消除这种不敬……我们不难发现,这里从一开始就落入二元设定的窠臼了,而所有规定具有的二元设定都以"有限者—无限者"这个最大的二元设定为总前提。这种二元的思维可以说是"人类一思考,上帝就发笑"。在中世纪信仰充沛的情形下,这类事情或许无伤大雅。但到了中世纪后期与近代,若还想拿中世纪原样的上帝存在证明来救拔人们已然降格的信仰,怕是不行了。

[**附释**]对宗教表象与教义的罗列和汇集不能使神学成为科学,关键在于是以知性规定还是以概念进行思维。

黑格尔在这里把自己的观点亮出来一半了。给上帝想象很多很高的形象,然后把历史上形成的种种正统教义罗列出来,这还不能使神学成为科学。老实说,"使神学成科学"是一个近代的要求,中世纪神学家并无此种期许,至少没有黑格尔这么强的期许,他们即便说"科学",也不是像黑格尔这样在近代科学架构的遗产下说的。从中世纪的角度来讲,神学是为了教化,而不是为了理解:主要是为了表明人的崇敬之心,统一学说,消除分歧,并教化人心,而不是为了成为一个知识体系。

我们看看黑格尔亮出来的部分观点:这里问题的关键在于是以知性进行规定还是以概念进行思维。这里相当微妙地在暗示我们反复提到的本质论和概念论的区别。①黑格尔把本质论的二元设定困境摊开之后,概念论的必要性也就出现了。以知性进行规定是指在判断中以某种规定(包括极其崇高、极其美好的规定)加到上帝头上。我们不管是以追求真理的态度从事理论,还是本着向善的态度进行实践,只要我们是以判断的方式直接理解或预设无限者的某种状态、属性,那么无论我们怎么做,都只是在进行一个知性规定。相比之下,以概念进行思维则是以推论的"三元"方式突破知性规定必然带来的封闭性,并回向宇宙秩序。黑格尔不是让我们抓住一种比知性更"高级"的人类思维方式。他是深切地看到,我们在人世间的种种作为,往往都带有一个具有自欺性质的陷阱。当我们自以为在成全事物本身时,实际上做的却是越来越深的自我封闭,营造越来越宽广致密的舒适区,而且越来越远离最崇高、最神圣的存在者。如果允许我们用带有佛家色彩的话来说,人在尘世间无往而不在"谜"中,而且这个谜就谜在人的行为方式和生活方式上。——反过来说,通过进行深度省察,人类还是有调

————————

① 当然这只是一个泛泛的说法,并无将知性、概念分别等同于本质论与概念论的意思。实际上知性、概念都既在本质论层面,也在概念论层面起作用。

整行为方式、生活方式,"破执向真"的机会的。

旧形而上学的理性神学并非理性科学,顶多只能算是一种知性科学。其实概念的自由思维与基督教的内容是一致的,因为基督教就是理性的启示。理性神学只知道运用一般的肯定性与实在性,不知道这二者必然带来否定性,客观上将上帝弄成想象中的必然东西了,但纯粹光明就是纯粹黑暗,只有在现实中才可以使人通达神性。

这一段除了接着上一段谈旧形而上学没有达到概念思维的层次之外,还强调一个意思:基督教的内容实际上跟概念的自由思维是一致的,不要把基督教理解成一个神秘的东西。理性神学只知道直接肯定上帝的存在,但没有意识到这种直接的肯定实际上是作茧自缚,犯了本质论的毛病,因为这些肯定性与实在性必然带来否定性,也就是说必然具有局限性。①——而这里肯定性之所以必然带有否定性,关键就在于"人类一思考,上帝就发笑",即人只要一思考,就难以避免二元设定的局限性。

所谓"想象中的必然东西",指的是人们自以为想象出来的上帝形象很"必然",但实际上那不过是主观臆想。但如果我们不在现实中,不在我们的生活中由低到高、由浅到深地一步步洞察世界的"绝对必然性"(本质论的"现实性"三级层面),我们实际上根本没有走上通达上帝的道路。这是现代生活的本质要求,也是黑格尔认可的一个要求。现代生活不可能再接受人在内心中通过崇敬上帝,在世界上见到一些体现上帝神圣性的迹象之后,便通过礼拜、仪式或冥想通达上帝。黑格尔在这里还提到纯粹光明就是纯粹黑暗,意指抽象的东西与其反面在对于现实生活无益这一点上并无实质区别。黑格尔用这个比喻要表达的意思是,我们主观地加给上帝各种美好的想象,无助于真正理解上帝所在的层面,尤其对于现代生活,是很难产生振拔效果的。这样的"纯粹光明"与"纯粹黑暗"何异?

传统的上帝存在证明是知性的证明,从有限者出发,试图表明有限规定对其前提的依存关系,却弄巧成拙使上帝依存于有限者了。理性的证明虽然也从有限者出发,但并不保留其他异性,而是中介和扬弃这有限者,因为只有人才

---

① 黑格尔这个意思与否定神学对肯定神学的批评还不在一个层次。否定神学批评肯定神学的那些肯定性规定,固然有其道理,但否定神学却没有系统地质疑知性思维的局限。

能从有限者进展到上帝,认识到与最初的格局相反的真实格局,即上帝才是绝对根据。

这两句话分别讲了知性的证明和理性的证明,分别代表前人(主要是中世纪人)的证明和黑格尔自己的证明。中世纪的那些上帝存在证明,用意是很好的,在那个时代也能起到一些教化和提升人的目的。但它们没有达到黑格尔的更高要求。中世纪的神学家从合秩序性的现象或人内心的上帝概念,反观那背后上帝的存在。这样的思路在现代比较少见,因为现代更习惯于从现实出发寻找规律或确定其对于人的利与弊。至于背后的宇宙秩序与绝对者,则在"若有若无"之间,并非现代人的核心关切。黑格尔批评传统的上帝存在证明,不是从启蒙学者的角度出发批评它们"蒙昧""错误",更不是从当代哲学的角度出发批评它们"抽象"。这两种做法都想将它们直接全盘掀翻。他是在认同它们的用意的前提下,批评它们落于本质论层面的那些二元设定了,即批评它们的主观性。黑格尔接下来陈述他心目中"理性的证明"说,其实从有限者出发是可取的,但是不要被有限范畴的有限性困住了。具体来说,不要固执于有限者与上帝之间的他异性,而应该扬弃"有限者—无限者"这一二元设定。他提出的理由是,只有人才能从有限者进展到上帝,认识到上帝才是绝对根据这一点,而其他物种则被束缚在有限者的规定上了。

整个旧形而上学的缺陷在于知性思维,这种思维只能规定一种假的无限性,后者实为有限性。这种形而上学只知道抽象的同一性,不知道具体的同一性,但优点在于它发现思想是事物的本质。柏拉图和亚里士多德超出了这种旧形而上学。

说旧形而上学的缺陷是知性思维,意思就是它把上帝拽到人的二元设定中去。人自以为是在行客观之事,用客观的规定描述客观的上帝,但实际上在想象一种假的无限性。假的无限性一方面依赖于尘世,因为它只有通过不断否定尘世间的有限东西才可以想象;另一方面更重要的是它依赖主体,因为它只有作为人的二元设定中"无限"的一端,方可成立。有这两种依赖性的无限者还是无限者吗?

所谓旧形而上学只知道抽象的同一性,意思是说它只知道人安到上帝头上的那种同一性:上帝就是上帝,上帝绝无与人事有关的因素,因为一旦用人事来规定上帝,就会污染了上帝。但正如前文多次分析过的,这种说法抽象来看似乎没什么问题,但实际上一开始就陷入"求而不得"、不断自我否定的困境了。因为这种想法一旦有所得,下一步就必定怀疑这个心得是否仍有"污染"的成分,将这个心得否定掉。至于具体的同一性,它的含义与概念论层面的主导性概念"具体的普遍性"相似,这里暂且按下不表。

接下来黑格尔大大"表彰"了旧形而上学的一个功绩:它发现思想是事物的本质,也就是说它已经达到了对"思有同一"的反思。《逻辑学》的存在论虽然一开始就运行在"思有同一"的前提上,但那时的思维并未有意识地达到"思有同一"的深度。在本质论中,人意识到自己的思维只要走上客观思维之路,就是跟事情本身的本质合拍的,即意识到了"思有同一"。巴门尼德只是侧面触及了"思有同一",并未将其作为核心论题展开论述。但这个发现在柏拉图理念论,奥古斯丁的"形象"说、三一论与自由意志论,以及文艺复兴科学思想、康德"哥白尼式革命"和德国唯心论中,都作为思想的核心驱动力延续下来。黑格尔对于这条线索了然于胸,对于前人在这方面留给他的遗产也时常感念不已。

最后一个意思值得留意。黑格尔从不认为经验论与康德之前的西方思想全都犯了他前文中指出的旧形而上学那些毛病,简单说就是从不认为它们都局限在本质论。柏拉图和亚里士多德的一些思辨思想其实已经达到概念论的高度了。当然,黑格尔并没有完全将这个意思挑明。他只是说他们的思辨思想不应该放在这里"第一种态度"的框架下来评判,不要以为他们的所有思想都拘泥于第一种态度了。——但黑格尔也没有说他们的全部思想都是思辨的。比如在概念论的"主观概念"二级层面的某处(第187节"说明"),黑格尔一边批评亚里士多德形式逻辑的抽象性、主观性,另一方面又不忘提醒读者注意,亚里士多德的那些思辨的思想并不是靠这种形式逻辑取得的。

黑格尔说旧形而上学肯定思想是事物的本质,这实际上是要启发我们去想一想,接下来的第二种态度会是什么样的?第二种态度涵括了经验论和批判哲学,二者相比于旧形而上学而言的一个新颖之处是意识到了人的自我设限,意识到被旧形而上学当作是事物本质的思想其实是一种主观思想。凭借这一点,它们向着黑格尔的思辨哲学更进了一步:它们没有像旧形而上学那样欣喜若狂地直接收割以"思有同一"为前提的那些成果,直接把谓词加到主词上,以为这样就抓住了事物本身或上帝的本质,它们对这种做法有所警惕。在这一点上,它们是黑格尔的同路人。可是黑格尔对经验论和批判哲学的批评也不遗余力:他批评它们在更深的地方走向了封闭化。事情就是这么吊诡，本来二者意识到了封闭化的可笑，但是它们往前走一步，却带来了更深处的另外一种封闭化。

B　思想对待客观性的第二种态度

I　经验论

[导引]黑格尔花在经验论上的篇幅不多，但他的论述却相当重要。重要的原因有二：一是经验论与我们常识的态度最接近，因此这一论述在相当程度上也适用于常识的态度；二是经验论被黑格尔放在跟批判哲学相同的层级，他这种看似"怪异"的做法意味深长。我们怀揣这两方面的兴趣来看黑格尔的论述，就非常有意思。

上述两个问题，在内里其实是一个问题，那就是经验的"虚"和"实"。我们常识以为的酸甜苦辣一类经验是很实在的，生活离不开它，但是在别的层面来看，经验究竟实在不实在？我们究竟能不能够依据它做事情？这是问题的要害。在进入这个要害之前，我们先要看看经验论与批判哲学的关系。

经验论与批判哲学之所以都被黑格尔归入第二种态度，最根本的原因是在《逻辑学》的眼光看来，它们的思想立场都处在本质论的"现象"二级层面。这个层面的特点其实就是反思的深化，或者说不像"本质作为实存的根据"（下文中简写为"本质"）二级层面那样抽象地直接设定"本质—现象"的二分结构，而是开始意识到它是思维本身的一种设定，因而本质与现象相互依赖（本质仅仅作为现象的本质才成其所是，现象也仅仅作为本质的现象才成其所是）。如此这般反思之后，才能够打开一个真正有深度的"现象世界"，即一个被深层次的规律、法则这类设定物科学化和自我巩固的现象世界。这个层面既像经验论一样承认经验本身无法提供任何普遍性因素，因而科学并不直接来自经验，又像批判哲学那样认为知识来自思维的设定，因而认可数学与自然科学的知识在现象世界中的核心作用。因而它是经验论、批判哲学、数学与自然科学所达到的层面。

经验论和批判哲学看似很不相同，但是在信赖并立足于经验的实在性这一点上，两者是相同的。在两者那里，经验的实在性都是通过对知识的限定而凸显出来。经验论的学问谱系上承中世纪唯名论，下启逻辑经验论与当代分析哲学。它通过解除一切不来自经验(到逻辑经验论中还加上了数学)的因素作为"知识"的权利来作限定。而康德不满足于此,他还在经验内部接受了一整套先验要素。依照《逻辑学》来衡量,经验论和批判哲学是对生活中朴素的"本质—现象"二元设定有了反思之后①作出的不同选择。尽管双方有很根本的差异,但在逻辑科学的意义上来说,它们大致都处在本质论的"现象"二级层面。因此黑格尔将它们并列于此,是有充分依据的。

§ 37

为寻找具体内容并取得坚固的基点,反对抽象而软弱的知性的规定,人们从经验中,即从外部的与内心的现象中,而不是从思想中获取真理。

所谓从思想中获取真理,当然不是指真理在主观念头中,而是指凭借形式感进入客观思想及其运动过程中去,以此获得真理。旧形而上学的态度都已经懂得从思想中获取真理,现在经验论反而要从经验中获取真理,这难道不是一种退步吗?康德也坚持经验的实在性,他也不跟着一块儿退步了吗?当然不是这样。从黑格尔对三种态度的排列看,第二种态度显然高过第一种态度。我们不要小看了经验论,经验论实际上是极为真诚又难得地保持了思想的一贯性的一种学说。尽管在根本之处不一定能自圆其说,但它是诚实的,绝不随便承认自己认为无来由、无说服力的观点。它认为理念、形式不可靠,只有经验的东西可靠,于是勇敢地把理念、形式抛弃了。尽管它明明知道我们生活中就得依赖那些形式,可是它出于理智的诚实,最多只能接受"习惯"之类统计学概念,这个态度难道不够诚实吗?其实从近代以来,经验论可以说构成了近现代人生活的一个固有的层面。

经验论只认可外部与内部直接可感知的现象及其推论,这不能简单当作对旧形而上学的全盘否定,而只是在一种迟疑、谨慎、保守心态下,在旧形而上学成果基础上的"回撤"。它不是不了解旧形而上学对真理来源于思想之类观点的阐发,只是认为要"有一说一",人类能切切实实抓住的就只是直接可感知的现象及其推论,除此之外的东西都是"不敢想"的。

这里需要补充说明两点。一是经验论在保守心态的驱使下,有将前人的哲

---

① 读者可对勘前文中对第 36 节"附释"的解析的最后一段。

学妖魔化和主观化的嫌疑，即把前人思想中的宇宙秩序要素和形式要素都当成主观的虚构。这实际上是以人为中心，或者说以意识为中心的一种立场。——后文中黑格尔批评的主要也是这种立场本身带有的主观性。

二是真理应该从思想中获得，这一点其实也是经验论本身无法完全避免的。经验论的主观意图固然是很诚实的，但却不知道彻底的经验其实是无经验。因为经验论谈到的一切直接感知及其推论，其实也都要用到各种共相（红、甜、痛……等但凡能叫得上的名称皆属共相）与推论形式这类已经含有形式性、普遍性的东西。当然，这些形式性东西只是它无意之中运用的，它并不知道这一点，所以主观上并没有欺骗人或自欺的嫌疑。

[附释]经验论何以认为传统形而上学抽象而达不到具体事物？后者只知道普遍的东西，达不到普遍东西的特殊化，因为具体的普遍东西是单一规定以及多个单一规定的相加所无法触及的。

这个"附释"是在同情地理解经验论，黑格尔这个做法很有必要。我们读任何经典著作，都首先要尽可能先读出它的"好"来。那么经验论所批评的传统形而上学的毛病在哪儿？传统形而上学没有达到具体的普遍东西，这是从黑格尔的立场出发，替经验论总结出来的。具体的普遍东西也不是传统形而上学彻底没有达到的，黑格尔也承认柏拉图和亚里士多德有相当多的思辨思想，也就是说他们至少有了对具体的普遍东西的某种"预感"。除了他们的若干思辨思想之外，绝大部分旧形而上学做的就是黑格尔这里说的"单一规定及其加和"的工作。正如前文对旧形而上学的分析表明的，这显然是达不到具体的普遍东西的。

这里也要补充说明两点。一是从下面的分析可见，经验论也是以独断的态度接受经验的，它自身也达不到具体的普遍东西。经验论认为经验是我们直接接触的确实东西，真理要从它这里入手寻找。黑格尔认为这是不可能的，一棒子打倒传统形而上学中看似抽象的思想，将普遍东西一脚踢开后，并不是直接去接受经验中的特殊东西，就能通达真理了。具体的普遍东西，即就在我们当下的事物中看出普遍东西，这才是寻找真理的正确方向。

二是经验论的优点在于开始对知性的局限进行反思了，所以它才高过旧形而上学。若能认真诚恳地接受经验论中有益的思想成分，就会看到旧形而上学的确是掺杂一些很主观的想象，这部分是要抛弃的。

§ 38

实际上经验论也与旧形而上学一样,以表象为知识的来源,并在主观的经验中获得普遍规定(如力的范畴)的证实。

第38节开始批评经验论。经验论对旧形而上学做了"破"的工作之后,自家试图"立"起来的其实也是普遍的东西。因为如果没有普遍的东西,实际上是无法建立任何科学的。

经验论的知识来源和落脚点都是主观的表象。它貌似不作任何抽象化,仅仅立足于世界给予人的表象来寻求知识,但实际上它是以(主观认定的)真相为名在行主观之事。在黑格尔看来,经验中直接被给予的东西其实只有两样。一个是彻底特殊的东西,比如说我这次看到的那个地砖的灰色,这一次尝到的酸味……其实它们都是仅此一次、仅此一瞬间的印象,我们连给它们一个名称(如"地砖""灰色""酸味"等)都是不合法的。真正说来我们根本无法言说它们。还有第二样东西,即经验论拿来作为知识要素的、渗透或涌动于经验中的恒常性东西。黑格尔会说那其实就是普遍的东西。可惜经验论是用主观的表象构造出这个普遍东西的,而且那还是自相矛盾的表象:因为经验论既然反对普遍东西(将其当作脱离经验感知的抽象东西),就会把种种"非普遍性"的表象塞进去,但实际上拿它完成的又是只有地地道道的普遍东西才能完成的功能。换言之,经验论非常自欺地运用了普遍东西,却又认为自己实实在在地扎根于个别东西的特殊性之中,拒绝了向普遍东西的抽象。

[说明]经验论的优点是承认现实世界与人的自由(人亲自验证),但因为它实际上只凭着主观认定的东西行事,又不加批判地、不自觉地使用了许多形而上学范畴与推论形式,所以既达不到它主观设定的保守现实与自由的目的,又越界犯了其敌方的毛病。

经验论把批判的矛头指向中世纪与近代的思辨思想与唯理论。它常常以现实、切己、不抽象自诩(这一点非常契合20世纪许多哲学潮流),认为这样的学问才使人获得某种本真性、自由性,仿佛相形之下它的对手都被纠缠到抽象大词中不得自由似的。但若是被人追问它以为现实、切己、不抽象的究竟是什么东西,却往往左支右绌,不经意间会流露出它所以为现实的东西其实离不开形式。[1]黑

---

[1] 对于这一问题,《精神现象学》"感性确定性"章能给我们带来许多启发。

格尔指出,实际上无论是经验论抓住的"现实",还是它以为的"自由",都既不是毫不具备普遍性的纯粹感性、纯粹现实、纯粹具体,也不是丝毫不受传统思维规定束缚的纯个人自由。也就是说,它所以为的"现实"与"自由"是两个幻象。

但从"说明"的行文来看,黑格尔认为经验论有意识地防备旧形而上学的封闭化,把重心放在现实与自由上,这种追求是一个优点,尽管在经验论的操作方式下它并不成功。也就是说,意图虽好,但实施得不成功。这里我们只有在整个大传统的背景下,才能看出这个意图好在哪里。前文中黑格尔承认旧形而上学的优点是以思想为本质,即看出并坚守"思有同一",看到了根本不存在不含有思维规定的所谓"纯客观东西",真理须从思维规定中寻求。但黑格尔又认为,旧形而上学又太拘泥于抽象思想了,不懂得像现代生活要求的那样尊重现实性,并从现实中寻求"具体普遍性",同时也不懂得尊重人在这现实中自由寻求真理的过程。从这一点来看,经验论相对于旧形而上学而言是一大进步。

然而我们也不宜过分夸大这样的现实与自由的意义。现实世界和人的自由作为哲学的根本,这当然是有前提的,即要以宇宙秩序以及黑格尔意义上的思辨辩证法为前提。我们不能像经验论这样一厢情愿地信赖自己的进步,采取纯粹感受的态度对待世界。往好了说,经验论是"好心办坏事",它不懂得像黑格尔这样剖析自己。

[附释]经验论以反对旧形而上学的姿态抓住此地、此时、此岸的经验,将其当作无限的规定,但经验实际上是无根据的主观规定,也是转瞬即逝的个别东西。另外,经验论采取分析法,从它以为客观的"现实东西"进展到主观思想、抽象东西,扼杀了活生生的东西。但拆解只是事情的一个方面,更重要的方面是把拆解的东西结合起来。

这一段笔锋所向者有二:一是针对感性,二是针对分析。感性是经验论的立足点和起点,分析是它的操作手法。在感性问题上,经验论的毛病在哪里?回想一下《精神现象学》"感性确定性"一章便不难发现,人自认为直接能接触到和确定下来的独一无二的东西除了是纯主观的"意谓"之外,别的什么都不是。我们只能通过在主观意识中不断告诉自己"有"这个意谓中的东西,其他什么都不能做,因为不管思考它,还是言说它,都必然会涉及共相。共相还不仅仅是我们脑子里想到的抽象词汇而已,它是一些固定的轨迹和方式:比如我们拿中性笔写字,无论笔(包括它的笔尖、笔壳、橡胶套、笔帽、笔芯、钢珠等部件),还是写字的动作,抑或写出来的字,全都有其在世界上出现和持存的特定轨迹和方式①,严格来说我们从头到尾都只是与这些轨迹和方式在打交道,从未真正与作为笔(包括作为它的上述各部件)、写字动作、字的那些纯质料性的 X 打交道。换言之,我们只能与思想性的形式规定打交道,从来不可能与不经过思维规定的"纯客观东西"打交道。这是康德以他的现象与自在之物学说早就揭示过的道理。

经验论的第二个毛病是分析法。黑格尔对分析法的描述是"从经验论以为客观的'现实东西'进展到主观思想",可谓直击要害。当经验论为了"科学"起见,开始分析它自认为"确定"的感性时,破绽就露出来了:它的主观意图固然是为了表明感性东西有多么实在,但实际上它以为可以拆解成的那些方面(比如颜色、气味等等)也都是些"意谓",只要它认真对待,不管是在头脑里想象它们,还是言说它们,实际上都只能想象和传达共相,除此之外无他。这还不是想象和言说带着共相去"败坏"或"扭曲"了原本非共相的当下"真相",因为那所谓的当下"真相"其实压根儿就不存在:其实无论主观的想象、言说还是客观的存在、显现,都必须以共相的方式进行。但经验论却不承认这一点,它自认为拆解出来的那些方面就像没拆解之前的感性一样是客观的、不受抽象观念污染的"真相"。而在黑格尔看来,无论拆解之前还是之后的东西,都是具体、特殊、个别因素之中的共相,也都必须纳入这共相(概念)在各层面演进的鲜活运动过程之中。那种认为某一方面或阶段的东西单纯是"客观"或单纯是"主观"的,单纯是"真相"或单纯是"抽象"的观点,反倒是主观的抽象,因为它企图以人为的干涉与设定中断事物本身的进程。

黑格尔接着又谈到"分"与"合"的问题。经验论只想着从笛卡尔以来一直延续到现象学的一种操作方法,即还原和构造,以为这样就算正确对待事物了。这样的"分"固然是在进行分割,这样的"合"却也是在分,因为它是基于分割之上的外在捏合。但比这种浅层面的"分"与"合"更深刻的是作为事物形式与秩序的更根本的"合"。正如维特根斯坦在《逻辑哲学论》临近结尾的时候说的②,世界上的事物居然都如其所是这般存在着,这本身就是莫大的奇迹,因为处处都

---

① 这些轨迹与方式都是共相。比如笔帽就是按照这类笔帽共同的方式被制造、安装、售卖和使用的。

② 他说过:"神秘的不是世界是怎样的,而是它是这样的"。见维特根斯坦:《逻辑哲学论》,郭英译,北京:商务印书馆 1985 年版,第 100 页。

有"合"的现象存在:电、磁的正负极同处一个带电体或磁体上,一切物体内部的引力与斥力都能维持平衡态,属于同一个物种的所有个体都自动遵循相同的生成、维持与衰败规律……如此种种,概莫能外。人在世界上所能进行的"分"与"合",与这种更根本的"合"相比只不过是些表面功夫,而且都是基于后者之上的。经验论与自然科学所能操作的"分"与"合",其实无法触及根本性的"合"。而真正深刻的哲学却不能不考虑这个问题。

经验论预设的立场是尊重材料与现实,超出了旧形而上学,但它不自觉地走入抽象思想后,又成了旧形而上学的同路人。

这句话说得很悲凉。经验论原本要把旧形而上学的那些抽象的成分去掉,好好地生活在现实中,这在现代人看来固然算是很大的进步。可问题是经验论"眼高手低",它自己的操作又滑入抽象思想中去了,而且还不承认这一点。后面我们看到,黑格尔在批评批判哲学的时候,在这一点上甚至严苛到认为康德做的都不完全够格:康德固然承认了范畴作为先天设定物对于经验的必要性,但他也不追究范畴与范畴之间的关系,使得这些范畴多多少少沦为抽象之物。不止如此,那时我们会看到,在黑格尔严苛尺度的对照之下,连康德都显现出极大的主观性。

相形之下,经验论只是不自觉地掉入抽象思维了。在这个意义上,它跟它所批评的旧形而上学其实是同路人。黑格尔的这个判定固然显得很严厉,但想想后来逻辑经验论沿着经验论的路子将问题推到极致后归于失败的整个过程,却不能不为黑格尔的先见之明而感叹。黑格尔的这个批评若是得到经验论传统的良性吸收,后者的路或许会走得更宽广一些? 但可惜的是,历史不接受假设。

经验论从感性知觉的内容这个固定的前提出发,因而是主观的、有限的、不自由的、抽象的。

黑格尔的意思从字面上看似乎并不难,但如果想想他为什么将这四个方面的毛病并列,问题就出来了。说经验论主观,实际上指经验论者一厢情愿地把感性知觉当作每个人当下直接接触到的客观现实,认为这样就可以拒绝共相的侵扰,却没有意识到这样恰恰掉到纯粹得不能再纯粹的主观性中了。共相在这里甚至有被经验论"污名化"的危险:在经验论看来共相只是主观的虚构,无法通达真理。经验论的这一看法从前文来看根本不成立。

经验论之所以有限,是由于它人为地将自身限制在主观印象上。直接的感性知觉跟共相实际上并不冲突,因为它本身就含有普遍性。经验论似乎就像《精神现象学》"感性确定性"章的"意谓"一样,试图保住当前瞬间直接呈现的客观东西。但它实际指的不过是那一瞬间的主观印象。那样的印象当然是有限的。当然,话分两头,它的主观意图并不是要掉入有限东西中,而是要进行很科学的探讨,然而科学却不在这里。

黑格尔说经验论不自由,当然是基于古典的自由观,那种自由观把人在形式、共相的方向上攀升当作真正的自由。相形之下,经验论在对照旧形而上学时以摆脱"抽象思维"束缚的状态为自由,那倒是一种自以为的假自由。

说经验论抽象,实际上也是指它的主观性。因为经验论所坚持的主观印象,以及追随这种印象所得到的本真性、切己性,实际上是抽离于共相之外后主观构造出来的一种状态,它的本质毋宁是自我设限。这当然是一种抽象。

§ 39

知觉既无法涵括无穷的材料,也必然纳入形式因素而不自知,但无法建立必然的普遍性关联,反而以后者为无根据的主观习惯,这就使它陷入窘境。

经验论"只许州官放火,不许百姓点灯"①的自欺做法,并非处处畅行无阻。当它实在绕不过共相的问题时,便将共相降格为习惯,即降格为"过去这样做,将来还这样做"的主观行事方式,试图以此回避共相是否存在的问题。然而科学不能建立在习惯之上,它必须基于规律、规范这类"法不容情"的东西之上。但经验论又不甘心与科学失之交臂。

[说明]经验论会走向将法律、伦理、宗教视为偶然,失掉其客观性和内在真理。

黑格尔从法律、伦理、宗教这类通常被我们视为"意识形态"、习惯约定的东西入手。但在黑格尔看来,法律、伦理、宗教必须具有客观性和内在真理,绝非主观幻想或主观约定。这个观点既与近代科学架构有关,也与西方自古以来重形式的宇宙秩序观有关。

客观性和内在真理取决于什么? 它们并不取决于事物是不是物质性的。无论物质性事物还是精神性事物,都是依照其形式性与秩序性,才成其为物质和精

---

① 这只是一个形容经验论自欺的比喻,但不取该成语的压制、霸道含义。

神的。可见客观性和内在真理取决于事物是否合乎其客观形式与客观秩序。实践领域（法律、伦理，以及宗教的仪轨、修习等方面）虽然属于"人事"，但这不妨碍它具有客观性，不妨碍它具有人人必须共同遵守的规范性。

古代怀疑论比休谟经验论更为激进，因为它并没有将感觉当作真理。

黑格尔经常拿古今怀疑论进行对比。而近代怀疑论中他又特别重视笛卡尔和休谟的怀疑。笛卡尔的怀疑论是为了确定我思这个基点，除了这个基点之外的一切皆可怀疑。休谟的怀疑论则针对共相，在感性知觉之外他只承认一种为了做事情方便而形成的习惯，超出这些的一切共相都不予承认。黑格尔认为，不管笛卡尔还是休谟，都没有达到古代怀疑论的彻底性。他们都没有怀疑自我：笛卡尔是没有怀疑作为思维活动的自我，休谟是没有怀疑进行感知的自我。而古代怀疑论则是冲决一切的，并没有这些保留条件。

Ⅱ　批判哲学

§40

批判哲学与经验论一样以经验实在性为基础，但又将经验当作现象知识，也就是在经验中接受了普遍性与必然性，后者属于思维的自发性，思维规定构成经验知识的客观性。思维规定意味着关联，意味着先天综合判断。

"批判哲学"①部分篇幅很大，它跟经验论同样被黑格尔放在思想对待客观性的第二种态度下。人们对这种貌似"突兀"的做法一定会感到好奇。黑格尔这里当然要对自己为什么这样做有所交待。第40节便开始解释，这根本不是黑格尔怎么放置它们的问题，而是因为它们在相当大的程度上本就处在同一个层面上，至少从逻辑科学的意义上来说是如此。换句话说，黑格尔看到两者在见识上当然有相对的深浅或广狭之别，可是它们又有一些隐秘的共通性。我认为这一节对于学派之间偏见日盛的时代是极有益处的。

这一节以批判哲学和经验论的共同基点起头，共同的基点就是经验的实在性。接着黑格尔不忘说明，尽管如此，批判哲学还是比经验论"高过半头"，那就

---

①　准确而言，黑格尔笔下的"批判哲学"也涵括了费希特。但下文中主要是借康德学说来评论批判哲学的。因此我们在讲解中也经常以康德代表批判哲学。

是它不像经验论那样自相矛盾地将经验中固有的共相藏着掖着不承认,但实际又在使用那些共相,而是明明白白承认经验当中是含有普遍性和必然性的。更高明的是,它把这种含有普遍性和必然性的经验"打包"到一块儿,当作是自在之物的表现,也叫现象知识。"将经验当作现象知识",这话听起来虽然不那么合乎常识,但却说出了非常重要的一点,那就是经验不再像经验论当中那样是纯被动的感性印象,它是知识,而且是完整的一套知识。康德已经看到了,我们跟所谓的"客观事物"打交道,实际上是跟我们关于现象的知识在打交道。换句话说,我们从来不与事物本身直接打交道,我们从来都泡在知识当中。

说康德在经验中接受了普遍性与必然性,这也只是相对于经验论而言的;若是相对于黑格尔本人而言,康德做得还远远不够。在康德那里,普遍性和必然性是思维的自发性的成果,即统觉在事物的不同层面所做的综合的结果。若是没有统觉在各个层面上的综合,我们压根儿就不会有如今这般的想法和行为,我们的生活世界压根儿就不成立,反之有了这些综合,我们才有了经验知识及其客观性。

[说明]*康德认为普遍性与必然性是必须预设的事实,康德对此事实的说明无法令人信服。*

康德所见到的普遍性和必然性,就是经验中的那些先验要素,他认为是必须预设的事实。但黑格尔为什么说康德对此事实的说明无法令人信服?接下来的第 41 节开始全面铺开交待个中原因,我们这里不妨先泛泛地描述一下。原因在于康德仅仅局限于事物对于理性主体的利害与关联去考察问题,这种态度便注定了康德的批判哲学就逻辑科学而言,不会超出本质论之上。

黑格尔在陈述康德哲学时,实际上是以它代表了现代思想中最强劲的一股势力,所以在剖析时不厌其烦。他形容批判哲学"主观",当然不是在常识意义上说的,而是在《逻辑学》本质论的二元设定意义上说的。我们读者也不要听到这样的评判就心生反感,不妨先仔细听听黑格尔的一番道理。

[导引]接下来黑格尔开始深入探讨批判哲学。我们一边阅读,一边很有必要联系我们自己的生活思考一个问题:批判哲学离我们是远还是近?最初我们可能会觉得,批判哲学与日常生活相反。因为生活中我们秉持一种朴素唯物论的和经验论的立场,认为直接就"有"一个客观世界,而我们的认识要去符合这

个客观世界。实际上这种感觉是一个误会。黑格尔将批判哲学与经验论放到同一种"态度"下，这启发我们对日常生活、经验论、批判哲学做一个更清晰的定位。

我们的常识中有与康德批判哲学重叠的一部分没有被我们意识到。这倒不是因为我们常识中含有什么高深的哲学，而是因为康德哲学本就是现代生活最深刻的总结和表述，而现代常识就是依托现代生活形成的。在尼采看来，现代以一种他称作"柏拉图主义"①的看法作为支撑：科学知识是真的，而人们直接接触的现实生活反而是假的。②我们平时的生活不就是这样吗？人生病了，不是以自己的感觉为最终标准，而是以医院里专家和仪器得出的结论为最终标准；而在专家和仪器面前，人的身体也不是什么独一无二的存在，反而是最无个性的一堆器官的组合体，这个组合体在各方面都有一个叫作"正常"的数值区间，超出这个区间的形态就被称作"病症"。这种以科学知识和规律为尊的态度，不就是康德现象学说的翻版吗？这倒也罢了，因为西方人一向不认为现象世界有什么最终真理，真正可悲的是，我们也不愿意像古代人那样承认宇宙秩序，而宁愿将它推延到一个既不可知也无可如何的乌有之乡。为什么规律是这样而不是那样的？为什么世界上有这些事物如此这般存在，而不是其他事物以完全相反的方式存在？对于在康德那里属于"自在之物"范围的这些问题，我们并不相信科学家能回答，但却坚信他们以其知识发现乃至掌管的一个所谓"真实世界"可以在这些问题上带来一种生活的"保障"，因而那些问题也就没什么好问的了。科学家的"真实世界"与眼下我们打交道的"现实世界"这两个层次配合起来，就构成我们生活的基本架构，也将我们的生活打发过去了。这不就与康德的"先验要素—经验现象"的架构若合符节了吗？③

实际上这个二元设定掩盖了一个关键问题。黑格尔在本质论中的意思很明白：二元设定掩盖了自身的主观性，换句话说，二元设定以其对生活的"保障"，暗地里阻止了我们看到它的真相是主观设定。所谓主观性，当然不是指个人的主观念头，它指的是这个二元架构是现代人自己设定出来的，即用背后设定的一

---

① 尼采对"柏拉图主义"有他自己的一套界定，与学界通常说的"柏拉图主义"不可混同。

② 尼采：《快乐的科学》，黄明嘉译，上海：华东师范大学出版社 2007 年版，第 324—327 页。

③ 当然，这只是说现代生活方式以及现代常识在深层次上与康德哲学是一致的，并不代表康德要为它们的全部观点"背书"。

个看似确定的东西来巩固表面焦虑、躁动的生活。

§41

康德局限于主观性与客观性的对立，实际上局限于主观的视角，将思辨的概念降解为人事的知性概念，而在主观性之外则只剩下遥不可及的自在之物。后者实际上是主体为巩固自身的主观性而设定的"真实世界"，本质上依然是主观的。康德的先天东西虽然很系统，只具有心理学—历史学的基础，是主观的人事史。

在康德那里真正重要的当然不是直接的表面现象，也不是背后的自在之物，而是研究现象世界的内在结构的一套系统的先验要素论。康德实际上是呼应了时代的需求，对推崇"自然之书"的近代科学乃至推尊科学知识的现代生活进行了哲学总结。①黑格尔正文的第一段强调的是，康德的先验要素，甚至他的自在之物，实际上都是主体为了巩固自身的生活而进行的主观性设定。设定不是某个人拍脑袋认定什么，更不是"想一出是一出"，而是人类共同进行的一种必要的先天假定。现代人要安安心心地维持如今这般的生活方式，就必须进行这种设定。所以设定对于个人其实是客观的，但对于整个人类而言则是主观的。——黑格尔实际上借由评判康德的设定来谈论现代生活。

如果说第一段的意思，康德本人还勉强能承认的话，那么黑格尔接下来的话未免有些"刻薄"。康德的范畴看似非常系统严整，但黑格尔说它们只有心理学—历史学的基础。说白了，康德只不过是把人类心理活动迄今为止一直在遵循的一些现成的东西接受下来，总结出来而已。但是这种态度在黑格尔看来显然是不够的。把现有的东西总结描述一番，这不就是规律思维吗？这样的做法在黑格尔看来还不算"究竟"的科学。

[**附释1**]批判哲学超过旧形而上学的地方是开始反思各种思维形式的限度，开始将思维形式当成考察对象了。但他希望在从事认识之前就对认识进行考察的想法，却是主观的臆想（因为预先的考察已经是认识了），思维规定本身的活动（而非主观的观察）才是根本，因而只能在认识过程中由思维自身（而非由主观的心理活动）实施这一自我考察。

---

① 李华:《康德"哥白尼式革命"的文艺复兴前史辨正——以卡西尔的论述为中心》。

康德批判哲学的工作方式，类似于我们古人说的"工欲善其事，必先利其器"。我们都记得《精神现象学》"导论"就对这个工作方式做了一个很生动的批判。支撑这种工作方式的背后想法是，主体与认识对象、认识活动是分离的。在本质论层面我们会明白，凭着这样的预设对待任何事物，都会陷入"求而不得"的困境，像哀怨意识寻求上帝时陷入的困境那般。

黑格尔则强调思维规定本身的活动。所谓思维规定本身的活动，并不是一堆思维规定像"神仙"一般在那里玄之又玄地进行什么活动。这活动虽然本质上不是人的活动，但终归要落实到人的活动上，要表现为人的活动。在这里，思维规定的活动首先指的就是人能够反思康德工作方式的局限，进一步看到它在逻辑科学中的相对位置与出路。

康德的后学超出康德的做法有前进和后退两种，黑格尔反对退回到旧形而上学。

学界往往有一种人云亦云的成见，认为黑格尔退回到康德之前的旧形而上学了。这种成见在此自动烟消云散，实际上它也不值一驳。至少按绪论的布局来看，黑格尔是拿旧形而上学、经验论、批判哲学、直接性哲学这四派来为自己在概念论的"客观性"二级层面中的观点作铺垫的，他自己的观点要高过这四派观点，无论如何也不可能再回到旧形而上学上去。

黑格尔对康德后学的成绩与缺陷都洞若观火。实际上不用等到《小逻辑》绪论，我们从《费希特与谢林哲学体系的差别》就可以看出，在他看来，费希特、谢林和他自己的哲学都属于"前进"的类型，从绪论对"第三种态度"的梳理来看，雅可比凭借其直接性哲学大致也可以算作"前进"之列；而在他看来可能属于"后退"类型的，比如迈蒙或莱因霍尔德的部分思想，则是值得反思的。另外我们要留意的是，这里黑格尔的评价仅仅涉及绪论的"三种态度"这条主线上的"前进"与"后退"，并未囊括上述这些人的全部思想。

[附释2]康德仅仅从思维规定是主观还是客观的来考察他们，他自然看到了思维规定（通常超出感性之外的一切更高规定）的主观性。他有时把感性的东西叫客观的，但有时又把思维规定叫客观的，但这并不是术语的混乱，而是在不同层面上而言的：前一种说法顺从常识，常识在乎人是否被动；后一种说法立足于哲学，哲学在乎什么是真正独立的和原初的。

常识认为人被动接受的东西就是客观的，人主动加工的东西则是主观的，照此看来,感性的东西自然很"客观",思维的规定当然是"主观"的了。但真实的情况恰恰是哲学看到的那样:感性的东西恰恰是主观的,思维的东西却是客观的。康德对这两者都有展示,他的分寸感也极好。但我们自己就未必能很顺畅地完成两者的转折或过渡。在常识那里,所谓"客观",无非就是一种受阻的或疼痛的感受,因为这种感受告诉我们,那里有一种人无法改变的强大东西存在。但是往深了想想就会发现,此"疼"非彼"疼",不同人的疼痛感其实无法比较,因为脱离共相而言的"疼痛"不能在公共的意义上被设想和被比较,真正的"客观"不可能不含有共相,即思维规定。

但康德只知其一不知其二,他的思维"客观性"毕竟还是主观的,因为它只以人是否可以理解为标准,没有以事物本身及其思维规定为取舍。"客观性"的三层含义:一是与主观的意谓相对而言的外部现成东西;二是康德意义上与主观感觉相对而言的客观普遍东西;三是被思考的自在存在着的东西本身(《逻辑学》概念论意义上的客观性),是现实存在的。

康德的先验要素,既是心理学—历史学规律,也是数学与自然科学进一步发现科学规律的利器,因而可称作广义现代科学的"元规律"。康德的先验要素论与现代各门科学有个共同的地方:人类理性发现客观事物中先天地具有可以与人类理性遥相呼应的一个结构,后者仿佛理性派到世界中去的一支"伏兵"。[1]

至于"客观性"的第三层含义,我们到了概念论的"客观性"二级层面再去细品,此处不赘。这里要注意的一点是,我们不要被康德批判哲学及其代表的整个近代科学的一个执念迷惑,即认为重要的东西就是我们人类到世界上直接求取来的东西,无论那是时空与感性印象,还是范畴与科学规律。黑格尔很冷静地提醒我们,那样的东西很可能是一种正在走向自闭的二元设定。而黑格尔自己说的客观性,首先就要求我们认识到二元设定走向封闭的危险。

§ 42

康德仅仅依照感性内容如何在意识中被统一起来而考察范畴,因此范畴仅仅呈现其主观的功用。

---

[1] 康德的这一思想,前有文艺复兴"自然之书"构想,后有《精神现象学》"理性"章所描绘的近代理性志得意满的形象作为呼应。参见庄振华:《黑格尔与近代理性》。

　　简单说,康德的范畴是为人服务的。在康德看来,范畴是在比常识更深一层的地方发现的,既制约客观现象,又为理性所固有的东西,所以它既"主观"又"客观"。当然,正如康德在联系到主体能力(统觉)讨论时也会承认的,范畴在根本上仍具有主观性,因为它并不涉及自在之物。与康德相比,黑格尔也强调范畴的主观性,但却是在与康德不同的意义上说的,即在范畴无法摆脱二元设定的封闭性危险这个意义上说的。这一节中黑格尔介绍,范畴基于自我的原初同一性(统觉)的作用,而将在空间和时间的形式下接受来的杂多东西统一起来,使得主体能够"把握"住杂多东西。从下面的"说明"来看,黑格尔对康德的范畴非议颇多,他认为康德根本没有从事情本身出发考究范畴的必然性、数量、内容、关系、局限,而只是从人的角度出发,把现成已有的"把握"杂多的典型方式总结出来而已。

　　[说明]康德对自我(先验统觉、我思)只有抽象的规定,并未说明我们如何达到自我的各种规定(范畴),所以依赖于判断表,但判断只适用于特定对象。费希特提醒人们要推演出思维规定,以显示它们的必然性,但他也没有做到从思维本身推演出各种概念、判断、推论。逻辑学要教导人进行证明,就必须先展示其内容的必然性。

　　这三个意思我们逐一解释一下。第一个意思说的是,康德的范畴表以判断为定向,这会使范畴沾染上判断固有的缺陷。康德的十二范畴实际上对应十二种判断方式。然而正如我们前面的讲解说过的,判断并不是能够表达事物本身的方式。旧形而上学对绝对者下了很多判断,但不了解推论对于思辨思维的重要性,就无法突破本质论层面的种种二元设定。康德也有这个毛病。而且正因为他在"先验逻辑"中将判断方式与范畴挂钩,所以更集中地体现了这个毛病。

　　黑格尔赞许费希特的一个重要原因就在于后者意识到了范畴推演的重要性(黑格尔这里表彰的是费希特意识到了各种概念、判断、推论的推导),虽然他并不认为费希特自己很好地展示了这个推演。所谓思维规定的推演,并不是我们习惯于想象的那种空对空的"概念胜利法"①。他说的思维本就不是主观思维,所以思维规定的推演也不是主观的推演。事情本身自我暴露出它的某个层面的封闭性危险之后,同时也会展示出宇宙秩序这一根本出路。这个出路当然不是

---

　　①　仿照鲁迅先生"精神胜利法"之说。

为了被人的"概念胜利法"所用,或者为了让人显示自己思辨能力有多强而出现的,它是宇宙或世界本身得以成立的根本。与这一根本相比照,我们人要做的事情首先并不是以一种迫切寻求胜利的思维去寻找解决现实"问题"的什么高级良方,而恰恰是对于这种迫切求胜与寻求控制的心态几乎必然会陷入的二元设定格局本身的一种反思。简言之,人要做的不是"加法",不是掌控和支配,而是"减法",是对自身做法的反省和对宇宙秩序的敬重。

当然,黑格尔所说的逻辑学展示其内容的必然性,是就整部《逻辑学》与康德范畴表的对比而言,而不仅仅是就概念论如何突破本质论而言的。他指的是包括康德十二范畴在内的所有《逻辑学》核心范畴,都需要在这部书中自行展示出其出现的必然性、运作范围,及其向更高范畴过渡的必要性。这个雄心已远非康德先验逻辑可比。

[导引] 黑格尔批评康德哲学具有主观性。我们如果正确理解了这一批评,尤其是考虑到康德对于现代科学与现代生活的"代表性",便会发现这是一件值得大大表彰的事情,因为这件事情近代以来从未有人做过。实际上康德以他的批判哲学,不仅对于文艺复兴时代以来的自然科学,而且对近代以来的各门学科(国民经济学、政治学、法学、社会学……)以及日常生活都"日用而不知"地共尊的科学架构方式做了一个极为到位的总结。因此在某种意义上说,黑格尔在"绪论"中对批判哲学的考察可以视作对整个现代生活的考察。

现代人极为固执的一点就是坚持任何东西都要经过人的认可,都要被人理解。这是奥卡姆、司各脱这些唯名论的或偏向唯名论的思想家出现以来,历经多个世纪后好不容易取得的一个成果。人在世界内部通过科学知识获得自身创立的确定性。身处当代工业文明之中的我们,不可能跳脱出去抽象地评判其"好坏",因为这不是一个通过争论便可获得答案的理论问题,而是我们全身心浸润其中的生活方式。这样看来,近代科学架构方式似乎具有天然的"合法性"。

这一方面固然显示出人的伟力,但另一方面却也极为脆弱。这不仅仅是因为它的"合法性"其实只能反过来由它在世界上"攻城略地"的成就提供,更是因为它会招致极大的封闭性危险。黑格尔思想在西方文明中扎根极深,他看到西方人也并不是自来就只在这一条路上,他们其实是从一条更宽阔的大路上,拐上了现今这条路。他对西方文明的问题有全盘的考虑。而《逻辑学》以及黑格尔哲学体系正好是近代文明在康德这里的自我总结,走了一个大的"闭环"之后,寻求转进与突破的标志。简单来说,康德留给黑格尔的思想遗产主要是"思有同一"传统在现代语境下的新开展,这笔遗产主要体现为他的先验逻辑,以及康德"第三批判"与历史哲学那里依稀可辨的对事物本身的尊重(尽管是以排拒到远方的方式来尊重)而非遗忘。但康德留给黑格尔的教训也极为深刻,那就是由黑格尔系统总结,而后在霍克海默与阿多诺的《启蒙辩证法》中以似乎经过"稀释"的思想力度描述的那种主观性。

所以我们在阅读黑格尔对康德哲学的考察时,必须紧盯着他对主观性缺陷的批评。

[附释1]康德认为,思维规定及其普遍性和必然性由自我提供。眼下的具体东西作为感性东西仅仅是自外存在,即离不开他物的存在。康德认为纯粹统觉是消融感性事物的外在性和多样性的统一体。意识固然寻求统一外部事物,但这种做法的根源不在于自我,而在于事物本身的同一性,后者是绝对者、真理。

前三个要点都是在陈述康德的意思,最后一个要点讲黑格尔自己的意思。第一个要点是,康德认为思维规定的普遍性和必然性其实是由统觉提供的。至于统觉如何能够提供这些规定,以及它们之间的相互关系,康德其实没有交待清楚。康德只是作了一些断言,这个断言来自现世的观察,以及对历史资源的总结。

第二个要点中的"自外存在"并不是指感性事物有一个它的形体之外的"分身",而是要在先验唯心论的意义上来理解。我们凭借感性印象与感性事物打交道,但并不是直接打交道,而是通过时空与范畴架构起来的具体直观形式与知识形式来间接与之打交道。而感性事物的直观形式与知识形式都只是相对而言的,只有相互参照才有意义,比如大要与小参照,红要与黄、蓝、绿、紫等其他所有颜色参照,现在要与过去和未来参照,才可以被理解,它们自身单独来看都是毫无意义的。因此任何一个感性事物及其带有的任何特质,其实都是无数个感性事物及其特质构成的一张无限大的网上的一个个结点,牵一发而动全身。

第三个要点讲纯粹统觉是消融感性事物的外在性和多样性的统一体。其实康德虽然区分了感性、想象力和知性三个层次,并大致勾画出它们各自的运作方式,但并没有像《精神现象学》"知觉"章那样探讨过外在性和多样性具体是如何统一起来的。康德大体上只是断定统觉及其活动方式（知性、范畴）是它们的统一性根据，或者说凸显出它们的必要性。康德只是认为，事物含有且能被理解的普遍性和必然性，其实是由自我提供的。康德的十二范畴，其实就是统一性、普遍性和必然性的十二个方面。至于为什么有这些方面，以及它们的相互关系，黑格尔认为康德并没有讲清楚。

那么现在黑格尔要批评康德的是什么？事物的统一性的确要被意识到，若是没有意识，事物的统一性的确也无从谈起。但如果因此就认为统一性的关键全在统觉，那未免将问题简化了。统一性只是必须由意识来把握而已，但统一性的根据却不是自我，而是事物本身的形式，或者说事物本身可被自我理解的同一性，因而也是事物本身的主客同一性。黑格尔甚至说事物本身的同一性是绝对者和真理。绝对者在这里的意思就是绝对必须接受的东西。康德看到用这种主客同一的方式行事是人类无法摆脱的命运，因而从人的角度来看，统觉就是统一性的来源。但在黑格尔看来，这固然一方面是人类的命运，但是它也不仅仅是人类的命运，因为人类命运只是更大的宇宙秩序的表现形式。

[附释2] 自我意识的统一作用被康德仅仅视为先验的，也就是在现象和经验领域当中主观上在先的，而忽视了这种统一作用其实有超越于经验的更深根据。

这是延续了"附释1"的问题讲的。黑格尔贯彻始终的一个意思（在这一点上他与谢林完全一致）是，问题的关键不在于人的理解如何具备统一性，而在于事物本身如何以统一性的方式存在。更准确地说，关键在于把握事物的存在方式与人的思维方式之间的原初同一性是如何显现为上述两种统一性的。绝不能仅仅从主体思维的角度去想，我该如何把对象理解成统一。而在文明存续这一更长远也更深厚的意义上来看，这意味着人有向着宇宙秩序教化自身的任务，人不能只想着以知识在世界上获取人的便利，不能哪怕意识到了原初同一性也只想着人在世界上生活的便利。人类在自我教化的问题上是需要"克己"的。

[附释3] 范畴虽然不来自直接的经验，但也不像康德认为的那样是主观的，仅仅属于我们的。康德哲学是主观唯心论，他认为自我既提供认识的形式，也提供认识的材料。其实康德只说出了事物对自我的存在，这对于理解事物本身和自我都无所帮助，关键在于证明事物在自我看到的统一性之外是否还具备真实性。

这个"附释"的核心意思是,问题的关键在于指明事物本身是否超出我们这种求取与统辖的理解方式之外而真实存在。套用《逻辑学》的架构来说,关键在于不要陷入本质论层面而不自知,在于提升到概念论层面。整个事情固然是要通过我的理解才为人所知,甚至才能被推动,但无论我的理解,还是事物向我的显现,都取决于先于这两者的原初同一性及其运动。康德固然看到了原初同一性,但终究将其归于主观一面,而黑格尔与谢林则认为那确确实实是比主体更根本的东西,他们称之为"绝对者""主客同一性"(谢林)或"事情本身""思维(思想)规定""客观思维(思想)"(黑格尔)。

"主观唯心论"是黑格尔自己白纸黑字对康德哲学的一个判定,但是我们依然要作些说明。这里的关键是不要把康德自己也批评过的那个"唯心论"跟这里的主观唯心论画等号。①黑格尔批评的"主观"正如我们前文多次讲解过的那样,基本上与"属人的""人类的""本质论的"同义。黑格尔说康德的自我既提供认识的形式,也提供认识的材料,这听起来就像我们常说"既当运动员又当裁判员"一样。倘若不管是材料,还是加工的方式,都是主观的,那么整个认识就都成了人的事情。而且更要命的是,这种观点根本看不到封闭性的危险,那么防范危险就更谈不上了。

§43

范畴是主体为了将知觉提高为客观性而设定的,它只以感性材料为内容,因而是主观意识的单纯统一,而它的内容也是主观的东西。

这基本上是对前面讲过的意思的一个引申。那么黑格尔这番引申的用意何在? 在康德这里,范畴就是用来从各个方面给感性东西提供统一性的,目的是让我们的生活不至于变成混乱一片(纯粹的杂多),除此之外别无他用。然而黑格尔既并不主张把康德的立场"降解"成纯感性,也不认为范畴是可以随着任何人的意思胡乱增减的。黑格尔要强调的是,范畴在康德那里终归只是为人所用的,服务于人的。这个立场应该提升到一个更高的立场,即范畴是事情本身自我构造的方式。

---

① 　康德批评了笛卡尔的"存疑式唯心论"与贝克莱的"独断式唯心论"。见康德:《纯粹理性批判》,第202—206页。

[**附释**]范畴本身有其不可感知且超出时空的内容,反之同一层面的材料的堆积并不算丰富。不过对范畴的贫乏性的批评也有其道理,如果黑格尔的逻辑学只是逻辑学而不自行进展到实在领域(自然界和精神)的话。

在黑格尔看来,范畴的内涵、层次与相互关系是哲学不可不研究、不可不交待的。我们知道,这就是他给自己的逻辑科学规定的任务。可见《逻辑学》实际上是真正完成了康德先验逻辑本该完成却又没有完成好的任务。

黑格尔坚持认为,范畴是事物本身的范畴,而且我们不要单纯局限在范畴对于人认识和把握世界的功能上,即单纯局限在它对于人的用处上来考虑问题。像康德那样把范畴仅仅关联到感知和感知内容、时空和时空性东西去理解,就不算适当对待范畴。而由于范畴本身就是分成不同层面的、动态演进的,所以对范畴内涵、层次与相互关系的探讨一定有一个立体的结构。反之,同一层面的材料堆积就算再多,也不符合"内容丰富"的真正含义。所以,黑格尔说我们平时评价一本书、一个演讲丰富不丰富的时候,我们已经隐含了这么一层意味了。

但是,黑格尔的后一句话,他也以"惕励自省"的态度承认,《逻辑学》不能光是"范畴来范畴去",它的意义远超一部"范畴集"之外。这意味着《逻辑学》必须进展到实在哲学(自然哲学与精神哲学)。——在这个过渡之处,谢林往往批评黑格尔的绝对理念"放任"(entläßt)自身到自然界的说法是一种主观臆想。谢林这个评价可以说是一个"诛心之论",可想而知黑格尔是绝不会同意的,因为正像我们后面将会讲解的,概念论本身就包含着一种肯定哲学,甚至连整部《逻辑学》都可以说融否定哲学与肯定哲学于一炉了,从逻辑学到自然哲学的过渡当然不是外在地、臆想地跳到一个异己领域中。①

[**导引**]现代人普遍以类似于唯名论的方式生活,即对于形式和秩序的实在性一上来就持怀疑态度,这样他就习惯于从人自己出发了,把这个世界当作等待他取用的资源库或一片废墟。近代科学做的事情,实际上就是人自己造出一个貌似确定的小世界。康德很忠实地将现代性呈现出来,也就是将近代科学架构方式在理论、实践、审美、目的论各个领域的表现方式原原本本地写下来。后人

---

① 庄振华:《作为现代理念论的黑格尔概念逻辑》,载《南京大学学报》(哲学·人文科学·社会科学版)2022 年第 5 期。

对康德的批判若要深刻到位,实际上都必须自觉地与这一架构方式以及它代表的现代性面对面。

黑格尔《逻辑学》是对西方文明核心密码的揭示,也是对西方思想的一些精华成分的积极保守。他的视野已经远远超出了现代人建设"美丽新世界"的那种"成功焦虑"。正如《精神现象学》"序言"中说过的,人不能总像蠕虫一样在泥浆里打滚,人是要仰望星辰的。①黑格尔的本质论就是看到了现代人拿来规制世界万物的那些手段本身就有一种自我封闭的趋势,并对此有深刻的警惕。黑格尔哲学异常复杂,不仅仅是概念难懂,背后的这些义理更要弄明白。

§44

正因为批判哲学比照知觉理解范畴,这样的范畴不能规定绝对者,从而自在之物也不能得到认识。

这样的范畴不能规定绝对者,这是什么意思? 大家可能想到康德"先验辩证论"的"先验理想"谈过对绝对者的一种悬设式理解。这里说的"范畴不能规定绝对者"的含义比"先验理想"要宽广很多。虽然在多数情况下绝对者指的是上帝,但广义上讲,人的理解无法触及,而人又不得不无条件预设下来的东西都可以被叫作绝对者。

若是衡之以《逻辑学》本质论,康德没有达到斯宾诺莎的高度(前者大致处在"现象"二级层面,后者则大体上达到了"现实性"二级层面),也就是说没有达到主动承认绝对者而且把绝对者放在意识的根据的地位上。那么,康德怎样对待绝对者? 他从人的角度出发,把绝对者不是当作自己的根据,而是当作不可说也不可思考的彼岸东西。范畴不能规定绝对者,这也是康德本人承认的一个观点。但黑格尔却不是在康德自己承认的意义上批评他的范畴的,黑格尔不赞成从人的立场出发将绝对者置于遥远的彼岸。所以"范畴不能规定绝对者"在康德那里和在黑格尔这里是在两个不同的意义上说的。然而让黑格尔忧心的更大事实恐怕是,将绝对者放在彼岸的态度不光是康德的,在黑格尔看来也是所有二重化世界观的通病,包括中世纪的"高贵意识—卑贱意识""信仰—纯粹洞见"二分模式,也包括近代的启蒙、浪漫派、道德世界观都是如此。

---

①　黑格尔:《精神现象学》,先刚译,北京:人民出版社 2015 年版,第 5—6 页。

自在之物不能被依赖范畴的知性认识,这不仅仅是康德自己承认的一个断言,它背后的理据也与绝对者不能被这样的知性认识类似:自在之物一上来就被设定为彼岸了。我们往后学到本质论,对于这种做法何以必然陷入"求而不得"的困境就不难理解了。

[说明]康德的自在之物概念是相对于感性知觉与范畴这两者构成的整体,即相对于他认为可知的东西而言的,同样是一个主观设定的东西。主观思维不能容忍事物只有主观理解的东西,所以将自己设想的一种空洞的同一性投射到事物身上,这在康德范畴表中表现为每一组范畴中的第三个。

康德的自在之物概念从何而来?相对于由感性知觉与范畴这两者构成的"可知的东西"而言,它是一个不可知的东西。黑格尔认为整个操作都是一种主观设定,即故意在人事(人与事物打交道)的范围之外设定一个"事物本身",故意拒绝赋予后者任何规定。但是黑格尔看到,这种主观设定的方式注定了自在之物不可能是真正毫无规定的。至少它被赋予了同一性,比如每一个事物都有"一个"自在之物[而统一性(Einheit)本身就是他的范畴表的一个内容];此外,说自在之物"不是"知觉与范畴所包含的一切规定,这已经是一种否定的或消极意义上的规定了。不仅如此,在黑格尔看来,康德的自在之物、先验辩证法都是通达真正的思辨思想的很好的契机。可惜的是康德在这些地方停下了,契机也就不是契机了,就成了败笔了。

§45

康德认为理性是把握无条件东西的能力,而无条件东西只不过是主观思维所构想的自我原初同一性,这就显得经验知识是假的,即仅仅是现象。

这一节重点谈的是无条件东西的设定性。这个无条件的东西在既被设定又很主观这一点上,与自在之物一致。无条件的东西首先就是灵魂、世界、上帝。这类无条件的东西既然看起来是人类理性无法了解的,那我们就将它们高高地"供"在那儿。于是无条件的东西在康德那里就成了一个个挥之不去的"幽灵"。在《逻辑学》的对照之下,我们知道这样的无条件东西只不过是人在主观上所作的一种设定,即相对于人有把握了解的有条件东西而言被设定起来的东西,而且它是人对自己的原初同一性的一种投射。这就像康德的统觉一样:统觉并不是我现在就在运用的一个机能,在康德看来统觉就是思维的原初同一性可以归结于其上的那样一个黑洞般的东西。同样的原初同一性也被投射到无条件东西上了。当自在之物被康德看作绝对的、真实的东西，经验知识就反过来显得是假的，这就发生了一种奇妙的颠倒：我在经验中做的是我最熟悉、最拿手的事情，但它恰恰是一个假的知识。

[**附释**]康德对无限者的单纯否定性设想将它弄成了有限者，而真正的无限者不是彼岸，而是将有限者扬弃到自身之内的现实东西。康德虽然使理念重新受到尊重，但他对理念的规定也有此毛病。

康德把无限者"供"在远处存而不论，等于是把它推开了。对于唯名论以来的现代人构造一个不受打扰的"小世界"的习惯，康德的高明之处在于严厉指出这个小世界做不到自给自足。黑格尔由此赞扬康德让人重新重视理念。但黑格尔也不忘指出，康德对理念的规定不到位，即把理念做成了一个遥远的"应当"。

康德的现象学说打破了常识认为直接经验到的各种对象孤立而自足存在的看法，将这对象的现象性（非自足性）揭露出来了。但康德的局限在于将现象仅仅当作我们眼中的现象，实际上它就其自身而言也是现象，它仅仅以理念而非以其自身为根据，所以康德的主观唯心论应该被转变为绝对唯心论，后者不仅是哲学的财产，也是一切宗教意识的基础。

常识认为经验是自足的，因为它从来没有看见过经验的边界，不认为经验有什么边界。那种自以为的自足性当然是不存在的。康德让人意识到了这种不自足（现象性），但康德的局限是仅仅把现象当成我们眼中的现象，只以我们眼中的现象为标准去论说自在之物与真理，哪怕只是在否定这现象的意义上论说。这实际上并不比常识高明多少。那么黑格尔自己怎么看待现象？现象是以理念，而不是以现象本身为根据的。这意味着事物本身不是我们主观设定的"自在之物"，不要仅仅将事物本身纳入人的想象模式；事物有它本身的"讲究"，只不过它呈现给我们的是我们所能够接受的那一面，但我们不能仅仅依照那一面来理解它（否则就成了以人自己为中心看待事物了）。这里问题的要害在于事物有其本身的"讲究"。

黑格尔说康德的主观唯心论需要被改造成绝对唯心论，指的就是不要局限在人以自己为中心形成的想象模式上，而要回到事物本身的理念①上去，这就成

---

①　按照贺麟先生的理解，"唯心论"之"心"不是心理意义上的人心，而是事物本身的条理、逻辑意义上的"心"，因此唯心论也可以叫作理学、性理之学。见贺麟：《近代唯心论简释》，北京：商务印书馆2011年版，第1、4页。

了绝对唯心论了,即再也没有什么不可知的自在之物从外部限定它了。这样一种绝对唯心论就不仅仅是哲学的事情,它也是能让人对世界万物生出一种敬畏之心的。所以黑格尔说它是一切宗教意识的基础。

§46

理性如果想规定无限者(自在之物),它手头也只有适合于规定有限者的范畴。

对于运用理性规定和考察无限者,康德显然采取一种拒斥的态度。他虽然提醒常识,说常识认为眼下可以对付的一亩三分地是自足的,但这种看法站不住脚,因为它根本不顾事物本身;但他对于事物本身也只是给它一个名字(自在之物)。但黑格尔"黄雀在后"地指出,这个想法是一厢情愿,本身也是一种主观设定和投射。

[说明]范畴及其被赋予的客观性实际上也是主观的东西。但在观察康德对范畴的运用时,也能看出范畴本身的一些内容,尤其有趣的是看它在无条件东西上的运用。

黑格尔实际上撇开了康德那里范畴的"主观演绎"与"客观演绎"的区别,以他自己的标准来衡量康德的范畴,认为康德赋予范畴的客观性终究是主观东西。根本原因在于,康德的范畴演绎实际上是我们刚才说的那种一厢情愿,那么康德的范畴并不具有真正的客观性,最多只具有一种主观的、自以为的客观性。但是黑格尔也反过来表扬康德的范畴演绎,说对于康德范畴的一些内容,我们可以当作进一步发展的起点。尤其当康德的范畴用在无条件东西上显得捉襟见肘的时候,这其实是一个很好的契机,让我们反过来意识到人运用概念的时候是在一厢情愿,是在封闭。这被黑格尔叫作本质论或者"本质逻辑"。

§47

第一个无条件的东西是灵魂,人们由于感觉到灵魂的主体性、单纯性、单一性与差异性,而以实体、单纯、单一(人格性)、对空间性对象的关系这些范畴代替经验的感觉。康德严格区分二者,是坚持了休谟的看法,即普遍性规定不能从知觉中得出。

这涉及康德先验辩证论中针对灵魂问题而来的"纯粹理性的谬误推理",即用一个词来描述对象，在不同的时候这个词是不同的含义。我们思考灵魂的时候往往认为我的灵魂我做主。其实灵魂是主体，作为普通意识和作为身体经验的我，反而是由灵魂来做主的。所以康德说灵魂具有主体性。另外它还具有单纯性，即不同于感性因素的杂多状态。就历经不同时间而不变来说，它还是单一的灵魂。最后，就灵魂不同于自然界中的一切身外之物而言，灵魂还具有排他性。然而主体性、单纯性、单义性与差异性这四顶"帽子"，表面看来都具有肯定性的内容，实际上都是否定性的，即都只能相对于其他经验性事物而言，说它不是那些事物。我们一旦去追问灵魂实体本身是怎么回事，马上就会发现这一点。康德并不能改变人只能否定性地描述灵魂这个事实。所以康德要求严格区分范畴与经验规定，其目的不过是为了强调"这些范畴是成立的"，这实际上是把休谟做过的那件事情（即强调"灵魂不能够用感知中的东西来规定"）又做了一遍，此外无他。

那么黑格尔说这些话用意何在？前面黑格尔看到，康德的确是把事物本身当成真理的，可是人又活在知觉和经验当中，只有经验的手段，但要用这仅有的经验性手段达到非经验的真理，那么除了主观投射与主观设定之外还能怎么办？康德这里手段和目的这两造是撕裂的、无法弥合的。简言之，黑格尔的结论是，康德无法界定灵魂。

[说明]康德的批判为对精神的哲学研究开辟了道路，使人不必纠缠于灵魂的简单性、复合性、物质性等伪问题。但这还算不上是什么思想，因为它对思想的内容并没有正面的讨论。

在黑格尔看来，精神其实司空见惯；但是康德只能达到对精神的否定性描述。一旦思维达到事物本身，那就达到了思辨的层面，能触及精神性的东西了。而人要达到事物本身，达到思辨的层面，就必须克己，不能以人为中心。康德在先验辩证论中其实已经看到了有精神这么一回事，即看到事物中有思辨的因素，他还看到思辨的因素不能够凭感性经验中得来的东西去理解。比如说感性经验中得来的简单性、复合性、物质性这些规定，都是不够用的。黑格尔完全赞同康德的这个洞见，但是他强调的是，不应该止步于此。将精神与来自经验的规定划分开来，再把其远远地搁在某个地方，这就算是对精神真正的尊重了吗？这里蕴含的最大危险是，这种做法会反过来巩固人的自我封闭。所以黑格尔批评说，康德的这个看法还算不上是什么思想，因为他对思想的内容并没有做正面讨论。

这话的弦外之音恐怕是,康德没有警惕这些范畴的自我封闭性。——这一思想在《逻辑学》中便落实在本质论揭示的二元设定困局上。

[附释]谬误推理的错误是在不同意义上使用同一个词。康德认为旧形而上学有此毛病。但康德以"越界"为由批判将简单性、不变性这些词用到灵魂上的做法则不妥,因为这些规定太低、太片面,灵魂不仅是同一的,还是自我区别的。

黑格尔依然先陈述康德自己的意见,再对康德展开批评。康德批评前人,是因为他看到了如下看法是自我欺骗:人们自以为赋予简单性、不变性这些词以更高妙的含义之后,就可以将这些词用在灵魂身上。

黑格尔反过来批评康德止步于对这些简单规定的否定。黑格尔要强调的是,这里有更深的东西,而且更深的东西不能通过判断,只能通过推论才能达到,但康德仅仅否定简单规定,那还是在作判断。对于灵魂这样的对象,必须通过推论,即通过概念论层面的思辨思维,才能说出它不仅是同一个它,还是自我区别的。这是什么意思?人无论描述灵魂如何如何,都是站在外面描绘它呈现出来的样子,但这不啻于"盲人摸象"。灵魂压根儿就不能这样来站在外面加以描述,它本身就是一个自己主动表现具体普遍性的发展过程,换句话说,它的存在方式就是推论的、思辨性的。我们现在要警惕的是人只知道从自己的角度出发去看问题,因为那会迫使人达不到思辨的思维。

[导引]前文中我们看到,虽然黑格尔在批评康德灵魂学说的过程中也肯定康德给精神的哲学研究开辟了道路,但在根本上他还是认为康德没有达到要理解三个无条件东西所必须达到的概念论层次,这是根本的要害。接下来,黑格尔对康德的世界学说和上帝学说的批评也是围绕康德没达到概念论这个要害进行的。没有达到概念论,这不是个别哲学家的事情,而是整个近现代的大事情。它反映出人们在近代以来通行的认识和控制世界、建立事功(主要是以人为中心的理论与实践)并自我表彰的思维与行事模式下,对宇宙秩序是遗忘的。这才提供了一个大环境,使得康德这种敏锐的头脑能发现二律背反以及上帝存在证明上的难题。

康德发现的这些二律背反,黑格尔却觉得稀松平常。在下一节的"附释"中黑格尔说,有多少对象、表象、概念、理念就会有多少二律背反。所谓二律背反,实质上就是人类直接上手裁定、判断事物的那种思维(辩证的否定性理性、知性)不足以穷尽事物,导致到达某个层面之后,再要往上提升已经做不到了,因为那时对事物似乎"正说也行,反说也行"。所谓"正说也行,反说也行",这样的局面在德国古典哲学家听来会感觉很悲哀,因为那是人的某种挫败,他们不会欢欣鼓舞地认为那表明人的能力强大,可以随意摆弄事物了。但由于康德坚持经验实在性的立场,所以他采取一个切割的办法:一旦到了"正说也行,反说也行"的地方,我们就不要再说什么了,也不要思考为什么会出现这个局面。

康德与黑格尔在上帝存在证明上争论的是什么?表面上看,他对前人的上帝存在证明大加挞伐,但是在黑格尔看来,这恰恰是自曝其短。大体上可以说,上帝存在证明实际上就是宇宙秩序存在证明。在黑格尔看来,前人提出的上帝存在证明的结论其实是正确的,只是证明得还不够好,有其"短板"。这背后的义理需要解释一下。上帝存在证明和笛卡尔的"我思故我在"一样都容易被常识当作异想天开:人想到什么,就有了什么。但是在黑格尔看来,人要达到上帝的概念,要达到合适地理解上帝的程度,前提就是必须超出常识那种朴素地赖以为生的世界图景,能承认并信赖宇宙秩序,并具备超出本质论的概念论思维。中世纪的上帝存在证明要做的事情,当然不是因应现代常识的世界图景,向人证明上帝对人有什么"用",甚至不是把常识的理解拔高到宇宙秩序的层面。它本身的预设是,在一个信仰充沛的时代,宇宙秩序像"常识"一样稀松平常,明晃晃地就体现在人们的生活当中。这个证明在当时是提醒人们,不要被尘世那些适应于有限事物的有限规定占据了全部注意力,不要因为意志软弱而生出一些退坠的想法,将生命托付给生生灭灭的有限事物,也不要因为一些"好人没好报"的现象,就对宇宙秩序失去了信心。

到了近代之后,那个证明成了人们嘲笑的对象。近代人的主要兴趣并不是在信仰充沛、宇宙秩序历历在目的前提下(即在已经达到上帝概念的前提下)排除有限事物的蒙蔽,他们纠结的是如何靠有限事物过活。简言之,中世纪人是在已经达到上帝概念的情况下,在事事物物当中将已经实现的宇宙秩序看得更真切;近代人关心的则是怎样从本质论提高到概念论,如何找到在人们的信念中已然失落的宇宙秩序。讨论上帝存在证明这个问题,我们必须留意到时代的语境变化。康德对上帝存在证明的批判如果仅仅局限在先验辩证论的范围内来看,如果仅仅在经验实在性的层面来看,是很有力量的;但如果结合黑格尔的评论来看,我们会发现康德的那个论证其实是很无力的。这样我们也就不会跟着康德去笑话上帝存在证明了,因为它实际上包含着特别严肃的思想内容。

§ 48

理性在第二个无条件东西(世界)上陷入二律背反,即可以同时就世界说两个相反的命题。康德将矛盾归咎于范畴和理性。

康德的确看到人对世界这个问题是无能为力的,无论"正说"还是"反说",似乎都行得通,实际上都是片面的。至于一种全面的观点怎么达到,那不是人力所能为的。黑格尔对康德的这个发现首先当然是赞赏的,即赞赏康德看到了理性的局限,康德不会像一般低层次的启蒙思想那样想当然地认为理性无所不能,而且理性天然具有免于审查的合法性和正当性。那么黑格尔批评他什么? 黑格尔的批评的关键之处在于,理性不仅仅是人的理性,理性自身的本性会引导我们走出它陷入的这个泥潭。只要人不是把目光仅仅局限在"我作为一个人能干什么"这一点上,只要顺从理性向更高处的指引,就会发现理性的根本在于宇宙秩序;反过来看,人认为"正说"与"反说"都行得通,那还是局限在从人的角度看问题,那是一个无法破解的迷局。这样的迷局作为进一步自我反思的契机,固然是好。可是如果像康德那样,看到这一迷局就止步不前了,那就等于反过来强化了迷局。在这一点上我们可以发现,康德对二律背反的揭示是一个通往概念论(即从二元设定走向三元推论,或者说从以判断为中心的知性思维走向以推论为中心的思辨思维)的很好的契机。推论的本质是人要克己:人不要总想着通过加给事物一个名号或在事物背后设定一个本质,就把事物掌握住了,因为那实际上不过是把它纳入到人的知识舒适区中去罢了。所以如果有《逻辑学》本质论中的那种耐心,会看到思辨理性有对一般人类理性进行深度反思的一面(那还不仅仅是康德式的批判),这是黑格尔一直坚持的。理性的本性其实是宇宙理性或世界灵魂,理性的本性与近代人的这套一厢情愿地通过二元设定占有事物的想法有冲突的地方。

[说明]康德取得了现代哲学最重要、最深刻的一个进步,即矛盾是本质性的和必然的。但他的解决办法比较浅薄,即认为矛盾是理性无法摆脱的命运。这会导致理性为了摆脱矛盾而规避一切内容。

黑格尔首先赞扬康德发现了理性的困境。但黑格尔对这一困境的判断与康德有所不同：这是知性或人类理性的固有缺陷，但它不是宇宙秩序、逻各斯的固有缺陷。在概念论层面回望，我们就会发现康德的观点不过是《逻辑学》本质论层面的一个阶段的表现。

康德的解决办法在黑格尔看来很浅薄，他仅仅把它当成是人类理性无法摆脱的命运。然而黑格尔看到，康德那个理性无非就是推理性的理性（diskursive Vernunft），即在《逻辑学》呈现的某一个或某几个有限的层面上推理来推理去的理性。这种理性操之于人手，它缺乏自我反思的支点和能力。①

接下来黑格尔谈到矛盾，黑格尔看到康德对待矛盾的态度在根本上还是消极的。这就是说，矛盾虽然是难以摆脱的命运，但终归是不好的，能避免还是要尽量避免。黑格尔看到，这种"洁癖"式回避矛盾的态度，最终会落入虚无与空洞之中。而黑格尔自己则主张采取一种更积极的态度。这种更积极的态度也容易被我们误解，即误当成是有个万能的东西在最后等着消解一切矛盾。我们后面会表明，黑格尔根本没有那么浅薄，那种误解依然是基于人操控世界的立场在"想当然"。

这里倒是要附带谈一谈我们通常说的"矛盾是事物前进的动力"。这种说法主张要重视矛盾的正面作用，这固然很好。但这种说法是否依然是以人为中心的掌控者心态，甚至陷入旁观者渔利的心态，是否依然陷入本质论的二元设定之中，这些问题都很值得思考。

四个二律背反是远远不够的，有多少对象、表象、概念、理念，就有多少二律背反。康德不是从概念推演出对象的规定，而是以已经制定好的图式（范畴表）辖制对象。要看出万物皆有二律背反，就需要《逻辑学》。

万物都有二律背反。康德的二律背反主要针对作为总体性的世界而言。其实只要能够达到思辨的层次，我们就会发现，世界也是万物。当然，不要把"万物"仅仅理解成你手头的一两个具体的东西（定在、实存、物），更不要拘泥于它们的那些具体属性（特性）。因为事物本身就有不同的层面，若是拘泥于存在论或本质论的层面看待事物，那么二律背反的那一面是看不出来的。到了概念论或思辨思维的层次，通常我们使用的那些概念或概念含义就不灵了，二律背反的效果就会显现出来。原因在于，概念论谈论的是作为"具体普遍性"或作为概念本

---

① 这里的"推论"还不同于概念论中的"推论"，后者是比判断更高的概念展现方式，属于思辨思维。

身的事物,对于这个意义上的事物,无论我们以存在论或本质论层面的任何范畴谓述它,似乎都是可以的,也似乎都不可以,它们的反面或它们本身都可以用康德先验辩证论中惯用的那种归谬法怀疑掉。根本原因在于,那些范畴"够不着"这个意义上的事物了。当然看明白这一点需要漫长的过程,需要经历整个"三论"。

[附释]康德止步于自在之物不可知这个消极结果,没有达到对二律背反的积极意义的认识。其积极意义在于一切现实事物自身都包含对立的规定,认识就意味着把握这些规定的统一。

这整个"附释"都是对前面说过的意思的详细展开。康德让人不要试图认识事物本身(自在之物),否则会碰一鼻子灰(二律背反)。这个做法固然是对人的一种警醒,但是这在黑格尔看来只算是说出了二律背反的消极的结果。所谓消极的结果就是无结果,无果而终。然而黑格尔认为二律背反的困境实际上是达到更深层面的一个契机。当然,所谓"更深层面"绝不是人满脑子事功之心,带着以往掌控事物的种种想法和手段去刻意追求所能达到的功劳。比如唯名论者与路德的看法,即绝对者的恩典绝不能与人的事功挂钩。黑格尔显然不是在这个意义上说二律背反的"积极意义"的。

二律背反的积极意义一方面是指,一切现实事物自身都包含对立规定,此时人若是抱着规定事物从而营造舒适区的心态去把握事物,就必定会"打脸"(二律背反)。另一方面是要把握到这些相互对立的规定的统一。比如一个有道德洁癖的人无论对他心目中的"善人"还是对他自己,总喜欢让现实的人彻底合乎"这个人是善的"或"这个人是恶的"这两个判断之一。然而现实的人用单纯的善或单纯的恶都是界定不了的。这还不是说现实的人就是善恶"混合体",而是因为单纯的善与单纯的恶构成了一个二元设定整体,这样的二元设定本身就不现实。现实的人必须用推论的方式(而不是判断的方式)来思考,也就是要带着(比如说)对于由单纯的善与单纯的恶构成的二元设定本身的警惕来思考。从这个角度来看,黑格尔所讲的万物都有二律背反就不难理解了。事物的本性就是思辨的,而人一定要用一个非思辨的知性方式去对待思辨的事物,如何不碰壁?

四个二律背反分别是:世界有界无界,是否无限可分,是否容纳自由,是否有原因。

我们知道,康德采取的论证方式大体上可以概括成归谬法,即要证明某个命题,就通过证明与之相反的命题会推出荒谬的结论来进行。黑格尔要问的是,比如说,康德为什么一开始就设定世界是有界或无界的? 哪怕你采取归谬法,这也反过来证明你一开始就把你的结论设定下来了。剩下的工作无非就是想方设法巩固这个结论。而这恰恰不是真正的论证应该采取的路子。黑格尔的用意其实不在于争论到底要不要用归谬法,而在于提醒康德,不要仅仅为了证明正、反两个结论而证明。因为证明正、反两个结论,无论采不采取归谬法,一开始就稳稳地设定了结论,这就已经摆明了"到此为止"的态度。而如果一开始就不想到此为止,就不会采取清理门户、御敌于外的保守态度。换言之,归谬法本就是"小家子气"。

康德对正反论题的证明似是而非,在证明之前已经预设了要证明的结论。但他的证明在客观上显示出,知性所分离开的对立规定其实是统一的(共存于一个对象之中)。比如我们既可以设想时空是连续的(无界),也能设想它们是断裂的(有界),那就是这里和现在。实际上连续和断裂,以及自由和必然都是真正的必然性的一些观念性环节,是人为分离出来的。

康德并未进一步考虑,一"正"一"反"两个方面共存于一个对象上说明了什么。所以只能说康德在客观上显示出,而不是在主观上意识到了对立规定的"统一性"。黑格尔则要进一步推动问题,让我们看到统一性才是更根本的,而对立的两个结论其实都是片面的、人为设定出来的。比如我们要设想时间"有界",通常就说现在跟过去不一样,跟未来也不一样。但问题是,什么叫现在? 哪儿有像一个水坝一样清清白白立在那儿的现在? 我们即便在自己脑子里寻找现在的活动,找到的也都是过去留下的记忆和对将来的预期,压根儿就没有纯纯粹粹的现在,现在只是人为想象出来的一个东西。至少就现在绝对不同于过去,也绝对不同于将来这个意义而言,一个绝对分离的现在不过是人的主观想象罢了。反过来说,过去和将来也不是全部,要是没有现在的话,其实也谈不上过去和将来。那么现在究竟是有界还是无界? 其实黑格尔并不是要纠结这个问题。他想把人引向更深的地方,也就是要让人意识到我们的生活是按照过去、现在、未来三者共同构成的时间架构展开的(而且这个时间架构本身源自于永恒),这三者中的任何一个单独抽象出来看都没有意义。同样,空间有界与无界的问题,以及自由与必然的问题也类似于此。双方共同构成的二元设定及其更深的预设才是问题的关键,双方中的任何一方都没有绝对的意义。

§49

传统的理性理想致力于统一抽象的同一性(上帝的概念)和同样抽象的存在(上帝的存在)。

这一节开启上帝问题的讨论。理性理想主要涉及沃尔夫形而上学划分模式下的"理性神学"。理性神学有两条路子,中世纪神学遵循从概念进展到存在的路子,近代神学则聚焦于如何能从存在进展到概念的问题。(依照《逻辑学》的标准来看,中世纪的证明已经立足于概念论层面的概念,试图进展到该层面的"客观性"二级层面;近代的证明则完全处于本质论层面,关注的是科学与经验所认可的实存是否能达到一个绝对者概念,即试图进展到该层面的"现实性"二级层面。[①])

所谓抽象的同一性,指的是抽象的知性思维认为应该把上帝的概念搁在那儿:上帝就是上帝,我们对它不能够再进一步描述了(因为任何规定都可能带来否定,即沾染尘世的属性)。为什么又说存在是抽象的?那显然是指一种让黑格尔极不满意的存在。比如说,康德以传统的上帝存在证明为独断,认为从那些证明能提供的论据得不出上帝如眼下的钱币一般"实在"的实存。但黑格尔实际上可能有讥讽康德的意思,即指责康德把"实存"的含义理解得太肤浅了。

§50

宇宙论证明(将世界视为无穷多偶然性的聚集)与自然神学证明(将世界视为无穷多目的关系的聚集)试图从事物的存在进展到上帝的概念。康德的批判与休谟类似,也就是坚持经验实在性的立场,认为从经验和知觉无法上升到普遍性。

宇宙论的证明和自然神学的证明是着眼于必然性与目的论,从具体的世界万物的存在进展到上帝的概念。这就是从我们身边看得见、摸得着的世界万物(上帝力量的体现)入手,由它们反过来启发对那背后进行支撑的上帝的理解(上帝的概念)。那么反过来看,本体论的证明就是从上帝的概念进展到上帝的存在,其实也就是进展到呈现上帝力量的具体事物的存在,这个倒是比较宽泛。

---

① 参见庄振华:《黑格尔的上帝存在证明及其历史意义》。

这里要提醒的是,三种上帝存在证明都有深厚的思想渊源和长久的历史,它们那里的"存在"和"概念"也都不能在常识意义上理解。

黑格尔要讲的是,康德在批评宇宙论证明、自然神学证明的时候,采取的是经验实在性的立场,也就是坚持经验和知觉的实在性,认为人无法从这里跳跃到普遍性上去。这里问题的关键是什么? 参照《逻辑学》来看,宇宙论证明和自然神学证明要做的事情其实是由本质论层面走向处在该层面顶端、概念论开篇的"概念",如果达不到《逻辑学》意义上的"概念",这两个证明就无从谈起。这两个证明在中世纪是附属性的证明(附属于本体论证明之后)。但是到了近代,由于近代思想欠缺的就是本质论向概念论的过渡,所以宇宙论证明和自然神学证明恰恰成为近代人更关注的两种证明。(相比而言,在中世纪,最核心的证明是本体论证明,那个证明所做的工作是从概念论意义上的"概念"进展到概念论意义上的"客观性"。)现代生活主要立足于本质论层面,坚信经验及其包含着的规律、先验结构的实在性。现代人要达到斯宾诺莎式的"实体"(那依然属于本质论层面,大致对应于《大逻辑》"现实性"二级层面上的"绝对者"三级层面)已经很难了,要再上升到概念论,去在思辨的意义上理解世界的绝对必然性与合秩序性(而且不是像康德那样只是在《判断力批判》中将其作为一个猜想),必然是极端困难的。因为这首先就需要承认经验的实在性是不足的,即需要动摇和质疑他从小到大倚仗的生存基础。

[说明]思维才使得人进入精神的自我发展进程,而不再受制于感性生活方式,拒绝这样的过渡就等于拒绝使人得以成为人的思维。有了这种思维,人才超出动物而有了宗教。同时黑格尔也批评形而上学的上帝证明没有很好地展示改变经验性思维和扬弃经验形式的过程,没有展示出经验的世界只是映象而非真理,反而只是断定了不同于经验世界的另一种存在。雅可比有道理的地方在于,知性规定的确限制了上帝,但他没有看到概念论本来就是纠正这种限制的,这正是思维的本质,而雅可比反对一切思维的做法是错误的。

古典意义上的"思维"能够让人摆脱感性事物的局限,让人达到对宇宙秩序的把握,真正成为人,而不仅仅是动物,也让人有了宗教。这在旧形而上学中近乎于常识,因而往往被预设为当然的前提。旧形而上学更注重的是在这个前提下教化人心,而不是费劲考察思维让人摆脱感性事物局限的这个过程。相形之下,唯名论以来的世界是一个冷冰冰的、让思维看不到神性与希望的世界,由此才会产生经验论与批判哲学的这种以经验世界为"实在"的生存态度。人们基于经验实在性去生活，去建立理想、规划生活，这样的心态看似很有道理，但从历史的角度来看，这个心态其实是信仰充沛的时代过去之后，人们才会有的心态。——而这个"古今之变"正是旧形而上学给现代读者留下"把柄"的一个原因。正因此，旧形而上学在现代读者看来才尽是"独断"。

但是到了现代，哲学若要"自救"，就必须呈现出上述过程。这个任务已经非常紧迫了，因为那种拘泥于经验实在性的现代思维已经开始反过来打击古典思维了。按照唯名论的想法，思维就仅仅是主观思维，概念和共相是没有什么实在性的。可见唯名论已经给现代思维打开了一扇门。以往那些看不见、摸不着却又很崇高的共相、概念，都容易被当作尼采所谓的"必要的虚构"。所以这个时候能够反过来看出经验的世界只是映象而不是真理，是非常需要眼力的。即便高明如康德者，也只是悬设不同于经验世界的另外一种理念，但他的根本态度依然是"有几分力量说几分话"，人凭借经验只能跟现象世界打交道，那么即便理念在传统思想中再重要，也只能"存而不论"。——实际上，这在黑格尔看来是一个很主观的做法，并不像它表面看来的那么科学、谦虚。

最后黑格尔批评雅可比因噎废食。雅可比只看到知性规定的有限性和主观性，可是他没有看到理性还有高出知性的一面。雅可比思想未免急躁，他认为既然人一旦去行动和思考，就难免陷入有限规定之海，那么人干脆把这些统统扔掉，凭借直觉和善良本性直接拥抱上帝，岂不更好？他的话看似挺有道理，实则不然。实际上他说的神圣天性、神秘直觉反倒是主观的，反倒是人一厢情愿的设定，而他在仓促之间抛弃掉的理性，其实只是人无所省察的情况下，直接出手要去支配世界时采取的思维，即只是本质论中的二元设定思维。我们早就知道，这种思维在整个《逻辑学》中并不是很高明的。人的天性的高贵之处，固然在于人可以凭借二元设定深入事物的内核，但更在于人还可以对直接出手去跟世界打交道并陷入二元设定这种方式本身加以警惕，在于人有领悟宇宙秩序的能力。而后一种能力根本不是反理性的，它反而必须凭借理性拾级而上的思辨思维才能达到。这些都是雅可比所未见的。简单说，雅可比对本质论层面的理性活动加以警惕的主观意图是好的，但他终究落入直接拥抱绝对者这种斯宾诺莎式的思维之中，也是很可惜的。黑格尔这方面的思想在他随后讨论思维对待客观性的第三种态度时会详细展开。

人们错误地将斯宾诺莎主义当作泛神论,乃至无神论,其实它是无世界论。只不过由于人们看不到他从世界提升的意图,而坚持以世界的实在性为基点,所以才认为否定神比否定世界更容易,因此认为他是泛神论。

这一段同样是将后文中对"第三种态度"的批评提前透露出来了。其中的思想可以与本质论的"现实性"层面上的"绝对者"三级层面(依从《大逻辑》标题)中的思想对观。泛神论认为可以用我们与世界上的东西打交道的方式,去跟世界所表现的绝对者打交道。的确,人只能够透过世界上的东西去跟绝对者打交道,但是与绝对者打交道的方式还是跟直接与世界上的东西打交道的方式不一样的。说白了,这就是本质论与概念论的区别,或者说是知性思维与思辨思维的区别。对于斯宾诺莎主义,黑格尔同样肯定它把人从陷溺于世界上种种有限东西之中的状态拔擢出来的意图是好的,虽然他认为斯宾诺莎执行得不够好。因此斯宾诺莎主义的总趋势其实是无世界论,而不是无神论,即不是降一格,以跟世界打交道的方式代替跟绝对者打交道,而是在看到世界上的事物具有神性之后,去改变以往跟这类事物打交道的那种尘世方式。

思维在升高的过程中最初获得的内容(实体、本质、合目的性、生命等),还不足以规定上帝,只有精神的本性才是思考绝对者的适当出发点。

对于是否可以像笛卡尔和斯宾诺莎那样,将上帝规定为"自因",亦即用因果性来规定上帝,黑格尔持否定态度。翻翻《大逻辑》就很容易发现,因果性对比关系处在本质论的第三个二级层面("绝对的对比关系")上,还没有达到概念论。打个比方,我们虽然希望将绝对者当作主体或主动者,但我们只要谈"原因"(Ursache)和"作用"(Wirkung),这种言说方式终究难以摆脱就人而言、服务于人的二元设定嫌疑,终究不是就世界本身的绝对必然性而言的。[①]与此类似,我们也发现实体、本质这些范畴都是本质论层面的,没有达到概念论。即便我们经常挂在嘴上描述上帝的"目的""生命"等词汇,看似出现在概念论层面,却不是在概念论该有的思辨意义上使用的,而是在常识意义上使用的,即以人为中心,将绝对者编织到人类感到中意的一幅世界图景中去时所用的概念工具,而不是对宇宙秩序本身的尊重。

---

① 详见本书对"因果性对比关系"的解析。

黑格尔所谓精神的本性才是思考绝对者适当的出发点,意思是指逻各斯、三一论这些思辨性概念才能用来思考上帝。精神的要害在于思辨性,而不仅仅在于《圣经》与基督教中道成肉身的故事与教义。黑格尔讲的精神的本性,指的是事事物物都扎根于宇宙秩序,而人类应该打开思辨性思维的"精神之眼",而不能仅仅局限于属人的理智,去对世界进行编织和构造。精神虽然必须通过人的理性去通达,但它并不隶属于人。精神在根本上是高过人的,而人又只能通过理性被接引到精神中来。

[**导引**]现代人依其习惯的生活方式,张嘴一说话,动手一做事,往往容易落入《逻辑学》本质论中的二元设定,也就不太容易把握原始意义上的上帝存在证明。其实在不同时代、不同生活方式下,连"证明"的含义都是不一样的。我们不要固执于形式逻辑的三段论,将其作为唯一合法的证明方式。历史上的证明方式太多了,其实阿奎那的"存在的类比",以及笛卡尔的"我思故我在",就都不能拿三段论来衡量。"证明"的不同含义,是由于不同时代的生活有不同的路子。比如提出本体论证明的安瑟尔谟,他的证明绝不是要从人脑子里的想法推出上帝的存在,而是要从那个时代人们耳濡目染的绝对者形式(上帝概念)出发,引导人们对于上帝的存在,对于上帝力量在人世间的体现保持信心。他的证明本质上是为了增强信众的信心,为了教化民众在生活中朝向上帝,而非废坠。黑格尔在《精神现象学》"序言"中曾呼吁人们要振拔起朝向神性的力量:"有一种严格的、几乎是狂热和焦躁不安的努力,要把那些沉迷于感性、平庸和个别状态的人们拽拉出来,迫使他们的眼光仰观星辰。看起来,那些人已经完全遗忘了神性事物,跟那些享受着泥土与水的蠕虫一样,满足于当下的处境。过去,人们曾经拥有的天空遍布着丰富的思想和图像。对于一切存在者来说,意义都在于光线,万物是通过光线才与天空联系起来的。顺着光线的指引,目光不是停留在这一个当前存在,而是超越了它,飘向那个神圣的本质,飘向那个位于彼岸世界的当前存在。"①现代人若是不顾黑格尔早年就提出的这些规劝,反而怀着对经验实在性的执念和理智上对于中世纪人的莫名优越感,指责他们自欺欺人,这种做法本身就很可笑。

① 黑格尔:《精神现象学》,第5—6页。

第 50 节谈到宇宙论证明和目的论证明,接下来的第 51 节要谈本体论证明。这三种证明在中世纪都出现过。提出这三个证明的中世纪人已经达到上帝概念了,而他们的证明不过就是要把上帝概念落实到自己生活中去而已。所谓达到上帝概念,意味着他们已经深信世界具有一种向上帝凝敛的结构。人在世界上的种种事功,也不过就是为了更好地成全这种结构,而不是为了凸显人自己。中世纪人面对这三个证明时的心态与现代人是不一样的。中世纪人会依照已有的上帝概念,"对照检查"自己生活中是否有废坠的迹象,放眼望望周围的事物,从中凝望上帝力量的体现,从而赞叹上帝。现代人则由于埋首于现实事物,而失去了或者说还没有重建起上帝概念,他的第一反应是:"我生活中见不着上帝啊!"如果说中世纪人需要从主观概念(概念论的"主观概念"二级层面)走向客观概念(概念论的"客体"二级层面),现代人则更需要从经验实在性走向绝对者概念(大体上是本质论的"现象"二级层面走向"现实性"二级层面)。

§51

本体论证明是从概念到存在的证明,它遭到康德反对的理由是普遍东西不包含特殊东西,存在无法从概念中得出。

这一节的意思我们前面已经讲过了。康德的批评通俗来说就是,无论人把绝对者想象得多么高,那也不过就是人的一个想法,既无法凭空创造出什么实存的东西来,对于既有的实存东西也无所增益。而黑格尔意义上的"从概念到存在",首先对于现代人的理解能力就是一个巨大的挑战:现代人要先完成从存在到概念的提升,才能为从概念到更高层面的存在的过渡创造条件。所谓的"从存在到概念"和"从概念到存在"显然不是把同一个事情颠倒过来那么简单,前一个说法中的"存在"是本质论层面的"实存",而后一个说法中的"存在"其实是更高层面(概念论)的存在("客观性")。从概念到存在,它对于现代人而言首先需要世界观的根本提升,意味着在生活中能看到事事物物的神性,否则根本无从谈起。如果做不到这一点,人多多少少都会把"从概念到存在"的那个"概念"仅仅理解成主观念头。于是便有了康德拿"一百个塔勒"来笑话本体论证明的事情,这完全是现代人的思维。但是黑格尔的绝对者可不是这样的实存之物,它首先指的是概念论层面的宇宙秩序,与本质论层面的实存之物有着霄壤之别。简单说,康德对本体论证明的嘲笑是无效的。

[说明]这里的关键在于绝对者概念不同于具体实物的概念,称后者为概念其实是一种粗野。有限事物的存在不同于其概念,因此其概念不包含存在,但上帝概念包含其存在。雅可比的"直接知识"说在这一点上是有道理的。

像我们讲的桌子、椅子、斧子、凿子这些"概念",严格来说其实不配称为概念,最多只能称作"共相",它们至少没有达到《逻辑学》概念论层面上的概念,我们之所以也称其为"概念",只是随顺日常习惯罢了。有限事物的存在是看得见、摸得着的。于是年深日久,我们就觉得看得见、摸得着就是它的"究竟"状态。但是它的概念绝不仅仅是这种状态,它实际上讲的是这种状态是如何扎根于宇宙秩序的,因而概念虽然看不见、摸不着,却比看得见、摸得着的状态更根本、更重要。在有限事物这里,这两个方面是分离的。当我们执著于有限事物的实存这一面的时候,我们实际上遗忘了概念的一面。但在绝对者那里,这两者是不分离的。①思维把握到世界上事事物物的神性,把握到上帝对于这个宇宙秩序的造就,上帝也就切切实实地向思维当下呈现了,思维也就把握到上帝的存在了。

在这一点上,雅可比"直接知识"说有道理的地方在于,他所否定的东西(有限规定)真正是应当否定的。至于他要用直接知识去肯定的东西,是否真能用他这种直接的方式肯定,黑格尔对这一点持保留意见。

§52

康德将抽象思维叫作理性,这种思维最多只能达到外在的规定性,原因在于它仅仅致力于认识的批判,而不是致力于认识真理。

在黑格尔看来,康德实际上是把理性降解为知性了,或者说没有看到什么是真正的理性,而只知抽象的"理性"或作为知性的广义理性。康德对宇宙秩序采取存而不论或敬而远之的态度,把它作为"理念"远远地放在那里——这实际上也不同于黑格尔那里的"理念"。康德表面上致力于极为严谨的认识批判,但正如我们前面分析过的,实际上这种做法是把人牢牢"摁"回到人为编织的世界图景中去了,使人不得动弹。说白了,这种貌似严谨的态度其实是以人代天,即用人对于宇宙秩序的想象(表象)来代替宇宙秩序本身。不仅如此,与这种做法相

---

① 详见本质论的结尾部分与概念论的开篇部分。

伴随的还有一种"吓唬"人的手法：人是不能通达宇宙秩序的，那个地方对于人而言太可怕了，就像黑暗的深渊一样，人一过去就粉身碎骨了。这种态度在黑格尔看来就是人自己吓唬自己，或者说自我封闭。

[附释]康德固然承认理性要认识无条件的东西，但实际上将它降解为知性了。真正无条件的理性是自我规定的，而非以无矛盾性为原则，用知性范畴将知觉材料外在地加以系统化。

这个批评听起来很刺耳，它说的是康德承认理性把握无条件的东西，但实际上又剥夺了这种理性，因为以"空洞的知性""抽象的同一性"的标准来看，理性一用就出错。所以他的结论就是，不要运用这种理性了，人也别指望去认识无条件的东西了。他所说的这种理性，在黑格尔看来实际上是知性投射出来的一个东西。黑格尔自己心目中的理性则是真正无条件的，是扎根于宇宙秩序上或与宇宙秩序合一的，它作出的规定不仰赖外部事物，只是它自身或宇宙秩序本身的自我规定。而对于所谓理性或宇宙秩序的自我规定，我们在理解时不要进行任何人格化的想象，仿佛有个很缥缈、很高级的东西在指点江山似的。这种自我规定并不神秘，它无非是说概念的出现和演进依靠的是概念自身的推动，即依靠在前的概念的缺陷推动这种缺陷的解决，进而走向在后的概念。

康德所做的工作，就是在形式逻辑的原则下，一方面拿悬设的理念作为无限者，将世界笼罩起来，另一方面在经验范围内拿时空与范畴对感性材料进行系统化。可想而知，这两方面工作在黑格尔眼中都是不"究竟"的：前一方面并非真正以思辨思维合适地探讨理念，后一方面则是对以人为中心的世界图景的固化。

§53

康德的实践理性试图普遍性地自己规定自己，使之具有事情本身的客观规律性。但这是一种主观的设定，而且只能在经验中得到自以为的证明，但经验论的怀疑论实际上有理由得出反面的结论。

本节与下一节简单讨论康德的实践理性。康德实践理性的意图不可谓不高远，整个想法也是非常崇高的，非常值得人们敬仰。康德的观点在普遍主张幸福论的时代环境下出现，极为切中时弊。但是黑格尔要批评康德的是什么？康德认为实践理性普遍地自己给自己立法，这样确定下来的道德原理与道德规律似乎就天然具有普遍性，天然符合事情本身的客观秩序。在黑格尔看来，整个这一套想法其实是人类的一种主观设定。凭借这种设定在生活当中做出来的道德行为，表面看来似乎能够得到验证，比如说伟人做出高尚的道德行为，这似乎就是经验中实实在在的证明。但是这些证明很难经受住经验论的怀疑论的冲击。崇高的道德行为在相信道德的人看来固然是很崇高的，但是不信道德的人总有无数的理由怀疑其崇高性。所谓"仆人眼中无英雄"就是这个意思。这样看来，道德似乎"信则有，不信则无"。

然而黑格尔在这里无意于在康德伦理学和经验论的反驳中间采取一种立场，即或是同意这两派中的任何一派，或是和稀泥，把这两派做一个折中。黑格尔看到，经验论和康德伦理学有一个共同之处：它们都是本质论层面的，都是以人为中心的主观思维的产物，只不过一方强调道德动机，另一方强调经验因素。整个这一节的要点在于挑明康德的实践理性是一种单纯的自我约束和主观投射：自我约束就是自以为管好自己，主观投射就是把自己对于道德以及道德会走向的绝对者投射为事物本身的客观规律。这里的毛病与理论理性的毛病是一致的，即没有达到概念论，没有突破本质论的二元设定，没有真正扎根于宇宙秩序。

<h2 style="text-align:center">§ 54</h2>

实践理性的规律只是形式逻辑的抽象同一性（非矛盾性），因而与理论理性一样，犯了形式主义的毛病。实践理性在自己内部设定"善"这一普遍规定，而且认为善具有外在的客观性，但这些都是主观设定。

如果我们认为证明了康德伦理学具有具体生动的内容，或能像《法哲学原理》中的"道德"那样与其他法现象相贯通，便能摘掉它经常被扣上的"形式主义"帽子，那恐怕还没有触及问题的要害。黑格尔实际上并不是在这类意义上说它是"形式主义"的。黑格尔那里，形式主义的要害就在于主观性，就在于黑格尔说的主观理性。主观理性会让事物的一切规定服务于人所设定的世界图景。任何东西都不过是为了让人构造的世界图景更充实、更完美，说到底是服务于该图景对于人本身的有用性，而不在乎这些东西本身具不具有独立性。主观性其实必然会带来形式主义，主观理性必定是形式主义的。这个形式主义指的是以人设定的形式对待事物本身，而不是依从事物本身的形式。

［附释］理论理性没有达到的自由的自我规定，康德试图在实践理性中获得。康德针对幸福主义，高扬人的意志的自我约束，使之摆脱欲望的局限，这完

全正确;但问题在于,康德这样做并没有为实践理性获取肯定性的内容,因为善只是人的主观设定,而为义务而履行义务也只是主观的决心。

为义务而履行义务,这的确是康德伦理学的要求,指的是我决心去做一个好人,我相信这么做之后,我的生活便处处体现出善来。这不免让我们想起堂吉诃德在世界上推行他的德性的场景。黑格尔看到康德这个学说实际上是对同时代的幸福主义的一种反动。别人做不做得到,我不管,但我一定要求自己做到,这样一种猛士般的决心在幸福主义流行的时代是非常可贵的。依从这一思路而来的康德伦理学不仅树立起来了,而且成为现代几大伦理学派之一,对后世影响也极大,所以康德伦理学的功绩是不言而喻的。

但是黑格尔要强调的还是,这套伦理学是人的主观设定。当然这个"主观"不是在个人意义上,而是在人类理性意义上而言的。那么回到开头的问题,既然理论理性没有达到自由的自我规定,那么康德在实践理性中获得了没有? 对于这个问题,我们现在不下结论。这里我们只提醒大家,对照黑格尔与谢林自己的自由观来看,这一点至少是相当可疑的。①

§55

反思判断力在直观的知性中以普遍东西规定特殊东西,作为考察艺术作品与有机自然产物的方式。

第55节开始讲《判断力批判》。根据后世学者对德国唯心论史的梳理,结合谢林、荷尔德林与黑格尔在学生时代阅读《判断力批判》的经历来看,人们常常认为第三"批判"是更可贵的。第三"批判"的确对于康德后学有极大的启发之功,但是我们不要过分突出第三"批判"。其实三大"批判"(尤其是第一"批判")对于后学都很重要。这一点从黑格尔在这篇"绪论"中讨论三大"批判"的篇幅分布就不难看出来。

我们都知道康德不承认理智直观(数学直观除外),但是黑格尔在叙述第三"批判"中的知性时称呼其为"直观的知性"(anschauenden Verstandes),听起来似乎就像是理智直观(intellektuelle Anschauung)。黑格尔为什么这样做? 在康德那里,认知能力当中是没有理智直观的。第三"批判"中"直观的知性"与此并

① 庄振华:《自由、形式与真理——黑格尔与谢林的自由观浅析》,载《哲学动态》2019年第1期。

不矛盾,因为反思判断力在此从事猜想性的、范导性的规定,并不从事认知。即便反思判断力以"直观的知性"的方式运作,也没有违背康德在第一"批判"中对知识来源的规定。但话说回来,康德以目的论范导判断力的努力,这一做法的实质是站在人的角度对西方传统宇宙秩序观的一种最大的接近,很像一种"欲言又止"的姿态。康德的反思判断力可以说达到了现代人对宇宙秩序最大限度的宽容了。对于传统的东西,他也要像过筛子一样过一遍,但是一定是秉持人的尺度,能接受多少就接受多少。他手中握的这杆现代的尺子,始终在他的哲学的各个分支、各个领域中不停地锻造,使得我们极为清晰地看到典型的现代世界观在各个领域的呈现方式。康德可谓现代哲学的天才。

对西方传统的宇宙秩序,康德欲言又止,这一方面表现出他作为启蒙思想家的一种"坚守",因而表现出启蒙思想的彻底性;但另一方面,从他所达到的思想成果和他思想的内容来看,这种做法又是极不彻底的。黑格尔对他的理论理性和实践理性的考察,都是在揭露这种不彻底性;这里讲到他的判断力批判,同样是要做这个工作。

[说明]《判断力批判》虽然没有像它自认为的那样达到具体的理念(终极目的的实现),没有像席勒等人一样为抽象思维找到出路,而是拘泥于概念与实在的分离,但客观而言,依然适合于引导意识把握具体的理念。

在说明中,康德思想的不彻底性被黑格尔讲得更清楚了。这儿反复说到"具体的理念",这个说法正像概念论中"具体的普遍东西",指的是在具体生活、现实世界当中看出宇宙秩序来,哪怕是看出宇宙秩序的一些踪迹和征兆也好。尽管康德不一定会使用"具体的理念"这种黑格尔式的术语,但是黑格尔认为康德主观上洞察到了具体的理念,但是没有像后继的席勒他们一样为抽象的思维找到出路。我们知道,席勒在《审美教育书简》中突出了艺术作品、教育体现反思判断力的一些更具体的方式,比康德更灵活、更融通一些。然而康德的界限还是那么分明,他认为在我们实实在在能把握到的意义上而言,我们的世界中概念与实在还是分离的。在康德看来,在具体的东西中能把握到的不是真正的普遍东西(后者处于彼岸),而只是一些不得不预设的先验要素。

《判断力批判》中勾勒了美的理念,即无目的的合目的性,以及有目的的合目的性理念。凭着这些理念,以及它们最终导向的自然目的与上帝,康德向人显示出,我们这个世界在终极意义上还是有盼头的。但是话说回来,康德认为所有这些都只是个"盼头",即只是人在主观上约束自己跟审美对象与有机物打交道的活动所用的,而不是在认识的和客观的意义上对它们进行的任何规定。

然而黑格尔依然不吝赞美之词,说反思判断力依然可以充当我们把握具体理念的一个契机。这就是说,反思判断力如果往思辨思维的方向引导,实际上可以充当一个跳板,让现代人放下勾画世界图景、营造舒适区的念头,向宇宙秩序开放自身。

§56

康德虽然没有达到具体的普遍东西、具体的理念,但已经在经验中承认可以通过天才和趣味判断发现的那些据以猜测理念的迹象。

尽管康德作为现代的一个大哲学家,非常敏锐地发现宇宙秩序还是不能丢,但毕竟只是将其当作一个悬设(即猜测),他的立足点还是经验实在性。正如第60节"说明"中暗示的那样,康德与经验论还是太亲密了,与经验论共享了太多想法。那么康德为黑格尔所称颂的一面是什么? 即便他只承认经验是实在的,可是他的哲学直觉特别敏锐,比如他知道天才对美的直觉是难以用自然科学解释的。

近代自然科学之所以难以解释天才的直觉,是因为它大体说来只知道分(机械的与化学的分割),而不知道合(宇宙的原初秩序)——即便切分之后通过先进技术达到的再组合,也不是真正的合。推动它的是一种控制的想法,而任何单刀直入进行控制的想法,到世界上任何地方,面对任何的对象,最后达到的实际上都只是一种"可被控制"的景象。人以控制的手法对待世界,世界便呈现为可被控制的。这并不代表世界服服帖帖,只代表人的世界图景与舒适区营造成功。而在这个过程中,世界本身及其秩序极有可能退场了。而天才的直觉要触及的恰恰是世界本身及其秩序。

§57

反思判断力在有机物中发现了内在目的,也就是有机物的所有环节互为目的与手段。

反思判断力对有机物的这种看法,实际上还是迁就普通思维的一个说法。这倒不是说康德有意迁就,而是说客观上而言它受制于普通思维。康德的内在合目的性概念,实际上并未达到概念论中的那种目的论。①如果要在《逻辑学》中寻找对应范畴的话,它大致可对应于本质论的"现实性"二级层面上的"条件、事情和活动"的结构(《小逻辑》第148节)。它实质上只是一种条件关系,而不是正面意义上所见的宇宙秩序自我实现的最高方式(高于机械过程与化学过程)。那种自我实现不在康德的视野之中。康德对内在合目的性的理解,仅仅是对照外在的、有限的合目的性来理解的:后者是事物与事物之间外在攀扯的条件关系,而内在合目的性则将这种条件关系转移到一个事物内部了,仅此而已。如果不像黑格尔那样正面澄清宇宙秩序的存在方式,没有澄清真正的目的即为概念、理念、宇宙秩序,即便康德的主观意图再美好,事物内部各环节"互为目的和手段"也必然沦为它们"互为条件",它就无法和人工智能设计的高级机器人区别开来。简而言之,康德的愿望虽然美好,希望能以有机物为模本,猜想宇宙有机体与世界的终极结构,但他所表述的内在合目的性概念在客观上而言并没有什么不同于条件关系的实质性内容,或者说他没有澄清这个概念与条件关系的区别。而这又是由他没有真正达到概念论层面决定的。

§58

康德走到了扬弃目的与手段、主观与客观的知性对立关系的门槛上,但终究还是退缩了,于是他将目的解释为主观的评判原则。

目的在康德看来只是猜测,因为康德的立场最终还是经验的实在性,而目的不具有经验的实在性,至少在我们切实感知到的东西的基础上是证明不出来的。我们看到,从英国经验论到当代分析哲学、心灵哲学、脑科学,有一条连贯的发展路线,这条路线是不承认目的论的。由于康德也坚持经验的实在性,即便他以猜想的方式接纳一部分目的论思想时也是如此。所以不难料想,康德这方面的很多资源可以被当代分析哲学、心灵哲学、脑科学吸收利用。但是,考虑到前面对康德与古典目的论的差异,不难发现这种吸收利用的前景也是有限度的。

[说明]康德第一"批判"中的范畴是主观的,对目的的猜测也是主观的,后者仅供参考。

---

① 见《小逻辑》第204节"说明"。那里黑格尔只承认康德的这一概念启发人们想起亚里士多德的生命理念,而这一概念本身则被黑格尔归入"现代目的论"之下。

对于第一"批判"中的范畴，康德也会在它们源自统觉的构造这个意义上承认它们是主观的（在这个意义上他甚至可以承认整个现象世界都是主观的）；但他当然不会在黑格尔的意义上（在主观思维、知性思维、有限思维的意义上）承认它们是主观的。换言之，康德可不承认范畴是人类在一个较低层面上一厢情愿的执念，更不承认人类还可以超出这个层面之上，达到更高层面。他会认为那是人类的终极层面，客观性只能在这个层面上呈现。但康德能接受的是，对目的的猜测是主观的，它不可在知识的意义上运用，但是可以作为第一"批判"的参考，这没问题。

黑格尔也善意地说，对目的的猜测如果更深入拓展和更系统发挥的话，会带来对自然的一个更高级的考察方式。他是在暗示谢林和他自己的这一类自然哲学。黑格尔和谢林的自然哲学对于现代路数的自然科学而言可能过于"骇人听闻"，是他们的哲学中受抨击最多的部分，往往被认为是玄学家头昏脑热的话，但是它其实有自己的一套理路。当然，考虑到现代自然科学知"分"不知"合"的路子还远远没有走到头，还有极大的延展空间，在短期内无法预见到它会承认和接受上述理路。如果允许套用古代的两个名词，那么一种脱离古希腊意义上的"自然"的单纯的"人为"，只能带来双倍的人为，即自以为控制了自然，实际上一上手就陷入对"人为"的"人为"固化，即《逻辑学》本质论层面揭示的二元设定困局之中。而依照古希腊哲学的构想，"自然"和"人为"本应是一体的。这个话题要说起来太过庞大，暂且按下不表。

§ 59

康德将普遍性、终极目的与善在世界上的实现托付于第三者（上帝），寄希望于永远不能实现的"应当"。

这里的第三者就像一个信托机构一样，这个机构在什么时候实现委托是我们所不知道的，我们能做的只有托付，也就是说我们只能把希望的实现寄托于未来。但问题在于，如果允许撇开康德的主观意图不论，单纯就客观效果而言，寄托给第三者和未来的做法，实际上并不是以上帝与善的实现为指向，而是以人的这种生活方式的巩固为指向的，即可以让人自己心安理得，让人当下觉得有一个可靠的第三者与未来可以托付了，后者会让善在世界上实现的。所以，在黑格尔看来这种"应当"就是一种自欺。——当然这里不是指康德在主观上不真诚，或对上帝与善的实现有任何不敬。

[导引]后面第 61、62 节,谈到批判哲学之所以要进行批判,是因为它认为人只能够主观地构造现象,人的行动与思维有不能突破的天花板,也就是说问题出在人只能够主观地做事这一点上。黑格尔反对这种观点,他认为思维不是由主观去推进的,康德设想的那个思维本身就有毛病。黑格尔眼中真正的思维可不是我们主观的思维而已,它是广义的思维。那种思维实际上就是形式的关联。我们人的主观思维只不过是执行这形式关联罢了,而形式与形式之间的可关联性才是最重要的。柏拉图的理念论讲得非常清楚,尤其《巴门尼德》谈得非常深刻的一点是,形式与形式之间本身就是必然有关联的,主观思维不过是执行这种关联罢了。现在康德的问题出在哪里? 康德认为我们人只能够自己构造一套,而事物和世界本身却是另一套,后一套是不由我们去设想和理解的,或者说我们根本设想和理解不了。这就造成了一个根本问题:我们进行的构造容易掉到知性或二元设定这个大"陷阱"里。这就带来两个选项:要么像康德这样认为这是无可奈何的唯一出路,不断强化二元设定;要么像雅可比那样直接跳出去,以虚无主义为名反对一切理性与思维,即反对一切范畴、思考、推论,企图凭借某种天生具有的直接能力,直奔绝对者而去。

康德以他的先验逻辑,对现代思维方式进行了很到位的总结,但他觉得现代思维方式谈不上有什么陷阱,而且是理性之人不得不采取的方式。黑格尔指出现代思维进行的形式关联有毛病,但是他又说这只是事情的一个或一些层面,并不代表全部的形式关联。人直接以掌控的方式去跟事物打交道,事物却对人故布疑阵,让人有所得的同时又使之深陷泥潭。但这只是一个阶段的表现,它还远远没有达到古代理念论、中世纪经世三一思想的高度。那么问题出在哪里呢? 问题出在现代人过于强调进取,过于强调控制和把握事物,实际上就是过于强调人自己。我们常说"工欲善其事,必先利其器"。这在砍柴担水一类技术活上是绝对必要的,然而在哲学思维中,我们若是像康德那样将武器准备好,恐怕就已经开始把自己封闭起来了,因为武器必然带着武器控制事物的方式,这种方式会构成我们周围的一个厚厚的"硬壳",包裹我们的整个生活。

我们经常说现代性的毛病是主体主义,但如果问题没有推进到形式关联和主观思维的局限这样的深度,这个话还是白说,而且有非常大的误导性。因为正像雅可比那里一样，当我们说到主体主义有毛病时，言外之意就是不要主体作用，此时剩下的选项不就是直觉、体验、神秘吗？黑格尔绝不主张不要主体作用：正如《小逻辑》后文会表明的，这样的想法，最终还是会折戟沉沙。——这桩哲学史公案，对于照鉴现代哲学崇尚的有限性、原初直接状态、潜意识等做法的弊端，也是有极大启发意义的。

接下来的几节是一个重要关节点，黑格尔在这里把第二和第三种态度进行对比。我们看看发生在康德与其后学雅可比身上的主体主义及其颠覆这幕大戏。

§ 60

康德仅仅在人的道德信念的意义上设想善与终极目的。这种主观信念在现实的冲突面前又成为主观确定性，而不具备理念的真理和客观性，他投向未来的期待只是自欺。

这一节讲康德哲学的顶峰。这个顶峰就是第三"批判"最后落脚的自然目的与道德神学。这就涉及善和终极目的。康德寄希望于人的道德信念，这就把通达至善和终极目的路局限在人的主观信念上了。这不能不说反映出康德的虔敬派背景。在唯名论留下的中世纪晚期时代精神下，路德新教①主张人在尘世间做多少好事，也未必能够保证一定得救，人做什么并不重要，重要的是绝对者对你怎么看，而人也没有任何途径去了解绝对者对自己的评判。既然天意渺茫不可测，人能做的除了勤勤恳恳地约束自己做善人之外，别无他法，所以这实质上是一种在尘世间苦修的心态。与此类似，康德那里的主观道德信念的背后，实际上是一种深深的不自信。用黑格尔的话来说，主观信念在现实的冲突面前仅仅是主观确定性，也就是主观上自认为可以通达至善，而不具备理念的真理和客观性。因此，他投向未来的期待只是一种自欺。

要理解黑格尔所谓的理念的真理，就要避免单纯拥抱经验的实在性和在边界之处对善与终极目的"信则有"的心态——我们在康德身上看到，这两个方面实际上是一体之两面。理念的真理，用黑格尔的话来说，就是具体的普遍东西（或具体的普遍性）。然而这个具体的普遍东西却不是我们在主观的意义上施

---

① 在不同地方也有抗罗宗、路德宗、福音派等名称。

行控制所能够达到的,因为它处在概念论的层面,而那种控制只能达到本质论层面,天然带着其无法摆脱的二元设定。理念的真理是客观的(概念论的"客体"二级层面),然而那是比经验论或批判哲学所见的"客观东西"更高的一种客观性。人的思维不经过一定的教化,是达不到那个高度的。

[说明]康德坚持认识的界限,但他没有认识到人甚至生物不同于无机物的特点就在于天生超出了个别性,天生包含着矛盾性。所谓的界限只是以无限宇宙秩序的现实存在为前提的一种设定,康德误将这种设定当作终极实在了。

在"说明"中黑格尔要对"已经上升为我们这个时代的信念或普遍前提之一"的批判哲学作一个总评。

康德的批判是为了严守界限,但是他没有意识到界限就意味着无界,一旦把界限划清楚,界限就已经以无限者为前提了。但这却是人类知性画出的世界图景中的无限者,并非真正就其本身而言的、思辨意义上的无限者。这里黑格尔是结合人和其他生物的根本特点来讲的。人和其他生物天生就是非个别的,天生就以矛盾的方式包含着普遍性。换句话说,人和生物就是活生生的具体普遍东西。言外之意,康德眼见世界上有这样的大批以具体普遍性方式存在的生物,却还在那里讲界限,讲具体性与普遍性无法结合,这本身就很荒谬。在黑格尔看来,这就是误把主观思维的设定当作客观固定不移的界限,或者说误把主观思维当作客观思维了。相对于无机物而言,人与其他生物天生是以既具有界限,又在同时突破这界限的"无一限"方式存在的,天生就包含着矛盾性,而人超过其他生物的地方又在于明确意识到并主动更好地成全这一特质。

其实"无一限"的不仅仅是生物,万物都是如此。一方面,万物都有界限,没有界限就没有万物,而且万物的根本界限就是它的形式规定。然而另一方面,现在问题的关键是,过分执著于这个形式和界限恰恰是违背它们本性的,因为一切形式和界限都扎根于无限的宇宙秩序,因而不能自给自足,只能既具体又普遍地体现宇宙秩序。人的理智固然有助于他把握许多崇高的形式,但人若是成为一个以自身为中心的漩涡或黑洞,企图将一切形式都各就各位地安置在他的理智构造的世界图景中,那不过是一种新的"自给自足"之梦,终究会破灭的。

康德的认识无助于科学的研究工作。因为它只是防止普通认识正在运用的范畴与方法免受质疑,仅此而已。

黑格尔这里说的科学,从他自己在此处加的一个注释来看,包括当时的各种科学,不仅仅限于自然科学,但我们仅以自然科学为例。比如康德要以第一"批判"为数学和自然科学奠基,它对自然科学的确有一个打消疑虑的作用,但除此之外没有更多的正面作用。黑格尔表面看起来似乎不动声色,但这话实际上说得很重,是对推崇康德思路的许多朋友泼了一大盆冷水。

各门科学无论广狭,都是围绕着它当作"知识"的一些既非直接源自经验、亦非由人主观随意认定的形式在打转,康德通过他的"哥白尼式革命"把这一点揭示出来了,这是他对于现代科学的功绩。这就打消了从经验中直接建立科学和由人主观随意幻想出科学这两条错误的道路,在哲学上认可了文艺复兴时代以来早已行之有效的"哥白尼式革命"。①黑格尔在这个基础上又进一步反思了康德的局限,后者看到现代人只知道寻找和确定这类形式,找到形式之后就满足于说它们是人类赖以为生的东西,却不知道这背后有我们一直在解释的一套自欺的结构。康德是从正面维护这个结构,对于它的自欺性没有反思。

康德哲学的来源、内容、考察方式与形而上学化的朴素经验论相同,但他不同意彻底经验论的反形而上学立场。然而康德哲学挖空了形而上学的内容,是拒绝一切外在权威与依据的绝对内心性立场,代表了时代的普遍信念。

这里谈到了康德哲学与两种意义上的经验论的关系,贝克莱之前的经验论还是承认很多形而上学的东西,而贝克莱和休谟则完成了将经验论彻底化的工作,除了知觉印象之外,什么都不认识。康德哲学不属于这两种经验论中的任何一种,但是他接受经验的实在性。可是他是通过先验要素建立起经验的实在性的。按照黑格尔的评判,康德哲学的来源、内容与考察方式更像形而上学化的、朴素的经验论,即更像接受了一些形而上学结论的那种经验论,他跟推进到底的彻底经验论不太一样。而朴素经验论更接近于现代人日常生活中的"常识",在这个意义上可以说康德是现代人的最典型代表。

接下来黑格尔说康德哲学挖空了形而上学的内容,按照启蒙时代的方式以绝对内心性拒绝一切外在权威与依据。这并不是什么好话。我们知道黑格尔跟谢林一道,在学生时代是非常激动地纪念过法国大革命的。作为年轻人,他们认同那个时代普遍流行的看法,即法国大革命是推翻腐朽的封建传统,给人带来启蒙,是为全人类的福利做斗争的。但两人后来都对启蒙理性有所反思,他们看到

---

① 李华:《康德"哥白尼式革命"的文艺复兴前史辨正——以卡西尔的论述为中心》。

启蒙的初衷当然是好的,但有意无意地掉到现代理性的一些陷阱中去了。比如黑格尔就发现,这种貌似"天然正确"的理性,就是人类的绝对内心性,即很大程度上只是人的一厢情愿,只是人的自以为是。不同于《精神现象学》"理性"章那种近乎"义愤"的话语,《小逻辑》行文至此,以极为平静的语调说康德哲学挖空了形而上学的内容,背后的意思是很清楚的:形而上学的很多内容是值得保留的,比如柏拉图与亚里士多德的思辨思想、中世纪的上帝存在本体论证明都是如此。黑格尔说这话,并不是因为他盲目拥护权威,而是出于他对宇宙秩序,对西方文明最核心的形式感的维护。他早已过了跟康德及其后学进行什么口舌之争的年龄,他此时所争者乃西方文明的存续。

[附释1]批判哲学认为知性并没有达到真理,仅限于有限性领域,这是一大功绩。但批判哲学的一个误区是认为有限性因为人在思维而产生,实际上这种思维本身就是有限的。这种哲学的另一个缺陷是,对思维仅作历史的描述而不追究其根由,不见其局限与更广阔的空间。

以前的人由于在知性问题上没有这样的"自知之明",就容易陷入康德所说的独断或怀疑之中。康德对人的知性能做什么限定得很清楚,相对前人而言这是一大功绩。康德认为,以前的人没有意识到是人在思维,而人思维出来的结果必定是有界限的,只能够是现象。可见康德认为这是人固有的缺陷。黑格尔在这一点上不像康德那么消极。他认为如果不局限在人的主观思维上,而是回到传统的客观思维上,就会发现康德见到的只是客观思维在某一阶段上的缺陷,即知性思维的缺陷。然而超出知性的思维之上还有思辨的思维,所以不能把知性思维的局限当成人固有的命运。具体而言,人能够进行的不光是人自我封闭、自我设限的知性思维,他还有可以通达宇宙秩序的思维。后者是现代人所不熟悉的,但却是西方思想的一笔固有的财产。

从康德以及康德主义者的角度来看,黑格尔的观点像是落回到康德批判过的独断论了。然而从黑格尔的角度来看,康德哲学反而是一种独断,因为它将眼光局限于历史的遗存,仅以现代思维及其现成接受来的世界图景为究极。批判哲学仅仅基于现代人的视角,站在历史沉淀于当下的既有产物上描述思维,而不追究其逻辑科学意义上的根由。这就是说,现代人是怎么思维的,批判哲学就把它老老实实地呈现出来,而不追究现代人为什么会这样思维,它只满足于说历史上人们一直都这么思维,所以人就应该继续这么思维下去,而对于这个思维的根据及其在宇宙秩序中的位置,它都不管。

实际上黑格尔指出批判哲学的这两个缺陷,都是为了给思辨的思维谋求生存空间,而避免人的整个思维都被康德所说的有限性占据。像康德那样,认为只要是人的思维,就达不到真理,这话说得太急切了。

[附释2]费希特认识到思维自我规定的限度和方式,开始进行范畴演绎,但他的自我并非真正主动的,而是被动地由外部障碍刺激产生的,这就使得外部永远是外部,费希特终究没有脱离康德的藩篱。

通常认为批判哲学以康德哲学与费希特哲学为代表,但被归入"第二种态度"中的"批判哲学"名目之下,迄今为止的所有篇幅都给了康德,唯有目前这个"附释2"是讨论费希特的。①费希特的范畴演绎跟康德的先验演绎(包括范畴的主观演绎和客观演绎)还不一样。康德那儿的演绎其实就是展示范畴在我们实际生活当中的适用性,具体而言就是把范畴如何以时间的方式在我们现实生活中运行的情形展示给大家看一看。他实际上说的是范畴与经验的关系,并没有正面就范畴论范畴地讨论它们的生成与演进,这件事情是费希特和其后的谢林、黑格尔的课题。然而费希特的范畴演绎在黑格尔看来也不"究竟",依然局限于人的视角:费希特的自我,即范畴演绎的主体,虽然不能视作经验的、心理的自我,而是人类理性意义上的普遍自我,但这个自我并不是真正主动的,而是因应外部遇到的障碍、刺激而活动的,也就是说自我要依据非我来理解,这跟康德那里主体要依据主体之外的东西来理解是相似的。

C　思想对待客观性的第三种态度　直接知识

§61

批判哲学只知道抽象的普遍性,后者与真理这一具体的普遍性是对立的。"直接知识"说看到了这种缺陷,干脆抛弃全部理性思维,认为后者只能把握特殊的东西。

---

①　"附释2"所涉及的应是早期费希特,因为从《哲学史讲演录》来看,黑格尔所知的"后期费希特"恐怕只是他的那些通俗演讲,而不包括他后期大大发展与改进了的知识学,后者仅见于一些未出版的手稿中。见黑格尔:《哲学史讲演录》(第四卷),贺麟、王太庆译,北京:商务印书馆1978年版,第333—335页。

第61节开始讲第三种态度,也就是"直接知识"说。直接知识是雅可比提出来的,它的参照系就是康德,因为雅可比看到了康德对范畴与对象、人与世界的关系的有限性的揭示,但又不满于康德止步不前,因为他认为真理不可能只是有限规定、相对性规定。只要是有限之人所用的知识,就是无休止地相互牵扯、相互限定的知识,即相对性知识,如原因与作用相对,大与小相对,善与恶相对……雅可比的想法是,既然所有知识都是相对的,那我们就将其全部抛弃,直接拥抱世界,直接拥抱上帝。在黑格尔看来,雅可比在对理性、知识的信心方面同样是太过急切了,过早得出了一切理性、知识都是有限的这一结论。

这一节实际上是过渡性的,它把批判哲学跟雅可比的"直接知识"说并列,很直观。并列的做法暗示这两个学说实际上异曲同工,都是对同一个事情的反应:人们平时从事的那类理论与实践,往往只能达到抽象的普遍性(如作为彼岸的意志自由、灵魂不朽和上帝存在),达不到具体的普遍性这个真理。在这种情况下,批判哲学主张能做到多少就做到多少,做不到的敬而远之,美其名曰"批判"。"直接知识"说则不同,它认为人既然只能思考知识所达不到的遥远的普遍性,实际的知识只能局限在特殊东西上,让人永远在相对的、有限的东西的大海洋里翻滚,那就干脆把思考一股脑地抛弃。

批判哲学没有意识到除了主观的知识、主观的思维之外,还有更广大、更深刻的知识和思维,而"直接知识"说干脆把婴儿和洗澡水全都倒掉了,想直接拥抱世界和绝对者,但却走向了一种新的幻相,因为它直接拥抱的东西压根儿就是它自造的。

§62

仅仅局限于范畴内部的那种有限思维认为并不存在无限者和真理,反而容易把无限者扭曲为有条件者,把真理歪曲为非真理。

局限于范畴内部的那种有限思维会埋头忙活自己的事情,它认为根本就不存在无限者和真理。人如果沉迷于这些有限的范畴,他会觉得生活很充实,还会反过来嘲笑无限者和真理。其实人最擅长做的事情就是营造舒适区,嘲笑和扭曲无限者、真理的做法本就构成这些人成功营造舒适区的一个必要条件,是他们非做不可的一件事情。把真理歪曲为非真理的前提一定是先把非真理确定为真理,在嘲笑真理之前他们必须先感觉自己的生活方式很"充实",因而是"真理"。

但真正的哲学家不会这样做。凡是提出一套范畴说的哲学家,尤其是亚里士多德、康德、黑格尔这样的哲学家,他的意图都不会仅仅局限于范畴内,他的旨趣都在于更高的东西,比如理念——尽管其具体追求方式未必是合适的,比如康德。

[说明]"直接知识"说将全部思维规定与认识都当作拟人的、有限的,这受到了康德范畴学说的主观性和自然科学知识的有限性的影响,是过于急切而得不偿失的做法。

"直接知识"说受益于康德。康德指出,人一出手去思考或行动,人的构想或行为就是有限的。黑格尔也会赞同"人一思考,上帝就发笑"这样的话。可是这不意味着人就没有"后招"了,本质论之上还有概念论。然而不经过本质论的锤炼就直抵概念论,也是不可能的。而"直接知识"说将一切理性、思维和知识①直接扔掉的做法,则是在康德把所有思维都界定为有限的基础上"错上加错",这就是黑格尔的基本界定。

这种做法之所以得不偿失,是因为真正适合于真理的那种思辨思维必须经过本质论的锤炼才会出现,雅可比将这条后路切断了;而他得到的所谓"直接知识",又只是一种主观臆想,并不是什么真理。

§63

雅可比重视理性使人成为人的功能,但他将理性改造为直接知识和信仰。

雅可比也不糊涂,他也看到人没有理性就不是人,可能就堕落到更低的状态。他的本意是将理性"升级"改造成直接知识和信仰。雅可比的做法看似向上帝开放,实际上切断了教化和上升之路,因为它没有切实地表明各种知识处于何种层面,说白了就是没有进行谢林、黑格尔意义上的范畴演绎。雅可比后来诉诸一些心理学的现象:我们在心里想到什么好的东西,我们就应该接受它、认定它、拥抱它,比如我心里想到一个很威严的上帝的形象,我就应该接受这个形象,这是我们天生就有的本事。其实这种做法是投入到心理学的怀抱中了。这就是没有通过范畴演绎切实地表明各种知识处于何种层面,各自有什么样的局限

---

① 雅可比扔掉的是推论性的有限性知识,拥抱的是直觉和信仰,后者就是他所谓不同于推论性知识的"直接知识"。

（比如自我封闭化的危险），就一股脑地直接抛弃，然后另立门户，树立起一种看似高妙的直接知识来。在这种情况下，他的直接知识就只能是一种主观设定的美好想象。

[说明]雅可比仅仅以心理学的方式使用和探讨直接知识，却不考察其本性和概念，后者才是唯一重要的问题。这种直接知识其实无法摆脱与思维、知识的关系，雅可比不去清理这个问题，反而将直接知识运用于感性事物上，这就会导致思维的层级规定与日常感性事物"两败俱伤"。这种糟糕的状况由于"信仰"二字与基督教虔诚态度的直觉性关联，因而带有许多自负与傲慢的特征，这就使得情况更加恶化。

这一段包含的内容极多，但我们把握住黑格尔批评的要害之后，这些内容也不难。黑格尔说考察知识的本性和概念是唯一重要的问题，这显然是在以严格的范畴演绎来衡量"直接知识"说。这种学说在他看来是自欺欺人，因为直接知识摆脱不掉与思维和推理的关系。雅可比没有搞清楚这一点，反而以为自己直接就有了一套成型的知识。比如他说我们相信我们有身体，这里的直接知识就是相信。这种信念是人之常情，可它却不是一个合格的哲学命题。黑格尔认为，雅可比如果硬要这么干的话，就会导致思维井然有序的层级规定与日常的感性事物这两方都被他搅乱了。其实如果细究起来，人与人的"相信"都不一样，同一个人此刻与彼时的"相信"也不一样。科学不能这样"此亦一是非，彼亦一是非"。

黑格尔还附带说到，基督徒一讲到信仰就直接把它跟基督教的虔诚的信仰挂钩起来，似乎这个词成了一个"免检"的金字招牌。这就仿佛使雅可比式的直觉具有了天然的合法性，久而久之后者就带有了自负与傲慢的特征，情况就更加恶化了。针对这种情况，黑格尔认为要区分带有丰富而客观内容的基督教信仰与雅可比式的主观信仰。

直接知识实际上与灵感、内心启示、健全的人类知性、常识处在同一个水平，它们的共同点是直接肯定内心的念头。

黑格尔最后严厉判定说，直接知识无非就是与灵感、内心启示、健全的人类知性、常识同一个水平的东西。这些东西在黑格尔看来，毛病都在于主观设定性，我们不用一一解释，这里只说一下健全的人类知性。这是当时德国的启蒙哲学家们爱用的一个说法，也是当时的知识界经常拿来当作"棒子"去打人的一个词儿。说一个人不具有健全的人类知性，差不多就像说他是个白痴。长此以往，这个词便代表了当时的"学术正确"或者"政治正确",是一个可以很方便地将人打入另册的武器。但像费希特、谢林、黑格尔这些有见识的思想家对这个词儿都是不屑一顾的。直接拥抱的东西可能对,也可能错,但问题不在于那东西的对错,而在于这种直接拥抱的态度是非科学的。在这一点上,"直接知识"说与健全的人类知性、常识等犯了同样的毛病。

[**导引**]"直接知识"说的本意其实是好的,即由于看到推理性的知识始终只能在有限事物和有限规定中打转,在失望之下转而直接拥抱绝对者。黑格尔反对它,也不是出于什么恶意。他完全明白这种学说有道理的地方,比如说第70节就会指出这个学说很大的一个优点。黑格尔感到不满的地方在于上述做法是行不通的。在《逻辑学》的架构中,"直接知识"说大致对应于本质论的第三个二级层面。这意味着,哲学家出于对推理性知识的厌恶,然后生出对绝对者的一种直接的渴望。这还不是个别人所做的一个主观姿态,而是反映了西方文明的一个普遍阶段。斯宾诺莎达到过这个阶段,雅可比在德国通过传播斯宾诺莎的思想①而在客观上展示了这个阶段。

这里还要补的另外一点是,要注意区分两种直接知识,一个是不"究竟"的直接,一个是"究竟"的直接。先说后一种。其实一切最终的真理,在根本上而言都只能直接领受,不能进一步思考,都是康德所说的"理性的事实",即人只能接受该真理,不能再思考"为何会有这般真理"。比如说有世界存在这回事,有宇宙秩序这回事,皆属此类,这就是"究竟"的直接知识。而雅可比的这种直接知识则是不"究竟"的,因为它只是人对绝对者的一种主观设定。虽然它超出了批判哲学所在的层面,但毕竟还不是最终的真理。这意味着并不是所有的"直接"都是不好的,直接不直接并不是关键,关键在于这个路子是不是真理,或能不能通往真理。

§64

"直接知识"说认定表象中的无限者的状况就是其真实存在,误将主观确定性当作客观真理。

① 尽管他的转述不完全准确,而且对斯宾诺莎思想颇有微词。

人对上帝的想象,即便高妙无比(全在、全善、全知、全能),也不等于上帝本身的状况。根本原因在于人的想象是按照人的思维所处层面运行的,都是带有局限的。人对上帝的想象只能起一种增强信心的辅助性作用。所以像东正教的圣像画、天主教的圣母、圣子雕像其实也只能起一种间接的激励人心的作用,是不能够当作上帝本身的。

[说明]以笛卡尔关于思维与存在自明地原初统一的思想(即从我是能思维的存在者看出凡思维者皆存在)为例,表明雅可比只是在重复现代关于思维与存在之同一性的版本。

这个"说明"花费大量篇幅,还引用了自己学生霍托(H. G. Hotho)的博士论文,说明笛卡尔的"我思故我在"(Cogito, ergo sum)不是什么从思维("我思")推导出实存("我在")的三段论证明,而是对思有同一的一种直接显示,是原初的命题,不会被任何怀疑主义动摇。如果没有思有同一,笛卡尔"我思故我在"这类思想是提不出来的,这一点黑格尔在他的《哲学史讲演录》《精神现象学》中曾反复叮嘱。①所谓思有同一,其内涵是这样的:西方人看事物主要是看它的形式,或者说是受形式指引着来看事物的,说白了就是看事物向人显现的那种可理解的(因而普遍的)方式,而事物向人显现就是事物的存在。在这个意义上而言,笛卡尔"我思故我在"说的是怎样的一件事? 他说"我思"的时候,这个我思其实是意向性的,因为任何的思维都只能是意向性的。包括我看窗外桃树开了花,看蓝天白云,这都是我思——不要把这些强行剥除了之后,再去设想一个空空的我思,那是没有意义的。我思实际上就是人像开闸放水一样,让事物的形式向人的思维呈现出来。换句话说,我思就是以思维的方式呈现与存在的同一性。②所以"我思故我在"实际上是同义反复。这样的一个世界向思维呈现其形式,方可谓之"存在",这本身就是一切事情的第一步。所以思有同一就是"我思故我在"的实质。换言之,"我思故我在"就是近代版本的思有同一。

黑格尔认为雅可比的"直接知识"说在某种程度上只是重复了笛卡尔的思想。雅可比认为康德将近代版本的思有同一眼光仅仅投向有限事物是没有希望的,他要把这个眼光投向绝对者。这在黑格尔看来就非雅可比所能为了,因为后

---

① 黑格尔:《哲学史讲演录》(第四卷),第65—74页;黑格尔:《精神现象学》,第147—153页。
② 在这里,虽然我的身体是必需的,但它只是一个外部条件。上述这件事与我的身体没有本质关联,我的身体也要靠我思去把握。

者根本没有反思自己的思维方式,反而企图用知性的反思看待思辨的事情,用本质论层面的这种方式去把握概念论层面才能把握的东西。

§ 65

直接知识以孤立性和非中介性为标榜,这表明它是向旧形而上学中那种二元设定式的知性的倒退,是向外在中介性的倒退。也就是说,它因为拒斥间接知识,反而导致只能以间接知识来界定自身,同时又带有一种超出了间接知识的错觉。

"直接知识"说认为个别人可以孤立地得到所谓的直接知识。但个别人宣称自己直接就有了对于上帝的知识,但这话除了阻挡进一步的追问并拒绝交流之外,没有任何意义,因为那样的直接知识根本失去了知识天然应当具有的普遍可交流性。为了避免这种窘境,雅可比还会不断拿自己的直接知识与大家熟悉的那些适用于有限事物的间接知识进行对比,以凸显他的直接知识有多么超凡脱俗。这便意味着,他的直接知识要想树立起来,只有唯一的一条路,那就是不断否定间接知识。但是这种否定恐怕是无效的,因为它只是一堆主观的断言,并不具备有说服力的客观依据。不仅如此,在长期与间接知识对抗和封闭自守的过程中,"直接知识"说还会产生一种虚假的骄傲心态。这与《精神现象学》中讽刺过的斯多亚主义、道德世界观、良心、优美灵魂一类主观化心态是相当类似的。

[**说明**]《逻辑学》的本质论展示直接性和中介性的那种自行设定的统一。

本质论不光谈直接的东西(如实存、现象),也谈中介性东西(如本质、根据)。但实际上,直接的东西在根本上也是以中介的方式存在的(必须以中介性东西为根据),只不过表现得比较"直接"罢了;而中介性东西又是为了直接的目的(为了反过来巩固直接的东西),因此也服务于貌似"直接"的目的。这个意思说起来似乎比较"绕",要到本质论中才真正讲得清,但在此之前黑格尔会反复"预热"。后面第70节谈到直接性和中介性的关系时,还会批评通常的抽象知性把直接性和中介性对立起来或者分离开来的做法。

§ 66

"直接知识"说诉诸心理学现象是不可取的,因为不同人的直接知识大不相同,高级的直接知识其实是复杂的间接知识的产物和结果,只不过被熟悉它的人直接想起来罢了,无需每次进行复杂的推理。

"直接知识"的"直接"只是相对于意识而言的,人直接能意识到什么,他就认为那是直接知识。然而就知识本身而言,它往往建立在复杂的推理(间接知识)之上,只是人没有意识到这一点罢了。这涉及我们前面说过的"究竟"的直接知识和不"究竟"的直接知识的区别。"究竟"的直接知识对于普通知性而言根本就不直接,因为人们要领悟到它是直接的(即是无条件的理性事实),是需要穿过自身重重的理智迷障,经过长期锤炼才可得的。所以从学习、教化和思维锻炼的过程来看,就其本身而言"直接"的知识对于普通知性而言反而非常不直接。比如康德的"理性事实"就是如此。黑格尔之所以批评"直接知识"说,是因为它把判定知识直接与否、可取不可取的标准放在意识中。其实对于事情本身而言的直接和对意识而言的直接是两码事。

[说明]常识就能够察觉到直接的现实与其中介性的结合,经验中的直接现实皆有其中介性作为前提,也就是说这种现实同时也是其他东西的产物,比如黑格尔在柏林,当下的存在其实是间接的。

"直接知识"说当然看不上常识,但黑格尔讽刺它说,如若坚持不承认直接性与中介性不可分,那么在这一点上连常识都比它强。常识本能地了解每一个东西、每一件事情都建立在其他一系列东西和事情的基础上,我们直接碰到的东西、直接见到的事情并不能当作绝对意义上直接的,我们一定要结合它背后一大堆的前提,才能在表面上将其设定为"直接的"。比如黑格尔在柏林生活,就要以他的学习成长过程和他的学识受到普鲁士当局的认可,以他每日不断推进的工作为前提,而他在课堂的授课或他在街头的露面,虽然看似"直接"就有了,却只是被设定为"直接的"。真正说来,这些直接的现象反而是最表面的。

§ 67

法律、伦理、宗教方面所谓的"直接知识"并非表面看来的那么直接,它们以一个漫长的教化过程为前提。

黑格尔继续以具体的例子来点醒"直接知识"说。像法律上的正义感、伦理上的善良天性、宗教上的虔诚本性,便是这个意义上的"直接知识"。人们往往认为那是人的"天性",甚而至于害怕并极力防止社会生活对这种天性造成"污染"和"扭曲"。殊不知每个人要有这些所谓的"直接知识",都必须经过漫长的教化过程。黑格尔指的还不仅仅是人要在经验中摸爬滚打,积累人生阅历。他指的是法律、伦理和宗教的那些概念,就逻辑科学而言是有长长的前提的。一个搭积木玩耍的儿童固然天真烂漫,不包含任何邪恶,然而正像尚未开花结果的蓓蕾不能被视同秋天饱满的果实,儿童的天真也不足以在法律事务、伦理纠纷、信仰方向这些事情上作出正确的抉择。人的视野必须在正确的层面上,以适当的方式投向这些事情,对其形成正确的概念,才能真正接触到就事情本身而言或在"究竟"意义上"直接"的东西。

[说明]天赋观念说对这里的问题有启发:"天赋"并非经验意义上的"生来具有"或"当下直接意识到",而是指无需反思就可以直接接受的观念,它本身在逻辑学意义上建立在许多规定之上。与此相似,基督教信仰也以许多宗教的教养为前提。

结合上下文来看,天赋观念固然主要指大陆唯理论(即笛卡尔、斯宾诺莎、莱布尼茨)的相关观念,但它的家谱还可以追溯到柏拉图的回忆说。这本身就启发我们要秉持从柏拉图以来的历史眼光来看近代的天赋观念,不要局限于近代,乃至过分夸大其特殊性。这有利于我们完整看待西方的形式感。

黑格尔为天赋观念辩护说,天赋观念的这个"天赋"其实不是在经验意义上说的。其实无论儿童还是成人,都不会无来由地直接具有那些观念。相反,在人生不同阶段和不同场合,却需要基于此人的教养和阅历之上的一些"直接"观念作为该阶段或该场合的基本"共识",如出现在法庭上的人,无论辩方、控方、法官、陪审员还是旁听者,都必须对善、恶、罪、罚有一些基本的共识。这些观念就其不言而喻或脱口而出而言,像是天赋的,就其作为逻辑科学某个层面的对象或作为人类教养某个阶段的产物而言,却必须经过漫长学习才能获得。黑格尔自己举例说基督教的信仰也不是现成的,它也以欧洲的基督徒在他们自希腊罗马、拉丁世界、日耳曼世界的这样的一个文化传承谱系中的许多宗教修养为前提。

[附释]柏拉图回忆说强调理念是人内在可通达的,而不是外来灌输的;但这与理念在逻辑上有前提并不矛盾,理念已经具有客观性规定,已经被中介过了。近代天赋观念也具有这两个方面。

柏拉图的回忆说固然强调理念是人自身理解到的,而非外铄的,但黑格尔强调的是,理念并不是人生下来就有或当下就凭空产生的,而是具有客观、科学的规定性的,是已经被中介过的。比如柏拉图笔下引导孩子得出几何命题的那个过程,实际上已经是该命题的证明过程了,或者说是该命题客观的、科学的规定性的展示过程,是它被中介的过程。

§68

在经验考察中直接知识呈现为不变的和不可缺少的;在面对神性事物时直接知识呈现为信仰,但是仍以中介过程为前提。

黑格尔不否认在经验和神性事物这两个领域中都可以发现直接知识。但问题是,人以为直接的东西,其实就其自身而言是间接的。这里同样是在展示直接性和中介性的辩证关系,这也是接下来两节的主题。

[说明]从存在到概念的上帝存在证明,是一种上升和中介的过程,但那些证明没有将这一点很好地呈现出来。

正如我们前面解释过的,"从存在到概念"主要是近代的上帝存在证明做的事情;而以安瑟尔谟为代表的中世纪神学家所做的证明,采取的主要是"从概念到存在"的路径。近代的这些证明,包括笛卡尔、斯宾诺莎、莱布尼茨的证明,是一个上升和中介的过程:它们不像安瑟尔谟的证明那样建立在已经达到的上帝概念之上,而是本身就是一个教化上升和寻求上帝概念的过程。它们要求人对自己既往的思维方式不断进行反思,参照《逻辑学》来看,即要求人们从本质论上升到概念论,而绝非什么平面化的三段论式概念推演。接着黑格尔又反过来批评这些证明没有将这一点很好地呈现出来,也就是说它们"光做不说",没有明确告诉人们"上升和中介"这回事。简言之,这些证明的出发点和用心是好的,只是没有向读者明确交待思维方式的反思。

[导引]"直接知识"说的要害是回避现代人必须经受的一场考验,这场考验就是公理演绎系统(就现代生活必须科学化而言)或二元设定(就《逻辑学》本质论而言)的考验。打个比方,现代人与物质的关系必须经过现代经济的考验,即科学化地生产和交换物质的考验,不能人为地绕过这个系统直接与物质打交道。拒斥与逃避的态度在以对近代生活方式的反思著称的德国古典哲学看来,不可能达到真理。那么,这个意思用黑格尔的术语来说就是,直接性如果拒斥中介性,那就只会沦为主观的抽象。不仅如此,直接性与中介性的统一还必须是经历

过整个本质论的所有层面才行，因为如果单纯固执于它的任何一个层面不放，就会僵化在其中的那个层面上，没有出路。——在德国古典哲学这个大范围内，与雅可比"直接知识"说态度相似的还有浪漫派。

§ 69

"直接知识"说的主要兴趣是从主观臆想的理念过渡到存在，但这个步骤也是有前提的，并非表面看来的那么直接，即在自身内部为获取真正的规定而进行的中介过程，不依赖于经验性的外部事物。

"直接知识"说不能满足于成天说"我与我心目中的对象直接接触了"，因为这只是主观的确定性。仅仅这样宣称是不够的，不仅是对听众来说不够，对雅可比自己来说也不够，因为他仅靠这类断言，如何使自己确信他所以为的了解不仅仅是他所以为的了解，还具有客观性呢？ 这样一来，他肯定要到他的生活所接触到的事物当中寻求印证。这就使得"直接知识"说陷入既排斥又需要有限事物的窘境。于是它试图在内部完成这个中介过程，在内心里构想一个理念与存在抽象地统一起来的过程，以保持其不沾染外部有限事物、有限规定的纯洁性。这样做的问题何在？ 下一节会接着分析。

§ 70

"直接知识"说不满足于主观理念和无理念的独立有限存在，认为真理在于理念与存在的相互中介，这是正确的。但它的无思想性在于，双方的统一并非直接的统一，而是双方的相互规定。像通常的抽象知性那样把直接性与中介性对立起来或分离开来是不对的，这会造成"它们如何结合"这个本就不存在的问题。

"直接知识"说看到了理念与存在统一的必要性，但是它只是在主观上看到两者必须经过对方的中介才有意义，因而抽象地设想两者的统一，而没有切切实实地就存在本身而表明存在必须走向理念，就理念本身而表明理念已经包含了存在。换言之，"直接知识"说类似于斯宾诺莎实体学说，仅仅停留在本质论的"现实性"二级层面的开端(《大逻辑》中的"绝对者"三级层面)，没有走完"从存在到概念"(即从本质论向概念论攀升)的路程。在这个意义上说，"直接知识"说并非没有意识到直接性需要中介活动，它远超那种将直接性与中介性截然二分的"日常抽象知性"。但它只知道这种"需要",而没有找到合适的满足需要的路子。

理念与存在的统一并不是外在拼合而成,而是需要双方都在自身内部切切实实地相互规定。对于理念而言,它要成为一个有意义的理念,就得能够自我外化,或者说进行自身的中介过程。《逻辑学》概念论的"客观性"二级层面就是对这样一个自身中介过程的展示。对于具体事物及其实存而言,它们也得内在地受到理念的规定。具体的事物原本是含有宇宙秩序的,可如果人从它们当中看不出任何宇宙秩序的影子,那就表明人还局限在它们的一些比宇宙秩序更浅的层面去跟它们打交道,这就需要思维的教化提升。说具体事物需要内在地受到理念规定,这话其实主要是针对思维的教化提升而言的,或者说针对人如何与事物打交道而言的。

像抽象知性那样把直接性与中介性对立起来、分离开来是不对的,这会人为地造成"它们如何结合起来"这个本就不存在的问题。这意味着,当我们绞尽脑汁地思考它们如何"结合"时,很有可能是因为我们把原本内在一体的东西先割裂开来,这就陷入一个伪问题中了。

§71

"直接知识"说由于以意识事实为真理标准,便以我的意识内容冒充所有人的意识内容,进而冒充意识的本性。

第71—73节是对"直接知识"说的三个总体评论。在德国古典哲学家中,力倡"意识事实"与"基础哲学"的是莱茵霍尔德,黑格尔这里是将雅可比与莱茵霍尔德归为同道了。在康德提出统觉与范畴这些先验要素之后,他的后学们面临着一个问题:这些要素是从哪里来的? 费希特、谢林、黑格尔走了范畴演绎的道路。而莱茵霍尔德与雅可比则走了"意识事实"和"直接知识"的路子。后一条路径采取将意识中一些根本性成分("事实")现成接受下来的做法,认为把每个人通过内省觉察到的意识活动推广到所有人的意识中去,说这就是所有人意识的本性。这话听起来好像有道理,实际上很没有道理。不同民族、不同文化中的人,他们的意识活动是很不一样的,根本不具备推广到所有人乃至冒充意识本性的合法性。

[说明]主观的确定性,即便万民的确定性,也不等于真理本身。

这个意思不难,经验的、主观的东西无法成为普遍的、客观的知识,更别说成为真理了。"意识事实"的路子绕开了范畴演绎,它是一种经验性的处理问题的方式。当然,我们如果扩充康德的"理性事实"说,可以讲真理在根本上也是为了确定一些事实。但真理确定的是一些只能直观和接受,无法再进一步追究其根据的终极事实。终极事实在黑格尔这样的人看来,一定是宇宙秩序,而不是经验的现象。而"意识事实"说是发现什么就接受什么,而且是在肤浅的层面这样做的,这种做法与捡起芝麻丢了西瓜的猴子恐怕也没什么本质区别。

§72

"直接知识"说为一切迷信和偶像崇拜大开其门,但直接出现于意识中的东西有好也有坏,并没有说服力。

既然人人都可以打着"一切人意识的本性"的旗号鼓吹自己信奉与认可的东西,这不就向一切迷信和偶像崇拜大开其门了吗? 这是从另一个角度再次强化了前一个总体评论。

黑格尔提醒人们注意,直接的东西并不一定是个坏东西,它其实有好也有坏。问题其实在于,抽象的直接性只是主观确定性,没有经过近代科学模式的淬炼,就没有说服力。

§73

关于上帝的直接知识只说明我主观上相信他存在,而不具有关于"上帝是什么"的任何知识,那样的上帝只能被局限于抽象而无规定的超越者的形象上。

这依然是对第一个总体评论的强化,只不过目前是就上帝而言。我们单纯在主观上相信上帝存在,但经不住别人的追问,说不出适合于上帝的任何规定来。这个时候心中怀有的上帝形象就是抽象的、无规定的,他唯一可能的规定就是一种否定性规定,即他超越于所有有限的东西。

[说明]如果当今时代仅仅以此为满足,那是时代的贫乏,雅典早已供奉过"未知之神"。

雅典人早就闹过的笑话,如今居然还要重演,那真是时代的贫乏。人在心中怀有一个上帝的模糊印象,除此之外什么都说不上来,然后给它一个无名之名

（"未知之神"，类似于"未名湖"一类），将它供奉起来。这种手法除了自我安慰，求得心安之外，毫无意义。

§74

直接性的形式因为拒绝中介性而成为片面的、有限的，是知性思维的成果，因为真理以自己为中介，而与中介性统一起来的东西才是真理。

按照现代人最习惯的掌控事物的模式，真理是追求不到的，因为人一上手就只能追求一个自己描摹出来的世界图景，这是很可悲的。这种追求以二元设定为固有模式。现代人只有意识到并克服二元设定的自我封闭化，才有可能体察到概念论层面作为绝对者、宇宙秩序、理念的真理。

所谓真理以自己为中介，指的是宇宙秩序与万物的关联表面上看是万物自己运行造成的，实际上都是宇宙秩序在某个层面的体现，都取决于宇宙秩序自身。

[附释]所谓的直接性其实只是人为隔离而成的直接性，远远没有达到宇宙秩序层面的真理。上帝被当作这种直接性的时候也是片面的，作为精神的上帝只有自相区别才可以为人所知并提升人。

雅可比意义上的直接性是一种主观确定性，主观确定性就是人为地与中介性相隔离的抽象、片面东西。人在心中极其珍视上帝，把他跟一切有限的东西和有限的规定都隔离开来，以便确保他跟上帝的直接接触，这就是雅各比所谓的"直接信仰"。这种直接性在黑格尔看来是很矫情的，它远远没有达到宇宙秩序层面的那种不但不回避，反而渗透和消化现实世界中的种种中介性的"具体普遍性"。

上帝被当作这种直接性的时候，这样一个形象其实也是片面的，不符合黑格尔那里作为精神的上帝形象。而作为精神的绝对者只有体现于有限者之中又不为其所局限（"自相区别"），才能为人所知并接引人。——这还不仅仅是指基督教意义上的"道成肉身"，以"人子"的身份接引人。在德国唯心论哲学家那里，绝对者自相区别的范围要广泛得多，它可以包括世上一切事物与一切事情。《逻辑学》中将这个问题最终说透彻的范畴是"目的论"，即处在概念论的"客体"层面上的最后一个三级层面。

§75

片面的直接性是主观抽象,片面的中介性是沉浸于有限东西不可自拔,两者都是错误的。

这一节的意思前面都讲过,现在问题在于黑格尔为什么还要重申一下。他是为了告诉我们,直接性和中介性其实都是我们人类生活的一个方面,我们人不管是满足于主观上对上帝的"直接信仰"的确定、抽象,还是选择到有限东西当中浮浮沉沉,都是片面的:一个是片面的主观,一个是片面的客观,两者都是错误的。

另外需要注意的是,总体来看,黑格尔对"直接知识"说抱着最大的同情,就是说尽可能地把它往"好"处想,理解它的初衷是对于有限知识、有限规定的逃避和厌恶。这意味着"直接知识"说是建立在对批判哲学和经验论的缺陷的了解之上的,绝不是那种没有经过批判哲学和经验论锤炼的日常直接知识。

§76

"直接知识"说与笛卡尔旧形而上学三个相似之处:思维与思维者的存在不可分离,因为"直接知识"说主张自我的存在直接在意识中启示给我;上帝观念与上帝存在不可分离;外部事物的直接意识是感性意识。

"直接知识"说站在笛卡尔(以及批判哲学)的肩膀上,起点是很高的。第一点实际上是说雅可比继承了"我思故我在"这个近代版本的思有同一。近代人开始自觉强调主体的极端重要性,强调以意识中的明见性为讨论的基点和标准,与此同时也便强调事物要作为现象有序而合乎逻辑地向主体呈现。这些说法对于熟悉"笛卡尔—康德—胡塞尔"一系思想的读者来说都是老生常谈,但如果仅仅强调这些,那就容易只突出这些思想的近代性,却忽视了它们的根源。"我思故我在"的确偏重主体这一侧,但它毕竟以巴门尼德以来的重形式的"思有同一"传统为前提,是这一传统的近代版本。①那么"我思故我在"中的我在是什么?我在其实就是由我思凸显出来的,即以思维的方式呈现出来的,它不是身体,也不仅仅是吃饭、穿衣、喝水这类本能式的身体活动。我在就是一种理智式的存在,是通过思维把握知识,把握事物形式的一个意义源发点。我在类似于拉链上

①　庄振华:《从形式问题看西方哲学的深度研究》。

的拉锁一般。表面上看,无论有没有拉锁的活动,左右两条拉链始终都是那两条,但正由于拉锁的上下活动,拉链才成为真正意义上能起缝合锁闭作用的拉链。与此类似,在近代哲学中,自我便是"思有同一"的具体执行者,虽然我们过于执著自我时会导致封闭化,自我也不等于事物本身,但自我的这个关键作用、关键地位是不容否认的。因此可以说在近代哲学上,笛卡尔首次发现这个我在的地位,这的确意义非凡。那么在雅可比看来,我在就是直接在意识当中启示给我的。我在思考的时候,我就得到了"我在"这一启示,否则没有"我在"我如何思考?这看似在重复笛卡尔的说法,但与笛卡尔不同的是,他止步于这种直接启示,沉浸其中徘徊不前。反之在笛卡尔那里,从我思确认我在只是第一步,后面他还有更大的知识野心,他要以知识的方式重构整个世界。而黑格尔则更无法赞同雅可比:在黑格尔那里,我思对于我在的呈现只是像一个小"火苗"一样是相对而言最主观、最抽象的一种呈现,最不稳定也最不真实,只有在后续的与现实世界更深入的互动中,我思对于我在的呈现才越来越具体而真实,因而雅可比止步于此的毛病还远不在于内容上的缺陷,更在于逻辑层面与思维方式上的缺陷。

上帝观念与上帝存在不可分离,指的是上帝的存在可以通过人能理解的上帝观念去通达,涉及上帝存在的本体论证明。这里上帝观念可以改写成上帝的可理解性,不是人对上帝随意的胡思乱想,而是人所理解的上帝形式,它有很深的讲究,比如黑格尔在此处说到的"必然的和永恒的规定"。雅可比在这个问题上站在很高的起点上了,但同样只停留于直接性,即满足于"上帝被我直接理解"这一信念。雅可比似乎在说:"我理解就是理解了,我都没法跟你描述我的理解,但我就是理解了。"然后他用这种通过启示而来的直接的理解与上帝的存在相互印证,说它们不可分离。这便是"直接知识"说版本的"上帝存在本体论证明"。

第三点是对外部事物的直接意识是感性意识。这不免让我们想起《精神现象学》中的感性确定性。执著于感性确定性的人会认为当下的感受就是最充实、最具体、最丰富的,任何进一步的东西都是对它的扭曲。但是问题根本不在于对一个什么本真的东西的事后扭曲,而是感性确定性本身就无法持存。这种感性意识还远远不是真理,因为它只是直接的存在,与真理相比只是主观的设定、抽象的确定性。

综合这三点来看，黑格尔强调的是，雅可比津津乐道的在自我、与上帝关系和与外部事物关系这三个方面的直接存在，都不是真理。我们可以用一个不那么准确的词来概括这个意思：第一印象不是真理。这里问题的根本还不在于第一印象需要用后面的印象去叠加、修正、充实，而在于第一印象出现的方式就是主观的、抽象的接受和设定。依照《逻辑学》来看，直接接受第一印象，这犯了存在论层面上拘泥于单纯的"有"的毛病；依照第一印象断定这样的自我、上帝与外部事物有多么真实或高妙，这犯了本质论层面上以二元设定自我封闭化的毛病。换句话说，这三方面的直接知识的毛病都是，虽然站在近代版"思有同一"这个较高起点上，却犯了过于急切或懒惰的毛病：第一个方面是单纯依赖存在，第二和第三个方面是将存在混同于或直接升级为概念。

§77

"直接知识"说与旧形而上学的两个差别：一是笛卡尔信赖有限知识，而"直接知识"说发现通过有限的中介只能达到有限事物，达不到真理后，选择走向对上帝的抽象信仰；二是"直接知识"说抛弃笛卡尔开创的普通科学方法，但又没有找到认识无限者的方法，所以沉溺于主观想象与随意推理。

"直接知识"说在不满足于有限知识这一点上的确有深刻洞见，超出近代早期与雅可比同时代的人之上。他认识到，无论人对有限事物的规定，还是人一厢情愿地在彼岸设定一个绝对者，这都是一种有限知识。对照《逻辑学》本质论来看，雅可比这种认识已经达到"现实性"层面了。这里值得注意的是，雅可比对绝对者的感觉，或者说他对绝对者的初始定位，其实很有道理。与此形成对照的是，他看到了他之前和同时代的整个近代哲学的有限性。这在同时代人中实属难得。但雅可比就像一个"杯弓蛇影"的人一般，由于对有限性的过分敏感而选择停留在一个看似美好的开端之处，只要直接的感受和信仰，拒绝一切推理性知识。

第二点其实也是前述敏感与排斥态度的体现。我们知道笛卡尔等几位唯理论哲学家都有"普遍学问"①的规划，也就是将公理演绎系统扩及一切学问、生活的一切领域。在此人类的理性的确居于最核心的位置，但那绝不是由人凭借其

---

① 字面直译为"普遍数学"。这里的"数学"主要取其"教与学""学问"等词源含义。

随意的想法,拿着"理性"的大棒横行霸道。他们真是发现世界以"自然之书"中的知识为本质,臣服于知识之下,而且真心实意地认为这种臣服对于事物本身是有利的,对于人类整体的福利也是有好处的。所以那的确是一种大公无私、欣喜若狂的状态。在这个大背景下,雅可比对近代哲学的有限性的上述洞见其实可以扩大到整个现代生活。现代的资本、社会契约、技术、人工智能都是建立在公理演绎系统上,如施展魔法一般改造世界,形成现代人的一个巨大的"舒适区"。然而这种生活方式的内里其实是一种有限性。但话说回来,洞见归洞见,却不一定代表出路是正确的,雅可比拒绝笛卡尔普通科学方法后止步于所谓"直接知识",此时暴露出种种随心所欲、自大傲慢、蛮横无理,却是黑格尔所不齿的。

§78

"直接知识"说在直接性与中介性之间制造的对立是主观断定,必须抛弃,无权进入科学。

"直接知识"说对中介性采取提防态度,以免其妨碍、污染直接性。但是黑格尔反过来看到,直接性与中介性之间的两端对立实际上是人为制造出来的。这样会妨碍讨论达到科学水平,永远在外围打转,永远沉溺于主观的想象和随意的推理。另外,黑格尔眼中的科学既包括一般所谓的科学知识,也包括对这类科学知识所陷入的二元设定的批判,即包括概念论层面(尤其是"客体"二级层面);那个层面除了黑格尔和谢林自己展示的自然哲学、精神哲学之外,实际上是近代其他思想家、科学家那里未曾出现过的一种科学。

[说明]怀疑论虽然可以充当科学中否定性的向导,但是令人不快,而且显得多余,因为辩证的东西本身才是肯定性科学的环节。怀疑论以有限形式为武器进行攻击,实际上陷入有限东西中了;这达不到它怀疑一切、抛弃一切的目标,因为它坚持的是主观抽象的思维。

这是黑格尔对怀疑论的一般看法,没有区分古代怀疑论与近代怀疑论。对古今怀疑论更有针对性的讨论见《哲学史讲演录》。这里他首先讲到怀疑论只有否定性,没有肯定性,然后说它的批判方法使它达不到要达到的目标。对于第一个问题,我想黑格尔并不反对怀疑论去质疑那些值得怀疑的东西,但他的重点不在这里。他强调的是,辩证的东西本身才是肯定性科学的环节,而怀疑论算不上肯定性科学的环节。这一节中"辩证的东西"到了下一节(第79节)中被更为深入地阐释为"辩证的否定性理性的方面"。它与怀疑论不同的地方在于,它不像怀疑论那样只从事质疑和拆毁,而是蕴含了可走向"思辨的肯定性理性的方面"的一些肯定性因素。这个意义上的辩证的东西,不仅可以作为最终走向肯定宇宙秩序的那种科学(肯定性科学)的一个环节,它还是这种科学的一个"本质性"环节,也就是说,这种科学没它不行,必须经过它的锤炼才有希望"走出生天"。

　　接着黑格尔更具体地说明怀疑论的毛病。怀疑论的方法之所以达不到它自身设定的目标,是因为它并无定见,只是为了驳倒一切有限规定而不断拿另一个有限规定作为武器来发起攻击,达到暂时的目的之后它又将这件武器扔掉了,并不坚持它,然后又拾起另一件武器(同样是有限规定),去攻击其他的有限规定……所以怀疑论与它要攻击的种种有限规定一样,都是在有限的东西中打转,这根本达不到它怀疑一切、抛弃一切前提的目标。所以怀疑论在黑格尔眼中的位置向来都不高。

逻辑学的进一步界定和划分

　　[导引]《逻辑学》的所有核心范畴都既代表事物的某种显现方式,同时也代表思维对事物的某种把握方式,都以这一节开始的四节所描述的"三部曲"的过程呈现。这样的"三部曲"实际上是黑格尔对西方近代以来人与事物相接触的本质性方式①的一个最简单的描述。这不是说一定要是"三部曲",其实将第二步扩充一下,因而将"三部曲"做成"四部曲""五部曲"也不是不行,但最简洁的描述就是"三部曲"。这就像许多数学命题的证明常常有不止一条等价的路线,但最简洁的那条证明路线最优美。"三部曲"之所以最简洁,就是因为本节所说的三个环节都是必不可少的。看到《逻辑学》以及《哲学科学百科全书》的章节安排几乎全都是"三部曲"②,不喜爱形而上学的读者就会生出一种厌恶之心:为什么大千世界那么生动的万物非要这样三部三部地套进去,这不是概念游戏是

---

①　"本质性方式"意味着现实中并非人人、时时都照此施行,但若想触及事物的根本并回向绝对者、理念,便必须依此进行。

②　其实也不尽然,我们看到《逻辑学》概念论层面的判断学说就是"四部曲"。《自然哲学》的一些章节也是"四部曲"。

什么？其实黑格尔根本没有拿一个框子外在地套到生动的事物头上，他讲的其实是现代人与事物接触时必须经过的"知性—辩证—思辨"三个步骤。这本质上是现代人"克己"并"开眼"的"三部曲"，本质上与现代人的生活方式及其"去蔽"之路相关。换句话说，"三部曲"的根本原因在于：现代人一上手就容易将事物外在并列（存在论层面），或者更深一些，容易对事物进行本质设定（本质论设定），因而他在宇宙秩序方面的觉悟也必须建立在对上述设定的突破之上。

§ 79

逻辑东西的形式有三方面：抽象的知性方面，辩证的否定性理性方面、思辨的肯定性理性方面。

在紧接下来的"说明"中黑格尔提醒我们说，这三个方面不等于《逻辑学》的三部分（即"三论"），他提醒人们要细化到每一个逻辑上实在的东西内部去看待这三个方面。说白了，《逻辑学》的每一个核心范畴都有这三个方面。由于接下来黑格尔花了很大篇幅详细讨论这三个方面，这里我们先澄清三个相关问题。

第一，要将它们与另外两个经常容易混淆的说法区别开来。（1）这三个方面不等于传统教材上讲的感性、知性、理性的三分。正如康德没有将感性问题作为先验逻辑的主题一样，感性在黑格尔这里也不属于这三个方面，因为感性是被动性的、感受性的，没有达到逻辑规定演进的层面。（2）通常人们说他的辩证法含有自在、自为和自在自为三个环节，那个划分强调概念或事物本身的独立性、主动性与普遍性的逐步显现过程。而这里强调的是逻辑思维的困境和出路。从对辩证法的实质的掌握来看，这里的划分更深入，最能反映《逻辑学》的架构方式。

第二，是《逻辑学》的所有核心范畴必须经受现代理性二元设定的锤炼，这是黑格尔在体系时期（大致以首版《大逻辑》第一卷的出版为标志）才达到的认识。即便在以思辨思维为绝对主角的概念论中，每一个核心范畴也要经历被二元设定的命运。在历史感方面，黑格尔认为古代某些高峰作为典范的确是现代人参照乃至学习的榜样，但古代回不去了。我们不要认为成熟时期的黑格尔像在耶拿时期的《伦理体系》和《论自然法的科学探讨方式》中那样，试图直接跳到古代的古典理想中去。现代人有现代的生活方式，不要总觉得它是一种罪恶，也许它就是现代人的命运。鄙视当下、企图一步跨越到某个高妙状态的做法从来

（包括在前述耶拿时期两部作品中）不是黑格尔的选项，那种做法实际上已经陷入一种隐蔽的二元设定而不自知。

第三，"肯定性理性方面"（die positiv-vernünftige Seite，见第 79 节）、"肯定性理性东西"（das Positiv-Vernünftige，见第 82 节）的说法非常值得重视，我认为它基本可以看作黑格尔版本的"肯定哲学"的表现。①这是可以与谢林肯定哲学对勘，也回应谢林关于"黑格尔无肯定哲学"的质疑的。如果我们仅仅顺着谢林的意思阅读《逻辑学》，我们会认为整个《逻辑学》都应该放在"否定哲学"范畴下，认为黑格尔整个只是在讨论一种非现实的理性。但如果详考黑格尔与现代理性、现代生活之间的批判性关系，就会发现肯定哲学和否定哲学不能只是谢林的那一个版本，黑格尔也有他的版本。当然目前还不是深入讨论这个问题的时候，我们这里只是将它作为一个初步结论抛出来。

［说明］以上的三分就是逻辑东西的三个方面，它们是每一个逻辑上实在的东西的三个环节。如果局限于知性的方面看待它们，就是孤立的外在存在，这就没有达到真实的存在。逻辑东西的陈述和划分最终要靠逻辑东西自身的发展，目前只是预拟的和历史的。

每一个逻辑东西（在《逻辑学》中主要体现为核心范畴）都展现为上述三个环节，这个意思我们已经解释过了。接着黑格尔以第一个环节为例，说知性只见孤立的外在存在（即所谓"一是一，二是二"），这就是最平面化的外在理解。如果这个环节系统展开，便成为存在论。②黑格尔这里还没有把话说完，其实第二与第三个环节也各有特征，也都可以系统凝聚为其他"两论"。

最后黑格尔说到，逻辑东西的陈述和划分，也就是说现在我们看到的《逻辑学》章节结构，不可看作绝对固定不移的最终定论，因为它们具有预拟的和历史的性质。"预拟的"指预想的，含有猜想的性质。逻辑东西有哪些，在《逻辑学》没有正式展开之前，谁都说不好，黑格尔本人都不完全清楚，只有逻辑科学本身

---

① 这不是说仅仅这个方面、这个东西就构成黑格尔的肯定哲学，而是说黑格尔的整个哲学都是熔否定哲学与肯定哲学于一炉的，而这个方面、这个东西尤其表现出黑格尔哲学带有的"肯定性"特质。

② 这与黑格尔所说的三个方面"并不构成逻辑学的三个部分"并不矛盾。我们不要因为黑格尔说过这话，便过于僵化地拒绝以三个方面的关系来理解"三论"。他那样说只是为了防止人们将三个方面孤立地看，也为了防止人们仅仅落在"三论"上来看三个方面，而拒绝带着它们"下沉"到全部核心范畴中去进行理解。理由在于：既然黑格尔说一切"逻辑上实在的东西"（jedes Logisch-Reellen）都有这三个方面，那么包括"三论"在内的各级层面（即各级核心范畴）便都应当含有这三个方面。

的进展才能回答这个问题。"历史的"则指《逻辑学》的核心范畴及其论述方式有取法乎历史的成分,因而多多少少还是不完备的,有进一步完善的空间。——黑格尔直到去世前还在修订《逻辑学》存在论的事实,就印证了他自己的这个说法。

§ 80

知性仅仅知道抽象的现成存在,知性认为它是天经地义的,而没有认识到它的抽象性。

黑格尔在这里旗帜鲜明地摆出了一个让我们的常识很难接受的思想,就是我们凭借知性直接接触到的和直接接受下来的东西是抽象的东西。这跟我们通常习惯的那种想法,即"直接接触的东西是最具体的,下一步进行人为操作后得来的东西是抽象的",正好相反。好在《精神现象学》"感性确定性"章已经先《逻辑学》一步帮我们"排"掉了这个"雷"。问题的关键不在于直接接触到的是清清白白、毫无污染的"事物本身",人进一步对它进行加工和思考就污染了它。实际上,不管思考和行动,还是看似毫无思考与行动的"直接接触",都是既有人加工和思考的一面(只不过那时加工和思考以"被动地直接接受"的面貌出现),也有事物本身显现的一面,因此上述那种由"纯净"到"污染"、由"自然"到"人为"的模式压根儿就不存在。这里的关键在于,我们是以知性的、辩证的还是思辨的方式与事物接触,亦即是以相互外在、设定内在本质还是尊重事物自身秩序的方式与事物接触。本节讲的就是第一种方式。此时事物在思维看来仅仅是一个个现成"既有"的东西,思维与事物没有任何更深的接触。思维只知道"有这个或那个东西"、"有本质与现象,因而本质就是本质,就应该支配现象"、"有绝对者超出一切有限规定,因而一切都应该服从于它"这类纯粹外在的规定,因而完全处在最为抽象的层面,可以说完全在事物"外围"打转。

[附释]*"知性反对感觉,破坏具体事物"的责难只适用于知性思维。但首先要承认知性的功劳,那就是知性可以带来确定性和规定性。知性在理论认识上坚持同一性原则,在实践中也坚持特定的方向,在教养中坚定而不游移。*

知性所坚持的普遍东西是抽象的,它与我们的复杂感受、与现实的具体事物实际上是抵触的。但黑格尔强调的是,这个抵触是我们知性的做法造成的,所以前述责难只能归给知性的思维本身,不能归给普遍性,因为真正的普遍性其实是具体的。黑格尔的意思是人可以不依照知性的方式思维,知性思维只是各种可能的思维中最浅薄的一种,尽管它在现实生活中往往占据支配地位。这里要留意一个背景,就是前述责难其实代表了黑格尔时代一种流行的看法,那种看法在我们当代也有很大市场,那就是:理性是抽象的,它必定破坏生活中鲜活丰富的东西。

接下来黑格尔肯定知性的功劳,因为知性带来确定性和规定性。无论知性思维有多大缺陷,"一是一、二是二"式的区分也是我们与事物接触的第一步,不可跳过,所谓"没有规矩不成方圆"便是这个意思。

我们的知性建立规矩靠的是坚持同一性,在实践中也是通过坚持特定的方向,才有希望成事。黑格尔提到歌德的话,说成就出于自我限制。他还举了法官的例子:法官做判决的时候也要坚持特定的方向,哪怕法官本人现在对这个方向理解得还不透,甚或有所质疑,但他作为一个法官,职责就是坚守法律的有效性。

这一段的最后还提到,个人教养的过程需要坚定而不犹疑,就得依照特定的轨道进行。每个时期都有它特定的轨道,轨道有时可以稍作调整,但这不是对规矩的破坏,而是对它的成全,因为确定轨道之后就得照它进行。这与我们中国人说的"因材施教"大体相似。

客观世界里如果没有知性划分形成的"各司其职"的局面,就是不完善的,自然界和国家里都是如此。通常看似超出普通知性的艺术、宗教、哲学也离不开知性,它们的各部类也需要划分并充分发展。

这一段是一个很重要的提醒:再复杂、再高超的东西,也缺不了知性的环节。要了解任何东西,首先都需要将它的各部分区别开来,暂时当作各自独立的。我们不要误认为,要理解自然界、国家、艺术、宗教、哲学这些东西,就一定需要一种极高超的思维技能,以为这些东西中普通知性毫无用武之地。

当然一旦在逻辑科学的意义上讲知性,那就不单纯是主观机能,而是客观思维方式了。这意味着事物本身当中合乎知性的那一面会随着知性思维一道呈现出来。而知性思维的毛病恰恰在于执著于事物呈现的这一面,误将其当作绝对客观、不可移易的。

知性的东西如果被推到极端,就会转化为其反面,青年人和成熟有阅历的人分别喜爱抽象的概念和具体的东西。

青年人特别容易"打鸡血",特别容易被一些激动人心的景象鼓噪起来。青年人和老年人之间的区别,不在于青年人一定激进,老年人一定保守,而在于青年人更容易被抽象图景激动起来,不像老年人那样更有判断力和反思能力。也就是说,两者的区别不在于做好了决定之后实施的情形,而在于是否能依从事物本身的理路,真正做出并实施决定。

世界既不像青年人兴奋时以为的那般美好,也不像他们沮丧时以为的那么凋敝。两个极端都不符合实情,但两个极端又容易相互转化,共同构成一个"来回倒腾"的结构,将人困在其中。为什么知性的东西会转化为它的反面?或者是出于人为的"反弹",或者是为了"补足缺陷",诸如此类。但这里最需要留意的是,这种一体两面能够成其为一体两面,恰恰是因为这两面全是片面的、主观的,而且形成一个二元设定。两方面都不是事情本身,黑格尔的事情本身一定是思辨的,一定是建立在对二元设定弊端的反思与突破之上的。我们通常受到知性思维引导,只看到事物的一面,而误认为相反的一面跟这一面是毫无关系,殊不知相反的一面恰恰是跟这一面相互支撑的。这就涉及辩证的否定性理性环节(狭义辩证法),它是二元设定的正面展示。

[导引] 黑格尔讲完逻辑东西的知性方面,接下来讲辩证的方面和思辨的方面。这里我们需要在现有的认识的基础上,再巩固一下前文中对第79节正文解析中的一个意思。先作两个区分。(1)"知性—辩证的否定性理性—思辨的肯定性理性"的三分法与通常人们概括的辩证法"正—反—合"与"自在—自为—自在自为"模式很不一样,看起来这里的三分法将整个辩证法都吸纳为第二个环节了。①原因在于黑格尔这里是着眼于逻辑科学问题(即客观思维与存在、概念与事情一体显现的过程),而不仅仅着眼于认识问题(即主观思维与其对象的认知关系)。《逻辑学》一上来就是概念和事情本身合一的初始模糊状态,然后展示合一形式从模糊到清晰的整个过程。(2)另外,与通常知识论的"感性—知性—理性"三分法不同,《逻辑学》一开始就是从合一的形式起步的,而不是一开始还不具备这种形式,单纯只是由人在事物那里去感知和探索。所以逻辑东西的第一个环节不同于认知的第一个步骤(感性),它一上来就是知性环节这种最

---

① 这里只是说表面现象,我不主张在这方面进行过多的联想。在缺乏明确证据的情况下,读者做过多的延伸性概念攀扯是不合适的。

外在的合一形式,随后的两个环节(否定性理性环节与肯定性理性环节)是越来越深入的合一形式。

黑格尔的前文向我们显示出,知性环节所展示的那种现成的并存和区别只是表面现象,根本就不稳固。接下来辩证的否定性理性(辩证法)①则不满足于这种最表面的共存,它表达了这些并存的东西在深处其实既区别又统一,类似于我们常说的"不是冤家不聚首"。需要注意的是,辩证的统一还是将统一与区别对立起来的统一,是一种二元设定,还没有达到思辨的层面。而思辨的环节则是对辩证法的二元设定有了透彻反思之后回向事物本身的秩序。思辨所了解到的统一是真正的区别中的统一,而不像辩证的统一那样与区别对立起来。正如前文中解释过的,辩证环节与思辨环节既可以作为每一个核心范畴的第二、第三环节,也可以系统体现为本质论和概念论。

§ 81

辩证的否定理性环节是有限规定向其反面的转化。

刚才说到知性的东西向反面的转化。一方面就认知而言,这固然表现知性规定的抽象性,也就是说知性规定是人为的抽象物,另一方面就作为逻辑科学的主角的客观思维而言,一切规定都离不开其反面与其构成的二元设定结构,比如大与小、好与坏、本质与现象……通常所谓的"成熟",就是对这种二元设定的接受和固化,并因此感到心安理得。比如我们看到成功人士的光鲜靓丽背后有大量的辛苦付出,甚至遭人白眼。看到这些之后,我们往往不是不追求成功了,而是以一种更"成熟"的心态继续追求成功:我的辛苦和挫败都是通往成功路上的一些坎坷,由此追求来的成功更有滋味。这样一来,成功与背后的辛苦乃至挫败就构成了让我们心安理得继续奋斗的基本思维框架,我们认为事情的全部就是一"正"一"反"及其统一。我们信赖这一所谓的"客观真理",它也反过来保障我们生活和努力的全过程,任何对它的质疑乃至深入推进都会被我们毫不犹豫地击退。这就是我所谓的二元设定的封闭性。

我们翻翻《世说新语》中对人的品级的看法,就会得到一些与此不同的启

---

① 当然,在黑格尔那里辩证法也有广、狭二义,广义辩证法将思辨的肯定性理性的环节也涵括进去了,此处则是在狭义上使用的,不包括那个环节,专指否定性理性的环节。

发:人不仅仅是外表与官位,乃至"成功"与"价值"所能说尽的,人本身便有品级的差异,而外表、官位、成功、价值全都只是人本身的品级的偶然表现,只有这品级才具有必然性。而人本身的品级与跟人在社会上取得的成功、价值还不是一回事。后者与表面的外表、官位构成二元设定,而这种二元设定通常似乎就足以构成我们生活的全部了。但能否穿透这种二元设定,看到人本身的品级,才是问题的关键。不仅如此,整个世界的万事万物都是有"讲究"、有法度的,这个法度就是我们常说的宇宙秩序。这里二元设定在客观上容易产生遮蔽世界法度的作用,所以它是封闭的。而下一节要谈的思辨的肯定性理性,就是探讨世界法度的合适方式。

但狭义的辩证法最多只能够知道对立的两面是不相离的,因而需要统一起来,仅此而已。它还没有真正看到两个方面不相离的根本原因,以及两方面构成的二元设定及其封闭性危险,只是模模糊糊感觉到有某种奇怪的结构把这两个方面绑在一块。这是辩证法获得的一个成就。

[说明]知性会认为辩证环节的否定性是怀疑论,是外在技艺和破坏性力量,不符合真理。其实辩证环节是知性规定和有限东西的真实本性。反映将孤立的事物外在关联起来,辩证法则是内在的突破,它使得片面性和局限性自行否定其自身。

在知性(逻辑东西的第一个环节)看来,辩证法(第二个环节)当然是破坏性的。许多坚持常识的人和习惯于自然科学思维的人对哲学也常有类似的误解,认为哲学就是做一些不仅无用,还误人子弟的概念"花活儿"。知性的这种看法是可以理解的,因为知性是我们生活中建立确定性的一个必不可少的步骤,而辩证法在它看来就像是对这种确定性的拆毁,更遑论符合真理了。

恰恰相反,黑格尔说辩证法才是知性的真实本性,或者说是对知性的成全,而不是对它的破坏。进入辩证法环节之后,知性就会发现它先前的一些规定是有限的,是人为的抽象。一个经历过艰辛和挫败才成功的人,会发现那种只爱光鲜靓丽,拒绝吃苦流汗的想法是白日做梦。所以在辩证法看来,知性才是不成熟,才是人为的。

在这个过程中,反映将孤立事物外在关联起来了。比如成熟的人就懂得成功与吃苦是相互反映、相互支持的。没有经过辛苦而白来的成功,迟早会烟消云散,因为不仅他人不齿,当事人自己也没有自信。然而反映毕竟是外在关联,即

"相互需要""不可分离"，还没有达到双方各自在内部自行否定其片面性与局限性的局面。

辩证法则不一样，它不仅发现孤立的双方不可分离，还模模糊糊、若有所感地意识到双方都是由事情本身设定起来的，双方内在地需要对方，没有对方便无法存在。这就终于使得知性孤立起来的那些规定性暴露其片面性和局限性。辩证法的精妙之处就在于，片面性和局限性在二元设定结构中暴露出其设定性之后自己否定自己，似乎无需人在外部施加什么力量。结合刚才的例子来说，辩证法使人意识到，所谓成功与辛苦本就是一体共生的。

[**附释 1**]辩证法是事物的内在活动原则与科学认识的灵魂，而不是外在的正反并列，比如生就含有死。辩证法不是诡辩，后者的实质是为了个人的私利而片面抽象地坚持某种规定，不及其余，而辩证法则开始重视事物本身。辩证法自古有之，苏格拉底的辩证法偏向主观的讽刺，柏拉图的辩证法首次具有客观科学的形式，比如《巴门尼德》中由一推演出多，多也应该将自身规定为一。现代哲学家比如康德让人在二律背反中重视辩证法，客观上表明每个知性规定本身都会转化为其反面。辩证法意在表明，有限的万物均潜在地是他物，会转化为自己的反面。

"附释 1"实际上是黑格尔对辩证法的系统说明，非常值得重视。辩证法绝不仅仅是"生中有死"这类看似机智，实则极为肤浅的外在并列。

黑格尔提醒人们勿将辩证法混同于诡辩。诡辩的实质是个人为了私利或主观自由而片面抽象地坚持某种规定，不及其余。它虽然不像怀疑论那般为了破坏而破坏，但在以一种抽象规定（有限规定）攻击另一种抽象规定这种操作手法上却与怀疑论是一致的。例如古希腊的一些智者就是如此。黑格尔自己举的例子是，有的人为了追求个人幸福而背叛祖国，还美其名曰"天赋权利"；还有的人为了强调个人自由而推翻一切伦理。听众若是不把眼睛放亮一点，光听这些人口头上说的话，很容易被迷惑。与之相比，辩证法与思辨思维相比虽然还没有达到立足于事物本身，从宇宙秩序出发看待一切，但毕竟是着眼于事物本身的，已经将事物本身当作根本导向了。此时辩证法是有定见的，不会拘泥于任何一个有限规定，反而能在一定意义上"破迷显真"，即看到一切有限规定都无法凭其自身而成立，甚至看到二元设定也基于事物本身而成立。

黑格尔比较了古今三种辩证法，即苏格拉底、柏拉图和康德的辩证法。苏格拉底的辩证法偏向于主观的讽刺,这种讽刺后来被浪漫派和克尔凯郭尔拿来大做文章,作为"破迷"的手法。苏格拉底偏向于主观的讽刺,他没有把重点放在一和多的关系的科学探讨上。而柏拉图的辩证法则首次具有了严格科学的意义,比如《巴门尼德》的八组证明就探讨了一和多的各种可能的关系形式。这里可以留意一下黑格尔对柏拉图辩证法的高度肯定。实际上《巴门尼德》中从一推导出多、多将自身规定为一的情形,与《逻辑学》概念论的"主观性"(《大逻辑》标题,《小逻辑》中为"主观概念")与"客观性"(《大逻辑》标题,《小逻辑》中为"客体")两个二级层面极为类似。柏拉图在其他对话录中谈到的向理念攀升的过程,也多有可与本质论相发明之处。黑格尔在这里可谓与柏拉图惺惺相惜。

康德在"先验辩证论"的二律背反中对辩证法的启示,被黑格尔看作辩证法在近代重光的开始。当然,这里主要是在客观意义上而言的,康德主观上并没有正面发展辩证法的意图,他甚至非常警惕人们这样做,认为那是理性的僭越。但这不妨碍黑格尔指出,康德客观上已经让我们看出知性的规定,尤其是在面对灵魂、上帝、自由这样的理念的时候,是不够用的,是会自我否定的。由此扩展到一切知性规定,我们会发现它们只要推到极端便都会自我否定,走向其反面。黑格尔不能不说对康德做了很多"暴力式"解读。尽管那在他自己看来是在给康德"说好话",但康德不一定会"领情"。

黑格尔他的用意在于说明,只要思维和存在没有达到思辨的层面,万物都会转化为自己的反面。比如说黑格尔就谈到了对上帝威力的设想,对天体位置的理解,对抽象的公正和不公的相互转化、无政府主义与专制主义相互转化的理解,对痛苦与快乐相互转化的感受。他举的这些例子已经远远不是康德的几个二律背反能涵括的了。他这样做是为了让我们感受到,生活中这种相反相成的事情比比皆是。

[**附释2**]古代彻底的怀疑论是对知性坚持的一切东西彻底失望,因此产生了古代高尚的内心宁静,近代怀疑论则否认超感性世界的真理性,坚持感性的东西。哲学将怀疑作为辩证的环节包含在自身内,但并不停留在辩证法的单纯否定性结果里,肯定性的东西是接下来的第三个环节即思辨的东西。

黑格尔对古今两种怀疑论的态度始终是很鲜明的,他更赞赏古代怀疑论,认为近代怀疑论不像古代怀疑论那么彻底。

古代彻底的怀疑论虽然破而不立,但是它破得足够彻底,把能够识破的人世间种种自我欺骗的观念之网或者说现象之网一一戳破。大家不要因为听到"观念之网"就觉得那是主观念头的相互欺骗或自我欺骗而已,我们生活中许多看似客观的现象也是自我欺骗的,这是怀疑论的高明之处,也是黑格尔极为欣赏的一点。古代怀疑论由于认识到通常人们坚持的一切固定的东西都没有那么固定,就彻底失望。但让我们感到疑惑的是,彻底的失望如何会产生崇高的内心宁静? 求生者方畏死,逐利者才会觉得社会对其不公,才会愤愤不平。倘若本无所求,彻底的失望不过令其识得世界的真相,带来的只会是平静。

相比之下,近代怀疑论是立场在先的:它坚守人的立场,否定超感性世界的真理性。它手头只有看得见、摸得着的具体事物,然而这些又容易被怀疑,于是它很容易走向一种单纯否定性的局面。如果不是像笛卡尔和休谟那样及时找到新的锚点(我思或感性印象),近代怀疑论被推到极致便会陷入一种拼命要守住自我又无论如何都守不住、欲图进取又始终无所归宿的吊诡、焦躁局面,类似于浮士德。

哲学如果将怀疑作为辩证的环节包含在自身内,就不应停留在辩证法的单纯否定性结果里,应当走向肯定性的东西,那就是下一节要讲的第三个环节。他将怀疑作为辨证的环节,意思就是说辩证法在逻辑东西的三个环节中主要发挥了"破迷"的作用。在这方面黑格尔依然更欣赏古代怀疑论,因为近代怀疑论那种将眼光朝"下"、无视超感性事物的做派与《逻辑学》的根本精神是冲突的。

§82

思辨的东西或肯定性理性的东西把握对立中的统一、分解中的肯定性东西。

要理解思辨的环节,关键是要弄明白二元设定的缺陷与出路。人往往在知性的和辩证的思维中左冲右突,找不到方向时,才能领悟到他原本以为客观、真实的一切从事情本身的角度来看其实是一种自我封闭的设定。起初看起来好像我们的生活中并没有什么思辨的环节,我们也不需要这个环节。

[说明]思辨的东西是辩证法的肯定性结果,是包含它所否定的规定在内的。它是具体东西,而不是纯思想性的、抽象的东西。知性的逻辑或普通逻辑可以从思辨逻辑中抽象出来,它是误将有限的东西当作无限的东西了。

辩证法懂得在统一中把握差异,知性所见的差异无论有多大,那差异在背后还是统一的。所以,我们若是有点辩证的眼光,看见表面的差异时,就觉得那是无所谓的,因为我们能把握到差异背后的那个统一。这就带来了一种常见的心态,即我们通常只知道辩证法是一种不断走向"新的胜利"的方法,是一种克敌制胜的妙招。但是我们通常想不到,狭义的辩证法其实是不"究竟"的。如果放下对辩证法的偏见,其实不难发现,辩证法在我们的科学中时时处处都在起作用,比如设定现象背后的规律,即在现象中获得确定性。从哲学的角度来看,这最终是为了营造和巩固当下生活的舒适区。

到了第三个环节,即思辨的肯定性理性环节,我们就要反思营造舒适区的习惯,不再仅仅围着人类理性打转,而是要突破二元设定,向宇宙秩序开放。现代人怎样通达宇宙秩序? 这太难了,因为现代生活就是遗忘宇宙秩序的,其难度不下于维特根斯坦说的"指引苍蝇飞出捕蝇瓶"。人只要承认并受制于这个瓶子的不可穿透性,就拿它没办法。

思辨的东西是具体的,而不是抽象的。这里的关键是要识破知性思维的主观性和有限性,主观性和有限性才是带来抽象的东西。这就是说,知性思维即便经过辩证法的提升,还是只懂得设定相互分离的差异(具体东西)和统一(规律等抽象知识),以这两方的协同作用为人提供确定性。但这样设定下来的无论具体东西还是抽象知识,终究都是抽象的,因为它们都无法真正让人在具体事物中看出普遍性(具体的普遍性)。相反,思辨的东西则建立在反思上述二元设定的基础上,在具体事物中它着眼于宇宙秩序(具体的普遍性)。

知性的逻辑或普通逻辑被常识当作"究竟"的状态,那是因为根本不曾设想过思辨的东西。但从思辨思维的角度来看,思辨的东西才是真正具体的、常见的东西,而知性逻辑则是从思辨的东西中人为抽象出来的东西。后者把原本有限的东西(无论是差异还是同一,无论是知性以为的具体东西还是它以为的抽象知识)当作无限的东西了。这样看来,问题的关键在于是否能够识破知性逻辑的主观性和有限性。

[附释]合乎理性的东西并非哲学独有的,它普遍存在于文化教养、精神发展、人类历史的各阶段。合乎理性的东西的标志是无条件东西,自己内部包含自己的规定,由此看来,上帝、祖国、儿童的心智都是理性的。

这个"附释"对于了解黑格尔那里什么是理性和合乎理性的东西是很关键的。合乎理性的东西不是哲学独有的,我们在日常生活中经常跟合乎理性的东西打交道。我们看看黑格尔为合乎理性的东西划定的标志,就不难明白这个标志其实就是前述第三个环节（思辨的肯定性理性环节），体现这个标志的东西就是合乎理性的东西。那么思辨的环节何以是无条件东西，且自己内部包含自己的规定？这个环节既可以容纳二元设定，也能看到二元设定的条件，即宇宙秩序这个终极的、无条件的东西。这样的合乎理性的东西的涵括面其实是很广的。黑格尔举出了上帝、祖国、儿童心智的例子。这当然不是指任何人对这些例子的任何看法都算理性东西。要达到合乎理性的东西的层面，必须在合适的层面（即思辨思维的层面）看待它们，比如说不要把祖国看成是为了某个或某些人成为一个道德卓越的人服务的东西，祖国有其超出道德视野之外的实体性。

　　思辨的东西是对合乎理性的东西的思考，日常对思辨的理解（猜测、投机）也透露出思辨超出直接东西、主观东西的含义。

　　在德文语境中，人们哪怕是在最熟悉的意义上理解思辨（Spekulation），即把它理解成投机和猜测，也残留着思辨这个词的一个基本的含义，就是不能满足于现状，要果断奔向一个不确定的东西。这个词尽管在日常用法中含有贬义，但依然有两方面的意味值得发掘：一是超出当下现成的东西，即超出封闭的舒适区，二是要将最初主观的猜测予以实现，使猜测具有现实性，而不是仅仅停留于主观的抽象状态。

　　思辨的东西是具体的总体性，不能单纯强调其统一性而忽视其将对立包含在内的一面。

　　这一段强调思辨的东西并不脱离现实世界和它包含的种种对立。思辨思维不仅能够像辩证法那样把握对立中的统一，它把握到的统一还是具体的普遍性，即对立的具体东西本身中显示出的统一。我们如果怀着规律思维，通常就会有一种误解，好像那个对立中的统一就是真理，我们把握住真理之后，就只顾拥抱真理，把掩盖真理的那个外壳抛弃掉，对现实不管不顾了。[①]黑格尔接下来还谈到通常意义上的（而非黑格尔自己意义上或逻辑科学意义上的）绝对者在何种意义上才是主观东西与客观东西的统一：既是二者的同一，又是二者的区别。

　　过去的宗教中所谓的神秘的真理属于思辨的东西，它只是对知性而言才神秘难解，它只不过将知性认为对立的东西具体地统一起来罢了。

---

　　①　尼采批评"柏拉图主义"所针对的就是这种二元设定。他将柏拉图以来的西方思想都纳入这样的"柏拉图主义"之下，眼光远不如黑格尔高超。

这里谈的是基督教中的神秘主义并不神秘。对于理性而言,它恰恰是很理性的。比如德国神秘主义(埃克哈特、苏索等)所讲的"神秘合一",完全可以由理性拾级而上来逐步理解,没有什么神秘难解之处。①所谓神秘难解,那只是坚持片面同一或片面区别的知性思维的看法。

§83

存在论研究自在的概念,研究无反思地直接呈现的现成存在。本质论研究自为的概念,或经过反映和二元设定的存在。概念论研究自在自为的概念,即反映后回归自身的存在。

虽然本节及其"附释"中②都分别以存在、本质、概念代表存在论、本质论、概念论,但我们不可僵化地理解,误认为"三论"分别是只研究存在、本质、概念的。"三论"都可以看作既是对存在的研究,也是对本质的研究,也是对概念的研究。存在、本质、概念只是事情本身在不同深度体现的不同状态。比如就存在与概念而言,存在是外在的、自在的概念,概念则是回到自身的、自为的存在。

但"三论"毕竟又是分别依照作为生活方式的存在、本质、概念各自凝结而成的一整个层面。如果我们只研究"有"些什么东西,那些东西"有"些什么规定,各种东西和规定的比例关系如何,那我们就处在存在论层面。往深处走,我们对这些东西的"本质"感兴趣,也满足于这深层次本质与表面的现象共同构成的二元结构,认为本质就是真理,现象就是真理的外在体现,这就到了本质论层面。最后,我们若是对本质论二元设定的局限与封闭性危险有所反思,返回到事情本身及其对先前两个层面的各种规定的生发,这便是所谓的"回归自身"的存在,即回归到存在的宇宙秩序之根,这就到了概念论层面。

[附释]"三论"的划分带有预拟的性质,而它的证明只能由思维的自我造就来呈现。概念才是存在和本质的真理,后两者抽象来看都不是真理,因为它们分别只是直接的和只是间接的,它们共同构成了真理或概念的证实,所以对于概念恰恰是必需的。同理,正因为自然界和有限精神是不真的,绝对精神才为人所知。

---

① 李华:《个体灵魂的神圣性与超脱——埃克哈特神秘主义思想探微》,载《现代哲学》2020年第2期;李华:《神秘合一与个体自由的实现——论苏索对德国神秘主义的澄清与拓展》。
② 《小逻辑》全书中将存在、本质、概念并列时,皆是如此。

　　"三论"的划分只是预先构想的,还没有经过证明,因为只有概念自己的演进才能够呈现出"三论"的划分根据,那样"三论"才算是得到了证明。

　　虽然概念是存在和本质的真理,可是存在和本质又是不得不经历的两个阶段。存在和本质都不是真理,原因在于存在只是直接的(直接认定既有的东西),本质只是间接的(以看不见、摸不着的本质为眼下的现象奠基),同为不"究竟"的形态。然而存在和本质毕竟是达到概念论层面的真理和概念所必需经历的锤炼,因为若是没有这两个层面,现代人绝无可能挣脱缠缚于身上的重重蔽障,通达"具体的普遍性"。黑格尔自己是有过这方面教训的,所以他才放下耶拿时期的古典理想,在《法哲学原理》中转而在承认市民社会基础上构拟国家概念。

　　黑格尔最后说到自然界和有限精神,实际上是把《小逻辑》之后的《自然哲学》与《精神哲学》也关联进来。他强调的是,现实世界(自然界和有限精神)就其主角(存在者)的状态而言①,经常处在存在和本质的层面,很少有意识地达到概念的层面。而由于我们反思到前两个层面的不真,才有希望达到概念的层面,以及在这个层面才能把握到的绝对精神。

---

　　①　而非就黑格尔所谓的"我们"(即哲学家本人与读者)而言,因为自然哲学与精神哲学其实就事情本身而言已经以逻辑学为前提了,即自始便已达到了理念的高度。参见黑格尔:《哲学科学百科全书Ⅰ:逻辑学》,第243—244节。

《逻辑学》第一篇　存在论

[**导引**]进入存在论之后,我们会发现《小逻辑》的"教材"性质凸显出来,因为每一个核心范畴几乎都只用了一节或短短几节的篇幅,匆匆带过。如果说《小逻辑》主要是个骨架,具体论证被黑格尔放到课堂讲解中了,那么《大逻辑》有"骨"也有"肉",带着丰满的论证。

开篇的三节(第84—86节)涉及逐步"下潜"的三级标题:存在论、"质"、"存在"。它们代表三个不同的层面,各自有不同的语境和针对对象。试分别言之:(1)如前所述,一切逻辑东西(对应《逻辑学》的各级标题)都包含知性的、辩证的与思辨的三个环节,其中"三论"便是这三个环节最大的系统化。拿存在论来说,虽然它内部包含的各级别核心范畴也都各自含有这三个环节,但整个存在论相对于本质论、概念论而言的总特色是知性环节的集大成:它只研究"有"什么(即有哪些东西相互外在地现成存在着),而无法深入到这些东西的本质与概念之中。(2)"质"是相对于"量"和"尺度"而言的。它只在最抽象意义上关注"有"哪些事物,事物"有"哪些规定,而没有像"量"的层面那样以量化的方式将这些事物及规定进行进一步的归类,并研究其比例关系,更没有像"尺度"层面那样在"量"中看待"质"。(3)"存在"则相对于"定在"和"自为存在"而言。它同样是对存在的最抽象关注,讨论存在何以在自我否定的风暴中以"转变"的方式持存,而不像"定在"那样进入具体存在及其特定界限的废立问题,也没有像"自为存在"那样在一与多、排斥与吸引的关系中看待具体存在。

§84

存在是自在存在着的概念,其基本特征是外在性以及基于外在性之上的外在过渡。存在的进展既是自在的潜在状态的实现过程,既是出离,也是内化,即向存在自身之内的深化,会同时表明存在的中介性和总体性。

存在①和概念是潜能与实现的关系。其实存在、本质和概念三个层面之间的关系皆应作如是观。正如亚里士多德在《形而上学》第9卷里表明的，潜能为实现提供力量，但实现为潜能提供方向。古希腊哲学家在这一点上是很辩证的，不会单方面只看到潜能作为一个母体，好像它能把什么事情都解决了，从而人类需要做的事情只是单纯依赖和回返到这个母体中去（20世纪的一部分哲学就表现出这种倾向）。潜能施展的方向是形式本身，后者在这个语境下就叫作"实现"。黑格尔这里用潜能与实现的关系模式理解存在与概念的关系。这里要防止两个误解：一是认为存在是概念的"母体"，认为有了存在就自然什么都有了，从存在到概念的发展必然由存在的最初形态提供；二是将某种具体的实现方式等同于形式，那会导致将在后的某种具体的实现状态等同于十足的形式，比如将《逻辑学》中某个靠后的范畴等同于绝对意义上的终点。实际上整部《逻辑学》都是开放性的，尤其概念论胜过本质论之处更在于这种开放性，即便绝对理念也不代表人对最终极状态的彻底"掌握"。不要将存在、本质、概念想象成一个房子的三层，好像待在某一楼层就不用管其他楼层的事情了，它们只是同一个东西由浅到深、由低到高的三个变化形式而已。

存在的特征是外在性与外在过渡。什么叫外在过渡？当我们只关注"有"什么以及它们如何"有"，而不关注这"有"的根据（因何而有）时，思维与事物之间始终只能是外在的关系，即事物只向思维呈现其最外在的一面。此时思维只能用外在跳跃的方式对待陌生的东西，即不断强调"有"这个，"有"那个，如何以越来越"厉害"的方式"有"，如此等等，犹如"斗富"一般不断在这个那个事物的最表面跳来跳去。这种外在性以及外在过渡，初看起来似乎极为丰富（因为它什么都"有"）。只有与本质论和概念论两个层面的情形相比，它才会显出它的抽象性。

以上说的是存在的基本特征，黑格尔接下来说到存在论层面上的演进方式：这种方式既是出离，也是内化，是中介性与总体性的展现。思维对"有"的把握，虽说在表面不断跳跃，却不是无意义地胡乱"蜻蜓点水"，这个层面依然可以完整体现前进与回溯之间、直接性与中介性之间、局部性与总体性之间的辩证法，而这些辩证法都是通行于整部《逻辑学》的。（1）对存在的界定需要澄清一物自

---

① 在本书中，与"无"对举时，"有"指纯粹存在。为行文简介起见，本书后文中将纯粹存在与无、转变对举的时候，经常会缩写成"有、无、变"或"有—无—变"，不再一一说明。

身的范围,这同时也意味着指明他者的内涵,此时对他者的涉入也在同步强化对该物自身的了解;(2)直接的"有"单凭一物自身无法成立,它取决于在全部事物的"有"所构成的整体网络中的相对关系,即需要通过他物的"有"才能成立;(3)与此类似,局部之"有"的界定必定意味着总体性的界定。

§85

全部逻辑规定都是对上帝的形而上学定义。定义虽然最适合某层面的第一个规定(如"三论"的质、本质、主观概念二级层面),但第二个规定(表现差别、有限者)和第三个规定(表现从差别回归单纯的自身关联)虽然也是定义的实现,但分别更适合于用判断和推论来展示。

黑格尔说的"层面"(Sphäre,见本节正文)与其内部的"规定"(Bestimmung,同见本节正文)、"层次"(Stufe,见本节"附释"),我们分别称之为"一级层面"和"二级层面",我们甚至还经常提到"三级层面",指的是他所谓的"层次"内更小的层面。

黑格尔虽然大致认可那种在不细分不同二级层面的情况下泛泛地说全部逻辑规定都是对上帝的形而上学定义的做法,比如将存在、本质、概念都视作上帝的某种定义;但只要细论各二级层面,他更认可每个一级层面上的第一个二级层面(质、本质、主观概念)为此类定义。对于其他二级层面,由于它们或者深入到有限者之中(量、现象、客体),或者关注有限者中上帝在思辨的意义上的内在存在(尺度、现实性、理念),已不能用简单的一句话式的定义来呈现上帝,而是分别更适合用判断和推论来呈现(详见概念论的"主观概念"二级层面对概念、判断、推论的讨论),所以直接说那些二级层面也是对上帝的"定义",就不太合适。那些二级层面即便作为上帝的定义,也是需要一些"备注说明"的。

需要注意的是,关于哪些范畴可作为绝对者的定义,哪些需要"备注说明"后方可作为绝对者的定义,这一点从本节正文与"附释"的举例来看应当仅限于一级层面与其内部各二级层面的关系。但这并不排除《小逻辑》后文中将论域延展到各二级层面与其内部的三级层面,乃至各三级层面与其内部的四级层面上去的可能性。综合全书各处论述[1]来看,黑格尔对于"绝对者的定义"究竟细

---

① 其他地方的论述如第 88 节"附释"、第 160 节"附释"、第 213 节"说明"与"附释"等。

化到哪一级层面,其实并无十分精确的规定。我们在理解时只需秉持"知性—辩证的否定性理性—思辨的肯定性理性"模式来理解各层面上的三元结构,留意该结构中的第二个规定往往是绝对者的定义在该层面上的二元设定形态,因而第二、第三个规定即便一定要说是绝对者的定义,也需要"备注说明"该层面的二元设定及其突破的具体情形,方才可行。

[**附释**]作为逻辑理念的第一级层面的存在,也是绝对者的一种表现。简单解释质、量、尺度。

"逻辑理念"即逻辑科学的理念,即理念意义上的逻辑科学。黑格尔在这儿说明质、量、度的关系,显然是为下文所作的预备性解释。

为什么说存在也是绝对者的一种表现? 存在即"有",存在论关注的是各种事物与各种特质的"有"。当我们说绝对者"是"这样、"是"那样时,这固然是对绝对者的直接定义;甚至当我们说世界上"有"这个、"有"那个时,这其实也是对绝对者的间接定义。但问题在于,存在论的层面还根本无法澄清"绝对者""偶性""偶然性与必然性"等范畴,也根本无法澄清绝对者与现实事物之间的关系,因此即便像上文说的那样断定"有"这"有"那,对于思维深入了解绝对者也没有多大意义。至于更深的了解,那是本质论与概念论层面的任务。

质关注的是简单的规定性,就是现成"有"何规定性(或者说"是"哪样)。在这个二级层面,思维只能历数一个一个规定性(事物名相以及事物的特质),然后将它们并列起来,仅此而已。思维势必会将这种并不"齐整"的并列加以"纯化",以便进行更广大的想象和计数,因为它不可能满足于眼下这点可怜的规定性的并列,这样一来思维就会走向量。最后,尺度就是简单规定性(质)和外在规定性(量)的统一,是在量的思维中向质的回归,或者说是对外在规定性的内在节制,其要害在于通过内在节制达到存在论层面对事物本性的最深表达。然而目前毕竟是在存在论层面,这个层面上表达出的事物本性即便再深刻,也不过是一种"有",而不是真正意义上的本质,后者是存在论层面无法触及的。原因在于,本质必须与现象形成二元设定,才是本质,而二元设定恰恰是存在论层面无法系统展现的。

感性意识就材料而言最丰富,就思想内容(即逻辑形式)而言最贫乏、最抽象。

这个思想可与《精神现象学》"感性确定性"章对勘,只不过目前我们是转换到《逻辑学》的语境当中了,但二者的思想实质是一样的。感性意识固然能涵容五光十色甚至光怪陆离的无穷"丰富"的东西,但如果思维仅仅局限在它们的"有"上,而不思进取,拒绝进行进一步的提升,比如提升到量、尺度乃至本质论层面,那就是永远在最贫乏的单一层面上滑来滑去,没有长进。我们生活中往往讨厌絮叨的人,因为他说了很多事情,但似乎永远在同一个层面滑来滑去。

A 质

a 存在

[**导引**]对于"存在"范畴,大家一听就觉得既熟悉又不熟悉,尤其是经过海德格尔的存在哲学的一番洗礼之后,我们印象模糊的状况在某种程度上是既改善又加剧了。因为海德格尔的文本解读功力虽强,但很多时候是"暴力解读",与哲学史上的原貌是有出入的。鉴于黑格尔的时代尚未出现存在哲学及其先驱克尔凯郭尔存在主义,我们要尽量撇开海德格尔的存在哲学,从古希腊以存在者为重的存在概念①出发来理解黑格尔思想。

亚里士多德《形而上学》有一个核心概念"是其所是"($τὸ\ τί\ ἔστιν/τὸ\ τί\ ἦν\ εἶναι$),表示使得事物得以按各种方式被谓述的"是"之所以"是起来"者。扩大而言,"是其所是"其实可以运用到各种特质与形式上,比如我们可以说"大其所大""善其所善""美其所美"。这就是说,世界上只要有某某这么一回事,我就应该追问使世界上得以有这么一回事的那种"讲究"或"方式"。比如说,人是能吃饭的,而"吃饭何以为吃饭"就是针对世界上"有吃饭这回事"的一种特殊的提问方式,它问的不是具体谁在吃,吃的什么饭,如何吃这个饭,而是人不同于动物摄取食物方式的那种特殊方式在世界上是如何成立的。所以按照希腊哲学的追问方式,具体的"是"以及对它的谓述并不重要,一旦讨论存在,那就意味着追问使得某存在者得以如此这般存在起来的"是其所是",后者被视同存在者表面的各

---

① 而非像海德格尔那样将存在当作比存在者更根本的东西,并执著地将形而上学史上对存在者的论述判为"存在的遗忘"。在形而上学史上,最首要意义上的存在者乃是各种具体之"是"(存在)的"所是",代表形式与宇宙秩序。后一思路也是本书一以贯之的思路,因为黑格尔显然是依从这一传统来说"存在"的。

种具体的"是"背后的"存在者本身"或"存在者之为存在者"。——这与海德格尔经常批评的柏拉图以来对存在的追问沦为对存在者的追问的说法，其实是有差距的。海德格尔意在突出他那里作为存在者的原初状态的"存在"，然而对于希腊哲学家讨论"是其所是"的本意也不能不说有所遮蔽。

当然，我们现在若要彻底"正本清源"讲存在，还得追溯到巴门尼德的存在、赫拉克利特的流变、柏拉图的理念和亚里士多德的形式，按照这条线梳理下来。那是一篇大文章，这里的篇幅不允许做了。但接下来当我们按照"是其所是"的路子解释黑格尔"存在"范畴的走向时，这些（尤其是"形式"概念和"理念"概念）都是我们理解问题时必不可少的背景。

§86

纯粹存在既是纯思想，也是无规定的单纯直接东西，毫无中介和进一步规定。

黑格尔从第一个范畴开始就强调"思有同一"，从此以后，整部《逻辑学》都运行在"思有同一"的架构内，即它的全部范畴都既代表某种思想，也代表与其具有同一结构的相应的存在。换句话说，《逻辑学》中的所有范畴既是思维方式，也是事物存在的方式。①整个《逻辑学》的全部范畴都是思有同一在不同层面的体现形式。由于这些形式是同一个绝对者运行的各阶段的表现，所以没有哪一个形式是能够单独成立的，所有形式都属于形式的体系。与此相应，事物的存在也是一个大的体系。

所谓"纯粹存在"（das reine Sein），在《大逻辑》中也叫"存在"，而接下来的"无"，在《大逻辑》中也叫"纯粹的无"。这就意味着"纯粹"不是什么核心要件，它只是为了强调最初阶段的、最原始意义上的"存在"与"无"的无规定性而加的一个修饰词。后面我们会发现，这个"无规定性"正是使得存在与无成为"同一个规定"②的关键。——当然，换个角度看，目前阶段的"存在"其实也就是无规定性的代名词（即"在无规定的、最抽象的意义上是起来"），《逻辑学》的起点其实就是无规定性本身，只不过无规定性作为一种存在形式而言叫作"存在"。

---

① 另外还要重申一下：黑格尔在《逻辑学》中谈思想、思维时指的其实都是客观思想（除了他明确表示"主观思维"的地方之外），而不是人头脑里的主观念头。

② 黑格尔：《逻辑学》I，第62页。

另外,从德文字面来看,直接东西(das Unmittelbare)是无中介东西的意思,它与黑格尔这里强调的"纯粹""无规定""单纯"基本都是同义的,指的都是这里只有最抽象意义上的存在或思想,除此之外没有任何进一步的规定。

[说明]费希特的"自我"、谢林的"绝对同一性"之所以不被当作最初的形式和开端,是因为它们对于人的理解而言已经含有中介性了,如果撇开这种中介性不看,它们也是纯粹存在。

费希特和谢林两人哲学的起点在黑格尔看来已经含有中介性,已经有规定性了,不符合黑格尔对于起点无规定性的要求。这一判定,未免让费希特与谢林"不服"。我们这里无意涉入他们之间可能的争论,只简单说说黑格尔的立场。比如从黑格尔的角度来看,费希特的自我为什么含有规定性? 费希特知识学的第一个原理"自我=自我"虽然看似简单,但要达到自我的立场,思维实际上要经过漫长的跋涉,至少必须达到"自为存在"的高度,严格来说其实必须达到"根据"的高度,方才具备由自我出发进行后续演绎的初步条件。而谢林的绝对同一性则至少达到了斯宾诺莎式实体的高度(在黑格尔的逻辑学中对应于本质论层面的"绝对者"范畴)。显然这些"起点"在黑格尔看来都太"高"了,已经以逻辑学中一段漫长的演进过程为前提了,不适合作为逻辑学的起点。①

平心而论,费希特与谢林看问题的角度与旨趣不同。如果将这些角度与旨趣考虑在内,在科学起点的问题上似乎也不应当完全以黑格尔为"是",以这二人为"非"。费希特着眼于思维对世界的构造(类似于笛卡尔与康德),因而他那里自我成为起点;谢林着眼于宇宙的构造,因而采取了"始于绝对者,终于绝对者"的"大回环"路线。而黑格尔则着眼于人类思维教化,即着眼于全世界对于思维而言的可理解性如何从最表面、最外在的无规定状态,同步进展到有深度的"本质—现象"二分的状态,最终达致宇宙秩序在世间最深度的体现,故而采取无规定的纯粹存在作为起点。

黑格尔也反过来说,人们当作起点的那些"自我"、理智直观之类,如果撇开其一切规定性,使其严格符合"开端"的要求(无前提性),仅仅从其直接性来看,其实也就等于是纯粹存在了。——因为任何东西撇开其一切规定性,就都只剩下纯粹存在了。

---

① 参见第159节"附释"以及本书对该"附释"的解析。

"绝对者是存在"这个由埃利亚学派最初提出的定义,本来是为了表明绝对者是最实在的;后来斯宾诺莎、雅可比更进一步在客观上表明这样的要求实际上是实体性,是本质论层面的一种反映规定。

埃利亚学派原本是用"存在"描述绝对者的。这个"存在"被黑格尔当作"存在"范畴的实例。至于它是否足以界定绝对者,黑格尔是持保留意见的。正如前文所说,在泛泛地说《逻辑学》的范畴都可以界定绝对者的意义上而言,存在当然也可以界定绝对者;但这只是最初步、最外在的界定。但这个学派其实词不达意,没能表达出他们想表达的意思,因为存在远不足以表达绝对者的实在性。对绝对者比较到位的理解要等到本质论的"现实性"层面上的"绝对者"三级层面(依照《大逻辑》标题),以及最终在概念论的"理念"层面上的"绝对理念"三级层面,方才可行。而后两个三级层面已经涉及极为丰富的反映规定和思辨规定了。

[**附释1**]开端是纯粹无规定的,因为规定就需要他物,这是开端不具备的。这种无规定性还不是规定性的扬弃,而是先于规定性的原始无规定性,是不可感觉、直观、表象的纯思想。

"附释1"解释什么叫无规定性。但凡规定便需要他物。比如我们一旦盯着具体东西的任何一个方面去琢磨,其实就是掉到规定的"海洋"中去了,就必定牵扯到其他方面和其他事物。而这是开端所不具备的。我们在生活中要学会某种技能,那么我们越快、越深入地投入相关规定的连锁之中去便越好。但若是要在逻辑科学的意义上了解存在之为存在,我们反而不能一上来就沉浸在这些规定当中。

无规定性还不是规定性的扬弃,而是先于规定性的原始无规定性。原因在于规定性的扬弃一定是更深的规定性——而不是对立的规定性,因为对立的规定性往往依赖先前那个规定性。那么这样的纯思想是不是主观的、随意的、遐想的呢? 不是这样的。这只是常识的担忧。常识认为,除了它认定为客观的东西,比如规律、本质一类(实际上这类东西在本质论层面上看恰恰是主观的),就只剩下主观的遐想了。这里的纯思想是常识的狭隘想象所达不到的。

[**附释2**]逻辑理念发展的方式与哲学史发展方式相一致,也就是较晚的扬弃较早的,较早的虽然被推翻,但也没有完全被推翻,原因在于真正的哲学都以理念为内容,也是理念发展中的一个环节。哲学史本质上研究的不是过去的遗

迹,而是活生生的永恒东西,堪比万神殿。埃利亚学派是哲学史和逻辑理念的双重开端,第一次抓住了纯粹思维。

黑格尔的哲学史观在这个"附释"中可以略窥一二。他认为《逻辑学》跟哲学史有一种大致的对应关系。他这个说法有没有道理,我们现在不能轻易下结论,需要另作专门的研究。(那涉及他是在什么意义上看待"对应关系"的。)目前我们只需要就事论事地指出,黑格尔的逻辑范畴反映的是西方人总体的存在方式,而这些逻辑范畴实际上也是西方文明史长期摸索与沉淀的产物。黑格尔认为逻辑理念的发展并非无理由的断裂与跳跃,这个发展过程中的各形态实际上都是存在(就开端而言)或绝对理念(就终点而言)的发展形态或预备形态,因而即便被靠后的形态扬弃,也不是完全被抛弃,而是被扬弃,即被融摄与提升了。

由此便不难理解,哲学史研究的本质上不是已经过去的事情,而是研究活生生的永恒东西。在黑格尔看来,存在与绝对理念都可以称作永恒的,所有逻辑理念本质上都是同一个东西的变化形态,就其成全这同一个东西而言也都具有永恒性。

在黑格尔看来,埃利亚学派是哲学史的开端,也是逻辑理念的开端,第一次抓住了思有同一意义上的纯粹思维。它是在哲学史上第一个奠定"存在"这个逻辑范畴的学派。黑格尔的这一说法也反映出西方哲学史在形式感方面的发端。埃利亚学派开始对现实事物的有限性和有条件性有所反思,不再沉溺于现实事物的有限规定,开始有了探问"是其所是"的决心和觉悟。这个觉悟在西方哲学史上至关重要,由此才可能有思有同一的开辟。[①]

纯粹思维经过数千年才达到,才被人意识到是全然客观的东西。通常批判埃利亚学派的人认为一切其他规定都是存在之外的或仅仅与存在并列的东西,这是无思想性的表现,因为存在会进展为其他规定,首先会进展为其反面,即无。

像埃利亚学派这样提出存在问题,在黑格尔看来是整个人类花了几千年的时间才达到纯粹思维。也就是说,懂得去追问按照"是其所是"的方向看待事物,实在不容易。"存在"作为纯粹思维,终于被意识到是全然客观的东西。换言之,它纯粹是支撑事物具体之"是"的普遍东西,因而纯粹客观,同时它又是人

[①] 正如本书前言中所说,思有同一其实可以用来概括整个西方哲学史上最宝贵的那条线。而柏拉图的理念、亚里士多德的实体和形式其实都是思有同一的一个具体的体现和落实。

类思维能通达的一种纯粹思维，即撤除利益、欲望等私人念头而专注于这种普遍性"存在"的思维。这是人类历史上第一个彻底思有同一的逻辑范畴。以前的人们更多关注具体的"是"，不太关注这些"是"是如何"是起来"的，更多关注具体的善现象，但是不太追问什么是善本身，像后来的柏拉图那样。以前即便有人那样追问，其他人和他自己都会认为这是一些主观的奇怪念头，不算什么客观的东西。但是从埃利亚学派以来，人们真正严肃地认识到，不追问"是其所是"，一切真正的学问都谈不上：每一样实实在在的现实东西都是由它的"是其所是"在客观上支撑着的。

通常我们也容易误认为存在与其他的规定性是并列的。黑格尔说这是无思想性的表现。在黑格尔看来，那些规定都是由存在进展而产生的。至于具体如何进展，这是后话。黑格尔只说存在首先就进展为它的反面，就是无。这是为下一节埋下的伏笔。

[导引] 接下来黑格尔要谈论纯粹存在向无的过渡。要理解这个过渡，需要预先了解存在论、本质论和概念论的三种不同的演进方式。在《小逻辑》第161节，他点明了这三种演进方式：一是过渡，一是映现，一是发展。在这一节的"附释"中黑格尔又作了进一步的解释。所谓过渡就是直接跳跃的意思，这个意思用德文的"auch"表达很形象。在存在论层面，思维总是在想着"有这，也有那……"，而客观世界呈现的面貌也是一个个事物或特质外在并列。于是思维从一个事物或特质转向另一个事物或特质就只能采取直接跨越的方式。本质论的演进方式则是映现（也叫反映），这是二元设定特有的方式。这个层面的思维看到什么东西，都会觉得这是一个表面的东西，立马要到那背后去设定一个本质，然后用这个本质和表面东西相互映照、相互印证，这就叫映现。最后，概念论层面的演进方式是发展。发展指的是我们经历存在论和本质论这些层面的同时破除它们的局限，最后发现整个事情是一种内在的普遍性在具体事物中的自我展现。

当然，具体就存在论而言，这个层面的过渡也不是胡乱跳跃。但凡过渡，一定是逻辑上有可过渡之处才行，一定是由事情本身"内在驱动"的。比如纯粹存在向无、无向转变的过渡，以及存在向定在、定在向自为存在的过渡，甚或质向量、量向尺度的过渡，都是如此。

接下来我们会发现，纯粹存在和无其实是一体之两面，无规定性构成它们之间过渡的逻辑依据。

§87

纯粹存在是纯粹的抽象、绝对否定性东西，这种绝对否定性东西被直接看待就是无。

通常人们解释黑格尔这里的纯粹存在为何是无，都是泛泛地指出纯粹存在没有任何具体规定性就完事。这样的解释没有"落到实处"，是不能令人满意的。

这里"绝对否定性东西"不是对什么具体东西或具体规定的否定，那样的否定正是以存在为前提的，谈不上使存在成为无：若是对具体东西的否定，还可以拿另一个更好的具体东西来替代或弥补，若是对某个事物的具体规定的否定，同样可以通过改善或替代来创造更好、更合适的具体规定，这两种否定都已经运行在"存在"的前提之上。"绝对否定性东西"则是直接冲着存在本身而来的。它指的不是已经有一个严整有秩序的世界及其万物了，在此基础上讨论万物的具体存在与具体特质有什么缺陷；它指的是，这秩序本身以及使得万物具备各种具体存在与具体特质的"是其所是"，自始至终都只能在杂多与虚无①的海洋中呈现出来。换句话说，在寻求固定、明确东西的那种执念看来，所谓的"纯粹存在"根本不具备任何肯定性的规定，因为我们世界上的一切，较真去看的话，都是杂乱、冲突以至于虚无。——但哲学的真正可贵之处，恰恰在于从这杂乱、冲突以至于虚无中，换个角度看出最初始的形式来，这个最初始的形式无以名之，只能称为"（纯粹）存在"。

其实依照西方自古有之的看法，存在与虚无、一与多、形式与质料、实体与属性的关系向来如此。以执著于确定性但又没有达到哲学高度的眼光来看，世界上只有虚无、质料状态与永远变化的各种属性，压根儿没有哲学家说的那些存在、形式与实体；但以哲学的眼光来看，虚无、质料状态与具体属性之所以能被人看见和言说，我们之所以能在这"虚无之海"中浮沉，恰恰是因为有存在、形式与

---

① 这里的虚无虽然要比阴影、衰老这类具体性质的缺乏更彻底、更深刻一些，但也不是绝对意义上的空无，它只是质料状态意义上的虚无，严格来说是有陷入绝对空无的危险。它涉及的是在一般意义上"是能否是起来"的问题。

实体,后几项看不见、摸不着,但却比看得见、摸得着的所谓"实在"东西更实在。

存在与无的直接过渡所昭示的则是"是其所是"从来都只能在"是"与"无"的争执之中,只能在"是"的旋起旋灭中呈现出来,除此之外别无他法。

[说明]"绝对者仅仅是最高的本质"也有这方面含义。反思要固定存在,防止其过渡到无,其方式是找一个固定的东西(材料、个别事物)代表存在,但这就丧失了存在的纯粹性。必然性和自由会推动纯粹存在与无的进展,使其获得具体的意义。必然性表现为肯定(对绝对者的肯定),自由表现为否定(对非绝对者的否定)。

对绝对者的这种规定也陷入了"纯有即无"的局面。人通过断定绝对者仅仅是最高的本质,貌似把他供奉到极高的位置上,实际上隔绝了他的一切规定性,因为我们能想到的任何规定性都沾染了较低层面的特性,把它加到绝对者身上就等于玷污了绝对者的高贵性。这就造成一种吊诡的局面,即这种说法实际上会把绝对者虚无化。因为绝对者在这里唯一的"规定"就是"有"(这其实等于毫无规定)。

为了把陷入"虚无之海"的存在把捉住,固定下来,人们往往用一个固定的东西代表它,使之具象化,仿佛这样就能把它绑定在什么具体东西上似的。[①]然而这样的替代物其实是后面"定在"层面甚或本质论的"实存"或"物"的层面的事情,目前提早拿来匆匆上阵,只会让存在丧失其纯粹性。换句话说,这样经过替代后的存在便是具体的"是"(定在),而非其"所是"了。

但思维毕竟不可能永远停留在最抽象的存在以及虚无对它的不断冲击之中,这两者都同样空洞。思维必然在更具体的规定性中为存在与无的辩证法开辟新"战场",亦即在具体的"是"中展示其"所是"。《逻辑学》的客观思维自有其必然性和自由。所谓必然性是指引导我们去摸索绝对者赋予世界的整个秩序。这个摸索包括走一些弯路,即由于知性二元设定而难以避免的一些弯路。相应地,自由(Freiheit)则表示脱离(frei von)非绝对者的束缚。这里的必然性概念与自由概念都是相当古典意义上的,比起我们分别熟知的"受束缚"与"自由自在"这两个含义来,需要更深的逻辑学背景。

---

① 比如试图以耶稣年代流传下来的圣物或耶稣的某种神圣特质(如慈爱)将上帝固定下来。这样的做法实际上只是为了求得人的心安。

[附释]纯粹存在与无的差别起初只是潜在的、意谓中的,尚未被现实地设定,因为二者都没有规定,无法被区分,也因为二者没有区分的共同基础,连思想都不是这样的共同基础。

"附释"实际上是要为"转变"范畴的登场开道:如果不是在转变中,思维便无法现实地思考纯粹存在和无的差别,最多只能在"意谓"中自以为宣称设想了这种差别。因为我们要区别两个东西,实际上既需要这两者有共同点,也需要它们有基于这共同点之上的差别。比如区分拇指和食指,就既需要"手指"这一共同点(两个彻底没有共同点的东西实际上既没有必要,也没有可能加以区分),也需要它们在"都是手指"这一基础上,在形状上有所差异。而纯粹存在与无却既没有共通的基础(二者都是无基础的,不以任何其他东西为基础)①,更谈不上在那基础之上有什么可指明的区别点了(二者其实都是彻底空洞的,不可能有什么特性是其中一个具有而另一个不具有的)。由此看来,要脱离转变(从有到无或从无到有的过程)来空空地将它们作为"两个"东西区别开来,是完全没有意义的。——这不免令我们联想到黑格尔的"纯粹的光明和纯粹的黑暗都是纯粹的无""黑夜见牛牛皆黑"等脍炙人口的说法。

至于黑格尔说到的对世界和上帝的界定,以及对佛教徒的批评,结合这个解释来看,其义自见。

[导引]明白"转变"的真正含义,是我们破除迷执,进入哲学的第一步,不然就永远掉到常识中去,只懂得在具体变化的意义上理解它。从转变现象中看出秩序,从每一种"是"中见其"所是",这让我们不会轻易犯三方面的错误。(1)像巴门尼德那样单纯只讲存在而不讲无(单纯只是拒斥无),就不能面对转变的问题,进而无法讨论具体现象。巴门尼德高举作为形式、"是其所是"的存在概念,在哲学史上属于空前的"奇功"一件,他"矫枉过正"般地单纯强调存在,当然也是可以理解的;但也不应否认,由此也产生了不能应对转变与具体现象的弊端。(2)坚持单纯的无,就会陷入怀疑论。正如巴门尼德指出存在是有道理的一样,怀疑论处处发现无,也是有道理的。但怀疑论像任性的小孩一样到处"搞破

---

① 黑格尔不忘提醒人们,连思想都不是这样的共同基础,因为存在与无都是无规定的思想。换言之,它们除了"有"此范畴(纯粹存在、无)之外,什么思想都不是。

坏"。这倒不一定是因为它一定要"使坏",而更多是因为它真的看到一切事物皆有"无"的一面,而且这一面在它看来似乎足以摧毁事物,所以就按它自己的理解"直话直说"了。但在黑格尔看来,怀疑论显然是只知其一不知其二。(3)单纯强调转变,也是不行的:如果只看到转变而看不到作为其环节的纯粹存在和无,那就永远只能看到不断的更替和变化,永远看不到对变化的感知也是以存在和无这两个步骤为逻辑前提的。若不能由"变"显"常",则变亦不存。

§88

转变作为纯粹存在与无的统一,是它们的真理。

黑格尔在本节"说明"中指出,其实转变才是我们实际生活中直接接触到的第一手现象,而纯粹存在与无的统一与区别似乎都不能空空地单独言说,都只能基于转变而分析出来。换言之,见到转变,我们既不能只想到存在而不想到无(否则根本没有转变),也不能只想到无而不想到存在(否则一开始就"瓦解"了,或者说人一开始就见不到任何现象,包括转变现象)。我们只能同时分析出这两者(即从有向无或从无向有的过渡),也只能从转变中分析出两者的统一(两者都必须从转变中分析出来)与区别(两者若无区别,便谈不上"一方"向"另一方"的过渡,即谈不上转变)。这意味着存在与无虽然在逻辑上必须先于转变,但就人的认识过程而言却是从转变中分析出来的,即我们必须先接触与认识转变,再逆推出存在与无。

能在转变中不受转变所惑(误认为既然一切现象都是转变,那么一切都是虚无),反而看出转变必须以不变者(存在,或最初始形式)为前提,这是大智慧的体现,也是使一文明作为文明得以挺立的起点。赫拉克利特既看出"万物皆流",又有"逻各斯""活火"与"大年"一类的主张,思考流变现象背后看不见、摸不着的不变者,以及不变者的根本性地位。他的这两方面思想在西方哲学史中的地位,如何高估都不为过。

[说明]第一,存在和无既然没有规定,如何能在自身中包含与对方关系的规定?那是分析出来的相同性,而不是与存在或无不同的其他一般规定(如一个具体事物包含它对另一个事物的依赖那般);而"存在和无的区别"(彻底不同)虽然看似正确,但不可言说,只是一种意谓。

正如前面提过的,有、无、变都是一般意义上而言的,它们不是具体东西的具体特质的有、无、变。那么同样,对于纯粹存在与无的相互包含与相互差别,我们也不能在具体东西相互包含与相互差别的意义上去理解。先说相互包含。我们说到纯粹存在包含无,或者说它直接就是无,这毕竟看似对纯粹存在的规定,也像是对无的规定。两者的"关系"还不能理解成两个个体的重叠或相加,像是一个筐里装个萝卜那样,或者像两种颜色重叠那样。这种想象在这里行不通。原因在于知性的或表象的思维引导我们听到两个不同的说法(纯粹存在、无)时便自动将它们想象成两个个体,然后在此基础上思考这两个个体之间的"关系"。然而"纯粹存在就是无"所说的无非是,在最一般的意义上而言,世上一切形式("是其所是")都看不见、摸不着,必然只能通过本身无形式的质料呈现出来。这形式与这质料单独来看都是不可想象也不可言说的,只能在它们一体结合的意义上设想和言说。这种一体结合以及据此理解的形式、质料是第一位的事情。而通常理解的个体,在逻辑上而言已经基于上述一体结合之上了,与形式、质料不在同一个层面,属于第二位、第三位的事情。

与此相似,纯粹存在与无的差别也只是一种抽象的意谓,即人自以为可将它们作为"两个东西"区别开来,但实际上不可如此设想与言说。它们的差别只能通过产生(从无到有)和消失(从有到无)的差别这类情形逆向显示出来。

第二,不能误以为当前谈论的是具体东西的存在与不存在,后者已经将具体的关联以及我的具体目的、利益牵扯进来了。但本质性目的、绝对的实存与理念也部分地在存在或非存在的规定下被设定了,后者只是它们的最粗浅显现。

这里黑格尔又重申了有和无都不同于具体东西的有和无。黑格尔当然不是排斥具体东西,因为他的思想就是以"具体普遍性"名世的。但现在的关键是"哪个在先"的问题:逻辑范畴意义上的有和无是我们能够谈论具体东西的有和无的前提,而不是相反。若是单纯从某种具体东西的存在与不存在去理解纯粹存在与无,那就受到那个东西的局限了,不可能理解纯粹存在与无的真义。黑格尔还特意说到,具体东西会牵扯到人的特殊目的和特殊利益,当人从这些目的和利益出发,就更无法理解纯粹存在与无的哲学含义了。

绝对意义上的目的、实存、理念已经在最粗浅的、最潜在的意义上存在于此了,这意味着它们是逻辑学将来的走向。结合第 84 节说过的"存在是自在的概念",这话不难理解。现在的关键是,我们不宜据此便断定这些目的、实存、理念在逻辑学中已经是纯粹存在、无和转变的前提了,也不宜断定黑格尔《逻辑学》

的开篇并非无前提的。①

第三，纯粹存在与无的统一已经蕴含于二者之中，但人们或者由于无法脱离感性杂质把握抽象思想，或者因为误认为自己无法表象这种统一，而不承认它。以转变和开端两个表象为例，证明人们实际上已经模模糊糊地预设了这种统一，只是认不出那是存在与无这二者的统一。

在有中蕴含着无，在无中蕴含着有，或者说在有和无中都蕴含了两者的统一。但是在无法脱离感性杂质的情况下，比如被事物的某种感性特质或被主体自身的某种感性印象占据了注意力的情况下，人要把握抽象的东西（有、无及其统一）就很难了。比如说人看见苹果烂了，心生厌恶，满脑子都是这个画面与感受，也就不顾上用"苹果"这个形式理解眼下这个东西，更顾不上思考这里明显可见的"纯粹存在即是无"，以及"从有到无的转变"了。其实生活中的现象处处告诉我们，并非先有个叫作"纯粹存在"的"东西"，接着又有了个叫作"无"的"东西"，然后把两者扣在一块，而是任何时候、任何地方的任何现象都是"有无相生"的，有和无从来都无法分离开来。任何对于二者分离的想象都是主观思维中的抽象物。

由转变和开端两个表象，也不难理解人们对有和无的统一的模模糊糊的预设。从前面的解释不难得知，只要人们承认具体事物的转变，在逻辑上就已经预设了有与无的共存，只是他们不一定愿意承认这一点。而说一个事情要开始了，这就已经承认了有和无统一在转变中了：在开端时事物貌似什么都没有，但若不是凭着从无到有的转变，以及此后从"新"有到"新"无，再从后者到"更新"的有的一步步转变，所谓的"开端"也是没有意义的。通过这两个例子，黑格尔强调的是，人们在日常生活中其实处处涉及转变，以及有与无在转变中的统一了，甚至已经预设了对这转变与统一的概念性把握（Begreifen），只不过他们不管在口头上，还是在自己主观的思维中，往往都不愿意承认这一点罢了。

第四，统一不离差别，但"存在与无的统一"作为命题不适合表达这一思辨的思想。转变不仅是统一，而且是自身内的不安宁，包含差别、对立、运动，与之相比，定在是转变的退化，只见统一而不见对立，而对立潜在地包含在统一中，还

---

① 关于《逻辑学》开篇的无前提性，参见霍尔盖特：《黑格尔〈逻辑学〉开篇：从存在到无限性》，刘一译，北京：中国人民大学出版社 2021 年版，第35—64 页。

没有被现实地设定。

这涉及思辨思想不适合用判断(命题)来表达,而应通过推论来表达。有和无的统一,我们把它当作一个命题而不是当作一个推论的一部分①去说的话,它就不适合表达统一和差别"不即不离"的关系。我们不能够只看统一或只看差别,但也不能像和稀泥一样把统一和差别混到一块。可是问题在于判断是有限的,它只能呈现出一个一个断言,而断言只能是单纯的肯定或单纯的否定,而不能呈现出"既……又……"这样的思辨格局。

生活中展现这一难题的就是定在对人的误导。定在为什么是转变的退化?定在就是具体存在,它已陷入具体事物的具体规定(包括前文中说过的感性杂质)之中,同时使思维误认为具体事物或其具体规定是固定不移的。就存在与无的关系而言,这就是只见统一不见对立,只知据守现成局面,不见其中的转变,更不见纯粹存在与无的辩证法。——对"定在"范畴的正面讨论见第89—95节。

第五,泛神论的物质永恒性原理与转变原理相反,坚执存在与无不可沟通,已经遭到古代哲学家的批驳,但近代又浮现出来。

人在生活中如果喜爱固守确定的东西,将原本思辨性的东西现成化,这种错误并不会因为理论上曾遭受了古人的批驳就不再出现,它是人类"常犯常新"的根深蒂固的习惯。这个习惯看似有泛神论的物质永恒性原理这样"高大上"的科学形式为其"撑腰",但实质上不过是片面固守现成的定在,并将它永恒化、神圣化。比如一个铁匠喜爱自己的职业,认为他打的铁是有灵性的、有生命的,而且除了铁之外,其他东西都一文不值。中国古代就有为了铸造名剑而不惜牺牲生命,以身试炉的故事。这类做法是值得尊敬的,它甚至模模糊糊隐含着对宇宙秩序的敬仰,因而不可轻易鄙薄。然而它的局限性也恰如黑格尔所见。

[附释]转变是第一个具体的思想和概念,与之相比,纯粹存在与无则是抽象的。这意味着转变是存在的概念,而无差别的统一只是抽象的存在。转变只不过是将存在依其真理所是者设定下来罢了。

后文中黑格尔将转变当作历史上第一个具体而真实的思想规定。换言之,

---

① 因为推论其实也是由几个命题构成的,只不过推论的重点在于这些命题的运动,而不在于其中任何一个命题。

像巴门尼德那样只讲存在而不谈与之不可分离的无、转变，还不够具体，不够真实，还是抽象的。黑格尔认为转变是存在的概念，这意味着转变概念才表达出存在概念未能表达出的思辨内涵，与转变概念相比，存在概念虽然抓住了事物的形式，却是与无相分离的，因而并未切实表明存在如何与无辩证统一起来，即形式如何能在质料状态的大海洋中呈现出来。而这个辩证统一一定是有差别的统一，而不是一股脑地抹杀一切差别。后者只是静止的抽象统一，根本不符合现实世界永远变动不居这一实情。换言之，我们在世界上见到的永远是从无到有（生成）或从有到无（消失），而不是有与无的僵死、空洞统一。

不能谈论抽象对立起来的思维与存在，对于上帝这样绝对具体的东西也不能脱离思维，仅以抽象的存在来刻画。

在德国古典哲学看来，问题走到最根底的地方总是关系到思维与存在的原初同一性。而抽象与具体的区别，并不系于人的感官或思维是否印象深刻，而系于是否足够深刻地触及原初同一性及其发展。上帝的绝对具体性，也不是由于他在哪方面的形象是否鲜明，而是由于他不仅可以展现为各层面的思有同一、"是其所是"（因而在一般意义上，《逻辑学》的范畴皆可视作绝对者的定义），还以思有同一的最高表现形式（绝对理念，或最高的具体普遍性）为最适当的呈现方式。因而在宗教上来说，道成肉身以及"灵的王国"才是体现上帝的适当方式；对应于《逻辑学》的范畴而言，我们至少必须达到"目的论"层面，才开始具备在思辨意义上领悟上帝的条件。与之相比，存在是整部《逻辑学》中最抽象的范畴，只是把握思有同一的最初一步，对于理解绝对具体的上帝无论如何也是不够的。

转变是历史上第一个具体的和真正的思想规定，它以埃利亚学派强调的存在为观念性环节。但转变也很贫乏，需要自我深化和自我充实，比如生命就是这样一种深化和充实，抽象意义上的转变无法穷尽生命，生命需要发展为精神，而精神以逻辑理念与自然界为环节。

赫拉克利特可以说是历史上第一个把握住这一点的思想家，他发现转变是存在的概念，活火虽然如生命一般，一直在变动，但它还保持着这份"生命"，它的变动就以这"生命"为根本形式和前提。与之相比，埃利亚学派抓住的存在只不过是刚刚开始从形式和"是其所是"的意义上看待事物。它在赫拉克利特这里只代表转变的一个观念性环节，即只是从作为其具体真理的转变中抽象出来的。

然而黑格尔笔锋一转,说转变也很贫乏,需要自我深化和自我充实。然后他举了生命和精神的例子。前者是相对于认识活动和绝对理念而言的,后者是相对于逻辑理念与自然界而言的。生命虽然已经是理念,是概念与客观性的统一,但相对于其他更深刻的理念而言,它只能呈现出生命各要素在生生灭灭中互为目的和手段,除此之外无他。生命(Leben)层面所能达到的无非是好好地活着。这显然并非生命的真谛,生命还需要更为具体的形态。而在黑格尔看来,生命发展到集大成的丰富状态便是以逻辑理念与自然界为观念性环节的精神,它是整个《精神哲学》的主题。

b 定在

[**导引**]定在(Dasein)就是具体存在或特定存在,但依然是在存在论意义上看待事物,而不是在本质论或概念论意义上看待事物,因而还不等于实存(Existenz)、物(Ding)或客观性(Objektivität)。实存和物具有"本质—现象"的二元深度;客观性更是在概念论层面上,在思辨的意义上含有了具体普遍性,或者说是具体普遍性的实现。二者皆非定在层面所可想象。

进入定在层面,我们面临的一个关键问题是,应该在何种意义上理解转变与定在的关系,即转变如何在其自身中坍缩为有与无被扬弃于其中的统一? 对这个过渡的正面理解要留待下面第89节讲解,这里我们要提醒的只有一点:这个过渡不是从"抽象"的"有—无—变"突变为"具体"的一个个事物了,因为正如前面说过的,定在不是实存或物(后两者处在本质论层面)。这里过渡的关键毋宁是从"有无相生"的激烈动荡进入"某时某地"的貌似宁静的存在了,或者说是从一般而无区分的转变进入有差别的、此时彼时、此处彼处的转变了。

§ 89

转变坍缩(fällt zusammen)为纯粹存在和无扬弃于其中的统一体之中,就是定在。

黑格尔将转变向定在的过渡称为"坍缩",意在强调转变中"有无相生"的风暴并非长久之计,思维不可能永远留驻在抽象的风暴中,这种抽象的转变风暴会发生分裂,而这种分裂采取了"缩水"的形式:普遍的转变过渡为特定存在,风暴似乎已归于宁静，有与无被"扬弃"于这个宁静的"避风港"之中。

"坍缩"其实代表一种实实在在、具体可见的萎缩。特定存在是我们熟悉的一个个具体事物的存在，它表面上看似"固定不变"的，人们也容易执著于这"固定不变"的感觉，殊不知这其实是一种幻觉，是对定在始终包含的有与无的遗忘。在定在中，思维固然需要经营巩固其宁静与美好的表面图景，但与此同时也需要时时回向"是其所是"与形式，否则只会陷入涣散，更谈不上什么"自为存在"了。

[**说明**]知性坚持抽象存在而拒绝无，古代哲学家的太一不发生变化，这两者都只见其一不见其余，不了解真正的现实存在。

常识的知性和古代哲学家都没有达到黑格尔自己对于全面理解定在内涵的这个要求。他们都"遗忘"了无和转变，只坚持抽象的存在。常识的知性自不待言，它喜爱坚守它认为有价值的东西，并不惜放大它的存在。我们在生活中常见一个人好不容易挣了大钱，便会使劲通过疯狂购物、炫示富裕来维持他"有钱人"的形象。此时赞叹者固然令其喜悦，规劝者或非议者也会被他当作是在嫉妒。

黑格尔依照自己的这套从存在论到本质论，再到概念论的思维教化立场，认为古代辩证法尽管有一些零星的思辨思想，然而终归没有达到思辨辩证法的高度。这里的要害在于，古代的辩证法（即便最为强调具体事物的亚里士多德）始终追求投入并留驻于善的理念、不动的动者、太一等绝对者之中，不懂得具体普遍性，缺了他引以为傲的本质论，以及对本质论的破执。表现在太一问题上，古代辩证法也不主张沉降到定在中去看待太一。

如果在对定在的理解上彻底沉浸到常识的态度之中，或试图返回到古代辩证法，在黑格尔看来无异于遗忘了定在的本性。

[**附释**]说定在是转变的结果，这指的是有与无一方面不能各自维持抽象的独立性（那只是臆想），另一方面在二者的相互扬弃中也不会停留于抽象的转变（那仍然是将有和无分离后相互倒腾的臆想），而是会体现在貌似只存在而不转变或貌似不消逝的定在身上。要将定在当作转变而来的（geworden）东西，使人们回忆起定在中的秩序。

黑格尔对"定在是转变的结果"的两方面内涵的解释与我们对"有无相生"的风暴归于"宁静"的过程的描述是一致的。这里需要再次强调的是，有、无、变一方面都是抽象的，思维不会一直留驻在它们这里，另一方面也是绝对必要的，以致我们在定在中还需要时时通过回忆它们,不断回向它们所达到的形式与秩序。《逻辑学》中的思维是客观思维,它在各个三元结构的第一环节中表现出来的抽象性不同于主观思维的抽象性(后者义近"幼稚""天真"乃至"错误"),往往是一种直接而未分化的统一性,需要在后来的辩证环节与思辨环节中得到锤炼后进一步成长,因此是不可遗忘的、正面的抽象性。

§ 90

一、定在的规定性就是质,事物的质在自身内被反思到就是某东西。

第 90—91 节大致对应于《大逻辑》的"定在本身"范畴。本节需要注意的是,作为范畴的"某东西"(Etwas)的含义仅仅是"有什么"。它绝不同于"物"(Ding)范畴,后者是本质论中"现象"层面上"实存"三级层面才达到的、由自在之物与其特性一道构成的完整二元结构。另外,这里的"质"(Qualität)的含义是规定性,即"有什么规定";它绝不同于同属前述"实存"三级层面的"特性"(Eigenschaft)范畴,后者也是前述二元结构的一部分,它更不同于本质论中"现实性"层面上"绝对者"三级层面上的"属性"(Attribut)范畴与"现实性"层面上"绝对的对比关系"三级层面上的"偶性"(Akzidenz)范畴。换言之,质(规定性)、某东西这些范畴全都处在定在层面,没有"谁依附谁"这一说。之所以有质(规定性)与某东西这两个说法,不是因为,比如说,我们发现白色、方形、可附着性这些特性便想到支撑它们的是"纸张"这样一个"物",而仅仅是因为我们看到有白色,于是换用了一个等价的说法:那儿有什么东西。

[附释]质与存在直接同一;量则是存在的外在规定性。精神是比自然更高的、超出自然的领域,因而也不完全、不主要受质规定,只有当精神发狂而陷入自然的束缚时,性格这种质的规定才占上风。

量可谓对质这一外在形式的进一步外在化,是"外在之外在"。作为存在论的前两个二级层面的质与量的区别,是直接的存在与存在本身的外在化、差异化的区别。我们知道,质(规定性)作为直接的存在,本就是事物的外在一面,即它向思维直接呈现出来的"有"。但这个意义上的存在毕竟失之抽象而泛泛,思维在这里只能满足于说"有这个,也有那个",它的视野也仅限于目力所及的存在者,而不能再进一步做什么。这样的存在经过进一步的外在化,即存在者仅仅被思维取出其既可以相互区分又可以相互融通,因而可以清晰计数的"有了"这一点点"外在之外在""表层之表层"，而被撇开了具体存在方式，这样便得到了量这种看似外在化，实际上可以大大扩充思维眼界并提高思维把控力的形式。

将质的范畴放到更大的视野下来看，即放到整部《逻辑学》的视野下来看，黑格尔以精神与自然的关系（尤其是人身上的精神成分与自然成分的关系）为例，表明质的规定属于较低的自然性规定，对于人的自我实现而言还远远不够。仅仅用存在论的那些范畴去讲自然还比较勉强，但用来描述精神是不够的。当我们说一个人的性格如何时，无非就是要用某一种精神方面的性质把这个人框定下来。但这种描述方式相对于人的自由意志和高于自然性格的那些精神活动而言，是太过笨拙了。人只有生病或陷入癫狂时，才完全受到自然性规定的辖制。

§91

质的自在存在同时也是为了包含在质中的否定性（他在）而存在的为他存在。

这一节是在为接下来讨论有限性与无限性的关系铺路。表面来看，质似乎都是自顾自的存在，但仔细考察就会发现，质的成立离不开限定，而限定就必然同时是（对该质的）肯定和（对与之不同的其他质的）否定，这意味着一种质要得到保持，必然既需要与自身维持同一，也需要维持与其他质的差异，因而既是自在存在，也是为其他质存在的。尤其在当下这个存在论的层面上，事物的自在存在本身就是相当外在、相当薄弱的，事物除了靠自身那点"有"作为支撑外，相当程度上还得在其他意义上借力于他物之"有"，方才得以立足。比如当一群人只靠财富来衡量成就与地位时，每个人除了比拼自身财富的增长之外，同样重要的是与同一群落里其他人财富的相对关系。

［附释］人们在定在中容易只见其肯定性特点而不见其否定性，到了自为存在阶段，否定性环节才自由地出现。实在性有时指客观的定在，有时指某东西符合其概念，那时就是自为存在了。

这个"附释"重点是解释"自在存在"和"自为存在"的关系。"自在存在"是事物被"形势"所迫，在肯定性和否定性之间滑来滑去，"自为存在"则是主动经历否定性而不倒，就是说它能够经受得住否定性的考验。如车马行人踩踏出的印迹时而坑坑洼洼，时而平顺易行，行走的难易似乎单纯取决于山形地貌与车马行人的灵巧程度,此时地上还不见路,人也不觉其有路;但若是天长日久,踏出一条路来,那路上尽管也会有坑坑洼洼,却自成一格,与路边其他地方截然不同,两者也就分别成了"该踏"和"不该踏"的地方。可见自为存在是对肯定性和否定性的统一,是在定在中对容易归于涣散的"有—无—变"辩证法的重建。

实际上我们可以参照"有—无—变"辩证法来理解肯定性、否定性和自为存在的关系:人即便满眼只见世界上的东西变来变去,也要时时不断回忆起有和无,即看见这个世界上的东西在朽坏或者新生,永不留驻,也不对"有"和"无"丧失信心,因为世界能如此这般"有"起来,出现各种"是",它在手眼不及之处必有其"所是"作为支撑;自为存在实际上就是在定在中对存在及其精髓"是其所是"的回忆与坚守,就是在否定性的大海洋中依然屹立不倒,自成一格。

正如从转变向定在的过渡像是丰富的辩证法"坍缩"为僵死的固定状态一样,定在往往显现出肯定性,而难见否定性,人们也习惯于只将当下这种貌似固定不移的状态当作实在的。只有到了自为存在中,肯定性与否定性的辩证法才又重新活跃起来,事物与思维才敢于让否定性自由活动起来,因为自为存在本身就是经历否定性的考验而不倒。实际上否定性一直贯穿存在、定在与自为存在,只不过它在定在阶段比较隐蔽,到了自为存在阶段才重新变得显眼而已。

针对人们容易将表面上的肯定性当作实在性的习惯,接下来黑格尔剖析了实在性的丰富含义,接引人们的思维走向深入:一是客观的定在,二是事物符合其概念。前者自不必说。对于后者,黑格尔举了一份职业或一个人很"实在"(reell)的例子(德国"实科中学"之"实"也有类似含义)。这与我们中文里的类似说法相似:我们说到一个人"实在"时,表示的是他在该有所坚守的时候就坚持原则不放任,而不是单纯听从某人(包括他自己)的私己意志,想怎么着就怎么着。这样的一个人是符合其所当是的状态(概念)的,至少在有所坚守这件事情上是如此。可见事物唯有合乎概念,方可达到自为存在,自成一格,并自由展现否定性环节。

§92

二、突破抽象存在(只包含肯定性的抽象定在,而非纯粹存在)而承认规定性(限定),这就是界限。此时接受他在为定在的固有环节,质就使得有限性与可变性成为某东西(定在本身)的内在环节。

　　第 92—94 节大致对应《大逻辑》的"有限性"范畴,而有限性又是真正将质(规定性)落到实处的范畴,即这里才真正开始讨论作为存在的各种规定性会造成何种张力。正文这一段的关键是在定在层面上重拾有与无的同在,即接受某东西与他者①的同在,而且这种同在还不是外在并列,而是相互内在的同在。如果缺了一方,另一方也必然不存在。单纯的定在是抽象的、不成立的,现实生活中的定在其实都是既自在又为他的。能够接受这两者同在的事实是一种智慧,这个智慧不是看到简单的"有甲也有乙"这类外在并列,而只能通过对"是其所是"以及"有—无"辩证法的回忆和坚守才能达到。打个比方,我们购买心爱的货品之前对它的预想总是无比美好,只见其肯定性,那时对如何使用它的想象也都是尽量地为这肯定性"开道"的,似乎其他东西都会配合它的存在。但是买完拿到手之后,否定性就逐渐冒出来了:瑕疵自不必说,没有瑕疵的方面似乎也只是将瑕疵掩盖起来了,脆弱得很,新的瑕疵随时可能出现。不难理解,单纯的肯定性和单纯的否定性其实都是抽象,没有哪一个是真实的。

　　而在"定在"层面接受某东西与他者的同在,便是界限(Grenze)或限制(Schranke)。这里的关键在于,不要将界限理解成人为地在两个毫不相干的东西之间划出的一道线(这里谈的并不是实物与实物的关系,更不是如此外在的人为关系),而要理解成界限内、外的两种存在(定在与他在)都在内部包含了该界限及其划分开的双方之间的关系,作为它们自身固有的内涵。举个例子,就翡翠、羊脂玉这些玉石而言,当我们留意"翡翠""羊脂玉"作为存在的一种规定性本身如何成立时,我们会发现,比如说,这里不能单纯盯着翡翠内部去找原因,比如撇开所有其他玉石,拿着一块翡翠去钻研个不停。这样找来找去所找到的,说不定只是这块翡翠不同于其他翡翠的特征,即量的特征,比如哪一块的绿色多一些、颜色深一些;说不定是翡翠不同于生物的特征,比如它没有知觉和反思能力。如果一股脑地撇开这些特征,干脆断定翡翠的本性就是不同于羊脂玉的,它们各有一种神秘的本性使其表现为如此不同的东西,那就陷入中世纪"隐秘的质"的窠臼了。如今谈的其实不是某一块具体的翡翠的情形,而是"翡翠""羊脂玉"等

---

　　① "他者"(das Andere)在德文中只含"他"的意思,中译为行文通顺方便加一"者"字。它与"某东西"一样,也不表示实存、物或客观性意义上的东西,只表示不同于某东西的其他东西,重点依然落在"有"上。因此"某东西"实际上是某种存在的意思,"他者"实际上是其他存在的意思[黑格尔本人偶尔也使用"他在"(das Anderssein)这个说法]。

规定性本身。我们据以确定翡翠这个质的其实就是它与其他玉的质的区别,此外无他。这就带来了两个结果:翡翠的规定性就是"作为玉石,翡翠不是羊脂玉,不是……",这意味着"不是其所属的同一个大类中的其他质"乃是某一种质的本质规定性,即有限性、否定性是肯定性的本质规定性;另外,既然肯定性内部就含有否定性,那么转变的可能性也潜藏于其中,一种规定性在同一个大类中有发生一定变化的可能性,尽管这种变化由于处在定在(坍缩了的转变)层面,所以会显现为"破坏"或"洗心革面"等剧变,而且这种变化极其困难,变化的范围也是很有限的,比如物种之间的变更等。

[附释]界限内在于和贯穿于整个定在,它是质的界限,而非量的界限。人要成为现实的,就得限制自己,防止沉溺于抽象的东西。

质作为"这是某东西",决定的是"这是这种东西,而不是那种东西",而不是它的某种具体特性有多少,比如我们前面说过的翡翠的绿块有多大,以及黑格尔说到的地皮有多大。但话说回来,"这是这种东西,而不是那种东西"又意味着它是这种东西或是那种东西,甚或从这种东西变为那种东西,这类现象的原因我们在目前这个层面既不可能知道,也不必知道。

人有把肯定性和否定性不适当地放大去看,或者将这两方面之一当作事情的全部的习惯,这些都是沉溺于抽象了,都是人"用力过猛"的表现。读过黑格尔《谁在抽象思考?》①一文的人会发现,抽象的东西其实乍看起来是很"实"的,因为它是思维实心实意地将某一方面当真后仔细端详揣摩出来的,对于认定其为"真"的人来说它简直无可替代。然而对于事情本身而言,抽象的东西恰恰是人为的。

界限包含矛盾,因而是辩证的,它既肯定又否定定在。某东西潜在地就是他者,区别只在于这潜能是否实现出来,实现出来即为变化,比如人的死亡。

界限包含的"肯定性—否定性"辩证法,实际上是"存在"层面的"有—无"辩证法在更高层面的再现或延续,是比我们所见的定在的那种貌似"固定不移"的面貌更真实的。倘若我们打算依照自己的喜好,只见肯定性(固定不移)的一面,无视否定性(变化的可能性)的一面,那么无需辩证法家来批驳,事物本身的

---

① G. W. F. Hegel, "Wer denkt abstrakt?" in ders.: *Gesammelte Werke. Band 5. Schriften und Entwürfe* (*1799—1808*), Felix Meiner Verlag, Hamburg 1998, S. 381—387.

生命力就会把我们驱离这种状态,使我们看到否定性。黑格尔接下来引用柏拉图的话说明一与他者的关系,也提到了月亮、太阳的例子。他要表达的意思我们已经解释过了,此处不赘。他最后还明确表达了死亡潜藏于生命中的意思,与柏拉图的"活着是练习死亡"有异曲同工之处。

§93

某东西转变为他者,他者也变成另一个他者,这个序列无限进展。

"无限进展"在黑格尔那里不是一个好词,它表示恶劣的无限性(简称"恶无限"),即同一个层面上的不断进展。这只是量的意义上的无穷,而对于形式和秩序根本无所断定。相比之下,后文第95节谈到的才是真实的无限性(简称"真无限")。所谓真无限就是能够坚守形式和秩序而不被有限性淹没乃至击溃的那种无限。而这里的恶无限实质上是有限性的不断重复(即从一种有限性进入另一种有限性,如此以至于无穷),即对有限性的彻底服从。简言之,恶无限其实是有限。

§94

恶劣的或否定的无限性并没有真正扬弃有限事物,只是一种"应当",渴望扬弃有限事物,只是对矛盾的承认,而不是对它的解决。

恶无限实际上是有限,这个意思已经解释过了。这里重点关注"应当"。这个概念在康德和费希特的伦理学中是个高频词。它是站在有限的立场上,在远方树立一幅美好图景,鼓励当下的奋斗。这种做法作为任何事情实施过程中的一种鼓励措施,当然是很好的。但如果它凝结成一种看待事物的固定模式,就有问题了。这正如我们在本书"前言"部分和其他一些部分谈过的"求而不得"一样,会将目标和真理远远隔绝在外,同时不断怀疑和否定已掌握的东西。这实际上是一张"空头支票",明显是在"打击"人,因为它通过置之远方的一幅幻景达到把人固定在当下的效果。这不过是对矛盾状态的承认,却又不指明出路。我们市面上很多"鸡汤文"就与此类似。

[附释]真实的无限性是在他者中的同时在自身,而非不断成为他者,后一种现象只是单调地重复"设定界限,继而超出界限"这同一件事情,永远停留在有限事物中。如果人们由此认为无限性是达不到的,那是由于他们将无限性设定为彼岸了,但无限性只是现实的"非有限性",是在有限性中对有限性的扬弃。

这个"附释"中有两个值得关注的要点。首先是上述"同一件事情"。我们平时似乎经常做这件事情。当前途渺茫时,我们先设定一个看得见的目标,再通过一个个这样的阶段性目标来达到最终目标。这作为日常做事的方式当然是没问题的。然而在"是其所是"、形式和秩序这些大关节上如果还沿用这种方式,那就很麻烦了:如果人们只是为了给自己提提气,让自己生活得有劲,就永远只是很随机地选择一个暂时的目标过下去,用当下看似"有方向"的幻觉回避无根本方向这一事实。由于躲入舒适区求得暂时的安稳是人类的一种根深蒂固的习性,在当今这个讲究定量化、科学化的时代我们会发现,无论日常生活还是科学研究中,很多人都乐此不疲地投入设定界限再超出界限的游戏中去,遗忘了更根本的问题。

第二个要点是此岸、彼岸的问题。如果习惯了设定界限和超出界限的游戏,我们同时也很容易落入"此岸—彼岸"的游戏。后者实际上是现代版的"求而不得",只不过它比中世纪版本少了几分神圣期待,多了几分人为技巧:一旦我们把崇高者、无限者、绝对者供奉在彼岸,我们就已经自觉不自觉地接受了"永远接近不了它们"这一格局。而接受的原因还不完全是人的能力有限,而是多少夹杂了人的一些私意。

而黑格尔认为真正的无限性需要"在他者中的同时在自身"和"在有限性中扬弃有限性",其实就是要在有限性与无限性的问题上恢复"有—无"辩证法、"肯定性—否定性"辩证法。客观思维作为《逻辑学》的主角,要做到"过五关斩六将"的确艰难无比:它好不容易在"有—无—变"的风暴中坚持下来,在定在层面岿然不动的肯定性中又要回想起否定性来,重新"激活"二者的辩证法,现在又碰到恶劣无限性这个大难关。当这个难关表现为应当、渴望的时候,我们对其实质还看得比较清楚,但当它转变为大义凛然地为此岸和彼岸的区分辩护时,当它在社会上成为一种强迫人服从的"正确"乃至"道德"时,我们要识破它就比较困难了。

近代德国因康德派而盛行反思、单调的无限性。康德和费希特的哲学止步于"应当"的立场。人们用不断趋近理性规律这一悬设来论证灵魂不朽。

这一段转过头来再讨论康德和费希特的立场,而且具体落实到不断趋近理性规律这一悬设上。黑格尔认为这仍然是一种恶劣的无限性。而这里的要害在于,康德和费希特(至少黑格尔熟知的早期费希特)是从人的角度出发看问题的。绪论对二人的讨论告诉我们，从人的角度出发就必然是一种有限的思维、主观的思维，而主观的思维只能寻求不断趋近作为理念的理性规律，对于宇宙秩序本身根本无意也无能于讨论。①

[导引] 目前涉及的无限性②，以及后面"自为存在"层面上的一，分别在中世纪哲学和古代哲学（比如柏拉图哲学、新柏拉图主义哲学）中居于极高地位。然而这两个范畴在《逻辑学》中屈居存在论的"质"的层面，看起来一点都不高。原因何在？这里有古代的原因，也有近代的原因。先看古代的原因。前现代这些顶级范畴的内涵不仅仅是近代人所想到的对照有限去设想无限，对照多去设想一这么简单。前现代是从一去想多，从无限者看待有限者。③那么这个意义上的无限性和一本身就含有相当多的概念论因素。古人虽然口头上用"无限"和"统一"描述它们，但实际上将它们当作绝对理念。这就是说，无限性和一在前现代的全部内涵实际上被近代打成了两截：一截高居绝对理念，一截降至粗朴的存在。而断作两截的根本原因，在于那种在中世纪依然可以靠强劲信仰与神性力量加以弥合的"求而不得"生存方式，到近代仅仅向人及其事功收缩，"天人合一"演变成"天人永隔"，神性遍在演变成"上帝之死"。正如黑格尔揭示的近代盛行的"应当"一样，近代盛行的行事方式是人基于自身立场进行的追求与掌控，但近代人没有想到，这个行事方式本身就使其自贬身价，也恰恰令其所追求的东西消失。所幸这样一个吊诡的悲剧性结构被德国古典哲学家揭示出来了。我个人以为在哲学著作中，《逻辑学》在描述近代生活方式及其要害方面最为透彻。

它们在现代降至粗朴的存在的原因在于，公理演绎系统这种架构方式将前现代那些崇高的东西隔绝在外，以至于我们现代人看待无限者、一的时候，已经不觉得这里有需要敬畏的东西了。而之所以无需敬畏，就无限者而言，是因为人们对于无限者主要是从界限内部含有的辩证法去理解的，而这个辩证法在寻常

① 关于道德世界观中无可克服的张力，参见庄振华：《道德是否有界限——以黑格尔的"道德世界观"论述为例》，载《道德与文明》2020 年第 5 期。

② 这里的"无限性"仅就其在中世纪被推崇到至高地位而言，暂不涉及古希腊意义上的"无限性"概念。

③ 但这当然不意味着人自居为"上帝之眼"，此处无法深论。

人眼里不过是与执著于现成定在的那种僵化的眼光在搏斗,相比之下,黑格尔揭示出的"真实的无限性"在寻常知性看来其实相当渺茫难知。就一而言,则是因为一只是与"杂多"(而非柏拉图与普罗提诺眼中从第二个宇宙层面逐层往下都具备的一种特质)缠斗的某种近似于量的质朴状态。一虽然高于多,但远不如古代哲学中那么高。可见在近代,即便有意承认宇宙秩序,后者也过于高远难知。

§ 95

三、在过渡中的自相关联才是真正的无限性,它是作为否定之否定而得到恢复的存在。

这一节讲"无限性"范畴,主要讲真实的无限性,而不包括恶劣的无限性,因为后者实质上还是有限性。黑格尔以"否定之否定"界定辩证法,其实比较少见。这个说法的麻烦之处是两个"否定"其实不是同一个层面上的,但它恰恰容易引起这样的误读。前一次否定的深度和方式都有局限,才需要再次被否定,因而后一次否定实际上包含了对前一次否定的运作方式的颠覆,而绝非将前一次否定了的东西原样再颠倒回去。无限性是在定在层面历经有限性(否定)的种种黏滞、固化而依然健动不息地重现的"是其所是",它不是以另一种有限否定当下的有限(那就成了恶劣的无限性),而是对整个有限性格局的否定(否定之否定)。

这里的无限性,还远没有达到绝对者的层面(后者是本质论"现实性"层面的第一个三级层面),更不应该被想象成一个拟人化的神。它只是定在层面的"是其所是",实际上是相当粗浅的存在。在有限性中得见无限性,或者说在定在层面不受有限性的局限而得见无限性,这在黑格尔看来就是自为存在。因为某东西虽然具有可变性,可以过渡为他者,但无论这一过渡完成了,还是正在进行中,它都只是作为他者的某东西,它即便在他者之中,也像是与它自身汇合了而已。这样一来,"是其所是"作为无论在某东西中还是在他者中都坚守下来的某种自身,始终免于沦为彻底的他异性(Andersheit),便是自为存在。

[说明]使有限者与无限者对立的二元论,将无限者做成了受制于有限者的东西,使它不再是无限者,也使有限者变得似乎与无限者同样无限坚固,这就制造了避免双方接触的鸿沟,这是一种最普通的知性形而上学观点。

知性的思维只知道有限者很有限,无限者很无限,不知道有限者和无限者的相互中介。这种认识从主观上讲当然是要将两者区别开来,尤其是要保持无限者的纯洁性,使其免受有限者"污染"。然而客观上而言,它虽然制造了一条鸿沟,避免双方接触,却未能如愿地真正将两者划分开来:因为无限者此时只不过是与有限者并列的一个"非—有限者"(无—限者),它没有其自身的任何规定性,它唯一的规定性仅仅在于对有限者的否定,这就使得无限者实际上依赖于有限者,成了一种假的"无限者",或者说不过是个被伪装为无限者的有限者罢了,因为真正的无限者是不依赖任何东西(不受任何限制)的。

单纯强调无限者与有限者的统一,而忽视有限者被扬弃的一面,同样是错误的。而无限性则在统一中得到保持,因为它是肯定性东西。

黑格尔不赞同泛泛地说什么"无限者和有限者的统一",认为这种说法固然没什么大错,但具有误导性,因为那就将事情想象成两个并列的东西的外在结合了。针对这种误解,需要强调有限者被扬弃的一面。实际上无限者对有限者有一种提升的作用:我们必须理解现实事物中形式的一面,而且也不要因为形式的一面被理解,就把我们眼下看得见、摸得着的质料性一面弃之如粪土,因为后一方面是需要被形式统摄,而不是被直接否定的。

说无限性在统一中得到保持,实际上是指无限者、形式的无限性固然是在统摄作用中得到保持了,而质料性一面,即我们看得见、摸得着的这一面同时也在被统摄的过程中得以维持。我们见到事物,同时又不拘泥于它质料性的一面,而是把这一面作为一个通道或入口,由此去理解事物看不见、摸不着的形式一面,这便是由"是"得"见""是其所是"。

自为存在中出现了观念性(Idealität)的雏形。定在不能仅仅依照其存在或肯定(Affirmation)去理解,那样获得的实在性并不完备。因为实在性并非有限者的一切,观念性才是有限者的真理。一切真正的哲学都是唯心论。重要是区分有限者与无限者,不要将前者混同于后者。

德国古典哲学中观念性(Idealität)和实在性(Realität)是相互对照的概念。前者指事物的形式一面,尤其是事物的形式被动或主动凸显出来时的情形,后者指事物的质料一面。原则上说,观念性与实在性实际上不可分离,二者仅仅是相对于对方而言的,也只有相对于对方而言才有意义。但由于理性常常偏于一隅,抽象地仅仅强调观念性或实在性,因此有必要针对性地强调理性所忽视的实在性或观念性。另外要强调的一点是,黑格尔这里探讨的是实在性与观念性的关系,而非德国古典哲学意义上的观念性与英国经验论意义上的主观观念①的关系。

黑格尔如何讨论观念性与实在性的关系?"是其所是"如"存在"范畴那般经历虚无的锤炼,或如"定在"范畴那般经历有限规定的锤炼后,首次在"自为存在"范畴中自觉地确定了观念性的重要性。这里首先要留意的是,所谓自为存在,并不仅仅局限于有意识的"自我主张"(Selbstbehauptung),万物只要能通过各种"是"坚守自己的其"所是",便都具有自为存在,无论这种坚守是通过生物的意识、本能、生命还是通过无机物的连续性、坚固性表现出来。(当然,在所有这些方式中,最典型、最完备的自为存在还是人的自我意识。)还需要注意的是,黑格尔虽然说到自为存中出现了观念性的雏形,大家不要误认为观念性是到自为存在的阶段才有的,其实只要出现任何形态的有、存在,就必定有了观念性。只不过事物本身在"自为存在"范畴中才首次自觉坚守观念性,观念性在这里也才头一回成为主题,被从事《逻辑学》研究的哲学家与读者明确意识到了。——实际上按照我们早前的分析,"有—无—变"中的第一个范畴(纯粹存在,或称"有")就已经要从"是其所是"去理解了。换句话说,整部《逻辑学》的第一个范畴便已含有观念性了。

定在如果仅仅依照其存在与其肯定(即对这种存在的坚固性的肯定)来理解,那只是抽象的定在,未得定在与有限性之大旨。这就像说只知"是"而不知"是其所是"便无法真正领悟"是"的全貌一样。实在性和观念性还不仅仅是同步出现,不仅仅是外在地若即若离。实在性只有凭借观念性才可能出现。

观念性可以说是实在性的根据。所以黑格尔干脆就说,观念性才是有限者的真理。有限者给我们的第一印象是它很"实在",因为它就在那儿,无法忽视。但一个有哲学头脑的人会发现事情没有这么简单,这只是表面上的实在性,是"然"而非"所以然"。而观念性尽管无形无状,看不见、摸不着,可是没有它实在性就"实在"不起来,因此在某种意义上可以说观念性是比实在性更实在的。

说一切真正的哲学都是唯心论,这意味着要跨入哲学的门槛,首先就要领会到思有同一,看到实在性以观念性作为根据。这种唯心论不仅承认有限者的实

---

① 后者从始至终都没有达到《逻辑学》的高度,因此根本不属于《逻辑学》的讨论对象。

在性,更重视有限者背后看不见、摸不着的"是其所是"。在这个意义上,不能不说唯心论是巴门尼德以来西方哲学的主脉。

黑格尔虽说并不主张撇开观念性只说实在性,但也并不反过来主张撇开实在性抽象地谈论观念性。他认为像知性那样跳脱于有限者之外单独设想一种无所限制的"无限者",是得不到真正的无限者的,只能得到一种抽象意义上的观念性无限者——那只是一种与有限者并列的假无限者,实质上是以"无限者"的虚假面目出现的另一种有限者。而黑格尔自己一向主张的是"具体普遍性",即与有限者不相离的无限者。

c　自为存在

[导引]接下来的"自为存在"范畴涉及一和多、吸引和排斥的问题。这个问题看起来很空洞,但是如果被置入哲学史的整体之中,便会呈现出相当复杂多面的样貌:这个范畴中有三方思想的交汇。当然,所谓的"交汇",对黑格尔本人而言是不存在的,他只是直抒胸臆,将他自己认为正确的逻辑结构说出来,它主要是对作为当代读者的我们而言的,是我们在理解黑格尔的这个范畴时不得不置身其中的一个难题。那就是柏拉图、黑格尔和海德格尔三方思想的交汇。

一和多本来是柏拉图的核心词汇,在他那里具有构造整个体系的强大潜力:在柏拉图宇宙图景的五个层面上,一是引领每一个层面及其内部事物的秩序与形式,它最高的体现是善的理念;多则是相对于一而言的不定之二、质料状态,它和一一样不限于某个特定的层面,而是在第一个层面之下的四个层面中都有所体现。但是到黑格尔这里,一与多却"掉落"到"自为存在"这个离《逻辑学》开篇不远的范畴中。何以如此?这表明在现代人看来,无论多么崇高、多么具有构造能力的范畴,只要它仅仅主张"有"那样崇高、具有构造能力的东西,而不以现代科学架构方式认可的形式显明事物的本质,进而以思辨的方式显明具体的普遍性,便只可能落于存在论层面。至于在存在论层面内部它们何以仅仅处在"自为存在"范畴内,这需要从相关范畴的特质着眼进行探讨,此处不赘。

与黑格尔主张直面现代科学架构方式与现代生活的挑战,在《逻辑学》整体中大力开掘本质论不同,海德格尔希望另辟蹊径,坚守的是形式出现之前的(或者说能生发形式的)一个原初状态。后者在我看来是一种质料状态。海德格尔认为质料状态是原初的,而它生发形式则是后面的事情了,如果不时时保有原初状态，那么形式从"显形"之初就开始僵死了。因此海德格尔始终强调形式将出现又未出现时的状态，即事物发生之初的那个状态。如果拿柏拉图和海德格尔相比，可以说柏拉图盯着的是理念，是"高"位的东西，从外部来看与黑格尔概念论中的"概念"颇为相似（但没有黑格尔那里的"具体普遍性"，因而实质上不可生硬对比）；那么海德格尔盯着的是"低"位的东西，但这里的"低"并不是"低级"或"低微"的意思，它更多表示并未经历现代科学架构方式与现代生活的考验的意思。海德格尔对于"存在"的"是其所是"内涵当然是熟悉的，他也绕不开西方文化的这种形式感，反而要依赖形式感，而且这种依赖表现为，他把原初状态本身做成了一种形式。这是一种类似于浪漫派的做法。

§ 96

（一）自为存在作为否定性东西（des Negativen）的自相关联，是单一体（Eins）。单一体在自身内无区别，在外部排斥他物。

"自为存在"范畴下的单一体（以下亦简称为"一"）和多，跟量论中的量不是一回事，我们顶多只能把一和多作为量论出现之前的一个预备形态。双方的根本区别在于，一和多是着眼于每一种事物①如何保持自身而言的，而量则建立在事物相互之间通过吸引和排斥的方式内在渗透的基础之上，那种内在渗透是目前阶段无法想象的。

自为存在有两种自相关联的形式。它作为简单的自相关联是直接性。这就是说，仅就其在抽象的意义上"是"其自身、坚守其自身而言，它仅仅直接地"是"。这其实就是"纯粹存在"的内涵，因为纯粹存在、直接性、简单自相关联其实都是同义的。然而纯粹存在还远远不是真正的自为存在，而只是最抽象的自为存在，或者说思维臆想的自为存在；真正的自为存在必须在一种"是"与别种"是"的区别中才能建立起来。这便涉及自为存在的第二种自相关联，那就是否定性东西的自相关联。一种"是"与他种"是"，就自身而言都是肯定性东西，就相互之间而言都是否定性东西。换句话说，目前阶段才出现"自—他"之分，任何"是"都必须经受否定性的考验，才能坚守自身，这就是属于是自为存在。一在自身内没有差别，在外部排斥他者，这是一体之两面：在自身内没有差别，并非

---

① 严格来说是每一种"是"，即就"是"而言的每一种事物。

绝对意义上的铁板一块,而只是相对于单一体排斥他者而言的一种"行动";在外部排斥他者,并不代表它遗世独立或与他者绝对无关,而只是相对于它需要成为单一体而言的。

[**附释**]自为存在是得到成全的质,它将存在与定在作为观念性环节包含在自身内,后两者分别对应于其自相关联和具体性。但此时的一并非仅仅通过断定自身并排斥他者便建立起来,而是在自身内部就含有"不是他者"这一规定。

说自为存在将存在与定在作为观念性环节包含在自身内,这当然是说自为存在将存在与定在扬弃在自身之内。但这样的解释太过泛泛,我们只有弄明白后两者究竟是如何被扬弃的,才算透彻理解了这话的意思。前面我们解释过,存在是抽象意义上的自相关联,这种自身坚守若不经过种种特殊规定性(定在)的考验,其实是达不到真正的自相关联的。而定在之所以成为这样的考验,关键在于它的具体性,任何具体规定性都有摧毁抽象自身关联的威力。

此时的一并非仅仅通过断定自身并排斥他者便能建立起来,而是在自身内部就含有"不是他者"这一规定。拿人来说,人要将自身建立起来,就既不能以他自己的感受为取舍(否则便成了自私),也不能以别人的欲求为取舍(否则便成了泯灭自身),而只能以同时统摄当事的所有人各自行为的"自—他"之分本身为取舍。

以自我为例:自我是无限的、否定性的自相关联,即自知其为自我的自我或自由的自我,这是人不同于动物与自然界的地方。如果说定在是实在性,那么自为存在就是观念性,观念性并非与实在性并列,而是实在性的真理,或者说作为潜能的实在性的实现。这意味着观念性必须是某东西的观念性才具有内容,将某东西的实在性与其观念性割裂开来就错失了真理。实在性与观念性的关系模式适用于自然与精神的关系,后者将自然扬弃于自身内了。兼论扬弃既是舍弃又是保存。

黑格尔以自我为自为存在的例子时给自我加了一些明确的限定:此时的自我乃是自由的自我,是自知其为自我的自我。自我在哲学史上往往是作为哲学家整个理论的核心或枢纽出现的,在奥古斯丁、笛卡尔、费希特那里都是如此。而在这些思想家那里,自我都不是什么局部性概念,而是全局性概念:比如在费希特那里,自我就是整体。自我不是外在地"变成"非我,而是已经隐含着非我了,或者说非我在它当中是潜在的,是作为潜能存在的,而自我则是赋予非我以形式的"光源",从自我看过去,非我才显形为大千世界。只要对自我有所言说,就必定已经对非我有所界定了。

自我是无限的、否定性的自相关联。无限性和否定性的自相关联可以看作相互解释。自我凭什么具有无限性? 如果我们仅仅从人的立场出发,将自我理解成人守着自己的"一亩三分地",只顾着自己的感受,那么自我当然谈不上什么无限性了。自我至少得像莱布尼茨的单子那样,在自身内部就反映了整个宇宙;不仅如此,它甚至可以是费希特的那种为一切非我赋予形式的观念性自我,它甚至具备成为绝对者的潜力。在德国古典哲学中,说自我是无限的,绝不是指一个经验性的自我能将万物都"管"起来,而是指自我成为一切可理解的形式凝聚与显现的枢纽。

此时的自我是一个自知其为自我的自我。这就是说自我知道自己是可以把握"是其所是"的,知道自己是前述枢纽。有此觉悟,自我才是自由的。相反,在黑格尔看来,那种固执于自己的感受,固执于物质、形体上、财产上的"一亩三分地"的经验性自我,是极其不自由的。换句话说,自我要成为自由的,其前提是能够实现一种教化,即自己能够意识到人生在世有一条在形式方面拾级而上的道路,能够主动沿着这条道路攀升,并理解与实现各种高高低低的形式。这就是人不同于动物和自然界的地方。只有人才能反思到自己的这种存在方式,把握各种"是其所是"构成的宇宙秩序。人之为人的根本是什么? 这个问题一定得落在这里所说的自知其为自我的自我、自由的自我,也就是落在人对"是其所是"的领悟上去说,才算是通透的。

接下来黑格尔谈到定在是实在性,自为存在是观念性。定在就是具体的各种"是",它之所以很实在,是因为我们绕不开它,也无法轻易否定它。黑格尔在这里强调的是,自为存在透显出来的观念性不是与实在性并列的,而是实在性的真理,或者说是作为潜能的实在性的实现。换言之,实在性是观念性的潜能,观念性是实在性的实现。打个很粗浅的比方,一块石头如果不具备观念性,它就不会凝聚成一块石头。也就是说,石头若没有我们眼下所见的各种看得见、摸得着的各种具体表现("是")背后的形式("是其所是"),世界上根本就不会有"石头"这回事。但石头的观念性毕竟是以潜在的方式存在的。我们平时只关注石头的实在性,它的观念性往往隐而不彰。就不同物种而言,无机物在观念性的凸显程度上不如有机物,因为有机物整个建立在观念性之上,若是不理解观念性,只像对待石头、瓦块的实在性那样对待有机物，就根本无法理解有机物。在有机物内部，动物又比植物更凸显观念性；相比于动物，人则更甚。

观念性必须是某东西的观念性。它不能够是一个空空的观念性。正如分析哲学经常批评的，我们不能设想或谈论"红色的存在"，这话是自相矛盾的，因为存在无所谓何种颜色。在这里，我们也不能说有观念性存在，因为存在只是"是"。"是"的确必有其所是，但我们要是反过来说"是其所是""是着"，那就是废话。如果我们误将观念性当作石头那样硬邦邦的东西，就会浮想联翩地"探究"它如何"存在"，并将一堆抽象的所谓"特质"归结给它，将它制造成某种实体一样的东西。黑格尔说观念性必须是某东西的观念性，其实是在提醒我们，观念性和实在性是一体共生的，不要认为观念性是一个单独的"东西"，否则就会错失真理。这意味着观念性虽然是实在性的真理，但人类不能脱离实在性而直接拥抱这真理。

黑格尔有意以实在性与观念性的关系模式解释自然与精神的关系，并且认为精神将自然扬弃于自身内了。这里不宜将实在性与观念性的所有内涵都附会到自然与精神上去。一切实在性都有某种观念性与其构成"一体两面"的关系，但自然与精神的关系则与此有所不同，它们毕竟构成了两个相对比较分离的层面，我们不要尝试将自然事物与精神事物进行一对一的生硬投射。这里黑格尔进行类比，主要是为了强调两点：精神和自然不能割裂开来看待，不存在相互离开对方而独立持存的自然与精神；精神与自然之间也有一种"扬弃"的关系，自然在精神中才达到其真理，若非出现精神，自然本身是没有多少深刻的意义的。

黑格尔最后顺带谈到了扬弃既是否定又是保存。德语词 aufheben（扬弃）在德国唯心论中的这两重含义虽然大家都在说，但未必人人都清楚这里否定的是什么，保存的是什么。其实否定的是质料性因素，保存的是形式性因素。当然，这不是说把质料都消除了，只剩下纯形式。黑格尔从来不主张有什么脱离质料的纯形式。这里所谓的否定质料性因素，实际上是沿着形式的阶梯拾级而上的同时否定对每个层面的质料性因素的执念，即误将质料性因素当作坚固不变的乃至自足的东西。而形式的因素需要依托质料性因素才能显现出来，这一点从来没变。

[导引]接下来的讨论涉及从质向量的转化。明白这个转化的具体机理非常重要。具体而言,我们要关注质和量的关系、单一体与多的关系、排斥和吸引的关系。这些关系在《逻辑学》中非常紧凑地出现了。我们在阅读时,切莫急着下判断,说黑格尔的论述太"老套",或者说他的演进方式太"怪异"。这里仅以质与量的关系为例,略作导引(其他关系参见对正文的解析)。

质通常指"是什么"。但质在存在论这里却不牵扯通常夹带在"是什么"之中的许多已深及本质论层面的内涵(比如"本质性规定""偶附性规定"之类),只将重点落于"是"之上。也就是说,这里的重点在于,毕竟有什么东西"是"起来了,世界上毕竟有"某某这一回事"了。西方哲学自从有了亚里士多德所谓的惊异感,就开始对这个"是"何以成其为"是",即开始对"是其所是"有了敬畏之心。可是,有了质,这在现代人看来还远远不够。现代人需要的是能够量化的质,如果质拒绝被量化,或不能被量化,现代人就会惶惑无措,因为他在那里得不到他须臾不可离的确定性。拒绝被量化的东西,比如上海那个懂四书五经的"乞丐哥",人们只会把他当作一个热点话题,议论一下,然后掉头不顾。不能量化的是什么?比如中世纪实在论意义上或否定神学意义上的绝对者就是人类没有办法认知、描述甚至想象的,无法用人的理智去度量。对于这两类东西,现代人的态度其实都是存而不论。相形之下,可量化的东西就太多了。比如我们生活中常见的"撞衫",就是量胜于质、令质失色的实例。又比如本雅明说到的机械复制时代的艺术作品,也是很明显的一例。

对于质的量化,我们不要因为一些学者批评了它的一些负面后果,便在不明就里的情况下过分恐惧和排斥它。这当然不是说要张开怀抱全盘接受它,那种做法同样建立在不明就里的基础上。我强调的是首先要把它的根源弄明白,尤其要明白它作为存在论的"质论"之后的一个重要部分,是如何展现现代生活的一个基本事实和基本特征的。

具体而言,这就需要我们不能只看量与质相对立的一面,而要看到量是承认质的,或者说它是对质的扬弃。量化意味着均质化:任何一种质,只要人不满足于抽象地盯着它不动,而试图系统化地、全面地把握它,并更进一步把握这种质与其他质的关系,就需要将它量化。比如人要吃鱼,首先就要收拾鱼鳞,此时就不能拘泥于每一片鱼鳞之间的差别并区别对待它们,而只能将它们当作"许多鱼鳞",齐一化地对待。这种"齐不齐"(庄子语)的做法既是建立在质上的,又是对拘泥于质的状态的突破,它在生活中处处可见,亦有其必要性。

但不可否认的是,现代之所以为现代,在某种意义上就是因为它把量化太当回事了。所谓太当回事,是指被量化的便利之处吸引,而不太留意量化的局限与误区。针对这些局限与误区,20世纪现代性批判中对量化的那些负面后果的描述往往导致一种浪漫的排拒,缺乏同情之了解。

§ 97

(二) 单一体的自相关联是否定性的,是在自身中含有与自身的区分,在自身中含有关于他物的规定,因而既是单一体对外部的排斥,也是对外部之多的设定。因为单一体所排斥的多都是存在着的,所以单一体对多的排斥实际上是多的相互排斥。

单一体对于多中的每一个而言都是他者,即多中之一。实际上每个单一体都既是单一体,也是多中之一。这是一个既相互排斥又相互需要的局面。

单一体的自相关联是否定性的,这意味着单一体要将自身确定下来,首先得在自身的规定性当中就包含着"不是他者"这一内涵,而非仅仅在遇到他者时才"不是他者"。此时单一体与他者之间并未进行深入的对比,单一体仅仅出于建立自身的需要,就必须在自身的规定性中包含上述内涵。然而就是在这个排除的过程中,所有他者(多)也在客观上实实在在地被单一体设定成跟它一样的单一体了。——读者不难明白,量化活动在此已经呼之欲出了。

这里还要补充说明两个问题。第一,这里并不是像跨过一道门槛一样,从单一体跨越出去,走向了在单一体之外的、与单一体截然不同的他者。这里的情形毋宁是,自为存在的整体格局本身就包含着单一体和多这两面。自为存在既是对单一体的设定,也是对多的排斥,实际上也就同时设定了其他的众多单一体。

第二,值得思考的是:"一与多"为什么在现代达不到古代的那种高度,反而会走向量化这种貌似平庸无趣的局面? 主要原因在于,现代社会不再像柏拉图那里一样通过"一与不定之二"在相邻层面之间层层相因的连锁关系通达宇宙秩序,而是依照理性的眼光,将"一与多"降格为"单一体与他者(多)""吸引与排斥"之间的平面化关系,后者是量化的预备形态。

[附释]表象思维将单一体降格为多中之"一",而哲学的概念思维则认识到单一体才是多的前提,且单一体的内部已经包含了多,因为单一体并非抽象的存

在,而是具体的定在,只不过不再如定在阶段的某东西、有限性那般与他物发生外在的关联,而是内在的否定性自相关联,也就是自觉地在自身内包含他物。反过来看,单一体是对自身的排斥和将自身设定为多,而非单一体只是单一体,外在地排斥多,多中的每一个都是这样的单一体,由此它们便是相互吸引的。

理解这个"附释"的关键是区分外在关联与内在关联。只要我们站在某东西的角度去看待他者,这样建立起来的关联就必然是外在的,哪怕我们尽可能地采取"将心比心"的宽容姿态,尽可能地为他者让出地盘,也是如此。但眼下单一体与多的关系可不是这样。单一体在其内部就含有"不同于他者"这个规定性。这就像一个人如果只知以己度人,就难免将所有外国人都视作古怪的"老外",最多只是以忍耐之心"宽容"一下他们这些"古怪"之处,殊不知在外国人眼里,这个人本身也是不折不扣的"老外"。不仅如此,某东西正是凭借其内部的这个规定性,才得以成为其自身,因而它的存在既是与他者的区别,也是对他者的依赖。

这种依赖被黑格尔概括为相互吸引。凭借对他者的盲目排斥,恰恰不能使某东西成为某东西,一切单一体都必须凭借成为"多中之一",才能成为单一体。接下来在第98节"附释"中甚至会隐含一个非常奇妙的意思,那就是排斥和吸引先于物质,而不是先有物质,然后才有排斥和吸引。那个意思的根据已经隐含于此了。

§98

(三)在外部,多个单一体相互间的排斥也是相互吸引;在内部,每个单一体的自相关联也是自相扬弃。由此存在论的规定性(质)的层面走向了大小(量)的层面。

看到多个单一体,我们首先容易想到相互排斥。但如果没有相互吸引,即没有单一体内部对对方的承认,单一体压根儿就不存在,更加谈不上什么相互排斥;但与此同时也的确必须有排斥,否则的话就谈不上"多个"单一体了,因为它们无法区分开来。同样的道理也可以换一种方式来表述,那就涉及自相关联与自相矛盾的关系。表面看来,每个单一体都只顾着在内部自相关联。其实自相关联也是自相扬弃,因为如果没有自相扬弃,自相关联也不存在。比如就物质而言,如果只有彻底的自相关联,就会发生坍缩。我们所见的任何物质都必定是自相关联与自相扬弃的平衡态,不可能是单纯的自相关联。

从排斥和吸引的关系,就造成质的层面走向了量的层面。这个思想需要稍作解释。如果说"单一体与多"的格局是就每个事物如何保持自身而言的,那么量便是就吸引与排斥如何渗透了事物而言的。(其实这里说"渗透"也不太合适,因为并非先有某东西存在,然后它才被吸引和排斥渗透。正如本节的"说明"和"附释"表明的,吸引和排斥先于物质。)如果说"单一体与多"的格局仅仅关注"有一个也有多个,一与多相互需求",即仅仅关注某东西与他者的存在之间的并列关系("有……,又有……"),而有意忽略了事物的质或形式,那么量则将上述格局虽然蕴含着,但还没有摊开来看的吸引和排斥的关系摊开来看,也就是将对质的忽视(或曰"均质化")本身或无形式本身制造为一种形式,也就是将并列关系本身制造为一种形式了。到了量的层面,吸引和排斥、同一和差异就成了事情的全部,一切事物都只能通过它与其他事物的相对关系取得合法性。

[说明]原子论只知道排斥而不知道吸引,将原子的聚集当成偶然的事实,当作外在的聚合;排斥被具象化为虚空。近代原子论中的分子偏重感性表象,离开了思维规定,已经不是古代的原子;它虽然设定了引力和斥力,却将其具象化了,康德也没有根本解决这个问题。原子论在政治学中的版本将个人的特殊需要做成引力,而普遍的东西则被做成外在关系。

黑格尔说,近代原子论将原子想象成微粒或分子,实际上是以感性表象代替了思维规定,等于放弃了古代意义上的原子。这便判定了近代原子论在思维高度和深度上其实还不如古代原子论。古代原子论虽然只知道排斥,不知道吸引,但它毕竟了解到排斥对于原子的关系非常重大,它知道排斥对于原子是原初性的。但近代原子论只是一种很粗浅的感性表象,一上来就想象一团一团的微小物质,然后在此基础上依照"查漏补缺"的需求设想排斥和吸引。

在人与社会的问题方面,这个"说明"涉及的主要是近代政治哲学,虽然黑格尔没有明说。近代政治哲学往往设定先有个体,然后考虑如何由这些个体结合成共同体。个人的存在往往被化约为他的特殊需要,社会就会成为原子与原子之间吸引与排斥的局面。你需要这个,他需要那个,同时每个人都有自我保存的需要,这就导致他们在相互斗争的同时需要抱团取暖。人和人之间是一种利益的关系,这种关系成了道德这种普遍东西的基础。而普遍的东西则成了第二位的、被生发的东西。

这里在细部值得思考的一个问题是,古代原子论如何规定原子、虚空与排斥。这种原子论将原子的聚集当成事实,实际上是将一个偶然的事情当成对其自身的解释了,并没有在哲学上解释吸引问题。它真正感兴趣的是排斥问题,而且将排斥具象化为虚空,即认为相互排斥就是相互之间有空隙。这种思维固然朴素,但无可否定的是它看到了排斥(虚空)与原子具有同等原初的地位,即强调了排斥对于每一个颗粒成为它本身是极端重要的。——当然它还没有认识到吸引与排斥先于物质。而康德、谢林、黑格尔则达到了这样的认识。

[附释1]原子论哲学的原则是"多"的形态下的自为存在。原子本身是一个思想,所以物理学接受原子论就无法避开形而上学。重申古代原子论的上述缺点(见"说明")。康德的物质构造(动力学物质构造)的缺点是将排斥和吸引假定为现成的,而没有加以演绎,他虽然劝告人们相信物质就是这两种基本力,但后来的德国物理学又倒退到流俗原子论,认为物质(被称为"原子"的小物质)先于两种力,这是一种无思想的形而上学。

原子论的基本思路是把物质细分为很多小单元,去研究这些小单元如何能够独立存在(排斥)并发生关联(吸引)的。说白了,原子哲学的核心问题就是小单元、排斥和吸引的关系,这在逻辑科学上而言就处在"自为存在"范畴下多个单一体之间"排斥和吸引"的层面。

黑格尔明确指出,原子本身就是一个思想(ein Gedanke),所以物理学若是接受原子论,就无法逃避思想。人只要在原子论的意义上讨论问题,就已经不是在做经验性研究了,不是在仪器观察或肉眼观察的层次测量两团物质之间的引力和斥力有多大。包括现代物理学所观察到的那些原子、分子之间的引力和斥力,也已经是原子论的成果了,其本身并未达到"作为一个思想的原子"的深度。所以切不可将现代物理学中被定名为"原子"的那些颗粒直接等同于古代和近代原子论中的原子,或者把现代物理学简单视作古代和近代原子论的"科学化"形态。黑格尔说原子本身是一个思想,他的意思是原子必须被理解为"自为存在"范畴下"多"的相互排斥和相互吸引。所以原子首先是一个逻辑学规定或客观思维规定,而不是一团现成的小物质。

古代原子论的缺陷,以及相形之下康德的物质构造的优点(排斥和吸引先于物质),自不必重复。这种物质构造令人遗憾之处是没有对排斥和吸引做进一步的深究,即没有像黑格尔这样把排斥和吸引放在逻辑科学的某一个层面上,然后考察这个层面与它所从来、它将去往的其他各层面的关系。换言之,康德没有在逻辑科学的意义上澄清排斥和吸引的来源与出路。他只是断定排斥和吸引为基本力量,将其现成地设定下来,并没有讲清楚斥力和引力本身是怎么回事。

[附释2]量是被扬弃了的质,被扬弃的质既不是抽象的无,也不是抽象的有,而是对规定性漠不相关的有。

这就是我们先前(对第98节的解析)说过的"量是将对质的忽视(均质化)本身与无形式本身制造为一种形式"的意思。思维若是有意撇开各种规定性、形式不管,既不追究它们的来源,也不追究它们的深度,而只盯着"有……,也有……"这一关系性事实不放,便是从质的层面走向了量的层面。

然而与此同时又必须留意到,量其实是建立在质之上的"有意撇开",规定性(质)并不会任由这种做法推进到底,这种做法迟早会表明自己其实"不中用"。因为量化只能够波及事物的外部,无法走到彻底否定质的境地,不可能将自身的根基否定掉。换句话说,量化只是理性对待质的一种虽然十分必要的方式,即貌似惊心动魄彻底改造质的尝试,但摆脱不掉其固有的缺陷,终究行之不远,迟早会在新的层面上转而接受质,那便是"尺度"范畴了。但话说回来,这场惊心动魄的尝试还是产生了极为深远的成果。这便是黑格尔的量论要讨论的问题。

B 量

a 纯粹的量

[导引]我们或许曾经满心期待黑格尔在"自为存在"层面将"单一体和多"提升到柏拉图那里达到过的高度。前面我们解释过,现代意义上的"单一体和多"之所以达不到那个高度,最根本的原因在于量论对于现代必不可少。量论这种"齐物之不齐"的方式,不仅自身含有一个广大丰富的系统,而且在更高层面还会在改头换面后重新归来,比如本质论的第二个二级层面(现象论),概念论的第二个二级层面(客观论)都是如此。量论若是放在一个由更高的秩序和形式构成的大框架下,倒也不碍事,可以被视作现代生活必需的一个手段,或现

代一种必要的生活方式。但若将更高的秩序与形式弃之不顾,将量化做法无限放大,它就会膨胀为垄断一切的方式,甚至反过来吞噬并改写更高的秩序和形式,使它们成为量化的称手工具。马克思说的异化,法兰克福学派讲的文化工业,往往与此有关。但19世纪中后期以来的现代性批判往往热衷于全盘批判量化,陷入对量化的一种浅薄的浪漫排拒,忽视了它对于现代生活的必要性。

在进入黑格尔的量论之前,我们要谈一个问题,那就是量论在整个存在论中的地位。我们可以从存在与量的关系入手来看这个问题。回顾我们对"纯粹存在"部分的解析不难发现,在古典意义上讨论存在,就像柏拉图说"某某本身""存在者"一样,这本身就代表一种看问题的特定方式。比如我若对"橘子本身是什么"发生兴趣,那么我关注的就不是手头的这个你叫做橘子的东西的表皮、色泽、重量等看得见、摸得着的现象,而是对这个橘子何以成其为一个橘子发生了兴趣,这就必然触及橘子的形式,或者用亚里士多德的话来说,对上述这些现象("是")的"所是"发生兴趣。

既然存在如此,那么量化始于何处?其实与量化机理类似的逻辑学范畴,对于我们而言并不陌生。在一种比较隐晦的意义上说,定在之于存在,正如量之于质。或者说定在是在质的层面内部对量化的预演。在两个方面,定在与量是相似的。一方面,相对于在先的层面而言,它们是从抽象走入了具体,由思维较为"主观"的认定走向貌似不可移易的"客观"局面。定在是思维从抽象的"转变"范畴走向貌似波澜不兴的具体东西(见前文对第89节的解析),脱离了"由是见其所是"这惊险的活动。量也同样摆脱了单一体与多之间处处"不齐"地进行排斥与吸引这一棘手的局面,使得人力在"齐不齐"过程中得以大展拳脚。虽然量化做法较之定在层面的"依靠"而言,貌似更为积极进取,但二者在一任人力而与宇宙秩序"若即若离"这一点上其实是相同的。另一方面,它们又蕴含着松坠乃至封闭化的危险。松坠在于,思维从对较之日常生活更具挑战性的"是其所是"的密切关注转向貌似可以令其安心停靠的、现成而确定的"是"(定在)或"多少"(量)。倘若思维果真安心依靠这"是"或"多少"安心睡大觉,遗忘了"是其所是"依然向其发出呼召与挑战这一事实,那便是它的堕落。封闭化在于,如果定在与量罔顾"是其所是"与质,便会走向事物彻底的"人为化",便会彻底脱离宇宙秩序。

然而量毕竟有其不同于定在的"独门"特质,因此我们不宜完全依靠定在来附会量。与定在作为转变的暂时"坍缩"因而较容易在"自为存在"层面复归"是其所是"的情形不同,量是思维对于多个单一体的相对关系的彻底执著,是对无形式的形式化。换言之,量比定在多出了许多自我辩护的成分,它摆出一副与质分庭抗礼乃至试图全盘支配一切存在的姿态。

§99

量是使质(规定性)得到扬弃的纯粹存在。

这里的"纯粹存在"(das reine Sein)不是作为《逻辑学》第一个范畴的纯粹存在,而是思维在自为存在基础上进一步人为提纯的存在。量论的三个部分,即纯粹的量(即抽象的量)、定量、度数(对应《大逻辑》中"量的比例关系"),与质论中的三个部分有一一对应的关系,只不过这种对应是以量忽视"是其所是"为前提的。

纯粹的量是抽象意义上的、未被局限于特定范围的量,它是相对于后面的定量(Quantum)而言的。这里要解释两点。第一,量并不是没有质,而是一种均质化,或者说是一种非质的质,即把非质本身做成了一种质。①这就从质论中对纵向秩序("是其所是")的尊重过渡到量论中对横向比较(是多少)的关注。量化这种对"是其所是"的忽视,表面看来挺科学的,因为我们做事说话都要有"一是一,二是二"的证据。在当今时代,量化甚至有成为科学、公正、真理的代名词的趋势。但问题在于,在从质到量过渡的过程中,有一些东西容易"丢"了。从"是其所是"转向"是多少",实际上是从看不见、摸不着的形式沉降到看得见、摸得着的、可以人为界定的东西上,并且以这一界定本身为形式。从此以后,原先的"是其所是"并不是消失了,而是降格为一种需要被量化的干扰性因素,它反而需要在量化中才能取得"合法性"。换言之,从此以后量化成为质的持存必须经历的关口。

第二,现代人不喜爱没有被量化的质,更不接受无法被量化的质,因为在那样的质面前,他得不到确定性,感到手足无措。无法被量化的质被打成各个领域的"怪人""怪现象",在现代是必欲除之而后快的。读过福柯的朋友明白,疯人

---

①　这里已经隐隐开始了一种二元设定,即寻求通过类似于规律的"比例关系"来支撑表面杂多的量。只不过二元设定还远远不如本质论中那般显白,更没有像那里一样成为思维讨论的主题。

院本身就是对这类怪人的一种量化企图。任何质都必须被现代这架机器安放到它能接受的某个位置上去。当然正如前文所说,我们并不主张对量化采取浪漫排拒的态度。现在问题的关键是,那种认为对待量化只有服从与抗拒两条出路的想法其实是很偏狭的。它没有看到量化既是现代的命运,也蕴藏着更高的出路。它更没有看到,我们采取上述两种做法中的任何一种,其实都在客观上强化了量化,有遮蔽与阻塞更高出路的危险。

[说明]第一,通常所说的大小(Größe)已经是特定的量,已经不能表现量与质的关系了。第二,可增减性表现了大小对于质的漠不相关,量对于质的漠不相关影响不了质。第三,量可被用于表现质的不足,所以可以勉强描述绝对者,其用意在于强调绝对者不为任何质所局限。第四,实在东西如果仅仅从物质的量来看就是只见时空,而不见物质和持存。

第一点说的是,通常我们说的大小已经是特定的量(定量)了,已不能覆盖整个量论了,尤其是失去了在量论第一个三级层面("量")中与质的那种鲜活明确的争执。在《大逻辑》中,整个量论的标题就是"大小",但这里说的"大小"显然与那里不同,它只代表日常口语中的意思。我们通常讲大小的时候,一定已经预设了它是某东西的大小,而且已经对该东西何以成其为这个东西,对它的"是其所是"感到无所谓了。我们现在感兴趣的只是我在它的大小方面与它能发生何种关联。比如我问一个西瓜多大时,我关心的只是搬运它是否费劲,或者用我手头的十块钱能够换来多大一个西瓜,或者它够不够我吃的。换言之,我把自己搁到一群定量当中,我把手头的货币,乃至我自己,也都当成一些定量。我已经把特定的量作为我的整个眼界了。

第二点是接着第一点说的。只有大小才有可增减性,而可增减性换一种表达方式来说就是对于质漠不关心的。可是话说回来,量对质的这种漠不关心又影响不了质,因为它在本质上是用思维的主观设定去支配事物的存在,是在质的表面做的一些外在操作。

第三点说的是,思维在突破某个质的界限时便需要与更高的质相比较,而比较就意味着量化,因而量化对于突破质的界限是必要的;但绝对者作为宇宙秩序本身,其实超出了比较本身,如果试图以比较的思维界定绝对者,那是很勉强的。[1]

---

[1] 这就是说,量化对于超出有限者有意义,但对于绝对者本身则是不恰当的。

任何东西如果依从形式之路来考察,都可以通达绝对者,量化的手段说到底是不适合事物本身,不适合绝对者的。它更多适应于人的需求,可以便利人待人接物的活动。黑格尔甚至提到,以纯粹的量这种"非形式的形式"界定绝对者和以物质(Materie)的规定界定绝对者这两种立场其实没什么根本区别。这等于从与绝对者的"落差"这个侧面再次强调了量与质的关联。

从第四点也可以很好地看出量在相当程度上是为人"服务"的这一点。当我们将事物化约为空间填充物(比如一个人的个子有多高)或时间填充物(比如人在水下憋气的时间长短),这固然有利于我们比较人的"身体素质"。但这种比较是相当外在的,是间接的,它并不是对身体及其持存机理本身的考察。

[附释]通常人们以"可增可减"定义量(大小),以一种貌似生动且类似于质变的图景掩盖了量变无关于事物的质(规定性)这一事实。正确的定义应当显明概念的逻辑科学理据,但数学关于大小的通常定义并未在逻辑科学的意义上表明"大小"范畴的必要性范围,因而容易将量夸大为一个绝对的范畴,这一方面会放任人们对自由、法、伦理、上帝这些无法量化的东西的随意想象,另一方面会导致绝对数学的立场,后者无非是唯物主义的立场(如18世纪中叶以来法国的情形),因为抽象的物质也是一种无形式的形式。但也不能由此贬低数学和量,因为量是理念的一个层次,有其逻辑科学上的合法权利,也能在自然界和精神世界里得到使用,虽然它在越高的领域扮演的作用越小。如果局限在量的层面寻求认识的精确、深刻和高度,那是一种无知。

这个"附释"是对本节"说明"的进一步说明,它批评了通常对量的定义方式的无思想性,即通过填塞一些貌似生动的表象,而掩盖了量的局限性。

为什么说对量的通常定义掩盖事实呢?当我们听到"可增可减"时,往往想到的是收获了形形色色的一大堆东西,或者失去了一大堆东西,即想到质变,而不会想到逻辑科学意义上的"可大可小",即真正的量变。逻辑科学意义上的真正量变,在质过渡为量,将存在化约为量的过程的一开始就已经埋下了伏笔。因为将存在化约为量,就是罔顾形式,只以一定的量来界定事物,而量的本质特征就在于比较与可通约性。前文说的"可大可小"倒不是说事物像金箍棒一般可以随意变换大小,而首先是说不同事物(比如高矮、年龄、性情不同的一些人)可以在同一尺度下比较大小(比如体重大小)。当然这也不排除同一个事物通过自然的或人为的手段变换大小(比如减肥或增重)的情形,但那并不是"可大可小"的首要含义。黑格尔在这里实际上是呼吁人们撤除无关的感性表象和误导性含义,将"可增可减"固定到逻辑科学意义上的量变(可大可小)上。

量在我们的生活中虽然绝对有其必要性,但这个必要性也是有范围的,不能绝对化。黑格尔毫不客气地指出,数学对大小的定义并未表明这个必要性,更未指出其范围,反而时常毫无节制地将其绝对化。这就造成了一种"恶劣的形而上学",即"用片面的、抽象的知性规定取代具体的理念"的做法。这种自我膨胀的"绝对数学立场"会将一切难以量化或无法量化的东西放逐到"非科学"的领域,任由人们随意想象那些东西。而那些东西恰恰是更能体现"具体的理念"的一些珍宝,恰恰是能启发人们突破绝对数学立场的一些契机。这种绝对数学立场在18世纪法国唯物主义中已经有所展现。黑格尔看到法国唯物主义打出的"物质"旗号其实不过是一种无形式的形式,它与量一样对于真正的形式是毫不关心的,只不过是覆盖在真正的物质表面的一个"漠不相关的、外在的规定"。

接下来黑格尔不忘呼吁人们重视量的合法权利。在《逻辑学》中,量处在存在论层面;量在自然界较之在精神世界里,在自然界内部的无机自然界较之在有机自然界里,在无机自然界内部的机械领域较之在物理领域和化学领域里,具有更大的适用性。而在较高的那些领域,比如在上述每一个"对子"的后者那里,或者在形容上帝时,量化则不能在与较低领域的运用相同的意义上来看待。之所以如此,原因无他,只是由于量化固有的局限。这一点我们在后文中会逐步阐明。

黑格尔就量化现象谈论知识与无知的一些话是对当今时代"数目字崇拜"入木三分的刻画。量化在当今时代简直就是"科学""精确"与"深刻"的代名词。人们也要求以量化做法对待那些更高的形式,但这其实是缘木求鱼。

§ 100

量作为同质的许多个单一体既是连续的,又是离散的。

整个第100节都是在讨论连续性和离散性。连续性和离散性都是基于量的眼光而来的,没有量的眼光就根本看不出什么连续性和离散性。同时离散性和连续性又是不可分离的,不能割裂开来单独考虑。彻底异质的东西无所谓连续性,彻底同质因而一体的东西也无所谓离散性。而现实事物全都既非彻底异质亦非彻底同质的,因而连续性与离散性必然同时存在。

彻底异质的东西无所谓连续性,指的是一切比较(包括貌似最"不可比"的那些东西的比较)都一定基于某种同质性,而彻底异质的东西不具备可比较性——我们甚至都不会想到它们是异质的。我们无论比较人与人的好坏,还是比较事物的大小,抑或比较物质的虚实,都已经有了某个共同的方面作为比较的尺度(比如上述三个例子中的品德、广延、实在性)。我们通常不会比较宇宙射线与道德观。

彻底同质因而一体的东西也无所谓离散。如果彻底同质的话,它根本分都分不开来。我们通常理解的连续其实已经是离散了,因为我们既然能够区分出它的"这一块"跟"那一块",这就表明它已经具有某种离散性了。彻底连续而不离散的东西根本无法想象。我们甚至根本无法脱离离散性谈论什么"彻底连续"。

[说明]第一,连续的量与离散的量只是同一个量的两个不同方面。第二,时空可否无穷分割,这要看强调的是它们的离散性还是连续性。

第一点我们在解析本节正文时已经讲清楚了,此处不赘。

第二点更有韵味,那就是时空无穷分割的问题。我们知道,芝诺在哲学史上首次详细讨论了这个问题。我们如果强调离散性,就会想象(比如仅就空间而言)一段长度,它经过无论多少次分割之后都还有一定的长度。既然有一定的长度,那就还可以进一步分割。这就得出了时空可以无穷分割的结论。反之如果我强调它的连续性,我依然可以承认无穷分割之后的小单元,可是这时我眼光盯着的不是这些小单元,而是使它们得以成为单一体所必不可少的那种连续性。而连续性(即凝聚性)本就是抗拒无穷分割的,因此强调连续性时得出的结论是时空不能无穷分割。

黑格尔则引导我们看到连续性和离散性之间的辩证关系,即看到连续性与离散性不可分割,二者必然同时存在,不能只看到其中一面。其实在我看来,人类并没有能力在绝对的意义上探究可否无穷分割的问题,那是人力所不能为的。人本身及其遭遇的一切事物,自然就已经以形式和连续性为前提了,或者说存在本身就是形式与连续性,人钻不透这一面墙。如果硬要去追究事物是否可以无穷分割,那是在走与"是其所是"相反的路线,即穿透宇宙秩序,走到我们这个世界之外去的路线。

[**附释**]量将自为存在层面的排斥和吸引作为观念性环节包含在自身内,这决定了量既连续又离散。将连续性与离散性分裂开来看的做法是抽象的反思,其实看似连续的东西(如一个空间)也潜在地是离散的,否则根本不能谈这个连续体的大小;看似离散的东西(如空间中 100 个人)也是连续的(如由人这个种类所贯穿),否则根本说不上有多少个东西。

第一点是对前文意思的重复。第二点强调的是,强行将连续性和离散性分割开来的做法不符合二者不可分割这一实情,只是人类的抽象反思。依照我们对本节正文的解析,要谈论一个貌似连续的东西(比如空间)的大小,就已经预设了它的离散性,比如要将空间的这一块跟那一块区分开来,也必须懂得区分上下左右。要谈论一些貌似离散的东西(比如 100 个人),也必须基于它们之间的某种共同性("人"这个种类)。

最后要补充的是,如果我们的眼光局限在定量上,就容易陷入抽象反思,遗忘了量本身的因由与去路,因为定量本身就是对量进行反思限定的结果。这就像定在是对于存在的反思限定一样。当我们关注如何将一个东西的大小确定下来,这本身就已经是很强的主观操作了,已经是在削足适履了。我们知道,一个人每天都在新陈代谢,他的身高、体重永远在变化,可是当他体检填表时,总得写个身高、体重的量值进去,用来代表他的某方面身体状况。这就是把一个具有鲜活的质的人硬塞到一个框框里去了。

b 定量

[**导引**]从宏观角度来看,存在论、本质论、概念论各自的第二个二级层面(即量论、现象论、客观论),都体现出该一级层面上最强的二元设定。只不过量论的二元设定还比较隐晦,现象论的二元设定才作为主题被思维自觉意识到,而客观论的二元设定则是在克服二元设定局限性基础上对它的有限运用,或者说是驾驭而非受制于二元设定。

而在量论内部,定量又体现出该二级层面上最强的二元设定。当我们用某个特定的量来界定事物时,实际上已经是在"齐物之不齐",同时也奠定了事物与事物之间的可通约性。而奠定可通约性还远远不是事情的全部。事物虽经量化,但无论在任何尺度下来衡量,它们毕竟有各不相同的大小,面对"一事物一大小"的纷乱局面,思维无法心安。它必须找出事物在量的层面上的"规律",即事物出现时带有的规则性比例关系,比如一个人五个手指通常的长短比例,又比如各种原材料要凑集为炸药所需的配比。找到规则性比例关系,思维才志得意满,有了"真理在握"的信心。

§ 101

将一个量排他地限定起来便是定量。

所谓将一个量排他地限定起来,指的是思维"力排众议"地将事物化约为某个方面的大小,或者说仅就某个方面的大小来看待事物。这样设定下来的量,显然是对量本身的根基和出路的有意忽略。

对根基的有意忽略指的是无视"量基于质""量是无形式的形式"这些事实。这种有意忽略的做法无法长久维持,后文中我们会发现质在"内涵的量""尺度"等范畴中重新冒头。——这表明,在《逻辑学》中,"是其所是"这条主线或许会暂时隐姓埋名,但那些貌似脱离这条主线的线头其实也会表明自身不过是基于这条主线的某种变体形式罢了,终究会回到这条主线的发展上来。

对出路的有意忽略则指漠视普遍性,只满足于以量的方式描述具体东西与具体东西之间的具体关系。定在与定量都是对存在"掐头(根基、来源)去尾(出路)",只盯着事物现成的样貌进行横向对比,而忽视了由低至高的纵向宇宙秩序。然而问题在于,世界上根本没有绝对现成、绝对具体的事物。我们以现成、具体为真理,实际上是落入一个人为构造的所谓"具体"中去了,那种具体并非真正的具体,而是一种抽象的假具体。

[附释]纯粹的量与定量的关系有如存在与定在的关系。定量是被人为割裂并限定的大小,是一种自身内部就含有多的单位(Einheit),这就是数(Zahl)。

现在数的问题冒出来了。在黑格尔那里,量(Quantität)的外延比数大,数只是定量(Quantum),即特定的量。数对于自己的来源没有反思,丧失了对在纯粹的量中与质进行的鲜活争执的回忆。

关于两类关系的类比,前文已解释过多次。这里的关键在于厘清定量的结构。定量有对外与对内两个方面。对外而言,它是一个整体,比如一群牛有不同于其他牛群的特征。它不是那么容易拆散的,也不会随随便便接受新成员,它会自然形成内部的一个等级制,这个等级制构成它自我维持的一种"黏合剂"。对内而言,它是由许多头牛组成的,它内部的成员与成员之间实际上常有冲突,有的甚至可能产生"你死我活"的斗争。这就是黑格尔所谓的"内部就含有多的单位"。

量是数的形式与根本方式,数是量的现成化结晶。如果说量是对质进行主观设定,只关注事物与事物之间相对关系的结果,那么数又是对量进行进一步的主观设定,只关注量(事物的相对关系)的可计数性。如果我们遗忘了数的实质是量,就会遗忘定量的被设定性,将可计数性夸大为量的全部内涵。比如我们如果抱着一个数学—物理学初学者的眼光去看待世界,就会生出一种很肤浅的兴奋感,即因为物理学公式在世界上"屡试不爽",就认为世界就是依照这些公式运行的,进而认为这些公式就是世界的最终真理。但这种兴奋感只见其一,不见其余,遗忘了太多的东西。科学的发现真真切切呈现在世界上,不由得人不承认。这固然是事实,但这不代表那些发现就是世界的全部。

§ 102

数作为特定的量是单一体(Eins),后者从离散性的角度来看是数目(Anzahl),从连续性的角度看是单位(Einheit)。

单一体和单位的意思前文已解释过,而数目则指计量所得的总数。作为定量的数可被视作单一体,它从离散性的角度来看是一定数量的个体成员组成的,因而包含了一定数目,从连续性的角度来看则是一个整体、一个单位。鉴于离散性与连续性不能割裂,数目与单位也只是同一个事物不可分割的两个方面。没有无数目的纯粹单位,也没有无单位的纯粹数目。任何数目只有在确定了单位是什么的前提下才能看出来,反之亦然。当我们只看到单位这一面的时候,我们就会觉得牛是一群,草是一群,各类事物都是单独的一群。由此便会生出一种"井然有序"的感觉,但这种感觉通常是并不生活于此地的游客才会有的。对于牧民而言,牛群里每头牛都有自己的名字和脾性,都有它不好管的时候,需要操心的事情太多。牧民甚至会觉得,连我们这里相对比较强调个体的"数目"概念都太外在了,他会认为每一头牛都有一个复杂的故事。这两种情形分别是过于专注单位和过于重视数目(乃至个体)的例子。然而在黑格尔看来,这两种态度恐怕都是片面的。

[**说明**]计算方式的原则是关注数内部单位与数目的关系,求出二者的相等(Gleichheit)。

这个"说明"讲的是各种计算方式,具体来说涉及加法、乘法和乘方,以及三者的反面(减法、除法和开方)。黑格尔认为这些计算方式的总原则是关注数内部单位与数目的关系,求出二者的相等。具体而言,就是弄明白等号左边的各单位、各数目之间经过各种转换,如何与等号右边那个数值相等,即如何最终转化为作为结果的那个数目。这里问题的核心在于等价转换。当然,这还只是最简单、最典型的等式。更复杂的等式在等号的左、右两边都会有复杂的单位与数目,未必等号右边只是一个数目。黑格尔这里只是以一些简单而典型的计算向我们初步表达几种运算方式与单位、数目的关系,目的只在于表明数的逻辑结构。

清点(Numerieren)是多个单一体的偶然集合,计算方式则是数(定量)的结合。

这里谈的是清点与计算方式的区别。清点只是简单重复地清算数目:一个加一个,再加一个,再加一个……如此这般不断重复。清点只涉及一般意义上的量(这个概念在后文中会反复出现,读者需留意),不涉及对单位的考虑。而计算方式则复杂得多,它大致可以看作对计数(Zählen)的计数,即包含了二阶乃至更多阶的计数,或者说包含了对一次计数与另一次计数之间各种可能的关系的思考。换句话说,计算方式既涉及一般意义上的量(数目),也涉及单位。

第一个规定:加法是不相等的(ungleich)数的计数。

"数的计数"正是我们前文中说过的"二阶"的意思。加法是对抽象意义上的、一般意义上的数进行的最初步的二阶操作。大家一听黑格尔的说法,不免心生狐疑:加法为什么一定是不相等的数的计数?2加2就不是加法了吗?黑格尔不仅说"不相等",甚至还说"完全不相等"(ungleich überhaupt)。他指的实际上不是1与3、0与100之间的不相等,而是说构成加法(比如2+3)的各成分(2和3)都是一阶意义上的清点(分别由2个和3个最小单位清点而成),无关乎"相等"或"不相等":清点正如黑格尔前文中所说,构成的是"一般意义上的数",即抽象的数,这样的数对于"相等"与"不相等"这类比较活动其实是完全漠不相关的,因为它只是清点而成,而非计算方式。这样看来,即便相等的数的相加(如2+2),这个加号左、右被清点了两次的数,在第一次被清点和第二次被清点时也是有区别的,各自必须被当作两个在内部完全无关乎"相等"与"不相等"的数来看待,因为两次清点毕竟构成了两个不同的单位,而加法严格来说是这两个单位之间的相加,而不是这两个单位内部东西的相加——虽然在抽象的意义上也可以这样说,但即便那样也不能忽略这里有两个单位这一事实。

第二个规定:乘法是预知各单位数目相等的情况下计算总数。此时数目与单位进行互换,不会改变计算的结果。

如果说加法是二阶的计数,那么乘法就是三阶的计数,包含了对加和次数的审视在内。乘法可以视作一类特殊加法(即不同单位内部数目相等的那类加法)的简便算法。而且从等价转换的角度来看,数目与单位互换不影响运算结果,比如 3×4 和 4×3 的结果是相等的。

第三个规定:乘方是数目与单位相等时的加和,可以无限进展。

乘方在计数的阶次上又有所增加,包含了对乘法所涉及的数目与单位相等关系的审视在内,它也可以视作一类特殊乘法(数目与单位相等的那类乘法)的简便算法。而且当涉及的数目极大时,比如在天体物理学与量子力学的尺度上,升幂运算的幂次是可以不断增加的。

上述三种算法倒过来就是数的分解,或否定性的计算方法。

这是反过来看上述几种算法,其道理自不难明白。

[附释]一般意义上的量(定量)既可以规定离散性,也可以规定连续性。几何学与所谓的连续的量打交道,也必须求助于数。

我们通常用大小不同的数目清点看似相互离散、各不相同的一个个东西(比如对一堆石头的清点),而忽略了清点并非与离散性必然绑定在一起的,而是普遍适用于一切大小计算的一种手法。由于不同的连续体之间的比较(比如一块石头与另一块石头之间的大小比较)离不开计算,所以清点的手法也适用于对连续性的描述。我们在几何学中通常看到连续的线、面、体之间的关系,这当然也离不开清点与数目。

c 度数

[导引]第 103 节到 106 节通过"度数"范畴,完成从量论到度论的过渡。而这一过渡之所以势在必行,乃是由于量"罩不住"事物,不能代表事物的全部,而质的问题总要趁机冒出来。度论所讲的"尺度"(Maß)当然是在黑格尔《逻辑学》的意义上讲的,不是通常所指的拿一杆尺子去量这个、量那个。它的含义包含但不限于日常的"尺度"义。它其实是质论和量论的"升级版",用黑格尔的话

来说就是含有质的量,或者说是将质扬弃于量中,以扬弃的方式将二者统一起来的形态。值得注意的是,我们日常生活中其实主要是在跟尺度打交道,而非跟单纯的质或单纯的量打交道。比如二氧化碳、一袋沙子、一百克糖等等,就都是包含了质的量或被扬弃到量中的质。这个意思我们在正面解析"尺度"范畴时还会详论。

我们现在要通过"度数"范畴思考的是,量为何"罩不住"事物? 前文中我们说过,量化对于现代科学是绝对必需的,我们想象不出现代科学除了量化之路,还有什么别的路径可走。然而这不代表量化没有限度。作为忽略质的"无形式的形式",量毕竟只是外在地跟事物打交道。它固然有利于我们准确地评估事物与事物之间的相对关系,但它在无视质的同时也有自绝于宇宙秩序的危险。拿前文说过的近代科学的"惊喜感"来说,它固然可以祛除过往时代推崇的种种"隐秘的质",构成了文艺复兴时代"自然之书"思想的一大隐秘动力,也是当今时代科学家成就感的一大来源;但不可否认,它用量描述事物乃至代表真理的同时,使得整个科学研究都局限在事物的相对关系这一层面,而相对关系还远非事物本身的全部,更不能代表事物的归宿与走向。

另外,《小逻辑》"度数"这一节对应的是《大逻辑》"定量"这个三级层面的第二、三小节,还有"量的比例关系"这个三级层面。所以它横跨了两个三级层面,有些特殊。从义理上看,它是为量向度过渡作准备的。

§ 103

当量本身有了规定性或界限时,定量(外延的量)的考察就进入内涵的量的考察,后者就是度数。

外延的量跟内涵的量这两者显然是相对照而言的,没有内涵的量的比照,我们也意识不到有什么外延的量。只有当我们意识到量有内涵时,我们才会反过来觉察到先前关于定量的考察关注的主要是外延的量。定量是就同一个性质的数的多少而言的,它的着眼点仅仅是把手头考察的量跟其他量区别开来。但外延的量实质上是一种泯灭差别的眼光:它在以一定的大小和其他大小分别规定手头的量和其他的量时,貌似强调了不同的大小,实际上使得所有的量都只剩下了抽象的"大小",也就是都成了可增减性,都成了没有本质区别的"同质"的东西,尽管这里的质只不过是一种"无质之质"。我们不妨想一想"穷得只剩下钱"

的那些人。他们眼中一切都被换算成了钱的数目。此时即便他以"钱多"标榜自己与众不同，也难掩其生活与眼界的单调，以及对于泯然于众生或被其他富人超过的恐惧。内涵的量则有所不同，它重拾质的问题，开始重新融合质的要素。它开始就量的内在界限去看问题了。此时思维开始承认量与量背后的质是不同的，而且这种差别很重要。

[说明]外延的量与内涵的量也不能割裂开来作为两种不同的量。

单纯只以外延的量的心态去看问题其实是片面的，只是一种主观的热情。单纯外延的量是过度的量化，没有内涵，也拒绝内涵。这种态度在世界上貌似"兵来将挡，水来土掩"，实际上它已经错失了事物本身，它只不过是在自己主观构想出的一个属于他的世界里称王。而黑格尔强调的是，要成全外延的量，就必须同时考虑到量的实质内涵，否则它连外延的量都保不住。

内涵的量是因为注意到外延的量本就具有但并未加以留意的内在界限或规定性，才出现的。一个完整的量，必须既有外延的一面，也有内涵的一面，即必须既能从事量化，也主动立于质的基础上，承认单纯的、抽象的量有其局限。我们现在揭示出量化更复杂的结构了。

[附释]热学与光学解释不同的温度与亮度时用同一个空间中不同微粒的数目作为借口，实际上是想回避内涵的量的问题，试图将其归结为外延的量。经验论经常漠视概念和经验中的差别，坚持抽象的同一性。每个内涵的量也是外延性的，每个外延的量也是内涵性的，并以温度（内涵的量）与水银柱的高低（外延的量）为例说明这个问题。

这三点虽然涉及不同的话题，但都在讨论我们处理外延的量与内涵的量时的一些偏差。第一点说的是人们投机取巧，想用耍小聪明的法子回避内涵的量。黑格尔批评的那类热学与光学在面对不同质的事物的温度和亮度截然不同这一事实时，不去直面质的差别，反而设定一批同质的微粒，然后用这样的微粒的多少来解释温度和亮度的不同。这显然是一种理智上的偷懒与自欺欺人。针对物理学说采取这种解释方式只是图省事，黑格尔接下来还指出这种解释方式其实违背其初衷，从经验和知觉的领域踏入了形而上学的思辨领域。这一点不难理解。另外，他还顺便揶揄了一下谢林的"同一性哲学"。我们知道，黑格尔对于同一性哲学是缺乏"同情之了解"的。黑格尔与谢林的相互评价涉及的问题太多，而那些问题与此处关系并不大，这里就不展开了。

黑格尔又由同一性问题讲到经验论。他认为经验论漠视概念和经验中的差别,将事情还原为某种抽象的同一性。英国经验论中常说的观念、经验、习惯等概念,在德国唯心论哲学家看来恐怕都有这个嫌疑。它们很难说是严格的概念,也很难说是纯粹的经验,更多地是经验论者自己锻造出来的某种东西。我以为造成这种局面的一个主要原因确实如黑格尔所说,是由于他们漠视了概念和经验中的差别。

最后谈到的每个内涵的量都是外延性的,每个外延的量也都是内涵性的。每一种性质的东西,只要能够被量化,就具有了外延的量;每一个外延的量也必须依附在某一种规定性或者内涵上。黑格尔举的例子是温度。比如我们看水银柱的高低,按照那个刻度表一看,到了 38 度了,过一段时间再看,是 27 度。那个刻度其实是按照科学家的设计画上去的,并不等于温度本身。我们实际能够见到的只不过是水银柱的高低,我们只不过用这表面看得见的外延的量(水银柱的高低)来表征我们看不见的内涵的量(温度高低)。表面上看,我们虽然也可以将内涵加以量化,称呼温度为"多少多少度",但只要我们能称呼的度数,就必然只是对背后无法被彻底量化的质的一种表征,而我们赋予内涵的那个量其实只是"勉强为之"。因为我们能确定的只是 38 度时比 27 度时更热,而且热的程度超出了 30 度较之 27 度的那种热;至于这三个数值对应的质各自究竟是什么,我们其实是很茫然的。——当然,从热学的角度看来,这方面即便很茫然,可能也无所谓。在它看来,若是一定要追究那个"质",不就陷入到近代科学早已打发掉的"隐秘的质"之中了吗?①

思维要"解决"这个难题,就引进了比例关系。具体方式就是将某种情形出现时同步出现的各个要素的量都记下来,以便下次通过同样数量的各要素是否同步出现,来判定该种情形出现与否,或者干脆反过来促成该种情形的出现。这是第 105—106 这两节讨论的问题了。

§104

度数是定量的概念。定量由于其概念的本性使然,必然不断超出自身的界限,这就是量的无限进展。

---

① 从黑格尔接下来的思路来看,问题远没有"量化与隐秘的质二选一"这么简单。

第104节对应《大逻辑》中"定量"层面上的"量的无限性"这个四级层面。

所谓度数是定量的概念,指的是定量以度数为出路与真理,即定量通过不同度数(程度、刻度)的区分,显示出一定大小的量与另一大小的量有着根本性区别。定量开始初步接纳质,并预示其在比例关系与尺度中对质的更深刻的接受。

有了度数概念,量的无限进展就被摆上了桌面。在探讨"定在"层面的"无限性"范畴时,我们知道,"无限进展"可被视作"恶劣无限性"的代名词——《逻辑学》全书中都是如此。定量的本性为何导致其无限进展?量的无限进展并不是说一个已经确定下来的量会任意变大或变小,而是说量化不可能是某一个或某一批事物的单独量化,而必然是全体的量化,任何度数都必须同时设定其他所有的可能度数,也必然蕴含着自身的可突破性,因为突破之后接纳或损失的量与它原有的量是相通的,因而这种突破不妨碍它的继续存在。这样看来,量的无限进展其实是量的可普遍化性格与量的可突破性,并不必然意味着量当下已被突破。

这意味着,量的无限进展绝不意味着可以将一个量随意推翻,变成另一个量,而是指每一个定量都不可能仅凭局限在它自身内便成其为定量,它必须被放到更大范围中普遍去看,才能成为其自身。而这个范围的扩大有没有界限呢?没有界限。我们看不到量化网络的扩张与复杂化会到哪一天终止。但这并不意味着量化无往而不利。黑格尔后面还会告诉我们,这样的无限进展实际上是恶劣的无限性。

[说明]数这个思想是完全外在于自身的存在。定量由于其概念的本性就是一种超出,而量的无限进展则是同一个矛盾的无思想的重复,这个重复就其规定性而言是度数。

数(定量)是客观思维单纯留意事物的外在存在或事物的相对关系,但它本身也是一种存在方式(无形式本身成为形式)。这个意思我们前文中解释过多次了。

定量的无限进展只是推延而没有解决外在存在中蕴含的矛盾,即没有解决量对质的抹杀及其带来的问题。这里矛盾的一方是对质的抹杀,另一方是质或明或暗起作用。量的无限进展虽然貌似不断将事物推进到某个新的度数,但度数只是量内部对质的一个妥协姿态,并非真正接纳了质,它依然服从于量的无限进展。换句话说,度数只是对"量罩不住质"这一事态的展示,它只是在量的无限进展中推延而没有解决问题。比如我们说人的手有 5 根手指,又追加一句说,长的有多长、短的有多短、粗的有多粗、细的有多细。表面看来,话已经说得很全面了,但这只是通过展示"齐"(5 根)与"不齐"(长短粗细各不同)的同在,把问题呈现出来罢了,而长短粗细的原因在这里根本无所交待。

但思维不会止步,接下来它会寻求通过比例关系这一更深刻的范畴,尝试将质容纳到量中去,尽管这一尝试很难说"成功"了。

[**附释 1**]经验只会表明量的增减的可能性,而不会表明其必然性,后者是概念的任务。

一个定量能够增加或能够减少,而仍不失其为一个定量,即仍能保持存在。对于这一现象,经验只能让我们很偶然地一次次感知到,它不能告诉我们这个定量何以能增加或减少,更不能告诉我们这个定量在增加或减少后何以仍能保持存在。而逻辑科学意义上的概念则能告诉我们这些。它们能让我们明白,定量作为对质的忽视,一开始就为事物与事物之间通约的可能性提供了条件,或者说可增减性是定量的固有规定。它还在"度数"层面为我们展示可增减性的具体实现方式。简言之,经验只是很偶然地为我们呈现定量的可增减性,而概念则给出这种可增减性的可能性条件,或者说探究了这种可增减性的必然性。

[**附释 2**]正如质的无限进展不是真无限,量的无限进展也是如此,后者只是单调的无限性、单纯的应当,实质上是有限。必须放弃量的无限进展,才能达到真正的无限事物。

无论质的无限进展还是量的无限进展,本质上都是有限的。这个问题不能在接受某种现成尺度的基础上来谈,而要从质的或量的无限进展可能脱离宇宙秩序的意义上来谈。如果接受某种现成尺度,比如"有钱是好的",那么一开始就注定了钱多比钱少好,此时无限进展反而是好事,是生活的"真谛"。可是从逻辑科学的眼光来看,无论质的无限进展(比如聚集无限多的各种东西)还是量的无限进展(比如某个数量指标的不断增加)①终究都是在某个有限的层面上放任知性思维无限铺展,最终必然落入到控制性的思维,遗忘以"是其所是"为主线的宇宙秩序。

---

① 无限进展不一定是越来越多,有时也指越来越少,比如当我们以精简为美时就是如此。多与少不是关键,关键在于单调且无休止地前进不已。

而真正的无限者则必须依从宇宙秩序才能发现。思维以世界本身的普遍性、统一性为指向所见的那些无限者(如哲学史上先后出现的善的理念、不动的动者、上帝、绝对者等),实际上都是西方人在形式的提升之路上所见的一些理念。其实在无限者、绝对者于生活中充沛体现的前现代,人们倒不会将"追求无限"挂在嘴边。到了控制性思维越来越泛滥的近现代,"追求无限"才成为一个严肃而迫切的主题。对于习惯于控制性思维的人来说,追求无限实际上就是追求控制,即追求质的与量的无限进展;对于思维中仍然葆有宇宙秩序理念的人来说,追求无限则是在与无限进展的"缠斗"中澄清真正的无限者这样一项艰巨任务。

[附释3]毕达哥拉斯的数本原论符合哲学将事物归结为思想的做法,数是离感性事物最近的思想,所以数本原论是向形而上学迈出的第一步。

黑格尔此处的结论与亚里士多德《形而上学》第一卷对于毕达哥拉斯的评判产生了惊人的一致。他的整个"附释3"也极像是《形而上学》第一卷的翻版改写。二人对毕达哥拉斯作为开拓者的赞扬和对他作为草创者的谨慎保留态度都是一致的。这恐怕不是巧合,而是反映出二人对于一些根本问题相同的洞见。黑格尔所谓的将事物归结为思想,显然符合以"是其所是"与形式为本质这一西方形而上学传统。①

毕达哥拉斯用数表示事物的本质。在黑格尔看来,他这种做法在形而上学上不是走得太远了,而是走得还不够远,不如先前的埃利亚学派那样纯粹。比如毕达哥拉斯及其学派用一些特定的数字对应婚姻、公正等现象,并用数目与数目之间的某些运算来表示事物与事物之间的关系,这在黑格尔看来都是没有祛除感性表象所致,是"无聊"和"思想薄弱"的表现。思想的真正要素只能在思维自身之中寻找,不能诉诸这些随意挑选的象征。毕达哥拉斯依从形式的一面来考察事物,这是一条思想的正路,只是他的数本原论还比较粗浅。

§ 105

定量中的外在性(量的东西)与自为存在(质的东西)结合起来,比例关系表示这种结合。

---

① 参见庄振华:《从形式问题看西方哲学的深度研究》。

这里首先要说明两点。首先,比例关系的根本在于"关系"的保持与呈现,而不在于对比例进行抽象运算后得到的那个数值。比如水的分子式 H_2O 就包含"两份氢与一份氧"这样一种比例关系,这个比例关系中的"比"只表示共存,而不表示相除:这个比例关系固然可以在声明两种元素性质的前提下简写为 $2:1$,但只要它还是比例关系,就不能化约为 2 与 1 相除所得的数值 2。其次,比例关系真正说来还不算是对质的完全接纳,它依然是在量的范围内、在以量为"主"的前提下对质的一种"尊重"姿态,这一点从它"取巧"的情形可以明显看出:在比例关系中,我们可以不需要对关系的各方的透彻了解,也可以不探究某种比例关系的格局之所以引起某种事态的背后原因,只需记住"几份的 A,几份的 B……"一同出现会导致"几份的 C"出现,即只需记住哪些数值的并存会引发另外哪个或哪些数值,这对于科学或生活中运用比例关系就已经足够了。至于各种数值背后的各种质及其关系机理,那是无所谓的。——我们知道,生活中被称赞为"有眼力见"或"会来事"的人,往往精于此道,但更深刻的东西他们就不知道了,也不关心。

回到黑格尔的阐发上来。比例关系在本质上是以量化的方式吸纳质,把质融合到量中去。他所谓的"外在性"就是事物的相对关系,而"自为存在"则是使各事物得以自立的独特存在。比例关系摆出的架势是,要用不同事物之间的数值格局代表它们的全部。它眼光极高,希望支配所有这些事物,然而它的手法却算不得高明,因为它手头只掌握了这些数值的共存关系。

[附释]量在无限进展中向自身的回复就是比例关系。比例关系对于它的各项的变化漠不相关。

比例实际上是解决量的无限进展难题的一个出路。如果量化活动只顾着追究某个定量与其他定量的相对关系(即相对大小),以及各自的可增减性及其实现,那么这样的做法迟早会暴露其抽象性,会暴露其无法确定定地长久维持。它会发现,只有通过比例关系,它才能摆脱漂浮无据的抽象状态,与事物的自为存在有力地结合起来,而这用黑格尔的话来说就是量在无限进展中向自身的回复。

抽象的无限进展固然"惬意",貌似势不可当,但它并不明白任何一个定量何以占据某种相对位置,以及何以能够增减,所以它在世界上虽然有所斩获,但那不过是"守株待兔"式的运气所致。而比例关系则不同,它似乎掌握了足以操控事物的某种"秘密武器"。但从比例关系仍然只是摆出一副"尊重质"的姿态，实际上并未真正基于质行事来看，它其实是装作吸纳了质的最高量化状态。

至于比例关系与它内部各项的变化漠不相关，这是一个数学常识，自不待言。唯一值得一提的是防止一个误区：黑格尔所说的内部各项的变化当然不是指随意的变化，而是指同比例变化。比如2：4如果变为3：6，就比例关系而言它其实毫无变化，但如果两项不是同比例变化，比如变作3：8，那就不行。

§106

在比例关系中质的规定与量的规定仍然是外在的，而尺度则更深入，表示这两种规定的内在关系。

进入本节，先前局限于量的范围之内对质作出"宽容"姿态的局面就要被打破了。进入"尺度"层面，倒也不是把这个姿态简单颠倒过来，说原来是量压过质一头，现在质要压过量一头。黑格尔从来不会用简单颠倒的方式解决问题。现在要进入的是什么状态？质和量在某种程度上都被"废除"了，也就是不再把质和量当作是截然两分、相互对立的东西，而是看清了量其实就是质的变化形态，质也肯定会变化为量，即看清它两家原本是一家。

这里还需要先说说比例关系向尺度的过渡是怎么回事。如果说比例关系是在描述各种事物以及事物各要素的"因缘际会"，那么尺度谈的是在什么时候、什么情况下才会有这样的因缘际会。所谓比例关系中质的规定与量的规定仍然是外在的，指的就是我们前文中说过的量对质的那种并无十足"诚意"的接纳。而所谓尺度表示两者的内在关系，指的是尺度揭示出量本身就是质，就是质自我表现的或运行的方式。在揭示出这一点的同时，尺度也是在寻找比例关系维持和破裂的界限。在这个界限以内，我们尚可满足于比例关系"以量统摄质"的假象。突破这个界限后，"量统摄质"的假象性质便暴露出来，尺度这一有质的量（或有量的质，或质、量被扬弃的形态）才会表明自身是真正的主角。思维也才反过来意识到，比例关系其实是一种肤浅、外在的"看热闹"的眼光的所谓"成果"，实在不足为道。

[附释] 尺度是含有质的量，是量在更高层面上向质的回复。实际生活中的测量（如音调、化合物的研究）实际上都是在研究度，而不是在研究单纯的量，后者在理论和实践上都没有益处。

尺度已经看到了单纯的量化是不足的，一切的量都是含有质的。在内涵的量、比例关系等貌似接纳了质却又纷纷失败的形态之后，我们现在终于看到尺度成功地接纳了质。

实际生活中的各种测量都已属于度论了。这意味着我们生活中种种实际的测量其实都是照顾着质的一种测量，我们不可能完全不顾质而抽象地运行在量的层面。反过来说，单纯的量的研究在理论和实践上都是没有用的。实际生活中关心的总是一种旧的质的维持或一种新的质的出现，这就必须同时关心量和质，简而言之，就是必须关心度。——鉴于黑格尔之后数学已经大大发展，对于当代人而言，这里还间接涉及数论等后世数学新形态是否属于度论的问题。我对这个问题持开放态度，并不主张一上来就认定黑格尔是正确的。窃以为这里有两点值得留意：一是要确定后世那些纯粹数学研究是否可直接归入黑格尔意义上的"单纯的量"，抑或有些间距；二是数学的新发展（新领域的开拓）是否可以完全撇开生活世界中的契机与需求，抑或完全只是数学自发生长的产物。

C　尺度

[**导引**]如果说存在论是对事物的现成存在的"描述"，那么本质论则是对事物存在的深层根据的"解释"，尽管这种解释未必能真正切中宇宙秩序，反而可能以其二元设定模式对我们通达宇宙秩序形成某种阻碍。而目前我们踏入的度论则是为了引出本质的必要性。就本质论而言，它是存在论向本质论的过渡；就质论与量论而言，它是对这两论的成果的一个总结与升华。它让我们看到质和量都不能太过偏重，过分偏重于某一方而忽视对方都是人为性过强的表现。

在学习度论时还有几点需要留意。一是质论、量论和度论三个层面上都有其无限进展的时刻，而那个时刻便是这三个层面上人为设定性与宇宙秩序相争执的焦点。因此度论的无限进展时刻也是需要留意的。二是我们经常忘了尺度是质和量的相互搏斗，而不是二者简单、平和的妥协。在"尺度"层面若是遗忘了质，遗忘了质、量"互博"，便成了黑格尔所谓的"无尺度的东西"，这种东西便是度论层面的无限进展形态。

§ 107

尺度是具有定在的定量。

纯粹的量化无以为继,必须反过来承认质,成为含有质的量,或者说成为承认自身是质的量。尺度已经不能叫作"量化"了。

尺度不同于前面的度数。后者是量的等级,是在量的内部承载质、"消化"质的不太成功的尝试;而前者是含有质的量,是对量本身的突破,是对质的独立性的成功的承认。

另外,黑格尔的原文强调"定在"和"定量",这是两个很重要的字眼,不可轻轻放过。他强调尺度是含有特定存在的特定的量,或者说是含有特定的质的特定的量。尺度把定在和定量放到它们共同的运动过程当中去看。——反过来说,单纯的定在和单纯的定量凭借自身都无以为继。

[**附释**]尺度作为质和量的统一是成全了的存在。尺度是对绝对者的一种界定,指的是绝对者掌握世间万物的界限与尺度,万物皆有其界限,过界必然毁灭。客观世界中事物的主要内容就是尺度,比如太阳系是自由尺度的王国,无机界自动表现尺度,有机界则自发表现尺度。

所谓尺度作为质和量的统一是成全了的存在,意味着尺度不是人拿着一把尺子去衡量事物,而是"是其所是"在目前层面上表现出来的形态。换言之,质和量也属于"是其所是"在先前的两个层面上各自表现出来的形态,只不过那两种形态还不算是存在得到了成全。

若以"尺度"来定义绝对者,那就意味着把绝对者当成世间所有事物的尺度的集大成。具体而言,我们通过每一种事物具体之"是"的情形去反思它的尺度,了解它在何种时刻、何种条件下才会因缘际会地产生这些"是",从而懂得去尊重每一个物种都有它的一种"讲究",即它固有的一个界限。我们永远值得惊奇而又无法彻底解释的一点是:过了这个界限,这个物种就不存在了。比如水分子中两份的氢与一份的氧为什么以现今这般的比例关系与这样大小的化合键结合起来就成了水分子?世界上为什么会有"水"这回事?这还只是就水这一个现象而论,其实所有的物种都存在这个问题。可以说尺度本身就是绝对的,因为我们对它除了惊异与敬畏,别无他法。——当然,尺度还远不能代表所有层面的绝对者。

从尺度的角度来看,万物都有其尺度。可是万物体现尺度的程度很不一样。

太阳系较之其他星系,有机界较之无机界,都是更能体现自由尺度的王国,这一点以古典哲学层级宇宙观的眼光来看,不难理解。

§ 108

尺度最初作为质与量的统一,其量的变化不会引起尺度的明显变化,但另一方面已经引起质的变化了。

本节可与《大逻辑》"特殊的量"三级层面对观,在思想内容上涉及量变与质变的关系。通常认为在某个范围内只有量变,没有质变,到了某个关口,质变就因为量变的积累而突然出现,至于质变与量变的更深关系,以及何以会有量变、质变,那并不是通常的"量变—质变"说所关心的。其实这种说法是有问题的。黑格尔会告诉我们,质变与量变从来都不是分离的两样东西。要理解本节正文的意思,关键也在于把握到质与量的统一性(依照本节"附释"的说法,也可以称作"同一性"),不要将它们理解成两种东西。正如我们前文澄清过的,尺度其实既是质又是量,是质与量的直接统一。那么这里首先要区分两种变化:尺度保持不变的情形下的质变、量变,以及尺度变化时的质变、量变。水的三种形态(液态、气态、固态)之间的变化属于前者,此时温度、体积等方面的量变与形态的变化同步发生,我们当然也可以说形态的变化是一种质变(我们通常所谓的"质变"即指此类),但无论形态如何变化,水还是水,即水没有因其质、量的变化而突破其尺度。但如果水分子破裂,那么作为尺度的水(而非作为某种形态或某种质的水)也就被突破了。后一种情形当然是更彻底的质变,但往往不为人所关注,因为它涉及尺度的改变以及质与量的辩证关系。

[附释]起初质与量的同一性并不显眼,二者显得是不同的,但突破某个限度后质的潜在变化实现出来,人们也才反思到量变原本也是潜在的质变。

我们不可因为眼中只有量变,从而将量的外在性推到极端,从而遗忘了变化的一直是存在本身(质),虽然我们对质的界定往往也需要在量变中实现。我们不是先有对质的完整规定之后,才开始观察量变。质只能通过量变体现出来,没有先于量变的一个单独的质,比如不存在一个单独的水,像一个容器一样先后盛装液态、气态、固态这三种形态。水唯独存在于这三种形态中。由此观之,各种规定性、质、存在,落实到生活当中其实就是一个个区间,它没有更多的含义了,比如水在 0 摄氏度到 100 摄氏度这个区间就是液态水,在另外两个区间又是其他形态。而这些具有特定质的区间便是尺度。

另外值得注意的是，尺度问题往往在质变的时候才明显呈现出来，而在貌似不引起质变的量变范围内，我们往往满足于一种安稳的"常态"，久而久之甚至忘记了一切量变其实本身就是一种潜在的质变，更不知道这里有什么"是其所是"、形式一类问题了。

§109

质与量的相互过渡也是一种无限进展，是从尺度到无尺度再到恢复新尺度的过程。无尺度只是质的不显眼的状态，没有什么无尺度，无限进展仅仅是一种可能性。

这里谈到尺度层面的无限进展，需要稍作解释。还以水为例，当我们习惯了水的液态的时候，我们觉得水"天经地义"该是液态的。时间一长，我们不仅对其他形态的水没什么概念，甚至对于液态的概念也越来越淡漠了。我们甚至会像电影《大鱼海棠》展现的那样，想象许多大鱼在空气中像在水中一样地游动，这种散漫无边的状态其实就是"无尺度"。而要找回液态水的概念，就必须以另外两种形态的水为界限，重建液态水的尺度。由此看来，其实世界上本没有什么无尺度，无尺度只是尺度的不显眼状态，只是质的不显眼状态。实际上尺度层面的整个无限进展都是存在、质和尺度的进展，只不过由于思维偏离事情本身的秩序而放任某种抽象规定去裁夺事物，才会误认为可以抛开尺度，无限推进。

[附释]尺度的进展是质的不断扬弃，以水、金属氧化、音调的节点线为例。

尺度层面的无限进展与质和量的无限进展一样，是单调的、恶劣的无限性，即实际上是一种有限性，只不过在尺度层面换了一种更深入的观察方式来看待罢了。

附带说一句，要研究《逻辑学》中的"无限性"概念，不能仅仅局限于质论，还要在量论与度论两个层面讨论无限进展及其出路，这样才是全面的。

§110

质与量最初显得是分离而独立存在的，尺度显得是二者的相对同一性，但无尺度同样也是尺度，只是不太显眼而已，它揭示出质与量的常态化统一。

这里"同一"与"统一"是混用的，意思相近。正如前文解析过的，世上本没有什么无尺度,无尺度和尺度分别是尺度的不显眼状态和显眼状态。所以我们就把无尺度叫作质和量的常态化统一(即因习以为常而不显眼),而尺度则是它们的相对的统一,即相对比较显眼的统一。黑格尔这里是要让我们留意,其实量一直都是质,量变一直都是质变,无尺度一直都是尺度。

<h2 style="text-align:center">§ 111</h2>

回顾整个存在论,量论是从质到量,尺度是从量到质,或者说是含有质的量,是质量统一,但这种直接的统一依然会走向无深度的进展,只有通过设定事物原本在其自身便具有某种本质,才能打破这种局面。

这一节要解决“本质”范畴如何出现的问题。本质虽然是思维打破无深度进展所必须设定的东西,但这里的设定却有特殊的含义,它代表的是本质本身的设定性,即本质本身就是以设定的方式实现的(即本质是与现象一道被设定而成的,详见本质论层面的解析),而不代表本质是思维无由头地强塞进事物中的东西。至于本质与存在的关系,可以说本质是存在原本就有的东西,或者说是存在推进自身必须经过的阶段(至少在现代是如此),只不过目前本质是被思维初次发现罢了。

[**附释**]尺度的过程(Prozeß)并非质、量互换的无限进展,它在他物中达到与自身汇合,是真正的无限性。

“过程”是《逻辑学》的一个常见概念,在概念论层面(尤其是“客体”层面之后的层面)上更常见,指的是辩证—思辨的演进过程。尺度唯存在于质变与量变之中,因而是一个过程。但这个过程并非质与量日复一日的单调互换,而是既能坚守同一种质的区间范围,故而在此区间内不因量变而“变质”,也能在量变的过程中不陷入知性二元设定的自满自足,不偏离事物本身的秩序。简言之,尺度的过程显示出事物既有其根基,又能经受变化的考验。这就是黑格尔所谓的“在他物中达到与自身汇合”的真义。

质自在地是量,量也自在地是质,每一方都转变为其自在地已经是的东西,由此我们就得到了本质这一被扬弃的存在。

量在其自身就是质,而质在其自身也体现为量。在尺度的过程中,质与量的这种相互过渡能凸显出一点,即在众多他者与事物自身的并存当中,事物显示出其自身有一个坚固的根基。这才足以支撑质与量的相互过渡。事物有根基,这与整个存在论层面进行的"有……，也有……"式的描述大不一样。因为对各种"有"或各种"是"的描述无论多么繁复，多么精准，也与追究"何以有""何以是"不是一回事。但尺度的过程中显示出的"事物有根基"恰恰是这样的追究。

常识看不到质、量、度都不是固定的，都是过渡着的。

常识永远需要确定性，它看见一个质或量，就会通过说它们是"天经地义"的，给自己制造出一种确定性，扩大自己的舒适区，从而为往后再看见它们时无所动心也无所畏惧制造理由。然而正如我们对存在论的解析表明的，质、量、度其实都置身于无限进展的险境中，都面临着一个考验，即在这类险境中寻找真正的无限性这一出路。另外，这里的"过渡"当然不是无限进展，它只是针对常识求安稳、喜固定这一习惯而言的。

本质固有的方式是关联，而不是像存在论那样一经发生关系便使出发点消失。

正如下文将要表明的，本质固有的方式是本质性东西（本质、根据等）与直接性东西（现象、实存等）相互映现，即出发点与其对方的相互对照，因为这双方互不相离，且相互成全；它不会像存在论中那样不停地从一点过渡到另一点，对出发点弃之不顾。接着黑格尔举了存在和无、肯定者和否定者的例子来说明这一点。这里实际上是在为本质论的出现"造势"，使读者对本质论特有的运行方式有所准备。

《逻辑学》第二篇　本质论

[**导引**]进入本质论之前,我们先交待一下它的宗旨与读法。

通常我们习惯于"透过现象看本质",认为现象与本质仿佛都实有其物,摆在那里等着我们撇开一个(现象),深挖另一个(本质)。然而黑格尔的本质论却要揭示出事情本身固有的一种二元设定:我们透过现象看本质,实际上是透过一个被我们设定的现象,去寻求一个被我们设定的本质,而现象与本质虽然是被客观思维(而非主观念头)设定而成的,却也相互证成,足以构造出一个科学的规律世界。这两种设定的确是客观思维或人类思维的设定,不是个人的任意遐想,因此具有不可消除的客观性。但与此同时,我们也要看到它这种设定性,看到思维透过现象发现的依然是现象(或对现象的公式化、规律化总结),否则我们就是在常识意义上"透过现象看本质"了。但这绝不意味着本质论是"错"的或"白费"的,因为本质论也构成了事情本身的一个层面,也是使现代生活得以展现与使现代科学得以成功的必由之路。

在具体阅读本质论的三个二级层面时,我们会发现它们各有"窍门"。第一个二级层面的标题虽然是"本质作为实存的根据",但它讲的不仅仅是本质,也包括现象。它要表明,本质性东西和非本质性东西形成的整体结构是万物所必需的,或者说要表明给万物设定本质的必要性。只不过这个二级层面仅仅在抽象意义上讨论这个整体结构(二元设定),而没有在特定现象中构造出科学的世界图景来,而第二个二级层面就产生了以规律为中心的世界图景。后一个层面虽然叫作"现象",可那也是包含本质的现象。所以这个层面同样是既讲现象也讲本质的。这个层面不仅是抽象断定事物必须有本质,而且具有了科学性,这种科学性以规律和知识为之"背书",形成一个完整的世界。第三个二级层面叫"现实性",那当然也是整体结构。这个层面的根本宗旨是承认现实事物中就具有绝对者,或者说现实事物中就含有通达绝对者之路。换言之,我们所生活的这个世界就是含有真理印迹的,不必否定世界另寻抽象真理。

§112

本质比上不足,比下有余:相对于概念而言,本质是与作为映象的、被设定的直接存在相对而言的,是对他物而言的自相关联;相对于存在而言,它所见的存在已经不是直接的存在,而是被设定的、被扬弃的直接存在,即被设定为直接存在的非直接存在。总而言之,本质是被设定于二元对立框架中的概念。

存在、本质、概念分别是存在论、本质论、概念论的主角,三者既不相同,又是相互贯通的。本质论"比下有余"之处在于,它不再像存在论中那样,局限于用"有什么"的眼光去看问题,而是因为抓住了本质,便睥睨现象。本质论打破了存在论的浅薄,具备了立体性和深度。比如当科学家进入科学的世界中,认为通过他的实验与研究所揭示的规律,能够把世上各种事物的奥秘一一揭示出来,认为此事值得他为之付出一生,因为它比起拥有多少财富、取得多大功名来,更有深度和价值。

但如果将本质论绝对化,认为规律就是世界的奥秘与真理,值得我们穷尽一生去寻求,那就没有看到它的局限,也是很可悲的。本质论"比上不足"之处在于,我们毕竟脱离不了"有什么"去看待本质,我们永远是在与被扬弃的存在(或直接东西、非本质性东西)的对照中去理解本质性东西的,这就使得我们面临一种危险,即在貌似现实、切近的生活中构建起封闭的舒适区,脱离了更高的宇宙秩序。当然,要透彻理解本质论的"有余"与"不足"之处并非易事,这是后文的任务。

[说明]从"绝对者存在"到"绝对者是本质",这两种说法之间发生一种深化,因为单纯的存在是外在的,无法坚守"是其所是",本质则通过在事物自身内设定一个本质或者说通过事物在自身内的反映而尝试坚守"是其所是"。

我们固然可以通过说"绝对者存在",比如通过亚里士多德的十范畴,来描述绝对者在十个方面的"是",或者说描述绝对者"是"的十种方式。比如通过说绝对者全在、全善、全能……,甚至把一切美好的性质加到它头上,来表示我们对它的信心和尊崇。但这种在一个花环之上再套一个花环的赞美方式有其根本局限,即外在性。说绝对者有千般的美好,并不能真正将这些美好固定在绝对者头上,因为这类说法并没有提供绝对者何以如此美好的理由,更没有说清楚绝对者的美好与这个世界的事事物物之间的关系。说"绝对者是本质",则是直接表明绝对者就是世界上种种形式、"是其所是"与秩序的根基,这就在存在论没能完成的任务方面有了一个长足的进展。

但最初的本质只是对非本质性东西的真实要素的一一否定和抽象,因而失去了具体性。本质是内化于自身的存在,反映作为存在的自身内反映,是本质特有的规定。

本质是通过对非本质性东西的真实要素一一进行否定和抽象而得到的。比如后文中黑格尔嘲笑一种做法,即呼吁人们忽略一个人的言行举止,仅仅关注这人所谓的"真实的内心"。这样的真实内心并无任何肯定性内容,其实是一种人为设定。这种做法对这个内心其实毫无界定,只是专门帮这个人撇清责任用的。我们关注事物,看到事物本身不满足于存在论层面的外在化,进而看到事物本身对于本质的需求。然而当我们设定本质时,走的恰恰是上述做法的路子。

黑格尔当然看到这个做法很危险,会为思维的主观任意性大开方便之门,为人撇清责任、遗漏真正重要的东西大开方便之门。但他另一方面还是诉诸本质论的进一步发展,因为思维目前对本质的这种抽象的理解其实也是"事物有本质"这一格局最初向我们呈现时的一个必经的阶段。思维手头据有的其实只有那些看得见、摸得着的直接性东西,它既不能像在存在论中那样依赖这些东西行事,又没有彻底抛开这些东西的资本,因此只能设定真实的、本质的东西与这些东西相对照。起初本质尚未形成其内部的复杂结构(比如各学科的公式、规律),只是与直接性东西相对照罢了。这种对照固然贫乏,尚需等待本质论的进一步发展,但本质与非本质性东西的关系机理在此毕竟被完整地展示出来了。

[附释]映象(Schein)具有虚假不实的成分,但它不是虚无,只是被扬弃的存在。

我们不妨回想一下本质论起步于何处。它起步于为事物寻找一个能使其坚守自身的根基这一动机,其实这根基就是前两节中谈到的同一性。这种同一性其实就是存在论在开篇即显现出的"是其所是"苗头的一种深化:它不仅像存在论中一样,不再满足于各种"是"的迁流不息,在虚无这一巨大威胁面前毅然决然选择相信形式与秩序对于这迁流不息的支撑与引领作用,而且在整个存在论层面上思维于存在中抉发出自为存在、比例关系、节点线等丰富内涵之后,为了最终避免尺度的无限进展而选择对整个直接性存在的扬弃,即把存在扬弃于"内化于自身的存在"这一新形态中。在这一新形态中,直接性存在成为映象,它不是被彻底否定或抛弃了,而是成为与本质相对照的一个必要的成分,只是它具有了"虚假"的身份,好让本质相对应地具有"真实"的身份。然而这里的"身份"就意味着被设定(Gesetztsein),直接性存在与本质由于被设定而分别具有了"虚假"与"真实"的样貌,但同样是由于被设定,它们也都是绝对必需的。因此这里的虚假当然不意味着虚无。

反映(Reflexion)要认识的不是直接的对象,而是经过中介的对象。

这个思想最简要地展示了本质的设定方式。如果说存在论是直接接纳我们手头直接看得见、摸得着的东西(因而那时也没有出现直接性与中介性之间的分疏),那么本质论则是在经过中介的意义上接纳直接性东西,即把它视作背后的真实本质的虚假呈现(亦即使之成为经过中介的,即间接的),但依然使其保留"直接性"的样子。然而这里直接性东西的"直接性"却是被设定而成的假象,在本质论的许多章节中这个词甚至还具有浓重的贬义。它的作用唯在于与本质形成二元对照。

存在论层面的质、量、度或质量互变不足以把握事物当中常驻的东西,持久的东西(Wesen)必须是已成的(gewesen)、有根据的存在,它指向根据。另外日常语言的一些合成词(如 Zeitungswesen、Postwesen、Steuerwesen)中的 Wesen 都是复合体和总括的意思,也是对现成因素的扬弃与反思。

这里是从词源与哲学内涵两方面解析德文中的"Wesen"一词。

黑格尔将存在论层面没能抓住的事物当中"常驻的东西"描述成已经成了的存在。黑格尔这里有没有"暴力解释"的嫌疑?其实黑格尔这里只不过是借力打力,语法学家们未必会同意哲学家对于词源的解释。读者不宜在实然意义上理解"已成的存在",仿佛它指的是昨天出现而今天朽坏或消失了的某样东西似的。"已成的存在"其实强调的是直接的存在自始就必须预设的根基,那样的根基不就是本质吗?

日常德语中上述合成词里的"Wesen"也都保留了一点上述思辨的内涵,都不满足于现成的零散状态,而要作一种更深的总括。比如报刊事业(Zeitungswesen)不同于报刊(Zeitung)之处就在于,不是仅仅拘泥于版面规划、采访现场、修辞表达这些表面的现成要素,而要从一个更大的整体事业出发反观它们。这个整体事业当然只能由这些现成要素构成,但又不仅仅是它们,它近乎于代表它们的根基与本质——尽管日常德语无意在此展示什么本质论,只是朴素地、无意识地展示了一种初步的二元设定。

"有一种最高本质是上帝"这一说法有两方面的局限性:一是"有"没有说出与上帝分离的东西仅仅是映象,不具备自身的本质;二是"最高"本质这种量的范畴只适用于有限事物,故而没能表达出上帝是唯一本质的意思。

在这句话中,黑格尔挑了"有"和"最高"这两个词的毛病。"有"显然是在存在论层面说事:世界上除了不那么高的本质之外,还有一种最高的本质是上帝。这就使得上帝与其他万物成了一种并列的关系,而无法构成本质论层面所需的"本质与现象一深一浅相互映照"的关系。

"最高"是一个量的范畴,它使得上帝成了一个相对的东西:世界上有上帝,也有其他事物,上帝与它们处在同一个"有"的层面,只不过上帝高一些,它们低一些罢了。可见在用来形容上帝时,"最高"的毛病和"有"的毛病是相似的。它们都是用低层面的范畴在描述高层面的事物。

即便经过上述修正,以上帝为最高本质的看法依然是只将上帝当成主,未能给有限事物以应有的地位。反过来看,如果像近代启蒙哲学那样说最高本质不能认识,那就将直接的世界当作实定的真实东西,将上帝置于彼岸了,使之成为抽象知性制造出的一个空名,不具备扬弃现世的力量。

黑格尔既不赞同将上帝当作一个单独的最高本质,也不赞同颠倒过来的观点,即以上帝为主,以有限者(包括人与其他有限事物)为仆人或单纯受造物。因为后者未赋予有限者足够独立的地位。黑格尔对于上帝与尘世关系的看法的这两个方面缺一不可。

现代的启蒙哲学把上帝放在至高却不可认识的地位,这的确会让我们暂时生出一种崇高感,但这种崇高感是主观的和抽象的,不可持久。我们在生活中真正信赖的是实定的、真实的尘世,而上帝则被虚置了。

对上帝的这几种看法都偏离了本质与现象应有的辩证关系。

抽象知性的本质观在生活中也有其他的应用,比如坚持人不能以其行为举止来界定,而应该以其内心的本质来界定。这种说法实际上是主观任意性打出的幌子,想要规避真正自在自为有效的东西。

无论主观用意如何,就客观上而言,这种说法所主张的那个旁人无从窥测的内心本质,只不过是逃避考察的一个借口。其实那样的内心本质更多是一种虚构和想象,并无实质内容。连秉持这个说法的人也说不清它是怎么回事。那么自在自为有效的东西是什么? 那不是人在自己内心视若珍宝、秘而不宣的什么东西,而是不拒绝现象的本质、不拒绝行动的决心……如此等等。

§113

存在论层面坚守的直接性与本质论层面坚守的同一性,都既是思想的可贵之处,又容易落入思想的固执。

存在论层面坚守使得事物直接"是"的其"所是"(规定性、质),这是存在论的眼界与能力所致;本质论层面坚守的则是使得事物能够坚持下来的那同一个根基。一方面,存在论与本质论的确是在关注"是其所是",不满足于看得见、摸得着的东西,因而十分值得宝贵。另一方面,思维如果坐实了,固执于这些成果,那就容易掉到封闭性中去。如果说存在论层面的封闭性表现为三种无限进展,那么本质论层面的封闭性则表现为自我辩护的二元设定。

[说明]存在论层面的固执表现为感性的无思想性,本质论层面上则表现为知性对事物的纯化,即纯化为同一而不矛盾的东西。

在这里的概述中,存在论、本质论是我依从本节正文的思路补充上去的。黑格尔绝没有将存在论和本质论分别对应于感性和知性这两种机能的意思。他要讲的仅仅是在这两个层面人的执念是如何表现的。

在存在论层面,如果我们老是执著于"有"多么高级的东西,以为将"有什么"这一事实固定下来就是真理了,那么最后得到的不是思想,而是感性的无思想性:我们的生活与视野都局限在直接感知、直接接受到的这个那个东西上,而完全不明白,也没有兴趣明白为什么"有什么"。

在本质论层面,人是要去抓住某个本质(同一性)的,但如果他的追求仅止于此,这个同一性也会涣散为一种志得意满的封闭状态,即一切服从该本质、一切以抽象同一性为取舍的知性思维。

[导引]这里需要顺带讲解三个问题:如何由同一性与根据的关系问题看到本质论的"深度"结构?"同一性—区别—根据"的三元结构在《逻辑学》中的地位如何? 这个三元结构的内部机理是什么?

黑格尔在《小逻辑》第 117 节和第 118 节的"说明"和"附释"中透露出一个意思，那就是我们通常由于习惯于把同一性和区别分别理解成相同和不同，就会导致对根据彻底"无感"，根本不知道根据怎么会"尾随"同一性和区别而来。其实黑格尔挑明了，同一性和区别根本就是冲着根据去的，或者说，同一性一开始就是为了寻求根据。强调事物的同一性、连续性，这就是为了强调事物必须有持之以恒的一定之规。事物像船一样，必须有个像压舱石一样的根基，才能立于世间。——当然这个比方还不太恰当，因为这个根据是事物内在固有的，而不像石头对于船那样是外在的。同一性一开始就隐含根据，而含有根据显然就是一个有深度的结构：根据与被根据奠基者是深浅有别的两个层面，这两个层面相互需求、相互成全。其实整个本质论都以这样一种二元设定的"深度"方式架构而成，"深度"是本质论的固有方式，而不是外在的量化规定，比如外在地从一处往下深挖到另一处。

上述三元结构在《小逻辑》本质论中具有"题眼"的功能，可以很直观地把整个本质论的基本特征呈现出来。①在《大逻辑》中谈的不是同一性、区别和根据的三元结构，而是同一性、区别和矛盾的三元结构。作为更加靠后的《逻辑学》版本，《小逻辑》倾向于以同一性、区别和根据的三元结构来体现本质论的基本特征。这三者在本质论中的地位类似于"有—无—变"三元结构在存在论中的地位，我们可以由它们管窥整个本质论。

这个三元结构可以分成三点来说。第一步是一开始的定向：寻找同一性不仅仅是为了把一个事物跟其他事物区别开来，而是为了使事物本身"立"得起来，或者说寻找使这个事物本身能不消散于各种区别之中的东西。②我们寻求同一性的时候，不是为了在与他物对比时把某物做成一个独门东西（那种做法是"同一律"）。同一性的关键在内部，不在外部，即通过一种作为"根据"的"是其所是"来抵挡事物的瓦解。

第二步是要看到同一性和区别在深浅有别的同时也相互依赖，没有同一性就没有区别，没有区别也就没有同一性。这个道理很深刻，需留待后文的解析来展开。

---

① 《大逻辑》中更有资格做题眼的似乎是反思，即黑格尔对三种反思的界定。
② 二者的关系颇类似于古代意义上的一和多的关系，或形式与质料的关系。

第三步是要提防封闭化与固化的危险。一旦我们好不容易打破存在论层面那种外在地跳来跳去的局面,在本质论层面获得一些深度之后,思维就容易偷懒。思维容易以这种深度与其内含的结构为满足,产生一种"真理在握"的幻觉,因为它认为自己在本质论层面的一切发现都是"有根据的"。本质论越往后推展,越会暴露出这种结构的设定性,这是我们尤其需要注意的。

§114

同一性最初只被规定为存在(即"有同一性"),与非同一的东西(非本质性东西)都仅仅存在着。二者都凭借对对方的否定而成立,万物都既是自身又映现了他者,所以同一性与区别是矛盾,这矛盾在存在层面仅仅是潜在的。

当我们最初说某东西"具有同一性"时,这还远不足以呈现"同一性"范畴的内涵,因为这依然是用存在论层面残留下来的思维断定"有"同一性,"也有"非同一的东西。

这里要简单区分一下本质与本质层面。目前的本质,大体上是作为一个抽象的东西(到了"现象"二级层面就会成为一个本身完整的结构)跟一堆直接的、看得见、摸得着的非本质性东西对立的。虽然我们泛泛地指称整个本质论中的二元设定时,为了简便起见可以说它是"现象—本质"二元设定,但严格来说目前的非本质性东西还称不上"现象",因为现象得有层级分明的结构。简单说,本质是与非本质性东西相对而言的,而本质层面则与存在层面相对而言,代表整个本质论,它既含有本质又含有非本质性东西。①

目前本质以同一性的面貌出现,而本质层面则以"同一性与区别"的面貌出现。为什么同一性和区别构成矛盾?我们要在事物身上寻找使它得以自立的根据,然而不寻找倒还罢了,一寻找我们就会发现它身上全都是非同一的东西、非本质性东西,全都是区别。但尽管如此,我们依然要对它的同一性、根据保有敬畏之心,因为同一性本就是这样直接寻找所找不到的,但在思辨的眼光看来却实实在在支撑着这些看得见、摸得着的因素。我们看到的区别越是触目惊心,便越是不能放弃对于同一性的这种敬畏之心。

因此同一性和区别必然同在,这就是货真价实的矛盾局面。矛盾局面在存

---

① 本书中"存在层面""概念层面"的含义与此类似,分别相当于存在论层面与概念论层面。

在层面有是有的,但只是潜在的。这主要是因为同一性与区别的二元设定局面还没有出现。

[**说明**]本质层面在新的意义上重现了存在层面的各个规定,比如肯定性东西与否定性东西代替有与无、根据代替转变、实存代替定在。

这个"说明"是在对比存在论与本质论中的一些核心范畴。正如我们前文中的解析多次表明的,《逻辑学》"三论"的范畴与范畴之间,的确有一种大致的对应关系,能举出的实例还远不止这三个。但若不是在对《逻辑学》有深切把握、游刃有余的前提下,万不可轻谈此种对应,更不宜急切地凭此对整部《逻辑学》的范畴演进作一种图表式外在"推理"。

这里肯定性东西(同一性)与否定性东西(区别)分别作为本质论层面"本质"与"现象"的最初雏形,分别与存在论层面的"有"与"无"相当,因为它们分别是具有二元设定深度的最初的"是其所是",以及与之相应的摧毁性力量。而根据则与转变类似,是具有同一性的区别,或负载着区别的同一性,因为事物凭借根据才能在经受区别考验的同时坚守同一性。与之相应,实存也像定在一样,是由抽象意义上的"本质—非本质性东西"二元设定落入具体而实在的事物之中,或者说是具体而实在的二元设定。

A　本质作为实存的根据

a　纯粹的反映规定

a)同一性

§115

本质是得到反映的自相关联(Beziehung auf sich)。

从第114到第115节,我们要跨越由大到小的三个层面,分别是"本质作为实存的根据""纯粹的反映规定""同一性"。"本质作为实存的根据"二级层面占据了本质论的三分之一,它的总特点是还没有在我们世界上的各种具体现象中去看待本质和现象二分的结构,而是抽象地讨论本质和现象二分的结构。——相比之下,"现象"二级层面则落实到我们形形色色的现象中去了,但是这个时候思维还不知道这个现象世界是一个"现实世界",即还没有达到"自身具备绝对必然性的世界"或"世界的绝对必然性"。

"自相关联"是本节正文的要点。"自相关联"的说法非常形象地表现了本质的任务,以及思维寻求本质时的宗旨:使事物经历表面无边无际的重重区别的考验,能够立得起来。由于(狭义)本质论(即"本质作为实存的根据"二级层面)还只是抽象讨论"本质—非本质性东西"的二元设定,这里还根本不涉及事物与事物之间的具体关系,因此"自相关联"并不是我们通常想象的在与其他事物的关系中固执地坚持自身,或以某个事物自身压服其他事物。它基本上是抽象意义上的"事物自家"的事情:事物如何在其表面种种区别的冲击下得以自立。说白了,"自相关联"指的是每个事物就其自身而言、在其自身之内都是有"讲究"的、有"根基"的。而"得到反映的自相关联"指的是,本质是差别中的同一,是能在被奠基者身上反映出来的根据。这话实际上是对"自相关联"的题中应有之义的展开,因为自相关联本就蕴含着"本质在非本质性东西中得到反映"的意思。

[说明]知性的同一性是与区别对立的,通过对事物多样性的消除或简化而产生。

这个意思不难理解,我们平时讲到同一性时往往就采取了这种知性的理解方式:我们觉得一旦要说什么东西是"一个"的话,它就得是纯纯净净的,什么多样性都容不下,因为后者被我们视作杂质。实际上知性对同一性的这种理解不符合事物真正的样貌。同一性本身不是个什么实然的东西,它就是在可见的各种区别中的冒险与持存。这是直接消除多样性的情形。还有一种情形是简化,那就是在多样性中挑选一个主要的特质,作为事物的同一性。这种情形不仅像前一种情形一样没弄清楚同一性与区别的真正关系,而且简直混淆了同一性与区别。

从"绝对者是自身同一的东西"看不出这种同一性是抽象的同一性还是具体的同一性,真正的同一性应该走向根据。

正如第85节所说,全部逻辑规定都是对上帝的形而上学规定,"同一性"范畴当然也不例外。但我们不要对这句话抱太大期望,因为号称绝对者是同一的,这并没说出多少意思来,根本就没有讲清楚绝对者是"A等于A"这样的抽象同一性还是以根据为导向的那种具体同一性。如果是后者,那么这个说法倒是可以有所"造就"的,虽然还很不够。

同一律和不矛盾律并非真正的思维规律,而是抽象的知性规律,这一规律在形式和内容两方面都不够格:命题的形式本身就要求说出主谓词的差别,但它没有说;我们普遍奉行的经验都不是只按同一律进行的,否则就无所谓经验了。

"不够格"倒不是说它不够充当形式逻辑的规律,而是说它没有达到思辨逻辑的高度。

命题形式要求说出主谓词区别,这是黑格尔的一个一贯的思想,说的是判断必须将主语提升到谓语的普遍性高度,那才是真正的判断。如果毫无提升和运动的效果,那说了就等于没说。所以,从形式的意义上看,同一律没意思。

现在的问题是,为什么说经验不是按同一律进行的,否则无所谓经验? 我们的经验的确不是按同一律进行的。有些知识分子喜欢做的单纯概念分析,颇类似于同一律。但日常的生活经验反而是含有思辨运动的,不会按抽象同一律进行。像"A 等于 A"这样的形式逻辑同一律,反而只是一种主观想象,虽然看似坚固,但没什么意义。

[附释]同一性继承了存在又扬弃了存在,是观念性的存在。恶劣的哲学坚持知性的同一性,不配称为哲学。

同一性是有深度的存在,而单纯的存在则没有达到这样的深度。我们平时贸贸然去说事情、看问题的时候,往往很习惯于待在存在论层面,即便用了一些本质论和概念论的范畴,也会把它们降格到存在论的层面。我们习惯于用单纯并列的、外在的"有"的眼光看事情,只不过显得很严谨、复杂的一点是,这里往往加上了一个"好"的"有"和一个"坏"的"有"之间的分别,进而固守前者,排除后者。然而好与坏之间毕竟是外在并列的关系,而不是本质与非本质性东西的区别。本质论固然有封闭和固化的危险,然而本质论的"初心"却不是为了封闭和固化,而是为了以比存在论更深刻的方式坚守"是其所是"。只是思维达到本质论高度之后,知性的方式迎合思维寻求舒适区的习惯,主导了本质论,才会带来封闭和固化。如果思维根本没有达到本质论,那就根本谈不上什么深度与观念性,更谈不上封闭还是开放。

恶劣的哲学坚持知性的同一性,情形与前述"同一律"类似,那是无思想的表现。

例一:"上帝是绝对同一性"必须包含着"世上一切力量作为他的力量而存在"的意思。

这里主要是提醒我们不要把上帝当成是这个世界之外的一个力大无比的存在。只要在这个世界之外、与这个世界并行,无论力量再大也是有限的,不配"绝对者"之名。而且那样的"力大无比"对于我们既没有意义,也不可言说。由此不难想到,上帝存在的证明也必须"打动人心",必须牵动我们时时处处、丝丝缕缕的具体存在。否则无论将上帝形容得多么高妙,都没有意义,至少对我们人类、对这个尘世是如此。

例二:意识的同一性作为自我意识,必须认识到自己是在自身中与他者相区别,并且能够坚守自身的能力。

自我意识需要的不是画地为牢、顽固自恋。自我意识不是罔顾他者,直接回到自己内心去胡思乱想。自我意识的要害是在人际关系中好好地维持自身的存在与自身的世界图景。——但我不认为人际关系以及所谓"承认"问题能说尽这里的问题,它们只是自我意识问题的一个层面,如果被过分强调,就失去了黑格尔那里对自我意识的来源与出路更丰富、更立体的反思。

例三:真正的思维是在自身中包含扬弃了的存在,不是坚持抽象的知性同一性的形式逻辑。

真正的思维包含扬弃了的存在,指的是思维对自己的来路(存在论)很清楚,也明白自身是以"是其所是"意义上的同一性为方向的。这样的思维说到自身时,想到的不是一个空空的"我",只以"与大家不一样"为唯一的规定。那样的规定毋宁是毫无规定,因为它对于同一性与区别的逻辑科学含义一无所知,只是空洞的同一律。

b) 区别

§116

本质是自相关联着的否定性和排斥,因而包含了区别。

常识理解的同一性和区别,类似于一种"内"与"外"的关系:给每个东西画一个圈,这个圈里边是它自家的事情,叫作同一性;圈外边不归它管,全是区别。如果按照这样的思路来看,黑格尔的这个说法简直匪夷所思,因为自相关联与否定、排斥是两件事,不可能结合起来,本质更不可能将区别"包含"进来。但只要在我们前文的解析中那种思辨的意义上来理解,就会发现同一性与区别根本不是外在并列的,它们两者没有其中任何一个,另一个都没有意义。

[说明]与本质形成对照的非本质性东西不是与其并列的另一种质,而是对同一性构成挑战,而又作为同一性的周围条件被设定下来的存在。

本质要靠非本质性东西对它的需求衬托出其本质性,但这个非本质性东西不是与之并列的另一种质。表面看来,非本质性东西虽然并不根本,却看得见、摸得着,是直接的东西;本质虽然是根本,却看不见、摸不着,是非直接的、经过中介的东西。可是往深了看,我们会发现,所谓直接的东西也是经过中介的:在比较浅显的意义上说,看得见、摸得着的东西,必须要有看不见、摸不着的本质的对比,才能显示为直接的东西;在更深刻的意义上说,直接性东西的所谓"直接性",其实也是被思维设定下来的,即一种被思维设定为"直接"的直接性,它在绝对的意义上并不直接,根本不是思维无需任何操作直接上手接触到并原样呈现出来的东西,而是一开始就以与本质的对照关系为其固有内涵了。

[附释]不存在"同一性如何向区别进展"的问题,所谓的进展只是思考者的认识进展。

同一性本身就包含着区别,而且以其为自身的一个必不可少的环节。在这种情况下,那种以同一性为第一步或牢固据点,然后第二步跳跃到区别上去的"进展"模式根本就是思维的抽象。

在这个问题上,虽然前述模式根本不存在,倒是有一个思维"进展"的序列:当思维在本质论的意义上留意到必须有同一性,后者便已经潜在地含有了区别这一规定;然后思维反思到区别作为同一性的固有规定,将区别作为主题来考察,此时区别就像突然"冒出来"了似的;继续往深处看,思维会发现,包含区别的同一性或以同一性为支撑的区别的这种整体格局原来是根据!但这个"进展"序列不是从一个东西跳跃到另一个东西这种外在过渡,而是对同一件事情的认识上的主观进展。

§117

第一,区别最初只显现为相互外在、漠不相关的状态,只停留在事情表面,不关心事物与他者的内在关联。区别就像是比较者人为作出的区分。

这是抽象意义上的区别,是区别的第一阶段。每一个事物都画地为牢,"圈内"和"圈外"分得很清楚。这些圈和圈之间只有相互区别、相互否定的关系。这是知性对事物的一个很偏颇的印象。在这种印象中不存在事物与他者的内在关联。我们通常谈论两个事物的关系时,爱将关系划分为关联与区别两个方面,关联就是相同点,区别就是不同点。在这种外在、抽象的知性思维支配下,所谓的"关联""相同点"看似弥补了"区别""不同点"的缺陷,实则不然,因为它们都是建立在外在化思维之上的,根本达不到内在关联。

[说明]相同与相异应该回到同一性与区别才有意义,莱布尼茨的差异律也告诉我们同一律与另一个定律(差异律)针对的是特定的同一性和特定的区别。

知性思维对于相同与相异的考察应该回到逻辑科学意义上具有深度、内在关联着的同一性与区别上,才有意义。这一点从前文来看已经非常明显,自不待言。我们在柏拉图对话录中经常看见苏格拉底与智者之间在相同与相异的问题上发生争执。总的来说,苏格拉底是要将讨论往思辨意义上的同一性与区别之间的关系上引,而智者则习惯于固守形式逻辑的知性思维。另外,我们发现相同与相异并没有资格作为核心范畴,进入《逻辑学》这部西方范畴"家谱",这与它们缺乏思辨性是直接相关的。

我们以定律(Satz)、规律(Gesetz)的形式强调同一性或差异性的时候,那只是片面强调一个整体运动过程中的某一个阶段,而遗忘了前述从同一性到区别,再到根据的整体演进过程。

[附释]有限科学从事比较,区分相同与相异,在比较解剖学和比较语言学等领域取得重要成果,但如果认为这种方法适用于所有领域就过分了,因为单纯的比较最多只是真正的概念性认识的预备工作。比较方法的根本在于尽可能多地发现区别中的同一性,所以数学这种研究量的外在差别的学科最为适用,但数学的这种适用性又不值得美慕。

"有限科学"(der endlichen Wissenschaften,复数)是黑格尔的说法,指的是没有达到思辨思维高度的科学;我们完全可以想象他心目中还有一个"无限科学",那就是思辨概念的科学。从黑格尔的脉络来看,有限的科学从事比较,从而不是概念的科学。难道概念的科学不从事比较?难道做研究不就是经常进行比较吗?的确如此,通过这类比较还取得了比较解剖学、比较语言学上的巨大成果。但黑格尔要强调的是,这种比较能够得出的结论最多不过就是相同与相异,它的整个视野也局限于相同与相异。而相同和相异正如前文分析的,只是对同一性与区别的更深入研究的一个预备性工作。

比较方法的根本在于尽可能地发现区别中的同一性,以便抓住事物的规律。比如在确定了考试规则之后,考试就是不同的人比较同样考题的解答水平与解答速度,以此确定他们学习的水平。不难看出,数学的量化方式很适用于这种操作。但综合存在论中对量化现象的考察与本质论中对规律思维的考察来看,这种操作能达到的成果是有限的。

§118

相同是不同一的东西之间的同一性,相异是不同东西之间的关联,二者互为反映。

只有在不同的事物之间才谈得上相同,而且这些事物之间不能绝对不同,因为绝对不同的东西之间没有可比较性。相异是不同东西之间的关联,这又是什么意思?对于比较相似的东西,我们喜爱寻找可在认同这种相似之处的基础上将它们区别开来的特征,而寻找这些特征又不是为了将它们绝对分离开,反而是为了将它们关联起来。比如我们爱找双胞胎的相异特征,否则怎么区分他们?但即便区分,也是为了更好地对待他们这对“双胞胎”,而不是为了拆散他们。相同和相异都不要在绝对的意义上看待,它们都是同中有异、异中有同的。这意味着同与异本身就是内在地相互反映的。

[附释]高明的比较是寻找区别中的同一性和同一性中的区别,但经验科学往往容易固执这两个规定中的某一个,科学家相互之间的嘲讽往往是由于发现新的同一性或新的区别,比如将电与化学的反应过程视为同一的,或发现古代四元素并非单纯的而是复合的。思辨的逻辑学既不满足于单纯知性的同一性,也不满足于这样的区别,而要寻求一切具体事物的内在统一性。

科学家嘲笑前人没有发现本该发现的同一性或区别。这在科学上固然不失为一种进步,黑格尔并未否认这一点,但他要反过来嘲笑这种嘲笑,因为这些科学家只不过是在求同或者求异的路上比前人做得更精细一点而已,但在根本的学问方式上并没有什么改进,甚至不见得比古人高明。

所谓一切具体事物的内在统一性,不是说像穿针引线一样把世界上的万物串成一大团,而是说每一个事物各自有它的一定之规(统一性)。另外,发现这种内在统一性也不是为了控制世界而弄出来的一种手法,它反而要求人在任何阶段都放弃对抽象规定(比如抽象的同一性或抽象的区别)的执念。

§119

第二,自在的区别含有本质与非本质性东西在内,同一性和区别分别成为肯定性东西和否定性东西。而自为的区别则是二者的相互映现,是本质的区别的深化,就是对立,对立是事物与自己的他物(而非全部他物)的对立,由此每一个事物才取得自己的规定。

"自在"与"自为"在此处语境下分别意味着直接的、抽象的状态和经过深入反思而呈现出事物内部辩证格局的状态。我们在直接的、抽象的意义上想到的区别含有本质(同一性或根本相似之处)和基于本质之上的非本质性东西(具有根本相似之处的东西的表面区别)两方面。这两方面分别成为肯定性东西和否定性东西,因为同一性是保守与肯定事物自身的,而区别则似乎有摧毁同一性的危险。

而自为的区别则是自在的区别内部辩证格局的呈现,或者简单说,是自在的区别的深入反思。区别往更深处说的话,就是区别的双方相互映现,比如说上和下是相互映现的。这就构成特定的而非泛泛的区别。而特定的区别就涉及对立:构成对立的双方不是随随便便不同的两个东西,而是在根本之处互为反面,比如正和负、实和虚,甚至某种意义上的父和母、男和女、师和生都构成对立。

[说明]知性不知道同一律实际上与对立律(矛盾律)相矛盾,因为后者说出了与对立面的联系,超出了同一律的自说自话;排中律(不矛盾律)本想避免第三者,却设定了第三者,也就是拿来与正、负相比较的原物本身。

这整个"说明"都是黑格尔对形式逻辑的几个主要规律的驳斥。他总的意思是说,形式逻辑的这些规律都不能够绝对化,否则就会导致很荒谬的局面。黑格尔招招都是冲着形式逻辑的根本缺陷去的,让形式逻辑无从招架。

常识认为同一律跟对立律(矛盾律)是异曲同工的,因为对立律强调避免矛盾,同一律谈的是要保守同一个事物。对于二者的关系究竟是什么,常识不甚了了。但黑格尔却揭示出二者的矛盾。在他看来,对立律说出了与对立面的关联,即以对立面的威胁打破了自给自足保守某东西自身同一性的那种眼界,使得思维不再满足于同一性。而形式逻辑并未揭示出这个局面。

　　为什么说排中律(不矛盾律)本想避免第三者,却设定了第三者? 形式逻辑原本满足于比较 A 与非 A(—A),仿佛除了它所比较的一正一反两个东西之外,再没有其他可能性了。这与知性思维的种种二分的做法若合符节,比如这种思维认为世界上只有好人和坏人两种人,闹出许多笑话来。殊不知形式逻辑并未区分表面的区别、矛盾、对立与根基之处的同一性,只见表面而不见根本。打个数学上粗浅的比方,我们谈论 A 与非 A,这无形之中就设定了零,而 A 和非 A 都是在零的基础上加、减而成的。又比如说,无论谈论好人还是坏人,都设定了人这个更根本的概念,这个第三者虽然不在好人和坏人的层面与其进行表面比较,却实实在在地是好人、坏人的共同根基。

　　抽象的排中律只知道抽象的矛盾,不知道肯定性东西与否定性东西,不知道概念的层次区别,于是它会说出"精神不是白的就是非白的"这样的结论。

　　这类例子在我们生活中太常见了。比如有人认为所有哲学不是唯物主义就是唯心主义,又比如法庭上控辩双方有时逼着对方只能回答"是"或"否"。按照前文的解析,抽象排中律之所以只知道"二选一"式的抽象矛盾,是因为它的思维根本没有深度,它根本不了解肯定性东西与否定性东西的思辨内涵。肯定性东西与否定性东西是有指向的,即具有我们一向强调的"是其所是"的方向。不要把肯定性东西与否定性东西简单理解成大和小、高和低、左和右这种毫无层次感的表面对立。它们固然含有这些表面的对立,但后者只是将思维引向深入的契机,绝不是事情的全部。

　　知性同样不了解同一律与对立律(具有矛盾律的形式)有层次的区别,看不到对立律中对立所具有的立体本质结构。

　　我们先来看两个立体结构的例子。第一个例子是圆周与圆心的关系。二者虽然看似对立,但圆周是因为圆心而来的,圆心也是因为圆周而来的,因为圆周离开"与圆心等距"这个规定就一定不"圆",而圆心离开圆周也不过就是个单纯的点,无法成为"圆心"。不仅如此,二者还有层次区别:圆心可以视作圆周上任何一点的本质或根据。

　　另一个例子是两极性(比如磁的南北极、电的正负极)。两极中的任何一极都不是一个可以脱离另一极的实然东西,也不可能在物体的任何部位被"找"到,它们都要依赖两极性这一本质而存在,都要基于两极性本身才能表现出来。任何将它们当作实然东西抽象对立起来的观点都是抽象的、不切实际的,根本遗忘了"两极性本身—两极"这一立体结构。①

[**附释1**]肯定性东西与否定性东西是同一性进入区别之后出现的相互依赖的两极,发现这种相互依赖(如债权与债务、南北极、正负电、有机物与无机自然、自然与精神之间的相互依赖)就是哲学的目的,换句话说,哲学的目的就是消除偶然性,认识必然性。

哲学的任务是消除偶然性,认识必然性,这话与常识直接冲突:按照常识,人最可贵的是他的自由,而自由跟必然性是不相容的,必然性对自由是一种妨碍。常识的这种认识当然毫无辩证法可言,但既然它对我们日常生活影响巨大,这里就需要澄清黑格尔的辩证观点,以便人们从常识提升到这种观点。

这里有两个要点,一点是要认识到区别的实质是对立,我们要从区别进展到对立,而不要从对立退回到区别。这就是说,思维要从前述种种表面对立进展到它背后的立体本质结构,即"本质—非本质性东西"这一深浅有别的结构。

第二点是要搞明白何谓认识必然性。认识必然性并不意味着将活的东西看死了,也不意味着剥夺事物的主动性、灵活性。认识必然性恰恰意味着要更好地成全主动性、灵活性。因为拘泥于表面对立,就根本不了解这种对立的必然性,即不了解它们深处的本质,就将眼界与活动限制在表面对立的层次,不停地颠倒、重复。这样的颠倒、重复绝不是真正的主动性、灵活性。

[**附释2**]抽象的排中律是知性规律,一切具体的同一东西中都有区别和对立。

抽象的排中律说的是每一个事物在同一个时候,不是A就是非A,再不可能是第三种情况。可是黑格尔早在《逻辑学》的开篇就告诉我们,任何存在都要经受虚无的风暴冲击,转变才是第一个具体的概念,这就意味着任何事物在同一瞬间必然既是A又不是A,这才是事情的真相。抽象的排中律提供这两个选项,这不光是选项够不够多的问题,这种做法根本就是错误的。这个道理尤其明显地体现在南北极、正负电这类对立上。南极和北极实际上并不像我们形象化地理解的那样,存在于事物两端的某个地方。实际上南极和北极不仅相互靠对方才能获得规定性,而且还更深地依赖两极性这个本质。抽象的排中律在这里当然

---

① 此时构成二元设定之"二元"的不是两极,而是两极性与两极。在本质论层面,二元设定之"二元"都分别具有本质和非本质性东西的特质,而不是同一个层面上的两个东西(比如黑与白、左与右),虽然黑格尔偶然提到知性的外在思维时也提到这种思维在同一个层面设定起二元对立的格局。

无所措手足,因为它心目中追求的一清二白、界限分明的两样东西在这里根本就不存在,更不用说在那两样东西中选择一个了。

有限者不符合它自在地是的东西,因而陷入矛盾中。矛盾的确推动着世界,但矛盾还不是终点,矛盾会被扬弃。

有限者自在地是的东西,就是指有限者本身当是的状态,即对于它而言是真理、理念的状态。由于思维的层面所限,事物相对应地向思维呈现的状态虽说也是客观的,并非主观虚构,可是毕竟是被局限、被封闭的状态,犹如气血瘀滞一般,终须通畅。在这种情况下,矛盾是不可避免的。

我们通常受教科书的一些简化说法的影响,认为矛盾永远存在,只不过旧矛盾会被新矛盾替代,矛盾会像永动机一样推动着事物不断前进。这种看法在矛盾对于世界的推动作用方面固然有道理,但却有将矛盾绝对化的嫌疑。那么矛盾有没有出路?这个问题可以从两个角度来看。如果仅仅停留在矛盾所在的那个层面去看,旧矛盾的确会发展出新矛盾,我们看到的永远是不断变幻的矛盾,矛盾没有终止的那一天。而且矛盾总是"斗而不破",犹如赫拉克利特的"一切皆流"一般。那么此时如何维持矛盾的"斗而不破"局面,从而利用矛盾来推动事物,这就是一门很大的学问了。然而从另一个角度来看,矛盾只是事物的一个层面,除了矛盾之外毕竟还有更深更高的层面,矛盾不是事物的全部。在这个"附释"中,黑格尔指出抽象的同一性和抽象的区别都会被降低为"观念性的东西"。相对于更具形式高度的根据来说,矛盾及其"斗而不破"的局面毕竟只是表面现象,是根据的观念性环节。

§120

肯定性东西与否定性东西是设定起来的矛盾,它们在其自身而言或对我们而言(即自在地)是一回事,它们为其自身而言(即自为地)也是一回事,因为二者都扬弃了自身与对方,都是他者中的自身,这便是根据。

在抽象意义上,当然可以将南北极、正负电、黑与白等这些同属一个层次的东西分别称作"肯定性东西"与"否定性东西",甚至可以将这两个称呼在这两者之间互换。但是到了更高的层面,肯定性东西就关乎事物的本质、一定之规,关乎它自立与持存的根据。对于肯定性东西,否定性东西是起干扰作用的表面区别。如果我们仅仅强调矛盾"斗而不破",那就始终落于否定性东西之中出不来,看不到肯定性东西了。

打破这个困局靠的就是根据,靠的是肯定性东西与否定性东西互不相离又相互扬弃。进入"根据"范畴,肯定性东西与否定性东西之间的辩证关系,无论对于从事逻辑学研究的我们而言(或者说对于它们自身而言),还是对于这两种东西自身而言,都是无法回避的。对于我们而言,其实从"同一性"范畴开始,二元设定的深度问题就昭然若揭了;对于它们自身而言,单纯停留在表面的区别、对立、矛盾已经没有出路了,必须依靠更深的根据来突破当前局面。

根据可以看成是从非本质性东西当中认出本质的必要性,也就是刚才说的从否定性东西当中认出肯定性东西的必要性。根据是现象自身的需要。现象若是没有本质,就无法存在,更无法描述。

c) 根据

[导引]这里需要简要交待与根据有关的几个问题。

一是如何理解根据。根据不是我们对某个事物不知如何解释了,硬塞给它一个"救急神"(Deus ex machina)似的理由,从而使得我们貌似能将这个事物"说圆"了。倘若如此,我们说这个事物有什么根据,跟什么都没说一样,甚至更糟,因为这种说法不仅没有真正解释事物,还给我们凭空增添了几分虚骄。根据既不是我主观设定下来的"说法"和"理由",也不是我在经验中直接碰到的实物。根据与被根据奠基的东西两者共同构成的整体,才是根据问题的精髓。这里引出了另一个关键问题:为什么事物必有根据?

二是根据的必要性。在下面第 121、122 这两节,黑格尔谈的就是根据应该是事物自身道理意义上的内在根据,而不是人为地给事物安上去的一个根据,因为别人有同样多的理由安上一个与之相反的根据。我们还记得在本质论的开篇就学到的一个道理,即同一性是使事物得以自立的根本。从同一性和区别演进到根据,可不是原样地回到同一性了,不是同一性排除区别的干扰,坚持了自身而已。如今我们得到的认识是,除了这些区别,并没有一个与其不同的单独的东西叫作"同一性",而同一性其实就是维持这些区别于不倒。目前达到的新认识就达到了"根据"层面。说白了,根据是使得同一性与区别各得其所的新局面。

三是根据的出路何在。事物向我们显明其根据,我们既知其然,亦知其所以然,十分心安。此时似乎根本就不会出现"根据的出路"的问题,因为根据本身就是出路。可是心安在黑格尔这样的古典哲学家看来并不是事情的全部,它往往只是人类心安而已。如果满足于这种心态，很有可能会发展成一种"倒挂"的局面，即为求心安而满足于根据，甚至制造出一个虚假的根据。其实正如黑格尔在《精神现象学》"知性"章中对规律思维的批判表明的，人类心安并不等于真理的彻底显露，宇宙秩序本身才是真理。

§ 121

根据是自身内反映（Reflexion-in-sich），也是他者内反映（Reflexion-in-Anderes），是被设定为总体的本质。

黑格尔这里希望我们不要把本质当成纯粹真的、完全实在的单独东西，把非本质性东西当成纯粹假的、无价值的另一个单独东西，二者都是既被对方中介的（即需要对方来成全自身），也是在自身中被中介的（即在自身内分别被设定为本质或非本质性东西，而非在绝对意义上自来就是本质或非本质性东西）。与"同一性""区别"层面对这一点认识不清的状态不同的是，"根据"层面挑明了上述这一局面。

被设定为总体的本质，指的是本质一定是跟非本质性东西构成这样一个既在自身内反映，又在他者内反映的总体，而不是这两个东西外在地随便扭结到一块儿。正如上文所见，"根据"层面不同于"同一性""区别"两个层面的标志在于，根据被明确设定为必须是这样一个总体，而且挑明了这种被设定性。这是《逻辑学》迄今为止的所有范畴达到的对二元设定的最高认识。

[说明]根据作为根据的关键在于它是某东西（他者）的根据。

这个"说明"的要害在于被设定性。黑格尔在这里复述了莱布尼茨以及沃尔夫学派的根据律，由此引出了"根据作为某东西的根据才是根据"这句貌似同语反复的话。但大哲学家这样说话绝不是为了同语反复，这话其实大有深意。某东西与它的根据是互相设定的关系，只有在这种互相设定中才谈得上对根据的正确理解。不要像寻找一个实物一样寻找事物的根据，也不要遐想事物与它的根据是两个单独的东西，它们在各自存在好了之后，再如何如何发生相互关系。

[附释]根据不是同一性与区别的抽象同一，而是二者有区别的同一。因此根据并非最终结论，它的意义在于与被奠基者共同构成一种论证关系，因而矛盾在有限者层面始终是存在的，新的矛盾始终会产生。

抽象同一与有区别的同一迥然有别。前者指无差别地混一,后者指同一性与区别保持深浅有别的二元格局的同时又相互映现。

根据证明了被奠基的东西是有根据的(或者说奠定了后者的基础),而被奠基的东西又能反过来给根据提供实在性。可见二者是相互论证、相互需要的关系。根据的意义就在于一种论证关系。

矛盾在有限者的层面始终存在,新的矛盾始终会产生。这个意思我们在解析第119节"附释2"时已经谈过了。这里需要补充说明的是,新矛盾的产生不仅是因为旧矛盾没有将问题解决完,而是根据与被奠基的东西构成的二元设定格局本身。只要这个格局存在,即只要根据存在,矛盾一定连绵不绝。

充足根据律说的是万物都必须被看作间接的、经过本质中介的,但问题是这个规律本身也不可绝对化地直接提出来。

充足根据律的确是由莱布尼茨在哲学上正式提出的,黑格尔这里批评的却不一定是莱布尼茨,而主要是形式逻辑中作为与同一律、矛盾律、排中律并列的思维规律的那个充足根据律。这个充足根据律当然也看到了为万物寻找本质的必要性,但黑格尔强调的是不能把这条充足根据律绝对化,当作包治百病的灵药。最根本的原因是,充足根据律只适用于有限者的层面,它受到这个层面本身的约束,即忽视了根据本身的有限性,以为设定一个根据就什么问题都解决了,甚至拿根据代替了宇宙秩序。

日常生活与有限科学中所谓的"根据"不过是把同一个现象说两遍而已(比如"电是电现象的根据"),这并没有赋予根据自在自为地得到规定的内容。因此,充足根据律所谓的根据也是无内容、无能动性的,所以并不充分,对同一种行为或现象可以指出相反的根据。但也不可过分贬低莱布尼茨的功绩,因为他超出当时流行的单纯机械解释,提出了动力因与目的因并重的解释模式。

找到一个根据,但并未赋予根据自在自为地得到规定的内容,这意味着人为地拟定一个根据,而没有用根据的内容本身来证明它足以充当根据。说"电是电现象的根据"就像说"痛苦是痛苦现象的根据"一样,只不过是将电现象、痛苦现象都有根据这个意思说了两遍而已,对于我们了解电现象、痛苦现象并无丝毫益处,因为电、痛苦的题中应有之义就分别是"电现象的根据""痛苦现象的根据"。但往深处说,这里我们分明感受得到,在黑格尔本人看来,根据是可以有自在自为地得到规定的内容的。那内容是什么? 这个问题要到本质论的"现象"二级层面寻求答案。

这个意义上的充足根据律并不"充足",因为根据在这里是一个为我所用的工具,它本身没有内容,更谈不上是否充足。说白了,这里的根据是无根据的。黑格尔举的具体例子是,我们对于同一种现象,比如偷窃,可以提出相反的两个根据。

莱布尼茨以深具历史渊源的目的因解释来补足当时盛行的动力因解释。单纯的动力因解释只见机械的驱动,而莱布尼茨根据更古典的思想传统提醒人们,万物皆有其根据,即便我们自以为无法解释的事情也是有充足的根据作为支撑的——换言之,万物都是有目的的,也都是具有合理性的,尽管这个目的与合理性我们不一定都能一眼看透。黑格尔对这个做法是表示赞赏的。

智者派停留在单纯根据上,这一派的要害并不是以错误代替真理,直接主张别人认为错误的观点,而是知性的形式推理。他们也提出自己的一些根据,只不过这根据不具有自在自为地规定了的内容,这就使问题取决于主观好恶而非客观事实。相比之下,苏格拉底并非单纯以当时已被动摇的权威与智者针锋相对,而是指出单纯根据的无效,从而提高了正义与善的威望。

智者利用了"根据"层面尚未进展到"现象"层面的科学形态之前貌似"此亦一是非,彼亦一是非"的局面(即人人似乎都可以提出一套根据的局面)。这当然不是"根据"范畴的真义,但不可否认的是,常识自身对"根据"范畴把握不到位,便为智者提供了可趁之机。别人提出什么根据,他就要提出另外一个根据。但苏格拉底的高明之处在于,他并没有依凭本身并不稳固的权威,来片面主张自家的根据有道理(这并不能击倒智者派,因为后者似乎也有资格说他们的根据是有道理的),而是直击智者派的要害,即知性的形式推理的毛病。可见只有不拘泥于人与人之间的表面争执,依从形式的上升之路,才能真正树立正义与善的威望。

连最败坏的东西也有好的根据,但那也只是单纯的根据。在我们这个惯于形式推理的时代,不应该任由单纯根据炫惑人心。

正如前文展示的,单纯根据就是人为设定的根据,它不涉及根据的二元设定立体结构,更不关心根据的出路。如果我们顺着智者派的思路走下去,就可以给最败坏的东西找出好的根据来。倘若任由这种做法流传,成为时代风气,那就会使真理降格为权力之争,即"谁声音大谁有理"。

§ 122

本质的总体结构中单纯的根据回到经过中介的总体性，并恢复了直接性，但这直接性经过了中介的扬弃的中介，这就是实存。

起初我们找到或设定某个根据后，坚持这一根据是事物的根本。但这是远远不够的，因为这会导致智者派的那种争论，不再寻求更高秩序。尤其当我们在生活中惯于寻找舒适区时，更是如此。那么这种眩惑人心的争论的出路是什么？这首先要求我们不要把那个根据当作一个自身就能成立的东西，更不要当成多么神圣的东西。或者说不要遗忘了根据对于表面看得见、摸得着的这些直接东西的依赖性。

但是根据恢复了的这种直接性也并不像它表面看来的那么"直接"，而只是与根据相互对照之下显得直接罢了。所谓的直接性，离不开单纯的根据（中介）及其扬弃这个完整的过程，必须以这个过程为中介。由此所见的实存虽然貌似直接，但这直接性却绝不像存在论层面的定在那般，是五官径直接受的意义上的直接性，而是本质论二元设定意义上的直接性。

说到底，这里所有问题的关键在于黑格尔所谓的"中介的总体性"（Totalität der Vermittlung），即实存与本质相互映照的总体性。

[说明] 当根据没有能动的创造力时，就只是单纯的形式性东西。所以从任何规定性抽象地讲都是肯定性的和好的这个意义上说，一切事物都有好的根据。但好的根据既可以产生目前这样的效果，也可以不产生，故而所谓的好根据很容易沦为行为与现象的借口与托辞。

所谓没有能动创造力的单纯形式性的根据，其实就是前文中常说的"单纯的根据"，即被从总体性中割裂开来抽象看待的根据。就像智者们要弄的那些辩论技巧一样，再坏的东西、再糟糕的东西，也总能找出貌似很"好"的根据来。可是好的根据不一定会产生这个坏的东西。智者们不管这些，只在乎如何营造出一个暂时看似"有力"的论证来。这种寻找借口与托辞的做法，压根儿就没有关心根据本身，更不用说关心根据和实存构成的总体性了。

不难想象，所谓根据的能动创造力，首先指的是它能立得住（支撑起与实存相互映照的一个总体性），然后指它能起作用（在各种情况下都能为它所奠基的实存提供论证）。

b 实存

[**导引**]"实存"和"物"这两个范畴在《大逻辑》和《小逻辑》中的位置安排有重大差异。在《大逻辑》中它们属于现象论,不像在《小逻辑》中那样属于(狭义)本质论。如果说(狭义)本质论是在抽象意义上澄清"本质—非本质性东西"的二元设定结构,那么现象论则涉及世界上具体事物及其本质这两者内部各自具有的复杂论证结构。两个层面的区别简单来说就是"世界"概念的有无,即是否出现了具体事物及其本质两者内部的复杂网络。在章节安排上,我更倾向于《大逻辑》。因为实存和物更适合在具体的意义上来谈。但考虑到在"实存"与"物"这两个范畴上,《小逻辑》第一版与几年前出版的《大逻辑》(第一卷)章节安排相似,它的后两版成书比《大逻辑》更晚,均沿用目前的章节安排,所以不排除黑格尔在《小逻辑》中将这两个范畴放在(狭义)本质论层面有其尚不为人知的独特考虑。简言之,这个问题还需存疑。

实存是一个包含有本质、根据的立体结构在内的实实在在的东西。按照《小逻辑》的思想脉络来看,实存固然已经是他者内反映与自身内反映的一体了,但从"实存"到"物"再到后来的"现象"的演进,其实也可以看作他者内反映逐步弱化,自身内反映逐步强化的过程,或者说自身内反映从在他者那里完成转移到在自身内完成的过程。这样我们就看到,实存的根本在与之分离的根据中;物是实存与根据的统一;而现象则是对物自身内部的上述两种反映之间关系的系统展开,它的涵容能力相当大,似乎可以容纳现代各门科学的绝大部分成果。

§123

实存指一个由众多具有内部根据的事物构成的世界,这些事物既是根据,也是被奠基者。

这是从对本质的抽象分析进入现实世界了,或者说首次进入世界了,因为抽象分析本身并不是一个世界。此处的转变,并不意味着将世界上的所有现象划分成两个阵营,一个叫现象,另一个叫本质或根据(比如愤怒是攻击的根据),而是包含了现象与本质这两者形成的整个二元设定结构。这种划分有两个问题:一是任何现象都并不固定地是现象或根据,一个现象在某个意义上充当现象,与此同时在另一个意义上却可以充当根据。二是更要命的问题,即上述划分两个阵营的做法实际上是存在论层面的做法,它根本没有展示出"万物皆在自身内具有根据"这一本质论层面固有的存在方式。在本质论层面，万物都必须以二元设定的方式被看待。这里的实存同样如此。

[附释]从词源看，实存是从根据产生，又扬弃根据的中介作用之后所恢复的存在。此时从实存来看，根据仅仅是扬弃自身而转变为实存的过程，其功能仅仅在于确认"实存是有根据的"这一点，其自身不必实有其物。

我们起初寻找根据时，往往以为根据一定实有其物，根本想不到它其实是一种设定。然而从实存的角度来看，实存才是实在的，说某种实存有根据，表面上看好像是说实存源自于根据，但实际上无非就是为了让它立得起来，因为根据的提出其实是为了论证实存的坚固性。这样一来，根据本身表明自身是一种设定，只要它能成功地服务于实存，它不必实有其物。比如带电物体中的电力，虽然貌似这物体放电的根据，但只要它能合理地解释放电，我们就可以当它是存在的，而不必真正去寻找一个叫"电力"的物质。——但后文会表明，这种立足于实存的看法其实也是偏颇的。

但另一方面，从常识来看，能够充当这一功能的实存，也可以叫作根据。比比如雷电是火灾的根据，从而使世界内的事物互为根据和被奠基者。反思的知性在此看见的是一个没有坚实据点的相对的世界，理性需要穿透这种相对性。

在目前情况下，如果我们的眼光仅仅局限于实存，而将根据不当一回事，那么根据原本具有的深度就容易消失，根据会"废坠"为实物。根据与实存之间的二元设定立体关系会退化为实存与实存之间的平面化并列关系。

§124

实存着的物就是自身内有根据的实存者将与他者的多重联系反映回作为根据的其自身。

这里的"物"范畴可以视作现象论的预备形态，或者说"微缩型"的现象世界。实存着的物当然已经是上文中多次讲过的他者内反映与自身内反映的统一了，它自身内既具有根据，也是一种实存，而且通过种种特性（Eigenschaften），与具有同类特性的他物产生了相当复杂的"映射"关系。这种"映射"关系有该物的根据作为根基，又实实在在地反映在该物的实存中。只不过物还是立足于某一物在看待它与他物的关系，还没有正面立足于这种关系，去发掘这种关系的丰富内涵，那是作为一个世界的"现象"层面（现象世界）的事情了。

[**说明**]康德的自在之物是抽象的自身内反映,与他者内反映对立起来,被当作后者的空洞基础。

在黑格尔看来,康德拘泥于"物"范畴中原本互不可分的他者内反映与自身内反映这两者中的自身内反映这一维度,而将他者内反映划出去与其对立起来,这是一种抽象的做法。换言之,康德试图立足于物自身来看待现象,却没有看到物自身与他者之间更复杂的设定关系,不承认物自身也是被设定而成的,更没有看到自身内反映与他者内反映之间的辩证关系。

[**附释**]就自在之物没有具体规定性而言,的确可以说它不可认识,但既然可以说自在之物,也就可以说自在之质、自在之量及其他一切范畴的自在体。固执于物的抽象直接性而拒绝其发展过程与内在规定性是不对的。这种抽象坚持的自在体并非真理,并不像它自以为的那样找到了事物本身,自在必须进展到自为,如儿童成长、家长制国家的成长、种子长成植物等。由此看来,自在作为事物的一个阶段完全是可以认识的。应该走出自在之物与现象的僵持,落实为物与其特性的关系。

首先要声明,这里物和它的属性的关系不同于"现实性"层面的实体性与偶附性的关系。这里只涉及个别的物,而彼处则涉及世界本身的绝对必然性的展现方式,二者不可同日而语。

黑格尔倒谈不上"接受"康德的自在之物,但他将其看作本质论层面二元设定的一种形式。黑格尔这里说,每一种范畴都可以说有个自在体,但如果固执于这些自在体及其自身内反映,认为那就是可以永远依靠的事物本身,就是强行以《逻辑学》的某个侧面为最终真理,是阻止事物发展,更是阻断了宇宙秩序的显现。如果不拘泥于人的主观认识的眼光,而是在逻辑学"客观思维"的意义上来看,自在之物作为逻辑科学的一个层面的身份是相当清楚的,我们不能说它"不可认识",而是应当老老实实地将其沉淀为物与其特性的关系。

c　物

[**导引**]从"物"这个三级层面,会进展到"现象"二级层面。这里我们需要看看物内部的三种张力,由此方可理解它为何进展到现象。物的问题是从实存来的。实存当然是相对于根据而言的。可是正如黑格尔的词源分析表明的,实存一方面是有根据的,从根据而来,另一方面又不是根据,与根据是疏离的。而在

物中,出现了与此不同的局面。这里有三个步骤。

第一步就是简单的"具有",即物外在挂搭式地具有特性。我们只要上手接触或看一个东西,我们能够碰见的全是特性,别无其他。这些特性固然很"实在",但我们对于这些特性之间是什么关系,以及它们为何聚集到一起,都根本不了解。我们对于它们是否会"打架",以及它们中的某一个或某一些是否会突然消失,都毫无把握。为了破解这个难题,我们基于特性而为它们设定一个承载者(物本身),说后者"具有"它们。这个设定貌似"解决"了问题,其实又增加了问题,因为旧的问题还没弄明白,又来了一些新的问题:这个作为主体和承载者的物本身与各种特性之间是什么关系? 它凭什么具有更根本的地位?

下一步,明智的人一定会想办法消除这种不安。思维不甘于这种最肤浅、最表面的状态,一定要强调这些特性"有所本",会找到一些物质为它们"背书",说它们是热素、酸素等东西的外在表现。各种特性就像"特工"一样,都只通过一种它们所特有的物质,与整个物自身只发生单线联系。这种想法在当今科学家看来似乎很幼稚,但它却是西方科学史上实实在在经历过的一个阶段。但这一步迟早会暴露其"救急"性质。

第三步能达到的是对这些特性在物身上的共存本身(作为一种形式)的敬重。敬重这种共存,意味着既承认物与其特性之间的关系是个谜,又保持这个谜,承认且保持人的这种无知,不再制造"热素"这类多余的设定。

下一个二级层面就是现象。此时不再到物内部翻腾不已,寻找与特性对应的什么物质,而是将在物的身上加以敬重的那种关系格局,以及物与物之间构成的世界网络上的关系格局,以规律的形式表达出来。而规律又体现为知识与公式,它会反过来给我们带来"真理在握"似的确定性。

§125

物是根据与实存被设定在单一体之内。从他者内反映的角度来看,a)特性与物的关系起初只是具有(Haben)的关系。

虽然物是根据与实存的统一、他者内反映与自身内反映的统一,但起初思维还只懂得以他者内反映的模式来看待物与其种种特性的关系,即以"一个筐子装下许多蔬菜"的模式来看待它们的关系。此时物与特性之间太过外在,我们只能说物"具有"特性,还看不出它们之间有什么更深入的关系。

[说明]具有的关系代替存在的关系，不应该倒退到存在，比如某物的质就不应该单独被当作某物看待；而且这种具有关乎物本身的存在，无质则无物。具有是被扬弃的存在，它作为自身内反映体现出精神，但还不代表精神的全部。

黑格尔针对通常人们将具有混同于存在的习惯做法，指出这二者在逻辑科学的高度上截然不同。"具有"虽然是依附性的存在，但那也不是一物挂搭在另一物意义上的依附性存在，而是二元设定意义上实存对于根据的依附性。换言之，物除了特性之外，并无其他看得见、摸得着的物自身，物自身在五官感知的意义上完全只体现为特性，除此之外无他。并不是物分成了两部分物质，一部分叫特性，另一部分叫物自身，比如水果的颜色、气味、大小、重量乃至表皮等是它的特性，而果肉与果核是它自身。这就是黑格尔所谓的"具有关乎物本身的存在"的意思。

在这个意义上看，具有是被扬弃的存在。这种被扬弃的存在的自身内反映为什么体现出精神？"物"概念可以看作《逻辑学》中精神概念的第一次出现，这是一个"大事件"。在黑格尔看来，精神的主要特征是能够自主地在区别中坚持同一性，而且不落入任何一个事物的"此亦一是非、彼亦一是非"的境地，即不落入以任何一个事物为主体的境地，而能坚守精神自身。比如，自然界的事物严格来说都没有达到精神的能力，它不是自主的，它只是被动地依照其所属的物种的方式而存在和成长；而精神世界的事物则有此能力。然而这里要强调的是，精神在这里还只是冒了个头，最粗朴地体现出精神的上述特质而已。其实物四处都面临着被瓦解的危险，即便物能坚守自身，它也很难避免落入"此亦一是非，彼亦一是非"的片面处境。因此这里还远非精神正式展开的地方。我以为这里提到精神，是黑格尔"兴之所至"顺手提一笔而已，不可太过执著看待。

[附释]正因为知性在物中只见外在的反映，它才认为有必要设立一个自相同一的自在之物，但自在之物实际上是一种抽象的设定，它表示物本身在差异中自相关联。另外，特性与质也需要细分，质是物不可或缺的，特性则可以变换。

知性在物内部只见外在的反映，指的是知性知道特性变动不居或"不可靠"，无法用来挺立某物，自然地就会设立一个自相同一的自在之物。这里黑格尔实际上揭示了康德的自在之物思想的来源。但黑格尔马上批评了自在之物的设定，他说这是一个抽象的设定，是为了守住一物而在差异中自相关联。然而这里的自在之物与特性、自相关联与差异之间是外在的关系，毫无辩证意味。

黑格尔还澄清了"说明"部分没有说清楚的一对概念,就是属性和质。无质则无物,但并非无特性则无物。可见质比属性更根本,后者大致可以理解成前者的具体表现,无论枫叶是偏黄一点还是偏红一点,抑或是一种杂色,它都不可能没有颜色,颜色不可或缺,而它表现出来的那些具体形态则是可以变换的。

§126

b) 因为不了解特性与物的反映关系的实质,知性抽象地区分出各种以质为名的物质(比如热素、酸素)。

知性不了解特性与物的反映关系的实质,很笨拙地将质当成物质。像"热素""酸素"这类名称,是知性的一个很幼稚的操作,因为知性不知道反映是物在某个层面的一个暂时的呈现方式,反要将它永久化。物质的确具有酸的性质、热的性质,但我们不能因此就说那性质是一种物质,叫它酸素(Sauerstoff,字面意思是"酸质素")、热素(Wärmestoff,字面意思是"热质素")……

[说明]磁物质、电物质等并非物,只是物中直接实存的一面。

如果我们把热素、酸素当作很滑稽的东西,相比之下磁物质、电物质显得好像"高端"一些。但黑格尔揭示出,其实后者跟前者本质上是一路货色。它们仅仅是为了解释我们所碰见的磁现象、电现象而作的一种虚设。其实这种解释中唯一值得说道的"硬核"东西不过是,人们接触到了磁现象、电现象,而这些现象就是物的实存的方面。

[附释]把物分解为各种独立的质素(热素、色素、味素等),在无机界有一定适用性,比如将食盐分解为盐酸与钠,将石膏分解为硫酸和钙。而且这些质素本身也可能是物,还可以进一步分解,比如硫酸分解为硫磺和氧。但像热素、电物质、磁物质这些东西就只是知性的虚构物。知性的这种片面的固执做法并不完全适用于有机界,比如动物不能视作骨骼、筋肉、神经等的组合。

当时的化学在分解物质方面的确取得了长足的进步。化学元素的发现与甄别在那时还远未完成。比如就知识而言,人类跟盐打交道的时间远比跟盐酸和钠打交道的时间要长,因为尽管先前人类吃的每一口盐都已经含有盐酸和钠了,但盐酸和钠作为化学概念还没有进入历史。但化学家也不能因为这方便的功绩,便将这种方法扩大化地运用到我们需要解释的一切现象上去,在气味、热、电等现象背后一一设定味素、热素、电物质……

如果说这种设定质素的做法在无机物身上还有某种程度的适用性,那么一旦用到有机物头上,矛盾就凸显出来了。黑格尔举的动物身体的例子不难理解。动物不能视作那堆东西的叠加,因为那样就根本无法解释动物的有机性、自主性乃至自由了。

§ 127

物质是以无规定的他者内反映的面貌出现的有规定的自身内反映。

换言之,它是以无规定为规定,以他者内反映的方式进行自身内反映,它自身中就必定含有对形式的指涉。古代人说到"质料"(ὕλη)的时候,不会把它当成是一个坐实了的基础,一个让人安稳的东西,反而因其不确定、无规定而会感到不安。现代人说起"物质"(Materie)的时候却感到,那是纷繁复杂的表面特性背后的一个虽然无规定,却令人安稳放心的敦实基础。换言之,"物质"概念虽然源自古代"质料"概念,在现代却共同参与了人类确定性的建构。

为什么黑格尔说物质呈现为无规定的他者内反映?物质的实在性其实是靠表面那些特性反映出来的,只不过我们硬要把"实在性"(或"实在性的根据")这个帽子扣到物质头上而已。

物质通过这种他者内反映,看似既撇除了表面特性的多样性,以无规定的面貌示人,同时又将那些特性的实在性据为己有。但在黑格尔看来,如此这般"无规定"的物质恰恰含有太强的规定。这就是说,物质只能在这般复杂设定的情况下才能存在,它在自身中必须含有一个复杂的反映结构(亦即以对表面特性的"欲拒还迎"为其固有规定),否则世界上根本没有"物质"这回事。

此时的物只是物质的表面关联和外在结合。

无形式的物质,在物内部窃取了"家庭成员"的身份,并将种种表面特性(形式)放逐出去,后者顶多只是这些成员身上的点缀。此时的物无非就是这些物质的外在结合。这样的局面,不可能长久维持。

接下来的第128节,开始正面谈论物质与形式的关系。那里的"物质与形式"当然是古代"质料与形式"这个对子的思想后裔。那一节当然不是对本节局面的原样重复,而是开始老老实实承认,这些形式在物里边的结合是一个谜,需要加以尊重。

§ 128

c）物质是物的同一性的反映规定，被当作无差别的、无规定的基底；形式是物的区别（物的规定性及其相互关系）的反映规定，构成一个总体性。

有了对第127节的讲解作为预备，再来理解黑格尔说的"物质是同一性的反映规定，形式是区别的反映规定"，就不难了。反映规定就是指构成反映的二元设定的"二元"。在这二元中，物质代表同一性、本质、根据，形式代表区别、非本质性东西、被奠基者。物质和形式都要比照着对方去说，否则没有意义。

这些都不难理解，值得注意的倒是目前出现的一个新因素，那就是形式本身构成一个总体性。这就是说，物的各种实存着的区别因素都被当作一种值得敬重的形式，而其值得敬重之处就在于，它们之间结成的规则性局面（规律）是使得我们能把握事物"何以如此这般"的一个要害。抓住了这个要害，就如同掌握了事物的秘密。此时我们不必到这些区别因素背后设定什么质素了，只需承认它们规则性出现时的比例关系即可。这个规律、比例关系便是一个总体性。熟悉规律思维的读者不难明白，这里实际上是在为"现象"二级层面的规律问题作准备。

[说明]无规定的物质可以视同自在之物，只不过前者承认其与形式相互反映，后者不承认。

康德式的自在之物"卡壳"在这里，再也无法推进了。自在之物明明是设定出来的，但它不承认这一点。它一定要抽象地自居为现象背后很坚固的真相①，当然不会再去反思自身的被设定性了。

[附释]物质被故意设定为"同质"的，或者说被故意设定为同样"无质"的，但如果过分执著于这种设定，就会以为所有的事物都有同一种物质，但物质并非绝对无形式，只是相对无形式，认为它绝对无形式的观点是抽象的知性观点。古代的形式和质料学说导致上帝只能是赋予形式者，而不是创世者。

当我们如前所述那般希望将物质与表面特性区隔开来时，我们会说物质是"无质"的（无形式的）；然而当我们要强调物质的纯一不杂，即纯粹只以此种"无形式"为标志时，我们又必须将"无形式"本身做成一种形式，即必须将物质说成是"同质"的。由此可见，无论我们如何想象物质脱离形式，我们都做不到使它

---

① 当然，康德可能不会接受这个说法，因为所谓"坚固的真相"已经是一种知性概念的描述了，而这种描述只适合于现象，不适合于自在之物。黑格尔这里是在谈论康德做法的实质，不一定与康德自己的说法相一致。

完全脱离形式,我们对物质的这种执拗的想象原本就是自相矛盾的。

如果任由这种想象铺展开来,以此想象所有事物,就会走到"万物同质"的境地。历史上的许多原子论与炼金术就是基于这种想法之上的。

关于上帝是赋予形式者还是创始者的讨论涉及所谓的"雅典与耶路撒冷之争",它糅合了古代和中世纪两方面的思想资源。它是站在近代人的角度往前看,叙说古代和中世纪留给近代的思想遗产。因为古希腊的形式和质料学说流传到后世,人们只要在这个传统下言说上帝,就会遭遇黑格尔说的这个窘境,就是只能在柏拉图《蒂迈欧》的意义上谈论神对质料的赋形,而不能在犹太传统的意义上谈论上帝单凭自身意志便从无到有地创造出一个世界来。黑格尔并未止步于此。对于这个问题,黑格尔明白承认上帝是创世者这一观点是"更深刻的"。而且明言其深刻之处在于看到了质料与形式不相离:质料不能脱离形式而言;形式作为总体性,在自身中也包含了质料本原。

§ 129

认识到物质与形式相互反映后,会发现二者都是具有物性的总体性,二者自在地是同一的,自为地并非同一的,而是有区别的。

学习过第 128 节后,我们认识到那种把物质和形式割裂开来的做法十分可笑,会承认物质和形式是思维所作的二元设定。进而我们会发现它们都是物不可或缺的一个方面。或者反过来说,它们都是具有物性的。比如我们不可能脱离石头的物质去空谈什么"石头形式"。

既然没有脱离物质的形式,也没有脱离形式的物质,我们就再也不能谈论撇开物质而言的形式总体性了(如第 128 节正文那般)。物质与形式都是总体性(即都有一套内部结构),而且从两方面而言的"两个总体性"必须相互映照,才有意义。也就是说,物质与形式从外延而言都涵括了整个事物,本就不存在什么"两个总体性",只存在一个在自身内的两方面要素相互反映的总体性。物质就更加不能够脱离各个具体东西了。

形式与质料二者自在地是同一的,自为地并非同一的。这就是说,表面上看,或者从二者各自的表现来看,它们像是截然有别的;但实际上它们只是同一个二元设定中的"二元",不能割裂开来看待。当然,在明白这一点的基础上,为了言说和思考的方便,我们是可以暂时分开言说它们的。

§ 130

作为总体性的物的矛盾之处在于,它既是规定物质并将物质降格为特性的形式(否定性统一),又由物质而持存,而这物质在物的自身内反映中既独立又被否定。物作为扬弃着自身的本质性实存,就是现象。

物质如果放弃"独立持存的基底"这一虚假形象,放弃拿质素、自在之物等虚设的东西为自身背书,安心回到各种特性的共存这一看似肤浅、实则值得尊重的"形式"(否定性统一)的统辖之下,反而会赋予物某种坚实的持存。当思维在物中承认并敬重上述共存,既不拘泥(虚设"基底"),又不自弃(由物质获得实在性),使实存内含有本质,这才达到"现象"范畴的真义。

[说明] 对物中的物质的独立性的想象表现为多孔性,即各种性质的细孔相互交叉——这都是知性的虚构,而非经验的事实。将物质与形式分离或者认为物质持存而且仅仅"具有"特性的做法,也是知性反思的产物。

黑格尔讲述了与他同时代的科学界的一种尝试,即为了坚守物质的独立性,不惜把物质具有的那些形式(质)跟物质的某一部分绑定起来。这有些类似于前面讲过的质素,它们都是为了确保物质的独立性而牺牲了质,把质分割开来派送给各种质素。但多孔性既是质素的"进化版",也是它的"退化版"。这种做法试图用各种质素、金属、结晶体的不同形制、密度的孔隙来解释物的各种特性(比如酸性、碱性等),将所有物质都视为各种孔隙相互穿插、相互结合的结果。

此时将物质和形式分离,认为物质是持存的,仅仅"具有"特性,这种看法也是"物"的概念的一种退化。本来特性都被集合在形式下,可是上述这种看法为了壮大物质的力量而一定要把特性都拽过来挂搭在物质上,架空了形式。这显然是知性任由思维发挥主观想象,胡乱编排的结果。

B 现象

[导引] 在进入"现象"二级层面之前,我们不妨思考"现象"与"本质作为实存的根据"这两个层面的关系。

如果说在(狭义)本质论中,思维只是在抽象谈论本质的二元设定结构,因而可以任由想象在一个抽象的"物"的内、外或表、里探索,甚至可以构想出质素、自在之物这样一些奇怪的形象;那么在现象论中,思维就必须正视现实世界中各种事物之间的复杂关系,即必须尊重一个一个事态的规律了。就思维的生动形象与活跃性而言,我们固然可以认为前者更具体,但就思维的现实性而言,后者才是更具体的。在现象论中,物质不再是可靠的根基或想象驰骋之地,它被弱化成了持存性,是一个相当外在、相当次要的因素。①那时问题的关键不再是抽象的"物"内部的争执,而是使上述持存性得以可能的比例关系与规律。

§ 131

现象(Erscheinung)是发达的映现(Erscheinen):本质在自身内扬弃自身而表现为一种直接性;直接性(现象)是自身内反映着的物质的持存性,也是他者内反映着的形式的持存。本质不在彼岸,本质实存着,而实存就是现象。

正如"本质"二级层面的所有范畴都是二元设定,现象也是"本质—非本质性东西"的二元设定,而不是不含本质的单纯现象。基本上我们对于整个本质论的所有核心范畴都应以二元设定整体而非单纯某一元的方式来理解。

第131节是引领整个"现象"二级层面的一个关键节。现在我们几乎就要进入规律思维了:虽然对规律思维严格的、主题性的揭示要等到"对比关系"(《大逻辑》中为"本质性对比关系")三级层面,但现在已经可以视作进入广义上的规律思维了。之所以这样说,是因为这里出现了规律思维的一个关键要素:抽象的单个事物内部如何设定根据的问题已经不重要,重要的是以各种事物构成的整体局面的规则性出现来拱立现象,为其提供解释根据。这便是"发达映现"的"发达"之处。

本质实际上不在彼岸,实际上即便广义的规律思维在现象的背后设定本质,它也没有在彼岸设定一个天国的意思,它只是需要一种二元设定式的解释罢了。换言之,整个事情都发生在现实世界中,这一点就整部《逻辑学》的"三论"而言都是成立的。

[附释]现象(Erscheinung)与映象(Schein)的主要区别是前者内部含有本质,后者不含有,只是虚假的直接性。

---

① 读者不妨回想近代科学发展到"数学—自然科学"层次后对于"隐秘的质"的普遍拒斥。

这是回过头来将作为发达映现的现象与"本质作为实存的根据"二级层面上的映象进行对比，目的在于突出现象的辩证性质。现象内部就含有本质，而且呈现为一个科学的现象世界，这自不待言。后者作为最粗朴、最抽象的"本质—非本质性东西"二元设定的一个方面（非本质性东西），还没有呈现出与本质的辩证关系，只是与本质抽象对立着，当然不能说含有本质。简单说，当我们认为某事物背后的本质才是它的根本时，它眼下的这些特性便被我们当作毫无价值的假象了。

现象作为表现出来的东西比单纯存在更高级，是后者的真理。因为它具有了根据与深度，而且将自身内反映与他者内反映统一到了自身内，只不过现象还是自身内分裂的，不如现实性那样具有牢固的立足点。

这里是拿"现象"范畴与先前存在论层面的单纯存在（das bloße Sein，即无本质的存在，不同于 das reine Sein，即《逻辑学》第一个范畴"纯粹存在"）以及后面本质论层面的现实性相比较。这里的单纯存在，具体所指还有待考证。大致可以对应于存在论层面的第一个二级层面"质"（规定性），该二级层面是跟量和度相对而言的。当然其实还可以把范围扩大到整个存在论，或者缩小到与"定在""自为存在"相对而言的那个叫作"存在"的三级层面。但无论如何，黑格尔拿它与现象对比时的用意是明确的：单纯存在无深度，只是单纯地以更抽象或更具体的方式"有"这个、"有"那个，而并不追究"何以"有这般的存在。而现象有了深度，体现出思维寻求本原、寻求根据的更高意识，这是一大飞跃，所以甚至可以说它是单纯存在的真理。思维在此时发现，如果我们的眼光仅仅放在存在上，那我们跟事物永远是隔着的，因为我们永远都只是在事物的表面滑来滑去，跟事物没有深切的关联。这就像一个人突然得到一笔财富，他心里总归是不踏实的：他既不知道为什么会得到这笔财富，也不知道会不会有人来合法地夺走这笔财富，因此下一刻即便这笔财富被夺走了，他也没什么可说的；只有通过劳动、法等方式与财富确立更深的"根据—被奠基者"二元关联，他才会感到心安。

然而现象与现实性相比又还不够真实，因为它虽然有了深度，而且统一了他者内反映与自身内反映（详见前面几节的解析），但是它在自身内部还是分裂的，也就是说现象与本质以及稍后要谈的规律还没有达到和解，这就不如"现实性"二级层面那样具有牢固的立足点，即确信真理就在现实事物中。只有在"现实性"层面才能达到一种斯宾诺莎式的宁静，得到那样沉稳的信心。这意味着把我们当下这个世界当成一个现实的世界,不再当成是一个虚假的世界。

康德区分现象与映象是有贡献的。但他仅仅将现象理解为主观的则不妥。因为认识了现象就认识了本质。

康德说到现象的时候,为了强调我们在现象世界中的生活是实实在在的,就把它与更主观化的映象(假象)区别开来。当然,康德所区分的映象和现象不能够直接套到黑格尔自己的映象和现象上来,康德不讲二元设定。但康德的严谨之处在于,他指出这个世界的确很实在,但无论有多么实在,都要加一个限定语,就是它是"向人显现的"世界。换言之,这个世界带有人的主观性(当然这个"主观"不是个人随意的主观念头的意思,而是人类或人类理性意义上的主观)。

但康德将现象世界理解为主观的,这在黑格尔看来依然不妥。实际上它是跟中世纪唯名论以来对于人生活的世界不信任的态度相应的。康德没有认识到现象与本质的二元设定是他者内反映与自身内反映的统一,其实根本不存在什么脱离现象的本质、自在之物。如果真正认识了现象,也就认识了本质。

现象既不是朴素的意识所以为的纯客观,也不是主观唯心主义所以为的纯主观。

这个思想既是在澄清对于现象的两种误解,更是在为规律问题的讨论开辟战场。把"纯客观"与"纯主观"这两种误解撤除后,第132节就可以直面规律思维了。现象不是朴素意义上的纯客观,是因为它具有二元设定性,毕竟只是"现象"而不是"本质",我们不能因为在现象世界中直接接触到什么,就把它当作最终真理;它不是主观唯心主义意义上的纯主观,是因为现象有其不可忽视的实在性。

a 现象世界

[导引]进入"现象"二级层面之后,以往并不显眼的一个重要问题现在非常急迫地出现了:世界是被构造的。我们在"前言"中说过,这一点原本就是现代生活的基本事实。可是这一点为什么到本质论的第二个二级层面它才凸显出来?因为到了这里,客观思维才正式接触到现象世界中事物与事物之间有深度的形式网络(详见第132节)。如果说在量论与度论中,比例关系的网络还是平面化的外在关系网络,那时还谈不上什么"构造"问题,那么如今才真正出现事物内部的立体关系网络,而这种内部立体关系网络才是"构造"的题中应有之义。

当然,对照存在论与本质论先前的部分来看,其实在我们读者看来或就自在的事情本身而言,世界一直是被构造的。但将世界被构造作为客观思维的主题来考察,现在却是头一遭。

§132

在实存中破除物质的坚固性,表明其设定性之后,事物的持存必须被其形式(非持存)中介,成为形式的一种规定。而形式的根据在另一种规定性中,从而实存依赖于事物相互之间的形式网络,即现象世界。这就为规律思维提供了条件。

如果思维没有通过第132节这一关,就达不到规律思维。比如我们通常拿起一块石头,感觉它无比坚固,持续存在。我们会认为对它的一切言说与思考都要以这种不可否认的坚固性与持存为前提,甚至相比这种坚固性与持存而言都显得很"虚"。这种想法实际上固执于物体对于人类感官的阻碍,而止步不前了。这样就过不了本节这一关。石头的确坚硬无比。但一切坚固性其实都是相对而言的:既是相对于比当下这个坚固的东西更坚固的东西而言的(如普通鹅卵石没有金刚石坚硬),也是相对于能感知其坚固性的东西而言的(如果不在"人类触觉—坚固性"的关系格局下,比如对于许多宇宙粒子而言,地球上最坚固的东西都如同疏松的网),更是相对于设定其为直接实在性并与之形成对照的那个本质而言的(如果没有估算整个宇宙中物体密度的公式体系,这里所谓的坚固性毫无意义)。

可见并不存在什么绝对意义上的、天然的坚固性。事物的持存必须被它的形式中介。从表面看来,它就直接在那儿存在,但这只是在它的形式对照之下才显得如此。因此持存也服从形式的规定,只不过它以直接的、"非形式"的面貌出现罢了。相比之下,本质因其看不见、摸不着而显得并不持存。

然而形式也并不独存,并非一个事物就有一个固定不变的单独形式。形式的根据在另一种规定性中。每一单个物本身并不足以具备本质。单个事物的规律至少在其类中(比如一只鸟什么时候口渴,每次饮水多少,这都取决于它这个物种的规律),而每一个类与其他类构成更大的形式网络。这样的形式网络就是现象世界。我们现在讲到现象世界,实质上讲的是形式网络的世界,或者叫规律的世界。

下一节中我们还会看到,这个形式网络会分化为内在形式与外在形式两部分。两者当中虽然一个显得像内核,另一个显得像外在表现,实际上都是被设定的,都是知识。而我们的直接感知与事物通过感知向我们呈现的直接印象则都是第二位的,都需要被前述两者构成的知识整体(二元设定整体)中介过,才能被认可为"科学"的、"真实"的。

b　内容和形式

§133

事物或事物形式之间的横向关联成了目前关注的内容,因此形式就是内容。依此,现象分为规律的一面和规律表现的一面,前者是本质性的持存,后者是依附性的变化东西、否定性东西。这两方面都是形式,只不过前一方面是内在形式,后一方面是外在形式。

首先有两点需要说明一下。一是事物与事物形式在这里基本是同义的。走到这里,我们早该打破仅以实存为事物,仅以本质为形式这种抽象的二分了。我们既要认识到一切实存都是被设定而成的"直接东西"(它们因为被设定,所以实际上是非直接东西),也要认识到一切形式都只能对照实存而言,只能是某种实存的规定,因而一定是包含了实存的。二是本节与上一节在究竟什么是持存的这个问题上的看法是不同的。在前一节,持存都还指物和实存的持存。到了这一节,真正持存的角色就是规律了。比如说,这一节认识到真正持存的不是坚硬的石头,而是使得这种坚硬性有意义且可以精确化的那套规律。

说事物或事物形式之间的横向关联就是目前关注的内容,是要告诉我们,现象是形式,规律也是形式,只不过这两种形式中的一种表现为表面的直接东西,另一种表现为深层次的实质东西。比如我们研究磁体,我们手头可见的现象其实只有不同磁体之间在某些情形下的相斥与在另一些情形下的相吸。相斥与相吸表面看来当然是现象,因为我们的科学研究好像就是要寻找它们背后的规律。但严格说来,它们既非规律,亦非科学意义上的现象。科学意义上的现象其实是我们在每个磁体的两端设定的两极(南极、北极),它们已经是形式了。而科学要通过规律解释的就是南北极的相互关系。那规律就是"同极相斥、异极相吸",我们还把那规律叫作磁力的作用方式,或者干脆简称为磁力。这样的磁力当然也是形式。——后面我们会明白，其实所谓的规律只不过就是把它要解释的现象用科学语言重述了一遍，以便确认经常规则性发生的现象"是规律"而已。①

标题中的"形式"当然是依照我们通常关于内容与形式之间关系的那种规定（内容是内核，形式是外观）来讲的，与前文中我们常说的"形式与秩序"不是一回事。依着通常的观念来看，我们上文中说的现象就是形式，规律则是内容。但黑格尔之所以要将现象与规律嵌入"内容与形式"之中来说，就是为了破除通常观念中内容与形式截然二分的那种局面。他强调的是，这里无论表面（现象、形式）还是内里（规律、内容），都是被设定而成的形式。——结合规律就是现象的重述这一点来看，内容也会表明自身无非是对形式的科学化重述。这一点可详见本节"附释"的论述。

[说明]内容是反映在自身中的内在东西，形式是不反映在自身中的外在东西，表现为看似对内容漠不相关的外部实存。此时已经潜在地包含了绝对的对比关系，后者是目前看似漠不相关的双方主动互为对方而存在，那种状态需要以绝对者的内在存在（"现实性"）为前提。

内容和形式不是绝对固定的，二者是相互对照而言的。内容是反映在自身中的内在东西，因为它是整个事情的重心之所在，但却是我们看不见、摸不着的，因而必须反映到外部形式上，才有意义；而形式是不反映在自身中的外在东西，它专门表现在外，而且显得对内容漠不相关，但它的根基却扎在内容上。

说此时已经潜在地包含了绝对的对比关系，显然是针对"现实性"二级层面上第三个三级层面而言的（这里依照《大逻辑》标题；更具体地甚至可以说是针对"实体性对比关系"四级层面而言的）。黑格尔当然不是说，这里已经可以看出绝对者在世界上的内在存在了。正如他在《逻辑学》中谈论"精神""自由"这些概念的"首次出现"时往往只是说这些概念的踪迹隐约呈现了，这里也只是说，我们从形式与内容之间密切的二元设定格局，隐约可以看出现实世界的重心在其内部。

[附释]知性误认为内容很"本质"而形式不"本质"，实际上两者都很"本质"，主要原因在于形式并非外在挂搭在无形式的内容上的，而是构成内容本身

---

① 参见庄振华：《黑格尔论规律》。

的要件。无论艺术作品还是科学,都以适当的形式为内容,内容就表现在形式的适当排列与进展中,比如《伊利亚特》中特洛伊战争与阿喀琉斯的愤怒就表现为具体情节;哲学不同于其他科学的地方在于它不是以抽象空洞的形式(如模型、方法等)承接一个外来的内容,而是以形式自身的活动机理为内容,如《逻辑学》。

知性的做法就是把内容和形式分开,通过"直击本质"并以本质来为表面形式"背书",而获得确定性。知性顾不上思考内容与形式的辩证关系,反而会误认为关于那种关系的论说会破坏它好不容易获得的确定性。其实形式也很"本质",因为内容无非就是对形式的重新整理(如规律的情形所示)。

黑格尔举的例子,一个是《伊利亚特》,一个是哲学。我们都知道,《伊利亚特》以及其中的英雄形象、英雄事迹对于希腊文化而言乃是典范,即其中的战争故事,以及英雄的那些无论我们现今认为"对"的还是"错"的行为,在这部史诗中一旦被树立起来,便似乎如纪念碑一般具有了某种天然的权威性。而在这部并无其他更早经典与之形成对照,也并无现成律法对人物行为构成约束的史诗中,这种权威性正是通过"内容即形式、形式即内容"这种本原性的方式体现出来的。一个文学作品是不能够没有情节的,我们不要把情节当成是外在的"形式",然后把作品要表达的思想和作者的意图当成与之分离的"内容"。阿喀琉斯的愤怒既是形式,也是内容。他的愤怒本身就给希腊人树立了一个典范性形象。这个典范并不是作者在愤怒背后要表达的什么主旨思想,愤怒本身就是典范。这正如对于中华文明而言,孔子、颜回的那些活动与话语并非外在形式,它们本身就是一种"亦形式亦内容"的典范。

接着黑格尔称赞了哲学,认为哲学在内容和形式不分割这一点上是各门科学中要求最严格的。哲学概念,尤其是逻辑科学的范畴,是形式与内容合一的。正如我们经常提及的,《逻辑学》的核心范畴根本不是表达其背后思想的什么修辞手法、写作方式,而是本身就是思想,它们所处的位置、它们的相互关系、它们的展开方式,往往都与其所处的那整个层面的思想与生活方式密切相关。

§134

以事物的实存为载体的内容作为通行于各种事物中的同一个东西,既包含各种实存的外在性、对立性,又包含它们的同一性,而且前者与后者相对而言才有意义。

这话抽象来看很是费解,但通过举例不难理解。我们看看电池的情形。电作为内容就以各种电池的实存为载体,通行于各种各样的电池中。我们却不能说这个电池的电与那个电池的电有什么本质区别,它们是同一种东西,因为它们只不过是电力或电的规律,而电力或电的规律又只不过是将电现象化作思想复述了一遍。针对古今中外的任何带电体和电现象,这思想的表述都是一样的,都是我们在教材上学的那些电力公式。

电如何既包含了实存的外在性、对立性,又包含它们的同一性,而且不存在没有同一性的对立性,也不存在没有对立性的同一性? 按照通常的想象,电是躲在电池、正负极背后的一种神秘的东西,它在开关接通后被召唤出来,会产生种种好的或坏的作用。但这不过是对于同一性的一种抽象想象,实际上并没有脱离电池正负极的任何单独的东西叫作"电",电仅仅是表面上相互对立的这些东西(电池的两端、正负极)的协同作用,别无其他。反过来说,这些表面上相互对立的东西除了产生电现象,也没有其他意义,至少在电学上是如此。

c 对比关系

[导引]我们接下来要进入《逻辑学》现象论的最核心之处了。这一节对应《大逻辑》中的"本质性对比关系"。这里我们简单说两个问题:一是黑格学说发展史方面的一个争执,二是他的本质性对比关系学说。

黑格尔前后期的学说之间有一个比较明显的转折。这个转折倒不是思想内容上来了一百八十度的转向,而主要是运思与行文风格上的"青年活力版"与"成熟体系版"之间的转折。19 世纪下半叶起,狄尔泰、马尔库塞、卢卡奇以及参与编辑历史批判版《黑格尔全集》的若干学者在发掘黑格尔早期文献方面功劳很大,他们以及借重于他们研究成果的许多学者纷纷开始为黑格尔青年时代的思想"正名",塑造出一个饱含各种思想可能性(尤其是对 20 世纪一些思想的"预示")的美好形象。相比于此,黑格尔体系时期的著作便被有意无意地刻画为老迈、僵化而没有生气的迂腐东西。学者们长时段、群体性合力造就"青年—老年"二分的黑格尔形象的这种做法,在发掘先前不曾发掘的早期材料方面的确居功至伟,但它的片面性也是不容否认的。

黑格尔经过《精神现象学》的探路与铺垫,在《逻辑学》中将现代性的内核敲开,发现现代性最大的执念是设定一个本质、真理,以便反过来保障我们在现象层面现成已有的生活方式，却没有意识到它设定的本质和真理只不过是理性操作的结果，不承认它们的设定性①，从而堵塞了自身更高的出路。在概念论中，黑格尔更是回到西方文明的宇宙秩序这一主脉上来，为现代性指引出路。这一黑格尔哲学最大的功劳，没有体系时期的著作是不可想象的。

　　在本质性对比关系问题上，他由浅入深地展示出整体与部分、力与力的外化、内核与外观三种对比关系。仔细阅读大、小两部《逻辑学》会发现，我们现代人大部分时候其实就生活在这样的对比关系中。我们接下来的任务是了解对比关系的设定性。至于说它的封闭性，后面黑格尔会逐渐呈现出来（尤其是在"现实性"二级层面上）。

§135

　　a）直接的对比关系是内容与形式分别表现为整体与部分，整体是各自独立且不相同的部分彼此间的同一性关联，因而同一、结合与差异、独立貌似相互对立。

　　"整体与部分"是最粗朴、最抽象的对比关系。当下触目所及者皆为部分，与此同时思维在这些部分背后设定一个为它们"背书""兜底"的整体，以这些部分都"属于"整体的名义，将双方勾连起来。至于前者究竟如何"属于"后者，则不甚明了。其实不甚明了实属必然，甚至是故意的，以至于所谓"属于"说白了其实只是为了给这些部分一个"交待"而编造的托辞。

　　之所以说这种对比关系最抽象，是因为它只求最直接地表明眼下的表面东西"有本质"，只求将各个"部分"归拢为一，而对整体与部分之间更深刻的辩证关系不感兴趣。因而作为整体的同一、结合与作为部分的差异、独立，看起来像是相互对立的。但这只是我们得到的表面印象，因为我们只要细究整体与部分的对比关系究竟是如何"对比"起来的，就不得不承认它们的相互依赖性。

　　[附释]对比关系是自相关联和与他者的关联的统一。

　　自相关联和与他者的关联，意思分别类同于自身内反映与他者内反映。具体而言，自相关联说的是无论整体、力、内核，都是思维设定的事物内部的本质，它们就是事物的落脚点与归宿。与他者的关联则是这个自相关联的表现或实现

---

　　① 设定性不等于虚假性，它虽然总是面临固步自封的危险，但对于现代理性而言也是绝对必需的。

方式:本质只能在极为分散、僵硬、歧异的现象这一貌似他者的东西中体现出来,因而像是与他者的关联。这里的"他者"同样是事物内部被设定的一个方面,即现象的方面,因为现象只能以死硬、笨拙、分散、差异的形象示人,这意味着本质也只能这样呈现出来。——思维没有想到,它设定本质的初衷是为了消除这种粗笨之处,却反过来受制于它。

其实这里只要说到"关联"和"反映",都是在说现象和本质这两者的反映,再没有第三者了。只不过从本质那方面去说,显得像是事物的自相关联、自身内反映,从现象这方面来说,显得像是与他者的关联、他者内反映罢了。

整体与部分的关系如果名不副实,事物即便实存也不真实,比如坏的国家或有病的躯体。

与常识大异其趣的是,黑格尔居然说实存的东西不一定是真实的,也就是说,实存着的事物未必合乎其真理。①比如一个人长期抽鸦片,卧在榻上人不人、鬼不鬼的,他虽然实存着,但已经不是一个真实的人。整体与部分的关系若是名不副实,即部分不像部分,整体就更谈不上了,整个事物收束不起来,简直要消散了,那就不真实。由此可见,整体是一个颇有古风的概念,具有古典意义上的形式与"是其所是"的含义。

以"整体为部分的总和"这种知性的眼光看待有机体与精神(如灵魂),是抓不住根本的。

把我们眼下看得见、摸得着的各部分直接像捆草一样扎起来,这还称不上真正的整体。整体与部分原本就有深度与层次之别,二者是二元设定的关系,而不是同一个平面上的"全部"与"各部分"的关系(即简单的加和关系),后者是存在论层面的事情。黑格尔举的有机体与精神的例子,很形象地展示了这一点。

§136

b) 更具有二元设定性的是力与力的外化的关系:同一个东西(力)一方面以自身内反映的方式,将自身离析为区别,以该区别为从它自身而来的区别(力的外化)。另一方面在此基础上以他者内反映的方式,将这区别设定为独立实存的,使其显得相互漠不相关。

---

① 这个道理与《法哲学原理》"序言"中谈到的现实的东西与合乎理性的东西之间的关系是相通的。

本节开始讲力及其外化的对比关系。一方面黑格尔说力始终是事物的核心与根本，这个核心的任何活动都是以自身为主的，事物的一切都必须折射回它之中，在它之中才获得意义。它以这种"以我为主"（自身内反映）的方式，从自身离析出种种区别（比如电力离析为正负电），后者便是力的"外化"——实际上我们见不到这个由内向外"抛洒"的过程，"外化"只是一个方便说法。

另一方面，力又必须设定供其体现并反映的他者，这他者呈现为众多相互差异的实存要素。虽说这种他者中反映最终依然以前述自身内反映为归宿与根基，但依然要显得是在一个实实在在的他者那里的反映，因而一定要呈现出那些实存要素的直接性、坚固性，而且反过来说，力还要显得与它们漠不相关。——我们后面会发现，这种漠不相关其实并不像力的概念原本以为的那样完全是设定出来的权宜之计，它其实是规律思维的普遍真相：不仅力与力的外化之间，而且力的外化所呈现的各种实存要素之间，都是漠不相关的，而且思维通过制定规律，根本改变不了这种漠不相关，只能确认它。

[说明]"整体与部分"对比关系是无思想的直接关系。整体与部分中的某一方被当作持存者的时候，另一方就被当作非本质性的东西，如此这般来回往复，机械关系就是这样的。

这里描述的显然是知性思维所见的"整体与部分"关系。然而不可否认的是，即便是思辨意义上的"整体与部分"关系，也是相当薄弱的，容易"滑落"到知性思维的这种"来回倒腾"局面之中。反过来说，知性思维即便意识到整体与部分之间存在着层次的区别，也会任由主观想象在两者之间往复跳跃，这实质上等于取消了它们的层次区别，将它们降格为存在论层面的外在并列关系，类似于前文说到的"整体为部分的加和"那种想法。知性思维抓住整体，就会相应地判定部分不重要，反之亦然。但事情本身的内在力量使得它不可能长期安稳地抓住其中一方，最终必然使它看到另一方的重要性。在这种情况下，它既然不具备思辨思维的能力，就只能抽象地跳跃到另一方去……如此这般循环往复。对此黑格尔举了机械关系的例子，不难理解。知性思维很难从这种被平面化的整体与部分关系，进展到力与力的外化的关系。

物质可分性的无限进展就是不断地一会儿将最小的单元当作无部分的整体，一会儿又将它当作部分的总和。实际上这种无限性就是力，即一种貌似神秘的、自相同一的整体。它作为自身内存在反过来表现为他者内存在（力的外化）。

　　黑格尔在此将力的概念回扣到物质可分性无限进展时的整体概念上,看起来有些费解。其实力的第一个含义是背后的能力(即能外化出来的能力),第二个含义就是力和力的外化构成的二元设定。对照之下不难明白,力的概念的两个含义都已经潜藏在"整体与部分"对比关系中了,只不过物质可分性的无限进展才使得这种潜在性变得显眼:当我们将无限划分的"最小单元"视作无部分的整体时,强调的是物质背后有一种神秘的能力,我们不必也不能将它探究清楚,但它可以为眼下我们的无限划分"背书",这对应的是力的概念的第一个含义;当我们将"最小单元"当成部分的总和时,强调的是我们手头可得的划分结果是井然有序的整体,是背后某种能力的外化形态,并与那种能力构成一个"表—里"二分结构,这对应的是力的概念的第二个含义。至于自身内存在表现为他者内存在,说的其实是在可分性的无限进展中自身内反映与他者内反映的关系,结合我们前文的解析中对这两种反映的关系的介绍,这一点不难明白。

　　力实际上是有限的,因为力与力的外化实际上是彼此不同的(力需要外来的引诱,力的外化需要力从它的外部制约它),二者相互之间看不出是一体的,不像目的概念那样贯穿同一性方面与区别方面,这种有限性决定了赫尔德的"上帝是力"的看法一定会引起混乱。

　　黑格尔讲的是用力的模式去理解事物是有限的,比起概念论(尤其是"目的论")层面来是相当粗浅的。它的表现为必须设定两方,而且这两方是相互外在的。为了给出完整的解释,我们甚至经常要借助一些神奇的想象:力躲在事物背后,我们不能老等着它主动外化出来,需要用某些外部手段将它引诱出来。此时不仅力与力的外化之间,而且力的外化呈现出来的各要素之间,都是相互外在的。所以黑格尔认为,像赫尔德那样把上帝看成力的做法,始终面临着如何解释力与力的外化之间的关系这类难题,那就十分不必要地把知性思维固有的这一摊子"烂事"夹带到绝对者的形象中来了,实在得不偿失。

　　至于目的论如何解释事情,我们现在倒还不用管,但是至少可以先透露一点:那里的解释圆融深刻得多,远胜力的模式的这种外在性。(见概念论的"目的论"三级层面。)

　　用力解释现象是空洞的同语反复,所谓的"未知的力",只不过是制造出来的自身内反映的空洞形式。力被引入科学,这本身就是很可疑的,它最大的毛病是缺乏必然性。

在用力解释事情时,我们手头握有的全部依据其实只有我们直接打交道的所谓现象这部分。我们到背后设定一个力,不过是为了解释我手头的这些现象何以规则性地如此这般出现。解释的圆融性本身就反过来成为对力的"证实"。这样设定的力是"未知"的,因为我们根本不知道它何以使得如此这般规则性出现的局面反复出现,不知道它与所谓外化后呈现出来的眼下这些现象有何必然性关联,甚至根本不知道有没有它,以及它本身是如何存在的。

黑格尔还据此明确质疑近代科学(比如牛顿力学)引入力的做法。此事尚需略作说明。在近代力学系统内部来看,科学家们对各种力学现象的研究当然是成果卓著,黑格尔也不会不承认这些成果。但这并不意味着"力"作为一个逻辑科学的范畴具有绝对效力,没有任何局限,也不意味着力学的思维模式在根本上而言没有任何问题。换言之,黑格尔是在逻辑科学的意义上质疑近代科学对力的概念不加反思、不加限制地进行使用的做法。——其实当代物理学提倡废除力的概念的呼声时有耳闻,这反倒显示出黑格尔的先见之明。

[附释1]可以认为,整体与部分的关系、力与力的外化的关系中的同一性已经潜在地设定起来,整体被分割为部分时不再是整体,而力却只有表现出来才证实自身是力并回到自身,这样看来,力与力的外化的关系比整体与部分的关系更高超,显得很无限。但其有限之处在于,它内部的双方必须互为中介,这有限性就物质而言就是各种力都离不开其载体,比如磁力不离铁,但铁却又具有许多与磁力无关的属性;另外力的外化需要外部的诱发,这种诱发有无限进展和力与力的外化互为诱发两种情形。

这个"附释"谈的是"力与力的外化"这一对比关系较之"整体与部分"这一对比关系的优长之处,以及它的局限。

整体分割成部分的时候,整体就消失了,即便由各部分重新拼接起来,也不是原来的整体了。"力与力的外化"则不然,这种对比关系具有更大的自主性:似乎力外化出来之后还能"回去"(恢复它原先的能力),等着再次被召唤,然后再次把力量使出来。

但这种对比关系的有限之处在于,力与力的外化必须互为中介,双方都只有就着对方而言才有意义。比如正负电与电力本身之间、南北极与磁力本身之间就是如此。另外,就物质而言,各种力都离不开它的载体,比如磁力离不开铁,电力也离不开电导体。但这些载体各自都具有很多与产生磁力、电力并无本质关联的属性,它们并不是生来就专门为产生磁力、电力服务的。我们能将载体以及这些看似无关的属性与力剥离开吗?不能。由此看来,力虽然看似事情的"本质"所在,却在许多方面依赖其他东西的"援助"乃至"施舍"。

力需要外部的诱发,这种诱发还有两种情形。一是无限进展,即某个直接的诱发因素还得依靠另一个间接一些的因素来诱发,而第二个因素又依靠更间接的因素来诱发……二是力与力的外化互为诱发。然而不管是哪一种,只要是"诱发",就是一种外在的关系,就缺乏前文所谓的必然性,因为诱发必然陷入重重偶然性之中:已经出现的诱发也可能不发生,此时出现的诱发也可能彼时出现。

[附释2]认识力的外化也就认识了力,不应认为力不可知。但关于力不可知的论断正确地猜测到了"力与力的外化"这种对比关系的有限性,因为它直觉地感受到了力的外化的偶然性,以及力的多样性外化由力统一起来这一做法的偶然性,最后还有各种不同的力加以统一时的偶然性,因为所谓统一所有力的"原始力"只不过是空洞的抽象。

黑格尔实际上反对力不可知这种说法。主张力不可知的意见,往往是为了往所谓不可知的力中塞进自己的"私货"。黑格尔洞察到力不过是与眼下的"力的外化"对照而言且仅仅服务于解释该外化的一种思维设定,是思维为了让自己安心而构造出来的一套说法,它在根本上并无任何"不可知"之处,尽管它被设定为"背后的"本质,显得很神秘。

然而黑格尔也很宽容地说,有人讲力不可知,我们也不要忽视这种说法,因为它在客观上暴露出力与力的外化这种对比关系的三重偶然性:一是力的外化的偶然性,即力何以外化成当下这几个要素(比如电力外化为正电与负电,而不是三种或四种要素),这几个要素之间究竟是何关系,这些都不甚了了;二是力外化而成的这般杂多的局面何以能由唯一的力统一起来,这一点同样不为人所知;三是从文艺复兴时代一直延续到黑格尔时代的一种说法,即世上所有种类的力可以由一种"原始力"统一起来,这种说法就更缺乏说服力了,它在黑格尔看来不过是力学自己给自己"壮胆"的空洞说法。

反对把上帝视为单纯的力,文艺复兴时代以来"上帝是力"这一论断会使得上帝成为无所事事的旁观者。牛顿宣称该论断并不损害上帝,唯物论与现代启蒙使上帝成为由各种独立的力与质素组成的有限化世界之彼岸的抽象无限性,没有在适当的意义上理解上帝之所是。教会在维护上帝的无限性时有其道理,但忽视了经验科学的形式论证,停留在对上帝创世与决断表示尊重的玄奥状态,那只不过是任意的主观保证,是出自高傲狂热的假谦卑。

说上帝是力,这就将力的概念及其局限性带到了上帝头上。把上帝当成单纯的力,就会相应地把尘世种种现象都当成力的外化。然而把世上所有现象都称为上帝力量的外化,并没有多大意义。这几乎没有什么解释力,即并未推进我们对尘世现象的解释。这反而会使上帝成为无所事事的旁观者,因为抽象地宣称上帝无所不能,这并未将上帝力量与我们的生活对接,结果依然是"上帝的归上帝,人类的归人类"。不仅如此,无差别地将所有尘世现象都归于上帝,实际上是对上帝的一种亵渎。

牛顿、唯物论与现代启蒙的看法也没有在适当的意义上理解上帝之所是。教会固然感受到了这一点,然而简单抨击、拒绝自然科学的揭示,反过来直接维护经书与教义,却也是一种独断,无法真正说服现代人。

这个问题涉及后面第 141 节中关于二元设定中二元的同一性本身含有绝对性的思想。所以我们不要认为黑格尔是毫无理由地轻易从对比关系跳跃到现实性了,他有深刻的义理根据。

§ 137

力与力的外化不是位置有别的两个东西,而是同一个东西的内核与外观。

《精神现象学》"知性"章最后谈到的"无限性"问题,在本节有所体现。两处文本都呈现出一种有深度的主体性。这个主体性不是就人而言的主体性,而是就二元设定的格局而言的主体性,即二元设定的格局本身。因此从本节开始的几节可以视作二元设定的自我反思。

力和力的外化不是位置有别的两个东西,而是同一套设定所分散出去的内和外,就像演双簧的两个人一样,前台那个人需要动嘴巴,他的形象比较符合说话的内容,但他实际上不出声,说话的是背后那个不现身的人。那么这样的一个互不相离的组合还不能视作两个独立的人,它只能视作"一个"组合,或者说同一个二元设定。

相比之下,存在论层面上的"自为存在"如果说也体现出某种主体性,那种主体性是没有深度的。它就是断定自己、维护自己,仅此而已。它仅以自身与他者的区别为自身的规定性,而在自身中并无任何立体结构。

[**导引**]《精神现象学》"知性"章描述的规律思维,大体上对应《小逻辑》中"现象世界"(《大逻辑》中为"现象")和"对比关系"(《大逻辑》中为"本质性对比关系")这个三级层面①,而"整体和部分"、"内核和外观"这两种对比关系则超出那里的论述了。在本次"导引"中,我们需要看一看以"力和力的外化"为典型的二元设定的走向问题。

传统的一切形式与秩序在现代都要经过二元设定的考验。如果说"本质作为实存的根据"二级层面是比较朴素信赖万事万物都有"讲究",都立得住,那么"现象"二级层面则是在这"讲究"内部架设起更复杂的层层二元设定。而"力与力的外化"又可以视作整个《逻辑学》中最典型的二元设定模式——"内核和外观"对比关系则是对这二元设定的实质的揭示。人在"现象"层面上做了许多事情,表面看来是抓本质、抓真理,但实际上是给规则性呈现的现状作辩护,即总结出覆盖全世界的一整套规律、科学、知识,充当对现状的"解释"。然而这种解释其实是换一套科学化的语言将现象又描述了一遍。

但黑格尔并未止步于此,他认为本质若能经受得住"现象"层面越来越深的二元设定的考验,就会表明自身是现实性。这就是说,在现代,本质不能像前现代那样朴素地树立起来,它必须经过"现象"层面的考验才能树立起来。然而考验毕竟是考验,力和力的外化两者"一唱一和",极有可能"霸占"科学思维,使其获得一种虚假的"真理在握"之感,不再反思二元设定,更不用说往较高层面进发了。

§138

c)根据是空洞的自身内反映,是内核,实存是空洞的他者内反映,是外观,二者的同一性是内容,也可以说二者是同一个总体性的内容。

这是承接上一节初步揭示出的内外关系,进一步深入论述。说内核与外观二者的同一性是内容,也就是说当我们发现根据和实存二者一道才能服务于我们的生活和我们对生活的解释,而不单纯拘泥于某一端时,我们才抓住了二元设定的精髓。

---

① 读者可以明显发现《精神现象学》《小逻辑》和《大逻辑》在标题与论述顺序上均有较大差异,这里的对照不可僵化看待,只是一个粗略的指引。

这个内容会给我们的生活带来充实感。打个比方,当医院的医生跟病人说,"你今天吃的这个药有利于病情的康复",那么病人就觉得吃起来很放心,因为医生从内部给他背书了。病人甚至会觉得今天没白过,健康美好的生活在向他招手。实际上医生对于这些事情倒不一定真有信心。他即便有信心,也只是根据医学界总结出的一些规律在说话,而那些规律其实不过是对以往观察的总结,并不能在绝对的意义上代表将来一定会如何。

§139

由此可见,第一,内核与外观只是设定起来的"两个"东西,实际上是一个东西,凡内部的皆外在,现象不表现本质中没有的东西,本质也没有东西不表现出来。

有了前文中对"力与力的外化"这整个结构的精细考察作为铺垫,我们就不会硬把内核和外观当成两样东西。只有当成两样东西,人们才会像设想"师傅带徒弟"一样,去思考师傅有没有把他的一些本事留一手,不完全教给徒弟,也会去思考徒弟有没有在学的过程中"夹带私货",把师傅教的东西学变样了。实际上这些想象都是不必要的,因为内核与外观本就不是"两个"东西,它们的内容完全是同一的,只不过这同一个内容像演双簧一样,呈现出两个层面罢了。

§140

第二,设定互不相同的内核与外观也是必要的,只不过前者是具备了自相同一性的抽象物,后者是具备了多样性的抽象物,纯粹的内在东西也就是纯粹的外在东西。

黑格尔认为,在一定程度上区别开内核与外观也是有必要的。内核与外观分别代表自相同一性与多样性。如果将二者割裂开来抽象看待,单纯的内在东西其实也就是单纯的外在东西:一切内在东西,只要我们探究的目光触及它,也就成了彻底的外在东西。因此真正意义上的"内"与"外"只能相对而言,是对比关系,而不是两个单独的东西。

[说明]如果强行为事物设定一些内部概念,这种概念只会是人为的、外在于事物的、与事物不相干的东西,对无机物而言如此,对人而言也如此。

如果不顾外部表现而硬为事物设定某种内在性质,那只能是主观的遐想,与事物本身无关。比如一个人捡到一块石头,他敝帚自珍,总觉得那石头宝贵得不得了,不顾旁人的议论,也不管科学与市场对这类石头的定义,内心里固执地认为那块石头有某种神圣性;又比如一个人总说自己是最勇敢的,他在内心里也总把自己想象成最勇敢的,但从来都没有任何行动上的表现。这种假想出来的"内核",并无客观意义。

[附释]在自然界与精神世界中都要防止只将内核当成重要的,而将外观当作无关紧要的。自然虽然无思无言,但也没有向人类隐瞒什么,其所显现即其本质。

黑格尔奉劝我们信赖事物的"外观",依从外观来看待外观与内核的二元设定,而不是脱离外观去随意遐想。

大自然不向人类隐瞒什么。这不仅与常识,甚至也与自然界研究和精神世界研究中的某些神秘化趋势大异其趣。这类研究并不信赖事物的外观,总以为事物的背后有什么惊天的秘密等着它们去发现,甚至浮想联翩地认为事物表现出来的外观不仅不可信,还有可能与其真相恰好相反,是"骗人"的。

黑格尔对这类神秘化趋势的痛斥其实表现出一种古典的情怀:要相信自然界与精神世界呈现给我们的这般样貌是有讲究的、值得惊奇的、可贵的。作为一个现代人,黑格尔当然并不反对二元设定,但他肯定的是一种贴合事情本身的二元设定,而不是在"本质"的一端任由人的执念"信马由缰"的二元设定。

这一思想延续到"现实性"二级层面,表现为对现世及其合秩序性(绝对必然性)的最大信赖。

事物的缺陷往往在于其仅仅是内在东西或外在东西,没有进入自为状态,比如儿童的所谓天赋其实也是他的父母和教师的状况。儿童在教育中会将内在的东西实现出来,也会将外在的伦理、宗教、科学等化为己有。成年人因错误遭受处罚,实际上后者是前者的表现,一般而言他不可凭着内心中其他的所谓卓越意向自辩;但反过来怀着妒忌心去否定与某人的善好行为相符合的内心意志,也是内外二分的一种表现,对别人应当宽和;对历史上的英雄也不应该恶意揣度,小聪明式的揣度,只会过分夸大主观的兴趣与欲望。但凭借那样的兴趣与欲望是无法完成伟业的,因此要承认伟人意愿其所为、为其所意愿。

黑格尔举了几个典型的例子来证明内外一体的道理。单纯的内在东西与单纯的外在东西实际上是一回事,二者都没有进入自为状态,即都只呈现某种抽象的或主观的状态,而没有呈现事物自身全面的状态。

对于儿童的天赋,有时候我们想得太多了。天赋与教育是不可分的,儿童并没有脱离教育的一整套天赋。不要把父母和教师的教育与他所谓的内在天赋割裂开来,否则会发展到怀疑教育"反天性",进而反对教育的可笑境地。

成年人犯下错误,遭受处罚,这错误与处罚也是内外一体的。不要把错误与处罚割裂开来,好像他犯什么错都是无辜的。如果陷入那种偏执的想法,我们就会"鸡蛋里挑骨头",在任何处罚中都找到"不公"之处。比如我们要是带着对监狱机制的抽象排拒态度来看问题,那就必欲除之而后快,更不要说看到犯错与惩罚之间的内外一体关系了。

以妒忌的心态去看待别人的善好行为,以及对英雄人物的恶意揣度,也属于此类。明白前几个例子后,其义自见。

§141

"内核与外观"这一结构本身是一个映象。这整个二元设定的结构本身的同一性,即该结构的恒定性,被当作本身含有绝对性的现实性,即被无条件承认。

这就是向"现实性"二级层面的过渡了。《精神现象学》"理性"章向"精神"章的过渡与这里异曲同工。"理性"章的末尾奉劝人们放弃强使事物服从人类理性关于"公正"的想象的做法,因为这个做法既不可能成功,其本身也不过是一个无聊的同语反复。比如"私有财产神圣不可侵犯"不过就是将理性对于财产"私有"的武断主张重复了两遍而已,对于事物本身既不关心,也无所触动。说白了,理性不应总是对着世界"呼三喝四"。接着黑格尔在"精神"章中细数西方精神的"家谱",带领读者领略西方人是如何从对于宇宙秩序信赖有加的质朴状态,走向现代道德世界观的。[1]

我们来看本节。内核与外观的这整个结构是一种二元设定。如果我们抽象地固执于它们,认为它们是相互分离的两个固定的东西,那样的形象其实都是映象(Schein,亦含"假象"之意)。黑格尔这里首次挑明了二元设定的映象本质。与此相反,他呼吁我们留意二元设定的同一性一面,即世界本身的合秩序性,或者说把现实世界当作一个具有绝对性的世界。

---

[1]　黑格尔:《精神现象学》,第 260—262、269—378 页。

不可否认,黑格尔呼唤出对于世界的绝对性的信赖之后,二元设定的做法依然会"出手",在这种信赖中滋生出种种新的二元设定结构来。因此"现实性"二级层面乃是二元设定与宇宙秩序争执最深刻也最激烈的战场,它才是本质论走出生天抑或执迷不悟的真正关键所在。

C 现实性

[导引]接下来进入现实论这个极其要害的层面。在进入这个层面之前需要先谈谈两个问题:一是在逻辑科学的意义上发现"现实性"的过程与世界的逻辑结构(逻辑科学的对象)的在先性并不矛盾;二是"现实性"层面的结构。

逻辑科学意义上的"现实性"并不等于我们直接接触到的东西。它是带着逻辑科学的眼光在现实生活中(或者说带着现实生活的体验在逻辑科学层面上)把握到,现实世界就具有绝对必然性。如果我们误认为带着常识毫无反思地直接到眼下的生活世界中去"扑腾"一番,就算是接触到"现实"了,那就大错特错了。因此,发现"现实性"的过程不仅与世界的逻辑结构的在先性(即世界的逻辑结构奠定生活世界的基础)不矛盾,反而是对这种在先性的证实。

除此之外,现实性其实是现代科学架构的二元设定模式的一个出路,尽管只是一个初步的出路,还不是终究的出路(终究的出路是概念论)。在"对比关系"(即《大逻辑》中的"本质性对比关系")层面(尤其是在"内核与外观"对比关系中)对二元设定进行透彻反思之后,如今这个"现实性"层面实际上极为"敏感",需要我们异常细致地阅读。敏感之处在于,一方面当我们顺从宇宙秩序这个方向阅读时,它是二元设定的一个升华,另一方面当我们稍有懈怠,选择在"现实性"层面营造理智与生活的"舒适区"时,这个层面仍有成为二元设定的避难所甚至"帮凶"的危险。

"现实性"二级层面的结构也需要简单说一说。《小逻辑》在这个二级层面上比《大逻辑》要简略得多,它主要是把《大逻辑》"现实性"层面的"绝对的对比关系"三级层面展开来说了。其实只要我们不满足于囫囵吞枣式的阅读就会发现,《大逻辑》"现实性"层面的所有三个三级层面在《小逻辑》中皆有对应表述,只不过其中的前两个三级层面没有单列章节,被压缩到三种绝对的对比关系之前的各节中罢了。

我们综合《大逻辑》《小逻辑》的"现实性"二级层面,可以按照《大逻辑》的章节标题,将该二级层面的结构最粗线条地勾勒如下。"绝对者"谈的是一个内部就含有绝对性和真理的世界,而不像现象论的"现象世界"(《大逻辑》中为"现象")三级层面那样仅仅展现一个相互关系构成的科学世界图景。"绝对者"在这里当然不是指与我们的世界相隔绝的一个天国上帝,而是指我们的世界本身具有某种绝对必然性,可以通达宇宙秩序(虽然它不等于宇宙秩序)。人类只要保有通达宇宙秩序的眼光和生活方向,便可以踏踏实实地信赖这个世界,相信它可以作为生命与进一步教化提升的基点。

(狭义)"现实性"三级层面则是对上一个三级层面上稍显抽象的信念的客观证实,也是整个本质论中与二元设定相"搏斗"最艰难也最惊险的章节。由偶然事物中看出"绝对必然性",这需要的并不是什么高超的思维技巧,反而是人对自身在理智与生活中的操控欲望的最大克制,以及对宇宙的可惊奇之处或宇宙秩序的真正敬畏。

"绝对的对比关系"这个三级层面则是在认识到世界的这种必然性的基础上,反观这种必然性在现实事物那里的三种实现方式。

§ 142

现实性是本质与实存或内核与外观的统一,也就是被当作在现实表现中即为本质性东西的事物,而且本质性东西只能从外部实存中得见。

局限在本质与实存、内核与外观二分的状态(尤其是在现象中)看问题,是抓不住这两方之间真正的统一性的,虽然有时对这种统一性隐隐约约若有所感。比如人们在道德层面上,客客气气地以君子的态度相互对待,不仅仅是由于期待对方也如此这般对待我,更是由于"人同此心,心同此理",即由于身为人类,本就应当按照人类普遍之理行事。这种共通之理是比二元设定更根本的同一性。因而道德在黑格尔那里应当基于伦理,在中国古人那里则应基于礼或天理。而现实性便是突破二元设定的逻辑学局限,达到这种更根本的同一性或以这种同一性为主题的层面。

现实性是被当作在现实表现中就是本质性东西的事物,这是指人类可以放放心心地在世界上安家,指他们所见到的东西实实在在地自具重心、含有真理,或者说指这个世界的真理不在这个世界之外,这个世界就有通达真理之路。我们世界上向我们直接呈现出来的东西虽然不能说就是它的全部,可是我们要相信向我们直接呈现出来的东西都有它的道理,已经为我们预备了足够厚实的求真之路。

说本质的东西只能从外部实存中得见,指的是我们不要毅然决然地弃绝我们看得见、摸得着的东西,然后自以为得计地在某个彼岸设定什么本质。我们的世界这样存在,自有其道理,所以人要踏踏实实地从眼下的外部实存入手去寻求生活之道。

[说明]现实东西是上述统一性被设定起来的存在,它在外化中就已经是力,就已经反映到自身内部,即已经是它自身的展现,所以无需过渡。

这个"说明"重申了正文中关于本质性东西从外部实存中就能得见的说法。在目前层面上,如果还像现象论中那样抱着规律不放,反过来鄙视现象,那就成了尼采口中的"柏拉图主义"。那样一个心态在目前已经不合适了。目前层面上的重点在于对现实要有信赖,要相信从各种"是"中能得见其"所是"。

黑格尔说现实东西在外化中就已经是力,这是就力与力的外化之间的对比关系来说的。信赖外化有着某种力作为支撑,信赖它是"有来头"的,但又不用特意找出那个"来头"或设定一个什么东西作为"来头"。对事物的"是"的真正尊重不是为其寻找一个"所是",而是信赖这"是"必有其"所是"。尽管"是必有其所是"这一点足够令人惊奇的,但保持其为惊奇而不将其转变为平淡无奇才是应有的态度。这是"是"与其"所是"的合一。

[附释]将现实性与思想(理念)对立起来的做法既不了解思想,也不了解现实性。理念并不仅仅隐藏在头脑中,而是现实的东西,现实性也并非毫不合理,它作为内核与外观的统一是彻底合理的,反之不合理的东西正因为不合理,也不现实。

将现实性与理念对立起来的做法很常见。有的人把理念理解成头脑中的观念,有的人把它理解成上帝掌握的东西,还有各种千奇百怪的理解。但是按照柏拉图主义的传统,理念向来是遵循着"是其所是"的路线,就体现在现实事物中。虽然不同时代柏拉图主义一系思想家对于理念"距离"现实有多远的看法不尽相同,但大都认同依循现实中"是其所是"留下的轨迹可以通达理念。理念既不能说就是对现实事物的全盘认可,也不能说是脱离现实事物的。

　　理念怎么能是现实的东西？如果我们把"现实的东西"仅仅理解成看得见、摸得着的直接东西，我们一辈子也理解不了理念。所以，要理解理念，前提是要调整看待现实事物的眼光，这样才能发现现实世界中的万事万物居然都有其所是，发现我们直接看到的"是"固然很真切生动，但它只是实相，不是真理。①我们看到的事物都有它的形式、理念作为内在的支撑。

　　作为内核与外观的统一的现实性，彻底是合理的。如果把现实仅仅当作那些我们既不理解也无法控制的偶然东西，当然会觉得现实是"面目可憎"又不合理的。但这只是一种人为的抽象。如果从内核与外观统一的角度来看，我们会看到外部的这些不合理的东西并不是真理，它们不过是实相罢了。正像黑格尔后面对偶然性的系统解释表明的，偶然性是无法消除的，外部的不合理东西同样也是不可消除的。但是看事情要看全面，也要看深入，不能单纯局限在"眼见为实"的眼光看问题。从斯宾诺莎提倡的在永恒的形态下来看②，世界上万物是否"合理"的问题便呈现出另一副模样。

　　不合理的东西正因为不合理，也不现实，这一点也不难理解。不合理便意味着不合乎宇宙秩序，当然不会现实存在。比如在我们的世界中，超光速的东西就不会出现。

　　柏拉图与亚里士多德并没有根本的冲突，亚里士多德的现实性作为其哲学原则并非直接现存的事物，而是实现了的理念，他批判柏拉图，只是由于不满于后者仅仅在潜能的意义上看待理念。

　　黑格尔明确指出，亚里士多德是在思辨的而非常识的意义上理解现实性的。他还用亚里士多德的"潜能—实现"框架来衡量柏拉图思想，认为后者不够强调现实性。尽管如此，黑格尔还是认为，亚里士多德在思想的总体路向上还是很忠实地继承了柏拉图理念论的，只不过他眼中的理念是必须经过实现（即必须与现实性统一）的理念。

　　黑格尔这一判断的思想史意义也很值得一提。关于柏拉图与亚里士多德思想差异的种种说法是西方哲学史上的一大公案。由于历史上二人学说的流传往

　　①　参见庄振华：《实相与真理——德国古典哲学的世界构想及其源流》，载《云南大学学报》（社会科学版）2017 年第 5 期。

　　②　这不等于人自居为上帝，详见下文中对"现实性"层面上"绝对者"范畴和概念论中对"概念"与"理念"两个范畴的辨析。

往复杂难辨,以及许多大思想家声称自己在二人之间"选边站"(即声称自己是"柏拉图主义者"或"亚里士多德主义者"),这桩公案愈发晦暗不明。黑格尔从二人思想的实情出发,对这一公案作出如此鲜明的"裁决",此种做法非大智大勇者不可为也。其实即便按照常理推断,夸大二人思想差异的那些说法也根本经不起推敲。按照以讹传讹的常见说法,柏拉图是一个只关心玄虚理念的"理想主义者",亚里士多德则是一个只盯着眼下具体东西的"现实主义者"。亚里士多德从学柏拉图数十年,加之两人都是天分极高的、最一流的大哲学家,如何能想象他们的思想截然相反且如此缺乏辩证精神?

§143

a) 现实性中的各种规定起初是仅仅被设定起来的东西,现实性作为一般的同一性,起初是可能性,是自身内反映,是被设定为与现实事物具体统一性相反的、非本质的本质性。

在"现实性"层面,我们隐隐约约的感觉到是有宇宙秩序的,万物都是宇宙秩序的一个"代理人"或"派出机构"。我们固然是信赖现实世界了,但这个信赖究竟是投向作为"代理人"或"派出机构"的现实事物的,还是投向现实性本身的,却不可不辨。应该说在刚进入这个层面时,思维对于现实性并没有牢靠的理解,也并不十分信服,它主要依赖的是现实事物(虽然它后来才知道,现实事物只有依照现实性来理解才谈得上"现实")。只有经过第144—147节描述的从现实事物中看出必然性这一"高难度"的锤炼,思维对于现实性才会有深切的理解。

当我们看到现实世界"大全一体"的趋势,个体事物的区别便会与世界本身的绝对性形成新的二元设定——虽然"现实性"层面的二元设定不再像"现象"层面上那样主要服务于思维对事物的解释,而是成为事物本身的自我表露。但目前思维理解的"现实性"还很抽象:思维立足于现实事物,而现实事物的"一般同一性"(现实性)对于它而言毕竟只是一种空洞的可能性。现实性具有自身内反映的能力,但在思维立足于现实事物的当下,现实性即便被命名为"本质",那也不过是与思维在现实事物中实实在在握有的具体统一性相反的、非本质的本质性。

[说明]康德把模态差异仅仅看作主观问题,其实可能性不仅仅属于主观思维,而现实性与必然性也并非单纯被设定的,而是也在自身内得到成全的具体东西。

按照通常的观点,可能性是一种天马行空的主观想象,想象力有多发达,可能性就有多宽广。康德认为可能性、现实性、必然性三种模态都是主观的。康德的想法当然比常识要深刻得多。他所谓的"主观"并非个人天马行空的想象,而是指人类固有的思考与行事方式。这个思想相当深刻,黑格尔也并不是直接否定康德说的这种主观性,他是要扬弃它。正如《小逻辑》绪论表明的,康德关于自在之物与现象的二分是一种执念,这种执念源自对现实事物的不信任,或者说对人认识现实事物的能力的不信任。他认为人所能够把握到的现实事物并非真正的现实,这种想法在黑格尔看来可能有掉入"现象"层面的二元设定中去的危险。

与《逻辑学》的其他核心范畴一样,可能性、现实性、必然性三者其实都是既"主观"又"客观"的。黑格尔在这里要针对康德而突出的是它们现实的一面:三者都是现实性的深浅不同的呈现方式。可能的东西、现实的东西、必然的东西都是现实的东西,只不过强弱有所不同。可能性是被设定为抽象的现实状态,相当于我们看到某个现实事物时设想出的它"背后的奥妙"。在思维立足于眼下的现实事物时,这"背后的奥妙"是思维无法信服的,顶多只被当作外在附加到眼下事物背后的所谓"内核"(外在的内核)。

如果可能性真是人为设定的,那也罢了。但如果可能性是绝对者的"苗头",那是非常值得宝贵的。针对思维的不信任,黑格尔反倒要为可能性依从宇宙秩序方向的进一步发展(现实性与必然性)辩护。他认为真正的现实性与必然性不能停留在单纯被设定的状态,而是要体现为在现实事物中得到证实的具体东西。

[附释]并非可能性比现实性更宽广,而是相反,因为现实性作为具体东西,把可能性作为抽象环节包含在自身内。那种仅以是否矛盾来衡量是否可能的想法,会陷入空虚无用的任意联想之中,比如设想土耳其皇帝成为罗马教皇,或者将可能性作为幌子来逃避义务。有理性、有实践的人不为空虚的可能性所动,要坚持现实的东西。空虚的知性既可以说自我、物质、生命、法、自由、上帝可能,也可以说它们不可能,但真正的可能性与陷入矛盾的知性所见的有所不同,它取决于内容,即现实性环节的总体性,该总体性在展开的过程中表明自身是必然性。

区分"不矛盾"意义上的可能性与现实的可能性,这件事情亚里士多德早在《形而上学》第九卷讨论潜能时就做过了①,在哲学史上根本不算什么新鲜事。黑格尔的可能性学说不同于前人的新颖之处在于他对可能性与现实性的关系的具体论说。

具体东西的现实性,是其潜能依照其形式或秩序的方向实现的过程。而可能性只是这种现实性的抽象环节。如果脱离这个实现过程,可能性就没有意义。比如像黑格尔提到的土耳其皇帝成为罗马教皇这种可能性,除非这两种殊异的文化发生大融合,否则是没有意义的。

还有一种错误的做法就是将可能性作为幌子,逃避义务。比如懒汉或滑头之人在躲避艰苦劳作时,就会振振有词地将"不用艰苦劳作也能好好生活"作为自己的由头。实际上他根本不会认真考虑如何在不艰苦劳作的情况下好好生活,他这样说完全是为了躲避眼下的义务。

黑格尔说可能性要扬弃到现实性中,绝不是指直接拥抱眼下看得见、摸得着的东西,拒绝其他的可能性,因为坚持现实的东西反而要以坚持最深刻的可能性为前提,只有最深刻的可能性实现出来才是真正的现实性。

在黑格尔看来,认为一切都是可能的和认为一切都是不可能的,这是两种同样抽象、同样无意义的执念,只不过一个着眼于形式,一个着眼于内容罢了。空虚的知性既可以说自我、物质、生命、法、自由、上帝可能,也可以说这些不可能。但真正的可能性是这种空洞的断言把握不到的。

整个"附释"中黑格尔讲这么多的用意在于提醒我们,不要被眼下看得见、摸得着的种种区别所惑,更不要沉溺于空洞的想象,而要在"是"当中坚守其"所是",依从事物本该有的形式与秩序来看待可能性。

[导引]经过上一节的预备性讲解之后,下面要正式进入偶然性、相对必然性和绝对必然性三种形态。对这三种形态的论述可以说是《逻辑学》最见功底的地方,即能显示出:我们如何从现实事物中看出绝对必然性。由现实事物中看出绝对必然性,绝不是像现象论中那样在现实事物背后设定一个看起来很"本

---

① Siehe F. Brentano, *Von der mannigfachen Bedeutung des Seienden nach Aristoteles*, Herdersche Verlagshandlung, Freiburg im Breisgau 1862, S. 40—72.

质"的绝对必然性,因为那样的设定不但消除不了背后的本质与表面的现象之间的关系的偶然性,反而徒增偶然性①,更别说达到什么绝对必然性了。这里所说的"看出绝对必然性",实际上是保持对形式与"是其所是"的敬重——参见我们对"物"范畴的相关讲解。

另外,黑格尔批评康德将模态当作主观的,他自己的模态与康德当然大异其趣。首先,三个模态的叫法不一样,他这里不像康德那样将可能性、现实性与必然性三分,而是划分了偶然性、相对的必然性和绝对的必然性。其次,他这里的三个模态其实都是含有现实性、可能性和必然性的,只不过偶然性指的是形式上的现实性、可能性和必然性,相对必然性指的是实在的现实性、可能性和必然性,而绝对的必然性则是现实性、可能性和必然性最高的融合与实现。

§144

b) 当现实性的外观是具体直接的非本质性东西,与作为一种可能性的内部相对立时,整个事物都只是仅仅可能的东西或偶然的东西,这就是作为偶然性的现实性。

我们把仅仅可能的东西叫作偶然的。它当前固然是这样的,但它也可能是别样的。我对于它何以成为这样的,以及是否必然成为这样的,全都一无所知。具体而言,事物眼下呈现给我的状态在我看来是非本质性东西,无关根本;而它内部的根本对于我而言却也没有什么说服力,我只将它作为诸种可能性中的一种。偶然性的缺陷在于外观是与内核相分离的,而且二者缺乏本质性关联,这就使得整个事物成了偶然的东西,或仅仅可能的东西。也就是说,我们对它内部有无一个"根本",以及有个什么"根本",都只能依靠猜测。

比如我初到一地,对于那里的风俗人情全不了解,因此一方面知道当地人的服饰可能有其背后的"讲究",而服饰只是那"讲究"的外在表现,并非根本;但另一方面,我对于那"讲究"是什么却全无把握,只能瞎猜,有时甚至怀疑是否真有那样一个"讲究"。此时令我烦恼的其实不是什么本质或规律问题(因为当地人也不认为这事有什么规律),而是决定当地人整个生活样貌的秩序问题。

---

① 这样的二元设定本身就是最大偶然性。参见下文中对第 146 节正文的解析。

§ 145

可能性和偶然性是现实性的两个环节,分别是内核和外观。它们都是现实性的表面东西,是对现实性认识不透彻的形态。而现实事物被认为是尚未透彻认识的内容,可能性和偶然性则是与这内容分离的形式。

前一节所述的事物情形,在这一节得到重述和深化。对于事物表面呈现的东西,我们觉得那是偶然的,对于事物内里的根本,我们只觉得那是一种没什么说服力的可能性。而表面的偶然性与内里的可能性这两者也都只是事物的单纯形式规定,我们对于凭借这样的形式规定是否能深入把握事物,毫无把握。此时我与事物是相互外在的,事物自身的情形(现实性)对于我而言是闭锁着的,那是我凭借上述这两种形式规定所无法达到的内容。

[附释]可能性由于只是内部,所以也是单纯外部的现实性或偶然性。这使得偶然东西只是现实性的最粗浅形态,也就是采取他者内反映这种片面形式的现实事物,仅仅外在地相互依赖,似乎自身内无根据。在认识方面要克服偶然性,相应地在实践方面要克服任性。

可能性怎么成了单纯外部的现实性或偶然性?可想而知,后面的相对必然性和绝对必然性就不是单纯外部的现实性,而是比较内在的现实性。单纯内部的可能性与外观无甚本质性关联,也没有多大说服力,它虽然貌似"内在",却并不贴合事物本身的秩序(绝对必然性),因此它相比相对必然性与绝对必然性而言依然相当"外道"。

靠猜想得到的可能性并不牢靠,它与我们眼下所见的事物的外部情形之间缺乏本质性关联,与后者只能采取他者内反映这种松散的形式关联。此时可能性只是事物的一种被虚设的"根据",仿佛"尸位素餐"。我们对于事物的根据是否确实就是它,并无十足的把握。此时毋宁可以说,事物在自身内是无根据的。

我们在认识一个东西的时候,要消除它的偶然性,也就是要去抓住事情"不得不然"的一面(必然性)。在实践方面则要消除任性,也就是要抓住实践领域的必然性秩序,而不要任由情绪、意见支配行动。

人们往往赋予偶然性过高的价值。实际上自然界的产物虽然丰富多彩,但除了其中包含的理念的展现外,并不具有更高的理性兴趣;意志的任性也绝不等于自由,因为任性除了带有虚骄,其形式与内容也是对立的。任性的内容得自于外,它不是以意志本身为根据的意志,因而任性这种单纯形式性的自由只是想象中的虚假自由,只以环境的因素为转移。

这是结合自然界与实践领域来说不宜高估偶然性的价值。在德国古典哲学的语境下,这些思想近乎"老生常谈",不难理解。但值得注意的是,黑格尔只是提醒我们不要高估偶然性,他绝没有让我们无视偶然性。这一点详见下文。

偶然性在客观世界里毕竟还是有存在权利的。无论自然领域还是精神领域,都有许多无法认识其必然性的东西,哲学不必强求认识其必然性或先天地构造它,语言、法律、艺术都是如此。不可将偶然性只当成主观东西,当成真理的反面,而固执地加以排除。

对于无法追究其必然之处的偶然性,我们要宽容对待。人类的理智把握事物的"不得不然"的能力是有限的,人在这一点上要有自知之明,下一些克己功夫——这与规律思维当然大异其趣,后者对于偶然性采取排斥的态度。

以法律问题为例,法律(Gesetz)以法(Recht)为依据,而法是随着各种文明中的人群的生活方式沉淀下来的一些行之有效的普遍行为方式。不同文明中的法为什么就这样沉淀而不那样沉淀,各民族之间沉淀的方式为什么不一样,这并没有什么一定之规,属于偶然之事,只能加以尊重,而不能随意改变。

不可将偶然性只当成主观的东西,当成真理的反面,这话意思是说,如果我们认为偶然性都是人的错,都是因为人认识不到位才导致的,这是一种应该破除的执念。偶然性是事情本身的"不得不然"向人呈现得不充分的状态,必然性是它向人们比较充分地呈现出来的状态。但这不意味着事情本身就能百分之百彻底被人抓住。黑格尔这个地方充分展现了人的有限性,他并不是一个概念狂人。

哲学在排除偶然性方面并不比其他学科厉害,它只是能够指出世界的逻辑构造,而世界的逻辑构造本身就带有偶然性的一面。也就是说,偶然性不是被必然性消除了,它是我们世界的一个固有的部分。在逻辑科学的范畴演进上而言,偶然性虽然演进到绝对必然性,但是偶然的事物始终是保留着的,只不过我们到后来懂得从绝对必然性的角度来看待它们罢了。

§146

偶然性作为被设定起来的东西,表明自身是被预设(预先设定)的东西,只是一种有待扬弃的东西,而且以成为他物的可能性为目标,因此它是条件。

偶然性覆盖我们直接碰见而不能牢靠地确定其根据的所有东西。在偶然性面前,人们为事物寻找或设定的根据似乎都有动摇的危险,因为依照现象论中的二元设定得来的根据,其实在本质上都是偶然的。实际上我们前文中讲解过,偶然性也不需要打发。但现在问题的关键在于,偶然性本身就是一种设定,它形成了一种固定的预设。如果看不到这种设定性,我们容易将事物死死绑定在偶然性上,看不到事物的其他更高面向,这就形成了一种人为的执念。

绝对偶然的、完全偶然的东西其实无法持存(因为绝对偶然的东西甚至无法被确定为"一个东西"),这里所说的偶然事物只可能是相对比较偶然的东西。我们由于只见其偶然性,便将这种偶然性夸大为事情的全部了。那么这些相对偶然的东西何以持存? 它们必定呈现为"互为根据、互为可能性"的一种虚假的面貌。比如我虽然不理解眼下事事物物的机理,它们对我都呈现为偶然的,但我因为看到水变成气、土地支撑房屋、儿童成长这些现象,便自以为得计地描绘出一幅水是气的根据(即有成为气的可能性)、土地是房屋屹立不倒的根据(即土地有成为房屋支撑物的可能性)、儿童是成年人的根据(即儿童有成为成年人的可能性)之类环环相扣的图景,以为这样就将偶然性解释清楚了。

世上万物的确是如此这般环环相扣的,因此这种互为可能性(即条件)的局面是不可否认的坚实东西。但由于偶然性构成这幅图景的底色,我们说甲是乙的可能性时,对于它是否必然成为乙根本没有把握,因此我们也可以说甲不是乙的可能性。这样看来,上述环环相扣的图景其实也很脆弱,它只不过是将"偶然性"放到具体事物中铺展开来看的结果,对于偶然性本身并无任何改变。

需要补充说明的是,比照现象论来看,现实论关注的重点发生了偏移。简单说就是现象论谈论的一切现象及其规律,整个地"打包"起来,归属于如今所说的条件、偶然性世界图景了。说白了,规律本身的偶然性现在暴露出来了。

[附释]偶然性作为存在着的(而非单纯的、抽象的)可能性,就是"成事"的必不可少的条件,条件概念本来就包含实存与被扬弃这两个含义。偶然性被扬弃意味着最初直接的现实性被扬弃,一种新的现实性兴起。现实性就是扬弃其固有的直接性,自相中介,并显示出其本质性的过程。

首先要说明的是,不要将可能性、必然性这两者与现实性割裂开来。在黑格尔这里,可能性是形式化的现实性,而必然性则是实在的现实性或绝对意义上的现实性。换句话说,可能性与必然性都是某种现实性,或者说都是依着自身便包含有真理之路的现实而言的,而不是任何抽象意义上的可能性与必然性。从

《大逻辑》章节标题来看很明显的一点是,从偶然性到绝对必然性的整个进程都叫"现实性"(狭义,三级层面)。偶然性、相对必然性和绝对必然性作为现实性的三种形态,它们之间演进的过程总体来说就是一个扬弃固有的直接性,然后显示出本质性的过程。现实性不是像现象论中那样由规律撑起来的一个自我辩解的话语空壳,而是我们越来越深地进入事物本身,同时也越来越高地提升我们自己的一个"二合一"的过程。现实性目前是无以回避的、实实在在存在着的东西。它只能被接受,无法完全被理解,因而是偶然东西,同时它又是做成一件事情不可或缺的条件。

偶然东西的直接性被扬弃,一种新的现实性便接替先前的直接性而兴起。这话本身倒不难理解,值得说明的是另一个与此相关的问题。由于偶然东西极为突兀地向人呈现其不可理解的一面,从而它的直接性被扬弃的过程,以及在此过程中一种现实性向另一种现实性的转变,也都是突兀的、不可理解的,因此思维感到直接性及其扬弃,以及新、旧两种现实性都既不可移易,又随时可能被顶替:身在其中时感受到的是其坚固性,经受变故时感受到的是其易变性。总而言之,思维对于一切都只能接受,无力穿透与改变它们。

但事物本身不会停留在偶然性的层次,因为偶然性本就无法单凭自身而持存。因此现实性扬弃直接性,显示其本质性,是迟早的事情。

[导引]我们现在进展到的"绝对必然性",后来却被黑格尔叫作有限形式:他认为只要谈论必然性,就受缚于有限形式了(第151节"附释")。这是一件值得深思的事情。已经绝对了,怎么可能还有限呢?因为它还是二元对立中的必然性。打个比方,家庭、市民社会和国家都是人觉得找到了可以依靠的所在,都是可以寻得生活"真理"的所在。市民社会是从现实中看出必然性,也就是从经济、政治、法律等各种"是"中见出其"所是"的地方。就像阿尔都塞说的意识形态国家机器一样,市民社会就是一台现代社会人人都不得不服从的必然性机器。人就得在这个模子中才能成型,现代社会就是这么运行的。西方有人极为严肃地研究经济规律,也有人极为严厉地批判市民社会对人的异化。执行也是他们执行得最严格,批判也是他们批判得最严厉。那么我们当然不应该将市民社会的运行方式当作终极真理,但也不应该全盘拒斥这套方式。这里涉及现代性最核心的问题,你不抓住它,想绕过它去抓住柏拉图、阿奎那当作救命稻草,都不合

适。现代毕竟给了我们一个不同于古代的眼光。在这个眼光底下,才能看出西方古代人走的路有一些他们当时可能看不出来的韵味。

那么所谓绝对必然性受限于二元设定,就市民社会而言指的是,即便我们看出法层面的宇宙秩序在现代的延续,也不能否认它只能通过现代经济的方式运行,我们毕竟只是置身于经济的二元设定中在观望宇宙秩序,而没有像概念论中那样将世界的合秩序性当作主题来谈论。换言之,此时我们与绝对必然性还是不亲近的。接下来我们通过"条件—事情—活动"的三元结构,会看到绝对必然性与我们依然是有距离的。在后文中的实体性对比关系、因果性对比关系和交互作用中也是如此。

至于个中原因,则要到概念论层面才看得清。本质论层面的思维还是以判断的方式,而不是以推论的方式展开的思维;事情本身在这个层面也是以判断而非推论的方式展开的。这就导致事情本身在本质论层面始终"可望而不可即"。

§ 147

c) 由现实性中看出必然性要经历三个阶段。

直接的现实性与可能性互为中介,互为支持。二者就是总体性,因而是内容,二者也能在保持内外架构的同时发生内外相互转化。

首先需要提醒读者的是,在到目前为止的几节(第 144—147 节)中,"可能性"并非泛泛地指一个事物可能这样,也可能那样,而是具有"本质"或"根据"这一特殊含义。它与现成的直接状态构成二元设定,是事物内部的一种可能的本质或根据。

直接的现实性对应前面"偶然性"层面的外部状态,即直接看得见、摸得着的状态。但是事情不能仅止于此,比如一匹马从我面前跑过,我不可能止步于这个现象,无论为了排除危险起见,还是为了马的状态起见,我都要再做些什么。我观察它跑过的路线,以及周边的状况,为这件事情提出一种可能的内部根据(可能性),比如"有人追杀"、"马在撒欢"之类,作为对此事的一个解释,尽管我对这个根据并无十足的把握。这样一来,直接现实性与可能性构成互为中介、互为支持的二元设定。二者的相互中介过程是实实在在的可能性,而非单纯逻辑上的可能性。这个相互中介过程也是整个的事情,是总体性。

直接的现实性与可能性这二者也能在保持内外架构的同时发生内外的相互

转化,这不是说原先的某件事情的内核与外观直接相互颠倒,它是就各种事情普遍而言的。世界上有各种复杂的"事情",只要有内核与外观组合起来构成一个完整的闭环,就是一件事情。但此事情的内核未必不能充当彼事情的外观。比如马表现在外部的矫健奔跑原本与作为内核的健康互为中介,但这里所谓的健康并不是永远只能充当内核的,它在别的"事情"中可能充当外观。比如在"营养调和与健康"这个二元设定中,健康又成了外观。

偶然的现实性在事情实现于外或扬弃自身的活动中得到证实,这种现实性发展为另一个偶然的现实性。由此可见有某种整体格局在自身内反映和自我扬弃,这是事情的现实性。

"偶然的现实性"也被黑格尔称为"事情的现实性",这个阶段开始意识到事情本身的重要性。如果我们只盯着直接的现实性,虽然也能在它内部设定一种可能性,使二者像演双簧一般相互配合,但我们心里毕竟是发虚的,因为这里的内核与外观都像"临时演员"一般,虽然组成一个"草台班子",但随时可能跑去别家充当其他角色。所以黑格尔觉得这里的当务之急是不能沉溺于这种城头变幻大王旗似的局面,一定要看出主干性的事情(Sache)来。偶然的现实性在事情实现于外或扬弃自身的活动中才真正得到证实。

比如我们看见竹子生长,它从竹笋破土到节节拔高,中间"牺牲"掉许多叶片。我们如果以规律思维去观察,拘泥于总结规律(即一些规则性出现的现象,比如一节竹子通常有多长),那永远是在外围打转,永远"追"不上竹子本身的生命。因为作为竹子根本形式与秩序的那个生命压根就是规律思维无法触及的事情本身。——由此反观前面的章节会发现,黑格尔将规律思维放在现象论中讨论是很有道理的,因为规律思维永远无法突破向人呈现的这个层面(现象)。

发达的现实性是我们看出了事情必然实现,所谓的内核只是一个暂时的先行预设,内核与外观合而为一,互相交替,这就是必然性。

"发达的现实性"也叫"必然性",这是第三个阶段。必然性作为发达的现实性,不是现成就有的,而是前两个阶段演进而来的,说白了,就是承续前一个阶段已经看出的事情本身,从事情本身的角度而言的必然性。然而所谓的事情本身,也不是撇开外部条件而言的一个单独的东西。比如竹笋在成长的过程中,它的每一个部分看着都很偶然,作为这个成长过程的"事情本身"的生命,也不是撇开所有这些部分之后剩下的一个什么东西(全撇开就什么都不剩了),而就是这些看似偶然的部分的运动。这种意义上的事情本身,不是仅仅作为内核的一个单独的东西,像是"直接的现实性"阶段被当作内部根据的那个可能性一样,它是与外观合一并相互交替的。此时我们才算真正把握住了事物的"不得不然"。

[说明]必然性是可能性与现实性的统一,它是貌似坚实的各种现实环节背后的概念,要理解它就必须将这些坚实的环节看作破碎的和正在过渡着的一些形式,因而难度很大。

必然性(绝对必然性)作为可能性与现实性的统一,实际上就是偶然性和相对必然性的统一。在那两个层面,思维或者是把偶然性看得太坚实(偶然性阶段),或者是把偶然性虚化了(相对必然性阶段)。但是,实和虚都不是全部。只要我们抓住貌似坚实、又容易被虚化的各偶然环节内部的必然性,偶然性环节的"实"与"虚"才都有着落之处。

[附释]对于必然性,我们习惯于追问其理由,想将它作为被设定者和被中介者,但那与真正的必然性的本性冲突,会使必然东西成为依赖于他物的偶然东西。

对于必然性,我们总是在它背后找一个理由,似乎一定要把它背后的主使者揪出来,才能安心。这种思维习惯就将必然性也做成外观和偶然东西了。其实这是割裂必然性与偶然东西,也不知道如何尊重形式与秩序导致的。必然性就是需要尊重的形式与秩序本身,不懂尊重,就容易徒增亚里士多德批评的"第三人难题"。

必然性之所以显得盲目,是因为直接现实性的遮蔽,这种直接现实性不可被等同于事情本身,它会转变为一种新的现实性,进而使人看出事情本身。这种事情与神圣天意并不矛盾,后者的基础是概念。简而言之,我们感到盲目是由于没有理解必然性。因而历史哲学并非宿命论,而是神正论。

当人陷溺于直接现实性而不具备必然性的眼光,即不具备察知"是其所是"的眼光,便会觉得直接现实性才是道理,才是正义,而必然性反而成了对正常生活的一种盲目的妨碍和干扰。但在黑格尔看来,破除这种执念后,真正的必然性其实是可以理解的。另外,直接的现实性单凭自身其实并不稳固,会转变为新的直接现实性,思维只有具备足够的形式感,才能从中看出事情本身。

说到事情本身与天意的关系,虽然天意难测,但我们如果把它当成看不见的手,那就不仅将其神秘化,而且有引进"救急神"的嫌疑,徒增许多新问题。基督教背景下的天意概念是吸收了希腊宇宙秩序思想形成的。在黑格尔看来,天意与上述可理解的事情本身并不矛盾。神圣天意的基础是概念,而概念要到概念论中才会展示其全部秘密。但目前至少可以说,那种认为天意渺茫难解甚至盲目的想法,实际上是由于没有理解真正的必然性。——黑格尔这个天意概念极具启发意义。它不是在世界之上或世界背后另增一种神秘的意志,而是将宇宙的秩序本身当作天意的显现。前一种做法会带来许多不必要而又难解的问题,后一种做法则合乎古希腊以来的形而上学传统。

黑格尔由此扩展开去,说历史哲学不是宿命论,而是神正论。所谓宿命论其实还是上文说到的盲目感带来的:我们对于历史为什么这样发生,感到很盲目。但正如黑格尔前文中对偶然性的态度表明的,他心目中的神正论根本不是消除偶然性,给万物一个"上帝为何要使它这般"的理由,而是在偶然性中体察到绝对必然性,在尘世万千现象中体察到宇宙秩序,仅此而已。——但古人有没有达到这样的要求呢?从下文来看并没有完全达到,因为在古人那里,神灵是一种抽象的主观性,并未完全消除命运的盲目性。

古人认为必然性是命运,命运赋予人自由,而不是像今人一样认为现状与应该存在的状态相矛盾,因而不自由,他们认为应在即现在,没有不自由和痛苦、悲伤的理由。今人使主观性无限膨胀,失去了包括古代基督徒在内的古人对待命运的宁静而崇高的态度。应该达到比古今两种态度更高明的第三种态度:主观性寓于事情之中,因而个人主观性也随着顺从绝对主观性(上帝)而同样得到肯定,这就超出了古代那种"神灵只被认知,因而只有抽象主观性,命运是尚未被理解的盲目力量"的状态。

如今有一种广为流传的偏见认为,古代只强调必然性,没有自由。这种看法在黑格尔看来必定很可笑。的确,无论从行文的字面上看,还是从行事的方式来看,希腊悲剧、希腊哲学都相当强调命运。但黑格尔认为,一方面必然性是命运,但是另一方面命运也给人自由。因为自由也该是有形式、有方向的,而不仅仅是柏林(Isaiah Berlin)所谓的"消极自由"。今人往往认为现状和理想相矛盾,所以觉得命运是不公的、偶然的、盲目的。这种将偶然性与必然性、命运与自由割裂开来的习惯,在古代不能说没有,但较少形成一种遍及全社会的意识形态。

古人认为应在即现在。应在乃合乎宇宙秩序的状态,而不是近代乌托邦意义上的未来社会状态,所以它当然就在当下实现着,当然就是现在了。那种认为现在应以被设定在过去或将来的某种状态为尺度来衡量的看法,是典型的历史主义,在古代或许零星得见,但并未形成大规模的思想潮流,更没有像现代那样凝固为整个时代的意识形态。在这种情况下,古代当然不会产生后世那种因历史主义的时代间对照而带来的不自由、痛苦、悲伤等感觉。

黑格尔说今人使主观性无限膨胀,即强使世界符合人的主观要求,于是失去了包括古代基督徒在内的古人对待命运的宁静而崇高的态度。古人把世界当成是一个可以信赖的家园,尽管它不完全符合理想,但它是一个可以使人教化提升的家园。——黑格尔自己主张的主观性不是以人为中心的这种"有限的主观性",而是以事情本身为中心的"无限的主观性"(参见概念论的第一个二级层面)。

但我们不要因此就认为黑格尔厚古薄今。黑格尔的主张实际上"亦今亦古"又"非今非古",他要达到比古今两种态度更高明的第三种态度。如果说古代的态度太过实体化,主体性不够,而现代的态度主体性太强,实体性不够,那么黑格尔的态度并不是像和稀泥一样简单糅合主体性与实体性,而是主体性寓于事情之中,即人的主观性也因为顺服绝对的主观性(绝对者、绝对必然性)而同样得到肯定。这当然不是说人要追求成为绝对者,而是顺应宇宙秩序去锤炼、提升人的主观性。其实黑格尔的核心思想还是克己,而不是狂妄地要跟绝对者合一。这种克己主要是针对现代科学、现代规律思维而言的,而不是针对古代而言的。古代人对绝对者与命运的理解还没有现代这般发达:古代人凭借史诗、悲剧中的追忆而与半神半人的英雄人物打交道,因而绝对者在当下的人看来是一个抽象的主观性,相应地命运也具有尚未被理解的盲目力量的成分。用黑格尔的话来说,古人还不算真正达到了绝对者的概念。所以,古人对命运虽然有一种崇高的坦然应对,但由于命运依然带有盲目性,他们在命运中达到的自由也是有限的。由此才引出了黑格尔所说的第三条道路。

人不应该为偶然因素与自然性所惑,认为命运盲目或不公,而应该在求取真正自由的过程中成为自身命运的主宰者。

黑格尔所谓的成为自身命运的主宰者,并不是通常想象的压服他人以及自己生活中种种不符合主观意欲,快意恩仇,胜者为王,而是使自身命运不受偶然因素的宰制,不在偶然性之海中随波逐流,要在顺应宇宙秩序的同时达成真正意义上的自由。

[导引] 接下来讲到的条件、事情和活动,导向实体性、因果性和交互作用这三种绝对的对比关系。这是《逻辑学》"现实性"层面上的一个关键隘口。表面上看,它是要巩固我们对绝对必然性的理解,实际上它是现代世界"神人之分"或"天人之分"的关键节点,当然它同时也是神人沟通或天人沟通的关键节点。而这个隘口的要害在于,在从相对必然性到绝对必然性过渡的过程中,不要把绝对必然性理解成满足相对必然性的需求的东西,而要将它理解成一个更崇高的事情。就整个本质论而言,这意味着连提出"如何走出二元设定?"这类问题都是很艰难的:内行的人一听这话就知道,提问题的人很难找到他所期待的那种答案。因为他没有意识到,当他站在人的立场上追问如何"走出"的时候,是带着特定的方向和方式在问,他是把二元设定之外的情形当作"解决"二元设定困境的法子——实质上是当作满足二元设定的需求去追求的。这就是说,极力思考如何"走出"二元设定,这本身就有强化二元设定的危险。但如果不将绝对必然性当作满足相对必然性的手段,那么上述问题与说法也是可行的,因为它们已经是在更高意义上提出和言说的了。

为什么说绝对必然性不是为了满足相对必然性?现代人只有在社会中才能成长,也才能成为国民,而社会除了是种种对个人感情漠不相关的经济、政治、技术、交往等"身不由己"的活动之外,别无其他。与此相似,相对必然性构成现代的基本生活方式,它不是要靠人力"走出去"的。以相对必然性自身的眼光来看,它并没有什么毛病;以绝对必然性的眼光来看,相对必然性虽然有自我封闭的危险,但也不是凭借二元设定的方式能"突破"的。人越是刻意要走出相对必然性,越是走不出。相对必然性是二元设定凝结而成的最高产物,也是最隐蔽的产物。因为它是以反二元设定的面貌(必然性)呈现出来的。

可见绝对必然性不是以本质论二元设定的方式"追求"能求得的,它反而很有中国人所谓"克己"的意谓,即放下对于"追求"本身的执念,顺应宇宙秩序本身。从绝对必然性开始一直到后面的三种绝对对比关系,都可以当作是为概念论作准备的。只不过三种对比关系还有一间未达,那就是它们还没有达到推论跟判断的关键性区分,因而也没有像概念论层面那样以真正思辨的方式运行。

§148

论条件、事情和活动。1) 条件是事情的预设,在不顾及事情时是外在偶然实存着的情况(Umstand),在顾及事情时是伴随着整个事情始终的被动材料,虽然已经包含事情的内容,但并未进入事情的内部(内容)。

这里的条件不是主观上执行某件事情所需要的条件,而是事情本身的条件。为什么这么说?因为现实性层面已经超过了前面那个由人的认知与行动构想与凝结而成的"现象世界"。现在的事情是实体性的事情,类似于《精神现象学》中描述过的古希腊、古罗马伦理实体状态。

在思维达到这样的"事情"之前,这条件呈现为什么?人周围的东西都是"有一搭没一搭"的一出一出轮番上演①。我们只会把它们当成赤裸裸的"现实"——并不真正具备现实性的现实,即只能被动接受而不能加以理解的现实。这实际上是"变味"了的、单纯实存意义上的"现实"。

而在理解并顾及事情的情况下,思维发现这世界有它的"讲究",并非实存的一切皆为真实的、合理的。从事情本身的角度来看,条件对于事情本身是漠不相关的,并不具有天然的正当性,它只不过是事情发生时的环境。它可以充当事情发生的被动材料,虽然被动,却也不可或缺。这正如仆人通常并不理解英雄的高贵之处,甚至时常腹诽英雄,英雄却也离不开仆人的生活服务。——这里需要特别留意的是,事情的内容全都在这条件中发生,但我们不能说条件已经达到了事情内容的深度。

2)事情是被预设为独立内容的东西,以条件为外部实存,并通过条件实现内容,但与条件构成内外二分的格局。

黑格尔的话很有分寸,目前阶段的事情其实还不是真正的事情。它只是承接前一阶段"被顾及的事情"而来的(只不过现在开始正面谈论作为"内容"的事情了),但单纯被顾及的事情还不算真正的事情。此时的事情还只是一个与外部条件形成二元设定的内核。

3)活动既独立实存,又只在条件与事情中才能存在,是条件与事情相互转化的运动,实际上只不过是事情在条件中的潜在状态实现出来,并通过扬弃各种条件的实存而维持事情的持续存在。总的来说,活动就三个环节相互独立而言是外在必然性,其中事情因为只具有简单的规定性(与条件相对立)而只是像条

---

① 这与这些东西合乎科学规律并不矛盾。目前已不在现象论层面谈问题。目前所谓的偶然性不是指这些东西不合规律,而是指这些规律本身的构成是偶然的。

件一般的外在的整体。

活动当然是事情的实现过程,它实际上是主动克服被二元设定的事情。其实从来都是"有事情必有活动",没有活动的事情不叫事情,但之所以目前阶段才将活动凸显出来,是因为活动在先前平平淡淡,服从于二元设定,只是到了目前阶段才具备思辨性统一的功能。

条件与事情相互转化是在一般意义上相互转化,即此处的条件在彼处成为一件事情,而此处的事情也有可能成为彼处的条件,而不是某个特定条件和与之相应的那个特定事情直接互变。总而言之,黑格尔强调的是没有绝对固定的条件,也没有绝对固定的事情。

在原本看不出事情的条件中,事情通过活动实现出来,比如我们通过水的形态变化(雪花的凝结成形与下降),看出气候的变化。我们表面看见的就是各种条件的轮番消失与出现,通过这个消失与出现的过程,事情得以维持。

如果我们一定要将条件、事情、活动这三者当成三个不同的东西,那么我们只能看见外在必然性,即只能发现"事情必定如此变化,但我并不理解何以如此"。这样一来,事情以及事情的整个活动就显得只是像条件一般的外在整体:三者相互外在,因而它们全都是外在的东西(包括以"内在"面貌呈现的事情),一同构成外在的整体。

§149

必然性作为本质,与条件(直接性)和事情(间接性)二者相对峙,使后两者相互转化。这样的必然性因为依赖他者,而只是被设定的东西,需要一个中介的过程,这种被设定状态和中介过程被扬弃为现实性。必然的东西一方面是各个情况构成的圆圈,需要这圆圈的中介,一方面是未中介的,即以自身为自身根据的。

条件和事情必然会相互转化,或者说事情必然会在活动当中实现出来。这里的"必然性"是第148节描述的同一个过程的另一个说法。其实第148节谈到事情的时候,以及早前在"现实性"层面开篇谈到现实性问题的时候,对于事情、现实性的态度都是敬畏的,早已不像"现象"层面那样对世界予取予求并构造出一个自己的知识世界了。在这种态度看来,必然性是本质,人虽然看不透它,但却将其作为根本来敬重——当然,此处的"本质"只是泛泛地表示根本,不可生硬套用现象论中的二元设定,因为那里还谈不上什么敬畏。由此可见,绝对必然性是天人之际的关键。

但这样的必然性因为依赖他者,而只是被设定的东西。如果说必然性就像内部贯穿、涌动的血脉,那么条件和事情就是它的管道。这样的必然性还是被思维设定的内核,与此同时我们真切地感到实在的、有把握的东西毕竟还是条件和事情。如今在条件和事情内部设定一种必然性,就像第148节先前在条件内部设定一个事情一样,是并无把握的设定。这样的必然性离不开条件和事情的中介,而这个中介过程则被认为凝结为现实性,即一种既被认为有道理,又令人无可奈何的现实局面。天长日久,这种现实性就被当作一种习以为常又无需追问的状态。

必然的东西一方面是各个情况构成的圆圈,指的是必然性必然表现为条件和事情构成的圆圈,如四季轮回就是如此。另一方面,我们又需要正面重视必然性,即不要拘泥于条件和事情对必然性的表现,而要在不脱离表现的同时抓住必然性本身。

a 实体性对比关系

§150

绝对的对比关系要经过绝对必然性的确立,此后对比关系以绝对同一性(实体本身)为起点重建自身。此时实体是内在的必然性,与呈现为属性的外在偶然性相互否定,后者是向另一种现实性的过渡,过渡是作为形式活动的实质同一性,即只是表面活动。

绝对的对比关系可以视作绝对必然性的具体展开。反过来说,只有当绝对必然性被确立为事情本身,或被确立为世界的真正主角,在这个前提下才谈得上绝对的对比关系。从此之后,三种绝对对比关系都以绝对同一性为起点建立起来。绝对同一性就是作为世界的绝对必然性的绝对者自身。世界的“主动权”归于绝对者,这绝对者在特定语境下也被视作实体。黑格尔说实体是内在必然性,强调的是绝对者就是我们世界的重心或压舱石。而这种内在必然性只能表现为外在偶然性,后者就是不同现实性之间的转变。或者说内在必然性是在表面的转变不已中透显出来的实质同一性。从此以后,世界就其表面而言固然处处皆为偶然,但既然思维懂得立足于世界本身的绝对必然性看问题,这种偶然性便也依照思维的"眼力"深浅的不同,呈现为深浅不同的三种绝对对比关系。

§ 151

实体显现为偶性(Akzidenzen)的绝对否定性,即绝对力量,或一切内容的绝对丰富性,但内容就是显现。然而内容的规定性只是形式环节,该环节又过渡到实体。可见实体的形式活动和必然力量只是内容与形式的绝对转化。

依照《大逻辑》章节标题来看,实体性对比关系实际上是黑格尔在"绝对者"与"现实性"两个三级层面批判与克服斯宾诺莎式"实体—属性(Attribute)"关系之后,自己锻造出来的实体学说。但在本节"附释"中,黑格尔依然将斯宾诺莎的实体学说作为"靶子",因此我们也可以将其作为参照对象。在斯宾诺莎那里,属性是因应人类而言的。实体原本可能有无数种属性,但人所接触到的属性只有思维和广延这两样,因此斯宾诺莎便以这两种属性来界定实体的本质。人所能接触到的思维和广延永远达不到实体的程度,更别谈超过实体的能力了,因为实体就思维而言是绝对思维,就广延而言是绝对广延。简言之,实体是绝对力量。但黑格尔要强调的是,我们固然可以将一切内容"最大化"之后加到实体头上,显得实体是"一切内容的绝对丰富性",但实体的内容无论多么高妙,无论多么丰富,也还得显现,还得跟我们人世间的东西发生关系,而且那是一种公开的、可理解的关系,而不是什么神秘与奇迹。

内容的规定性若从抽象的赞美回到现实的显现,便会显露出其作为思维的整体架构的外部环节(即形式)这一本来面貌。而这个环节在"实体性—偶附性"架构(不同于"绝对者"三级层面的"实体—属性"架构)之下既隶属于实体,又将思维引向实体,因为此时偶性与实体之间的关系已经是内在的相互过渡关系,而不是像斯宾诺莎那里一样外在的相互反映关系。

为什么说实体的形式化活动和必然力量只是内容与形式的绝对转化? 实体的绝对性能否真正立得起来,不能光凭思维的二元设定,还必须把从实体到偶性与从偶性到实体这两个方向的过渡都讲明白。不然的话,人无论将尘世间的多少美好事物"最大化"之后加给实体,都是没用的。内容和形式的绝对转化,不能光从现实事物的角度去看实体,因为那样无论设想多少美好内容,都会形式化。这个绝对转化还需要我们从实体的角度看现实事物。也就是说,现实的事物之所以现实,不仅仅是因为我们感受到它现实,也是因为世界的绝对必然性。

斯宾诺莎认识到了绝对者,这是一大功绩。所以黑格尔才说,要研究哲学,首先必须成为一个斯宾诺莎主义者。①这样的赞扬黑格尔何曾轻许过另外一个人？但他批评的是,斯宾诺莎做的还很不够。

[附释]斯宾诺莎提出的实体虽然是理念发展过程中的一个重要阶段,但并非理念本身,而是采取有限必然性形式的理念。上帝虽然是绝对的事情本身,但也是人格,斯宾诺莎没有到达后一方面,就此而言,斯宾诺莎带有犹太人的东方性,也就是把有限事物单纯视为无价值的易逝之物,缺乏西方的个体性原则。

斯宾诺莎的实体仍然处在必然性这一"有限形式"下,这是它在逻辑科学意义上的局限。其实整个本质论所达到的必然性(包括绝对必然性),只要它还处在本质论的层面,都还是很有限的。这就是说,这样一种思维方式和必然性向我们呈现的方式还是很有限的。相比之下,概念论就不再争论什么必然性、偶然性了,那些都成为过眼云烟。人只要争什么偶然、必然、有限、无限,就还是底气不足的,没有真正站在宇宙秩序的高度看问题,没有真正达到斯宾诺莎自己提出的从"永恒的形态"看问题。斯宾诺莎自己提出的实体就还不是理念本身,它还是人站在其自身与有限事物的角度在看待理念。

黑格尔批评斯宾诺莎的上帝不具备人格性,带有东方的局限性,也就是将有限者与无限者割裂开来看待,缺乏西方传统下绝对者的那种个体人格式的思辨呈现。在黑格尔看来,斯宾诺莎的上帝只是抽象意义上的绝对者,他不能应对现代这种张大主体性、个体性的生活方式。而个中原因则在于斯宾诺莎未能完成从现实事物中看出绝对必然性这个步骤。

斯宾诺莎哲学不是无神论或泛神论,而是无世界论。但从他试图否定世界而向上帝提升来看,其哲学无疑也带有泛神论的意味。

将斯宾诺莎哲学归于泛神论,这个做法早已有之,在黑格尔的时代尤其流行,一直延续到费尔巴哈那里。但"泛神论"在当时并不是什么好词儿,它代表不敬神,它的名声近乎于无神论,有时甚至还不如无神论。在黑格尔这里,如果允许我们生造一个词的话,无神论和泛神论显然可以归入"有世界论",它们是肯定世界的;但斯宾诺莎在黑格尔看来则是否定世界的"无世界论"。

在黑格尔看来,西方人从希腊以来就是讲究自由的。而自由的精髓既不是

---

① 黑格尔:《哲学史讲演录》(第四卷),第101页。

凭着欲望驱使为所欲为,也不是反过来没头没脑地扎进人所构想的一种绝对者怀抱中。西方人讲究的是一种个体性原则,即在张大人力的同时依从宇宙秩序。黑格尔认为这种自由在历史上并未很完满地达成,但却是古代道路与现代道路之外最值得追求的第三条道路。

那么在这种眼光的比照之下,斯宾诺莎那种东方性就显得太片面了。这种无世界论虽然超迈于同时代之上,但终究是有缺陷的:它没有个体性,没有真正的自由。黑格尔当然也不是反过来直接主张前述两种"有世界论"。世界既然是我们生活于其中的一个大试验场,就有它有限的道理,我们在生活中就要体会一番道理,向着宇宙秩序提升。这些道理也是绝对者呈现给我们的,它是我们生活的使命所在。

虽然斯宾诺莎否定世界,但世界毕竟因其被否定,因其在消极的意义上充当人接近神性的手段,而有一定的价值。另外斯宾诺莎其实也是参照尘世来理解上帝的,比如他提出来作为实体的本质的两大属性便是如此。由此看来,他的哲学也有些泛神论的意味。

斯宾诺莎的几何学方法没能证明如何达到思维与广延的差别,只是以定义和公理断定上帝的同一性与必然性,进而以知性的方法将一切事物(属性与样式)归结为那些未经证明的前提(上帝及其特质),这样绝对者就成了黑暗而无形的深渊。

斯宾诺莎提出的定义和公理,显然不是说它们一上来就是人人都可以理解的。他是就事情本身而言,看到这些定义和公理乃"天理昭昭",必须首先设定下来的。换言之,斯宾诺莎将上帝的特质当作绝对不能质疑的直接性东西,认为一切讨论都必须基于它们之上,而它们自身是无需讨论的,剩下的工作只是从各方面出发向人显示它们如何如何重要,如何如何为生活世界所必需。然而在黑格尔这样的人看来,哪怕上帝的确具有这样的地位,那也得说清楚他为什么具有这样的地位。要从人所能理解的东西逐步逐步通过思辨—辩证的路径走向上帝的不可置疑、不可或缺。但斯宾诺莎居然采取几何学这种在康德、黑格尔他们看来本身就需要哲学奠基的数学方法,通过定义和公理把上帝断定下来。这种做法恰恰就落入本质论的"现实性"二级层面上"绝对者"概念之中了。①在黑格尔

---

①　黑格尔无意于把斯宾诺莎学说放在绝对对比关系的第一个层面("实体性对比关系")。他只是拿属于"绝对者"三级层面(依照《大逻辑》章节标题)的"绝对者"范畴与之对照。

看来这无疑是一种知性的思维。

接下来斯宾诺莎在同样的知性思维主导下,把对人而言很切近、很实在的一切事物都归结到那个并不实在、并不亲切而又貌似无可置疑的前提上。

§152

绝对必然性的第二种形式是因果性对比关系,此时实体呈现为真正意义上的对比关系。

正如实体性对比关系中的实体不能简单理解成个体事物,而是绝对者或绝对必然性在世界上的普遍实现方式,因果性对比关系也不能简单理解成一个东西跟另一个东西之间具体的相互作用。

具体如何理解作为绝对对比关系的因果性对比关系? 我们还是参照实体性对比关系来看。实体性对比关系是在确认世界本身的绝对必然性之后,在抽象的意义上初步展现绝对者与偶性之间相互内在的关系。可是问题在于我们仅仅把握到这样一种绝对必然性还不够。这绝对必然性不仅使得我们在万物身上印证绝实体有多么绝对,还要在事物与事物之间现实的、具体的关联与活动中体现出这种绝对性来。因此因果性对比关系才真正进入令我们感到实在、切近的现实关联中,较之实体性对比关系而言它是更具体的。——但需要注意的是,绝对对比关系已不同于本质性对比关系,绝对者与现实关联之间的关系已不可简单地用现象论中的二元设定模式去设想了,虽然这种关系也未能完全摆脱二元设定。

b 因果性对比关系

§153

在因果性中,实体不是向它之外的属性过渡,而是成为自身内反映(原因),又扬弃这种自身内反映,于是产生出作为一种现实性的作用,这作用既被设定,同时也是必然的。

因果性对比关系与实体性对比关系中"实体性—偶附性"模式不同,它的两个要素(原因与作用)之间具有了更大的独立性与自由性。正如"三位一体"(父—子—灵)之间的关系模式显示出来的,实体与偶性之间的偶附性关系模式毕竟不能穷尽绝对者与世界之间关系的全部内涵,绝对者以"原因—作用"这种模式内在于世界之中,才是更具思辨性的、更彻底的。

实体不是向它之外的偶性过渡,而是成为自身内反映,又扬弃这种自身内反映,这是对因果性对比关系的典型描述。实体无论作为自身的还是他者的原因,都是一种自身内反映,而不是向外物的过渡。实体作为自身的根据,这固然是自身内反映;它作为他者的原因,即作为它的直接活动的原因,或作为他者那里某种效应或特质的原因,都是与那个活动、效应、特质(统称"作用")构成一个以这实体为根据的"回环",而实体与这个回环形成自身内反映的关系,比如上帝与另两个位格以及尘世事物带有的神圣性之间的关系就是如此。与此同时,作用既是因应原因而被设定的,也是原因的必然表现。实体作为自身的原因,必然在尘世间有其各方面的作用;它作为他者的原因,也必然与上述直接活动、效应、特质构成回环。简单说来,有原因必有作用,原因也只有在作用中才成为真正意义上的原因。

［说明］作用的内容全部在原因中,作为原初性本身的必然性所具备的同一性,既是内容,也是形式。作用只不过使原因的原初性被扬弃,从而使自身被设定为作用。此时原因并未消失,只有在作用里原因才是现实的原因,这种原因方可称为自因。

作用的内容全在原因中,原因也只有在作用中才是现实的原因,这都是对我们前文中说到的原因与作用的自身内反映关系或一体关系的重申。现象论中二元设定已经让我们明白了二元之间的这种内在关系;如今在现实论中达到世界的绝对必然性后,这种内在关系从现象论中为人服务的解释方式一跃而为绝对者在人看来的客观呈现方式,于是原因与作用之间的关系不仅关乎对世界的解释,更关乎世界的存续。

在黑格尔看来,斯宾诺莎式的自因仅仅僵持在原因形态中,并用实体向样式的抽象"表现"来弥补这种僵硬性,这终究没有把握到因果性对比关系的前述精髓。实体作为自因不能光是由人来空空地宣称它是自因,然后将一切都归给它。如果拒绝因果性对比关系,实体的自因性终究是没有着落的。

雅可比批评斯宾诺莎的自因是形式主义,而且认为上帝不可被定义为根据,而必须被定义为原因。但由于他没有看到原因和作用的内容是同一的,所以他的批评是无的放矢。

雅可比已经提出了一个尖锐的问题，就是斯宾诺莎讲绝对者是自因，却没有说清楚是何种自因，只表达了一种很主观的决心，即维护绝对者自本自根的地位。雅可比认为绝对者不能被定义为根据，这有一定道理，但他恐怕还做不到像《逻辑学》这样透彻讲清根据与因果性对比关系的区别。雅可比看不到原因和作用的同一性，也便说不清实体与尘世间各种有限规定的思辨关联，终究会陷入他对有限规定和中介活动的片面排拒态度中去。

原因与作用如果被当成两个独立实存，在有限的层面上会导致无穷倒退，因为原因必为另一原因的作用。

在有限的层面上，原因与作用之间关系的无穷倒退不难理解，它指的无非是此一因果性中的原因在彼一因果性中可能充当作用，此一因果性中的作用在彼一因果性中又可能充当原因，故而整个世界是一个无数因果性对比关系相互交叠的场所。这是一种陷溺于因果性的表面形态而不知因果性的思辨根源的知性眼光。

然而现在问题的关键是，作为绝对性对比关系的因果性对比关系显然不是这种有限的因果性，前者是绝对者或世界的绝对必然性在人看来的客观的实现方式，而不是因果性的表面形态。黑格尔希望我们看准世界本身的"是其所是"（这里表现为原因与作用的同一性），不要退坠到有限的层面上。如果我们的眼界局限在人类生活及其所需上，那么抓住上述表面形态就够用了，精于此道的人常常还会被赞誉为"会来事儿"。但因果性毕竟有其上达宇宙秩序的更高面向，那个面向是世界本身存续的关键。

[附释]通常的知性以找出因果性为功绩，但那只是有限的因果性。作为必然性的因果性需要扬弃因果之间的中介性，上升到简单的自相关联的层面。原因与作用的内容为一，区别仅仅在于设定活动与被设定状态之别，这种形式上的区别扬弃之后，我们会看到原因与作用固然是相对于对方而言的，但同时也各自是其自身的原因和作用。

黑格尔在这个"附释"中挑明了"有限的因果性"与"真正的因果性"的区别。前者是我们对本节"说明"的解析中所说的有限层面上的因果性，或因果性的表面形态；后者是作为绝对性对比关系的因果性对比关系。

寻常的知性（包括许多科学研究）以找出因果性为功绩。这也的确是一种功绩，极大地便利了我们的生活，繁荣了经济与科技，但很难说是绝对意义上的功绩。除此之外，它还有一种逻辑上的强制功能，就是把我们局限在因果性的表面形态上。

但真正的必然性，即作为绝对必然性的因果性则需要扬弃有限因果性中原因与作用之间的中介性或相互外在性，以二者的同一性为基点。比如"太阳晒，石头热"这个例子当中，我们要留意的并不是作为一个规律的表面因果关联，而是作为一种绝对必然性的有规律性，即世界毕竟是有规律的，而非纯偶然的。或者说，我们要留意的是以这种有规律性为准绳去看待作为原因与作用的两种现象。

同样的意思换一种方式来说就是：原因与作用看似两个不同的东西，实际上它们的内容是同一个，即上述有规律性（或曰"合秩序性"）。而这同一个内容又在原因与作用这里分别呈现为两个形象：一是肇始某种局面的力量（原因），一是被造成的局面（作用）。

就世界的有规律性而言，它自身既是原因也是作用，它既是作为原因的它自己的作用，也是作为作用的它自己的原因。至于它如何同时是自身的原因和结果，这个问题就引向了后面的第三种绝对对比关系：交互作用。

§ 154

因果性的进一步发展是交互作用，也就是不同实体的设定，并相互扬弃自身的直接性和对方的主动性，因为原因与作用都不是固定的存在，反而表明其设定性，显示出自身是"预设"。扬弃对方主动性的另一个实体便是能作出反应的实体。

因果性虽然展示了绝对必然性体现于事物相互关系中的情形，却还不是绝对必然性的"究竟"真相，它扬弃自身，发展为交互作用。因果性的"短板"在于设定了一些直接的、具有固定角色（比如主动者或被动者）的实体。交互作用便是对这种固定角色的扬弃，使得思维即便进入实体的相互关系内部，其眼光也不拘泥于这些角色本身，而回到绝对必然性。而实体扬弃固定角色，首先就表现为相互扬弃对方的主动性，使主动性不为哪个实体专有，而为所有实体普遍具有。

需要附带解释的是，正如前两种绝对对比关系（实体性对比关系、因果性对比关系）不能在有限事物的层面理解，交互作用也是如此。我们不要拿有限层面的"出击"和"反击"（或"作用力—反作用力"）的模式，去设想交互作用，要把它理解得更根本一些。换言之,这里的交互作用是在绝对必然性最具思辨性的实现方式的意义上来理解的,即在上述实现方式的深度上观察事物相互之间的作用。交互作用的要害不在于作用与反作用的具体情形,而在于交互性及其根据。

[说明]交互作用才真正扬弃了原因和作用的无限进展,因为直线式的向外伸展关系,发展成圆圈式的返回自身,作用与反作用实际上成为自身反映。

原因和结果的无限进展就是一环扣一环地不停追究某作用的原因,以及这原因的原因,也不停地追究某原因的作用,以及这作用的作用……扬弃这种无限进展,一方面是通过暴露出事物并无固定角色,表明因果性对比关系的实质是交互作用,另一方面是通过进一步显示出交互作用是绝对必然性的自身反映。

c　交互作用

§155

a) 交互作用的双方都既是直接的存在、作用、被动的东西,也是被预设的状态、原因、主动的东西。自在地来看,二者是同一的,不存在两个原因,只有一个原因,这个原因既在作用里作为实体扬弃自身,也通过作用而独立存在。

交互作用既不是两个实体的外在"相互关系"那么简单,也不可仅仅看作两"套"或多"套"因果性叠加的产物。所谓自在地来看只有一个原因,指的是既作为实体起作用,又作为作用独立存在的同一个因素。那个因素我们称它"原因"已经不太合适了,因为有原因必有作用,称它"原因"就还是在因果性模式下看问题;严格来说一个原因都没有,那个因素只能叫绝对必然性,它是对因果性模式的扬弃。其实我们生活中,但凡不是抱着很强的功利心态去刻意做成,而是生活中自然而然、不可或缺的活动,比如影迷看电影或农夫下地做农活,都是没什么因果性可言的,它们本身就是一种具有绝对必然性的生活方式。这样一来,交互作用的双方在一种绝对必然性的引导下便"互为因果"。比如影迷看电影与写影评之间,乃至看电影与选座位之间,都是这种关系。

§156

b) 双方的统一也是自为的,而双方的区别的虚无性不仅仅是我们的反思,交互作用本就是对双方独立性的扬弃,使之转化为对方,从而原因的作用变成反作用。

交互作用的双方之间的统一性或协同作用,不是我们(读者与黑格尔)的反思外在强加的,而是"交互作用"范畴的题中应有之义。所谓双方的区别的虚无性,是指"施动"与"受动"、"原因"与"作用"这些角色已经不能长久固定在哪一方身上,双方都只有既是作用又是反作用,都只有作为同一个系统的不可分离的双方起作用,才有意义,否则双方都根本不存在。

举个简单的例子,脚踢到石头会痛,这个过程无论从脚的角度还是从石头的角度来说都有作用力和反作用力(我们通常说的"脚的作用力和石头的反作用力"只是从脚的角度来说的),因此这里出现了两个角度下所见的四个力。但它又不仅仅是这些,因为如果脚与石头之间没有如此这般相互配合起来发生交互作用的可能性①,所谓的两个角度、四个力便都不存在。

[附释]交互作用是充分发展的因果性对比关系,它虽然站在概念的门口,但还不是概念,因而不可认为将两个原因直接设定为交互作用着的,就做出了深刻的解释,因为不同方向的因果性是在不同意义上而言的,交互性是认识到双方以某个更高的第三方为基础,比如斯巴达民族的概念是该民族的礼法与政制相互作用的前提。

交互作用虽然极为深刻地表达了绝对必然性或绝对者在世界内的存在,但毕竟还没有达到概念论所描述的普遍性、特殊性与个别性三者之间思辨性的自由关系,因而还算不上真正概念论意义上的概念。——当然交互作用还是可以算作广义"概念"的。

正如我们前文中的解析提到过的,两个因果性的叠加算不上交互作用,因为不同方向上的因果性是在不同意义上而言的。"交互作用"范畴代表思维认识到了起作用的双方以更高的第三方——世界的绝对必然性——为共同基础。而世界的绝对必然性也不是什么神秘莫测的东西,比如它在我们前文中举过的"脚踢石头"这个例子中就体现为双方的配合。

黑格尔举了民族的例子来说明这一点。不同民族有不同的民族精神与民族

---

①　比如脚踢到空气并不痛,这表明脚与空气之间就没有如此这般相互配合,至少没有在人的疼痛感阈值内相互配合起作用。我们更不会说"脚踢到爱情"这类糊涂话。

气质,这种精神、气质作为民族的概念,决定了不同民族的礼法与政制相互作用的形态,比如在斯巴达与雅典,礼法(伦常习俗)与政制(制度规章)在生活中所占权重自然各不相同,二者在较量与权衡时形成的局面当然也不尽相同。但相同之处在于两个民族的礼法与政制都受制于其民族概念。

§ 157

c)自相交替就是设定起来的必然性。实体经历因果性与交互作用锤炼的行程是作为否定的自相关联的设定活动:之所以否定,是因为那是独立的现实事物的关联;之所以自相关联,是因为这些现实事物的独立性不过是它们的同一性而已。

所谓的自相交替,指的是从双方的同一性来看,交互作用的双方内部的作用、反作用,都是相互离不开的。从配合的角度来看,这其实是同一个协同作用系统在内部自相交替,类似于人的左右手互搏。就作用的双方对外呈现出的独立性而言,交互作用当然是对它们的否定;然而就它们原本就具有的同一性而言,这其实是对它们的成全与提升。

还有一点需要说明。在三种绝对对比关系的演进过程中,实体的实体性并未消失。就二元设定而言,因果性对比关系当然表现得最远离实体的实体性,面临着沉溺于表面因果关系而失去与宇宙秩序的关联这一极大的风险,而交互作用是在面临这一极大风险时幡然醒悟到实体性,是在更高层面上更加懂得珍惜这种实体性了。

§ 158

必然性的真理是自由,实体的真理是概念,自由和概念是既自相排斥又自相同一的独立性。

从人的角度来看,必然性代表束缚,实体代表僵硬固执,断不可能分别以自由和概念为真理。然而正如我们前文(对第149节的解析)中提到过的,如今乃天人之际的关键转折期,不可单纯从人的角度看问题了。

世界的绝对必然性"其大无外",再没有别的东西能制约它了,所以它是什么样,就是什么样,从其自身的角度来看的的确确是彻底自由的。但这里必须马上就接着声明一点:那个自由绝对不可以用我们凡人躲进舒适区、推行支配权、寻找确定性这套做法去想象,否则你会觉得它一点都不自由。斯宾诺莎也曾说过对神的理智之爱是心灵最高的满足、幸福、永恒,也是自由、得救之所系。①他是明白必然性与自由的思辨关系的。那么,这样的自由不是任性,也不是营造舒适区,而是坦坦荡荡地接受宇宙秩序"是什么就是什么",懂得"在永恒的形态下"(sub specie aeterni)待人接物。这样的生活并不代表永远云淡风轻与幸福自在,它同样充斥着偶然性乃至不幸,但从它并不受那些达不到宇宙秩序的低级层面的牵累来看,却不能不说它是人生的极致。

黑格尔说实体的真理是概念,指的是(1)"绝对者"三级层面上的实体以及(2)作为他自己锻造出来的"新"实体的实体性对比关系(属于"绝对的对比关系"三级层面)这两者的真理是概念论层面的概念。具体就义理而言,这话说的是真正的实体不能像斯宾诺莎那样抽象地设定,而要经历从现实事物中看出绝对必然性的锤炼过程;真正的实体也不能停留在实体性对比关系,还要经历因果性对比关系和交互作用这两种更深刻的绝对必然性体现形式,进入概念论中以推论方式(而非判断方式)展现普遍性、特殊性、个别性三者之间思辨统一性的状态。

自由和概念是既自相排斥又自相同一的独立性,是对概念论层面普遍性、特殊性和个别性三种总体性思辨统一这一基本格局的形象表述。概念至大无外,是独立自由的,它体现为上述既有区别又相互同一的诸总体性之间的推论关系。

[附释]最初人们并不知道必然性的两个方面(自为存在的内容与强制性、毁灭性内容)是同一的,因而不知道是必然性自由自主做出的局面;人必须放弃当前所是的和直接拥有的东西,即停止将各自分立的两个方面当作永远分立的,才知道真正的自由,而不是抽象的、属人的自由。

绝对必然性的两个方面,其实就是对人而言的两个方面:一是我们知道世界有其不可移易的绝对性;二是我们觉得它可信赖,但是并不可爱,因为它对于我们喜欢的好多东西而言是一种毁灭性的力量。然而这两个方面就绝对必然性本身而言实际上是同一的。人在不了解这种同一性时,便无法理解必然性对于我们而言的强制性对于其自身而言其实是自由,反而将必然性与自由割裂开来,认为它们是相互矛盾的。这就像一个生病的人会认为处方和药品都是对他的强制,然而在医生看来,它们恰恰是事情本身(病情康复)一气呵成顺利实现的方式。

---

① 斯宾诺莎:《伦理学》,贺麟译,北京:商务印书馆,1997年,第256—267页。

因应人与事情本身的隔膜便产生了一个要求，即人必须放弃当前所是的和直接拥有的东西。这里的关键不是在财物、身份、性格上的损失，而是放弃对于眼下这些状态与东西的执念，使人的生存与眼界不要局限于其中。与斯宾诺莎类似，黑格尔认为事情本身的自由才是真自由，而这种自由也理应成为人的目标。

自由只有以必然性为前提，才是现实的、充实的、真正的自由，而非抽象的任意。比如罪犯受到处罚，在根本上并非外来的偶然伤害，而是他本身行为的显现。

关于真正的自由要基于绝对必然性之上，这个意思前文已说过。这里我们只解释一下黑格尔的例子。罪犯受到处罚，从他自己的角度来看就像是偶然遭受的伤害，似乎执法人员是"存心"的。现实生活中的确有执法人员以公谋私的个案，但黑格尔这里说的惩罚的本质，而不是那些特殊个案。整个事情客观上而言，乃是犯罪行为引发的一个完整"回路"或砸回抛物者的一个"抛物线"：社会需要通过"有罪必罚"来弥补其公义，因而犯罪行为必然带来惩罚。从这个意义上说，惩罚就是犯罪行为必有的后续效应，或者说是犯罪行为本身的一种显现。用俗话说，这就是"自作自受"。

人的最高独立性是认识到自己完全取决于绝对理念，这就是斯宾诺莎的对神的理性之爱。

这里的理解要避免"鸡汤"式情怀。人有对神的理智之爱，这并不意味着他时时充满幸福，这与他平时生活中的苦难并不冲突。这里强调的是最高独立性，即人虽然离不开生活琐事，但其眼界并不受制于这些，而是上达宇宙秩序。

§ 159

概念是存在和本质的真理，因为作为自身内反映的本质必须呈现为直接存在，而直接存在也必须完整地被设定为自身内反映，二者都不具备独立的完整存在。

存在、本质和概念可以分别视作"三论"的主角①。这里的直接存在与自身

---

① 严格来说，本质论层面的主角合而言之曰本质，分而言之曰本质与现象（二者皆为普遍性概括，在本质论的各层面又各有不同"化身"）；概念论层面的主角合而言之曰概念，分而言之曰普遍性、特殊性与个别性。

内反映分别是对存在与本质的一种描述。因此本节要表达的思想是,概念论层面的概念是存在论层面与本质论层面的真理,后两个层面需要向概念论层面过渡。而过渡的关键在于,直接存在与自身内反映都无法持存。

作为自身内反映的本质必须呈现为直接存在,指的是本质其实只是对照直接存在而设定出来的"根本",它由于产生于设定而离不开这种设定。这样的本质并不"本质",并非"根本"。根本原因在于,本质(尤其是现象论意义上的本质)并非着眼于宇宙秩序,而是着眼于与其对照的直接存在,更是为了通过认可直接存在来解释世界、巩固人类自身的生存,而被设定的。——当然,现实论层面已对这种状态有了极为根本的突破,但毕竟还没有达到概念论中思辨的推论,因而还没有完全摆脱受二元设定支配(而非反过来支配二元设定)的局面。

直接存在也必须完整地被设定为自身内反映,这话说出了直接存在的一个根本缺陷:我们越是试图抓住一个东西直接"是"的状态,便越是抓不住这个东西的真理;我们最多只能以同样直接、同样外在的方式"占有"一个东西——而这仅仅意味着我们在事物最表面"打水漂",对于事物自身的内在状况毫无接触。更深入的接触,必须通过寻找本质来进行。

说作为自身内反映的本质和直接存在都不具备独立的完整存在,这等于指出存在论和本质论在逻辑科学上而言是不"究竟"的、行之不远的——当然这与人们可能长期依靠某个比概念论更低的层面生存并不矛盾。

[说明]既可以说概念是存在和本质的根据,也可以反过来说存在是概念的根据,从存在可以发展出概念。前一种说法强调存在向自身内的深化,后一种说法强调逐步完善的发展,不可只偏重后一种说法,因为概念是存在的预设,也是存在向自身的回复,而自由和概念就在于自相中介。由此反观,不完善向完善的发展,会发现那种发展作为概念对自己前提的扬弃是必不可少的。

当我们突出概念的重要性时,我们强调的是光凭"有"这个"有"那个,还不足为道,还没有抓住根本。而概念恰恰是存在自身中的根本,是存在向自身内的深化。概念如今表明它是必须被存在预设为根据的。虽然存在就思维最初的理解而言是无前提的、直接的,但就宇宙秩序而言,存在如今发展到了显明世界的绝对必然性为自身根据的地步。这两个方面并不矛盾,前者是就思维的理解而言,后者是就事情本身的机理而言的。——换言之,思维起初还不知道概念是它自身的预设,而现在终于明白了。

存在向自身的回复,指的是存在如今发展到了必须向自己的内核推进的地步。这内核是存在概念在起步的时候没有意识到的,彼时存在本身也的确还不具备完善而充实的内部立体结构——这合乎《逻辑学》"思有同一"的特征。存在发展到现在的程度,概念成为它的内核,才显出"存在向自身的回复"这一演进特征。

在如今这个本质论结尾部分很明显的一点是,自由和概念一定不是空的自由和概念,而是普遍性和特殊性的相互中介。这种相互中介又是自相中介,因为普遍性和特殊性只是同一个世界的两幅面貌,终究是一个世界在自相中介。

就概念与存在和本质的关联而言,这里的关键是看到存在是自由的,是概念的单纯自相关联。

我们通常认为存在不自由,是纯粹直接的、被动的、物质性的。那是因为存在原本就是事物最表面之"是",如果只看这"是",它必然只呈现当下直接接触到的种种形象与状态,似乎与其"所是"毫不相关。这样看来,存在是思想的坟墓。然而达到概念的层次之后,思维再反观存在,会发现"是"必有其"所是",而且最深刻的"是其所是"乃是世界的绝对必然性本身。作为这种绝对必然性的概念至大无外,是完全自由的。在这个意义上而言,存在也是自由的。

从必然性到自由或从现实事物到概念的过渡极难理解,因为首先一个现实性在与其他现实性的同一性中,才具有自己的实体性,而概念就是打破常识眼中现实性的这种坚固外壳的同一性。其次,实体必然过渡到被设定状态,这也最难理解。再次,对必然性的反思却是这些难题的解决,因为这是思维他者中与自身的结合。此时思维将他者不是当作他者,而是当作自己的存在与设定活动,这是一种解放,这种解放是自我、自由精神、爱、极乐。可见斯宾诺莎的实体仅仅自在地是解放,但其概念本身自为地是自由。

我们看到一个一个现实性状态的时候,越看越觉得那是一些坚固的外壳。但概念实际上是废除这种坚固性的根本同一性,因为如果没有世界的绝对必然性,这些所谓坚固的外壳根本不存在。

但我们从现实世界当中好不容易看出绝对必然性(即这里所谓的"实体")后,如今黑格尔却要求我们看出它的被设定状态,即看出实体并非死硬的外来强制力。这就需要看到,绝对必然性对我们而言并不陌生,并非板起面孔外在地强制我们的东西,而是"润物细无声"一般渗透在事物的一切存在与关系中的交互作用。

出路是对绝对必然性的反思，这就要求将他者看作自己的存在与设定，这需要斯宾诺莎说的"在永恒的形态下"（sub specie aeterni）看事物的本领。思维从局限于人的眼光，走向宇宙秩序的眼光，这当然是一种解放。黑格尔乐意拿斯宾诺莎用过的自我、自由精神、爱、极乐这些词汇来形容这种解放，即认可斯宾诺莎的目标，但却认为斯宾诺莎自己做得还不够：他的实体仅仅自在地，即从事情本身而言才是解放，但斯宾诺莎对实体的阐述还远远不够，没有达到"实体概念自为地是自由"（即实体概念主动展现出自由的一面）这样的觉悟。

［**附释**］概念不能作为《逻辑学》的开端，因为认识一开始达不到概念，否则只是单纯主观的保证。

一开始就谈一个很高的东西，这是近代很常见的做法。斯宾诺莎就把上帝当作开端，笛卡尔、康德、费希特的开端（我思、统觉、自我）也相当高。黑格尔说这些东西不能作为开端，因为科学在开端的地方无需也不能一步到位，而是要以能作为开端的东西作为开端。而上述这些极高的东西只能够作为开端的一个艰难而漫长的发展过程的结果。

《逻辑学》第三篇　概念论

[**导引**]在进入概念论的这个关口上,我们再简单澄清几个问题:一是自由问题,二是目前阶段如何向概念论过渡,三是理性概念。

首先回过头来巩固一下本质论末尾反复提到的自由问题。听到"事情本身的自由",我们大可不必心生一种隔膜感。其实这种自由也是人真正的自由,因为人的自由如果不是基于必然性之上的话,那种所谓的"自由"在逻辑科学的意义上必然受缚于存在论与本质论中的某个逻辑层面,会碰到"天花板",相反只有人在"克己"中敬重事情本身的自由,才能达到比"一任人力以从事"更高贵的状态。比如阿多诺、霍克海默《启蒙辩证法》中启蒙向神话的倒转就很能说明问题。

下一个问题是过渡的问题。普遍性、特殊性和个别性三种总体性(或三者合而言之,概念)是整个概念论的主角。三种总体性实际上是看待全世界的三种方式,它们的外延都是全世界,方式却各有局限——在三者割裂开来看的情况下。如果我们在抽象普遍性的意义上看待世界的绝对性,会有"存在中没有虚无""我们的世界是最好世界"的满足感;反过来,如果我们以抽象特殊性的眼光看待世界,那么世界的不如意之处也历历在目,会感到"宇宙秩序"简直是笑谈。这两种眼光其实都是偏颇的,只有这两种眼光以推论的方式,在个别性中发生思辨的统一,才是出路之所在。

最后简单说一下黑格尔的理性概念。黑格尔的理性概念,实际上是对"世界一方面有宇宙秩序,另一方面处处都是区别与偶然性"这两端的"同时并存"这种吊诡局面的一种承担,也是对这种局面的描述。这是非常有古典特色的理性,它远非人的主观理性,远非人用自己的主观能力去把客观的东西吞噬掉。它既是古今理性传统的集大成,又与众不同:它不仅仅是近代以来唯理论式的内在化理性,甚至不仅仅是中世纪与信仰对立或并列的理性,也糅合了许多古代理性的特质。我们不必太过忌惮谢林以来的西方哲学对理性的攻击。如果借用谢林的一个术语，整个《逻辑学》都具有肯定哲学的色彩，只不过在黑格尔这里肯定哲学与否定哲学不是分开的，而是结合在一起的。①

§ 160

概念是自由的东西，是自为存在着的实体性权力，它的每一个环节都是整体，而且与概念本身这一总体性并不分离，因而概念在其自相同一中是自在自为地得到规定的东西。

进入"主观概念"（《大逻辑》中为"主观性"）二级层面之前，黑格尔用了三节（第160—162节）的篇幅分别讨论什么是概念，概念论的进展方式，以及概念论的结构这三个问题。

在对本质论结尾部分的解析中，我们也谈过概念是自由的东西，不过那时由于尚未进入概念论，还不能落实到概念内部铺展开来谈论它的自由，只能泛泛地在"至大无外"、"没有外来强制"的意义上谈论这种自由。如今则可以稍稍从内部讲一讲概念的自由了。这个自由还不能泛泛地仅仅说是事情本身的自由，它可以落实为每一个个体东西的自由，只不过这里的"个体东西"既不能仅仅在存在论的"定在"层面上，也不能单纯在本质论的"实存"和"物"的层面上，而要在概念论的"个别性"的意义上来看待。而概念论意义上的个别性，其实是普遍性与特殊性的思辨统一。关于普遍性、特殊性与个别性之间推论性的思辨关系，我们后文中再展开。目前只需要留意：任何事物作为宇宙秩序或高或低、或深或浅的体现者，就其呈现绝对必然性与自身特殊性之间的争执这一点而言，都具有突破自身所属物类的局限性（就低于人的物种而言）乃至自身执念（就人而言），通达宇宙秩序的可能。

概念是自为存在着的实体性权力，这就是说，概念明明白白地是以实体的体现者在当下起作用，思维在当下的事物与作用中已经明确意识到它们是实体的体现者，而不是仅仅从一事一物自身的狭小角度出发在看问题。概念的每一个环节（普遍性、特殊性、个别性）其实都与概念本身是同外延的，各自都是一个总体性（内涵各不相同）。比如我们说到一个社团的普遍性，那就指社团每一个成

---

① 参见庄振华：《作为现代理念论的黑格尔概念逻辑》。

员都有为全社团考虑与服务的义务;它的特殊性指每个成员各不相同的特质;它的个别性则指每个成员在此特殊性之下依然能保持其为"社团一员"的身份。

这三个总体性其实在根本上是同一个总体性,并不是三个分离的东西,三者若是割裂开来,就全都失去了意义。思维只是为了进行推论,才需要在表面上将这三者设定为貌似分离着的;在后续的推论中,三者会自行表明其同一性,后者又可称为概念本身。

[附释] 绝对唯心论的、哲学的观点认为其他意识当作直接而独立存在的东西只是一个观念性环节。与普通知性逻辑将概念当成主观思维的单纯形式和抽象东西不同,概念是一切生命的本原和完全具体的东西,概念的确是形式,但那是无限的创造性形式,既包含又释放一切丰富的内容。概念之所以具体,是由于包含了存在和本质,以及这两个层面的全部丰富内容。

黑格尔以"绝对唯心论"界定自己的哲学立场。他的理性不是个人主观意义上的理性,它既是人面对生活中各方面与各层面固有的断裂和张力的方式,也是生活呈现这些断裂和张力的方式。与此相比,没有达到哲学高度的其他意识当作直接而独立存在的东西,根本不像它以为的那般坚固,只是一个有待扬弃的环节。如果不穿透这种表面的坚固性,就看不到世界的绝对必然性,就会陷入像堂吉诃德斗风车一样可笑的境地而不自知。而人一旦把握住世界的绝对必然性,人可怜的一面(生活中无法脱离直接存在的东西)和人幸运的一面(能通达宇宙秩序)就都呈现出来了。

概念论层面的概念,与人的主观观念虽然不能完全脱离,但与其并无本质关联,它在根本上是作为世界的绝对必然性、宇宙的秩序的种种形式。这些形式就其囊括一切内容又赋予一切内容以一定独立性而言,具有极大的创造性;就其囊括并成全存在论与本质论的全部内容,使之"各就各位"而言,又是渗透到我们生活的一切层面的具体东西。

目前阶段对绝对者的定义是:绝对者是概念。

黑格尔固然不止一次说过整个《逻辑学》的所有核心范畴都是对绝对者的定义,但这不意味着我们自然就理解了绝对者何以是概念。如今我们在领会到世界的绝对必然性并懂得在永恒的形态下看待事物,对于绝对者的体现方式的理解自然也深了一层:它不是直接的存在,也不是二元设定中的本质,而是一种既体现在偶然事物中,又不得不然的绝对性。此后我们还会更具体地看到绝对者如何化身为发生思辨关联的三种总体性。

通常的知性逻辑、形式逻辑虽然将概念当作主观思维的抽象形式,但思辨逻辑的概念之所以也叫"概念",是因为它与前者还是有关联的:前者实际上已经在运用概念,只是它不承认罢了,比如我们经常从财产概念推演出财产的法律规定,但推演出来之后就把法律规定当成实在的,假装概念是抽象而无内容的纯形式。

此概念非彼概念,但彼概念又可通达此概念,因为彼概念不得不悄悄运用此概念,只是它不承认,反而将真正的概念妖魔化为纯形式罢了。比如两个人争夺财产,都宣称那是自己的财产,而双方凭借的依据却都是"我的财产神圣不可侵犯",即都凭借"财产"这个概念。但这不过是从已经占有的事实漂移到"我的财产"概念,然后反过来凭借"我的财产"概念来维护这个占有的事实,为它披上一层貌似神圣而华丽的外衣。概念在这里只是利益争夺的工具,用完即弃。在知性逻辑的这整个"推导"中,无人真正关心"财产"概念本身的哲学内涵与哲学地位。①

§ 161

概念的进展方式是发展,即概念内部彼此同一的各环节逐步被设定为和被认识到同一的过程,这是整个概念的一种自由存在,而非存在论层面的过渡或本质论层面的映现。

概念论层面的演进出现了与存在论和本质论截然不同的局面,因此需要明确交待这种演进的方式。概念化身为普遍性、特殊性和个别性三种同外延但并不同内涵的要素,与存在论层面的"一元"(总是一个东西向另一个东西直接过渡)和本质论层面的"二元"(总是本质与现象的二元设定)不可同日而语。黑格尔称这个层面的演进为"发展",即同一个概念在三个要素的思辨性推论中不断深化和提高。

[附释]自然界中有机生命对应于概念层次,比如植物从种子发展出来,但不要误认为后面的形态一开始就包含在种子中了。概念自身发展的方式是内容不变,只有形式在变化。天赋观念说与柏拉图回忆说同样不可理解为结果包含在起点中了。

---

① 参见黑格尔:《精神现象学》,第 260—262 页。

有机生命对应于概念层次,这一点大家翻看他的《自然哲学》就不难发现。在《自然哲学》中对应于概念论的篇目叫"有机物理学",实际上就是探讨有机生命的。黑格尔主张用概念论本身运行的方式,即发展的方式来看待有机生命的成长:种子是在思辨的意义上"发展"出后续的根、茎、叶、花、果的。但是不要去想象种子中就包含着成型的根、茎、叶、花、果,在解剖学上是找不到那些的,最多只能找到它们的雏形。

天赋观念说与柏拉图回忆说也应以"发展"的眼光看待。天赋观念与记忆中的理念的确是从某种初始状态发展出来的,但并非一开始就成型了,隐藏在某处,后来才被展示出来,而是一开始并不成型,经过一个自身发展的必然性过程(教化),它们才得以成型。

圣父与圣子的关系与概念的自身发展相似。

圣父、圣子与圣灵的关系,我们在"绝对的对比关系"部分简单提到过,在后续的"目的论"部分还会提到。三者之间的关系典型地展示了概念中三种总体性的思辨性关系,即典型地展示了概念的"发展"模式。这里的关键是,三者相互之间在本质上并非截然分离的"他者",而是同一事物的自身发展。

§ 162

概念论的布局:1) 主观概念或形式性概念,即抽象意义上的概念;2) 客观性或被规定为直接性的概念,即特定概念;3) 理念、主体—客体、概念与客观性的统一、绝对真理,即真正意义上的概念,或具体普遍性。

这里以一些高度浓缩的术语概括了概念论的三个二级层面。目前不必强求透彻理解,那需要读完概念论才能达到。目前我们只需大致明白,"主观概念"(《大逻辑》中为"主观性")、"客体"(《大逻辑》中为"客观性")和"理念"三个层面分别是抽象的概念或就其本身而言的概念、特定的概念或体现为直接性存在的概念、真正的概念①或作为主观性与客观性之同一的概念。

[说明]普通逻辑只包含概念论中的"主观概念",而且不完全对应,掺杂了许多经验的和形而上学的材料,以弥补其思维形式不够用的窘境,丧失了逻辑学

---

① 真正的概念指达到其真理的概念,或经过充分发展而达到理念形态的概念,它与形式性概念、特定的概念相对而言;而概念论"主观概念"层面上的"严格意义上的概念"(der Begriff als socher)则指狭义的概念,它与判断、推论相对而言。

的明确方向;同时又将一些真正应该属于思维形式的东西作为知性思维的规定,而不作为理性思维的规定。

黑格尔先将概念论的第一个二级层面与传统形式逻辑作一对比。传统形式逻辑看似与"主观概念"层面的主题相同,都是探讨概念、判断、推论的,但详细比较下来我们会发现,这种对应也谈不上。因为形式逻辑并不符合黑格尔意义上的逻辑科学的严格要求,将经验中与以往形而上学中的许多材料现成地取来就用,而缺乏对这些材料的逻辑科学论证。这就导致其丧失逻辑学明确方向的问题,即没有讲清从概念到判断再到推论的思辨发展过程,没有显明宇宙秩序本身的指向。

在这种情况下,形式逻辑难免混淆不同逻辑范畴的层次,将一些深具思辨性的理性思维规定误当作知性思维的规定,比如以本质论层面的思维方式来讨论概念论层面的规定。

存在与本质的规定在向自身内和向总体性的回归中,证明自身是概念,但它们只是自在的或对我们而言的概念,而不是被规定为概念的概念。根本原因在于它们那里的他者并没有被规定为特殊东西,而它们与他者的结合也没有被规定为个别东西或主体;先前的规定的同一性并没有在相反的规定中被设定起来,没有被设定为它们的自由,从而也并非普遍性,而只是一些有限的知性规定。

这里主要谈存在与本质已经潜在地是概念了(只不过存在论与本质论层面的思维当时还不明白这一点),并交待了它们何以并未现实地达到概念。

如今回过头来看,存在与本质同样作为"是其所是"的两种形态,已经可以视作概念的两种粗略的雏形了。只不过那时思维还完全没有意识到这一点,仅仅认为世界就是存在论或本质论勾画的那个样子。

作为"是其所是"的存在和本质,它们所遇见的他者并没有以特殊东西的面貌出现。存在的他者,是对"是其所是"带来摧毁性威胁的杂多,它所凭借的依据并不深刻,只不过是事物最表面的"有"罢了;本质的他者,是与其形成深度二元设定的对立面,即现象,它仅仅是事物的一个切面;如今普遍性的他者则是特殊性,只不过特殊性作为我们眼下历历在目而"五脏俱全"的具体事物,有使思维遗忘普遍性的危险。在概念论层面,概念与其他者的结合并不像存在论层面那样仅仅在杂多性、摧毁性浪潮中坚守"是其所是"的一种"自为存在"姿态(转变、无限性、自为存在等),也不像本质论层面那样达成对二元设定的某种反思

（根据、本质性对比关系、绝对的对比关系等），而是在个别事物身上实实在在表现出来的普遍性，后者既是个别东西，也是普遍性的代表，主动以普遍性自居。——同样的意思换一种方式来说就是，存在与本质并未作为深度的同一性渗透它们的他者，更未在这种渗透中达成相互对立的规定的自由。

逻辑学通常被认为是不涉及内容、真理的单纯形式，但作为概念形式的逻辑形式实际上是现实事物的活生生的精神，只有由这些形式表明为真的东西才是真的，只不过这些形式本身的真理与必然关联迄今尚未被研究。

普通逻辑（形式逻辑）倾向于将逻辑当成不涉及内容的抽象形式。但是黑格尔建立的这些逻辑形式是概念形式，而不是抽象形式。概念形式实际上是现实事物的活生生的精神，即现实事物中同样在生动地实现着的宇宙秩序、绝对必然性，后者才是事物真正的主体。

但无论黑格尔怎么说，读者在目前阶段都还不能说切实感受到了这些话的说服力。这些概念形式如何能表明事物为真，以及它们的真正内涵、相互关联与演进方式，都还有待下文分解。

A 主观概念

[导引]黑格尔的主观概念该如何理解？由这样的主观概念扩大到整个概念论来看，黑格尔概念论有什么历史意义？

表面看来，第一个问题似乎很好打发。《大逻辑》"第二版序言"中反复重申整个《逻辑学》都是概念与事情本身同一的，因此通常意义上的主客二分以及基于这种二分之上对"主观概念"的那种理解（主观念头）根本不适用于《逻辑学》。黑格尔的"主观概念"乃是抽象意义上的概念，虽然名曰"主观"，实际上是极为客观的，甚至不是一般意义上的客观，而是扬弃了普通科学意义上的客观，达到了世界的绝对必然性的高度。但黑格尔自己使用的一些术语和对《逻辑学》各部分的一些描述增加了这个问题的复杂性。我们知道，他在《大逻辑》"导论"中将存在论与本质论归为客观逻辑，将概念论算作主观逻辑①；可是在概念论内部

---

① 黑格尔：《逻辑学》I，第 42 页。

的章节标题上,我们发现《大逻辑》与《小逻辑》都将第一个二级层面视作"主观"("主观性"或"主观概念"),将第二个二级层面视作"客观"("客观性"或"客体"),看起来极为"混乱"。

西文中"主观的"(subjektiv/subjective)、"主观性"(Subjektivität/subjectivity)源自"主体"(Subjekt/subject)一词。黑格尔在目前我们解析的这几节中有两个关键的地方提到了"主体",很有助于我们破解目前的问题。第 163 节"说明"中也将个别性(即作为具体普遍性的概念)与主体相提并论,而第 164 节"说明"中黑格尔提到"概念是主体本身"。由这两处明显可见,这里的主体不是人,而是事情本身,或世界的绝对必然性,或宇宙秩序。与此相应,主观逻辑就是事情本身的逻辑,它针对的是思维的一个极为"尴尬"的事实:客观逻辑(存在论与本质论)陷溺于直接存在或"本质—现象"二元设定这些与客观事物打交道(因而貌似"客观")却并不了解真正的"客观性"为何物。而"主观逻辑"名称中的"主观"恰恰是真正达到了事情本身,因而才首次真正达到了事情本身意义上的"主观性",也为概念论的下一个二级层面中探讨真正的"客观性"提供了条件。由此看来,"主观逻辑"与"客观逻辑"并不像我们可能望文生义理解的那样,分别仅仅是"主观的"和"客观的",而是二者都既主观又客观,即既与主观事物又与客观事物打交道,但只有"主观逻辑"才真正理解了"主观性"和"客观性"。

从历史上看,"主观概念"二级层面与传统形式逻辑(普通逻辑)也只是形似(探讨的主题相同),却不神似(这些主题的内涵在双方那里截然不同)。那么接下来的"客体"(《大逻辑》中为"客观性")二级层面探讨的又是什么?就是不再像"主观逻辑"二级层面上一样抽象讨论概念,而是落实于原本就与概念一体的客观事物之中来看待概念,或者说是事情本身展现为客体及其特殊规定。

那么概念论的历史意义何在?可以不夸张地说,黑格尔用他的概念论承续了西方思想的慧命。自巴门尼德、柏拉图以来,西方哲学尊崇宇宙秩序的传统代有人传,但其实一直没有很好地解决绝对者与个体事物之间的关系问题。即便基督教三位一体学说,也主要是依靠在事事物物中树立对绝对者的信念来实现的,但这信念与事物本身的机理之间的关系恐怕并未得到妥帖的安置,否则唯名论兴起之后不会对整个西方思想产生延续至今的颠覆和震荡。黑格尔采取"曲线救国"的方式,在极尽所能地展示了本质论的种种二元设定自我扬弃并自行攀升的过程之后,在概念论中终于展示出思辨推论这一适合于在现代社会展示"具体普遍性"的方式。

a 严格意义上的概念

§ 163

概念本身包含三个环节:普遍性是在规定性中与自身的自由等同;特殊性是那样的规定性,在其中普遍性纯而不杂地保持与自身等同;个别性是普遍性与特殊性二者的自身内反映。这种个别性看似自相同一,实际上是特殊性(自在自为地有规定者),同时也是普遍性(自相同一者)。

对概念的三个环节的描述中,但凡说到"等同"、"同一",其主体通常都是普遍性,即便有时在表面上看,像是个别性发生了自相同一,那时背后起同一作用的其实仍然是普遍性。特殊性则大致与普遍性构成对立的两极,它是杂多的、直接的、特定的一面。而特殊性与普遍性统一的形态便是个别性,这种统一不是剥离特殊性的特殊一面,然后将特殊性"收编"到普遍性中,反而是深入到其特殊性中的同时仍保持普遍性。

普遍性是在规定性中与自身的自由等同,说的是这里的普遍性不是空空的抽象普遍性,而是在具体规定性(实即特殊性)中仍能自由地与自身等同。换句话说,普遍性在特殊性中仍能不失其本色,并保持自由。比如我们常说的温州精神、华夏精神,都不是空空地说的,而是就着能体现这些精神的具体人群、时代而言的。

特殊性也不是绝对怪异的东西,而是使得普遍性能在其中纯而不杂地保持与自身等同的各种貌似特别的规定性。比如体现温州精神、华夏精神的各个时代、群体、脾性其实都是很特殊的,各有千秋,但这特殊性并不妨碍普遍性贯通其中。但凡普遍性能体现在其中的一切特质、东西,必定具有特殊性。特殊性意味着事物的特殊一面,它与普遍性在表面上形成对立。

个别性是普遍性与特殊性二者的自身内反映,即体现出普遍性与特殊性相互支撑,相互以对方为自身必不可少的要素。二者的相互支撑体现为一个个事物。通常我们容易将个别性与特殊性混淆起来,这两者其实泾渭分明,不容混淆:特殊性指事物的特殊一面,它与普遍性一样是被设定的东西;个别性则指普遍性与特殊性的个别结合方式,几乎可以改写为"普遍性与特殊性的思辨统一体",它是前述两个被设定的东西的自觉扬弃与自觉统一。

需要补充说明的是,这里并没有三个东西,只有一个东西的三个方面。但那一个东西究竟是什么东西,三个方面又如何不可分割,目前思维对于这些问题还不甚了了,尚需继续探究。

[说明]个别东西从现实东西演进而来,只不过个别东西被认为本身就含有普遍东西,不仅仅像现实东西那样潜在地是本质与实存的统一,因而能作为外在原因发生作用,而是直截了当发生作用的东西,即对其自身发生作用的东西。

概念论中的个别东西就是从"现实性"层面的现实东西发展而来的,但区别在于,个别东西本身就含有普遍东西,然而彼时在现实性层面,现实东西仅仅潜在地是本质与实存的统一。我们不妨回想一下:现实性是现象论中的二元设定的出路所在,它将现象论中的二元设定当作一个本身具有必然性的整体结构,但思维对于这种必然性毕竟是没有信心的,仅仅将其作为一种可能的解决方案设定下来。而且这种信心还可能会因为看到事物真真切切的偶然一面而发生动摇。说白了,在现实性层面(包括在"因果性对比关系"和"交互作用"层面)上,偶然性和世界的绝对必然性始终是"两张皮"。可是个别东西不一样,它是普遍性在当下直截了当地发生作用,而且就在其自身中发生作用。

但个别性不是直接具有任意性的个别性,后者是在判断中被制造出来的。

《逻辑学》意义上的个别性不是常识意义上任性的个别性。任性的个别性是从普遍性、特殊性那里被割裂开来抽象而成的东西,实际上并不真实,却往往被常识视为理所当然。

概念的每个环节都与概念是同外延的,但目前个别性或主体被设定为总体性,直接的个别性只有在判断阶段才出现。

前文已经多次说过,概念的每一个环节(普遍性、特殊性、个别性)都跟概念本身一样"大",都是一个总体性。目前思维尤其意识到个别性是这样的总体性,这一点被思维明确设定下来。那种看似直接可以遇到的、现成就有的个别性,其实是判断阶段才会有的设定物——即被判断设定为"直接东西"。

[附释1]常识的知性认为概念只是抽象普遍性、普遍观念、抽象共相,但概念的普遍东西实际上并非与特殊性相对立的共相,而是自己特殊化自己的东西,是在他物中依然纯而不杂地存在于自身的东西。

如果是我们没有学过《逻辑学》，就会觉得这话很别扭，自相矛盾。但是有了《逻辑学》先前的所有范畴作为预备之后，我们会觉得非这么说不可。常识认为概念就是主观构造出来的抽象的、普遍的观念，与具体东西根本不沾边，反而会妨碍具体东西，冒充具体东西的掌管者，因此是一个带有负面形象的东西。但概念并非常识以为的"空对空"的东西，不是随便涂抹到事物身上的抽象又主观的观念，而是世界的绝对必然性，正如《大逻辑》本质论的"现实性"三级层面（狭义现实论）历经艰险所表明的那样。这样的概念与绝对必然性不是当今科学直接的对象，当今科学固然可以"证实"它的一些比较外在的表现形式，间接显示它；但从根本上来说，当今科学本身就是基于它之上的，不可能将它作为自己的研究主题。所谓概念自己特殊化自己，是指概念蕴含的普遍性跟个别事物之间不是"旁人"关系，而是自家的事情，所以这里完全称得上是普遍性"自己在特殊化自己"。至于普遍性如何在他物中依然纯而不杂地存在于自身，这要在后文中才见分晓。

认识与实践中都不宜将单纯的共相与真正的普遍东西混淆起来。西方思想花了几千年的时间，其后通过基督教才使这种普遍东西被人意识到和承认，希腊人虽然在其他方面教养很高，却并不知道上帝与人这双方的真正普遍性。欧洲信奉基督教后之所以不再有奴隶制，是由于基督教的原则本身，即绝对自由的人具有无限性与普遍性，具有人格和自我。

黑格尔显然认为概念的三要素之间思辨关系的获得不仅归功于希腊思想的熏陶，更要归功于基督教的教化，只有基督教才决定性地使西方人认识到普遍东西与个别事物不相离。

当然这里有两个步骤，首先是了解到真正的普遍东西是世界的绝对必然性，而不是主观的单纯共相，后者是人人在生活中都不难获得的，前者需要体验到亚里士多德意义上的"惊异"，并贯彻到认识和实践中去；第二个步骤是意识到普遍东西与个别事物之间的思辨关系，这也是极为关键的一个步骤，而且是黑格尔此处的行文更为强调的一个步骤。

黑格尔赞扬基督教的原则赋予绝对自由的人以无限性与普遍性、人格和自我。我们当然不要在实然的意义上将这话听得太美妙了。黑格尔这里说的是"原则"，而不是具体的哪个基督教教派，更不是说自从有了那个教派，信徒便都无比高贵了，西方文明也一片坦途了。在黑格尔看来，基督教以其思辨三一论

（参见后文对"目的论"范畴的解析），真正达到了具体普遍性的高度，使得每一个信徒都能以普遍性使命的独特担当者、上帝的独特对话者自居，这在古希腊是无法想象的。

单纯共通者（dem bloß Gemeinschaftlichen）与真正的普遍东西之间的区别在卢梭的公意（volonté générale）与众意（volonté de tous）的区别中体现出来。

卢梭的公意概念要表达的是真正的普遍意志。真正的普遍意志不同于统计学意义上多数人的意志，它是普遍东西。而对普遍东西的理解，正好可以援引黑格尔的"普遍性"范畴。

[附释 2]概念固然不是存在或直接东西，包含了中介在自身内，但绝不仅仅是人对客观事物进行抽象和概括而形成的东西。其实概念才是真正第一位的东西，事物凭借寓于事物之内并显示自身的概念，才成其为事物。

如果说本节"附释 1"矫正了"概念是主观的抽象东西"的观念，那么"附释2"则是为了防止"矫枉过正"：概念固然不是抽象的、主观的，然而它也不是存在或直接东西，而是包含了中介在自身内。概念论吸收了存在论、本质论的精华，概念当然既含有存在，也含有自身内反映，虽然它并不拘泥于二元设定。

那么概念存在吗？概念当然存在。其实说"概念存在"就像说"存在存在"一样，其实是一种同语反复，因为概念本就包含着存在，或者说概念就是存在的高级形式。反过来说，存在也并非一个可与概念割裂开来的单独东西，似乎完完整整地有了这东西之后，我们再去谈它跟概念之间的关系似的。一切的存在，没有概念都是谈不上的，必须在概念的意义上才可以说存在，尽管直接存在的东西本身并未意识到这一点。——由此看来，思维目前才真正认识到，概念是第一位的东西，没有概念谈不上存在，也谈不上本质。

上帝从神圣思想中创造世界，这表明概念是无限的形式，是自由的创造性活动，它实现自身并不需要在自身外的质料。

创世主从充盈思想中创造世界，而不借助他之外的任何东西，这是基督徒看待世界的典型模式，也是黑格尔的时代被广泛接受的看法。由于我们当前的任务是追踪黑格尔本人要表达的思想，所以目前不必纠结这一看法在科学实证或历史考证的意义上是否行得通的问题。我们只需留意，它讲的是世界的绝对必然性对于我们实际生活的支撑作用，而这个支撑作用又表现为自由地创造与维持世界的活动，而且这一创造无需外部质料。

这里的关键在于,概念是无限的形式,它已经超出了"一与多"式表达直接存在和"形式—质料"式表达二元设定的那些概念(有限的形式)。即便质料,也就是那种表面看起来不受概念制约的质料,也是概念设定下来的。

因此可以说黑格尔首次全面而深入地揭示了逻辑结构对西方文化的决定性作用。西方文化无往而不在逻辑结构中,脱离逻辑结构根本说不了任何事情。

§164

概念是完全具体的,因为概念在个别性中才自相关联,具有普遍性,其各环节不可割裂,它们虽然可能被认为各自独立地起作用,但它们的同一性在概念层面已经被设定起来,所以只能相互依据对方,并与对方一起被理解。

本节正文总的意思是,概念是具体的,因为概念如果不在个别事物中自相关联的意义上去理解,便只是一种抽象的普遍性。概念的各环节(普遍性、特殊性、个别性)虽然为了暂时论说的方便,看起来像是各自独立,实际上就其本身而言是不能割裂的,我们不要用三个不同的东西交互作用的模式来理解它们的关系。

不同于本质论层面最后一个范畴"交互作用"的模式,概念论层面将三个环节不能分割这一点明确设定下来。换句话说,此时的思维也明确意识到了三个环节(三个总体性)是同一个总体性。三者不仅不能割裂,而且每一方都只有在另外两方中才既存在,又被理解。目前我们先记住这个结论,至于这个结论如何证明,还需留待后文来进行。

[说明]普遍性、特殊性、个别性这三者中的任何一方,同时也是另外两方,但目前这种不可分离性只是被设定的,即只是被初步认定的。这里的概念清楚明白,它内部的区分并不造成整体的浑浊。

现在对于这三个环节互不相离这一点,只是认定下来,还没有证明。单纯认定的东西在黑格尔的话语中就是抽象的,比如斯宾诺莎认定的实体及其种种特征,便都是如此。这里当然也不例外。

黑格尔提醒我们,概念清楚明白,它内部的区分并不造成整体的浑浊,即三个环节的区分与整体的纯粹性并不矛盾——在此我们不妨回想一下前文多次表述过的那个思想,即普遍性是在他者中纯而不杂地保持自身的能力。

就概念既非感性东西亦非理念这两方面来说,认为概念是抽象东西的看法有其道理,但这并不意味着概念应该获取某种不同于它的内容,从这个意义上说,概念是具体的普遍东西。我们通常以为的具体东西只不过是外在拼凑起来的杂多,并不具备概念本来含有的真正现实性和真理;而通常以为的概念则是只采取概念中的普遍性,人为舍弃了特殊性与个别性的结果。

就整个概念论的演进而言,目前所理解的"严格意义上的概念",相对于后面的"理念"(即经历过整个客观性的锤炼的概念)而言还是比较抽象的。①然而话说回来,概念相对于理念而言的抽象性,并不意味着概念在实然意义上有所缺乏,即需要与它之外的某种内容凑到一块儿去。它并不缺乏什么它之外的任何东西,它缺的只是逻辑演进意义上的"发展",即对自身的开展。

黑格尔语重心长地提醒我们,常识以为的具体东西和概念其实都是一种抽象——不要光认为通常说的概念是抽象,我们通常说的具体东西也是一种抽象。常识心目中的具体东西与概念,虽然看似一个"具体",一个"抽象",其实都是割裂了概念的三个要素的结果,因而都是抽象的。

§ 165

个别性是概念的否定性的自身内反映,首先设定起作为差别的概念各环节,使得概念具有作为特殊性的规定性,其次也设定起了概念各环节的同一性。这种被设定起来的特殊性就是判断。

个别性是概念的普遍性、特殊性环节相互内在、相互否定的自身内反映的达成,因而是否定性的自身内反映,而不像本质论层面的本质、根据那样进行肯定性的自身内反映。个别性完成了两个设定:首先是个别性作为普遍性与一个个特殊性相结合的舞台,使得概念的三个环节截然有别地呈现出来;其次这些环节并不是互不相干的,而对于达成这一自身内反映而言都是缺一不可的,可以视作"一家子"。

通过判断,普遍性在个别性这个舞台上不断通过各种特殊性表现出来。判

---

①　相对于本质论的"现实性"三级层面而言,如今的概念其实是极为实在的,它不仅仅是从偶然事物中勉强看出绝对必然性,而是绝对者切切实实地开展为个别东西(具体的普遍东西),它远不仅仅是我们在看得见、摸得着的事物中得到"世界的绝对必然性必不可少"这种感受那么简单,而是绝对者货真价实地实现出来,因此本质论中的现实性与概念论中的概念根本不可同日而语。

断就是不断将各种特殊性设定起来。比如要表明一盆花(个别性)很美(普遍性),我们就需要不断考察它的各个方面(特殊性),依照普遍性的方向将这些特殊性设定起来,比如说,要判断根茎、枝叶、花色、形状等等方面是否都能体现各自该有的"美观"。

[说明]清晰、明白、充分是心理学描述,不是哲学概念,仅适用于主观观念的区分鉴别,无助于概念或观念符合于客体的形式方面。

我们都知道清晰、明白是笛卡尔提出来的科学建构重要原则。其实意大利的维柯早就指出过,它们只是一个心理学的标准,只能用来鉴别和区分主观观念。①莱布尼茨将"清晰、明白"的辨析再往深处推进,在此基础上还加上了充分、直观等标准。在黑格尔看来,这些都只能简别主观观念,在根本上只是心理的或想象的问题,它们不涉及概念本来应该指向的事物形式方面,与形式无关。而形式严格说来涉及绝对者在事物身上的体现,是能通达宇宙秩序的。

区分上位概念与下位概念,只是外在的反思。

这种区分对外行人很友好,就像弄个货架,分成一层一层的,可以防止货品混淆。但这种区分相当外在,因为它并没有说清楚为什么每个概念处在这个位置,而不是那个位置上,以及概念与概念之间的逻辑关系如何。黑格尔并不反对这样的区分,只是认为这样做太肤浅。

相反与矛盾、肯定与否定等概念属于存在或本质的层面,不涉及概念的规定性本身。

肯定与否定在存在论开篇的"有—无—变"三元结构中就开始起作用,相反与矛盾则始于(狭义)本质论的"本质性或反映规定"(依从《大逻辑》目录)层面。它们虽然在初次出现之后,就一直在起作用,包括在概念论当中也在起作用,可是我们单纯拿这两对概念来谈论概念的规定性,却是不够的。因为概念的规定性还将这两对概念之后的那些范畴也都扬弃在自身内了。比如谈论三位一体中父、子、灵的关系,单纯强调谁肯定谁,谁否定谁,谁与谁相反,谁跟谁矛盾,是讲不透彻的。

普遍东西、特殊东西、个别东西被外在的反思作为概念的不同种类。

----

① Cf. B. Croce, *The Philosophy of Giambattista Vico*. Trans. by R. G. Collingwood. Russell & Russell · Inc., New York 1964, p. 6.

外在的反思把普遍东西、特殊东西、个别东西当作三类不同的概念,认为它们不可"混同"。这等于一上就拒绝了整个概念论要做的事情,即在个别性中展示普遍性。

判断才是对概念的内在区分与规定。

知道概念有普遍性、特殊性、个别性三个环节,这并没有什么高明的。只有讲清三者的关系,才算是内在地区分和规定好了概念。如果说在概念层面,我们只能将这三者摊开,然后抽象地谈谈它们的同一性,那么判断就开始在它们的"两两关系"中具体呈现三者的同一性。至于判断是否能彻底澄清这种同一性,那是后话。

b 判断

§166

判断是在自己的特殊性中的概念,即概念各环节的区分着的关联,这些环节被设定为彼此不同而各自独立的。

黑格尔在本节"附释"中还说过,判断是在自己的特殊性中的概念。判断是落实普遍性、特殊性、个别性之间关系的一种探讨,或者说就是对这三者之间关系的探讨。判断相比于概念而言,不再是对三者关系的抽象设定,而是分别站在这三者立场上逐一探讨上述关系;相比于推论而言,判断缺乏真正的思辨性考察,仅仅止步于三者内部两两之间关系的辩证考察。具体来看,判断是就着事物的一个个特殊规定,逐步深入地推进普遍性的具体存在,只不过这种推进是有限度的。

黑格尔说判断是概念的各环节的区分着的关联,指各环节是在保持它们各自差别的前提下,通过判断关联起来。在区别的前提下谈关联,好处是有利于将各环节的潜力和限度讲得一清二楚,缺陷是容易固执于这种区别,乃至遗忘宇宙秩序。

[说明]判断表面上看似对两个独立东西的外在关联,实际上是对对象本身情形的规定。判断(Urteil)在德文中的字面意思也表达出对原本统一的初始东西的原初分割(ursprüngliche Teilung)。

表面看来,下判断就像是缝缝补补一样,把主词跟谓词缝合起来。我们说

"这朵花是美的",就是通过系词将花和美缝合起来。黑格尔后面还会提到,我们生活当中无处不在下判断,但并非所有命题都是判断,至少并非所有命题都是《逻辑学》意义上的判断。比如像"恺撒哪天做了什么事情"这类平淡的叙述就算不上判断。判断需要对事物本身中普遍性、特殊性、个别性之间的关系有所规定。比如我们说"这朵花是美的",这个判断就有将美(普遍性)、花的具体特质(特殊性)聚拢到这朵花(个别性)上相与游戏、相互关联的功能。

但聚集是以分割为前提的。黑格尔一方面认为分割必不可少,另一方面认为分割并不是最原始的事情,它只是对更原始的统一东西的初步分割。

每个判断都陈述了个别性与普遍性的同一,而"个别即特殊"、"特殊即普遍"则属于对这一点更进一步的规定。传统逻辑学书籍都没有指出这一事实。

黑格尔认为这是众目睽睽之下一个明显的事实,而传统的逻辑学书籍却都视而不见。黑格尔直击要害,说判断就是个别性与普遍性的同一,或者说这种同一通过判断建立起来。至于说有的判断表达的是个别即特殊,如这盆山茶花如何展示花在各方面的特质,还有判断讲的是特殊即普遍,如山茶花各方面的特质如何呈现出山茶花的美,像这些都是对"个别性与普遍性的同一"的更进一步细化规定。所以我们一般性地说判断是建立起个别性与普遍性的同一,是没有问题的。

个别东西与普遍东西是概念的两个不能孤立开来的环节,本质论的各种反映规定性之间的关联只是"有关联",但不是对系词"是"的真正实现,即还不是被设定为同一性的同一性,或普遍性。判断是概念的真正特殊性,即最终会被证明为普遍性的概念规定性。

个别东西不能脱离它的普遍性而存在,因为世界上不存在单独的、纯净的、彻底的个别性,一切个别事物都必定在作为其根本形式与方向的某种普遍性下才能显现。但这种普遍性不是一般容易想到的本质论意义上的各种反思规定性,而是绝对必然性意义上的根本规定性,比如合规律性、合理性、美等。如果我们硬将普遍性设定为表面现象背后的本质,我们所能得到的不过就是"本质与现象有关联",即由思维设定的二元对照结构,而得不到个别事物在其发展过程(体现为由"是"连接起来的一系列判断)中达到的同一性,而这种通过发展得到的同一性才是真正的普遍性。——由此看来,本质论的反映规定性仅仅服务于思维"把握"事物、解释事物,并非普遍性本身的实现,也不能描述这种实现,即不足以讲概念的事情。

判断是概念的真正特殊性,指的是判断才把概念如何落到实处,如何特殊化自身讲明白了,不仅如此,最终它还会证明被特殊化的概念是一种普遍性。——当然,正如后文所示,概念的普遍性通过判断,最后走向推论。推论会表明普遍性真正说来是一个具体的、个别的普遍性。

[**附释**]判断不是把两个独立的概念外在地结合起来,而是同一个概念的不同环节原本具有的统一性的恢复。通常认为主词客观独存,谓词出自于人的头脑,但系词实际上不过是指出对象固有的规定。

"具体普遍性"虽然是主观论(乃至整个概念论)要论证的思想,但其本身是一个思想上的事实,只不过这个事实极难理解(因为人们通常认定了概念就得是抽象的,个别东西才是具体的),需要通过概念、判断、推论的漫长路途才能显示出来。而这里说到的判断是将概念中各环节原本具有的统一性恢复过来,也是对这一事实的发现的一环。

通常都把个别的东西当作主词,由人的思维将一些谓词外在地加到主词上,比如当人说"这株植物是有生命的",就是把"是有生命的"这个谓词加到这株植物头上去,仿佛植物原本与生命无关似的。黑格尔认为大不其然,因为主词如果不过渡到谓词的话,压根儿就没法存在。如果没有生命,根本谈不上植物。因此判断表面上看似乎是人做的,实际上只是将事物本身在做的一种活动用人类语言总结出来罢了。从根本上说,是事物本身以其存在在下判断。——当然,人在下判断时,人的认识本身也在走向深入。

形式逻辑还将概念当作固定不变的东西,将判断当作可有可无的偶然之事,其实概念作为无限形式完全是能动的,而判断必须被理解成概念的特殊化,是其特殊性已被设定起来的概念。

这是对概念的能动性的澄清。"无限形式"是概念论中每每到了紧要关头就会冒出来的一个词,强调宇宙秩序本身或者世界的绝对必然性,可以视作"绝对者"的同义词。当然,这并不意味着无限形式在存在论和本质论中无所体现,目前的特殊之处只是无限形式完全的能动性终于被思维设定和明确承认罢了。

判断是概念的特殊化,这一点前文已经说过了。这里可以补充一个意思:概念是泛泛地说概念,判断是特定地说概念,推论是思辨地说概念。

§167

一切事物都是判断,这意味着一切事物都是个别化了的普遍东西,在一切事物中,普遍性与个别性既有区别,又是同一的。

个别化的普遍才是事物的真相。我们若是凭借五官直接看待一个个事物,当然只见个别性而不见普遍性。但依照前文中的分析,个别性离开普遍性实际上是不存在的,个别性本身就是普遍性的展现方式。

我们言说和思考一切事物的时候,当然首先是要将普遍性与个别性区别开的,不能一锅烩地把它们随便混在一起;但它们又是同一的,我们不能在绝对独立的意义上设想其中任何一方。所以,我们跟具体事物接触,既需要在个别性中看出普遍性,也需要在它形式一面的普遍性中看出其与个别性的同一性。

[说明]为了说明判断不是人随意给主词附加谓词,需要将判断与普通命题区别开来:命题对主词的规定与主词并无普遍性关系,比如关于恺撒生平的那些叙述就是如此;只有当问题关乎给一个尚未得到适当规定的表象寻找规定时,命题才是判断。

并非所有命题都是判断。判断是指赋予表象以特定的逻辑规定的那些命题,即呈现概念的三个环节之间思辨关系的那些命题。

§168

判断基于有限立场,事物的有限性表现为它们是判断,即它们的定在与它们的普遍本性貌合神离。

判断意味着普遍性与个别性需要关联起来,意味着所判断的事物处在二者分离的状态,即处在有限状态。判断所及的事物,总是定在与普遍本性(他把这两方面分别比喻成事物的形体和灵魂)的分离,总是还不符合其本应符合的形式或秩序。这种有限性乃是生活的常态,我们向来已经陷入这种有限性中。然而站在古典哲学的立场上看,这并不意味着有限性是事物当是的状态,或具有什么天然的真理,就像20世纪许多哲学暗示的那样。

§169

在"个别东西是普遍东西"这个抽象判断中,主词作为直接具体的东西,与作为抽象普遍东西的谓词通过特殊性关联起来,而特殊性是主词与谓词的被设定的同一性，主词的特殊内容对主、谓词在形式上的差别漠不相关。

特殊性既是普遍性落实到个别性中的必由之路，又有使事物陷入二元设定不可自拔的危险。

作为个别东西的主词与作为普遍东西的谓词需要在特殊东西中才能关联起来。比如说某人是个好学之人，这无论如何只是个泛泛的说法，看起来甚至很独断，并无十足的说服力。我们必须在他的种种具体举动与行事方式中，才能实实在在地证明其好学。但这条必由之路如果不加约束，又容易发展成上述关联的"异化"，甚或对上述关联的遗忘：特殊性及其塑造出来的证明程序反客为主，成为我们理解普遍性的准绳，甚至伪造普遍性，或遗忘了真正的普遍性为何物。

主词的特殊内容原本预设了主、谓词的同一性，但思维如果沉浸在特殊性中，容易遗忘这种同一性，因为单纯就其自身而言的特殊性对主、谓词在形式上的差别是漠不相关的。——黑格尔这里似乎在呼求人们不要沉浸于特殊性中，而遗忘了普遍性与个别性的同一性。

[说明]主词是单纯的名称，谓词才说到主词是什么。

主词是个名号，它最多只能说出事物表面之所"是"；谓词才引向此是之"所是"，才显明主词的真正形式，乃至世界的创造性形式、无限形式。

[附释]"主词是被陈述的事物，谓词是就该事物所陈述的东西"这一说法没有讲清楚二者的区别。就思想而言，主、谓词分别是个别东西和普遍东西；在发展中，主词具有了特殊东西与普遍东西的含义，谓词具有了特殊东西与个别东西的含义。

通常认为主词是提出一个什么东西，谓词就谈它怎么一回事，就像把另一个东西挂搭到这个东西上一样。这样的陈述不仅外在、分散，简直可有可无。就逻辑科学而言，这样的主、谓词分别是个别东西和普遍东西。其实这也是一种抽象的设定，即表面上看来像是那么回事而已，因为主词光凭给出一个名称，根本不足以呈现一个完整的、成型的个别东西，个别东西本身就需要谓词才能完整、成型。换言之，普遍东西本就是个别东西的必备部分。

主词凭着一个只是"像那么回事"的、被设定的"个别东西"，在后面的进展中逐步具有了特殊东西和普遍东西的含义。谓词一开始也是"显得"很普遍，但那不过是思维直接设想得很"普遍"的东西，实际上是个抽象设定物。它只有在个别东西及其特殊性质中，才能真正显示出其普遍性。用黑格尔的话来说，就是它在发展过程中具有了特殊东西与个别东西的含义。

要言之,这里讲述的事情是:无论主词还是谓词,在判断的过程中都是从思维设定的、抽象的状态转变为真实的状态,而不是一个完整而真实的东西(主词代表的个别东西)与一个高远的东西(谓词代表的普遍东西)之间发生什么外在的接触和融合。

§170

就主词是否定性的自相关联、直接的具体东西而言,主词比谓词更丰富、更广泛。但反过来就谓词作为普遍东西而言,它独立持存,主词的存在与否和它漠不相关,谓词把主词归属到自身之下,比后者更广泛,只有通过特定内容(特殊性)才构成主、谓词的同一性。

前一句是常识的依据,即主词给出的个别东西看似与他者无关、否定他者的自相关联者,比起谓词这种"思想性的"、"抽象的"东西而言,似乎更丰富也更广泛。后一句则是从逻辑科学的角度来看主、谓词及其判断的更根本的哲学含义。相比主词的那种看似独立、丰富,实则片面、贫乏的状态而言,谓词作为普遍东西(绝对必然性)反而是独立持存的。——当然前提是不要把谓词当成主观观念。

现在我们会发现,原先我们当作无比丰富的个别东西,比如一朵花,它的那些所谓丰富无比的各成分、各属性,都必须按照花的方式聚集组合在一起,才能成其为一朵花。这还没有什么大不了的,还只涉及黑格尔说的特殊性的层面,还没有触及普遍性的层面。花的普遍性,比如生命、美、合规律性,才涉及它的真理(绝对必然性)。目前看来,普遍性倒是比个别性更实在的。

然而事情并未到此为止,还有更复杂的一面,即"只有通过特殊性才构成主、谓词的同一性"。花的各成分、各属性是普遍性在个别性中显示出来的必由之路。它们在普遍性面前无需"自惭形秽"。

§171

在判断中,主、谓词最初被设定为不同的,但它们在本质上,即按概念来说是同一的。原因在于,主词作为具体东西是特殊东西与普遍东西统一而成的个别性,而非不确定的杂多,系词代表这种统一。

如果说上一节正文还比照着常识来说主、谓词,那么这一节的正文则是正面在逻辑科学意义上说主、谓词。这就是说,我们在透彻地理解了主、谓词的思辨关系之后,回过头再来看主词,就会发现主词并不是一个跟谓词毫无关系的纯粹个别性。主词代表的具体东西并非表面看到的杂多属性,等着我们通过什么人为的操作将它跟普遍性结合起来。

主、谓词只是被思维设定为不同的,但它们从本性上来讲是同一的,而系词只是明确地将这种同一性表达出来罢了。

但系词最初只是抽象的"是",即主、谓词之同一性的抽象设定。但同一性要求主、谓词更深入地相互规定,也要求系词充分发展,这就是判断走向推论的过程。

这个要点看似简单,实际上展现了从判断走向推论的义理。事物可被人直接接触的、现成的、杂多的一面虽然生动又具体,但既不持久,也不真,在逻辑科学的意义上看只是一种抽象的"具体"。而系词则让我们明白,个别性需要走向普遍性、以普遍性为前提,才能反过来真正成全其具体性。

然而真正说来,一个判断不足以达到认识具体普遍性的目标。要认识到主词不仅是个别性,也具有普遍性和特殊性,同时认识到谓词不仅是普遍性,还要向个别性和特殊性发展,这需要判断本身的推进与发展,即需要至少三组判断构成的推论。换言之,判断这种思维形式在这里不够用了,需要走向推论这种更具思辨性的思维形式。

这个过程也是抽象的感性普遍性走向概念普遍性的过程。

判断向推论的这个发展,有利于改变判断那种将感性状态直接断定为普遍性的局面,而通过在全体性(Allheit)、类(Gattung)、种(Arten)的层级深化中达到真正的普遍性,即概念普遍性。

[说明]判断是特定的概念,是概念的一个不断规定的过程,各种判断之间的发展过程具有必然性,而且是存在与本质两个层面在单纯的概念关联中的重演,而不是传统逻辑学认为的那样,是偶然杂乱的关系。

接下来各种类型的判断的演进,有重演从存在到本质再到概念的整个过程的意谓。这个重演的过程,下文会详细展示。目前需要注意的倒是:首先,《逻辑学》的不同章节之间往往有两种对照关系,一是平行对照关系,比如"三论"各自的三个二级层面之间有很明显的平行与深化关系,二是"全息"对照关系,比如这里的各判断形式与"三论"之间的关系就是如此;其次,各种判断形式隐藏在我们常见的所有判断之中,在以逻辑科学的眼光撇去表面"枝蔓"之后,我们不难发现它们大致归属于几种典型的判断形式,而这几种判断形式之间又有着严密的逻辑学进展,不像通常以为的那样杂乱一片。

[附释]康德的伟大功绩之一在于看出判断不是经验的杂多,而是被思维规定的总体性,看出逻辑理念的普遍形式本身规定了各种判断的形式。

判断不是从经验的杂多中随便抓取一些,组合起来。它是被黑格尔所谓的客观思维规定的总体性。康德看到了判断有其必须被客观思维显明的标志性特征,能作为普遍类型代表一整类具体判断。他划分了量的判断、质的判断、关系判断、模态判断,这些普遍形式规定了各种判断具有什么地位,它们又如何连接成一个整体。——当然,康德在这方面做得不如黑格尔这么深入、系统。

三种主要的判断对应于存在、本质和概念三个层面,原因在于概念本就是存在与本质的观念性统一,故而能主导判断在新的层面重演存在与本质,随后也能主导判断重新回到概念不同于存在和本质的本意。

存在必须走向本质,才能为现代人所信服。单纯像斯宾诺莎那样强调"有"一个无比高妙的绝对者(实体、上帝)是不够的,必须在现代生活中显明这个绝对者的必不可少,即必须使人从偶然事物中看出绝对必然性,以及这个绝对者的体现方式,这样的"绝对者"概念才会被接受。在经历本质论的重重历险之后,现代生活执著于本质这一点,以及这一点的缺陷,也必须通过"本质性对比关系"和"绝对的对比关系"两个关键性三级层面表明出来,进而走向概念论。

这样一来,概念论层面的概念作为存在与本质扬弃后升华达到的形态,是能够主导判断在新的层面重演存在与本质的。这当然不是指旧戏重演,而是在判断中表明存在与本质的那些值得坚守的东西,随后也让人看到它们的短处,从而展示概念突破存在与本质自我设限的困局的这一"本意"。

不同的判断代表不同的判断力,"墙是绿的"只诉诸直接的知觉去寻找抽象的质,"艺术作品是否美"则懂得将对象与概念相比较,二者层次不同。

黑格尔后文中区分了质的判断、反映判断、必然性判断、概念判断。他告诉人们一个道理:并不是所有判断都能触及事物的概念,判断只有达到了一定高度和深度,才能触及事物的概念。"墙是绿的"只涉及个别的墙具有什么特殊属性,只触及个别性与特殊性的关系;而"艺术作品是否美"这类判断则达到了绝对必然性的高度,即突破了艺术作品的特殊性,而进一步深入或提升到"美"这一宇宙秩序课题。

不同的人关注不同的判断,是因为他们的判断力与眼界各有不同。可见概念是通过个别事物触及世界的绝对必然性或宇宙秩序的能力,而这种能力需要极高的判断力。

a）质的判断

§ 172

质的判断是直接的、关于定在的判断,用来断定某种直接的质,即个别东西是否具有特殊性质,分为肯定判断与否定判断。

第 172 节讲肯定判断,第 173 节讲否定判断。这两节借个别东西对于属性的"具有",或者反过来说,借属性在个别事物身上的"存在",展示出质的判断与存在论层面的对照。

[说明]质的判断只涉及一个有限的因而本身不真的内容是否可以正确地断定,因而只涉及正误,不涉及真理。真理处在形式的层面,即设定起来的概念以及与此概念相符合的实在的层面。

一般的质的判断只涉及正误。正如前文中的解析所示,质的判断只涉及个别性与特殊性之间的关系,并不涉及真正的普遍性,当然也不涉及真理。像我们通常归入"真理"范畴的正误(即对于某事物是否具有某属性的认知是否正确),在黑格尔看来其实与严格意义上的真理无关。我们的眼光要足够深刻,触及事物的概念及其所在层面上的实在性,达到绝对必然性与宇宙秩序的高度,那才谈得上真理。

[附释]正确是表象与内容在形式上符合,而不管这内容在其他方面的性状;真理则在于对象与其自身即与其概念的符合。因此质的判断无论如何不包含真理。因为这种判断容不下主、谓词之间发生实在与概念的关系,只能使主、谓词发生部分重叠,比如"这朵玫瑰是红的"中二者的关系就是如此;但"这个行为是善的"这类概念判断中,主、谓词并非松弛的外在关系,谓词反而是主词的灵魂,主词如躯体一般彻底由它决定。

这是对本节"说明"中思想的重申。只要懂得属性与概念的层次之别,或者说正确与真理的层次之别,"附释"不难理解。以上述思想衡量主、谓词关系,便不难得出"谓词是主词的灵魂"的结论。当然黑格尔这话是直击要害,是针对

《逻辑学》意义上的判断而言的,并不是说任意一个命题中都是如此。正如前文(第 166 节"说明")中表明的,并非一切命题都属于这里的"判断"。

§ 173

在质的否定判断中,谓词作为相对普遍性东西,其规定性在主词上被否定,尽管同类的其他规定性不一定被否定。此类判断一方面保住个别东西的空洞同一性,另一方面试图拒绝普遍性,制造出一种虚假的无限性,这就是所谓的无限判断。

目前讨论的虽然是逻辑科学的范畴,但古代斯多亚主义与古代怀疑论的做派在质的否定判断中也隐约可见。这种判断造成一种幻觉,即否定与拒绝普遍性,坚守一种自以为的同一性,这就带来了自由,带来了无限。人们甚至还赋予这类判断一个貌似高妙的名称:无限判断。

事实会表明,这种顽固的做法能拒绝的东西与能保守的东西都极为有限。它所拒绝的只是相对的普遍性,而且这种拒绝活动本身都只是暂时的"钻空子"。比如"这朵花不是红的"虽然拒绝了红色,却没能拒绝绿色、黄色、白色等同样普遍的颜色,而且即便在说那些一眼望去就是红色的花(比如红玫瑰)不是红色的之时,它采取的理由也不过是"花瓣上并没有典型的均匀红色,而是掺杂了无数其他颜色,甚至是由其他颜色折射而成的颜色"这类极为勉强的说法。至于它试图保守的那种极端个别性(即这朵花只是这朵花,不是任何普遍的东西),其实也是站不住脚的虚构。——当然,这里说的都是将质的否定判断推到极致之后的负面情形,其实这类判断如果运行在合理范围内,还是有其"矫正"之功的。这一点从本节"附释"中不难看出。

[说明]所谓的无限判断只是为主观抽象性大开方便之门。

这种主观的抽象,在科学上也没有多大的意义,不会有什么收获,只是让人取得一种主观上的虚假确定性和差异感,即确定这个东西是与众不同的。然而当思维无法确定这个东西本身究竟"是"什么,甚或无法确定能否指称这个东西时①,也就根本谈不上能否"确定"它与众不同,以及(即便在能确定的情况下)这样确定下来有何意义。

---

① 绝对个别的东西其实是无法指称的。

这就告诉我们,对于人所珍视的东西,仅仅通过直接"护"的动作是护不住的。存在者在本质上是普遍者。思维如果要拒绝这一点,终究无法成功。

[**附释**]否定的无限判断有助于暴露质的肯定判断的有限性和非真理性。比如在犯罪中,罪犯不仅违反他人的特殊权利,还违反了一般权利,即挑战了法律本身,所以不仅要赔偿损失,还要另外施以惩罚;又比如死亡也是如此。但简单的否定判断则只否定某一个别特性,比如民事诉讼中的一般纠纷,或一般疾病。

对于否定和怀疑,黑格尔一向主张将其置于合理范围内。思维如果看不到质的有限判断的有限性,就容易无限夸大这种判断。比如我们过于喜爱玫瑰的红色,或者歌迷过于喜欢某明星的一种动作姿态,就容易"走火入魔"般夸大此处的这种红色与姿态,不仅否定其他花朵、明星的同一个红色、姿态为"真正的红色"、"真正的帅气",甚至否定其他所有花朵、明星或颜色、姿态。这种状态就急需否定判断来予以"降温"。

而"降温"的具体方式是,否定判断主观上似乎只否定某一种特质,却没承想在客观上牵动了全局。比如犯罪和死亡就在客观上构成了这样的例子。犯罪不仅是给受害人造成了罪犯主观上有意造成的那点损失,它还削弱和违背了法律本身,如若除了赔偿损失之外不施以额外的惩罚,那就不足以示人以"法律不可侵犯"。死亡也是如此。它可能是由某种具体的过失、疾病或损伤造成的,但死亡带来的实际上是这个人生存上的全部可能性的消灭。牵一发而动全身乃是必然之事,那种将"一发"切割开来予以保守的做法反映出眼界的局限,终究无法成功。

b）反映判断

§174

个别东西在判断中被反映到自身内,作为主词(相对于谓词而言)成为自相关联的他者,这个主词与他者和外部世界相关联。普遍性具有了相对的重要性,比如有用、有害,以及重力、酸、本能等。

如果说质的判断关心的是某属性能否挂搭到个别实体上,那么反映判断则涉及一个更深的问题,即本质论层面一对对概念相互映照的格局。主词在此通过谓词与他者形成二元设定。比如说某昆虫是益虫,那就意味着这昆虫在成为其自身(自相关联)时,在根本上而言不过是人类生活圈中一个必要的他者。黑格尔举出的其他那些谓词也是如此。

较之质的判断与普遍性"脱钩"的状况,反映判断具有了由上述相互映照带来的相对普遍性:由于谓词是二元设定之一元,这里必定涉及另外一元及其代表的众多他者。

[附释]反映判断中主词通过谓词表明与他物的关联,比如"这个植物可治病","这个物体有弹性"。但这类判断还不能够指明主词的概念。

这里凸显出来的还是一种相互之间的对比关系,即仅仅涉及重叠、对照乃至对立格局的平面化关系,不涉及宇宙的根本方向和根本秩序,不涉及世界的绝对必然性。在黑格尔看来,这类判断还不能指明主词的概念。

§175

第一,单称判断中主词(作为个别东西的个别东西)是普遍东西。第二,特称判断中主词扩大并超出单个性,在主观的反映中进入无规定的特殊性,因而既直接是肯定性的自相关联,又直接是否定性的与他者关联。第三,在全称判断中,特殊性扩大为普遍性,反过来说就是普遍性被主词的个别性规定,成为大全性,即共同性或反映性普遍性。

单称判断通过讨论一个东西的状况,关注的是整个这一类东西的状况。比如本节"附释"举的例子"这株植物可以治病",就不是单单在关注这一株植物的特殊状况,而是以它为代表,关注它所属的这个物种与人体健康的普遍关系。

特称判断就是把单称判断所关心的事情明说出来了:如果这一类植物都能治病,那么主词其实就是这整个物种,具体来说是这整个物种中长到多大年龄的、植株生命力有多强的所有植物,都具备此种特性。其实在这里,我们关注的仍然不是这个物种中的这一批植物本身,而是它们身上的药性能否为我所用,于是黑格尔将药性与治病之间的这种反映叫作"无规定的特殊性":我们当然关心它们是否处在某个可为我们所用的特殊状态,但这种特殊状态其实又是无规定的,算不得对这些植物的什么内在的规定,因为我们只是要从外部利用它们。

全称判断把特殊性扩大为普遍性。如何扩大? 通过两个例子我们就不难明白了。"部分物体有弹性"是特称判断,它只能揭示一部分物体相对于另一部分物体而言具有的特征;"所有物体都有广延"则是全称判断,它不再是就一部分物体相对于另一部分物体而言的外在对比关系,而是关注某种特质(广延)与所有物体的概念之间是否具有必然关联,这本身就是一个普遍性问题。

同样的意思反过来说,就是普遍性被主词的个别性规定。目前的主词依然是个别性,只不过外延极大,是在大全性意义上的个别性罢了。这个作为大全性的个别性共同具有某种普遍性。但黑格尔认为这样的普遍性在逻辑科学的意义上而言还不算真正的普遍性,它始终只是本质论层面"本质—现象"二元设定框架下的某种本质。这是由反映判断的本性(反映)决定了的。

[附释]单称判断(如"这株植物有疗效")要从个别东西直接跨越到普遍东西,实际上意味着同类东西都是普遍的;这就进入特称判断,也就是使得个别东西成为与其他个别东西并列的东西,这意味着对部分东西的肯定("部分物体有弹性")和对其余部分东西的否定("其他东西无弹性")。这已经是向全称判断的进展了。

单称判断走向特称判断的机理是,研究个别东西是为了研究一整个类别的所有东西,即研究一个是为了研究"一大片"。而这样一来,这一大片与它之外的其余东西之间的区别问题也必然被纳入考量,换言之,研究一大片就间接涉及全体了。这就意味着特称判断为全称判断作准备了。——但这仅仅是作准备,全称判断与特称判断在深度上毕竟是有根本区别的,全称判断绝非由特称判断拼接或扩大而成那么简单。

大全性在反映判断中仅仅是外在的纽带,并没有看到普遍东西是个别东西的基础、根据、实质、根本,如"某某与某某全都是人"说的不是一个抽象而空洞的类,而是无此则不能存在的普遍的类,因为单个的人必须首先是人本身,才能是具有特殊东西的人,因而普遍东西是贯穿并包含一切特殊东西的本质。

我们非常容易将大全性与普遍性混淆起来。然而大全性只是像"括弧"一样的外在纽带,将同类的所有个别事物囊括进来,并未表明它们何以必然属于同一个类,所以算不得什么真正普遍的东西。依照柏拉图主义的传统,普遍的东西是类本身,是类的理念,比如所有个别的人因为属于人本身,属于人的理念,才被归并到一起。人若不是人本身,他的各种特殊东西就无所依凭,也就不是"人的特殊东西"了。

§176

由于主词被设定为普遍东西,判断的规定(主词由判断达到与谓词同一)变得无关紧要。判断的内容成为自身内反映的普遍性,这使判断成为必然性判断。

判断的本质功能就是使主词向普遍东西过渡,就是要把主词设定为普遍东西。所以判断的那个规定(使主、谓词同一),反而成了一个累赘、一个外在的束缚,容易使得判断变得很僵硬:它的起点(主词)必须不能是普遍的东西,终点(谓词)则必须是普遍的东西,必须像跨越峡谷一般从起点到达终点。——黑格尔当然不是要摆脱判断,判断是必不可少的;他的意思是不要自造一个僵硬的规定,将一切判断都套到这样的规定中去。其实有时主、谓语调换位置也未尝不可。

如果说判断的形式不必太拘泥,那么判断的内容越发重要了,因为此时判断的内容建立起一个自身内反映的普遍性了。通过到此为止的判断学说,人们认识到具体东西原本就含有普遍东西,只有普遍东西才是事情真正的主角。判断表面上看是人的活动,最后它会表明自己其实是普遍东西自身内反映的表现。

[**附释**]全称反映判断向必然性判断的进展体现为全称向普遍的类的进展,"所有植物""所有人"与"植物""人"同一。

突破大全性如括弧一般外在涵摄的功能,会发现这种涵摄的背后其实是普遍性在起作用。强调大全性,不是为了研究它究竟有多"全",而是为了表明,但凡属于某个类的事物,都无一例外地受制于这个类本身。因此"所有植物"指向植物本身、植物的理念,"所有人"指向人本身、人的理念。

c)必然性判断

§177

必然性判断表明内容在其区别中仍然具有同一性。第一,直言判断中,谓词既是具体的普遍东西(类),又包含排他性的否定规定性(种)。第二,假言判断中,主、谓词相对独立,二者的同一性是内在的同一性,每一方的现实性都需要另一方支撑,是残缺的,这种情形类似于因果性对比关系,普遍东西借此被设定于特殊化过程中。第三,选言判断中,内在的同一性被设定于概念的外化形态上,普遍东西作为主词与作为谓词的几个同为普遍东西的选项关联起来,后者的非此即彼也是亦此亦彼。总而言之,三种必然性判断是普遍性从作为类到作为圆圈的进展过程。

　　回顾前面的两类判断不难发现,质的判断实在没有什么高明的,它不过是对个别事物的特质的一个个离散的判断,与普遍东西没什么关系,而反映判断则隐约与普遍东西产生了关联,但那种关联还很不坚固。必然性判断则不一样,正如前一节所示,它的内容简直都要冲破它的形式的束缚了,必然性成了它真正的主体。换言之,必然性判断使我们明白,判断终究是为了表明普遍东西在个别东西中的种种体现形式。

　　必然性判断表明内容在其区别中仍然具有同一性,指的是判断可以围绕不同的话题、东西、方面展开,但它贯穿着的同一个普遍东西才是要害。

　　直言判断可以看作整个反映判断的最高成果的结晶。在作出直言判断时,思维明确意识到判断中的普遍东西特别重要,同时也明确意识到普遍东西在眼下这一类事物中的体现方式有其界限。比如说"玫瑰是一种植物",这一方面意味着玫瑰都要合乎植物的理念,另一方面意味着玫瑰中植物的体现方式跟蔷薇的体现方式不一样。

　　假言判断的格式是"假如……,那么……"。这里由"假如"所带起的那个命题和由"那么"带起的那个命题是相对独立的。而两个命题的同一性只有在思辨的意义上才能看出来,在知性的意义上是看不出来的,正如我们在因果性对比关系中只盯着原因或只盯着作用看,是无论如何都想不通它们为何会协同出现的。普遍东西在这里并不体现为前一个或后一个命题,而体现为从前一个命题向后一个命题的过渡,或者说体现为二者的必然关联。反过来说,只有理解了这样的普遍东西,两个命题各自的残缺性也才能显现出来。——这正、反两个方面展示的就是黑格尔所谓的普遍东西的特殊化过程。

　　选言判断中,内在同一性被设定于概念的外化形态上。概念外化为几个选项,而内在的同一性、必然性则体现为这几个选项中的某一个。表面看来,这几个选项之间是"非此即彼"的排他性关系,但考虑到它们之间内在的同一性,它们之间其实也有"亦此亦彼"的共通之处。

　　最后黑格尔总结道,三种必然性判断是普遍性从作为类到作为圆圈的进展过程。直言判断体现种和类的关系,在作为个别性的种和作为普遍性的类之间相互支撑。而选言判断则像圆圈一般使双方同步加深(在理解种的时候深化对类的理解,在理解类的时候深化对种的理解),而不是像直言判断那般在直线的两端来回往复。选言判断似乎没有固定的起点和终点,这更合乎种与类之间的思辨关系。

[附释]三种必然性判断对应于本质论中的三种绝对对比关系。第一,直言判断是指出事物的实体本性,是真正的判断的开始,如"黄金是金属"、"玫瑰花是一种植物";相比之下,"黄金是昂贵的"就只表明一种外在的利益关系,没有达到这个层面。但直言判断的缺陷是不够尊重特殊性,如黄金虽然是金属,但银、铜、铁也是金属。直言判断中,类与种的关系是外在的。第二,假言判断中规定性表现为依赖于另一个内容的,普遍东西在特殊化过程中被设定下来。第三,选言判断中类是由其各个种组成的总体。此时,普遍东西与特殊东西的统一(概念)开始构成判断的内容。

这是必然性判断在向概念判断过渡了。三种必然性判断明显带着体现或寻找普遍东西的意识在行事。黑格尔建议我们比照本质论中三种绝对对比关系深化对三种必然性判断的理解。

第一个,直言判断是直指事物的实体本性。比如,我们说"黄金是金属",是将平时大家容易走偏的眼光(比如聚焦于黄金的"昂贵"这种社会利益关系上)聚焦到黄金的真正本性上来。然而直言判断不够尊重特殊性,总是把一个个不同的种关联到它们共同的类上,却并不追究不同的种之间的关系。如果不讲清楚普遍性与一个个种包含的特殊性之间的关系,这种直接关联的做法是没有说服力的。它既有使某个或某些种独占其所属的类的嫌疑,甚至也无法在某个或某些种内部将其所属的类与它们的关系稳固下来。

假言判断是把这个问题深化了,它通过使普遍性的呈现依赖于某种特定的情形(特殊化过程),而更加稳固地将普遍东西设定下来,这就区分了不同的情形。

选言判断则比假言判断更深刻,因为它开始主动站在普遍东西的基点上看问题,开始考虑普遍东西究竟该在多大程度上自我呈现这个全局性问题了。此时普遍东西与特殊东西的统一(具体普遍性)开始构成判断的内容。

d) 概念判断

§178

概念判断以被完备规定的普遍东西(概念)为内容。第一,实然判断中,主词是个别东西,谓词是与普遍东西(善、真等)的符合与否,即向普遍东西上的反映。

任何事物本质上都是普遍东西。将事物本质上"所是"者呈现出来,那就叫概念判断。概念判断又分为实然的、或然的和确然的三种。

实然判断中主词是个别东西,谓词是普遍东西。前者向后者的过渡不是向外部的什么东西靠拢,而是向个别东西"所是"的那个普遍东西靠拢。所以这个过程绝不是削足适履,而是为了使个别东西更好地成为个别东西。

[**说明**]只知道肯定判断与否定判断的人,不可谓有判断力,概念判断才代表判断力。实然判断的独立有效性如今比较可疑,在雅可比的直接知识说中表现为外在的保证。

肯定判断与否定判断皆属质的判断,而质的判断只能触及特殊性,达不到普遍性,因此精于肯定判断和否定判断的人只能说是"聪明"或"会来事儿",不可谓有判断力。相反,概念判断才代表判断力,因为它关心的是具体的个别事物中最隐秘的那个方面,也就是具体的普遍性。具体的普遍性非一般思维所敢想,因为它不但与一般思维最关心的利益、欲求相距甚远,而且需要极为坚韧、敏锐的意志力与洞察力。

实然判断是很朴素的,一上来就认定具体的东西本质上是普遍东西。实然判断即便有着对崇高事物的良好愿望,但它仅靠这种"直接绑定"的做法能否成功? 这样能否使普遍性长久驻足于具体事物中? 这些都比较可疑。

比如雅可比的直接知识说企图依靠直觉、信仰拥抱绝对者,这种做法就很天真。这是本着一种朴素的、知性的态度拥抱绝对者,黑格尔认为这不过是外在的、主观的保障,实际上暴露出内里的心虚乃至自卑。

§179

第二,或然判断呈现的状况是,两个同样有理由,也同样没理由的判断的直接主词中并不包含谓词要表达的特殊东西与普遍东西之间关系。第三,确然判断中,主词容纳了客观特殊性与定在的关系,已呈现出谓词内容,如"这所(定在)房子(类)具有如此这般的性状(客观特殊性),这是好的或坏的",事物的类代表和指向普遍性,事物的有限性即它的特殊东西可以符合或不符合普遍东西。

或然判断其实是把实然判断"心虚"的那一面呈现出来了。这里出现了两可的状况,呈现出了主词不一定直接"够得着"谓词的情况。比如按雅可比的说法,我们当下直接就能够直观到绝对者。谓词("能够直观到绝对者")固然提出了对于特殊东西(直观活动)和普通东西(绝对者)之间关系的这个要求,这个要求在一般意义上经过美妙的描述,甚至可能会让人觉得应该是可以达到的(直观可以触及绝对者),但问题在于,主词(当下的我们)未必达得到这个要求。于是只能说:我们或许能达到,或许达不到这个要求。——而且这"达到"与"达不到"的理由是同样多的,不分伯仲。

相比于或然判断,确然判断就更成熟了。前者暴露出不确定性,体现出一种否定性的理性,确然判断则更有正面建树:主词加一些限定之后实实在在地呈现出了谓词的内容,如限定了考察与评价这所房子会涉及的若干方面之后,讲出这所房子在这个方面具有如此这般的性状,然后评价此事是好的或坏的。这就摆脱了实然判断中将个别性与普遍性抽象挂钩的做法,也摆脱了或然判断中对不确定性的单纯关注,就事论事地针对个别东西的某个具体的方面来评价它。

通过在分疏过程中落实普遍性,确然判断就非常严谨、有说服力。确然判断是实然判断和或然判断的"升级版",把它们的一些值得保存却陷入抽象境地或不确定性境地的优点保存下来,而且消除了抽象性或不确定性。

§ 180

此时,主词与谓词都是完整的判断。主词的直接性状在事物的个别性与普遍性之间起中介作用,成为判断的依据。判断过程中设定其主、谓词的统一,即概念,而概念的这个中介过程就是推论。

这一节表明,确然判断的实质是走向推论。第 179 节说到的"客观特殊性",现在成了个别性与普遍性之间的中介。如今判断的主词是一个判断,谓词是一个判断,主词和谓词之间的关联又是一个判断,这正好构成推论。

说概念是主、谓词的统一,而概念的这个中介过程就是推论,这意味着推论才能以最思辨的方式,最好地展现概念使个别性贯通于普遍性的本意,即展现概念的"具体普遍性"本意。这意味着概念不是一个单纯的、看起来很美好的谓词,而是主、谓词的统一。换句话说,普遍东西不是单纯的普遍东西,而是具体的普遍东西。

c　推论

§ 181

推论是概念和判断的统一,它使得判断的形式差别返回到单纯同一性。推论已经被包含于现实的各种规定中。只有推论才呈现出全部理性东西。

无论我们拘泥于概念的形式还是拘泥于判断的形式,都达不到概念本身与整个概念论的本意,即具体普遍性。如果拘泥于概念的形式,会认为具体普遍性是"一步到位"的一个什么东西。如果拘泥于判断的形式,会认为主词是主词,谓词是谓词,二者之间的过渡只是外在挂搭。只有通过推论的运动过程(以"三部曲"为典型),思维才能从眼下看得见、摸得着的个别特质出发,逐步被引向深入,在不脱离个别事物与个别特质的情况下把握到具体普遍性。这种具体普遍性是不受概念与判断的表面形式和事物表面杂多限制的"单纯同一性",唯有思辨的眼光方可洞察它。

达到单纯同一性之后,再回过头来看,我们会发现推论已经被包含在现实的各种规定当中了。有了"具体东西本质上就是普遍东西"这种思辨的领悟之后,我们就不会被眼前看得见、摸得着的这些方面局限了。这时我们就懂得用推论的方式看待眼下这些具体的特质与事物包含的绝对必然性之间的关联,而这个关联又不是直接的抽象关联,而是在个别性、特殊性与普遍性之间相与相成的运动过程。这样看来,现实事物的存在方式就是推论。

事物全部的理性东西,只有在这个推论过程中才能够呈现出来,而不可能"一步到位"呈现出来。至于个中原因,这既与人类思维只能由表面到内里、由执念形成到克己及物的运行方式有关,也与事物必须在此过程中逐步呈现有关。

[说明]人们经常妄谈理性,且泛泛地将推论作为理性思维的形式,但很少思考理性与推论的关系。形式推论(das formelle Schließen)固然不关心内容,但内容其实也只有通过推论形式才成为合乎理性的东西。推论无非是设定起来的概念,是一切真理的本质性根据。一切事物皆为概念,概念通过特殊性获得外在实在性,通过个别性获得否定性的自身内反映,或者反过来说,作为个别东西的现实事物通过特殊性而提升到普遍性。推论就是中介既统一又分离的各概念环节的圆圈。

我们通常一方面要求人要有理性,做事要有条理,另一方面又未加反思地认定一环一环严密进行的推论天然就代表了理性思维,将合乎理性等同于推论的正确性，却没有深入思考理性与推论的关系。

接下来黑格尔提到推论形式与内容的关系。如果像形式逻辑那样专注于研究推论的形式，而不追究其思辨的内容，就只会做一些形式推论。这种形式推论是黑格尔要批评的，它是消极的、否定性的，会把现实生活肢解和"格式化"，同时还冒充"真理"，在客观上阻碍了真正合乎理性的具体普遍性的呈现。但这也不意味着推论可以没有形式，相反形式是推论的必由之路。在这里，形式推论讲的是抽象推论，而推论形式是一切推论都必须借助的方式，合乎理性的东西必须在各种形式构成的上升之路中才能表明其合乎理性。——只不过黑格尔这里所说的推论形式与他批评的形式推论中的形式不太一样，后者是僵死固定的，从外部规制着推论，而前者则是自身活动着的，能由低到高地突破各种不适合于内容的低级形式。

经过四种判断形式的锤炼之后，推论是思维明明白白地承认概念的本意（具体普遍性）并自觉地实现这一本意。它作为一切内容、一切合乎理性的东西呈现时的必由之路，是一切真理的本质性根据，或者说为一切真理在我们世界上的呈现提供合适的方式。简单说，不经过推论，真理便无法呈现。换言之，若是不经过从个别性上升到普遍性，或者说不经过普遍性在个别性中获得自身内反映的这个过程，真理是无法令思维"心悦诚服"的，最多只是主观、抽象的独断。

至于一切事物何以表明自身皆为概念，概念何以通过特殊性获得实在性，通过个别性获得否定性的自身内反映，个别东西何以通过特殊性而提升到普遍性，这些都需要下文中几种具体的推论形式来展示。

概念各环节（普遍性、特殊性、个别性）在推论中会展现为貌似分离，实质上又是统一的，而推论就是显明这一点的那个中介过程。推论是向概念的本意的回归，因此可以视作在终点回到起点的一个"圆圈"。通过这个"圆圈"，现实事物才能真正表明自身就概念而言乃是单一体。

[**附释**]判断自行向推论进展，确然判断已经初步展现出个别东西通过特殊东西向普遍东西过渡这一推论的雏形，后来个别东西与普遍东西也在发展过程中分别占据中项的地位，由此主观性向客观性过渡。

这个"附释"实际上是对整个推论学说的演进方式的勾勒。最简单说，三类推论分别由特殊东西、个别东西和普遍东西占据中项，而中项则是整个推论的要害。确然判断预示了"个别性（个别东西）—特殊性（特殊东西）—普遍性（普遍东西）"这一最抽象的推论，而整个推论学说中，经过上述由特殊东西、个别东西和普遍东西渐次占据中项地位的越来越深入的发展过程,整个"主观概念"二级层面的抽象性得以消除,思维才真正具备进入客观性层面或进入客观世界的条件。所谓"抽象性",主要是指整个"主观概念"二级层面都是本着外在、抽象地看待具体普遍性的态度,将普遍者作为需要从其外部的个别东西出发,通过某种人为的手段加以通达的彼岸。

与之相比,推论学说的最后一种形态(必然性推论)则达到了如下"觉悟":普遍性、特殊性、个别性三者皆为具体普遍性的呈现方式,世上无处不是具体普遍性的呈现。在此基础上,思维转入客观世界,不过是为了印证概念无处不在这一点。——这里我们不妨回想本书"绪论"中那部小型"哲学史"。那里表明,哲学史上除了柏拉图、亚里士多德等大思想家的零星洞见之外,尚未有人系统考察真正意义上的客观性。之所以没有出现过这样的系统考察,其实是因为没有达到上述"觉悟"。

§ 182

外在推论(无概念的理性推论)与真正的理性推论的区别是,在前者中,普遍东西经过中介而被归于一个外在于它的主词之下,而在后者中,主词经过中介而自行与自身结合。

外在推论就是把眼下看得见、摸得着的个别东西与普遍性隔离开来,死守这个个别东西,完全无视普遍性和特殊性。这种外在隔离的毛病其实是迄今为止的概念学说与判断学说一直试图克服的,对于我们而言并不陌生。黑格尔说它是"无概念的",指的是它不合乎概念的本意。

而真正的理性推论则不是无概念的,它是主词通过中介而自己与自己结合。个别东西的实质其实与普遍东西的实质无异,都是具体普遍性,只是个别东西显得很"个别"而已。个别东西其实是具体普遍性展示自身的一个场所,这个场所中显得相互争执的双方其实都是这个场所固有的成分,是这个场所自家的事情。①

---

① 值得注意的是,谢林那里的普遍性始终不放弃置身于世界之外并原初生发世界这种原初的"自由",他那里形成了从普遍性到个别性与从个别性到特殊性的"双轨"哲学(分别名为"否定哲学"与"肯定哲学");而黑格尔则沿着思维从抽象到具体的路径,一次性完成了双向的活动。撇开谢林那里普遍性的上述特殊"自由"不论,单从突破人类理性的角度来看,黑格尔这里已经有了一种系统的肯定哲学,只不过那是与否定哲学熔为一炉的肯定哲学。

[说明]*知性推论是主观推论，以人为中心，但客观上也能表达事物的有限性。普遍性可能只体现为属性、特殊性，也可以体现为粗略的类、普遍性，因此，质的推论也在这两种情形之间摆动，可能远离，也可能接近普遍性。*

这里的"知性推论"实际上是对下文中"质的推论"的一种思想预备。知性推论以人为中心，抱着人直接所见的离散世界图景不放。知性推论的关注点摇摆于属性、特殊性这种貌似"普遍"但并非真正普遍性的东西与类（Gattung）这种有机会通达更高普遍性的东西之间，可"上"可"下"。而接下来要谈的质的推论也有类似处境：可能坠入属性的牵缠之中，也可能通过关注于类，向更高的宇宙秩序攀升。质的推论之下的四个"式"中，最高的第四式是最接近于普遍理性，最融合于宇宙秩序的。

[附释]*人们也将理性看作推论能力，将知性看作形成概念的能力，其实概念不等于知性规定，推论也不一定合乎理性。形式逻辑经常将知性推论等同于推论学说，也经常将概念降格为单纯的知性形式。*

人们经常会认为，某人善于推论，因此他是一个有理性的人，另一个人很爱提出概念，因此那人的知性很敏锐——仿佛理性就是做形式推论的，知性就是制造概念的。这种想法把知性推论等同于全部的推论。反过来看，这种想法也容易把概念降格为单纯的知性形式，也就是不在思辨的意义上理解概念，而仅仅在总结、命名、抽象、概括的意义上理解概念，把概念当成一个可以装各种水果的筐子。

人们区分知性概念与理性概念的做法只是一种人为的抽象，比如自由与必然性的关系的两个版本，以及上帝概念的有神论版本和三一论版本就是如此。

在常识的意义上区分知性和理性，将它们分别作为低级的东西和高级的东西，对立起来，这只是一种人为的抽象。比如在自由和必然性的关系上，如果将两者对立起来（无论认为自由管着必然性，还是必然性管着自由，还是两者并行不悖），就是知性的观点。对自由的真正合乎理性的看法是，自由将必然性扬弃在自身之内了。关于上帝也有两种看法。有神论的看法是断定有一个与尘世不同的上帝，然后抽象地坚持这种上帝形象。这在黑格尔看来无疑是知性的做法。而真正合乎理性的上帝观则是三位一体论的，即在具体普遍性这种思辨的意义上看待上帝。

[导引]进入质的推论，我们会碰见极其关键的三个式。这三个式如果不掌握透彻，便会影响到后面整个推论学说的理解。这里我们要谈两个关键问题：中项为什么是推论的重心所在？质的推论的三个式之间的演进关系如何？

推论学说为什么以中项为重心？推论的目标明明是作为终点的第二个端项，似乎它应该是当然的重心，实则不然。黑格尔的《逻辑学》有一个非常重要的特点，就是极端强调二元设定，哪怕最终的目标是一个思辨的统一性。但如何在现实事物当中以科学的方式进行二元设定，以及如何对待这种二元设定，这才真正反映出思维的高度或质量。而中项之所以成为推论的重心，是因为思维以什么为中项，便反映出思维对二元设定的态度。思维是还没有设定起互为反映的二元，还是设定了，然后把这个二元格局当成真理，还是既接受设定，又能够看到设定的边界与出路，这是三种截然不同的态度。整个推论学说，都可以此为衡准。——尤以黑格尔对三个式的阐释为典型。

在"质的推论"中得到详细开展，在后续的两类推论（反映推论、必然性推论）中又得到广泛应用的推论三式的演进如何？我们先看它们分别以什么为中项：特殊性、个别性和普遍性。当特殊性作为中项时，我们的眼光放在一个个事物头上，我们从一个个别事物身上具有的特殊性中看出普遍性。这其实是我们最常见的考察事物的方式。常识往往以为个别事物是最实在的，构成我们考察其属性以及进一步的普遍性的立足点。但常识没有看到，构成立足点的实际上是特殊性。因为我们既接触不到纯粹的"某东西本身"（普遍性），也接触不到纯粹的"这个东西"（个别性），只能接触到直接看得见、摸得着的眼下这些属性（特殊性）。然而特殊性就是我们可以立足的地方吗？一个东西的各种属性不会因为我们看得见、摸得着便自动表明其必要性和相互关联。这是极为吊诡的局面：常识嘴上说的或心里想的是，个别事物最实在，然而它的实际行为却是立足于特殊性的；但特殊性又不可立足，因此只能通过这特殊性在抽象的个别性与抽象的普遍性之间做一点"搭桥"的虚弱努力。

然而无论如何，特殊性毕竟以如此这般的方式在个别性这个空洞的舞台上聚拢起来了。把这些属性在舞台上统一起来的是普遍性。尽管舞台上这些人物各不一样，看似毫无理由聚在一块，然而事实上却正好如此这般聚在一块了。比如苹果的颜色、重量、气味、大小就以苹果特有的这种方式聚拢起来了，全世界都一样，无一例外。此时思维不得不承认的还不是聚拢之理（绝对必然性，或普遍性),而是这个舞台本身,因为聚拢毕竟发生在这个舞台上,没有舞台就什么都没了。可见第二式是个别性成了舞台,特殊性跟普遍性在舞台上打交道,一个在明面上,一个在暗地里。然而此时思维的理解还很肤浅,它把特殊性与普遍性在舞台上的关系仅仅理解成不离不弃,即理解成一深一浅、一里一外的二元设定。

这就需要进到第三式,即普遍性充当中项。第三式相对而言最具思辨性,离常识也最远。普遍性作为中项,成了实际上的基点。基于普遍性去看个别性和特殊性的关系时,很多问题便一目了然:思维不必把特殊东西之间的关系看得过于偶然,但也不会把它看得过于必然。往偶然性和往必然性的方向用力过多,都是一种人为的偏执。普遍性充当了中项,成为事情真正的主体,此时个别性不会是空洞的舞台,而是必然性这一坚实内核的呈现方式,因而具有了真正的实在性,也可以坦然承当各各不同的特殊属性;特殊性不会是杂乱的多样性,而是具有必然性的有序之物,只不过这个"序"不再是思维二元设定的产物,不再是思维的一种主观解释方式而已,而是真正具有了客观性。

a) 质的推论

§183

质的推论或定在推论的第一种形式是 E—B—A,即个别东西通过一种质而与另一个普遍规定性结合起来。

E、B、A 分别是"个别性"(Einzelnheit)、"特殊性"(Besonderheit)和"普遍性"(Allgemeinheit)的缩写形式。E 是个别性或者个别东西,是最微不足道的、最飘忽不定的、最不可靠的、最感性的。我们通过五官,上手与之打交道,能够与它直接接触到的这些质才是货真价实的。尽管思维实际做事的时候立足于特殊东西,但它自以为抓住的是个别东西。这就像一个崇洋媚外的人,自以为凭着他自己的什么本事或本性,生来就该是很"洋气"的,实际上他拿来炫耀以显示自身"洋气"的,都不过是一些很常见乃至很蹩脚的,但他自己又以为代表了某种虚无缥缈的"洋气"的特质,以这些装腔作势的特质得到一些不明就里的人的羡慕。他一方面鄙视别人"土气"的表现,另一方面却不知道自己装出来的"洋气"才最"土气"。这样一来,个别性(本事、本性)、特殊性(炫耀的特质)、普遍性("洋气")在他自己看来是一气贯通的,在旁观者看来却是撕裂的、外在挂搭的。

[**说明**]主、谓词除了分别是个别东西、普遍东西之外,也可以包括其他许多规定,但推论学说不考虑这些。

这里涉及"提纯"的问题。为了直击要害,黑格尔意义上的逻辑科学,对于概念、判断、推论三者关注的都只是个别东西(个别性)、特殊东西(特殊性)与普遍东西(普遍性)的关系,而非这三者的各要素能涵容的其他东西。在黑格尔研究的各种推论形式中,人们固然可以填充进各种偏离乃至颠倒个别性、特殊性、普遍性的东西,但这不妨碍黑格尔描绘的这些推论形式之间的思辨演进的有效性和严谨性。

这里质的推论的第一式中,主、谓词的角色便是如此。

[**附释**]定在推论是概念最彻底的外化,它作为单纯的知性推论,将个别性、特殊性和普遍性抽象对立起来。主词(个别性)则通过特殊性外在地成为普遍性,比如"这朵玫瑰花是红的,红是一种颜色,所以这朵玫瑰花有一种颜色"。这种推论虽然构成普通逻辑(形式逻辑)的主要形态,但空洞而抽象,无论在实际生活中,还是在思辨哲学中都是无用的。因为前者的运行无需研究形式逻辑就自然完成,而后者则是形式逻辑达不到的,比如亚里士多德虽然超前地建立详备的推论学说,但其思辨思想都不是靠知性推论建立起来的。

这个"附释"中有些评论普遍适用于全部定在推论,而不仅仅适用于定在推论的第一式(但有时也仅以第一式为"话头")。概念最彻底的外化是指它的三要素彻底分离并抽象对立。知性推论往往崇尚"丁是丁,卯是卯",把要追求的东西清晰划定下来,再去追求它。但它没有想到,当它将那个东西追求到手的时候,那个到手的东西实际上并不是它原本追求的东西,它追求的方式恰恰将它原本追求的东西推开了。因为知性思维在追求那个东西的时候,就设定了它只能是"一直被追求的东西",即设定了它不能被追求到,而追求到手的东西只能是屈从于思维的、变形扭曲了的东西。

以下我们依从黑格尔的叙述,暂且只以第一式为例。当我们抽象地说某个东西时,似乎还可以空空地说几句,但当我们定睛看这个东西的时候,满眼看到的都是特殊属性,个别性当即向特殊性过渡,但特殊性其实是无法安放我们的视线和思维的,除非我们以某种普遍性为其提供一种"理当如此"的幻觉。比如我们习惯了以非洲豹的形象代表猎豹,第一眼看到美洲豹的时候就会觉得很怪异。其实我们平生第一次看见非洲豹的样子的时候,也是同样惊诧的,只不过时间一长就忘了。此时我们需要的是一个经过扩充的"猎豹"概念(普遍性)。

这种以普遍性为特殊性"背书"的定在推论太过空洞、抽象,在实际生活中用不上(实际生活依靠经验积累即可完成,无需在名相、概念上计议太多),也达不到从正面认真对待普遍性的思辨哲学的高度,所以陷入"高不成、低不就"的境地。这里黑格尔还顺带提到了亚里士多德总结的推论式(Figuren des Schlusses)。一方面黑格尔当然肯定其详备与超前,另一方面他又很严谨地将其与亚里士多德更高超的思辨思想区别开来,认为前者所凭借的那种知性思维(有限思维)是建立不起后者的。

§184

质的推论无法达到真理,原因在于 a)质的推论就小项与中项、中项与大项的关系而言都是偶然的,都是多种可能性中一个偶然的选择。

这一节讲的是,质的推论通过个别东西身上的哪一种特殊东西去通达普遍性,以及在选定这种特殊东西之后,通过它去通达哪一种普遍性,这两方面都是偶然的。但这只是表面的意思,背后的要害在于:当思维立足于特殊性时,只能采取被动接受的态度,对于哪种特殊性占据视野,以及需要拿何种普遍性来为这种特殊性"背书",都既无成规,亦无定见。换言之,特殊性本身是最抽象、最无根基的东西,因为它只是纯粹的"有"。

[说明]借助不同的中项可以证明不同的、甚至相反的规定,但事物越具体,可供选择的中项也越多,人们只能以貌似有理的方面或角度为这种选择提供虚假的必然性。

"说明"是自然而然承接本节正文所说的两种偶然性而来的后果。既然小项与中项、中项与大项之间的关联都是偶然的,那么设定哪一种关联就取决于"兴之所至"或"形势所迫"。由此造成的局面是,表面的关联貌似都有理,但背后隐藏着的主使力量却是欲望与权力。——福柯、阿甘本等现代哲学家所论的"知识与权力""生命政治"等问题,在相当程度上可以在此找到逻辑学根据。

[附释]知性推论在生活中很常见,民事诉讼中辩护律师只选择对其当事人有利的法律条文,这类条文只是一个偶然的中项。同样,外交谈判中的继承权、地理位置、居民祖籍和语言等也是这类中项。

这个道理不难明白。由于辩护律师与谈判代表只以辩护或谈判取胜为目标,因此合乎这一目标的条文或理由都可以拿来作为话头,再由这些话头延伸到某种可以方便为其"背书"的普遍东西,而这些普遍东西往往是冠冕堂皇、无可驳斥的。

§ 185

b) 这种推论的两个端项与中项之间的关联是偶然的、直接的,因为这种直接建立的关联无法表明两个端项的统一性,因而并不能给出作为统一性的中介。

在未作深入的思辨性考察之前,"直接"实际上是"偶然"的另一个说法,因为它是"碰到什么便认定什么"的被动态度,只是现成接受事物的这般存在,根本无法表明事物何以如此这般存在。

这一节突出了中项无法承担起将两个端项统一起来的重任,即无法表明两个端项关联起来的必然性。当然,这里所谓的"统一性"与"必然性",也不是指一种僵硬不变的连锁。一种无理由地僵硬不变的所谓"必然性"其实同样是偶然性。正如我们在本质论的"现实性"三级层面(依从《大逻辑》目录)学习过的,偶然性与必然性之间分疏的关键在于,是依照思维关于"内在根据"的设定拆毁并重组事物,构造出合意的事物图景,还是突破这种执念,把握到事物"不得不然"并必须予以敬重的根本格局。必然性在敬重事物本身直接具有的格局(直接性)这一点上与偶然性类似,可以说是直接性在更高层面的恢复;但敬重不等于直接拿来就用,而是还事物于事物。

[说明]推论的两个前提又要求一个同样直接的推论,如此以至于无穷。

这一点类似于亚里士多德以"第三人论证"质疑柏拉图的策略。知性思维为了避免质的推论的两个前提(即两个判断)的偶然性,而在其中各自塞进一个中项,仿佛这样就能巩固那两个前提,使之变成颠扑不破的直接真理,而后便可以无后顾之忧地走向原先的结论(即原先推论中的第三个判断)。殊不知知性思维走到哪里都是知性思维,质的推论为巩固自身而将自己的两个前提变成了两个质的推论。这种叠床架屋的做法看似精明,实质上不过是黑格尔在不同场合反复批评过的无穷进展。

§ 186

质的推论的第一式(E—B—A)是个别东西通过其特殊规定而达到普遍性,

同时也设定了特殊性与普遍性的对立。由此作为普遍性的个别东西成了普遍性与特殊性偶然统一起来的场所（A—E—B），而这种偶然性是第一式的真理或实质。

质的推论的第一式 E—B—A，从个别性通过特殊性达到普遍性，这的确是我们最常见的做法。比如一块石头有重量，由此得出它有凝聚性的结论。重量指我掂在手上感觉很沉这个特殊性质，它是我目前唯一了解的东西。正如我们前文解析过的，此时不仅个别性、普遍性两个端项完全是抽象的，而且它们与中项之间的关系也完全是偶然的。

由第一式向第二式（A—E—B）演进的机理如下。直接接触事物时，特殊性显得很实在，实则不然。比如石头掂着很沉，这也代表不了多少东西，因为这种印象一方面超不出我的感觉之外，严格来说并不能代表别人的感觉，另一方面也超不出这块石头之外。因此这里问题的关键在于，在一个个别事物（石头或我）内部，这种特殊性若要固定下来，取得真正实在的地位，就必须与普遍性（石头本身的凝聚性或人体本身的承重性）牢牢挂钩。换言之，问题的关键在于特殊性以个别性为中介，是否能通达普遍性。所以黑格尔说第一式的毛病在于，思维找来为特殊性"背书"的普遍性并不一定有此资格，只是思维主观上认为有此资格，因此在第一式中特殊性与偶然性的关联是偶然的。只有由第一式拓展到第二式，正面考察特殊性与偶然性的必然性关联何在，而不是仅仅出于思维主观的兴趣制造出一些偶然关联，才能突破第一式的困局。

§ 187

普遍东西陷入个别性这一场所中的特殊性内，从而成了特殊东西与个别东西的中介，由此便有了第三式（B—A—E）。

第三式中的普遍性既不是第一式中思维主观上拿来为特殊性"背书"的猜测之物，也不是第二式中与特殊性形成二元对照的被设定物，而是事物本身之"不得不然"。现在普遍性居于中项的位置，成了最重要的东西。仍以石头为例。按照第二式来看，思维就被圈禁在这块石头上各各分散的一些属性上，从这些属性出发去寻找突破口。这样能找到的与这些属性发生必然关联的所谓普遍性，看起来都极为必要，但最多只能达到本质论中本质或根据的层次，而达不到本质论"现实性"三级层面上绝对必然性的层次——因为思维只在意一种令其感到有说服力的必然关联,而并不真正在意事情本身的必然性。但到了第三式,事情本身真正变得严肃起来,个别事物的这些属性以如此这般的方式聚集起来,这本身是一件值得像亚里士多德那样"惊异"的事情。到了第三式,我们能够得出的一个结论是,特殊性只有以普遍性为前提,才能够严整有序地出现于个别东西中。

[说明]亚里士多德总结的三个式客观上包含很深刻的意义,即每个环节作为概念都会成为整体,会成为起中介作用的根据。但在推演正确结论的过程中所用的各个式只具有无概念的机械性,理所当然会被遗忘;亚里士多德只是总结思维运行的规律,在他自己的形而上学概念与自然事物、精神事物概念中并不把这些规律当作基础和标准,而是以思辨概念为主导。

这个"说明"包含的意思在前文中已多多少少涉及过,不难理解。但这里所作的两个重要分疏却不可不留意:一是三个式如何看待的问题,二是亚里士多德总结的思维规律与他自己做哲学的方式之间的关系问题。三个式在历史上的流传是一回事,它们在客观上蕴含的逻辑学意义是另一回事。对于前一方面,黑格尔是很不满意的,因为它往往沦为无概念的机械性,只被当作思维的纯形式(与内容无关)。但在后一方面,黑格尔又给予它们最大的宽容与同情,认为它们只要经过适当删削与解释,还是能显示出极深的思辨意义的,比如在黑格尔的推论学说中就是如此。

虽然亚里士多德在其推论学说中系统总结了思维规律,这些规律在后世流行数千年而没有根本性改变①,但这并不代表亚里士多德的所有哲学成果都是依照这些规律产生的。黑格尔既然看出这些思维规律的形式化毛病,自然也洞察到亚里士多德的形而上学概念与自然事物、精神事物的概念其实是以超出这些形式化规律之上的思辨概念为主导的。

[附释]推论的各个式的客观意义在于,一切合乎理性的东西都是一个三重推论,逻辑、自然与精神的关系也是如此。在后者构成的三重推论中,自然(特殊东西)、精神(个别的、能动的东西)、逻辑(普遍东西、绝对实体)分别充当中项。

这里黑格尔首先将三个式的功能推扩到一切合乎理性的东西上(而非仅仅

---

①　康德:《纯粹理性批判》("第二版序"),第10页。

局限在质的推论上）。所谓"三重推论"指的就是前述三个式。三个式展示的逻辑演进，其实体现出我们从与事物直接接触，得到初步印象开始，直到掌握事物的思辨性真理，由此上达宇宙秩序的整个过程。而合乎理性的东西之所以合乎理性，正是因为它们提供了这样一个通路，因此它们的存在本身就可被视作这样的三重推论。

至于自然、精神与逻辑的关系，我们不妨参照《精神哲学》结尾部分对于它们在其三重推论中分别充当中项，从而分别产生《逻辑学》《自然哲学》和《精神哲学》的三种"组合方式"的论述。①在三者相对而言的意义上，自然、精神和逻辑可分别视作特殊东西、个别东西和普遍东西。精神事物大都以个体面貌出现的，如个体之人、个体国家、个体民族、个体艺术品；自然界事物大都按照"各从其类"的方式（比如穿山甲的铠甲只是相对于其他物种而言才显得很有能耐，在同一物种内部就稀松平常了），以特殊的面貌出现（即以其特质、属性、本事而立于自然界）；而逻辑事物作为普遍东西则不言而喻，它通过三元的方式追求思辨意义上的普遍性（只不过这种追求在存在、本质和概念层面有深浅不同的三种体现方式）。至于三部书之间三种"组合方式"该如何理解，那自然要比照黑格尔对三个式的阐释，以及上述《精神哲学》结尾部分来进行，此处不赘。

§188

经过前述三式的进展，各环节既然都取得过中项和端项的地位，它们的差别便被扬弃，服从于一种知性同一性的关联，这便是量的推论或数学的推论。

这种推论是可有可无的，实际上是一个误区，或者说是一个岔道，是我们的知性容易一厢情愿"拍脑袋"做出来的事情，并非"正道"。可是，既然它是很多人经常会做的一件事情，黑格尔又不得不提到它，讲讲它的实质。

经历过三个式的演进，知性思维就容易生出一种抽象的想法：既然在三个式中，特殊性、个别性、普遍性各自都做过一回"主"，而在其他环节做"主"的时候，也都当过"配角"，那么我们就需要一种貌似超然、实则只是"小聪明"的"平常心"，即它们既然如此这般浮浮沉沉，那么它们其实"干啥都一样"，不用大惊小怪。说白了，这种抽象的想法认为三个环节以及三个式都是"一般高"的，谁也

---

① 黑格尔：《精神哲学》，杨祖陶译，北京：人民出版社 2006 年版，第397—399 页。

不比谁高明。黑格尔绝不会认同这种看法。就事情本身而言,是非之心与高低之别乃是智慧的开端,这种和稀泥式的做法只不过是自作聪明而已。从黑格尔的行文笔法来看,他只不过是在这一节顺便提了一下量的推论或数学推论,并不认为它们有什么必然性。

[附释]数学公理并非常识以为的那样直接自明,它们在根本上是逻辑命题,只要表达特定的思想,便可从自己规定自己的思维中推演出来,这就是它们的证明。量的推论是质的推论的最近结果。

这个"附释"若是让弗雷格、胡塞尔、罗素读到,他们会很有同感的。数学的公理,比如 1 加 1 等于 2、两点之间直线最短,这些在本质上都需要逻辑上的证明。就 1 加 1 等于 2 而言,前一个 1 和后一个 1 就必须既是同类,又不是同一个东西。而这两个要求全都是逻辑上的要求,它们分别涉及同一性和区别何来的问题。黑格尔的意思是,数学公理恰恰不能当作"无论如何都只能接受"的"公理",而是具有其本身的逻辑学根据,这是从事哲学的人不可不察的。换言之,数学的基础不在数学本身中,而在逻辑科学中。

量的推论是质的推论的最近结果,这一点从我们对本节正文的解析中不难看出。

§189

质的推论的三式中,每一式都以其他两式为前提。比如 E—B—A 的两个步骤,E—B 和 B—A 其实分别以第三式和第二式为证明,否则两端得不到中介。要突破这种局面,必须使个别性与普遍性进入得到发展的统一,即个别性同时也被规定为普遍性,中项在于二者相互反映,这就是反映推论。

这一节强调的是,概念本身(概念总体性)成为推论的主体,因而也成为个别性与普遍性的真正中介。在这个中介过程中,个别性、特殊性也都表明其实质其实是普遍性。只不过下一层面(反映推论)还需要个别性与普遍性相互反映的框架,作为一种必要的叙事方式,在反映的过程中,结合每一个事物及其特殊性规定性逐步展示普遍性是判断的真正主体这一点。

在质的推论的第一式中,从 E 到 B 和从 B 到 A 的两个判断,分别作为大前提和小前提,是该推论必备的两个步骤。而在推论层面,这两个判断又只有在推论中才能得到证明,因而必须分别以 A 和 E 为中介,分别在质的推论的第三式和第二式中才能得到证明。

然而我们不免隐隐担忧：难道任何推论不都是由大前提、小前提这两个判断中得出结论的吗？如果所有大、小前提都要再追溯到一个新的推论上去，这难道不会导致无穷倒退吗？这里的关键当然不是个别性、特殊性、普遍性之间无差别地反复"倒腾"，而是以普遍性为根本指向的。个别性要通过与普遍性相互反映，而被规定为普遍性，即必须被规定为以普遍性为本质。在特殊性的中介作用下，个别性与普遍性形成二元设定，才能相互反映。这就进入了反映推论。

可见质的推论经过三个式的发展，已经达到了"普遍者是推论的真正承载者和真正主体"这样的觉悟，然而相对于反映推论这种具有二元设定性质的推论而言，它的进展方式仍然是抽象的。

b) 反映推论

§190

第一，中项如果必须关联到所有个别主词的全部规定性，方可在个别东西与普遍东西之间进行中介，那便是全称推论。

本节要讲的全称推论、归纳推论和类比推论可以看作质的推论的三个式在新的层面上（即在确认了普遍性为推论的主体的基础上）的"重演"。全称推论是反映推论的第一个类型，大致相当于我们常说的穷举法。倘若必须穷尽个别东西的所有特殊规定性，在每一个特殊规定性上都执行一遍概念总体性在个别东西与普遍东西之间的中介活动，这便对思维提出了一项"不可能的任务"，因为在个别东西无穷多的情况下是不可能完成穷举的。——这其实是最原始、最粗朴的反映判断必然陷入的困境。

第二，大前提要涵括所有特殊规定性，以所有特殊规定性为主体、基础，才有资格进行推论，而这又依赖经验中的归纳。归纳推论实际上以全部个别的东西为中项，即判定某类的所有事物身上的特殊规定都归属于某个普遍东西，但归纳的完备性通过经验是无法建立的。

如果说全称推论还只涉及抽象意义上的"全部"特殊规定性，以特殊性为个别性与普遍性之间的中介，那么归纳推论则实实在在地进入对个别事物的经验之中，试图将所有特殊规定性"归总"到普遍东西之下，它是以个别性为特殊性与普遍性之间的中介。但这样的完备性显然是经验中无法建立的。

第三，因此归纳推论依赖类比推论。类比的中项是一个被认为具有本质普遍性意义的个别东西，是特定的普遍性或作为类的个别性。

类比推论是在上述困境下采取的一个"讨巧"的办法。既然穷举和归纳无法彻底完成，就选取一些被思维设定为极具本质普遍性，因而能代表所有同类个别东西的个别东西来说事，将这种本质普遍性当作暗中支配整个局面的东西。有了这一层设定，谈论这些作为代表的个别性似乎就可以囊括同类事物的所有特殊规定性了。类比推论是以普遍性为个别性与特殊性之间的中介。——但经验与概念、偶然性与必然性之间的鸿沟并不容易跨越，上述做法明显具有自欺的性质。

[说明] 全称推论虽然克服质的推论的偶然性缺陷，触及真正的普遍性，但却预设了一个需要到经验中求证的结论为前提。比如"所有人都是有死的，所以卡尤斯也是有死的"。这类推论是无所云谓的形式主义。

对于第184节揭示的质的推论中个别性与特殊性、特殊性与普遍性之间关系的偶然性，全称推论固然看似克服了，牢牢树立了经验中无法否认的一种道理（如"所有人都是有死的"）作为大前提。但这种所谓的"道理"如要成立，一定是要在经验中通过穷举和归纳才能实现的，但这恰恰是做不到的。因为现有的经验虽然无法否认那"道理"，但却不能保证将来的经验不会将它"证伪"。一种本就无法成立的"道理"，何谈自信满满地消除其他推论的偶然性？那不过是一个美好的梦罢了。黑格尔眼见这种貌似"雄辩"的虚假推论在日常话语中"谬种流传"，忍不住斥之为"无所云谓的形式主义"。

[附释] 归纳推论中起连接作用的是许多个别东西构成的总体性，或作为总体性的个别性。但经验不可能达到总体性，我们所说的"所有……"实际上只表示"我们迄今所知的所有……"。正是归纳的这个缺陷引出类比，后者使人预感到那个经验规定是以一个对象的内在本性为依据的。但类比也可能走偏，比如以某人有学问类比另一个人的情形，以地球有居民类比月球的情形，而忽视了其他条件。

这个"附释"谈的是归纳推论的缺陷何以引出类比推论，以及类比推论本身的局限。作为经验世界中的人，当我们不在思辨的意义上，而在经验的意义上说到"所有……"时，实际上只能指称"我们迄今所知的所有……"。这本身就违背了归纳的初衷。如果不上升到思辨才能到达的本质普遍性的层面，并承认这种本质普遍性才是事情的依据,是无法走出个别东西与知性规定所构想而并无十足把握的某种普遍性之间进行二元设定的困局的。

但类比一旦被进行类比之人的主观欲望主导,而不依从事情本身的机理,也可能会走偏。人一厢情愿地希望某人有学问,希望月球上有居民,便以眼下的一个与那人类似的人有学问或地球上有居民为"依据",作出所谓的类比论证,这无非是理智上的懒惰。

c)必然性推论

§191

必然性推论抽象来看以普遍东西为中项,遵守第三式,正如反映推论往往以个别性为中项,遵守第二式。普遍东西具有特定本质。但必然性推论依然分为三个式。第一,直言推论中,特殊东西作为特定的类或种起中介作用。第二,假言推论中,个别东西作为直接存在的东西起中介作用。第三,选言推论中,普遍东西作为各种自身特殊化的形式的总体性起中介作用,选言推论包含的各种情形实际上是同一个普遍东西。

阅读至此,读者极易混淆抽象而言的三大类推论(质的推论、反映推论、必然性推论)与每一大类推论中的三个式。抽象而言的质的推论、反映推论与必然性推论各有其典型的式。质的推论以其第一式为典型,通常以特殊性为个别性与普遍性之间的中介,但这并不妨碍它有第二、第三两式;反映推论以其第二式(即归纳推论)为典型,通常以个别性为特殊性与普遍性之间的中介,但这并不妨碍它还包括全称推论、类比推论;同理,必然性推论以其第三式(选言推论)为典型,通常以普遍性为个别性与特殊性之间的中介,但这并不妨碍它还包括直言推论、假言推论。

这里不再详细解释直言推论、假言推论如何通过第一、第二式来理解,读者不难尝试。我们仅以选言推论为例,稍加解释。黑格尔认为,在这里普遍东西作为各种自身特殊化的形式的总体性起中介作用。就必然性秩序而言,选言推论所需的选项并不像反映推论中下探到经验世界里碰到的个别性一样是无数个,而是有限的,比如善人、恶人、中等之人,美、丑,合秩序性、涣散状态,如此等等。选言推论显露出一个极深的道理:涉及必然性秩序的这些选项实际上都以宇宙秩序为前提(比如善人、恶人、中等之人皆以善的理念为前提,美、丑皆以美的理念为前提,合秩序性、涣散状态皆以秩序本身为前提),或者说都是宇宙秩序的呈现形式,而宇宙秩序作为普遍性便可视作这些呈现形式的总体性。选言推论实际上是在展示这些形式如何体现同一个普遍东西。

§ 192

推论使得各环节的差别与概念的自身外存在得到扬弃。第一,每个环节都是总体,是完整的推论,因而是同一的。第二,对各环节的差别与中介过程的否定构成自为存在。各环节的这种观念性使得推论活动成为通过扬弃中介而进行的中介过程,成为主词与被扬弃的他者,即与其自身的结合。

个别性、特殊性、普遍性三个环节在此表明自己并不是相互有别且需要外在中介的三个东西。现在要消除的是我们拘泥于三者有别与外在中介的执念。

每个环节都是总体,因此不要拘泥于"与其他环节有别的这个环节本身"这个想法,因为每个环节都可以通过与其他环节的内在中介过程,成为具体的普遍性,也就是说,从每个环节出发都可以达到必然性推论的总目的。

当然,不要矫枉过正地认为这是要抛弃中介过程,这里需要的是通过扬弃中介(即扬弃外在中介或扬弃中介的中介性)而进行的中介过程。它是消除自身外存在,达到自为存在。这就表明了各环节都具有观念性,即都需要扬弃为具体普遍性这一概念本性。在这个过程中,推论活动表明了谓词只是一个虚假的他者,它的他者面目需要被扬弃,因为它实质上就是主体自身,因此主词在这个过程中达到了与其自身的结合。——真正的主词其实是具体普遍性。

[附释]普通逻辑中包含要素论与方法论两部分,后一部分将客体当作现成的东西,不讨论客体与客观性如何建立,但这种主客二分的二元论并非真理。主观性通过推论而将自身推导到客观性,获得充实内容。

这个"附释"先是批评普通逻辑(形式逻辑)分割了主体与客体,接着亮明黑格尔自己关于主观性要通过推论过渡到客观性的观点。

普通逻辑分成讨论各要素及其组合方式的要素论,以及讨论如何使用各要素的方法论。在这种模式下,所谓逻辑就是将锻造好的主观武器拿出来规制客观事物。在这里客体与客观性都是现成就有的,谈不上如何建立的问题。实际上主体在这里何尝不是现成的。而在德国唯心论看来,主体、客体这些常识认为现成的东西都需要证明自身是如何建立的,是否具有合理性、合法性。黑格尔的

《逻辑学》中同样如此。

主观性(主观概念)通过推论而将自身推导到客观性,这不是说推论学说缺了什么东西,要拿一个它缺少的东西来填充它。这里的事情绝不是主观性需要恶虎吞羊般吞噬客观性。这里所谓的充实只不过是对客体固有特征的验证,只不过这种特征在"主观概念"(《大逻辑》中为"主观性")二级层面上只是被抽象地认识到,还没有真正落实于客观世界中罢了。

§193

概念的实在化是在差别中扬弃差别与中介,回到自身的总体性,这种实在化就是客体。

这一节正面描述客体。我们在"绪论"中读过的对待客观性的三种态度都不是黑格尔本人的态度,黑格尔的态度在接下来的第194节才真正开始展示出来。黑格尔自己对于客体与客观性极为重视,在本节"说明"中用了整整7个段落来解释。考虑到绪论在全书中的分量,不难理解这两节在全书中也极为吃重。

概念的实在化,不是指人的主观念头用到实践行动或现实世界中去。它实际上是一个在区别中扬弃区别与中介而回到自身的总体性。这意味着我们在尘世间需要对种种表面的区别"存疑",不必陷溺于这些区别之中,更不必强化它,以致构造出种种以此区别为依据的"主义"来。人在世界上的经验与行动固然要尊重这些区别,但心中一定要怀有具体普遍性,并以具体普遍性及其代表的宇宙秩序为准绳来看待眼下纷繁复杂的万千区别。

[说明]通常的观念凭借知性推论难以理解概念向客体的过渡。但客体也不仅仅是抽象的实存事物,还是自身完备而具体的东西,其完备性就在于概念的总体性。客体起初只是直接的、自然而然的东西,并不与概念对立,二者后来才分别被设定为对立的客观东西与主观东西。

通常的观念(人的主观念头)之所以难以理解概念向客体的过渡,要害在于达不到具体普遍性,也达不到自信地依照具体普遍性而对现成世界存疑的态度,只知道在眼下这些现成的选项中间摸爬滚打。比如所谓"男性特质""女性特质"之说就是如此。这个特质缺了,就添点那个特质;这个特质有毛病,就遁入另一个特质之中。

客体远不同于存在论层面的定在和本质论层面的实存,它本身就是概念总体性的展现,即"主观概念"二级层面所达到的那种"以三种总体性为一体"的具体普遍性的展现。这是在提醒我们,不要忘记客体既有实在性,又有观念性,不要只是盯着它的实在性(即这里所谓的抽象的实存事物)来看,忘了它的观念性。

客体原本自然而然合乎概念,只是到后来才被思维拿来与概念对立起来。任何一个具体东西,起初都与宇宙秩序"全息对应"("一叶知秋"),这才合乎事物真正的、直接的、自然而然的状态。然而知性的思维将客体与概念割裂开来。天长日久,积弊成习,人们反而认为这种割裂的形象才是"自然"的。此时人们不仅认为客体"自然"就是单纯的实存事物,也认为概念"自然"就是人的主观念头。殊不知这恰恰是最不自然的。

客体起初只是在自身不确定的整体、上帝、绝对客体,在区别中才分化为不确定的多样性,这个世界中每个个体化东西也才成为一个客体,即独立的定在。

达到具体普遍性层面的客体,最初抽象而言只能说是体现在世界上的绝对者(整体、上帝、绝对客体)。这一点其实是整个"客体"二级层面的基本前提,也是思维在考察各种客体时不敢或忘的基本认知。而具体而言或分化而言,我们才面临"万事万物"这种不确定的多样性。这意味着每个个体都有独立的定在,自成一格。——然而若是陷溺于个体化的局面,却也容易遗忘它是从绝对者分化而来的这一事实。

现实中的根据与反映对比关系(Reflexionsverhältnis)只是尚未设定起来的概念的两个抽象的前身。概念是根据与对比关系的统一,而客体不仅是本质性统一,还是自身普遍的统一,不仅具有实在的区别,还将这些区别作为总体性包含在自身内。

黑格尔原文中的这段话极富韵味,读者可善加体会。要理解这段话,首先要注意的是,到了概念论层面,概念和客体实际上是一体之两面,是同一件事情的两个不同说法,概念从客观方面或外在体现来说就是客体,客体从主观方面或可理解性来说就是概念。——这应当被视作概念论层面的"常识"。我们听到概念、客体的时候,不应落于存在论或本质论层面去理解。

根据和反映对比关系①分别指本质论中前两个二级层面上的最后一个三级

---

① 即本质性对比关系。

层面。如果说根据是抽象的二元设定模式下的本质,且并不自知其设定性,那么反映对比关系则是落实于具体实存中且自知二元设定之设定性的状态。在具有"根据"环节这一点上,概念与它们是一致的,它们也可以说是概念的前身;在不拘泥于二元设定这一点上,概念超出它们之外。

往更深处说,根据与反映对比关系其实"预演"了概念的上述既主观又客观的状态:二者作为二元设定,既表现为"一表一里"的二元的坚实科学形态(客观),又逐渐暴露该二元的设定性(主观)。反过来看,概念作为根据与反映对比关系扬弃到更高层面而成的形态,当然可以说是二者的统一——只不过过去在本质论层面的时候,根据是抽象而言的反映对比关系,反映对比关系则是现实事物中实实在在的"根据—被奠基者"对比关系,而如今概念则直接将二者的二元设定所具有主观性与客观性暴露出来,并以真正适合于事情本身或宇宙秩序的方式(推论)将这主观性与客观性的内在机理展示出来罢了。

正如本质论层面的现象论之于(狭义)本质论的关系一样,作为概念的客观一面的客体,超出了"主观概念"二级层面之上,它不仅仅是根据与反映对比关系的统一了(那种统一仅仅是本质性统一、自身普遍的统一),即秘藏于内的统一;它还是自身能在现实事物中实实在在地显示其普遍性、必然性的统一,即昭示于外的统一。用黑格尔的话来说,客体不仅具有实的区别,还在总体性的意义上将这些区别融摄在自身之内,即能将这些区别提升到普遍性的高度,而不陷溺于这些区别之中。

那种以为概念与存在不同,因而只能设想外在过渡的做法,实际上恰恰拘泥于概念内部的个别环节了。目前要做的是从抽象的概念本身过渡到此抽象规定性的另一种不同形式。

常识认为概念与存在不同,所以从概念到存在只能是外在过渡。黑格尔认为这种想法由于没有达到概念的高度,根本不知道各个别环节共属于同一个概念。常识无论是在存在论层面,单纯只想着"有概念,也有存在",还是在本质论层面,设定了概念与存在内外、深浅有别的二元结构,都不曾意识到二者居然是一体之两面。

接下来谈到的从抽象概念本身过渡到它的另一种形式,对于理解主观概念向客体的过渡极为关键。客体只不过是概念的另外一面,概念"一转身"就成了客体。这意味着,"主观概念"(《大逻辑》中为"主观性")二级层面只不过是在抽象意义上谈论那本就既是概念又是客体的东西,而在"客体"(《大逻辑》中为"客观性")则是在具体意义上谈论这同一个东西。换句话说,概念与存在是概念论中始终具备的两个方面,并不是在"客体"二级层面突然冒出来的。

概念或主观性与客体目前只是自在地相同,而在现实中不同。自在的同一在此过程中扬弃自身,成为自为的同一,这意味着思辨的同一不是自在的同一,后者浅薄无聊。

这一段与上一段义理通贯。在进入"客体"二级层面具体看待概念与客体的关系之前,只能说二者自在地是同一的,进入那个层面之后方可发现它们自为地是同一的。换句话说,二者的同一不是我们在头脑里设想出来的各种可能性,我们要有足够的耐心,到世界上去观察,因为事物自己会表明概念和客体就是同一的。而这个表明的过程,实际上也可以视作每一层面的潜能实现出来,与此同时也逐步深化或提高为后一层面的过程。

真正思辨的同一,不会停留在自在同一的状态,任由人们抽象地想象,甚至发明出一些"鸡汤文"一般的动听话语来迷惑人;真正思辨的同一是在现实事物中推进的一项严肃事业。

安瑟尔谟的上帝存在本体论证明正确地看到有限事物的意识与存在不可分离,同时撇开有限事物中二者不牢固的结合,正确地界定那些不仅在主观意义上,也在客观意义上存在的东西为完满的东西。从这个角度看,这一证明是每个朴素心灵和直接信仰中违背着常识涌现出来的,不可蔑视它。

安瑟尔谟这样的人是有深厚古典修养的,尽管他不是在近代科学意义上说事情,因此那种拿现代世界观对其观点进行简单格义的做法是很可笑的。近代科学的成就主要在存在论与本质论层面,而安瑟尔谟虽然没有掌握近代科学的研究方式,但这并不妨碍他的古典修养可能使他达到概念论的层次。

安瑟尔谟当然看到了有限事物那里意识与存在的结合极不牢靠(大多数对他的批评都认为他没有看到这一点),但他根本不是在这个层面谈问题。他看到的是,在更深层次上看到意识通达真正的概念后,这概念与存在其实是不可分离的。在概念的层面上,主观东西(抽象而言的概念)和客观东西(具体而言的概念)或者说观念东西和实在东西在任何东西身上都是不可分离的。在黑格尔看来,安瑟尔谟为概念索取客观性是再正常不过的事情,他这样做是正确地界定了那些不仅在主观意义上,也在客观意义上存在的东西为完满的东西。这意味着,像康德那样拿"一百个塔勒"的例子来抨击这种上帝存在本体论证明,其实是无的放矢。

但安瑟尔谟证明的缺陷在于只见自在的完善东西与同一,忽视了有限事物的观念与实存的不一致,或者说还不合乎其目的。因而目前的任务在于表明有限事物的不真,其规定有待转化为真正的同一。

用通俗易懂的话来说,安瑟尔谟缺了黑格尔的"客体"二级层面,没有在具体事物中展示有限者的不真及其规定上升为真正同一性的过程。①他只是完成了一个抽象的思考,没有实际证明自在的同一性如何发展为自为的同一性。而黑格尔则明白展示了自在的同一性如何成为自为的同一性,要带读者将世界上从机械的、化学的到目的论的各种事物,都经历一遍。这里黑格尔做的根本不是一个玄之又玄的工作甚或头脑中的思辨游戏。这个工作不能因为当今的一般科学"够不着",就没有资格叫作"科学"了,它其实是比当今一般科学更高级、更科学的一种科学。在这个问题上我们恐怕需要一种更加宽宏的眼光。

B 客体

[导引]进入"客体"二级层面,首先要谈两个问题,一是客体是什么,二是整个"客体"二级层面(机械过程、化学过程和目的论)的构造。

关于客体是什么,我们可以找来两个对照点。一个是存在论层面的定在,二是本质论层面的实存。定在代表"有"其事,仅此而已。然而普通人即便说出再多的科学名词,在科学家面前班门弄斧般表明他"知道"许多平常人不知道的科学事物,这也根本不足以使他跟科学家对话,科学家只会把他当成是一个"货郎"式的外行。科学家关心的是在本质论层面有统有序、有内在根基也有外在呈现的二元设定,或者说关心的是以本质性对比关系在万物内部支撑起一个科学话语的架构来。而在此基础上呈现出来的事物外貌便是实存。如果说定在的缺陷在于浅薄,那么实存的缺陷在于倚仗根据而遗忘了自身的设定性、主观性。

而客体则是个体性、特殊性、普遍性这三个核心要素的呈现者。如果说定在

---

① 关于安瑟尔谟本体论证明的优长与局限,参见庄振华:《黑格尔的上帝存在证明及其历史意义》。

是"前科学的",实存是"科学的",那么客体是"超科学的"或"高级科学的"。这里的高级科学压根儿就不关心一般科学所关心的事物相互之间比例关系与支配关系,它只关心世界上的事事物物在宇宙中的位置,或者说只关心它们是否以及在多大程度上可以通达宇宙秩序。

具体涉及"客体"二级层面内部的构造,机械过程、化学过程和目的论三者的区别既取决于人对世界的理解程度,也取决于事物就宇宙秩序而言的显现程度,这里的每一个层面、每一种程度都涵括了一大批事物。参照质的推论的三个式以及质的推论、反映推论、必然性推论这三类推论之间的关系,有助于我们理解客体内部三个层面的关系。机械过程构成了世界的一个完整的层面。主导机械过程层面的是机械性,它的核心特点是外在性,即一切都相互外在地呈现出来。①机器可以无限复杂、无限灵巧,但这依然无法改变它的外在性构成方式。具体普遍性在机械过程层面上只能很肤浅地呈现出来。

化学过程则比机械过程更深入一些,它展现出极强的二元设定。它设定物质内部的元素结构,并通过该物质外部同类元素与这内部结构"里应外合",推动物质发生思维预期中的反应过程。但二元设定似乎也构成了化学过程难以突破的"天花板"。这种更具深度的过程当然使得具体普遍性更生动、更立体化地呈现出来,但仍有一间未达。

相形之下,最能体现具体普遍性的客体层面当然是目的论。正如机械过程、化学过程一般,目的论既然超出了本质论的层面,它不再仅仅服务于人对事物的解释欲望和控制欲望,而是以具体普遍性的呈现为唯一标准②。目的论最典型的例子是有机物以及思辨三一论。普遍性以"道成肉身"的方式,最深刻也最本真地在个别东西身上出现。

§194

客体既是有区别的各种事物,又是这些事物的自在存在着的同一性,是这两方面绝对矛盾的共存。

如果说在本质论层面,思维想到同一性时,总是为了寻找内部的根据、本质,

---

① 想想电影《变形金刚》中的机器人就不难明白这一点。
② 即远超康德批评过的那种外在目的论,是一种内在目的论。

以便与表面的区别构成二元设定,最终以此服务于思维对事物的解释,那么在"客体"二级层面,同一性则代表贯穿事物并提振事物的宇宙秩序,相应地区别便是事物纷繁复杂的具体形态(包括本质论的"现象"与"本质"两方面在内,而非仅仅是本质论意义上的现象)。

客体当然是有区别的各种事物,可是这区别又以绝对矛盾的方式与同一性并存。所谓"绝对矛盾",是因为思维看不清这共存的原因究竟何在,但又不得不敬重它的绝对必然性。在"客体"层面上,思维起初还不明白区别与同一性之间的义理关系究竟如何。但这里至少可以确定的是,目前层面上同一性与区别之间关系可谓"一与多"问题极具思辨性的体现,已远超存在论层面上"单一体"和"多"之间关系。

[说明]莱布尼茨达到了"绝对者是客体"的高度。因为单子既是客体又是含有世界表象的总体性,具备潜在的表象能力;单子既完整、独立、封闭,又在绝对单子中具有前定和谐。

黑格尔赞扬莱布尼茨达到了"客体"层面。可见相比于斯宾诺莎思想(大致达到本质论的"现实论"层面上的"绝对者"三级层面①),黑格尔对于莱布尼茨思想更加高看一眼。绝对者是客体,这绝不意味着一个白胡子神仙"下凡",变成石头、瓦块或更高级的尘世事物。这话实际上是指宇宙秩序体现在万事万物中,用莱布尼茨的术语来说,即是体现在每一个单子中。单子通过"映射"或"全息关联"式的表象,在呈现宇宙秩序的同时,其自身也构成一个总体性。"多"在这里是以宇宙秩序的方式,而不是以单纯的"有"(如存在论层面的"多"那般)或与根据进行二元设定(如本质论层面的实存、特性、偶性那般)的方式,被聚拢起来的。

莱布尼茨的单子论还通过两个看似截然对立的方面,更细致地呈现出同一性与区别之间的这种张力。一方面,各单子完整、独立、封闭,看似各不相关("不开窗户");另一方面,它们在宇宙秩序(绝对单子)的意义上而言又具有前定和谐。

[附释1]与罗马人的宗教意识不同的是,基督教中的上帝作为绝对客体并非与主观性敌对的黑暗力量和恐惧对象,而是把主观性作为一个本质性环节包

---

① 依照《大逻辑》标题。

含在内;上帝是爱,是人真正的自身。宗教及其仪式,以及科学,都致力于克服主观性与客观性的对立,认识就在于消除世界的陌生性,认识到概念是我们最内在的自身。概念无需外在材料就将自己客观化,客体也表明自己同时是主观东西,因而向着理念推进。

罗马人的宗教在基督徒看来是比较恐怖也比较暗昧的一种宗教,各个神代表各种绝对力量,与人不切近,更毋论体贴思维的主观规定了。换言之,罗马人的宗教中,神仅仅作为绝对客体存在。但基督教中的神除此之外还作为爱、作为人子出现,他最大限度地体贴凡人:以可以感知病痛的肉身存在,以人的方式焦虑、恐惧、担忧、欢喜。此时上帝就作为我们人当中的一员,既完满了普遍性的具体存在,也为具体事物打开了向普遍性提升的大门。——基督教在后面的"目的论"层面还会以三一论的形式再次出现,届时黑格尔还有更深入的论述。

为什么说宗教仪式、科学认识①都是为了克服主观性和客观性的对立?在概念论层面,主观性本身就具有客观性,客观性也具有主观性,二者原本就是一体的。只不过常识认识不到这一点,尚未打开宇宙秩序、具体普遍性的眼界,而宗教仪式与科学认识就是引导人打开这个眼界的。因此这里根本不存在什么"主客二分"走向"主客合一"的问题,只存在主客一体如何被认识的问题。具体而言,宗教仪式通过令人形象化想象绝对者的当前存在这种"表象"(Vorstellen)的方式,哲学科学则通过结合具体事物展示个别性、特殊性、普遍性之间思辨关系这种"概念性把握"(Begreifen)的方式——如《逻辑学》的"客体"(《大逻辑》中为"客观性")二级层面所做的那样——来克服常识所见的主观性与客观性之间的虚假对立。

概念甚至无需外在材料就将自己客观化。这话当然是针对常识"主客二分"的模式而言的。这个道理要分两个方面来理解:一是无需外在材料,一是客观化。我们可以通过后一方面来理解前一方面。抽象意义上的概念毕竟还是需要客观化的,但这里的客观化不是单纯主观观念突然演变成客观物质,而是一个内包的概念外展出来,比如一粒种子长成一棵大树。表面上看,这个过程当然需要不断吸收外部养分,甚至要不断与外部的各种威胁(病虫害、恶劣气候)进行搏斗,但同一性恰恰是在这种种区别中才能建立起来的,这些区别因此而构成了

---

① 这里的科学指哲学科学,即前文中我们所谓的"高级科学"。

一个包含着区别与同一性的更大总体性的内部环节。简单说来,这里发生的不是事物外部的一个东西实现在了事物身上,而是事物由其潜在的状态(概念)实现出来(客体),本质上是概念的自我实现,而非向外倾泻。

反过来说,客体也表明自己同时是主观的东西,向着理念推进。客体通过机械过程、化学过程与目的论逐层推进,达到概念在客体中最深刻的体现,即理念。当然,每一个层面都有大量的客体与之对应,那些客体并没有思维的这种"逐层推进"的自觉,只是停留在那个层面而已。这里我们也不必设想任何一种人格化的幽灵,仿佛是它在执行这个过程似的。黑格尔描述的这个过程只能理解成思维"在永恒的形态下"所见的客观世界本身的自我实现。

[附释2]机械过程是直接客体,客体之间的区别是外在区别;化学过程中,各客体之间的区别标志着其内在的质,它们通过相互关联才成其所是;目的论对比关系则是前两者的统一,由此目的才与那个与之对立的客体关联在一起,目的的实在化构成向理念的过渡。

"附释2"是对整个"客体"二级层面结构的一个大致勾勒。

机械过程仿佛"外行的看热闹",仅仅呈现出某个结构中"有这个"、"有那个"……,以及"这个"与"那个"之间是何种外在比例关系。因此相互外在是机械过程的本质特征。

化学过程中的各客体之间的区别不再仅仅是比例关系,而是标志着其内在的质。我们不仅依照化学反应及其结果反推发生化学反应的物质的内部结构,还反过来依照这内部结构推测并诱发该物质可能发生的化学反应。这就对物质有了更深的把握,同时也呈现出更深的具体普遍性。

目的论对比关系是前两者的统一,它既有内部的深度,又重视直接的存在。通过这两者的结合,黑格尔所说的目的(可以理解成世界的合秩序性)才与看似和它对立的客体关联在一起,这便是目的的实在化。

a 机械过程

§195

1)在形式的机械过程中,客体是一个由现成规定构成的复合体,它与其他客体的关系是外在的。概念被当作外在于客体的主观东西。

客体是在永恒的形态下看到的事物。在对宇宙秩序(普遍性、同一性)的观照之下,思维关心的就不是事物有没有规律,不是能否通过规律将事物"一把抓",而是事物的合秩序性,这是客观性的要害。相比而言,机械过程层面只能以最外在的方式体现合秩序性:客体本身是相互外在的各种规定复合而成的,客体与客体之间、客体与概念之间也都是外在的关系。在这种模式下,既然概念外在于客体,往往就被当作单纯的主观东西。

[说明]机械过程的要害是外在于我们的感觉、表象和思维,我们只能外在地记诵机械规定,各种机械规定之间的关系也是外的。行为的规定如果与行动者的精神和意志无关,那么它也是机械的。

这是对机械过程的外在性的具体展示。从感觉、表象到思维是越来越深的,思维本身就有一个立体结构,可是这些对机械过程都用不上,因此机械过程对我们只能呈现为平面化的"有这个,也有那个……"①于是对于机械过程,我们除了机械的记诵,即把它"有这个,也有那个……"的情形复刻在脑子里,也别无他法。

如果一个行为做出来跟行为者的精神和意志没有关系,它也是机械的。如果没有意志带来的深度,行为也是平面化的。这一点我们稍稍看看卓别林的《摩登时代》,就不难理解。

[附释]自然界中只有物质的、没有开启内在深度的、完全抽象的对比关系才服从机械过程,近代自然研究滥用机械过程的做法是一种根本缺陷。

在自然界的研究中用机械过程的眼光去看待事物,得有个"度"。有机体显然不能作如是观,它甚至超出了化学过程的层面,至少是一个目的论的过程。另外,即便在狭义物理学中,像光、热、磁、电这些最典型、最基本的物理现象都已经不能用单纯的机械术语(如压力、冲力和位移)来研究了。这意味着,即便在物质范围内,机械过程也只能够研究比光、热、电更低的那种运动和存在方式。

而近代自然研究恰恰犯了将机械过程"扩大化"的错误,它一度甚至认为什么都可以拿机械过程的模式去研究。比如拉美特里的《人是机器》就有这种基调。笛卡尔的《谈谈方法》里也有这样的倾向。

---

① 这里可以参照存在论理解机械过程。

这个问题我们不要以为可以轻轻地打发掉，因为在当今的脑科学、心灵哲学中，这个趋势又在复活。这里不是否认机械过程的思维可以取得的成就。秉持机械过程的思维，凭借大数据等技术，不仅普通人的行为在相当大的程度上可以预测，连大脑运行的结构都可能被复制。甚至不用等到那么发达的程度，AlphaGo 具有自我学习能力，小试牛刀，在当今棋坛便已经天下无敌了。但学习逻辑科学的人要敢于问这样一个问题：即便如此，那又如何？那不还是用外在的眼光在看问题吗？然而"世界除了外在性的层面，还有极多其他的层面"这一点却是不容否认的。

机械观点也将身体和灵魂的关系，以及灵魂内部各机能之间的关系看成外在的，这是违背常理的。

机械观点不止是讲物质之间的关系，它也把触角伸到有机物的身体中，甚至还伸到灵魂中，认为灵魂的各机能之间的关系也同样外在。比如它认为灵魂分成情感、理智和意志，然后讨论这三者之间的关系。又比如人们常说近代哲学太重视理性，因此需要对其纠偏，要更重视感性力量，这种说法亦属此类。而在黑格尔看来，身体与灵魂之间、灵魂的各机能之间都不是外在的关系，而是一体的，这才合乎常理。

机械过程虽然不可冒充概念把握式的认识，但也具有一个普遍逻辑范畴的权利，只不过它在机械力学的范围之外仅仅居于从属地位。

黑格尔承认机械过程作为一个普遍逻辑范畴的权利，但这权利仅仅适用于机械力学范围内。作为思维与客体初次接触，或者说作为客体最初向思维显现时必不可少的阶段，机械过程是思维的必经之路。但超出上述范围之外，机械过程便只居于工具、手段之类的从属地位。

精神领域中机械过程居于从属地位的例证是机械记忆与其他机械举止（阅读、写作、奏乐等），这一点被近代教育学忽视，后者盲目推崇理智自由，但如果夸大机械记忆在灵魂中的作用也很糟糕。

不能够忽视机械记忆和机械举止，抽象地强调理智自由。比如课堂上、舞台上的朗诵就得字正腔圆、朗朗上口。话剧表演的声调、动作、表情也需要比平时说话夸张一些，否则呈现不出舞台上必不可少的张力。而黑格尔眼中的近代西方教育学则盲目推崇理智自由，忽略了这些机械因素。

但是黑格尔也不赞同夸大机械记忆在灵魂中的作用。因为机械记忆毕竟只是教育中的一个部分,而不是全部,如果让它越俎代庖,代行更高职能,那就真成了我们经常批评的填鸭式教育。

§ 196

2) 有差别的机械过程:客体的独立性无法抽象地成立或被抽象设定下来,必须在其非独立性中扬弃自身才成立。这样一来,各客体就以内在核心扬弃了其抽象外在性,成为一个具有内在核心且指向外部,并与其他核心相互依赖的东西。

有差别的机械过程,便是自主性有所增强的机械过程,而不再是彻底外在的机械过程。彻底的外在性其实无以维持。所谓的彻底外在性本身就是一种矛盾,因为外在必然是相对于他者而言的外在,而这种相对性便已经是一种非独立性了。也就是说,真正的外在性必须承认非独立性是它的一部分,这便扬弃了它的抽象独立性。这种更真实、更具体的外在性便使得各客体相对而言都具有了自身的内在核心,同时也使这些内在核心相互依赖。——必须留意的是,这里的核心性(Zentralität)完全是与外在性(Äußerlichkeit)相配合而言的,它只是相对于外物而言的聚集性、自主性,而不代表在事物内部分出了"核心"与"外壳"两部分,即尚未达到化学过程层面才会有的那种内部区分。

§ 197

3) 绝对的机械过程:有一种神秘的总体关联普遍运行于非独立的客体之内,作为内在否定性而成为一种核心个别性。

绝对的机械过程约略有了点化学过程的味道。在化学过程中,所有物质都具有了内在结构,同时又合起来构成"一盘大棋",因为所有化学元素都仰赖它们在内部组合而成的那些化合物之间的比例关系而存在,成为各个不同的物种。也就是说,化学过程中的物质一方面都只能凭借相互之间的区别才存在,另一方面它们各自含有的元素其实都是互通的,没有任何专属的东西。

我们回过头来看看,当机械过程发展到绝对的程度,会出现什么样的局面。每个事物的各要素之间,以及事物与事物之间,除了否定意义上的依赖(即"没它不行")之外,更重要的是有一种初步的互通性。这个初步的互通性虽然不像化学过程中那么透明易懂,但依然不可忽视。如果忽视这种互通性,就会将每一

个机械事物都神秘化,会想入非非地认为每个机械事物都有一个神秘到可怕的
"司令部"在背后指挥,甚至会认为它目前呈现出来的样子不代表它的本来面
目,因为那个"司令部"在背后"憋大招"……如此种种的想象都是不合适的。事
物的核心①就其不可直接看见而言固然是"神秘"的,但就其永远只能如此这般
机械地与他物交互作用而言,却也丝毫不神秘。这种既可以成为客体的核心,又
通行于各客体之间的神秘的总体关联,依照后文来看可以称作"实体性普遍东
西""始终同一的重力""绝对核心"。

§ 198

上述演进过程是三重推论,这些推论分别以特殊性(相对核心)、个别性(客
体)、普遍性(绝对核心)为中项。比如最后一个推论(特殊性—普遍性—个别
性)就是以绝对核心、实体性普遍东西、重力为中项,在相对核心与非独立客体
之间起中介作用。因此客体既按个别性而发生分裂,又按普遍性而发生整合,成
为一个坚固的内化存在。

三重推论可以对应于前面两节谈到的三种机械过程。②我们在概括本节正
文时不便将三个推论详细列出,这里分别略作解析。

第一个推论中,一个个物体看似独立的个别东西,实际上依靠形式的机械性
外在地相互撑持着,而此时从这种撑持中看到的普遍性同样极为外在。

第二个推论中,原先看似独立而实际上并不具备独立性(因而也并非真正
的个别东西)的东西,如今成为普遍渗透于一切物体中的绝对核心与该东西自
身的相对核心之间发生中介的场所。

到了第三个推论中,绝对的核心性成为事情的真相,各物体的相对核心与其
个体性皆为绝对核心性的表现,且被绝对核心性中介。这样一来,事情就呈现出
两个面向:一方面,每个物体内部的情形依然不为人所知,甚至可能发生崩解;另
一方面,物体自身,以及物体与物体之间依然发生着同一化的整合,按照普遍的
规律行事,因而并不怪异,具有坚固且可理解的内部结构。

---

① 正如我们对上一节的解析所示,机械过程中的核心仅仅代表相对于他者而言的聚集性、自主性,
不代表事物内部出现了分化。下文同此,不另说明。

② 正如"主观概念"部分质的推论的三个式适用于所有类型的推论,不光这里有三重推论,后面化
学过程、目的论中也都含有三重推论。

[**说明**]国家也可以看成三重推论,它们分别以个人需求、个体意志与行为、普遍者(国家、政府、法)为中项。最后一个推论才使得每个规定成为其自身,进行自我生产与自我保存。三重推论都有其必要,构成理解国家的一个必要过程。

这是质的推论的三个式在国家领域的展现。

在最粗朴、最原始的共同体中,人们往往从个人的需求及其满足(特殊性)出发,去沟通个人与共同体。发展到社会这个独立建制出现时,个体意志与行为的交错(个别性)变得极为重要,此时国家只是管制个人的外在力量。到了最高阶段,个人发现社会有其封闭、短视的危险,只有以共同体本身为念的国家(普遍性)才是事情的要害,而个体与社会都只是国家的实现者。人在国家中才实现其作为公民的真正价值,即便跑到荒郊野外去,也带着这个国家、民族、文化的印迹。

§ 199

由于客体的独立性必须以其非独立性为中介,被后者否定,客体如果要实存,就必须被设定为与它的他者有差别的。

这一节明显是在向更具内在深度的层面,也就是向"化学过程"层面过渡。

正如后文所示,化学过程对内而言是"排列组合",即一些全世界共通的元素按照该类物质的方式排列组合起来;对外而言,它是"比例关系",即依靠与其他类的物质的相对比例关系来获得自身的规定性。

而独立性与非独立性、实存与差别之间的这种辩证关系,正如第197节所示,在绝对机械过程这一认识到普遍总体关联的阶段,已初步成型。

b 化学过程

§ 200

不同种类的客体以内在规定性为本性,并由此而具有实存。客体努力扬弃概念的被设定的总体性与它的实存的规定性的矛盾,使其定在等同于概念。

本节一上来重述了第199节的意思,此处不赘。

客体努力扬弃概念的被设定的总体性与它的实存的规定性的矛盾,指的是化学过程这种考察方式使得概念与定在合而为一。比如酸性物质有与碱性物质发生中和的趋势,在发生中和之前,我们看到的是极为显眼的定在,甚至禁不住会猜想有什么神秘力量使得这个酸性物质成为"独此一家"的存在。但化学过程如席卷一切的浪潮一般,只按它自身的规律行事,丝毫容不得这类神秘的想象。中和一旦发生,就产生与原先的酸性物质、碱性物质都不同,却又合乎化学反应规律的另一种物质。我们理解这个化学反应及其产物的唯一正确的方式只能是化学反应规律,即概念的被设定的总体性。由此反观那酸性物质,会发现它原先的实存只能被规定为"发生某某中和之前的酸性物质"这一概念规定性,而不是什么神秘的实存。——当然,以上只是从实存如何被理解为概念这一面在看问题。其实反过来说,概念也只能体现为实存,别无其他。即便中和反应的产物,其概念也只能体现为实存。

[附释] 与合目的性这种自为地实存着的概念相比,机械过程与化学过程都是自在地实存着的概念,比较相似。然而机械过程的各客体之间的关联是外在的,如天体运动与天体之间是外在的抽象关系,化学过程的各客体之间的关系则更为内在,通过它们的差别才成为其所是。

与关心各要素之间关联的绝对必然性的目的论相比,机械过程与化学过程的各要素之间并不具备必然关联。这是机械过程、化学过程这两者与目的论的区别。而在两种过程内部,机械过程的各客体之间的关系更外在,化学过程则通过相互之间的"比例关系"反照出各种物质内部的"排列组合",探入到物质内部了。

§201

推论的三式均可体现在化学过程中,通过特殊东西、个别东西、具体普遍东西分别充当中项,这具体普遍东西在中和物这一产物中达到了定在。

黑格尔不再详细讨论推论中典型的三个式在化学过程中的体现,而是将重点放在中和物上。严格来说,我们所见的物质都是某种意义上的"中和物"或"化合物",都不是单纯的某一种成分。而中和物通俗一点说,就是达到了某种平衡态的或暂时"尘埃落定"的化学反应。而任何平衡态都只是暂时的、相对的、可以再次被打破的。从逻辑科学的眼光看,化学过程的意义不仅仅局限在化学家所见的那些具体的"排列组合"与"比例关系",而在于它所体现的具体普遍性的深度。

§202

化学性是客观性与客体各别的本性之间的反映对比关系,承认各客体直接的独立性,是独立的各种形式之间的来回过渡。中和的产物虽然能够扬弃两个端项的特性,但重又陷入直接性中,依然是可分解的,而且判断原则落于最初的过程之外,又催生新的中和与分裂。

第202节表明,在化学过程中客观性(客体中的具体普遍性)与客体(个别性)形成二元设定。但不同于本质论层面二元设定"当家作主"的情形,概念论层面上二元设定只是一个需要被扬弃的阶段,而且即便在形成二元设定的时候,"二元"也在自在的意义上(即在没有自觉到的情况下)服从于"三元"。

承认各个客体直接的独立性,实际上也就是为它们的来回过渡作准备。所谓来回过渡也不难理解,比如二氧化碳经过化学反应后变成另外一种或几种化合物,而这一种或几种化合物经过逆向操作还可以变回二氧化碳。所以这里的独立性和非独立性都是相对的。

中和物扬弃了两个端项的特性,重又陷入直接性之中,这指的是前文解析过的中和物暂时的平衡态。这种状态可能再次被打破(可分解),然后再次被中和,然后又分裂……在这个过程中,判断这种制造分裂的知性思维方式就跟不上事情的节奏,不足以表达化学过程的全部内涵了。

[**附释**]概念只是化学过程的内核,尚未达到实存。不断中和与分裂的化学过程表明其本身的不足,即未能达到概念。

这个"附释"提出了尖锐的问题:化学过程就代表万事万物的本性了吗? 我们的世界就是化学过程这般不断重新"排列组合"了吗? 恐怕不是这样。用化学过程的眼光来看,世界就是化学元素的分分合合,事物就没有根本意义上的同一性(绝对必然性、宇宙秩序)了。换句话说,掌握它们分分合合的规律之后我们似乎能安下心来,但世界如此这般却并没有什么根本性的道理可讲。用黑格尔的话来说就是化学过程未能达到概念,概念只是在自在的意义上构成化学过程的内核,而思维并未意识到这一点。

§203

中和与分裂的外在性揭示出它们的有限性,因为它们在产物中被扬弃了。另一方面,化学过程表明客体最初的直接性也是虚妄的。概念需要成为自为的,即目的。

这一节的意思是说,中和与分裂虽然貌似涉及事物的内部,但根本上而言还是外在的比例关系。既然事物在根本上而言依然相互外在,那么化学过程还是相当有限的,事物也没有坚守住自己的终极依据,它们总是等着再次被分解。

反过来看,化学过程表明客体最初的直接性(发生化学反应之前实存着的各方),就是我们所谓的相对平衡态,也是虚妄的直接性。化学过程之前的各方与化学过程之后形成的各方,都没有资格充当"事物该是的状态"(概念)。——这实际上就是在呼吁目的论了,因为目的论意义上的目的才是自为的概念。

[附释]化学过程两个形式的相互扬弃包含了这一过渡,概念获得自由,成了目的。

化学过程的两个形式就是中和和分裂,它们的相互扬弃使得双方都不能永久维持。但是双方相互过渡和不能永久维持这一点所表明和需要的,恰恰是化学过程向目的论的过渡。所谓的概念获得自由是指原先仅仅在自在的意义上分别作为重力和运动支撑着机械过程和化学过程的同一性、概念、绝对必然性、宇宙秩序,如今大白天下,让思维自觉把握到了,那便是目的论意义上的目的。

c　目的论

§204

目的是达到自由的实存或自为存在着的概念,这是通过否定直接的客观性达到的。这种否定最初是抽象的,与客观性相对立,此时目的是主观的;但与概念的总体性相比,这种主观性是片面的,相对应的客体也是被预设的、观念性的实在性,而目的是扬弃抽象性、主观性与片面性的活动;目的最后与自身结合并维持自身。

"目的论"三级层面把目的论内部的三个层次重复讲了三遍:第204节简述一遍,第205节和第206节稍稍展开讲了一遍,第207节到第209节又最详细地讲了一遍。

目的论的要害在于呈现世界的合秩序性。世界的合秩序性在机械过程、化学过程中还不显眼。以那两个过程的眼光看来,无论世界是相互外在的持存,还是在相互作用中不断重新排列组合,都顽固地在我们眼前,以非常坚固的形式存在着。一言以蔽之,先前的世界是外在于思维的。现在的目的论,既非对世界听之任之,单纯记录,亦非以拆分组合的眼光探入事物内部,而是开始敬重事物本身的要素及其不得不然的组合方式。人既非一无所能,亦非无所不能,目前问题的焦点不是人如何记录或摆置世界,而是世界本身何以如此存在。在这种眼光下,若说世界是实存,那便是指世界自由自在地如此这般实存着;若说世界是概念,那便表示意识到自身与实存的思辨关系的概念。这样的实存或概念当然已经否定了直接的客观性,但又不是化学过程那般"直捣黄龙",而是在打开事物内部结构的同时敬重该结构。

接下来黑格尔简述目的论的三个层次。目的对直接客观性的否定最初是抽象的,即拿一种外来的目的(主观目的)直接套到客观性头上,这样的两造是相互对立的。这是一种抽象的主观姿态,所以此时的目的是一种抽象的目的。

接下来要懂得接受客体的客观性,同时也承认与之对立的概念的效用。但这同时也意味着要进入同时扬弃这两者的片面性、被设定性的一种概念总体性,那便是第二个层次的目的。

在第三个层次上,目的论是目的与自身结合并维持自身。此时目的与之结合的对象是客观事物的合秩序性,而不是这些合秩序的客观事物。此时的目的其实是回到自身,因为目的与合秩序性原非两物。反观目的论先前的两个层次,思维会发现原先片面对立的客观性与主观性其实都是合秩序性的体现形式。

当然,目的论的三个层次也可以比照质的推论的三个式来理解。

[说明]目的因与通常的原因或作用因的区别是,它不像后者那样过渡到他者,仅仅对我们而言才是原因,而是在他者中仍然维持自身为原因。康德的"内在合目的性"已经重新唤醒了一般意义上的理念,尤其是生命的理念;亚里士多德的生命概念已经包含了内在合目的性。需要和冲动是目的的明显例子,是对单纯主观性的否定,已经感觉到矛盾,它们的满足则是主体与客体恢复和平,它们宣告了对立的主体与客体的片面性和非真理性。目的的实现活动是一个推论,否定直接主观性与直接客观性两个端项,同时提升精神,走向上帝。这种否定和提升被知性推论忽视和抛弃,而上帝存在证明则提升了知性推论的形式。

在目的因问题上,亚里士多德的目的因更加偏向"目的本原"的意思,它不是在因果性对比关系意义上而言的。但黑格尔在这里却是比照因果性对比关系来看待目的因的,而且暗示有与该目的因配合的作用(他者)。所以这里黑格尔笔下的目的因与原本意义上的亚里士多德目的因是有出入的,我们不宜将二者等同起来。

通常的原因或作用因(大致相当于亚里士多德意义上的动力因)过渡到他者,仿佛打台球一般外在地直接过渡到他者。尽管这种模式在目的论的第一个层次上还保留着,然而目的的本质特征便是要与这种外在的作用区别开来,而区别的关键在于事物本身的合秩序性。用黑格尔话来说便是"在他者中仍然维持自身为原因"。就是好像在事物当中有一个"内线"在"当家"。我们一旦看出事物有什么目的(而非本质论层面的本质、根据、规律),就洞察了它的秘密了。——而所谓"内线",一定是我原本就熟悉的,因此在事物内部识别出来的目的同时也是思维完全能理解的,而不是它感到陌生的东西。

康德的内在合目的性、亚里士多德的生命概念都要在理念的意义上去理解。换言之,这两种学说都明确肯定了事物的合秩序性,而且这合秩序性是凭其自身挺立起来的。亚里士多德作为柏拉图的门徒,对作为具体普遍性的理念有深切的理解,而康德则是穿过现代的重重迷雾,隐约感觉到合秩序性非有不可,否则人眼下的这些事情说不明白。——当然,康德并不像亚里士多德那样就合秩序性谈论合秩序性,而是为了说清楚眼下事物才关心合秩序性的,但这不妨碍黑格尔肯定他的深刻洞见。

需要和冲动是合目的性冲破主观性而与客体恢复和平的最浅白也最显眼的例子。人如果自身是四分五裂的无机物,与外部事物也完全不搭边,那就谈不上什么需要和冲动了。正因为人是一个自身合目的的有机体,他与外物也构成有机的合目的性,这双方本就"应该"合一,而现在出于某种原因分裂了,才会产生需要和冲动,也才会冲破那种自我局限的单纯主观性,恢复它本该有的合一状态。因此需要和冲动不是向无关领域的跨越,而是对原本该有的状态的恢复。

目的的实现活动可以看作一个推论,这个推论以精神、上帝(普遍性)为中项,这中项充当直接主观性(个别性)与直接客观性(特殊性)两个端项之间的中介,而且是在最思辨的意义上充当中介,即作为双方自身的基础来充当中介。

而这种否定(即否定直接主观性和直接客观性)和提升(即提升精神)是知性推论所不理解的。知性推论会觉得否定就是直接消灭或冲突,而人类精神就是人类精神,上帝就是上帝。因此历史上富于思辨意味的种种上帝存在证明实际上是对知性思维的挑战,也是对它的提升(即提升到思辨思维)。

§205

目的论关联最初是直接的、外在的合目的性,概念作为被预设的东西与客体相对立。此时目的因为只具备与客体这一外在条件、材料相对立的内容,而是有限的、形式性的,这意味着客体、特殊性、内容与目的、总体性、主观性、形式这两端相对峙。

目的论关联起初是直接的、外在的,指的是思维急切地认定事事物物都是合目的的,然而此时合目的性尚未在客观世界中经过检验。此时概念作为一个预设的东西,便与客体对立起来。此时思维对目的的唯一描述方式只能是对现在这种各自为政的、直接的外在存在的一种否定。这样的目的显然是非常贫乏的一种主观设定,所以它是有限的、形式性的,像一件外衣一样披在万事万物头上。换言之,合目的性还没有由事物本身显示出来。

[**附释**]外在合目的性的观点只见到事物充当外在手段,是功用的立场,无法认识事物真正的本性,也就是只看见事物的有限性、否定性,而不见其肯定性内容。另外,这种观点在搜寻目的时容易陷入琐碎无聊的反思,更见不到上帝在自然界的启示。

正如康德在《判断力批判》当中区分自然的"相对合目的性"与"内在合目的性"时抨击那种以人类在自然界中偶然的功用关系为自然本身的合目的性①一样,黑格尔这里也批评那种认为树木存在就是为了让人去做软木塞的外在合目的性观点。这种在事物表面"打水漂"的做法向来是黑格尔所批评的。它的有限性、否定性甚至琐碎无聊,自不必说。而它的要害在于与事物本身错肩而过,未曾真正抓住事物本身的肯定性内容。

§206

目的论关联是主观目的通过合目的的活动或手段而与它之外的客观性结合的一种推论。

正如概念论第一个二级层面的标题"主观概念"一样,这里所谓的"主观目的"主要指抽象的和自在意义上的目的本身。"主观"一词是就事情本身而言,而非就人而言的。主观目的当然需要人的理解,但正如客观事物也需要人的理

---

① 康德:《判断力批判》,邓晓芒译,北京:人民出版社,2002 年,第217—218 页。

解一样,它并不等于人的主观念头。这个意义上的主观目的,可以通过一些合目的的活动或手段——这活动或手段可以是人为的,也可以是自然的——实现于客观世界,最终反过来显示出客观世界本身的合秩序性。

[附释]目的论的三个层次是主观目的、实现着的目的(有限的合目的性)、实现了的目的。主观被设定的目的是未加区分的普遍东西,它需要通过特殊化获得特定内容,最后普遍东西通过这个特定内容返回自身。推论(Schluß)就普遍东西本身而言是闭合(schließen),就人而言是决断(beschließen)、解封(entschließen)。

按照本节正文对目的论关联的描述,目的论分为如下三个层次:就抽象意义上的目的而言是主观目的,就目的通过活动与手段实现于客观世界而言是有限的合目的性,就客观世界本身的合秩序性而言是实现了的目的。

为什么说主观被设定的目的是未加区分的普遍东西? 目的从外部来看,似乎就是无差别地将事物各要素聚拢起立的一个普遍东西。比如我们看一位木匠师傅的活计,就会觉得他手头的所有东西都"服服帖帖",甚至"生来"就是应该由他那么操作和摆弄的,而看不到它们对木匠手艺的反作用,以及它们相互之间的巨大差异。我们只有经过反复操练,掌握了这门手艺,才能真正体会到在工具、材料中黑格尔所谓的"普遍东西返回自身"是什么意思。

黑格尔最后利用德文字面结构玩了一个文字游戏。普遍东西就本身而言是闭合,指的是普遍东西本身只能以最思辨的推论方式体现出来。然而推论意义上的闭合不是直接就可以得到的,就人的行动而言,它必须在人的决断、解封活动中方可实现,即只能在人为造成的二元设定中实现。——目的论虽然处在概念论层面,它着眼之处乃是世界秩序或万事万物的合秩序性,早就不像本质论层面那样以二元设定为意,但毫无疑问依然有陷入二元设定不可自拔的危险。

§ 207

1) 主观目的作为推论的第一式,是概念通过特殊性与个别性结合;此时主观目的使个别性自行规定、自行判断,使得一方面普遍概念有了特定内容,另一方面主观性仍然与客观性对立;此时因为概念仍然具有主观性,仍然不是闭合的总体性,具有缺陷,所以个别性转向外部。

主观目的要通过方方面面的特殊规定性,才能渗透到个别性中去。但这方方面面的特殊规定并未主动显示出与这主观目的有任何内在关联。这样一个从外到内的渗透模式显然是有问题的。

此时普遍东西看起来固然可以渗透进顺应它的那些特殊规定性中,但个别性却也未必全盘受制于这种外在渗透进来的普遍东西。于是主观目的依然与客观事物相对立。

此时个别性依然保持其独立性。既然目的是主观的、设定的,就无法贯通客观事物而成为闭合的总体性。相对于目的本欲达到的闭合而言,个别性的那种自然而然与外物发生的关联乃是转向了"外部"。

§ 208

2)个别性转向外部,直接与客体相关联,以其为手段。此时概念是一个直接的支配性权力,只将客体的存在规定为观念性存在,体现在它直接与之结合的客体(手段)身上。

第208节正文讲的是目的的实现活动。这种实现活动一开始是非常"外道"的,也就是说,目的像是外来的,它要"策反"我们客观世界的一部分东西,将其当作手段,拿它们去压服其他东西(将后者当作待加工的材料)。——这实际上是一个误会,但目前还无法澄清这个误会,因为目的论要发展到一定的阶段,思维才会反过来意识到,世界无需被"策反",无需"道成肉身"(字面意义上的),本就合乎于"道"。

个别性转向外部,就是一个个事物与外物相关联,本就不在固执的封闭状态中。此时我们的眼光不要局限于人到世界上抓取一部分事物去加工另一部分事物这种现象,要扩大到事物互为所用的一切现象上。

当思维明明白白意识到目的通过手段(一部分客体)直接实现于材料(其他客体)上的时候,目的(概念)成为支配整个闭环事件的东西。此时作为手段的那部分客体的客观存在不再重要,会被重新赋予观念性意义。——其实作为手段的加工对象的另一部分客体也经历了类似的变化,只不过它们显得更独立一些。

[说明]中项分裂为活动与手段,目的作为权力对此客体的支配是直接发生的(推论的第一前提),客体被虚无化。从而目的与手段的关系转变为中项,内部又含有一个推论,即目的通过活动与客观性结合在一起。

本节"说明"中"第一前提"要与下一节正文中的"第二前提"贯通起来理解。其实无论这里的第一前提还是中项,都是贯通前面的第207节和后面的第209节而言的,或者说是贯通目的论的三种形态而言的。如果不是要对黑格尔《逻辑学》作精深的专门研究,可以将这些忽略不计,单纯关注这里手段和材料的关系问题。

结合第207—209三节来看,目的如果不实现,它与客体就始终是相互外在的。而实现目的的活动(第208节),作为主观目的与已实现的目的之间的"中间结合部",就是来改变这个困境的。目的的实现活动要从活动与手段两方面来看。目的作为手段,对客体的支配是直接发生的,因为手段的题中应有之义就是绝对服从目的。(手段对于目的"服服帖帖",这构成更大的推论的第一前提。)而所谓客体被虚无化,则是用来解释本节正文中所说的"观念性存在"的,此处不赘。

这里目的与手段的关系,即目的的实现活动,成为关键的中项。这个中项内部又含有一个推论,就是目的通过手段去改造材料,从而与客观性结合起来。

[附释]目的因为包含着特殊性而支配客体,比如灵魂在生物躯体中客观化自身而又支配生物,人的灵魂也要经过艰苦的锻炼才能把身体当作手段。

"附释"讲的还是目的、手段和材料之间的关系。目的是可以涵摄特殊性的,所以它才能够支配客体。可是涵摄依然是一个相当外在的理解模式。黑格尔举的例子是生物灵魂与人的灵魂。灵魂不仅仅是人或动物有意识地去做什么这一部分,它还能无意识地完成很多功能,比如植物神经就是如此。灵魂固然在身体中客观化了,可是又与身体不完全"匹配",还需要经过大量的锻炼,才能"运用自如"。

§ 209

3)目的把客体当作中介,以便达到作为材料的客观性(这个推论是第二前提)。这种关联方式包括机械过程与化学过程,两者服务于目的,以目的为真理和自由。理性的狡计在于,目的作为支配性权力一方面置身于各种过程之外,另一方面又在它们之中维系自身。

如果说目的论的第一前提(见前一节"说明")讲的是目的与手段的关系,第二前提讲的就是目的通过手段去支配材料,从而实现对材料的客观性的支配。

或者说,前者是目的实现对手段的客观性的支配,后者则是它通过手段实现对材料的客观性的支配。

目的论关联方式实际上是把机械过程和化学过程都作为实现方式,或者说机械过程与化学过程都可以服务于目的,以目的为真理和自由。换言之,"客体"二级层面的前两种形态以第三种形态为真理和自由。

理性的狡计说的是目的作为支配性的权力有两种实现方式。这目的一方面置身于各种过程之外,与此同时我们可以把整个世界都看成机械过程或化学过程,或者两种过程的混合。可是另一方面,目的又在这两种过程之中维系着自身。这一点需要极有眼力才能看得出来。如果说前一个方面表现出人的执念,容易导致理性与世界之间有极大"鸿沟"的看法,那么后一方面则真正看出世界本身在深层次上的合理性。

[附释]神意客观上在人的种种特殊激情与利益中实现了,这是理性狡计的体现。

理性狡计概念是黑格尔在他的《世界历史哲学讲演录》中大加阐发的一个概念。[①]它的字面意思不难理解,但实质内涵方面却仍有不可不辨者。上文中我们谈到了世界的合理性,但这不意味着任何人都可以轻易理解这种合理性,而只代表事情本身合乎概念,有其秩序。所谓"理性狡计",一者为合理性,一者为狡计。这就表示这种合理性不可轻易被人知晓,不被人知晓反而是它的"常态"。

§210

已经实现的目的是主观东西与客观东西的被设定的统一,作为具体的普遍者而成为经历推论的三类端项而反映回自身之内的东西,是同一个内容。

所谓已经实现的目的,指的是思维发现目的在世界上本就已经实现了,而不是指人的某种主观念头经历千辛万苦终于改变了世界的面貌。主观东西(目的)和客观东西(客体)的被设定的统一,指的是思维终于发现与承认它们原本就是统一的。言外之意,单纯的、割裂而言的主观东西和客观东西其实都是人为想象的产物,是不自然的。

真正意义上的目的自来就是具体的普遍者,这个具体的普遍者经过目的论

---

① 参见庄振华:《黑格尔的历史观》,上海:上海人民出版社,2013 年,第 205—209 页。

三个层次的演进之后,真正得其所哉(反映回自身之内)。这个意义上的目的将世上纷繁复杂的东西归拢为"同一个内容",或者说以同一种秩序和"世界灵魂"贯穿与渗透万物。

§211

已经实现的目的就有限的合目的性而言,是一个内在分裂的和有限的东西,作为一个客体,它又成为其他目的的手段或材料,如此以至于无穷。

这一节的意思不难明白。就目的的具体实现情形而言,任何一个客体都不能永远占据目的、手段或材料这三种角色中的一种而不变。在一个"目的—手段—材料"的"回路"中,它可能扮演某一种角色,这不妨碍它在另一个"回路"中扮演另一种角色。

§212

在机械过程和化学过程中,客体的独立性已经自在地消失,在目的实现过程中,这种独立性就扬弃了自身。客体是作为手段和材料的已经实现的目的,因而是自在地虚无的、单纯观念性的东西。这样一来,形式(目的概念)与内容(客体规定)的对立也消失了,形式本身被设定为内容。主观东西与客观东西的自在存在着的统一如今自为地存在,这就是理念。

在前面两种过程中,客体的独立性自在地消失了。这就是说,就事情本身而言,客体的独立性已经消失了,只不过思维没有想到客体不独立。通过目的的实现过程,即通过目的论三个层次的演进过程,目的与客体原本同一,客体不具备独立性,这些真相逐渐显露出来。这就意味着独立性的扬弃才合乎客体的本性,而独立性反而是思维的一种"误会",而非原来持守的那种立场,即独立性是客体的本性,扬弃了这种独立性就不符合它的本性了。

同样的意思换一种方式说就是,坚固不变的客体其实是一种虚构,客体在根本上是虚无的、单纯观念性的东西。

原先被当作实质性内容的客体规定,就其曾被认为坚固不变而言,如今归于思维的设定乃至虚构;而原先被认为只不过是外在形式,被由外而内"强加"于客体的目的,如今反而成为事情的重心,由形式一跃而为实质内容。

主观东西与客观东西之间的这种统一,原先只是自在存在着(即只为黑格尔和读者所知,而《逻辑学》的思维并未认识到),如今终于被思维把握到,并作为主题来加以考察。作为主题的这种统一,便是理念。

[附释]目的与客体的分离本就体现出目的的有限,实际上客体自在地就是概念,因此目的的实现过程应该视为概念自己的内核的展现,应该视为"目的尚未实现"这一幻觉的扬弃。善在世界上已经实现,而前述幻觉实际上是理念自己制造出来的,因为只有扬弃幻觉与谬误,真理才能显现出来,才与谬误和有限性和解,真理只有作为过程的结果才是真理。

客观事物本身就是以目的论的方式存在的,目的论本就是客观性的真理。目的的实现过程实际上是展示事物真理的过程。在更大范围而言,经过机械过程、化学过程、目的论的整个演进,我们现在发现事物就是理念,或者说是概念的客观实现。——概念才是世界的真相。

黑格尔认为目的论思维模式始终带着一个隐患,就是我们总会认为目的在远方,目的尚未实现。殊不知我们的世界从来就已经是实现了的目的论,并非真的有过一个目的未经实现的世界。这意味着"目的尚未实现"是一个幻觉,这个幻觉早该放下了。

这个意思换种方式说就是,善的理念在世界上已经实现了。但话说回来,先前那个幻觉又是有必要的,因为它是理念自己制造出来,为了接引凡人"破迷显真"接近理念而用的。另外,这样一种幻觉对于日常生活中一步一个脚印地踏实做事,尤其对于强调事功的现代社会,也绝对是必要的。

C　理念

[导引]在"理念"二级层面开篇之际,我们看看该如何理解理念。其实如何理解理念的问题对于黑格尔以及他的听众而言,和对于我们而言,是两个不同的问题。《逻辑学》中许多东西对于当时的西方文明而言是不言而喻的。但是对于我们而言,要理解理念,首先需要打消我们作为当代人可能会有的一些误会。这里只谈一个最典型的误会,然后简要展示一下这个二级层面的内容。

通常我们一说到理念,就会觉得它是抽象的,大多数时候认为那是空洞而远离现实世界的东西,几近虚设,少数时候甚至认为理念是主观念头。总之理念总是不近人情、不切实际的。按照黑格尔概念论一直以来的说法,理念其实是既具体又普遍的。那种认为理念"抽象"的看法,其实是本质论层面才会有的想象。我们看看理念的前世今生,会发现古典哲学家们(包括希腊古典哲学家与德国古典哲学家等)依照其论敌的不同,对理念的论述差异极大,但理念从来都是实在性的极致,而不是什么抽象空洞之物(后者主要是现代哲学家塑造出来的一个扭曲形象)。前现代的柏拉图主义面对的敌手主要是向感性杂多、欲望、乡愿乃至虚无之中退坠的现象。在此期的柏拉图主义看来,无论柏拉图式的层级攀升,还是奥古斯丁的"向内而后向上",抑或德国神秘主义的"神秘合一",皆为生活之必需,绝非"脱实向虚"之举。而到了近代,斯宾诺莎、莱布尼茨与德国唯心论诸家都面临一个极为重要的抉择:现代已绕不开理念如何浸润并引领现实世界的问题,不可能像前现代那样直接奔向宇宙秩序。因此黑格尔的"具体普遍性"实为既坚守柏拉图主义根本宗旨又切合现代特征的思想。

再来看"理念"二级层面的三个部分:生命、认识活动和绝对理念。这里大致涵括了传统上的生命理念、真的理念、善的理念和绝对者理念(包括上帝理念)。①如果说"客体"二级层面是在客观世界中越来越清晰、越来越集中地呈现具体普遍性,那么"理念"二级层面则是对具体普遍性的正面的、主题性的考察,或者说直接考察具体普遍性本身的各个层次。但我们切不可将概念论部分的目录粗粗看过,便认为"理念"二级层面将客观世界又说了一遍,认为它与"客体"二级层面有"重复"之嫌。在"理念"二级层面,黑格尔谈到现实世界的现象时,只是将它作为理念的例子,而不像在"客体"二级层面那样是为了从现象中看出理念。

具体而言,生命理念是抽象而言的、自在意义上的理念,强调的是事物"一多不离"、"动态同一"的秩序性;真的理念、善的理念则是在"真理—谬误"、"善—恶"的二元框架下展示秩序与实存之间的张力;绝对者理念则突出事物在上述张力之下依然"万法归宗"式地奠基于绝对者。

§213

理念是概念和客观性的绝对统一,是自在自为的真实东西,其观念内容是处

---

① 当然,黑格尔的论述与传统有所不同。

于自己的规定中的概念,其实在内容是概念在外在定在的形式中的呈现。

这一节正式宣告自在自为的具体普遍性本身成为《逻辑学》考察的主题。理念就是概念和客观性的绝对统一,这要求我们彻底在概念的眼光下理解客观性,也要求我们将概念理解成彻底体现于客观性之中的东西。概念在客观事物中返回自身,而不是把客观事物抛弃了,只不过我们要基于概念来将客观事物当作它的表现和实例。

这里黑格尔还讲了理念的两方面内容。它的观念内容是处于自己规定中的概念,也就是说它的观念内容是概念规定自己而产生出来的。其实整部《逻辑学》的所有范畴都是理念自己规定自己而产生出来的。只不过在先前所有层面上,我们不知道这一点。而理念的实在内容则是概念在外在定在形式中的呈现,就是说外在定在不能仅仅视为外在定在,它的意义是呈现出概念,只有概念才是外在定在的那些形式真正回到了自身。

[说明]"绝对者是理念"是《逻辑学》中迄今所有绝对者定义的归宿。理念是那样的真理,即客观性符合概念,而非外部事物符合我的表象,因为外部事物与人、表象都达不到理念。但一切现实的东西只要真实就是理念,尽管它的存在作为理念的某个方面受制于其他现实事物,而且需要在与其他事物的整体关联中才实现概念。

在《小逻辑》存在论的开篇(第85节),黑格尔说过所有逻辑规定皆可视作绝对者的定义。而自在自为的具体普遍性作为迄今为止最完备的逻辑规定,当然可以视作此前所有绝对者定义的归宿。

理念是客观性符合概念,而非外部事物符合我的表象。这是提醒我们不要在常识的"主客观符合"(主观表象与外部事物符合)意义上理解理念。黑格尔为了彻底切断常识在此插手的路径,干脆"摊牌"说:理念无关乎这一个人、表象、外在事物。我们只要试图通过我这个人的任何手段,在我自身或在外部任何事物中去把捉住理念,都必然徒劳无功,因为它根本就不在本质论二元设定中由人上手进行操作的层面,一上来就是在世界的绝对必然性层面上看问题了(如果说概念论的"主观概念"层面可以看作理念的"预演"的话)。

一切现实的东西只要真实,就是理念。换言之,真实无伪的现实东西本身就是理念,尽管现实事物的存在只能体现理念的某一个方面,而且与其他现实事物相互牵制。

　　绝对者是唯一的、普遍的理念，不受制于某一个东西，它通过判断而特殊化为诸特定理念的体系，这些特定理念是为了回到唯一理念而出现的。判断使作为唯一普遍实体的理念发展为主体和精神。

　　绝对者作为唯一普遍的理念，不受制于某一个东西。这个意思转换成神学的话语来说就是，上帝同时要把他的恩典加给一个个人，对任何一个人都是足够用的，但又不受任何一个人的局限，无所偏至，亦不应被嫉妒。反过来看，那种把绝对者想象成一个人格化东西，甚至认为它在事物与事物、人与人之间的恩典分配上有所偏至，引起嫉妒与冲突的想法，都使绝对者受制于个别东西，受制于思维的二元设定了，都没有在适当的层面理解绝对者。

　　关于"上帝是……"的这类判断，试图通过反映的方式将上帝特殊化。而特定理念（生命、真、善等）的体系就是上帝通过判断特殊化自身的结果。而这些特定理念的体系既然源自于一，当然也是为了回到唯一的理念而出现的。这唯一的理念被冠以任何名称都不合适，都无法摆脱特殊化，我们只能勉强叫它绝对理念。

　　判断使得唯一理念发展为主体和精神，这是指理念的自我分化与回归自身的过程才使思维真正认识理念。一开始思维会将客观事物与理念当作分离的两造。通过认识活动的发展，思维才能逐渐发现世界的真正主体与精神是理念。

　　就理念消融一切非真实东西而言，它是抽象的，但它在本质上是具体的，即自由地规定自己为实在性的概念，因此不应该将理念看作形式性的抽象东西。

　　黑格尔提醒我们不要将理念看成一个空空的、抽象的东西。如果实在要说它"抽象"，那只能是就它超越一切直接的、因而非真实的东西且不受制于它们而言。但超越的前提是吸收并融摄，而不是割裂与逃避。相比之下，我们在世界上直接碰见的事事物物虽然直接，但却不真实，因为它们都受制于种种非真实的规定性与区别，无法轻易显露出真正支撑它们的宇宙秩序。而理念不仅不回避直接东西与有限规定性，还能在这些东西的张力中克服这种张力，呈现出宇宙秩序，因而在某种意义上说，它是比通常所说的具体东西更具体，比通常所说的实在东西更实在的东西。

　　[附释]人知道某东西存在，这只是常识的形式性真理，只是正确性；更深刻的真理在于客观性与概念的同一，如真实的国家与真实的艺术作品就是这个意义上的。相反，非真实的东西是恶劣的东西，不符合其概念或使命，如果完全缺

乏上述同一,它就不能够存在了。这用宗教语言说就是:事物唯有通过寓于它们之内的神性思想,才是其所是的东西。

关于正确性与真理(客观性与概念的同一)之间的区别,黑格尔多有论述,此处毋庸赘言。正确性正是本节"说明"中提到的"外部事物符合我的表象",这种方式根本达不到真理。

非真实的东西尽管是恶劣的,不符合其概念或使命,但只要能存在,都必须基于上述同一之上。比如叶子枯黄了,从树上落下来,之所以还能够呈现为一片枯叶子,是因为它还残存原来那棵树输送给它的一点生命残余,否则就化为一堆分子了。用宗教语言说,事物的存在与成为各自所成为的东西,全凭寓于它们之中的神圣理念。

理念不是遥远彼岸的东西,而是绝对在场的东西,也以多少有些扭曲的方式出现在每一个意识中,因此世界也是源自某种统一体,由神意支配并回归统一体的。哲学无非是以思维的方式认识理念。思维迄今为止的整个发展都是对"理念是真理"这一点的证明,存在、本质、概念、客观性等层面都不是固定的,它们的真理仅仅在于它们是理念的各环节。

理念是当下在场的东西,而不是彼岸的玄远之物,这是自从概念论开篇以来就一直在强调的意思(如果允许将整个概念论当作理念由潜在状态实现出来的过程的话)。这种具体普遍性以有些扭曲的方式出现在每一个意识中,每一个意识都多多少少想到了理念。每个人都迟早会在成长的某个阶段意识到,人在尘世上并不是为了顺从自己的欲求"吃香的喝辣的"就完事了,世界本身有它终极的讲究和真理。

世界源自统一体,也由神意支配而回归统一体。常识对这话的理解,一上手就错。它必定会用种种形象化的表象去填充它,比如有个力大无比的万能之神从某一个点将世界释放出来,最后又将世界吸收进这个点。这样的理解完全不着边际。我们必须把《逻辑学》此前的整个演进过程全部把握到位,才能理解黑格尔此处笔法之壮美。这里所谓的统一体,无非是说世界无处不是存在,无处不是秩序,根本没有虚无,也没有任何东西(即便是非真实东西)能脱离秩序的支撑。世界就此秩序而言源自统一体,就世界万物虽然纷繁复杂,却都必须在成全此种统一体的过程中方得成全而言,又是回归统一体的。在黑格尔看来,维持世界万物不废坠与不偏移,使它们最终得以回归统一体的,无非是神意。

《逻辑学》中思维到此为止的整个发展过程，也无非是为了展示这一点。而此前的所有核心范畴，都可以视作理念自我展现与自我回归的路程上的一些环节。

§ 214

理念作为理性，在自身内包含了知性的全部对比关系（如主体与客体、观念东西与实在东西、有限者与无限者、灵魂与身体、可能性与现实性、实存与概念），这些对比关系此时处在无限的自身回归与自身同一性中。

知性的对比关系若是被绝对化，便陷入了本质论的二元设定；而理念论则使之在理念之下被看待，被限制在适当的范围内。（当然，即便在本质论层面上，对比关系也分为本质性对比关系与绝对对比关系，即也有是否承认世界的绝对必然性这一分别。）不仅如此，理念是作为理性，即在可理解的情况下，包含这些对比关系的。——尽管并非每个人都随时能达到这种理解。

这些对比关系处在无限的自身回归与自身同一性中，指的是它们作为必要的环节，被纳入理念回归自身并成为主体的过程之中。

[说明]知性依照抽象同一性批评理念自相矛盾，但理性看到按抽象同一性区别开来的那些规定（主观与客观、有限者与无限者等）才是自相矛盾的，不具有真理，它们必定过渡到其反面。

知性坚持形式逻辑的抽象同一性，将理念判为自相矛盾的。它只懂得被动陷入那些对立概念的对立局面之中，并固执于这种局面，根本看不到这种局面的设定性，因而看不到对立规定的相互不离与相互过渡，更遑论看到超出本质论二元设定的那些更富思辨性的层面。

知性对理念的双重误解在于，首先它将理念的各个端项分离开，置于统一之外，即便系词的本性在判断中显示出个别东西同时就是普遍东西，也是如此；其次，它认为理念与否定者、矛盾是外在反思的关系。

通过思考与行动中的判断，我们在生活中可谓时时处处实践着系词的功能，眼见个别东西与普遍东西的思辨关联，然而知性硬是不承认，硬是要把普遍东西跟个别东西割裂开，死活不认。

另外，知性也认识不到理念如何可以包含对自己的否定，统一性如何可以包含差异性，就反过来把思辨的思维当作胡思乱想的"瞎攀扯"。但这个看法实际上是知性的狭隘偏见。

对理念的各种理解(观念东西与实在东西、有限者与无限者、同一性与差别的统一)或多或少是形式上的,仅仅处在特定概念的某一层次上。在理念中,概念是自由的,概念的规定性仅仅是概念自身,而概念自身和客观性都是独立且过渡到对方的总体性。

理念包含概念与客观性这两个方面(二者在概念论的前两个二级层面分别得到展开)。而这两个方面又是同外延的两个总体性,而不是各自独立的两个东西。这就是说,理念分疏而言可以分别从概念与客观性来看,合一而言则必须被视作这两个方面同一的状态,正如概念与其三个要素(个别性、特殊性、普遍性)的关系一样。

我们通常会在理念的不同层面(即《逻辑学》的不同章节)看到观念东西与实在东西的统一、有限东西和无限东西的统一,同一性和差别的统一。但必须注意的是,这些统一都处在理念发展的特定层面,都无法道尽理念。我们可以说这些统一合乎理念的方向,但不能反过来把理念降格到那些层面去理解。

如果不就这些统一,而仅就理念本身来看理念,我们只能说理念就是理念(概念是自由的),理念规定理念自身(概念的规定性仅仅是概念自身),且概念与客观性作为同外延的总体性,是既独立又相互合一、相互过渡到对方的。

§215

理念本质上是过程,是概念作为个别的普遍性将自己规定为与普遍性相对立的客观性,然后通过内在的辩证法将作为概念之实体的外在性带回到主观性。

如果说前两节(第213—214节)是对如何理解理念作出的一般性澄清,主要是针对《逻辑学》前文中的一些核心范畴而言的,那么这一节就开始正面展现理念的结构,主要是针对下文中要给出的几种理念而言的。

理念并非僵死的东西,而是由理念自身分化出的各要素相互作用的过程。这一点原本就是"主观概念"二级层面揭示出的概念运作方式,也是由"客体"二级层面的三种"过程"(包括目的论)生动预示过的,不难理解。如果说在"目的论"三级层面的结尾,我们认识到理念才是一切事情的真正主体,那么整个理念论就可以视作对这个主体的三种典型运作方式的展示,即对这个主体分化、推进与回归自身的全过程的展示。

我们具体看看理念论的历程。起初理念(概念、普遍性)虽然的确身为普遍性，但依然以个别东西的面貌现身，即表现得似乎是与普遍性相对立的客观之物，似乎不被普遍性贯穿、渗透。在此之后，理念带着这种形象，通过内在固有的辩证法，经过艰难演进，展示出那种虽然貌似与概念无关，实际上也为概念所必需的外在性实质上以它为主体。这并不是对客观性的消除，而是通过消除客观性的"外在性"面貌，更好地成全客观性。对于这个历程，本节的"说明"与"附释"有更深入的阐释。

[说明]a)理念是过程，所以"绝对者是有限者与无限者的统一、思维与存在的统一"等静态说法是错误的。b)理念是主观性，所以那些说法也因其只表达出自在体或实体性而是错误的，它们没有表达出无限者、思维、主观性对有限者、存在、客观性的统摄，前者既非与后者的中和，亦非片面的主观性、思维、无限者，而是主动降格为后者。

读到这个"说明"，联想到黑格尔将概念论第一个二级层面也称作"主观性"(《大逻辑》标题)，我们的思路不免有些混乱。其实那里与这里是在两个不同的意义上谈论主观性：第一个二级层面谈论的是抽象意义上的、自在的概念本身，即尚未落实到客观事物的具体情形中去看待的概念；理念的主观性则指概念经历客观性的锤炼之后回到其自身，或者说思维终于开始意识到概念就是客观事物的真相。

照此看来，单纯比照有限者与无限者、思维与存在这些"两造"而将理念界定为它们的"统一"，是有偏颇的。偏颇之处有二：一是"统一"之说只能表达两造之间静态的结合甚至同一性，未能表达理念作为结合活动与同一化活动这一动态意涵；二是那些说法未能表达出理念本身主动统摄、化身为两造的同时依然坚守自身这种强大的主体性。——这里也在间接启发我们：生命、真、善都不是理念的外来物，而是作为绝对主体的理念的"化身"。

[附释]理念作为过程，经历了生命、认识活动和绝对理念三个层次，它们分别是直接性形式、中介活动(差别)、原初统一的理念。

关于理念的三个层次，我们在前文中已多有解释。这里只补充说明一下绝对理念。绝对理念并非超脱一切并超升到乌有之乡的东西，它只是世界中本就含有的理念回到其自身，换句话说，它只是这种理念被思维主题性地把握到了。而且由此反观《逻辑学》先前的所有层面，思维发现绝对理念是"真正的最初东西和仅仅通过自己而存在着的东西"：绝对理念从一开始就作为主体在起作用了①,而且它从来不需借助它之外的东西存在,因为即便那些看似在它之"外"的东西,都是绝对理念的"化身"。——但这又并不意味着现象世界是不真实的,它不仅真实,还是绝对理念必不可少的表现形式。

a 生命

§ 216

生命是直接的理念,即概念作为灵魂在身体里实现。灵魂是直接的、与自身关联的普遍性,而身体的特殊化只表达出概念规定,此时个别性则是无限否定性,即身体的彼此外在存在着的客观性的辩证法,这种客观性已被带回主观性。作为直接的理念,灵魂可与身体分离,这造成有生命者的有朽性,但只有死后才可说灵魂与身体是不同一的成分。

既然"客体"二级层面的最后展示出理念自身才是客观性的真正主体,那么理念就是直通个别性的东西。这意味着"理念"二级层面上的个别事物凭其自身就可以独立地体现理念。这里的生命、灵魂、身体都是在实然意义上,而非在比喻意义上说的,正如"客体"二级层面的机械过程、化学过程与目的论分别直指机械东西、化学东西与有机东西一样。然而我们明明又知道概念是总体性,理念自然也是总体性,这样看来理念似乎应该涵括万物才对。这里看似存在"矛盾",实则不然。生命作为宇宙的普遍理念,与生命凝结为某一特定层面的事物,这两方面的道理并不冲突。一种理念固然可以在比喻的意义上涵括万物,比如在比实然意义上的生命更低的层面上,我们不妨认为无机物(包括机械过程)得以被凝聚成物,其内部的引力与斥力之间如生命力一般的微妙平衡是必不可少的,因此无机物的奥秘可以比作生命。而在比实然意义上的生命更高的层面上,我们不妨将认识活动、意志、精神当作生命的升华。但无论如何,这也并不妨碍实然意义上的生命是最典型的生命。②

① 当然,那是在思维完全不知晓的情况下起作用的(因此,绝对理念一开始就是主体,这与《逻辑学》的"纯粹存在"的无前提性并不矛盾),思维只是到了"绝对理念"层面才知道这一点。

② 理念论中的各种理念都既在实然意义上指向某个层面的事物,因而在这个意义上可以被视为局部的,也可以在比喻的意义上覆盖宇宙万物(比如接下来的第219节"附释"便提到无机物可以视作自在意义上的生命),因而在这个意义上可以被视为整体。另外,这些理念本身也是相互贯通的,比如生命理念可以理解成潜在意义上的绝对理念,而绝对理念则可以理解成生命理念的最高实现。

与真的理念、善的理念、绝对理念相比,生命是最直接也最抽象的理念:它与身体直接合一,直接一体性地呈现(即整体性地而非分离地渗透和体现在身体的任何部位),而非像接下来的认识活动中那样作为与对象共同形成的二元设定结构整体中的一元。此时身体的种种特殊活动、特殊性状都作为与灵魂一体的东西,表现出灵魂的整体规定,比如人生病时的一举一动都表现出整个灵魂的萎靡不振。而作为个别性的这个人则是在灵魂统领下对其客观性的归拢与支配。

灵魂在生命体死亡时固然可以说与身体分离了,但此时的身体也很难说是真正的身体了,它只是即将降解为分子的一副朽坏东西。所以有生命者的有朽性不是独独缺了灵魂而已,而是身、心两者的有朽性,它代表的是生命理念本身的不可持久性。既然不可持久,死后所谓"分离"开的灵魂与身体或许可以任由人的想象加以描绘,但此时已不再体现生命理念,已不可被视作生命体。——我们或许可以说死后脱离身体的灵魂是比原先体现生命理念的那个生命体"更高级"的"生命体",但那已不是在尘世事物意义上的生命体了,因此已不属于《逻辑学》的言说范围。

[**附释**]肢体只有通过它们的统一才是其所是的东西。在知性看来生命是秘密,甚至不可思议,但生命恰恰显示出概念本身。生命的过程是克服直接性的三重过程,其结果是处于判断形式中的理念,即认识活动。

肢体的最主要特征就在于统一性,每一个肢体都必须在对这统一性(生命理念)的观照之下才能得到理解。知性觉得生命不可思议,那是因为生命在逻辑科学的意义上早就超出了知性可以大展拳脚的本质论,甚至超出了知性在概念论层面勉强可以在外围插手的"客体"二级层面。换言之,生命本就是知性无法理解的。但这不意味着生命不可以在思辨的意义上被理智理解。理智是通过第218节开始的三重过程理解生命的。而所谓生命显示出概念本身,它以处于判断形式中的理念(认识活动)为结果,指的是我们可以参照"主观概念"二级层面中的概念、判断以及推论的模式来分别理解生命、认识活动以及绝对理念。具体而言,这三类理念分别合乎概念、判断和推论的地方在于:生命是直接地、整个地与身体相结合的;认识活动则有了认识活动、意志与它们的对象之间的二元设定;而绝对理念的存在方式则是思辨的三元式运动。——当然,这与下一节所说的"有生命者是一个推论"并不矛盾。三类理念相互之间比较时,可以参照"概念—判断—推论"的框架;但三类理念作为"理念"层面上的三个三级层面,早已超出"推论"三级层面,而超出后者的层面又都可以拿推论的模式来理解。

§ 217

有生命者是一个推论,其各环节又包含内在的体系和推论,这些推论是同一个过程,作为有生命者自相结合的过程又经历了三个过程。

生命作为思辨性东西,其各环节相互之间以及各自内部都以推论的方式运行,这些大、小推论又构成一个整体。这就是为什么我们在有机体身上看到层次有别又环环相扣的精巧结构的原因。有生命者的这个整体作为过程,又由接下来的三节描绘的三个过程构成。

§ 218

1. 第一个过程是有生命者自身内部的过程,此时它发生分裂,以身体为客体和无机自然界。身体的各环节区别和对立起来,相互损耗,相互同化,在自我生产的过程中维系自身,但最终被生产出来的是主体自身。

有生命者自身有一个自我维持与自我再生的系统。这个维持与再生不是空洞僵死的一成不变,而是通过在自身内分裂为诸多"行动—客体"二元结构的方式进行的。行动将体内与其对应的"客体"当作单纯的材料(无机自然界),而该客体又作为行动,与另一个被当作客体的营养物质、器官或机体形成这样的对立。但所有这些对立都不是为了对立与消耗,而是生命体自我维持的手段,因此对立、消耗与同化实为一体之两面。

[附释]有生命者的过程在自然界里具有感受性、应激性和再生性三种形式。感受性作为灵魂而弥漫在身体里,应激性呈现为内在分裂,再生性重新制造出有生命者。

黑格尔在《精神现象学》"理性"章中曾详细探讨过感受性、应激性和再生性的问题。①感受性的特点是灵魂与身体一体地、整体性地感知。由于此时灵魂并未在身体的各部分之间发生分疏,身体上某一处的感受实际上瞬间传感到别处,比如"好受"的感知会让人产生一种通体舒畅的快感,"难受"的感知也会"牵一

---

① 　黑格尔:《精神现象学》,第 168—177 页。

发而动全身"般带动整个身体与灵魂。相比之下,应激性则是身体内部开始发生更明显的"行动—客体"分裂,不再是身体与灵魂一体式地感知。而再生性则是在貌似整体分裂的假象之下发生的整体重生。

§ 219

2. 在第二个过程中,有生命者作为概念进行自由的判断,放任(entlassen)客观东西离开,即在自身外预设作为独立总体性的一个无机自然界。有生命者的这种自身否定表现为一种缺陷,因此会与作为自在的虚无东西的无机自然界一样,在具有自身确定性的有生命者的活动(辩证法)中扬弃自身,而有生命者在与无机自然界对立的过程中维系、发展和客观化自身。

关于概念进行自由判断,以及何以能用"概念—判断—推论"的模式看待生命理念的三种形态,这种模式何以与整个生命理念从头到尾都可以视作推论并不冲突,我们在前文的各处解析中已分别谈过。

有生命者放任客观东西成为一个貌似独立的无机自然界。这里"放任"一词极为关键。此后黑格尔在《小逻辑》的最后一节(第 244 节),以及《大逻辑》结尾部分谈到《逻辑学》向《自然哲学》过渡时,也提到了理念"自由地放任(entläßt)自己"①。这个曾引起谢林极大质疑(被他称作"属于最离奇、最含混不清、因此也最吞吞吐吐的表达方式之一")②的概念,在黑格尔这里其实是很自然的。这里的"放任"并不像谢林质疑的那样是变戏法和搪塞,而是本身就是总体性的一种世界理念(生命理念)在整个世界的范围内进行"有生命者—无机自然界"式二元设定,正如前一节在抽象意义上,在有生命者范围内部也曾进行这种二元设定一样。

这样被设定的客观世界,虽然貌似独立,但在本性上却并不独立,它与有生命者的自身否定一样都被视作生命本身的缺陷,都是需要被扬弃到生命的下一次融合(即有生命者为了维系生命而吸收营养、加工改造无机自然)中的。而这

---

① 黑格尔:《逻辑学》II,先刚译,北京:人民出版社 2021 年版,第 457 页。为统一译名,这里将该译本中的译名"释放"改为"放任"。Siehe Hegel, *Enzyklopädie der philosophischen Wissenschaften im Grundrisse 1830. Erster Teil. Die Wissenschaft der Logik*, S. 393; G. W. F. Hegel, *Wissenschaft der Logik II. Erster Teil. Die objektive Logik. Zweites Buch. Zweiter Teil. Die subjektive Logik*, in ders., *Werke 6*(TWA 6), Suhrkamp Verlag, Frankfurt a. M. 1969, S. 573.

② 谢林:《近代哲学史》,第 185 页。

样的放任与融合都并非一次性的,而是反复发生的。有生命者正是在这个绵延不断的过程中维系、发展和客观化自身的。

[**附释**]有生命者在同化无机自然界的过程中统摄后者,因为后者自在地所是的东西就是生命自为地所是的东西,有生命者实际上只是在与自己相结合。但灵魂若是逃离身体,客观性的力量就会大展身手,生命就是不断与这些力量作斗争。

"附释"间接澄清了本节正文尚未充分挑明的一点:生命理念与它放任而成的无机自然界之间不是变戏法式的外在关系(如谢林批评的那样),而是本就一体的东西之间的关系。作为理念,生命是一种总体性。它的典型体现者固然是有生命者("生命自为地所是的东西"),但它外部的营养物质、周围环境在自在的意义上也是它的一部分。因此有生命者对无机自然界的统摄活动不过就是生命与其自身相结合。

但既然生命有一部分(营养物质、周围环境等)仅仅是自在地而非自为地是生命,这个部分便有脱离生命的可能,比如通过疾病、死亡等重大事故。此时这部分便成为纯粹的"客观性的力量"。生命的过程需要不断与客观性挣脱生命的趋势作斗争。

§ 220

3. 第三个过程在前两个过程分别确立内在主体和同化外在客观性的基础上,把实在的规定性(reelle Bestimmtheit)设定在其自身内,呈现出自在的类,即实体意义上的普遍性(substantielle Allgemeinheit)。类的特殊化表现为类与相互对立的诸个体之间的对比关系,这就是性别。

有了前两个层面的过程作为理解上的预备,思维在第三个层面的过程中看到,有生命者显现出实实在在、通贯代际的一种普遍性。也就是说,有生命者不单是个别的东西,更不仅仅以作为个别东西的主体的身份与它周围的物质发生支配与被支配的关系而已,它更多地是以贯穿代际的整个普遍的类的一个自由体现者的身份存在着。简言之,个体是物种(在动物的情况下)甚至家族(在人类的情况下)的维系者与承载者。而这个类自然需要特殊化为雌雄双方(如动物)或男女双方(如人类)之间的二元设定格局。

鉴于类概念在后来哲学史上(尤其在马克思思想中)极为关键,本节所谓的

"自在的类"以及下一节要说到的"成为自为存在的类"是两个值得重视的概念。黑格尔显然是在他自己的"具体普遍性"的意义上看待类的。具体到生命层面而言,类是贯穿个体而又被有生命者本能地或自觉地加以成全的普遍性(详见下节)。

§ 221

在类的发展过程中,思维逐渐意识到类的重要性(即类成为自为存在)。这体现为两个方面:一方面个体不再直接存在,而是按照类的规律被中介、被产生的;另一方面,原先的直接存在被普遍性否定,甚至在普遍性的权力中走向消灭。

个体虽然看似"各有千秋",但实际上它的任何活动都离不开类的规律。即便看似最有自主性的高级动物(包括人),就其生命而言,也必须按照类的规律来行事。因此直接存在原先看似具有的"独立性"实际上完全受制于普遍性,在普遍性的权力之下才能存续,甚至会在试图冲破这权力束缚时走向消灭(即死亡)。

[**附释**]有生命者虽然在自在的意义上是普遍性或类,但在现实中又直接是个别东西。两者之间的张力带来的死亡表明直接性服从于普遍性的权力。动物由于完全沉浸在生命层面,因此只能在对类的权力的屈服中达到它的巅峰,这种权力虽然超越了直接性,但接下来重新又沉陷在直接性里。因此动物生命是无限进展的恶劣无限性。然而生命概念的发展却不止于此,它应当在更高的物种中克服动物生命无法摆脱的直接性,达到更高的层次。

本节"附释"除了重申普遍性的权力(类的权力)与直接性存在形成张力,有时甚至带来死亡之外,还重点谈到了动物生命的局限及其出路。依照《逻辑学》来看,动物生命虽然可以作为生命理念的典型体现形式,但它也仅止于此,达不到更高的理念了。类的权力在动物这里像是魔咒一样,笼罩一切,却也没有多大的深度。因为在类的权力貌似超越与征服了直接性的下一刻,它又不得不重新陷入直接性中(在其他动物的生命中再次重复同样的过程),它的威力仅仅体现在管制与消灭中,达不到更高的精神层面。在动物生命这里,只有直接性与普遍权力之间的抽象张力在起作用。而在高于动物的其他生命中,理念开始冲破灵魂与身体直接的一体存在,达到了更高层面的分化。——这便为接下来的"认识活动"层面铺路了。

§ 222

生命理念超出最初的直接性(而非超出某一个直接的定在),而作为自为的类进入实存。个别生命的死亡是精神的显露。

直接的定在其实是不可超出的,个别生命也不可或缺,再高的理念也需要在直接的定在和个别生命中显现出来。这里黑格尔所谓的生命理念超出直接性,以及个别生命的死亡,指的是生命理念超出动物生命这种完完全全受制于直接性的状态,实现理念的更高状态——精神。这种状态为什么是自为的类进入实存? 生命理念可视作类的自在存在状态,当它超出动物生命,进入"认识活动"层面,便开始主动以类的承载者行动,而且在认识活动与认识对象的对立结构中行动。这意味着实存在某种意义上成为行动的对立面,行动需要进入其中,与之打交道。

b　认识活动

§ 223

理念自为地实存,既是作为概念的客观性本身,又把自己当作对象。理念的主观性作为普遍性,是一种自身内进行的纯粹区分活动,是维系着自身的直观活动;但作为特定的区分活动,理念进行进一步的判断(原初分割),即把作为总体性的自己从自己那里排除出去,或者说把自己预设为外在的宇宙。这两种判断(原初分割)自在地是同一的,但还没有被设定为同一的。

这一节的前一半回顾生命理念(作为概念),后一半开始展示理论理念与实践理念(作为判断,统称为"认识活动"①)。前者只是在理念内部进行抽象的"纯粹区分活动",是在抽象普遍性中维系着自身的直观活动;后者则发生了原初分割(这里利用了"判断"一词的词源关联),将作为另一总体性的自己从自己那里排除出去,预设为外在的宇宙。

两种判断或原初分割即为(广义)认识活动,后者又分为(狭义)认识活动与意愿,二者分别对应真的理念(或称"理论理念")与善的理念(或称"实践理

---

①　义近"有理智者的活动",包括理论活动与实践活动,而不仅仅指理论活动。而在只表示理论活动且强调与实践活动的对照的地方,我们称之为"(狭义)认识活动"。例外情况是,在"a)认识活动"一小节中由于"认识活动"出现太频繁,而且读者一望即知那是狭义的认识活动,我们就不注明"狭义"字样了。

念")。前者在理念内部进行纯粹区分,并维系自身且进行直观,在根本上是"内向"的;后者则必须与理念自身从自身中分划出去的一个外在宇宙,在根本上是"外向"的。

正如前文中的生命只是用来显示理念的例子,而不包括所有生命活动,更不意味着《逻辑学》中只在这里讨论生命;这里的(狭义)认识活动和意愿也不包括所有理论与实践,更不是《逻辑学》里讨论理论与实践的唯一地方。表面看来似乎许多理论活动与实践活动都可以作为理念的例子,但这里根本不是就理论或实践而论理论或实践,只是就理念如何体现于有理智者(人类)的活动之中而论理论或实践。在根本上而言,这里理论与实践的主体其实都是理念,而不是人。——但同样毋庸讳言的是,"认识活动"三级层面才是真正显明一切理论与实践的实质的地方,在这一点上尤其值得注意的是接下来的第224、225两节。

此时思维虽然明白理念是这一切的真正主体,但并未认识到真的理念与善的理念所依赖的二元设定(主体性—客体性)的界限,即并未认识到看似相互对立的两造实际上都是理念进行自我设定的产物。——那是绝对理念才达到的状态。

§ 224

两个理念自在地是同一的,只是同一个生命理念的分化,最终还会汇合到同一个绝对理念中去,因此无论二者的区别,还是基于这种区别之上所作的沟通(关联),都是只是相对的、有限的。由理念原初分割或预设而成的区分还未被当作一种有待扬弃的"设定",因此主观理念认为客观理念是直接的世界、作为生命的理念,在个别的实存现象中显现。然而就事情本身而言,自为的理念(主观理念)与另一个理念(客观理念)都是理念本身,因此理念有理由确信它与客观世界自在的同一性,而理性的任务则是将这种确定性提升为真理,同时表明虚无的对立乃是虚无的。

"两个理念"指主观性与客观性,或主观理念与客观理念。它们被称为"理念",这本身就表明它们的存在完全合乎概念三要素作为三个同外延的总体性所具有的思辨性关系,因此自在地看它们的区别及其沟通都是相对的。然而思维目前是将它们的区别"当真"的,即并未将这种区别当作仅在某个层面才有其必要性的那种设定,更没看到这种设定被扬弃的必要性:此时客观理念虽然被当作生命,而不是像在存在论和本质论层面上那样分别被当作定在和实存,但毕竟呈现为直接的、不可动摇的世界,而且这个世界还体现为个别的实存现象。但话说回来,这两种理念都是理念的"分身",理念在接下来不仅有资格确信它们的同一性,还要通过理性承担起将这种主观确定性提升为真理的任务。与此同时,对立的虚无性也便显现出来。——这一节也真正显示出理性的本质任务何在。

§225

认识活动自在地是扬弃片面主观性与片面客观性的活动,但思维并未认识到这一点,因而在这种活动中只知道认定以主观性与客观性相分离为基础的两种不同的运动:理论活动以客观世界为真,通过将其纳入表象和思维,来扬弃理念的片面主观性;实践活动则通过以主观东西的真实内核规定客观世界,来扬弃理念的片面客观性。前者是对真理的追求,后者是善的自我实现。

虽然"认识活动"三级层面真诚地设定主观性与客观性的分离,但正如二元设定往往有突破这种设定格局之外的出路,上述这一点并不意味着理论活动和实践活动对于扬弃理念在该层面的片面主观性与片面客观性毫无贡献。事实恰恰相反:理论活动看似"内向",却蕴含着突破这种内向的潜力,因为它认定客观世界为真,必欲向这一真理保持开放;实践活动看似"外向",实际上却并不陷入外部世界的支配之下,反而不为外部世界纷纷扰扰的规定所动,坚守主观性自身带有的善。因此理论活动与实践活动表面的取向与通过这一活动完成的对表面取向的"对冲"似乎正好相反,是思维必须综合起来考虑的两个方面。

a）认识活动

§226

认识活动囿于原初分割与对立,因而本身就是一个被嵌入的矛盾:局限于反映对比关系,没有达到概念对比关系,将理念的各环节当作形式上彼此有别、各自完整独立的东西。它外在地将质料纳入概念规定,而概念规定彼此之间也是外在的。此时理性是以知性的方式活动的,只能达到有限的真理,反而认为概念的无限真理是彼岸自在存在着的遥远目标。尽管如此,事实上认识活动仍然服从概念的引导,以概念规定为内在线索。

反映对比关系与概念对比关系,可以分别视为本质论层面与概念论层面的对比关系。前者的特征是拘泥于对比关系的双方,以其表面看似独立、固定的存在为真相;而后者的特征是以概念的秩序观照对比关系,能看出对比关系的设定性,并扬弃这种设定性。如今的认识活动①则不然,它虽然自认为立基于理念,居然在其行事方式局限于本质论的知性方式而不自知。本节描述的认识活动对待质料与概念规定的方式,我们在本质论层面都曾见识过。这种认识活动当然只承认有限的真理,它即便听说了概念的无限真理,也会将其当作彼岸的目标。

这的确就是人类绝大部分认识活动的常态。虽然在自在的意义上或就事情本身而言,认识活动以理念为基础,是理念的一种高级表现形式,但从事认识活动的意识却很难发现这一点。话虽如此,黑格尔启发我们说,事情并不完全取决于从事认识活动的意识,意识的"率性而为"其实依然是以理念为依托的,而且在意识不曾察觉的情况下服从理念的引导,以概念规定为内在线索。——这一点我们在后文中会看得越来越清楚。

[附释]认识活动预设一个现成已有的世界的同时,将认识主体当作白板(tabula rasa)②。这个观点被误当作源自亚里士多德的。认识活动仅仅自在地,而非自为地是概念的活动。它误认为自己的举止是被动的,实际上是主动的。

所谓"预设",通常意味着设定了什么同时却既没有认识到也不承认这设定的设定性。思维设定世界是现成已有的、固定不移的,相应地往往也就设定主体的头脑是块白板。殊不知认识活动本身作为理念的表现,早就以概念论的"主观概念"(《大逻辑》中为"主观性")二级层面与"客体"(《大逻辑》中为"客观性")二级层面显示出的"概念是主观性与客观性的实质"为前提了。认识活动若不是以概念为自身的真正主体,它对一草一木、一词一句的把握都不可能。但思维此时并未自觉认识到这一点,更谈不上承认这一点。认识活动误以为自己只是"反映"式地在被动接受一切,却不知道自己是以概念的承载者的身份在主动向世人呈现,因为思维与客体原本就是一体的,只不过这种一体性在原初分割之后被人遗忘了而已。

---

① 狭义认识活动,在"a)认识活动"小节中皆同此,不另注明。
② 字面意思为"光板",强调一无所有,而非强调颜色为白色。

§227

第一，分析的方法看似尊重现实，从真实的具体东西中撇开起干扰作用的特殊东西，分辨出最真实的、核心的普遍东西（类、力、规律、本质等），实际上是将事物从真正支撑它的具体普遍性剥离，以一种人为的抽象普遍性覆盖或代替真实的事物。

分析的方法可谓事与愿违。它无视普遍性作为概念的核心环节已经深植于事物之中这一为我们所熟知的事实，仅仅将它眼下看得见、摸得着的所谓具体东西①当作真相，还一厢情愿要为事物"去伪存真"，撇除不能体现类本质的表面"杂质"，将它以为支配着该大类事物下的所有个体的普遍本质存留下来，以为这样就抓住了事物的根本。殊不知这样剥离出来的普遍本质其实是一个人为造作的死物，虽然可以为规律思维所用，却距离事物本有的根本秩序十万八千里之遥。由此看来，在接下来的"附释"中，黑格尔对经验论的批判就不难理解了。

从事物本身的角度来看，思维本就无需带着"本质—非本质东西"的二元设定眼光，到事物内部去进行这种自以为"公正"的分判，当然也无需像下一节描述的综合方法那样将事物塞入人为的概念中。因为事物本身的秩序"瞻之在前，忽焉在后"，总是以知性思维不曾预料的方式渗透在事物的最深处，知性思维既不能将它"揪出来"（分析的方法），也不能凭自身力量将它"规定下来"（综合的方法）。可见知性思维无论想如何对待事物，只要它秉持一己的视角去行动，总是"求而不得"的。

[附释]分析的方法与综合的方法的使用不取决于人的喜好，而取决于对象本身的形式。认识活动惯常首先对其直接接触到的个别事物采取的分析方法，实质上是将事物归结为思维易于掌握的一个虚假的普遍东西，一个抽象的或形式的同一性，比如经验论者就是如此。以化学家与经验论心理学家为例表明，这种方式本欲抓住如其所是的事物，却将原本生动具体的事物颠倒为抽象孤立的质素，这等于摧毁了事物。

分析的方法的实质，以及黑格尔在"附释"中要表明的这些研究方式的要害，从前文的解析来看已经很清楚了，毋庸赘述。这里只需补充说明一点：黑格

---

① 其实这个意义上的具体东西只是一种抽象的具体东西，因为它只在事物最表面滑来滑去，并未真正触及使事物得以自立的根本秩序。

尔并不全盘反对分析的方法与综合的方法,他只是主张依照事物本身的形式来适当运用这两种方法。这两种方法是人类思维必不可少的工具,其实《逻辑学》与黑格尔其他著作中也处处离不开这两种方法。

§ 228

第二,虽然认识活动事实上遵循概念的各环节推进,但在有限的认识活动里,概念是知性意义上特定的概念,而非无限的概念。综合的方法是将对象纳入这个概念的各种形式之中。

综合方法一改分析方法被动接受事物现状的做法,在发现事物居然以思维本就不陌生的概念为脉络①之后,开始以人类思维共尊的一些定义、公理为衡准,来规范事物。这种做法其实不像表面看来的那么"主体主义",根本不是使事物服从个人的主观念头,而是有着极深厚学理(详见从下节开始的三节)。

这种做法比起上一节描述的抽象分析方法,当然更胜一筹,但也有它的局限:这里思维实际上是以知性的方式在规定概念,也就是将概念的普遍性、特殊性、个别性三环节视作相互分离、相互外在的三种东西,因而势必会带来概念论的"主观概念"二级层面(主要是在"判断"三级层面)揭示过的一些知性思维的弊端。

[附释]综合方法以普遍东西(定义)为出发点,通过特殊化(划分)而走向个别东西(定理),可见综合方法是概念各环节向对象脉络中的延伸。

这当然不是指人将概念强加于对象,而是以近代早期"自然之书"思想这般发现事物本身的脉络合乎理智概念为前提的。②换言之,根本就不是主体与客体这两者谁强加于谁的问题(整个理论活动与实践活动都不是如此),而是蕴藏于这两造内部的概念结构如何凸显的问题——当然对于从事科学研究的科学家而言,这里只是知识本身的增长问题。

另外,定义、划分与定理三者作为由普遍性到特殊性再到个别性的三个逐渐深入的步骤,这与我们通常熟知的"定义—定理—具体命题"架构不太一样,需要略作说明。在体现理念及其三环节(普遍性、特殊性、个别性)的意义上,从对类的

---

① 这在历史上是实实在在发生过的思潮,比如中世纪晚期到文艺复兴时代的"自然之书"思想大体便是如此。

② 参见李华:《康德"哥白尼式革命"的文艺复兴前史辨正——以卡西尔的论述为中心》。

定义（普遍者）出发，经过对该类的某个特殊方面的关注（特殊性）来规定该类之下各个不同的种，再在不同的种中各自总结出一个个规律般的定理（个别性），这就已经是一个完整的理论活动了。至于从定理到一个个具体事物的关联（具体命题），那不过是经验性、技术性的应用，已经与本己意义上的理论活动无关了。

§229

1）定义是对象在特定概念的形式下，呈现出其所属的类的普遍规定性。定义的材料与证明都来自分析方法，这样获得的规定性只是意识由外而内抓取的一个特征，不代表事物本身。

这不禁让我们想起《精神现象学》的"从事观察的理性"一节中理性的种种"历险"①。理性原本是要抓住能"一锤定音"般代表事物本身的关键特征，殊不知这种"抓取"的方式就注定了它不能如愿。

［附释］在定义中，虽然概念的三环节（普遍东西、特殊东西、个别东西）俱全，但定义的来源（分析）引发了关于定义的正确性的争议，何况有待定义的对象的内容也缺乏必然性。而哲学的首要任务就是证明其对象的必然性，但斯宾诺莎式的"实体是自因"以及谢林的出发点都没有很好地做到这一点。

在黑格尔看来，定义作为起点，必须从必然的东西出发，以必然的东西为内容，而不能"此亦一是非，彼亦一是非"，像这里列举的通常的定义法与斯宾诺莎、谢林的起步方法一般②。

值得注意的是，被黑格尔视作"哲学首要任务"的事情，即证明对象的必然性，当然不是在实然的意义上证明眼下的经验事物是必然的（那是不可能的，因为经验事物永远无法摆脱偶然性），而是表明眼下这些事物含有的"绝对必然性"（见本质论的"绝对必然性"范畴），即显明宇宙秩序。哲学认识需要一个由浅到深、由低到高的过程，但正如《逻辑学》开篇表明的，有资格充当哲学对象的那些范畴的实质都是深浅不同的合秩序性。在不同层面体现合秩序性的事物虽然含有偶然性，但这种合秩序性却是必然的。

---

① 黑格尔：《精神现象学》，第153—215页。

② 斯宾诺莎的自因说或有独断之嫌，但斯宾诺莎恐怕不会接受黑格尔的批评。这里还有很大的争议空间。但我们目前的首要任务是呈现黑格尔通过这些批评要表达的意思，而不是这些批评公正与否。——这当然不意味着黑格尔无论如何批评其他人，都要被辩护。

§ 230

2）划分是通过普遍东西的规定性而进行的特殊化,遵循的是外在观点。

一个普遍东西(类)有其整体规定性,而这整体规定性又似乎可以依照同一个类的事物具有的不同特征而被划分为不同的亚类(即不同的种)。所谓划分遵循外在的观点,初看起来似乎有些费解:划分依据的标准都是事物本就具有的一些特征,怎么能说是外在的呢? 其实这里的"外在"不是指人由外而内强加给事物,而是指从事物最外层选取一些特征来代表事物,没有真正深入到事物的本质中去看待事物。或者说,这里的"外在"是在逻辑科学意义上而言,而不是在物质或空间意义上而言的。

[附释]划分依照一定的原则或依据进行,包揽定义标示的整个领域。划分的原则必须取自于对象的本性,这样的划分才是自然的,而非人为的、随意武断的。真正的划分由概念规定,因此以三分法为典型,尤其在精神层面更是如此,康德的一个贡献就是指出了这一点。

划分必须完整,这自然是其题中应有之义。若是划分的原则或依据使得划分无法辐射到定义涵盖的整个领域,那么划分就失去了意义。

另外,划分的原则不应是人外在地比较某个类之下的各物种的某些表面特征之后人为选取的,而要合乎这些物种的内在本性。话虽如此,人却往往做不到这一点。比如黑格尔自己举的哺乳动物的例子就体现了这一点。以牙齿和爪子划分哺乳动物的细类,其前提是必须能首先确定下面这一点,即哺乳动物的细类本身是通过牙齿和爪子分别开来的。但这一前提实际上是无法保障的,因为人只能从外部观察哺乳动物,而不能绕到事情背后去一探究竟,看看哺乳动物最初是否照此区别开来的。因此人从外部观察特征,并确定一些所谓的本质性特征(或核心特征)为划分原则,这种做法终究免不了是一种猜想。

真正意义上的划分,要以概念(即宇宙秩序中事物的绝对必然性)为原则。这就必然涉及概念的三环节(普遍性、特殊性、个别性)以及它们构成的思辨性推论。照此看来,最方便展示这种演进的三分法反而是最简洁的划分法。当然这里也有特例,因为在体现特殊性的那个部类,物种往往是双重化的、体现对立的,因此这个部类往往又划分成两个细类,那么整个划分就呈现为四分,而不是简单的三分。

最后黑格尔还不忘将这笔功劳记到在先验逻辑中奠定三分法的康德头上。

§231

3）定理将定义里的单纯规定性理解为一种对比关系,对象便是被区别开的规定之间的综合关联,这些规定之间的同一性是经过中介的同一性。建构是将形成中介环节的那些材料列举出来,证明是中介活动本身,即把上述关联的必然性呈现出来。

所谓定理,无非是将定义中的单纯规定性"落实"到具体细类上之后出现的对比关系揭示出来;反过来说,定理就是将具体细类上看似不相关的诸多规定之间经过中介的同一性揭示出来。比如三角形概念虽然看似平平实实、简简单单,但只有在各种具体三角形中我们才能真正看出这个概念的堂奥。比如当它"落实"到直角三角形上之后,就出现了两直角边与斜边这看似不相关的三者之间固定的比例关系(毕达哥拉斯定理)。

同样结合这个例子来看,建构是由两直角边出发达到斜边(的平方)所需经历的一系列复杂的等价置换,而证明则是由此到彼的整个中介过程本身。建构和证明都是为了向人展示由此到彼的必然性。

[说明]综合方法与分析方法看似可以随意选择,实则不然。当具体东西(综合方法的结果)与抽象规定(分析方法的结果)作为既有的研究的两个成果现成地摆在我们面前时,我们似乎确实可以随意选择起点和相应的终点,但这种看法忽略了前提的外在性。从概念的本性来看,分析先于综合,前者挣脱经验意义上的具体质料的束缚,进入普遍性形式的层面,这才为定义和综合方法提供了条件。

现成意义上的"来回倒腾"自不必说。这种观点虽然极为常见,类似于"分久必合,合久必分"一类的老生常谈,毫不深刻。它建立在既有的研究基础上,却不愿意真正了解这研究的机理,反而只会使我们带着一种貌似"勘破世事"的虚假"平常心",对一切深刻的东西漠不关心。

经验的质料是与真正的知识绝缘的,我们直接看得见、摸得着的东西也与科学绝缘。黑格尔明白指出,分析方法便是首先破除这种局面的关键一步,它使得思维上升到知识的世界,因此是一个必不可少的基础性步骤。而此后无论定义、划分还是定理,也才因此具备了基本条件。——注意这里作为基础性步骤的分析方法与在知识领域内部的分析方法还不是一回事,后者其实是定义、划分、定理中与综合方法一样常见的一种方法,建立在前者基础上。

分析方法与综合方法中的认识活动表现为知性,即对形式同一性的亦步亦趋,本身并不适合于表述思辨的概念,斯宾诺莎与沃尔夫从反面表明了这一点。康德关于数学建构的观点,在客观上引致后人从事概念建构(凭着来自感性知觉的规定和主观的喜好,对哲学对象进行分类),这种游戏远不足以呈现概念与客观性的统一(具体的理念)。况且人们并未留意到理性和理念中的具体东西不同于感性的具体东西。

前述"来回倒腾"的现象暴露出,单纯的分析方法与综合方法,若不是在思辨哲学架构内被当作工具,本身并不足以追求真理,反而会使人陷入知性的形式同一性。黑格尔对斯宾诺莎以几何学方式阐述哲学的做法多有批评,即便在本书中也不鲜见(比如第 151 节"附释")。

康德关于数学建构以及哲学无法进行类似建构的观点集中出现在《纯粹理性批判》的"先验方法论"中。[①]这一论述的核心意思是,数学证明是心灵之眼亲见其如何一步步搭建起来的,因而绝对不会出错,但哲学从事的是概念的工作,达不到如此这般的确定性,因而无法进行这类建构[②]。而后人却曲解康德的意思,试图绕过概念的思辨工作,从感性知觉中拾取一些要素随意从事一种虚假的"概念建构"。这与黑格尔的逻辑科学差之万里。

黑格尔在这一段的最后指出,这种游戏所凭借的所谓坚实而确定的具体东西,其实与理念中的具体东西不是一回事,只是感性的具体东西,严格来说连知识的最低门槛都没有达到。

几何学由于能将空间里一些单纯的知性规定固定下来,完满掌握了有限认识活动的综合方法,但综合方法在其进程中终究会遭遇不可通约的东西和无理的东西,被迫超越知性的原则。但在知性思维看来无理的东西,在思辨思维看来其实是合理性的开端和痕迹。而那种在知性推进过程来到边界时求助于表象、意谓、知觉一类东西的做法,根本不知道有限认识活动的推进其实一直受到概念规定的必然性引导。

几何学的要素、地基与方法都是纯净而美好的,仿佛积木搭建出的东西一

---

① 比如"纯粹理性在独断运用中的训练"一节中就有集中论述。见康德:《纯粹理性批判》,第 552—569 页。

② 黑格尔恐怕不会赞同康德关于数学建构与概念无关的看法,他会认为数学中的直观也是概念的一种表现形式。

般，看似规整、齐一，并无积木之外的任何杂质。这种处理方法在科学上当然有其必要性，但也有其局限性，迟早会推进到其无法逾越的边界，比如正方形对角线的长度这种"无理"①的东西，就是几何学遇到的边界之一。但在思辨思维看来，这恰恰是看透几何学推进方式本身的局限，是向更高概念突破的契机。而那种在遇到边界之后反倒肆无忌惮地乞灵于感性的、主观的抽象意谓的做法，当然是科学所不取的路径。

§232

有限认识活动所证明的必然性起初是外在的、仅仅对主观洞见而言特定的必然性。严格意义上的必然性中认识活动已抛弃预设和出发点，以及被给定的内容，是与自身相关联的概念，达到自在自为地特定的东西，后者内在于主体，是意愿的理念。

本节是理论理念向实践理念的过渡。理论理念展示的必然性，包括数学、自然科学等各门理论学科的成果，在本质上而言都是以人所遇见的事物为范围，以人的主观洞见所确定的各种所谓本质性规定及其同一性（定理）为主要关切。简言之，理论理念是对偶然遇见的、能被主观理性抓住的事物表面条理的确认。

但黑格尔凭借对现代科学极为深刻的洞察力，看到严格意义上的理念乃是事物本身的内在脉络，那种脉络不是规律思维设定而成的"本质"（那样的本质事实上仍然带有理论理念的外在性与偶然性）。简言之，这种理念是以事物本身为主导，而非受制于人的主观洞见。

但此时思维并非袖手旁观，它仍然以一种巧妙的方式插手了。思维以与自身相关联而不受制于被给定的内容的概念自居。原因在于，思维认为既然不能从外部接受内容，那就只能由它自身设定内容。这种急切的心态不可谓不真诚，它的旨趣与理论理性追求真理的初衷是相似的，即还原事物本身的机理。但它的前提（既然不可外铄，便需自居）也是成问题的。这一点后文中自会暴露出来。

[**附释**]认识活动发展到现在，懂得反思其出发点的偶然性，同时也就懂得抓住必然的内容，这种必然性看起来离不开主观的活动。随之主观性也表明自

---

① 这里的"无理"指与作为整数的正方形边长无法通约。

身不是白板而已,而是自己作出规定的东西。前述过渡意味着普遍东西真正说来必须被理解为主观性,即自动的、主动设定各种规定的概念。

"附释"中重申本节正文思想的论述,依据我们对正文的解析自不难理解,此处不赘。现在要留意的关键问题是,概念的主观性是否真是思维可以直接自居的主观性。这里的主观性当然正如"主观概念"二级层面意义上的"主观性",而不是个人主观念头意义上的主观性。这里的主观性与思维在未经足够的思辨性锤炼时的自然状态之间其实是有很大距离的。

b) 意愿

§ 233

善是主观理念被当作自在自为地特定的东西和自身等同的单纯内容。它不同于真的理念之处在于它实现自身的冲动,即以自身的目的规定眼下的世界。它既确信客体是虚无的,但作为有限者又不得不预设自身是主观的理念,客体是独立的。

在西文中,善就是"好"的意思。主观理念是思维在与眼下的客观世界相对立的情况下,以自身为自足且真实的东西,要将自身的"好"推行于眼下这个世界。起初思维在主观上确信客体应当是虚无的,自己当然可以"摧枯拉朽",但在实现自身的过程中却发现困难重重,于是不得不承认自身是主观的,而客体是独立有效的。《精神现象学》"理性"章的第二节("合乎理性的自我意识自己实现自己"),似乎可以视作这种情形的详细展开。①

§ 234

善的实现活动的有限性体现为一个矛盾:善既被视作客观事物中已实现的、本质性的因素,又由于该事物未能足够实现善,被视作未实现的、非本质性的因素,故而是一种应当,而善的实现是向着这个目标的无限进展。这个矛盾的消失需要片面主观性(目的)与片面客观性(客体)的同步扬弃,这是内容(善)的深入内核过程(Erinnerung),即回忆起客体自身就是实体性东西和真实的东西(理论活动的起点)。这是在更高层面上回到主观性和客观性的同一性。

---

① 黑格尔:《精神现象学》,第 215—239 页。

　　实践理念的二元设定的出路是自觉回向原本仅仅自在存在着(因而未被知晓)的同一性。虽然善的理念在实现过程中如同唤出"内应"、"伏兵"一般,果真在客体中发现了善的一面,因而感受到自己的实现过程的正当性与必要性,但客体亦有其不够完善的一面,于是这个实现过程被迫陷入向一种被设定在彼岸的"应当"的(自以为的)不断迫近。①实践理性会认为这是一种"务实"的态度,殊不知这恰恰是对实践理念的巨大挑战,因为这个理念既是现实,又永远只是一种可能性,既是现实事物的本质,又对现实事物不完善之处无可奈何。

　　思维终究会认识到问题在于二元设定本身:客体本身具有秩序,无需善的理念推行到客体身上;反过来说,它并非由于推行善的理念不够尽力,才导致阻力重重,它将自身与客体割裂开来,并将部分特殊规定性(本质性因素、真实因素)归于自身,将其他因素归于客体,这种做法本身才是问题的所在。

　　这才导致片面主观性与片面客观性的扬弃,并回到事情本有的内核,即主观性与客观性的同一性。

　　[附释]意志将眼下的直接东西当作一个假象和虚无的东西,这便是康德哲学和费希特哲学在实践领域中秉持的道德立场。意志的实现本就要求它的目的不应当得到实现(否则意志就会停止活动),这本身就表现了意志的有限性。然而意志的过程本身会扬弃这种有限性及其包含的矛盾,这便走向和解,即意志回归理论理念与实践理念的统一。这意味着世界本身就是理念,那些虚无的、行将消失的东西仅仅构成世界的表面现象,并不构成世界的真实本质。这是成年人的立场,或宗教意识的立场。但存在和应当的这个符合不是一蹴而就的,因为善与世界终极目的只有通过不断产生出自身才存在着(一方面永恒地实现着自身,另一方面已经得到实现),这表现在自然世界与精神世界上便是:自然世界不断回归自身,而精神世界则不断地向前推进。

　　意志固有的结构性困境便是"求而不得"。它既然将客体与自身预设为迥然不同的两造,那么即便它发现客体中有它的痕迹,也会立即以"不纯粹"、"不完善"为由否定这种痕迹,再去进一步追求自身在客体中的所谓"实现"……如此这般无限进展。人若是将这种状态当真,以其为真理的事情,而看不到它的设定性,便会陷入浮士德或堂吉诃德式的悲剧。

---

　　①　参见庄振华:《道德是否有界限——以黑格尔的"道德世界观"论述为例》。

这个"附释"的关键在于澄清了理论理念与实践理念的统一或同一性并非什么僵死的现成事物,而是一个不断产生自身的过程,而且它只有在不断产生自身的过程中才存在着。这种"觉悟"被黑格尔称为"成年人的立场",即能透过层层叠叠的表面现象,洞察到世界的理念,同时又不因世界无处不在的偶然性与不完善性而放弃对于"理念已经在世界上实现"的信念。——黑格尔这里的表述可以视作对《逻辑学》存在论开篇的那一幕的呼应与回应:作为"是其所是"的存在甫一出现便陷入虚无之海,却终究能坚守自身。

§ 235

以理论理念与实践理念的统一为真理的善,达到了自在自为的状态,相应地客观世界也自在自为地是理念,并将自身设定为通过活动而产生出自己的现实性的那种目的。克服了前述两种理念的差别和有限性而返回到自身的理念,是思辨的或绝对的理念。

思辨的或绝对的理念,是思维在克服了理论理念与实践理念各自的二元设定后,在更高的层面上恢复了生命理念的那种与客观世界一体的状态。因此在接下来的"绝对理念"三级层面上,黑格尔虽然还常常分别谈到理念与世界,但读者不宜将其作为两个不同的东西割裂开来,而要将理念当作已实现并正实现于世界中的理念,将世界当作自在自为地已作为理念而运行着的世界。

c 绝对理念

§ 236

绝对理念是主观理念和客观理念的统一,是理念的概念,以理念本身为对象、客体,而这个客体里汇聚了全部规定。这个统一是绝对真理和全部真理,作为逻辑理念而自己思维着自己。

黑格尔对绝对理念的界定明显回指向亚里士多德"思想之思想"①的传统,尽管亚里士多德并无黑格尔式"具体普遍性"学说。我们跟随《逻辑学》行进至此,当不至于将这种"思想之思想"当作人在思维中对其主观念头进行的内省。

---

① 参见亚里士多德:《形而上学》(1072b18—30),第 248 页。

这种思想的主体和对象都是思想，而且作为主体和对象的思想也都不是什么个人念头，而是世界的理念本质，只不过这个思想活动需要假借人的思维进行，因此才显得像是"非人不可"，像是沾染了一些属人的主体性罢了。

所谓理念客体里汇聚了全部规定，当然不是指事物的全部规定都被照单全收，而是指它们被扬弃到这里来了——这正如概念论之于存在论与本质论，或理念之于概念。仅就《逻辑学》而言，我们且不展开说先前的"全部规定"与绝对理念的关系①，暂且回顾另一个问题。从"纯粹存在"范畴开始，黑格尔常常在关键范畴出场时强调它们可以作为绝对者的"定义"，那么我们不禁要问：如此众多的定义之间的关系如何？一方面，在思辨的意义上看，绝对者并非遗世独立的一个单独的什么"东西"，我们人类只能就绝对者在世界的各层面上的体现形式来理解绝对者，因此世界秩序的各环节均可视作绝对者的定义。另一方面，就世界与世界秩序都只有一套，而不是相互有别或相互冲突的许多套而言，绝对者是唯一的，所有这些定义也都在被扬弃而非被割裂开来抽象坚持的意义上"万法归宗"，汇归于一。

[附释]绝对理念既是理论理念和实践理念的统一，也是生命理念和认识活动理念的统一。认识活动克服了理念陷入的差别形态，在更高层面上恢复了生命理念的统一性。但绝对理念不像生命理念和认识活动理念那样仅仅是自在地或自为地存在着的理念，而是自在且自为地存在着的理念，是自己将自己当作对象的理念。

绝对理念作为"附释"中提到的两种统一，分别是单独针对"认识活动"三级层面和同时针对"生命"与"认识活动"两个三级层面而言的。

思维在前两个三级层面上并未意识到理念就是世界，世界就是理念。在"生命"三级层面上，理念只是自发地体现为灵魂与身体直接而无反思的一体共在。从事逻辑科学考察的黑格尔与读者明白这时理念与世界在根本上是一致的，但此时的理念本身还根本不了解这一点。在"认识活动"三级层面上，理念有了"追求真理或其实现"的自觉，只不过总是陷入"求而不得"的窘境，总是在世界那里"碰壁"，难以摆脱二元设定的困局。到了"绝对理念"三级层面，理念才重新有了与世界"原本为一"的觉悟，而且这是在二元设定的困局中"阅尽沧桑"之后的觉悟，因而不会沉溺于表面假象与二元设定之中，远比生命理念更为

---

① 这里显然无法完成这项任务。

坚定。此时它将自身作为对象,也就等于将世界作为对象,对于以往的所有规定都既不拒斥,也不执著。

§ 237

绝对理念自由无碍,没有前提,没有任何非流动和非透明的规定性,是概念的纯粹形式,把自己当成自己的内容进行直观。这内容是观念性的自身区分,区分出的一方是自身同一性,但这同一性已包含形式的总体性,即内容规定的体系。这内容是逻辑东西的体系,而形式则是这内容的方法,即这内容的各环节的持续发展所规定的知识。

正如前文解析过的,绝对理念既不是遗世独立的虚玄之物,也不是人主观构想出的奇怪想法,它实际上是世界的思辨性本质。无论说绝对理念以自身为对象进行思考或直观,还是说绝对理念进行观念性的自身区分,指的都不是人格神的活动,而是世界的思辨性本质的自我展开,而且是以最具思辨性的方式行动的,即"自为"地行动,或者形象化地说成"自觉地作为绝对理念"而行动。

世界万物都以绝对理念为内核和根本前提,而绝对理念本身则没有任何前提。在它这里没有任何阻滞它的、不为它所理解(即不为它所通达)的规定性。绝对理念无需陷溺于事物的那些阻滞思维的眼光,使思维不见概念的质料性因素、非本质性因素,而是概念的纯粹形式,亦即既以这纯粹形式的身份行动,又以纯粹形式为对象,因此可谓是把自己当成自己的内容进行直观。

这样的运动和直观需要内容的"观念性自身区分"。我们实际上无法看到,也不必设想一个符合我们的任何形象化表象(如快刀斩乱麻、断裂或破碎)的自身区分过程,只能将绝对理念一方面理解成自身统一的(即就其自身而言),另一方面理解成各种规定的体系(即落实为各类事物的思辨性规定)。换句话说,绝对理念既可以"万法归宗",也可以"月印万川"。

照此来看,黑格尔在本节最后说到的形式、内容、方法、发展之间的关系,也不难理解。

[**附释**]绝对理念并非一个可以止息的万事大吉之处,空谈"绝对理念"、"全部真理"无益,因为绝对理念的内容就是世界的或逻辑科学的整个体系。绝对理念作为普遍东西,不是与特殊的内容相对立的抽象形式,而是所有规定的丰盈内容返回其中的那种绝对形式。以人生阅历与劳动过程为例来看,目的常常极

为狭隘,但内容和意义其实就在整个运动和过程中。哲学的观点在于知道有限者的价值在于其所属的整体与理念。绝对理念层面是对迄今考察过的各层次的单纯回顾,那些层次都是绝对者的一幅肖像,只是当初仅以受限的方式展现,如今它们走向整体,而整体的展开过程就是方法。

整个"附释"都是在向读者解释,绝对理念不是独立于迄今为止的整个过程之外的某个空空的或玄妙的东西,而是就以这整个过程为内容——这当然也不是对以往过程的原样重复,而是以往仅仅自在地存在着的层面如今达到了自为存在,如今在绝对理念这一终极同一性的视角下被综观了。

黑格尔常常爱举老人和小孩的例子,如今在《逻辑学》结尾再提,个中味道更醇厚了。没有人生阅历的小孩即便很"正确"地说出一些人生道理,那也不过是与他整个尚未展开的生命旅程无关的一种主观遐想;而老人说到同样的道理,却浸透了生命中实实在在、爱恨交织的经历。

另外黑格尔还提到劳动与生命目的的问题。劳动与生命的目的看似很简单,甚至很狭隘,但并不能代表劳动与生命。比如农民终年劳作似乎都只是为了收获那点粮食,换来新的种子,来年再种下,以便重复同样的劳作⋯⋯但这种对劳动很不屑的叙述的背后实际上是一种孩童式的观点,它根本不了解农民的天地与生活。

因此绝对理念层面的任务无他,只不过是将先前各层次上虽然已实际运行着,却不为当时的思维所知的"绝对形式"挑明,让读者明白那些层次是有所本的,是不能拘泥于该层次当时达到的观点来看,而要结合宇宙秩序之整体来看的。接下来的几小节便要进行这样的"单纯回顾",或者说要在自为的、综观的意义上展现以往的整个过程,要展示整个《逻辑学》的总方法了。

§238

思辨方法包含的环节有:

a) 开端、存在或直接东西因为是开端,所以自顾自。但从思辨的理念来看这开端仍然是理念的自身规定,依靠概念的运动作出自在意义上的原初分割,把自己设定为自己的否定者。存在在自在而不自知的情况下完成了概念在他在中的自身同一、自身确定性,因此是一个自在的概念,即尚未被设定为概念的概念,因此同样是普遍东西。

我们可以分别用直接存在、反映（二元设定）、概念（理念）指称从这一节开始陆续讲述的三个环节。①存在乍看似乎是自顾自的，只为它自己的。但在客观上而言，即从思辨理念的意义来看，虽然思维在此阶段尚不自知，存在已然是理念自身规定而成的一种形态了。

而且存在内部已经有概念运动而作出的原初分割（判断），设定自己为自己的否定者了。只不过在目前阶段，思维对这一点也是一无所知的，因而不可能发展出否定者与肯定者的二元设定关系（反映或对比关系）。

进而言之，同样是在思维一无所知因而并未设定的情况下，存在甚至在客观上初步完成了概念的工作（在他在中的自身同一、自身确定性），甚至作为面目不太清晰的概念而可被视作初步的普遍东西——但还远不算具体的普遍东西。

[说明]当开端指直接的存在时，它是从直观和知觉中分析出来的。当开端指普遍性时，它便可以开启有限认识活动的综合方法。但逻辑东西由于兼具普遍东西与存在者双重性质，既是概念所预设的存在，也直接是概念本身，因此逻辑东西的开端既可以开启综合过程，也可以开启分析过程。

首先要留意的是，这个"说明"明明白白透露出，直接的存在与普遍性都可以作为开端。这意味着从本节开始展示的思辨方法的适用面很广，并非仅仅运用在"三论"之间的关系上，我们不可将思辨方法的三环节分别对应于"三论"。

黑格尔指出开端与分析、综合的关系。从前文中黑格尔对分析方法与综合方法的描述来看，这一点不难理解。

所谓逻辑东西兼具普遍东西与存在者双重性质，指的是如今从绝对理念的角度来看，《逻辑学》中迄今为止的范畴不仅如本书前言说过的那样是"思有同一"的，而且是"概念（普遍东西）与存在（存在者）同一"的。因此《逻辑学》各层面的开端既开启了分析，也开启了综合，或者说《逻辑学》各层面既是在从事分析，也从事综合。这一点在下面的"附释"中得到更详细的解释。

[附释]哲学方法既是分析的，也是综合的，亦即将有限认识活动的这两种方法扬弃到自身之内了，而且在其每一次运动里都既是分析的，也是综合的。从

---

① 但不宜过多联想，将这三个环节分别等同于整个存在论、整个本质论和整个概念论，尽管这也是思辨方法在整部《逻辑学》这个最大框架下的一种展开方式。因为思辨方法不仅可以在这个框架下展开，也可以在更细部的框架下展开。《逻辑学》各层面的三一结构大抵如此。参见我们对本节"说明"的解析，以及第 240 节对于第二个环节在存在与本质层面均有体现的论述。

哲学思考仿佛仅仅被动地观望理念运动和发展来看,它遵循分析的方法;从它作为概念本身的运动来看,它同样也是综合的。必须克制个人臆想和特殊意见干扰哲学思考的这个过程。

此时的所谓"哲学方法"与"哲学思考",当视作达到绝对理念层面且对自身作为理念运动的载体这一点有了明确意识的哲学,已远非寻常的哲学活动可比。但在"自在"、"预设"而未明确"设定"的意义上来看,寻常的哲学活动只要多少体现出一些哲学思辨,也多少都可以作如是观。

正如逻辑科学的整个行程表明的,由于哲学活动与哲学对象都具备"思有同一"的特征,因而每一次真正的哲学思考都既可被视作由直接的存在向概念进展的"破执"过程,也可以被视作概念的自我建构过程。照此看来,哲学思考总是集分析与综合于一身,这一点便很好理解了。

§ 239

b) 推进过程是反映的环节,是理念的被设定了的判断(原初分割)。普遍东西并不停留于开端时的直接状态,它作为自在的概念会扬弃这个状态,是一个辩证的自身运动。这就设定了对开端的否定,或第一个具有规定性的东西,该东西是为着某一个因素而存在的,是被区分开来的东西的关联。

从绝对理念的角度来看,逻辑东西的整个运动一目了然,这个运动从始至终都是理念、概念本身的运动。这一节中黑格尔依然用概念与判断的关系来进行描述。如今设定起来并加以认可的是判断。这一节强调的是,推进过程不是以第一个环节的行事方式在"推进"第一个环节,而是以反映为更深刻的推进方式。所谓反映,首先当然是具有了特殊规定性,是为着某一个因素而存在的(亦即具有特定的针对性);但更根本的内涵在于,被区分开来的各环节之间形成二元设定的映现格局。

[说明] 推进过程就其从直接的概念中离析出后者所包含的东西而言,是分析的;就其将包含的那些东西作为规定性明确设定起来而言,则是综合的。

这个"说明"具体展示了上一节"附释"提到的"哲学方法既是分析的,也是综合的"。同一个推进过程,从它把直接而一体的概念中离析出多个环节而言,当然是分析的;但从它把尚不够健全和深入的概念加以立体化和深化,并搭建起一个整体结构而言,又是综合的。

[附释]开端在推进过程里主动表明它如何是其自在地所是的东西,即通过二元设定与中介来表明这一点。直接的意识认为自然界是直接的东西,精神是二阶的东西;实际上自然界反倒是精神所设定和预设的东西。

这里说的是开端在推进过程中才能主动成全自身,才找到了真正成为其所是的东西的路径。开端所处的直接状态毕竟比较抽象,也无法持久,它只有在针对特定的因素展开或凝结为二元设定结构之后,才有了充分展现其原初所是的内涵的可能性。——当然,二元设定结构还远不是终点,开端只是通过这结构开辟了成全其所是的内涵的道路,它只有在更高的层面才能达致彻底的成全。

自然界只有对于陷溺于自然状态的意识而言才是固定不移的基础,比如朴素唯物论往往就是这样看的。自然界在精神中才达到更充分、更深入的展开,也才能反过来表明自身其实是被精神的概念预设了的东西。换句话说,自然界与精神中一以贯之的概念、理念才是真正的基础。有了这个真正的基础,自然才得以显现为一种似乎能"生出"精神的"母体"。

§240

推进过程在存在、本质、概念三个层次上有不同的表现形式:向他者的直接过渡;相互对照者的映现;概念三环节的发展,尤其是由此展示出的具体普遍性,即普遍性在个别东西内部表现为其同一性。

结合《小逻辑》第161节来看,这三种表现形式不难理解。①只不过那时是在本质论向概念论过渡的关键部位,黑格尔为了让读者理解"三论"之间(尤其是概念论与本质论之间)在运行方式上的差异,现在则是这三种方式在绝对理念的观照之下显现出来。

§241

在推进过程层面,原本在前一层面自在存在的概念被设定为映现,可见这个层面已经自在地有理念在运动。这个层面的发展是向前一个层面的回归(对思辨统一性的肯定),正如前一个层面的发展是向这个层面的过渡(抽象的同一性

---

① 值得注意的是,接下来第241、242两节中谈到的"第二个层面"不是指本节中说到的本质层次(即本质论),而是指思辨方法的第二个环节(推进过程)。

需要展开为二元设定），这个双重的运动使得区别获得应有的地位，因为区分开的双方都由于二元设定整体结构的中介而成为总体性，并与对方是一体。可见统一的非片面性要以双方本身扬弃其片面性为前提。

这一节首先提醒读者留意思辨方法的三环节之间的通贯性。第一个层面上自在存在着的概念如今在第二个层面上被设定为映现，但还只能算是自在存在着的理念，而不是被明确承认的理念。映现既是最容易偏离理念，最容易产生虚假自足性与封闭性的形态，也是向思辨的统一性（理念，在本质论"现实性"意义上甚至可以意味着世界的绝对必然性、宇宙秩序）回归的契机。

再看前两个层面之间的关系。所谓第二个层面向第一个层面的"回归"，当然不是原样重现，而是在更高层面上的回归。这意味着此时重新得到的思辨统一性既能保有"是其所是"，又能经受二元设定的考验。

最后看看区别向总体性的进展。被区分开的东西并非仅仅因为被区分开并被独立坚守，便具有了应有的地位。这些东西被区分，这并非问题的关键。关键在于被区分后形成的二元设定格局是否能获得足够深刻的反思。如果不能得到反思，思维便会执著于"二元"的上述表面上的独立性；如果得到适当的反思，二元设定格局本身会指向事物的合秩序性，"二元"也各自会表明自身的实质是整体合秩序性，因而是总体性，因而必然蕴含对方在内。由此得到的思辨统一性当然不是拿一个被叫作"统一性"的东西外在地笼罩在有区别的双方头上，而是这双方主动扬弃自身的片面性的结果。

§ 242

c）推进过程层面呈现出的被区分的双方之间的矛盾瓦解为终点，即有差别的东西被设定为它在概念里所是的东西。终点是开端与更高层面上作为自身否定性出现的开端的统一，将这两种开端扬弃为自己的观念性环节。在思辨方法的三环节构成的整个进程中，概念从自在存在出发，通过它的差别及其扬弃的中介，与它自己结合，这便是实在化了的概念，或者说是理念。这理念在方法的意义上是绝对第一位的东西，只不过它作为映象的消失显得像是由开端这个直接东西发展而来的结果罢了。此时思维认识到，理念是唯一的总体性。

熟悉《逻辑学》的读者不难明白黑格尔那里矛盾的出路何在。这一节的重点倒不在这里，而在于阐明终点与开端的关系：终点是两种意义上的开端的统一,因而是唯一的总体性。接下来我们依次阐明两个问题:两种意义上的开端何以统一于理念? 理念何以成为唯一的总体性?

两种意义上的开端,一为与概念貌似有别的开端,一为概念向思维呈现后表明自身与概念实为一体的开端。矛盾的出路是自行表明为概念,即自行走向绝对必然性、思辨统一性。正如前文所说,这一点在熟悉黑格尔的读者那里倒是老生常谈,但问题的关键在于,概念还不是理念。从概念对于开端的否定来看,它是开端的他者。但概念在实质上其实是开端的自身否定性,而且概念会切实呈现开端(概念的自在存在)通过自身分化(差别)并扬弃这种分化,而在更高层面上向开端回复的整个过程,表明自身是应当而且可以实在化的。①这种作为开端的自身运动的概念,便是理念。如果说概念初次向思维呈现时还只是一个出路,只是开端的他者,那么理念则不然,它是已经表明自己与开端不相离的概念(实在化了的概念)。由此可见,所谓的"两种开端"其实是一种开端,只不过分别是开端尚未表明自身与概念的同一性的状态与它已经表明这种同一性的状态。但如果一定要将前述两种意义上的开端分而言之,理念便是"两种开端"的统一。

从方法上来看,终点所达到的理念才是绝对第一位的东西。站在理念的角度来看,事情从开端发展到终点的整个过程其实都是理念自身的运动,只不过思维在开端之处和在推进过程中并未意识到这一点。从这个发展过程来看,思维会认为开端是一个直接就有的东西(因此《逻辑学》的开端在思维看来是真正无前提的,《逻辑学》也必须由那个开端之处起步),而理念反倒是一个结果。但在秘密揭晓的当下,理念表明自身是唯一的总体性,一切事情都在理念中发生。——当然,这与逻辑科学必须从开端之处起步并不冲突,因为《逻辑学》的思路其来有自:整部书走的不过是自亚里士多德以来西方哲学中最常见的"从对人而言最易知的东西到就事情本身而言最易知的东西"的道路。②

§ 243

方法并非外在形式,而是内容的灵魂和概念。只有当概念的各环节本身在

---

① 不可否认,最系统呈现这种实在化过程的就是概念论的"客体"(《大逻辑》中为"客观性")二级层面,因为概念论本就是为了系统呈现概念如何成为理念。

② 亚里士多德:《形而上学》(982a24—b5),第 4 页。亚里士多德:《物理学》(184a16—23),张竹明译,北京:商务印书馆 1982 年版,第 15 页。

其规定性(内容)上显现为概念的总体性时,形式才与内容有别。当这规定性与形式一道返回到理念,理念呈现为系统的总体性。作为唯一的理念,它的各特殊环节不仅自在地是这个理念,而且通过概念辩证法自为地是这个理念。当科学把握到自己的概念是一个以理念为对象的纯粹理念,便达到了自己的结局。

这一节讲方法与内容的关系,以及科学的终极形态。

理念作为绝对形式,与内容本就无别。我们之所以常常产生"形式与内容有别"的印象,是因为我们局限在有限规定性上看待事物时,眼见这有限规定性自成一体,形成一个深浅有别的概念总体性,我们才会认为这有限规定性作为内容,与它上达理念的那条路(形式)是有区别的。

理念实际上是集内容与形式、亦内容亦形式的系统总体性,而且是唯一的。在理念层面,它的各特殊环节不仅在黑格尔与读者看来与理念是一体的(如《逻辑学》迄今为止的所有核心范畴),而且通过系统的概念辩证法自觉地成全这种一体性(如"绝对理念"层面的情形)。科学至此可谓得其所哉。——然而到了这里,逻辑科学可以结束了,自然哲学才刚开始。

§244

自觉其为理念的理念,就其与自身的统一来看,就是直观活动。自然界是进行直观的理念。但理念不同于仅仅从事外在反映的主观性直观活动,后者是片面的、直接的、否定性的。理念的绝对自由在其直观活动中逐步深化地体现为生命的产生、生命自身内的映现,更体现为在自身的绝对真理里作出如下决断,即把它的特殊性环节(直接的理念)当作它的镜像(Widerschein),自由地放任自己外化为自然界。

最后这一节谈论逻辑学与自然哲学的关系,以便为《哲学科学百科全书》中接下来的《自然哲学》铺路。

与谢林在"否定哲学"框架下从自然哲学开始①不同,黑格尔那里的自然哲学是以逻辑学为前提的。这意味着自然哲学已经以"自为地存在着的理念"为前提了。换言之,自然哲学中的范畴全都是理念自觉地对自身的成全("进行直观的理念",或"附释"中说的"作为存在的理念")。另外,按照黑格尔对绝对理

---

① 因而谢林始终批评黑格尔在自然哲学之前布置一种逻辑学的做法。

念的界定来看,绝对理念作为总体性,放任自身成为自然界是很"自然"的事情,并不像谢林以为的那么古怪。谢林是以自己的"肯定哲学—否定哲学"二分框架衡量黑格尔,才会得出那样的结论。①

黑格尔从多方面入手,分别将作为绝对理念的直观活动的自然界与人的主观性直观活动、生命、生命内的映现相区分,最终将其界定为绝对理念的镜像,或绝对理念自由放任自身进行外化的结果。主观性直观活动类似于我们通常说的"反映论",它是奴隶式地直接被动接受一个被设定为现成已有的事物或环境。这种设定含有的片面性、直接性、否定性依照我们迄今为止从《逻辑学》中得到的思想洞见来看,自不待言。绝对理念的直观活动也不仅仅像概念论的"生命"层面描绘过的那样,体现为生命及其内部映现。它体现为整个自然界,即理念在世界上的直接存在,并以这种直接存在反照(widerscheinen)绝对理念更高的体现形式。这种体现,被黑格尔称为"自由地放任自己外化"。——关于"放任"的内涵,可回顾我们对第219节的解析。

[附释]与"理念"二级层面开篇相比,如今才达到理念本身的概念。这个向着开端的回归并不是一蹴而就的,而是一个推进过程。《逻辑学》开篇从直接的存在开始,如今则达到了从理念观照存在,这个作为存在的理念、存在着的理念就是自然界。

所谓达到理念本身的概念,指的是思维终于对理念有了思辨的概念性把握,而不像生命理念那样直接存在,也不像认识活动理念那样在二元设定的张力结构中寻觅统一性。

向着开端的回归也是一个在尘世间始终进行着的推进过程,而不是一个一次性的事件。这个推进过程可以视作黑格尔对自然哲学的再次描述:从理念观照存在,或作为存在的理念、存在着的理念。由此我们不应忘记,《哲学科学百科全书》中接下来的自然哲学与精神哲学,始终都是在绝对理念观照之下看到的自然界与精神世界,而不是朴素意义上的自然界与精神世界。

---

① 参见先刚:《重思谢林对于黑格尔的批评以及黑格尔的可能回应》,载《江苏社会科学》2020年第4期。

参 考 文 献

一、外文文献

F. Brentano, *Von der mannigfachen Bedeutung des Seienden nach Aristoteles*, Herdersche Verlagshandlung, Freiburg im Breisgau 1862.

B. Croce, *The Philosophy of Giambattista Vico*. Trans. by R. G. Collingwood. Russell & Russell · Inc., New York 1964.

K. Drilo und A. Hutter (Hrsg.), *Spekulation und Vorstellung in Hegels enzyklopädischem System*, Mohr Siebeck, Tübingen 2015.

G. W. F. Hegel, *Enzyklopädie der philosophischen Wissenschaften im Grundrisse 1830. Erster Teil. Die Wissenschaft der Logik. Mit den mündlichen Zusätzen*, in ders., *Werke 8*(TWA 8), Suhrkamp Verlag, Frankfurt am Main 1970.

——, *Enzyklopädie der philosophischen Wissenschaften im Grundrisse (1830)*, unter Mitarbeit von U. Rameil, herausgegeben von W. Bonsiepen und H.-C. Lucas, in ders., *Gesammelte Werke 20*, Felix Meiner Verlag, Hamburg 1992.

——, *Vorlesungsmanuskripte II (1816—1831)*, hrsg. von W. Jaeschke, in ders., *Gesammelte Werke. Band 18*, Felix Meiner Verlag, Hamburg 1995.

——, *Vorlesungen über die Beweise vom Dasein Gottes*, in ders., *Werke 17*(TWA 17), Suhrkamp Verlag, Frankfurt am Main 1969.

——, "Wer denkt abstrakt?" in ders.: *Gesammelte Werke. Band 5. Schriften und Entwürfe(1799—1808)*, Felix Meiner Verlag, Hamburg 1998, S. 381—387.

——, *Wissenschaft der Logik II. Erster Teil. Die objektive Logik. Zweites Buch. Zweiter Teil. Die subjektive Logik*, in ders., *Werke 6*(TWA 6), Suhrkamp Verlag, Frankfurt a. M. 1969.

B. Lakebrink, *Kommentar zu Hegels Logik in seiner Enzyklopädie von 1830.*

Band I：*Sein und Wesen*，Verlag Karl Alber，Freiburg／München 1979.

——，*Kommentar zu Hegels Logik in seiner Enzyklopädie von 1830. Band II*：*Be-griff*，Verlag Karl Alber，Freiburg／München 1985.

R. B. Pippin，*Hegel's Idealism*：*The Satisfactions of Self-Consciousness*，Cam-bridge University Press，Cambridge 1989.

F. W. J. v. Schelling，*Darstellung meines Systems der Philosophie*，in ders.，*Sämtliche Werke*，Band IV，Stuttgart und Augsburg 1859.

——，*Fernere Darstellungen aus dem System der Philosophie*，in ders.，*Sämtliche Werke*，Band IV，Stuttgart und Augsburg 1859.

二、中文文献

奥古斯丁:《论三位一体》,周伟驰译,上海:上海人民出版社 2005 年版。

——:《论自由意志:奥古斯丁对话录二篇》,成官泯译,上海:上海人民出版社 2010 年版。

贺麟:《近代唯心论简释》,北京:商务印书馆 2011 年版。

黑格尔:《精神现象学》,先刚译,北京:人民出版社 2013 年版。

——:《精神哲学》,杨祖陶译,北京:人民出版社 2006 年版。

——:《逻辑学》I,先刚译,北京:人民出版社 2019 年版。

——:《逻辑学》II,先刚译,北京:人民出版社 2021 年版。

——:《哲学科学百科全书 I:逻辑学》,先刚译,北京:人民出版社 2023 年版。

——:《哲学史讲演录》(第四卷),贺麟、王太庆译,北京:商务印书馆 1978 年版。

霍尔盖特:《黑格尔〈逻辑学〉开篇:从存在到无限性》,刘一译,北京:中国人民大学出版社 2021 年版。

姜丕之:《黑格尔〈小逻辑〉浅释》,上海:上海人民出版社 1980 年版。

康德:《纯粹理性批判》,邓晓芒译,杨祖陶校,北京:人民出版社 2004 年版。

——:《判断力批判》,邓晓芒译,北京:人民出版社 2002 年版。

——:《实践理性批判》,邓晓芒译,北京:人民出版社 2003 年版。

克罗齐:《黑格尔哲学中的活东西和死东西》,王衍孔译,北京:商务印书馆

1959 年版。

李华：《个体灵魂的神圣性与超脱——埃克哈特神秘主义思想探微》，载《现代哲学》2020 年第 2 期。

——：《康德"哥白尼式革命"的文艺复兴前史辨正——以卡西尔的论述为中心》，载《哲学动态》2020 年第 12 期。

——：《神秘合一与个体自由的实现——论苏索对德国神秘主义的澄清与拓展》，载《世界宗教文化》2021 年第 6 期。

尼采：《快乐的科学》，黄明嘉译，上海：华东师范大学出版社 2007 年版。

卿文光：《黑格尔〈小逻辑〉解说》（第一卷），北京：人民日报出版社 2017 年版。

斯宾诺莎：《伦理学》，贺麟译，北京：商务印书馆 1997 年版。

维特根斯坦：《逻辑哲学论》，郭英译，北京：商务印书馆 1985 年版。

先刚：《重思谢林对于黑格尔的批评以及黑格尔的可能回应》，载《江苏社会科学》2020 年第 4 期。

谢林：《近代哲学史》，先刚译，北京：北京大学出版社 2016 年版。

亚里士多德：《物理学》，张竹明译，北京：商务印书馆 1982 年版。

——：《形而上学》，吴寿彭译，北京：商务印书馆 1959 年版。

张世英：《论黑格尔的逻辑学》，北京：中国人民大学出版社 2010 年版。

——：《黑格尔〈小逻辑〉绎注》，长春：吉林人民出版社 1982 年版。

庄振华：《从形式问题看西方哲学的深度研究》，载《中国社会科学评价》2022 年第 1 期。

——：《道德是否有界限——以黑格尔的"道德世界观"论述为例》，载《道德与文明》2020 年第 5 期。

——：《黑格尔的历史观》，上海：上海人民出版社 2013 年版。

——：《黑格尔的上帝存在证明及其历史意义》，载《世界宗教文化》2021 年第 3 期。

——：《黑格尔论规律》，载《哲学动态》2017 年第 2 期。

——：《黑格尔论理性的困境与出路》，载《德国观念论》2021 年第 1 期（总第 2 辑）。

——：《黑格尔论神性生活的现代处境》，载《哲学门》2018 年第 2 辑。

——:《黑格尔〈逻辑学〉研究路径刍议》,载《现代哲学》2020 年第 5 期。

——:《黑格尔与近代理性》,载《云南大学学报》(社会科学版)2016 年第 6 期。

——:《实相与真理——德国古典哲学的世界构想及其源流》,载《云南大学学报》(社会科学版)2017 年第 5 期。

——:《自由、形式与真理——黑格尔与谢林的自由观浅析》,载《哲学动态》2019 年第 1 期。

——:《作为现代理念论的黑格尔概念逻辑》,载《南京大学学报》(哲学·人文科学·社会科学版)2022 年第 5 期。

图书在版编目（CIP）数据

《小逻辑》评注/庄振华著.—上海：上海人民
出版社，2023
ISBN 978－7－208－18266－0

Ⅰ.①小… Ⅱ.①庄… Ⅲ.①《小逻辑》-研究
Ⅳ.①B811.01

中国国家版本馆 CIP 数据核字（2023）第 073986 号

责任编辑 于力平
封面设计 周伟伟

《小逻辑》评注

庄振华 著

出　　版　上海人民出版社
　　　　　（201101　上海市闵行区号景路 159 弄 C 座）
发　　行　上海人民出版社发行中心
印　　刷　苏州工业园区美柯乐制版印务有限责任公司
开　　本　720×1000　1/16
印　　张　31
插　　页　4
字　　数　501,000
版　　次　2023 年 6 月第 1 版
印　　次　2023 年 6 月第 1 次印刷
ISBN 978－7－208－18266－0/B·1686
定　　价　128.00 元